U0778111

浙江省普通高校"十三五"新形态教材

工程流体力学

沙毅 邓克 编著

机械工业出版社

流体力学是许多现代工科大学生必备的知识之一。为适合大众教育的需求，在充分体现"强化概念、拓宽专业面、扎实基础，深入浅出、通俗易懂，与时俱进、实用与创新并重"指导思想下，编者完成了本书的编写。全书涵盖了工程流体力学的基本理论及部分测试技术，共九章，内容包括流体的性质与分类，流体静力学，流体运动学，流体动力学基础，量纲分析和相似理论，管中流动，边界层、绕流和缝隙流，孔口出流、射流和水击，以及气体的一维流动。

本书可作为大机械类机械制造、车辆、仪器仪表、材料成型、能源动力和船舶轮机等专业的本科生教材，也可作为各类工程技术人员的参考书。

图书在版编目（CIP）数据

工程流体力学/沙毅，邓克编著 . —北京：机械工业出版社，2020. 12
（2025. 7重印）

浙江省普通高校"十三五"新形态教材

ISBN 978-7-111-66451-2

Ⅰ. ①工… Ⅱ. ①沙… ②邓… Ⅲ. ①工程力学 – 流体力学 – 高等学校 – 教材 Ⅳ. ①TB126

中国版本图书馆 CIP 数据核字（2020）第 164434 号

机械工业出版社（北京市百万庄大街22 号 邮政编码100037）

策划编辑：张金奎 责任编辑：张金奎

责任校对：李 婷 封面设计：张 静

责任印制：常天培

河北虎彩印刷有限公司印刷

2025 年7月第1 版第6 次印刷

184mm×260mm · 25 印张 · 616 千字

标准书号：ISBN 978-7-111-66451-2

定价：59. 80 元

电话服务 网络服务

客服电话：010-88361066 机 工 官 网：www.cmpbook.com

010-88379833 机 工 官 博：weibo. com/cmp1952

010-68326294 金 书 网：www.golden-book. com

封底无防伪标均为盗版 机工教育服务网：www.cmpedu. com

前言
Preface

发展是硬道理，创新是关键，这是波澜壮阔的科技时代大潮的风口浪尖。为了使流体力学这门古老而又新兴的学科依然生机勃勃，适应21世纪具有创新意识复合型人才的培养，教材的发展和创新势在必行。发展也好，创新也罢，首先就是有志要超越前人，为流体力学学人开辟出一片新天地。"潮平两岸阔，风正一帆悬。"

流体力学是一门建立在理论、实验和计算三大支柱上的典型高度理论化、工程应用强的课程，是机械、能源、化工、动力、建筑、生物和航天等专业重要的专业基础课或基础理论课程之一。德国等西方发达国家普遍将流体力学作为工科类、理科力学类及相关专业本科教育的必修课开设。流体力学最大的特点是理论性极强，抽象概念多，数学公式的演绎推导多。本书针对大机械类机械制造、车辆、仪器仪表、材料成型、能源动力和船舶轮机等专业学科既要重视理论又要密切联系工程实际应用的特点，比较全面而又细致地阐述了工程流体力学的基本内容。本书力求体现高度的完整性、严密性、逻辑性和系统性，宗旨是学好流体力学，用好流体力学。

角度决定高度、广度、器度和力度。让学生从知识的被动接受者变为知识的主动探索者，这是教育的主要目的。教育和学习的出口不一定是人才，但人才的背后一定凝结着大量的知识积累。人才的凸显周期一般是20年，20年后需要什么知识现在不知道，但万变不离其宗，掌握好坚实的基本知识和打下扎实的理论基础才能以不变应万变。古人云："授人以鱼不如授人以渔。"俗话又说："难者不会，会者不难。"为了使学习流体力学的学生不再感到困难，使教师不再感到困难，那就要开阔眼界，勤学苦练，理论联系实际，扩大学习的空间和途径，做到熟能生巧，更加从容自信。为此，作者编写了本书，其目的是加深概念理解，贴合实际，让流体力学更加接地气、通人情，帮助读者做到真正学会流体力学，获得真才实学。为了实现上述目标，在借鉴和学习前人同类教材基础上，结合流体力学教学和近年来科技发展及人民生活水平提高的实际情况，本书着重体现了下列几方面的改进：

（1）基本内容面宽量大，适应性广。"旧时王谢堂前燕，飞入寻常百姓家。"面对我国高等教育从精英向大众化转型的现状，迫切需要一本通俗易懂、深入浅出，强化基础、开阔视野，抽象概念形象化、简单化、透彻化演绎，实用与理论并重的教材。本书正是在这样的背景下诞生了。为了便于消化理解和巩固所学内容，本书配备了大量的例题、思考题和习题，琳琅满目，并且习题全部给出了参考答案。

（2）引入网络辅助教学。各章内容提要、思考题解答和习题详解全部以网络版的形式在网络上给出，读者通过扫描二维码即可学习，为分散地、随时随地用手机等通信器材从事流体力学学习提供便利条件。

（3）每章以附录的形式介绍一项工程流体力学测试技术或实验。实验充分反映了流体力学理论的具体应用，通过课外阅读可以帮助学生对理论进行消化理解、增长见识，并对他们开拓思维、启迪心智、提高分析问题和解决问题的能力大有裨益。此外，掌握工程流体力学实验技术的基本方法和基本技能，对从事科学技术研究和工程设计工作十分重要。

（4）以众多的案例为基础，着重体现实际应用。绝大部分习题来自工程实际，案例以具体例题和习题的形式让学生知道流体力学在工程实际和生活中的作用、功效及经济性，从而使学生知道流体力学有什么用途，怎么用和应用的结果，提高其学习兴趣和积极性。

需要说明的是，本书的解题仅供参考，并非唯一答案。读者的思想应不囿于本书，大可开阔思路，提出新的见解。读书学习向来是仁者见仁，智者见智，本书意在抛砖引玉，引导读者百尺竿头更进一步。

本书在浙江科技大学沙毅和安徽工业大学邓克两位老师多年学习、研究和探索基础上，以孜孜以求、尽善尽美的理念编写而成，获浙江省普通高校"十三五"新形态教材立项。其中，第1~5章和第7~9章由沙毅执笔，第6章由邓克执笔，最后由沙毅教授统稿。限于作者学识和水平，书中疏漏和不足之处在所难免，恳请读者批评指正。

流体力学的研究和学习领域无限宽广，在科学技术的发展和工程实际应用中发挥着越来越大的作用。"路漫漫其修远兮，吾将上下而求索。"凡事没有最好，只有更好！愿有志者携手共勉，为流体力学的发展和进步贡献出我们的智慧和力量。"东方欲晓，莫道君行早。踏遍青山人未老，风景这边独好。"

编　者

2020 年 3 月

目 录 Contents

第1章

流体的性质与分类

　　面对流体力学这门新课程学生通常会问：什么是流体？什么是流体力学？什么是工程流体力学？为什么要学流体力学或工程流体力学？怎样才能学好流体力学或工程流体力学？等等。下面针对这些问题首先做简要的说明。

　　本章的中心内容是阐述流体主要物理性质和流体力学基本知识及基本概念，分析作用在流体上的力。连续介质模型和流体的黏性是本章的重点。

1.1 工程流体力学及其应用

1.1.1 工程流体力学的研究对象、任务和方法

　　气体和液体通称流体。在人们的生活和生产活动中随时随地都可遇到流体，所以流体力学是与人类日常生活和生产事业密切相关的一门科学。大气和水是最常见的两种流体，大气包围着整个地球，地球表面的70%是水面。正是因为地球上有水和空气，才会有生命的诞生和生物的进化。云彩在天空中飘动，鸟儿在空中飞翔，波涛在海岸上拍打，空气和血液在人体中流动，这些都是流体力学中的物理现象。大气运动、江河湖海的水运动（包括波浪、潮汐、旋涡、环流等）乃至地球深处熔浆的流动等也都是流体力学的研究内容。

　　人类为了生存，自远古以来一直持续不断地与自然界进行着不懈的斗争。流体力学同其他自然科学一样，是在长期的生产实践和科学研究中逐渐被人们认识和总结，发展成为自然科学的一个重要分支的。正如奥地利物理学家汉斯·蒂林格所言："每一门科学都是用世世代代的研究者无数努力的代价建立起来的大厦。"古今中外许许多多从事流体力学问题的研究者，如同卓越的建筑师，用自己的聪明才智和辛勤劳动的汗水筑成了完整的流体力学"大厦"。

　　流体力学是以流体为研究对象的力学，是研究流体平衡和运动规律的一门科学，是力学的一个重要分支。在流体力学的发展史上，曾经出现过理论流体力学和工程流体力学这两门性质相近的学科，它们同是研究流体（包括气体和液体）平衡和运动规律及其应用的科学，但在研究内容和方法上却又稍有差异。前者偏重数理分析，是连续介质力学的一个组成部分，属于基础科学范畴；后者着眼于工程应用，是工程力学的一个组成部分，属于应用科学范畴。现代科学从内容上来说，学科之间的分工可能越来越细，但从方法上来说，随着计算

机的推广和应用，原来存在于理论流体力学和工程流体力学之间的差异已在逐步消失。现在是综合运用一切理论、实验和计算手段来促进流体力学发展及应用的新时代。

流体力学的基本任务是建立描述流体运动的基本方程，确定流体经各种通道及绕流不同物体时速度、压强的分布规律，探求能量转换及各种损失的计算方法，并解决流体与限制其流动的固体壁之间的相互作用问题。工程流体力学是应用力学的一个分科，是属于一门技术科学。工程流体力学以理论分析和实验研究相结合的方法，来研究流体处于平衡、运动和流体与固体相互作用的力学规律，以及这些规律在实际工程中的应用。

流体力学的应用领域非常广泛，它是用来解释大气流动、河水流动、龙卷风等自然现象的科学，也是用来解决众多工程问题的科学。人们最早对于有关流体知识的认知是从治水、灌溉、航行等方面开始的。许多有趣的问题可以用比较简单的流体力学的原理来阐释，比如下面的情况。

（1）潜水艇为什么能下沉？又为什么能上浮？

（2）汽车阻力来自前部还是尾部？

（3）在没有空气产生反推力的外层空间，火箭是怎样产生推力的？

（4）如何根据从模型飞机上获得的数据信息来制造实际飞机？

（5）水力发电、风力发电是如何实现能量转换的？

（6）万吨水压机是根据什么原理而获得巨大的压力的？

（7）叶片泵和容积泵是根据什么原理完成对液体的输送的？

（8）日常生活中的阀、水表、抽水马桶、电风扇等家用物品的科学原理和工作原理是什么？自来水是如何输送到千家万户的？

（9）为什么将飞机的外表面做成光滑的流线型，而将高尔夫球的外表面做成粗糙的表面？

（10）农业工程中的喷灌、滴灌和渗灌都是怎样控制流量的？

汽车发明于19世纪末，起初人们认为汽车的阻力主要来自其前部对空气的撞击，因此早期的汽车设计成后部陡峭的箱型车。实际上，汽车阻力主要来自后部形成的尾流，称为形状阻力。经过长期的流体力学研究，轿车逐步发展成今天的流线型外形。如图1-1所示为汽车外形的演变过程。

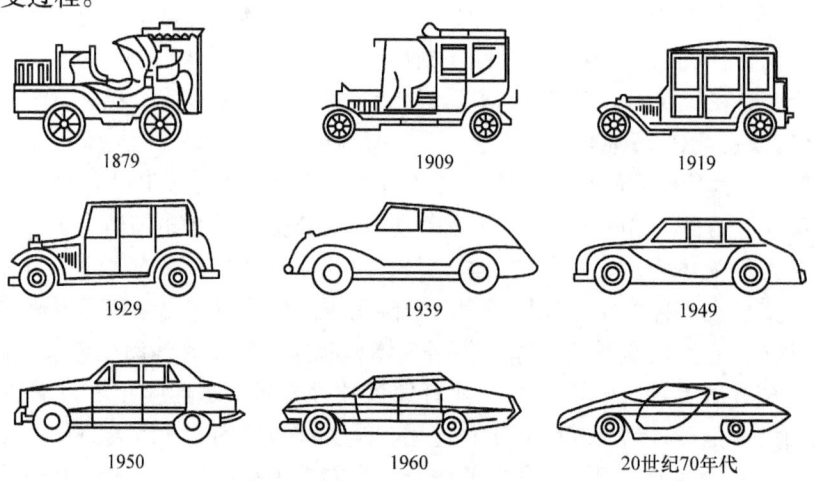

图1-1　汽车外形的演变过程

流体包括液体和气体两部分，因而流体力学就包括液体力学及气体力学两部分。液体力学中通常以水作为液体的代表，故称为水力学。

在研究液体运动过程中，水力学认为流场上各点的密度不变，这种等密度流动就是水力学的特点，也是低速气体的特点。因此。水力学是在等密度流动前提下，来研究液体或低速气体流的运动规律，以及确定表征运动状态的参数值。

气体力学研究气体运动过程中，密度在流场上各点为变数，并且气体在改变密度的同时，还伴随有扰动波的形成，这两个特性就是气体力学的特点。变密度流动与等密度流动规律是有原则性区别的，其实质就在于气体的可压缩性与液体的不可压缩性。

古典流体力学在研究流体平衡及运动规律时，从严密的数学推理出发，追求问题的严密性和精确性。但是实际的流体运动现象十分复杂，有时很难用数学方法来表达和解决。而水力学则是从简化的工程角度出发，着重于解决实际问题，因此除了理论分析外，又广泛采用实验数据和经验公式。

现在的工程流体力学的内容和研究方法，体现着古典流体力学与水力学两者的结合，也就是以理论分析与实验研究相结合的方法，来研究流体的力学规律。

在实际工程的许多领域里，流体力学一直起着十分重要的作用。无论是水利工程、动力工程、航空工程，还是化学工程、机械工程等都在日益广泛地应用着流体力学。就某种意义而言，也正是在流体力学的研究工作不断取得成就的前提下，才促进了这些工程领域的大力发展。

流体力学的研究对象包括液体和气体，它们统称为流体。流体力学研究的是流体中大量分子的宏观平均运动规律，而不是其具体的分子运动。

工程流体力学主要讲述流体力学的基本概念、基本理论及其在工程实际中的应用。本教材是机械类各专业的教学用书，其研究内容以不可压缩流体的流动为主，对可压缩流体，只对其基本理论做必要的阐述。

由于在各种机械动力设备中主要采用水、汽、空气、油、烟气等流体作为工作介质，因此，只有掌握了流体的基本运动规律，才能真正地了解这些设备的性能和运行规律，才能正确地从事这些设备的设计和运行。所以，工程流体力学是机械类各专业的主要专业基础课程之一。

流体力学作为一门技术科学，研究方法也遵循"实践—理论—实践"的基本规律。其探究过程可大致分为以下步骤：（1）对自然界和生产实践中出现的流体力学现象进行观察，从中抽出共性问题进行研究；（2）对自然现象和实践问题进行研究、认识，从中找出主要因素，忽略次要因素，建立抽象的数学模型；（3）对数学模型进行理论分析和实验研究，总结并验证基本规律，形成理论；（4）以得到的基本理论去指导和预言实践，并在实践中检验、修正理论使其完善。

从20世纪中叶以后的科学技术发展来看，各工业部门的种类日趋复杂，技术问题更趋向于专门化。因此，流体力学必将分离出一系列的独立学科。目前已逐步形成的有电磁流体力学，两相流体力学，流变流体力学，高、超声速气体动力学和稀薄气体动力学等。

现代流体动力学的发展趋向于更为宽广的范围。尤其是数值计算和计算机技术的引入，使以前因过于繁杂的计算而影响进一步探讨流体力学问题的困难逐步得以解决，并形成了流体力学的一个新分支——计算流体力学，使流体力学成为医学、气象学、宇宙航行、海洋学以及各种工程技术的重要组成部分。

1.1.2 流体力学在机械工程中的应用

在机械类专业教学计划中，工程流体力学是一门技术基础课，它的任务是为学生学习后续课程及从事专业工作奠定初步的流体力学理论基础。

机械制造行业中涉及流体力学知识的技术问题很多。例如，水轮机、燃气轮机、蒸汽轮机、喷气发动机、液体燃料火箭和内燃机等都是以流体能量作为原动力的动力机械；机床、汽车、拖拉机、坦克、飞机、船舶、工程机械和矿山机械等广泛采用的液压传动、液力传动和气动传动都是以流体作为工作介质的传动机械；水压机、油压机、水泵、油泵、风扇、通风机、压气机等都是以流体为对象的工作机械。流体机械的工作原理、性能、使用和试验都是以流体力学作为理论基础的。

机械工程中还有许多与流体力学有关的问题。例如，测试计量中的测压计、流量计、水力制动器、水力测功计；铸造中的锻压设备、水力清砂、水力震捣、离心浇注；焊接中的喷枪气流、金属流动；机床中的冷却通风、润滑密封、减震加载、静压支承、动压支承、射流原件、气动夹具；燃烧室中的燃料雾化、吹氧、燃烧、反应；发动机中的燃料供给系、冷却系、润滑系、增压系；车间中的供气供油、旋风除尘、机械手、自动生产线等均或多或少与流体力学知识有关。

工程流体力学在工程技术中占有重要地位。铸造及材料成型工艺与流体力学的关系同样是十分密切的。例如，在铸造原理方面，浇注系统的计算，表面张力及其附加压头、抬箱力的计算等；在合金熔化方面，冲天炉供风量及风压的测定、管道、局部装置、炉胆以及炉料层的阻力计算等；在造型工艺方面，震实机构的耗气量，吹砂机紧实过程的气体动力学分析等；在铸造车间设备方面，造型材料气力输送有关悬浮速度的计算，水力清砂的高压水枪和水力提升机原理，以及通风除尘的计算等；在液压和气压传动方面，液压缸和气缸的工作流量，气垫缓冲的气体力学基础以及储压罐容积的确定等，都分别涉及流体静力学、流体动力学、能量损失和气体动力学等基本理论。特别是经常用到伯努利（Bernoulli）方程、连续性方程和动量方程这三个流体力学的基本方程。

生产和输送流体的动力，主要来源于流体机械的机械能，例如水力输送的动力靠水泵；化铁炉的通风和气力输送的动力靠鼓风机或高压通风机等。为了掌握定型设备的选择，学习和了解专业生产常用的泵与风机的构造、工作原理及其主要性能参数，也是重要的。

流体的物理性质是决定流体平衡和运动规律的内部原因。因此，在没有讨论流体的力学规律之前，应首先了解流体的概念和流体的主要物理性质。

1.2 连续介质模型

1.2.1 流体的基本特征

地球上的物质存在的主要形式有固体、液体和气体。流体最基本的特征是在切应力作用下，会发生连续变形，因此流体可看作为连续介质。

流体与固体是物质的不同表现形式，都有下述三个物质基本特性：（1）由大量分子组成；（2）分子不断做随机热运动；（3）分子与分子之间存在着分子力的作用。

不过，这三个物质基本特性表现在气体、液体与固体方面却有量和质的差别。同样体积内的分子数目，气体少于液体，液体又少于固体；同样分子距上的分子力，气体小于液体，液体小于固体。于是，气体的分子运动有较大的自由程和随机性，液体则较小，而固体分子却只能围绕自身位置做微小的振动。

这些微观的差异导致的宏观表象：（1）固体有一定的体积和一定的形状；（2）液体有一定的体积而无一定的形状；（3）气体既无一定的体积也无一定的形状。

微观结构、宏观表象归根到底使得流体在力学性能上表现出两个基本特点：第一，流体不能承受拉力，因而流体内部不存在抵抗拉伸变形的拉应力；第二，液体在宏观平衡状态下不能承受剪切力，任何微小的剪切力都会导致流体连续变形、平衡破坏、产生流动。固体显然没有这两个特点，它能承受拉力、压力和剪切力，内部相应地产生拉应力、压应力和切应力以抵抗变形，外力或应力不大到一定数值，固体形状不会被破坏。

流体的这两个特点简称为流体的易流动性，易流动性既是流体命名的由来，也是流体区别于固体的根本标志。正因为流体具有流动性，才能实现在外力作用下，通过管道或孔道连续地将流体输送到指定地点。例如，熔融金属在静压头作用下，经浇铸系统流入铸型中。生活中的自来水也是用泵连续地输送到千家万户的。

1.2.2 流体质点与连续介质

从微观结构上来看，流体分子自然有一定的形状，因而分子与分子之间必然存在着一定的间隙，因此流体的物理量在空间上不是连续分布的。根据阿伏伽德罗（Avogadro）定律推算，在标准状况（$t = 0℃$，$p = 101325Pa$）下，每 $1mm^3$ 体积中的气体分子有 2.69×10^{16} 个，分子之间在 $10^{-6}s$ 内碰撞 10^{20} 次。液体分子排列更加紧密，每 $1mm^3$ 体积中的液体分子数目为 3×10^{21} 个。由此可见，分子间的间隙虽然很小，但毕竟是存在的。这是分子物理学研究物质属性及流体物理性质的出发点，否则无从解释物理性质中的许多现象。但是，对于研究宏观规律的流体力学来说，一般不需要探讨分子的微观结构，因而必须对流体的物理实体加以模型化，使之更适于研究大量分子的统计平均特性，更利于找出流体运动或平衡的宏观规律。

流体质点和连续介质的概念就是流体力学学科中必需引用的理论模型。所谓流体质点就是流体中宏观尺寸非常小而微观尺寸又足够大的任意一个物理实体，流体质点具有下述四层含义：（1）流体质点的宏观尺寸非常小。甚至小到仪器无法测量的程度，用数学术语来说，就是流体质点所占据的宏观体积极限为零，简记为 $\lim\Delta V \to 0$，极限为零并不等于零。（2）流体质点的微观尺寸足够大。这种宏观为零的尺寸用微观仪器度量必然又很可观，所谓微观尺寸足够大，就是说流体质点的微观体积必然大于流体分子尺寸的数量级，这样在流体质点内任何时刻都包含有足够多的流体分子，个别分子的行为不会影响质点总体的统计平均特性。（3）流体质点是包含有足够多分子在内的一个物理实体，因而在任何时刻都应该具有一定的宏观物理量。例如，流体质点具有质量，这质量就是所包含分子质量之和；流体质点具有温度，这温度就是所包含分子热运动动能的统计平均值；流体质点具有压强，这压强就是所包含分子热运动互相碰撞从而在单位面积上产生的压力的统计平均值。此外，流体质点也具有密度、流速、动量、动能、内能等宏观物理量，这些物理量的统计平均概念也均类似。(4) 流体质点的形状可以任意划定，因而质点和质点之间可以完全没有空隙，流体所在的空间中，质点紧密相接不断、无所不在。从而引出连续介质的概念。

一般研究的工程问题的特征长度远大于1mm，特征时间远大于 10^{-6} s，所以有足够的理由将流体看作是有连续分布的流体质点组成的。既然假定组成流体的最小物理实体是流体质点而不是流体分子，因而也就是等于假定流体是有无穷多个、无穷小的、紧密毗邻、连绵不断的流体质点所组成的一种绝无间隙的连续介质。流体力学研究的是连续介质这一流体的物理模型。

通常把流体中任意小的一个微元部分叫作流体微团，当流体微团的体积无限缩小并以某一坐标点为极限时，流体微团就成为处在这个坐标点上的一个流体质点，它在任何瞬时都应该具有确定的物理量，如质量、密度、压强、流速等。因而在连续介质中，流体质点的一切物理量必然都是坐标与时间 (x, y, z, t) 变量的单值、连续、可微函数，从而形成各种物理量的标量场和矢量场（也称为流场），这样我们就可以顺利地运用连续函数和场论等数学工具研究流体运动和平衡问题，这就是连续介质假定的重要作用。

用客观流体模型来代替微观有空隙的分子结构，这是1753年欧拉（Euler）首先采用的"连续介质"宏观流体模型。就是将真正的流体看成是由无限多流体质点所组成的稠密而无间隙的连续介质，也叫作流体连续性或稠密性的基本假设。

当然，流体连续性的基本假设只是相对的，例如在高真空的真空泵中，温度为293K的空气，当压力为 133.336×10^{-2} Pa（即 10^{-8} mmHg）时，其分子距离为4.3mm，这个数值与真空泵的尺寸就可以比拟了，这时的流体便是稀薄气体的"分子流"问题，就不能把气体看成是连续介质了。本书只是研究连续介质的力学问题。

1.3 量纲和单位及作用在流体上的力

1.3.1 量纲和流体力学常用单位

在流体力学中，需要描述和研究大量的流体或流体的特性，比如流体的密度、黏性、流体的速度、加速度等，因此必须规定定性和定量地描述流体或流动特性的量纲系统和单位制。量纲是流体或流动特性的定性表示，比如长度、质量、时间、速度等；单位则是某类特性的定量表示，即某类特性的大小，比如长度的大小、时间的长短、速度的快慢等。

量纲也称为因次，分为基本量纲和导出量纲，英文缩写为 dim。量纲用大写英文字母表示。在流体力学中，常用的基本量纲有长度、时间和质量，分别用 L、T 和 M 来表示。导出量纲是由基本量纲导出的量纲，比如速度，用 LT^{-1} 表示；力，用 MLT^{-2} 表示；压强，用 $ML^{-1}T^{-2}$ 表示；密度，用 ML^{-3} 表示；等等。

同样的长度用不同的单位来表示，其大小在数值上是不同的，比如1m的长度与3尺的长度相等，类似地，质量、时间等其他物理量的大小用不同的单位来表示，数值也不相同，这是由于人类在其发展进程中形成了不同的单位制。英美等西方国家历史上习惯采用英制，即英尺-磅-秒制，我国过去习惯上采用工程单位制，即尺-公斤-秒制。为了国际交流方便，1960年第11界国际计量大会通过了用国际单位制（SI单位制）来作为全世界统一的单位制。国际单位制是一种比较完善、科学、实用的单位制，目前已被世界上绝大多数国家宣布采用，我国目前的科技文献、图书基本都采用国际单位制，所以本书同样采用国际单位制。

在国际单位制中，规定了 7 个基本单位，分别是长度、质量、时间、电流、热力学温度、物质的量和发光强度，它们的单位名称和符号见表 1-1。其他物理量的单位可以通过基本单位推导得出，称为导出单位。流体力学中常用的基本单位和导出单位见表 1-2。

表 1-1　国际单位制的基本单位

量的名称	单位名称	单位符号
长度	米	m
质量	千克	kg
时间	秒	s
电流	安 [培]	A
热力学温度	开 [尔文]	K
物质的量	摩 [尔]	mol
发光强度	坎 [德拉]	cd

表 1-2　流体力学的常用单位

物理量	符号	类别	单位名称	国际单位制		量纲
				中文符号	国际代号	
长度	l、L	基本单位	米	米	m	L
质量	m		千克	千克	kg	M
时间	t, T		秒	秒	s	T
热力学温度	T		开 [尔文]	开	K	Θ
角度	θ	导出单位	弧度	弧度	rad	
力、压力	F		牛 [顿]	牛	N	MLT^{-2}
压强	p		帕 [斯卡]	帕	Pa	$ML^{-1}T^{-2}$
切应力	τ		帕 [斯卡]	帕	Pa	$ML^{-1}T^{-2}$
表面张力	σ		牛 [顿] 每米	牛/米	N/m	MT^{-2}
力矩	T, M		牛 [顿] 米	牛·米	N·m	ML^2T^{-2}
动量	p		牛 [顿] 秒	牛·秒	N·s	MLT^{-1}
动力黏度	μ		帕 [斯卡] 秒	帕·秒	Pa·s	$ML^{-1}T^{-1}$
运动黏度	ν		平方米每秒	米²/秒	m²/s	L^2T^{-1}
密度	ρ		千克每立方米	千克/米³	kg/m³	ML^{-3}
功（能）	E、W、Q		焦 [耳]	焦	J	ML^2T^{-2}
功率	P		瓦 [特]	瓦	W	ML^2T^{-3}
面积	A		平方米	米²	m²	L^2
体积	V		立方米	米³	m³	L^3
速度	v		米每秒	米/秒	m/s	LT^{-1}
角速度	ω		弧度每秒	弧度/秒	rad/s	T^{-1}
加速度	a		米每二次方秒	米/秒²	m/s²	LT^{-2}
摄氏温度	t		摄氏度	度	℃	Θ
体积流量	q_v		立方米每秒	米³/秒	m³/s	L^3T^{-1}

每一种量纲对应有不同的单位，比如长度、速度、力等在不同的单位制中具有不同的单位，但是对应同一个量纲的不同单位具有相同的性质，比如不同单位制中的长度单位都具有长度的性质，都表示物体的长度。

1.3.2 作用在流体上的力

任何物体的平衡和运动都是受力作用的结果。雨滴从天上掉下来是力作用的结果，苍茫的大海上平静的一滴水是平衡力作用的结果。因此，在研究流体的力学规律之前，必须首先分析作用在流体上的力的种类和性质。在流体力学的研究中，常常自流体内取出一个分离体作为研究对象，如图 1-2 所示体积为 V 的分离体。作用在流体分离体上的力可分为质量力和表面力两大类。

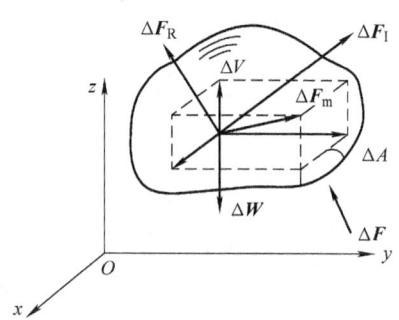

图 1-2　作用在流体上的力

1. 质量力

处于某种力场中的流体，所有质点均受与质量成正比的力，这个力称为质量力，也叫体积力。如重力就是在力学中常见的质量力，它是由重力场所施加的。当所研究的流体做加速运动时，根据达朗贝尔原理虚加于流体质点上的惯性力，以及做匀速旋转运动的流体所受到的离心力均属于质量力。为研究方便起见，前者常称为外质量力，后者称为惯性力。

在流体力学中，常采用单位质量力作为分析质量力的基础。单位质量力是指单位质量的流体所受到的质量力。显然，单位质量力的数值即为流体质点的加速度值 a 或 $\omega^2 r$。设单位质量力 $\boldsymbol{f}$ 在直角坐标系中三个坐标轴 x、y、z 方向的分量分别为 f_x、f_y、f_z，则 $\boldsymbol{f}$ 的表达式为

$$\boldsymbol{f} = f_x \boldsymbol{i} + f_y \boldsymbol{j} + f_z \boldsymbol{k} \tag{1-1}$$

式中，f_x、f_y、f_z 也就是加速度在三个轴向的分量。如在流体中取体积 ΔV，所含质量为 Δm，在重力场中（取直角坐标系的 z 轴垂直于水平面）单位质量力的分量为

$$f_x = 0$$

$$f_y = 0$$

$$f_z = \frac{-\Delta mg}{\Delta m} = -g$$

式中，负号表示所取坐标轴 z 的方向与重力加速度方向相反。

如图 1-2 所示，考虑到相对平衡的各种实际情况，质量力主要有重力 $\Delta \boldsymbol{W} = \Delta mg$、直线运动惯性力 $\Delta \boldsymbol{F}_I = \Delta m \cdot \boldsymbol{a}$、离心惯性力 $\Delta \boldsymbol{F}_R = \Delta m \cdot r\omega^2$ 等。这些力的矢量和用 $\Delta \boldsymbol{F}_m$ 表示，则

$$\Delta \boldsymbol{F}_m = \Delta m \cdot \boldsymbol{a}_m = \Delta m(f_x \boldsymbol{i} + f_y \boldsymbol{j} + f_z \boldsymbol{k})$$

如果微团极限缩为一点，有限增量符号 Δ 改成微分符号 d，则

$$\mathrm{d}\boldsymbol{F}_m = \mathrm{d}m \cdot \boldsymbol{a}_m = \mathrm{d}m(f_x \boldsymbol{i} + f_y \boldsymbol{j} + f_z \boldsymbol{k}) \tag{1-2}$$

式中，$\mathrm{d}\boldsymbol{F}_m$ 为作用在流体质点上的质量力。

由此可以看出，由流体受力状态很容易确定单位质量力的分量，因此质量力或单位质量力通常是已知的。采用这种分量形式为流体力学的研究提供了许多方便。

2. 表面力

表面力亦称面积力，是指作用在所研究流体外表面上与表面积大小成正比的力。这时表

面力指的是周围流体作用于分离体表面上的力。对于整个流体，这种表面力属于内力，彼此抵消。

由于表面力与作用面积成正比，因此我们将单位面积上的表面力称为应力，为使所研究的问题清楚起见，常将应力分为切向应力和法向应力简称切应力和法应力。切向应力 τ 是流体相对运动时因黏性内摩擦而产生的，因此，静止流体中不存在切向应力，即这时流体作用面积上只有法向应力作用。又因流体几乎不能承受拉力，只能承受压力，所以静止流体中的法向应力只能沿着流体表面的内法线方向，称为压力，其单位面积上的压力，即法向应力，称为压强 p。因流体不能承受拉力，所以除流体自由表面处的微弱张力外，在流体内部不存在拉力和张力。

在所取分离体表面上，取包围某点 A 的面积 ΔA，作用于 ΔA 的总表面力为 $\Delta \boldsymbol{F}$，其法向分量为 $\Delta \boldsymbol{F}_n$，切向分量 $\Delta \boldsymbol{F}_\tau$。当 ΔA 向 A 点收缩趋近于零时，得 A 点的应力、压强和切应力分别为

$$\sigma_A = \lim_{\Delta A \to 0} \frac{\Delta F}{\Delta A}$$

$$p_A = \lim_{\Delta A \to 0} \frac{\Delta F_n}{\Delta A}$$

$$\tau_A = \lim_{\Delta A \to 0} \frac{\Delta F_\tau}{\Delta A}$$

表面张力也是表面力的一种，它是作用在流体自由表面的沿作用面法线方向的拉力。

对于平衡流体来说，因为流体质点与质点之间或流体质点与容器之间都没有相对运动，按照牛顿内摩擦定律，在平衡流体内部也不存在切向摩擦力，因而作用在平衡流体上的表面力只有沿受压表面内法线方向的所谓流体静压力。下面讨论流体静压力的表达式。

流体静压力是一个有大小、方向、合力作用点的矢量，它的大小和方向都与其受压面密切相关。如图 1-2 所示，在流体分离体上取微元面积 ΔA，设作用在 ΔA 表面上的总压力大小为 $\Delta \boldsymbol{F}$，一般说来受压表面上各点流体静压力的强度不一定相等，$\Delta F / \Delta A$ 代表受压面上的平均流体静压强，而当 $\Delta A \to 0$ 时，流体微团极限成为某一个坐标 (x, y, z) 点上的流体质点，则平均流体静压强的极限

$$p = \lim_{\Delta A \to 0} \frac{\Delta F}{\Delta A} = \frac{\mathrm{d}F}{\mathrm{d}A} \tag{1-3}$$

称为一点的流体静压强。

在力学上，表面面积是矢量，称为面积矢，即

$$\mathrm{d}\boldsymbol{A} = \mathrm{d}A \cdot \boldsymbol{n} \tag{1-4}$$

式中，$\mathrm{d}A$ 是微元面积的大小，即面积矢的模；$\boldsymbol{n}$ 是微元面积外法线方向上的单位矢量，即面积矢的方向矢量。

由式（1-3）及式（1-4）不难得出微元表面上的流体静压力矢量的表达式为

$$\mathrm{d}\boldsymbol{F} = -p\mathrm{d}A\boldsymbol{n} \tag{1-5}$$

因而作用在某个有限表面 A 上的流体静压力矢量为

$$\boldsymbol{F} = -\int_A p\mathrm{d}A\boldsymbol{n} \tag{1-6}$$

式中，$-\boldsymbol{n}$ 说明流体静压力的方向是沿受压面的内法线方向；$p\mathrm{d}A$ 说明流体静压力的大小是

用微元面积乘以面上任何一点的流体静压强。

这里需要强调说明，工程上习惯把压强说成是压力，压力与压强混淆不分，压力表实际就是压强表。流体静压力与流体静压强虽然互有联系，但它们却是两个完全不同的物理概念。如式（1-6）所示，流体静压力是流体作用在受压面上的总作用力，是矢量、单位是牛顿，符号为 N，用大写字母 **F** 表示，它的大小和方向均与受压面有关，没有受压面也就谈不上流体静压力。而流体静压强则是一点上的流体静压力的强度，用小写字母 p 表示，单位是帕，符号为 Pa。在第 2 章将证明流体静压强没有方向性，它是一个标量，而不是矢量。

1.4 流体的物理性质

流体的物理性质都由反映流体宏观特性的物理量来描述，这些物理量通常都是空间和时间的函数。

1.4.1 流体的密度

流体也具有惯性。惯性是物体反抗外力作用而维持其原有运动状态的性质。要改变物体的运动状态，则必须克服惯性的作用。一般用物体的质量来表征物体惯性的量度，即质量越大则惯性越大。但是在多数情况下，流体的总质量是没有意义的。因此往往用密度来表征流体的惯性。这是代表流体质量的基本概念。如图 1-3 所示，在流体中任取一个流体微团 A，其微元体积为 ΔV，微元质量为 Δm。当微元无限小而趋近 $P(x, y, z)$ 点成为一个质点时，定义一点上流体密度为

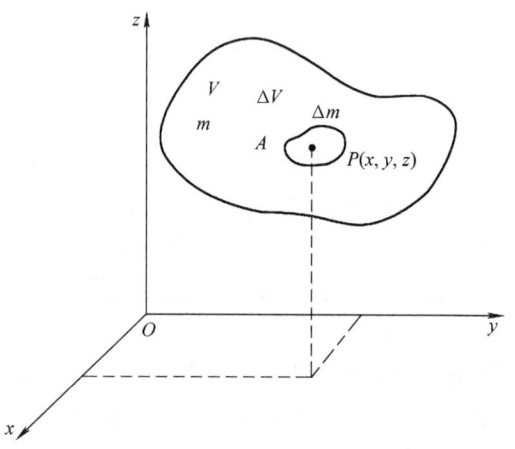

$$\rho = \lim_{\Delta V \to 0} \frac{\Delta m}{\Delta V} = \frac{\mathrm{d}m}{\mathrm{d}V} \qquad (1-7)$$

图 1-3 流体微元体

不同点上的 ρ 随各点的温度、压强状况而定。如果流体是均质的，则流体密度为

$$\rho = \frac{m}{V}(\mathrm{kg/m^3}) \qquad (1-8)$$

均质流体在空间上质量分布是均匀的，但流体密度仍然是可以随温度和压强而变化的。

此外，物理上还有一个相对密度的概念（这里指定参考物质为水），它是物体质量与同样体积 4℃蒸馏水质量之比，这是一个无量纲量。如果下角标 w 代表 4℃蒸馏水的相应物理量，则流体相对密度为

$$d = \frac{m}{m_{\mathrm{w}}} = \frac{\rho}{\rho_{\mathrm{w}}} \qquad (1-9)$$

4℃蒸馏水的相对密度当然是 1，则 4℃蒸馏水的密度 $\rho_{\mathrm{w}} = 1000\mathrm{kg/m^3}$。于是根据式（1-9）可知，流体密度的数值与相对密度的关系为

$$\rho = 1000d(\mathrm{kg/m^3})$$

只要知道流体的相对密度，按式（1-9）即可算出其密度。流体的密度与流体的压强和温度有关。表1-3 中列出 $p = 101325Pa$ 下水、原油、空气相对密度随温度的变化。表1-4 中列出 $p = 101325Pa$ 下 20℃ 时常见气体的物理性质。表1-5 中列出 $p = 101325Pa$ 下常见液体的物理性质。

表1-3　$p = 101325Pa$ 下水、原油、空气相对密度随温度的变化

温度/℃	0	5	10	15	20
水	0.9998	1.000	0.9997	0.9991	0.9982
原油	0.8693	0.8662	0.8631	0.8600	0.8569
空气	1.293×10^{-3}	1.273×10^{-3}	1.248×10^{-3}	1.226×10^{-3}	1.205×10^{-3}
温度/℃	25	30	40	50	60
水	0.9970	0.9957	0.9922	0.9880	0.9832
原油	0.8538	0.8507	0.8445	0.8383	0.8321
空气	1.185×10^{-3}	1.165×10^{-3}	1.128×10^{-3}	1.098×10^{-3}	1.060×10^{-3}
温度/℃	70	80	90	100	
水	0.9778	0.9718	0.9653	0.9584	
原油	0.8259	0.8196	0.8136	0.8074	
空气	1.029×10^{-3}	1.000×10^{-3}	0.973×10^{-3}	0.946×10^{-3}	

表1-4　常见气体的物理性质（101325Pa、20℃）

气体	摩尔质量 $M/(g/mol)$	摩尔气体常数 $R_g/[J/(kg \cdot K)]$	定压比热容 $C_p/[J/(kg \cdot K)]$	定容比热容 $C_V/[J/(kg \cdot K)]$	密度 $\rho/(kg/m^3)$	动力黏度 $\mu/(Pa \cdot s)$	运动黏度 $\nu/(m^2/s)$	绝热指数 γ
空气	28.96	287.0	1005	717.2	1.205	0.180×10^{-4}	14.9×10^{-6}	1.400
沼气	16.04	518.3	2191	167.2	0.668	0.134×10^{-4}	20.0×10^{-6}	1.310
一氧化碳	28.01	296.5	1032	734.7	1.16	0.182×10^{-4}	15.7×10^{-6}	1.404
二氧化碳	44.01	188.9	815	621.2	1.84	0.148×10^{-4}	8.0×10^{-6}	1.304
氢	2.02	4124.0	14180	10060.0	0.0839	0.090×10^{-4}	107.0×10^{-6}	1.410
氮	28.01	296.2	1032	734.8	1.16	0.176×10^{-4}	15.2×10^{-6}	1.404
氧	32.00	259.8	6600	471.1	1.33	0.200×10^{-4}	15.0×10^{-6}	1.401
氦	4.003	2007.0	5192	3115	0.166	0.197×10^{-4}	118.0×10^{-6}	1.667

表1-5　常见液体的物理性质（101325Pa）

液体	温度 $t/℃$	相对密度 d	密度 $\rho/(kg/m^3)$	压缩率 κ_T/Pa^{-1}	体积模量 K/MPa	动力黏度 $\mu/(Pa \cdot s)$	运动黏度 $\nu/(m^2/s)$	汽化压强 p_v/Pa(绝对)	表面张力 $\sigma/(N/m)$
蒸馏水	4	1	1000	0.46×10^{-9}	2.06	1.52×10^{-3}	1.52×10^{-6}	870	0.075
苯	20	0.895	895	0.97×10^{-9}	1.03	0.65×10^{-3}	0.73×10^{-6}	10000	0.029
四氯化碳	20	1.588	1588	0.91×10^{-9}	1.10	0.97×10^{-3}	0.61×10^{-6}	12100	0.027
原油	20	0.856	856	—	—	7.2×10^{-3}	8.4×10^{-6}	—	0.030
汽油	20	0.678	678	—	—	0.29×10^{-3}	0.43×10^{-6}	55000	—

（续）

液体	温度 $t/℃$	相对密度 d	密度 $\rho/(kg/m^3)$	压缩率 κ_T/Pa^{-1}	体积模量 K/MPa	动力黏度 $\mu/(Pa\cdot s)$	运动黏度 $\nu/(m^2/s)$	汽化压强 $p_v/Pa(绝对)$	表面张力 $\sigma/(N/m)$
甘油	20	1.258	1258	0.23×10^{-9}	4.35	1490×10^{-3}	1184×10^{-6}	0.014	0.063
煤油	20	0.808	808	—	—	1.92×10^{-3}	2.4×10^{-6}	3200	0.025
汞	20	13.59	13590	0.04×10^{-9}	26.2	1.63×10^{-3}	0.12×10^{-6}	0.170	0.510
润滑油	20	0.918	918	—	—	440×10^{-3}	479×10^{-6}	—	—
水	20	0.998	998	0.46×10^{-9}	2.18	1.00×10^{-3}	1.00×10^{-6}	2340	0.073
海水	20	1.025	1025	0.43×10^{-9}	2.336	1.08×10^{-3}	1.05×10^{-6}	2300	0.074
酒精	20	0.789	789	1.1×10^{-9}	0.896	1.19×10^{-3}	1.5×10^{-6}	5900	0.022
辛烷	20	0.702	702	1.15×10^{-9}	0.867	0.55×10^{-3}	0.78×10^{-6}	14000	0.022
松节油	20	0.862	862	0.88×10^{-9}	1.137	1.49×10^{-3}	1.73×10^{-6}	5100	0.027
蓖麻油	20	0.960	960	0.53×10^{-9}	1.876	0.96×10^{-3}	1.00×10^{-6}	—	—
亚麻仁油	20	0.942	942	0.57×10^{-9}	1.762	0.46×10^{-3}	0.48×10^{-6}	—	—
液氢	-257	0.072	72	—	—	0.02×10^{-3}	0.29×10^{-6}	21400	0.025
液氧	-195	1.206	1206	—	—	82×10^{-3}	68×10^{-6}	21400	0.015

1.4.2 流体的压缩性和膨胀性

流体相对密度、密度随温度与压强变化，其原因是流体内部分子间存在着间隙。压强增大，分子间距减小，体积压缩；温度升高，分子间距增大，体积膨胀。流体都具有这种可压缩能膨胀的性质，不过气体的压缩性和膨胀性较液体更为显著。

1. 压缩性和膨胀性

压缩性和膨胀性的方程表示法仅用于气体，将在第9章中陈述。为了从数量概念上直观表达流体压缩性和膨胀性的大小，除方程表示法外，还有一种系数表示法。

（1）流体的体膨胀系数

如图1-4所示，流体在压强为 p、温度 T 时的初始体积为 V。设当压强不变温度增加到 $T+\Delta T$ 时，流体体积膨胀到 $V+\Delta V$。体积相对变化量 $V/\Delta V$ 与 ΔT 比值的极限称为流体的体膨胀系数，用 α_V 表示，即

$$\alpha_V = \lim_{\Delta T\to 0}\frac{\Delta V/V}{\Delta T} = \lim_{\Delta T\to 0}\frac{\Delta V}{\Delta T\cdot V} = \frac{1}{V}\frac{dV}{dT} = \frac{1}{V}\frac{dV}{dt}$$

（1-10）

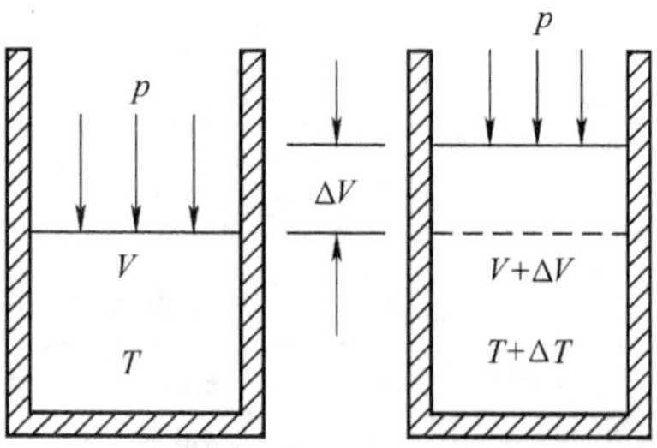

图1-4 流体在定压下的体积膨胀

式中，α_V 的单位符号是 K^{-1}；t 为摄氏温度。

体膨胀系数的物理意义是，当压强不变时，每增加单位温度所产生的流体体积相对变化率。通常液体体膨胀系数很小，一般工程中，当温度变化不大时，可不予考虑。气体体膨胀系数可由状态方程求得 $\alpha_V = 1/T$，相对而言气体膨胀系数就很大。

（2）流体的体积压缩率

如图 1-5 所示，在温度为 T、压强为 p 时，流体的体积为 V；当温度不变，压强增大到 $p + \Delta p$ 时，流体体积减少到 $V - \Delta V$。体积相对变化量 $-\Delta V/V$ 与 Δp 比值的极限称为流体的等温压缩率，用 κ_T 表示，即

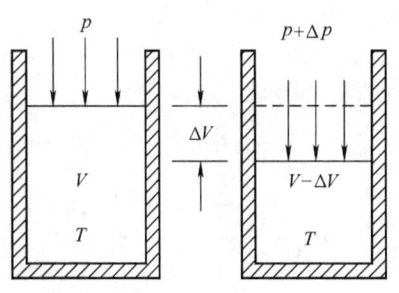

图 1-5　流体在等温下的体积压缩

$$\kappa_T = \lim_{\Delta p \to 0} \frac{-\Delta V/V}{\Delta p} = \lim_{\Delta p \to 0} \left(-\frac{1}{V} \frac{\Delta V}{\Delta p} \right) = -\frac{1}{V} \frac{dV}{dp}$$

$$(1-11)$$

式中，κ_T 的单位符号是 Pa^{-1}。流体等温压缩率的物理意义是，当温度不变时，每增加单位压强所产生的流体体积相对变化率。

气体的等温压缩率亦可由状态方程求得 $\kappa_T = 1/p$。在理想气体范围内，压强越高，气体的等温压缩率越小，压缩越困难；反之，压强较低时，气体比较容易压缩。

（3）流体的体积模量

在工程上也常用 κ_T 的倒数来表示压缩性，κ_T 的倒数用 K 表示，称作流体的体积模量，即

$$K = \frac{1}{\kappa_T} = \lim_{\Delta V \to 0} \left(\frac{\Delta p}{-\Delta V/V} \right) = -V \lim_{\Delta V \to 0} \frac{\Delta p}{\Delta V} = -V \frac{dp}{dV}$$

$$(1-12)$$

式中，K 的单位符号是 Pa。K 的物理意义是，当温度不变时，每产生一个单位体积相对变化率所需要的压强变化量。K 值越大（κ_T 越小）表示流体越不容易压缩。

2. 不可压缩流体的概念

为了研究问题方便，规定等温压缩率和体膨胀系数完全为零的流体叫作不可压缩流体。这种流体受压体积不减小，受热体积不膨胀，因而其密度、相对密度均为恒定常数。这样讨论其平衡和运动规律自然简单得多。

绝对不可压缩的流体实际上并不存在，但是在通常条件下，液体以及低速运动的气体的压缩性对其运动和平衡问题并无太大影响，忽略其可压缩性，而直接用不可压缩流体理论分析，所得结果与实际情况有时是非常接近的。以水为例，在 0℃ 和 0.5MPa 时，压力升高 0.1MPa，其体积变化约为十万分之五。气体的可压缩性较大，其体积与压强成反比，即压强增加一倍，体积缩小一半。气体大多数情况下被看作可压缩流体。

可压缩与不可压缩却又是截然不同的概念。液体平衡和运动的绝大多数问题可以用不可压缩流体理论解决，但液体毕竟还存在着一定的压缩性，当遇到液体压缩性起关键作用的水击现象、液压冲击、水中爆炸波的传播等问题时，就必须按可压缩流体来分析。气体可压缩性比较大，因而气体平衡和运动的大多数问题需要按可压缩流体理论对待。可是，在低温、低压、低速条件下，考虑或不考虑气体压缩性，所得结果有时也并无太大出入，因此作为近似分析，采用不可压缩流体理论处理此类问题，即可简化计算又可得到一定准确度的结果。例如，对于低速压气机、通风机、内燃机进气系统、低压气体输送、低温烟道等气流计算问题，在气流马赫数 $Ma < 0.3$ 情况下，有时也可采用不可压缩流体理论分析。实践证明，不可压缩流体模型虽然实际并不存在，但却有很大的理论和实用价值。

例 1-1　如图 1-6 所示，发动机冷却水系统的总容量（包括水箱、水泵、管道、气缸水套等）为

200L。20℃的冷却水经过发动机后变为80℃，假如没有风扇降温，试问水箱上部需要空出多大容积才能保证水不外溢？
[已知水的体（膨）胀系数的平均值为 $\alpha_V = 5 \times 10^{-4} ℃^{-1}$]

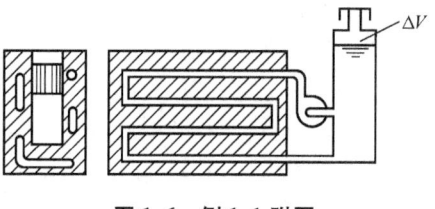

图1-6　例1-1附图

解：根据题意

$$\alpha_V = \frac{1}{V} \cdot \frac{\Delta V}{\Delta t}, \Delta V = \alpha_V V \Delta t = \alpha_V (V_0 - \Delta V) \Delta t$$

$$= \alpha_V V_0 \Delta t - \alpha_V \Delta V \Delta t$$

故
$$\Delta V = \frac{\alpha_V V_0 \Delta t}{1 + \alpha_V \Delta t} = \frac{5 \times 10^{-4} \times 0.2 \times 60}{1 + 5 \times 10^{-4} \times 60} m^3$$

$$= 5.825 \times 10^{-3} m^3 = 5.825L$$

1.5　流体的黏性

流体与固体的最大区别是能够流动。可不同的流体流动性却差别很大，比如水容易流动，而油的流动性就不如水，熔化的沥青液流动性就更差了。那么流动性不同的原因是什么呢？如何定量衡量流体的流动性大小呢？本节来解决这个问题。

1.5.1　牛顿内摩擦定律

1. 黏性的概念

流体本身阻滞其质点相对滑动的性质称为流体的黏性。流体的黏性是流体的一种属性。

牛顿在其名著《自然哲学的数学原理》中研究了流体的黏性。如图1-7所示，在互相平行且间隙 δ 很小的两板之间充满液体，下板固定，上板受 F 力作用并以匀速 v_0 沿 x 方向运动。由于流体与固体分子间的附着力，紧贴上板附近的一层流体黏附于上板一起以速度 v_0 运动，紧贴下板附近的一层流体黏附于下板而固定不动。在流体内部由于液体分子间的内聚力，上

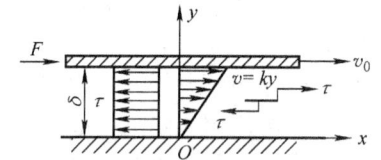

图1-7　平行平板间的黏性流动

层流体必然带动下层流体，而下层流体必然阻滞上层流体，于是在液流横截面上就出现了如图所示的速度分布，当间隙 δ 很小时，速度分布近似直线规律 $v = ky$。可以设想，不同速度的流体层之间互相滑动必然在层与层之间产生内部摩擦力或切应力 τ。这种切应力作为流体内力，总是相等相反地成对出现，并分别作用在紧邻两层流体上。

在流体内部如果取出与 x 轴平行的一个极薄的液层作为微元体，则上面比它运动速度大的液层作用在其上的切应力向右，下面比它运动速度小的液层作用在其上的切应力向左，这是属于流体内部的切应力。如果取液体外边界的上、下平板为分离体，则液体的切应力就会表现为阻止上板运动的摩擦力，或者表现为拖拉下面固定平板的摩擦力。反之，如果取整个流体为分离体，则运动平板拖拉顶部液层向右，固定平板阻止底部液层运动。

总之，流体运动时内部产生切应力的这种性质叫作流体的黏性。固体没有这种性质。流体处于平衡状态时，其黏性无从表现，只有当流体运动时，其黏性才能显示出来。黏性不仅影响流体运动的形态和性质，而且也影响流体运动中许多物理量的数值，为了研究流体运动，这里首先介绍黏性的基本规律及黏性的表示方法。

2. 牛顿内摩擦定律

牛顿对图1-7所示的流动进行实验研究，发现推动上板的外力 F 与上板运动速度 v_0 及摩擦面积 A 成正比，与两板之间的微小距离 δ 成反比，比例常数 μ 与充入两板之间的流体种类及其温度、压强状况有关。与固体不同的是，外力 F 的大小，也就是流体对上板的反作用摩擦力 F' 的大小（习惯用 F 代替 F'），却与上板的正压力没有关系。根据实验可得流体对上板的摩擦力为

$$F = \mu \frac{v_0}{\delta} A \tag{1-13}$$

克服摩擦维持上板以匀速 v_0 运动所需要的摩擦功率为

$$P = F v_0 = \mu \frac{v_0^2}{\delta} A \tag{1-14}$$

流体中的切应力为

$$\tau = \frac{F}{A} = \mu \frac{v_0}{\delta} \tag{1-15}$$

式中，v_0/δ 代表沿速度的垂直方向每单位长度上的速度变化率，一般称为速度梯度。因此式(1-15)表明流体中的切应力与速度梯度成正比。当两平板间的速度分布 $v = v(y)$ 为直线规律时，液流横截面上各点的速度梯度是一个常数，因而液流横截面上各点的切应力也是一个常数，沿液流截面的切应力分布如图1-7所示。图中切应力的方向是按低速液层对高速液层的作用而表示的。有时 $v = v(y)$ 液流截面上的速度分布不一定是直线规律，有抛物线等多种形式，此时液流截面上一点的速度梯度 $\lim\limits_{\Delta y \to 0} \frac{\Delta v}{\Delta y} = \frac{\mathrm{d}v}{\mathrm{d}y}$，是 y 坐标的函数，因而液流中的切应力也是 y 坐标的函数，其大小为

$$\tau = \mu \frac{\mathrm{d}v}{\mathrm{d}y} \tag{1-16}$$

式(1-16)称为牛顿黏性公式，也称牛顿内摩擦定律。比例常数 μ 表征了流体抵抗变形的能力，代表在单位速度梯度这样一个统一的标准之下有不同大小的切应力，因而也就有不同的黏性，即能反映流体黏性的大小，称为流体的动力黏度，或简称为黏度。动力黏度 μ 与流体种类有关，不同流体，其黏性不同，其比例常数 μ 也就不同。动力黏度

$$\mu = \frac{\tau}{\mathrm{d}v/\mathrm{d}y} \tag{1-17}$$

黏度是流体的重要属性，它是流体温度和压力的函数。工程上还常用动力黏度 μ 与液体密度 ρ 的比值来表示黏度，称为流体的运动黏度，表示为

$$\nu = \frac{\mu}{\rho} \tag{1-18}$$

动力黏度 μ 具有动力学量纲，$\dim\mu = \mathrm{L}^{-1}\mathrm{M}\mathrm{T}^{-1}$，其单位是 $\frac{\mathrm{N}}{\mathrm{m}^2} \cdot \mathrm{s} = \mathrm{Pa} \cdot \mathrm{s}$；运动黏度 ν 有运动学量纲，$\dim\nu = \mathrm{L}^2\mathrm{T}^{-1}$，其单位是 m^2/s 或 cm^2/s、mm^2/s。

μ 的物理意义是单位速度梯度下的切应力，因而从 μ 的大小可以直接判断流体黏性的大小。ν 的物理意义是运动黏度与密度之比，如果两种流体的密度相差很多，单纯从 ν 的数值上判断不了它们的黏性大小。ν 的值只适合于判别密度几乎恒定的同一种流体在不同温度和

压强下黏性的变化情况。

利用牛顿内摩擦定律计算流体的黏性摩擦力，一般需要知道液流的速度分布规律，不过对机械工程中常见的缝隙流动来说，即使暂时不知道准确速度分布规律，只要缝隙尺寸较小，不论任何曲线总可以近似地看成是直线，于是可以用平均的速度梯度近似地代表液流与固体接触表面处的速度梯度。这样计算的切应力与表面摩擦力虽然不精准，但是因为缝隙尺寸相对较小，一般也不会产生太大的误差。在通常工程所允许的精度范围内，用这种近似计算也是很可靠的。只有精度要求较高时，才需要寻求其精确解，这部分内容将在第 7 章中介绍。

3. 牛顿流体与非牛顿流体

并不是所有的流体都遵守牛顿内摩擦定律，即流动过程中切应力和变形率成正比，其黏性系数为常数。据此，将流体分为两大类：凡遵守牛顿内摩擦定律的流体称为牛顿流体，反之称为非牛顿流体。空气、水、石油等绝大多数机械工业中常用的流体都是牛顿流体。非牛顿流体又有三种不同类型：第一种是塑性流体，如凝胶、牙膏等；第二种是假塑性流体，如泥浆、纸浆、高分子溶液等；第三种是胀塑性流体，如乳化液、油漆、油墨等。

非牛顿流体流动中切应力和变形率之间的关系很复杂，有的与切应力作用的时间长短有关，有的与切应力的大小有关，而有的只有应力高于其屈服应力时才表现出流体的特性。研究非牛顿流体受力和运动规律的科学称为流变学。非牛顿流体多数用在化工、轻工、食品等工业方面，而机械工程中所遇到的流体绝大多数都是牛顿流体，故本书仅讨论牛顿流体。

4. 黏度的变化规律

流体黏度随温度和压强而变化，由于分子结构及分子运动机理不同，液体和气体的黏度变化规律是迥然不同的。一般情况下，流体黏度受温度影响的幅度比受压强影响大。

液体黏度的大小取决于分子间距和分子引力，当温度升高或压强降低时，液体膨胀、分子间距增大、分子引力减小，故黏度降低。反之，温度降低或压强升高时，液体黏度增大。这种黏度变化规律可用指数形式表达为

$$\mu = \mu_0 e^{\alpha p - \lambda(t - t_0)} \tag{1-19}$$

式中，μ_0 是温度为 t_0（可取 $t_0 = 0℃$、$15℃$ 或 $20℃$ 等已知常温）、计示压强为零时的液体动力黏度；μ 是温度为 t、计示压强为 p 时的液体动力黏度；α 是压强升高时反映液体黏度增大快慢程度的一个指数，一般称为液体的黏压指数；λ 是温度升高时反映液体黏度降低快慢程度的一个指数，一般称为液体的黏温指数。

单独考虑压强或温度的影响时，可将式（1-19）分解为

$$\mu = \mu_0 e^{\alpha p} \tag{1-20}$$

和

$$\mu = \mu_0 e^{-\lambda(t - t_0)} \tag{1-21}$$

通常情况下，水的黏压指数约为 $\alpha = 0.0007$，液压油的黏压指数 $\alpha = 0.002 \sim 0.003$；液体的黏温指数 $\lambda = 0.035 \sim 0.052$。由此可见，液体黏度受压强的影响不很显著，低于 $10^7 Pa$ 的情况下，常常忽略此种影响。液体黏度受温度的影响是非常明显的，液体温度稍有升高，则各种液体的动力黏度和运动黏度均有明显下降。这种现象是影响非等温流动（如液压传动及远程石油输送等）性能的一个重要因素。压力不变时，温度为 t 时，水的动力黏度 μ 可用下式近似计算：

$$\mu = \frac{\mu_0}{1 + 0.03368t + 0.000221t^2} \tag{1-22}$$

式中，μ_0 为水在 0℃时的动力黏度，$\mu_0 = 1.792 \times 10^{-3} \text{Pa} \cdot \text{s}$。

气体与液体的黏度变化规律不同。因为气体分子间距比较大而且分子运动比较剧烈，影响气体黏度大小的主要因素不是分子引力而是分子热运动所产生的动量交换。按照分子运动论，气体动力黏度的统计平均值为

$$\mu = \frac{1}{3}\rho v l \tag{1-23}$$

式中，分子密度 ρ 与温度成反比、与压强成正比；分子运动平均速度 v 及分子平均自由程 l 均与温度成正比、与压强成反比。所以，当温度升高时，气体动力黏度与运动黏度增大，而当压强提高时，气体动力黏度与运动黏度减小。气体与液体的黏度变化规律完全相反，这是因为二者内部分子运动机理不同的缘故。压力不变时，不同温度下的气体动力黏度 μ 可用下式计算：

$$\mu = \mu_0 \frac{273 + B}{T + B}\left(\frac{T}{273}\right)^{1.5} \tag{1-24}$$

式中，μ_0 为气体在 0℃时的动力黏度，$\mu_0 = 1.710 \times 10^{-5} \text{Pa} \cdot \text{s}$；$T$ 为气体热力学温度；B 为温度校正常数，对于空气 $B = 124\text{K}$。

表 1-6 给出了常压下不同温度时水、空气的黏度数值。

表 1-6　常压下不同温度时水、空气的黏度数值

温度 $t/℃$	水		空气	
	$\mu/(\text{Pa} \cdot \text{s})$	$\nu/(\text{m}^2/\text{s})$	$\mu/(\text{Pa} \cdot \text{s})$	$\nu/(\text{m}^2/\text{s})$
0	1.792×10^{-3}	1.792×10^{-6}	0.0172×10^{-3}	13.7×10^{-6}
10	1.308×10^{-3}	1.308×10^{-6}	0.0178×10^{-3}	14.7×10^{-6}
20	1.005×10^{-3}	1.007×10^{-6}	0.0183×10^{-3}	15.7×10^{-6}
30	0.801×10^{-3}	0.804×10^{-6}	0.0187×10^{-3}	16.6×10^{-6}
40	0.656×10^{-3}	0.661×10^{-6}	0.0192×10^{-3}	17.6×10^{-6}
50	0.549×10^{-3}	0.556×10^{-6}	0.0196×10^{-3}	18.6×10^{-6}
60	0.469×10^{-3}	0.477×10^{-6}	0.0201×10^{-3}	19.6×10^{-6}
70	0.406×10^{-3}	0.415×10^{-6}	0.0204×10^{-3}	20.6×10^{-6}
80	0.357×10^{-3}	0.367×10^{-6}	0.0210×10^{-3}	21.7×10^{-6}
90	0.317×10^{-3}	0.328×10^{-6}	0.0216×10^{-3}	22.9×10^{-6}
100	0.284×10^{-3}	0.296×10^{-6}	0.0218×10^{-3}	23.6×10^{-6}

1.5.2　理想流体的模型

自然界中的流体都是有黏性的，因此实际流体都是黏性流体。但正是由于黏性的存在，给流体运动的数学描述和求解带来了很大的困难，所以就采取了一个变通的方法，提出了客观上并不存在的理想流体的概念。

理想流体是流体力学中的一个重要假设模型。假定不存在黏性，即其黏度 $\mu = \nu = 0$ 的流

体为理想流体或无黏性流体。这种流体在运动时不仅内部不存在摩擦力而且在它与固体接触的边界上也不存在摩擦力。理想流体虽然事实上并不存在，但这种理论模型却有重大的理论和实际价值。因为有些问题，例如边界层以外的主流区黏性并不起重大作用，忽略黏性可以容易地分析其力学关系，所得结果与实际并无太大出入。另外，在一些速度梯度很小的场合，可不考虑黏性对结果精度的影响，比如飞机飞行过程中，离机翼较远的一些空气中，空气的黏性对飞行的影响很小，在这些流场中就可忽略空气的黏性。有些问题虽然流体黏性不可忽视，但可以先忽略流体的黏性，使问题得到简化，对理想流体运动进行数学描述和问题求解，然后再考虑有黏性影响时的修正方法，这样问题就容易解决。因为黏性影响非常复杂，研究流体运动，如果将实际因素通盘考虑在内，则问题有时难以解决。理想流体的运动则简单得多，所得结果虽然与实际有差别，但作为定性分析仍然有可供参考之处。

没有黏性或黏度为零的流体称为理想流体。理想流体运动学和动力学立论严谨，范围广泛，这些理论对于分析实际问题都有重大作用，不可因为没有理想流体而忽视理想流体理论的重要性。需要强调的是，第9章热力学中的理想气体的概念和流体力学中理想气体的概念完全不同，所以有时流体力学中所说的"理想气体"是指热力学中的"完全气体"。

例 1-2 有两个同心圆筒，长 $L=300\text{mm}$，间隙 $\delta=10\text{mm}$，间隙内充有密度 $\rho=900\text{kg/m}^3$、运动黏度 $\nu=0.26\times10^{-3}\text{m}^2/\text{s}$ 的油，内筒直径 $d=200\text{mm}$，它以角速度 $\omega=10\text{rad/s}$ 转动，求施加于内筒的转矩 T。

解：内筒的线速度为 ωr，内筒表面的黏性切应力为 $\tau=\mu\omega r/\delta$，内筒表面积为 $2\pi rL$，因此，黏性力对转轴的力矩等于外力矩 T，即

$$T=\mu\frac{\omega r}{\delta}\cdot2\pi rLr$$

以 $\mu=\rho\nu=0.234\text{Pa}\cdot\text{s}$，$\omega=10\text{rad/s}$，$\delta=10^{-2}\text{m}$，$r=d/2=0.1\text{m}$，$L=0.3\text{m}$ 代入，得 $T=0.4411\text{N}\cdot\text{m}$。

如果我们再计算出外筒受到的黏性力的力矩，就会发现，内外筒受到的力矩并不相等。仿照上面计算，外筒受到的力矩为

$$T=\mu\frac{\omega r}{\delta}2\pi(r+\delta)L(r+\delta)=0.5337\text{N}\cdot\text{m}$$

事实上，内外筒的力矩应该相等。产生上面的误差的原因在于油液的速度并不是严格的线性分布。

例 1-3 设有黏度 $\mu=0.5\text{Pa}\cdot\text{s}$ 的牛顿流体沿壁面流动，其速度分布为抛物线型，$y_1=60\text{mm}$，$v_{\max}=1.08\text{m/s}$，抛物线的顶点位于 A 点，如图 1-8 所示。分别求 $y=0$、$y=20\text{mm}$、$y=40\text{mm}$ 各点处的切应力。

解：设抛物线的方程为 $v=ay^2+by+c$，又因为抛物线过原点，因此可知：$c=0$。

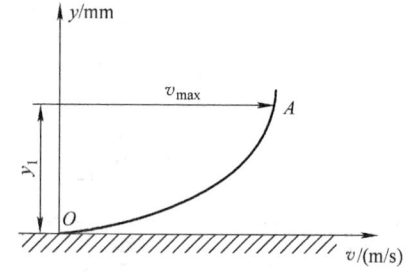

图 1-8 例 1-3 附图

又顶点在 A 点，因此有

$$-\frac{b}{2a}=y_1=0.06\text{m}$$

将 $y=0.06\text{m}$ 代入抛物线方程可得

$$v_{\max}=a\times0.06^2+b\times0.06=1.08\text{m/s}$$

联立解得
$$a=-300,\quad b=36$$

则有
$$v=-300y^2+36y,\quad dv=-600ydy+36dy,\quad \frac{dv}{dy}=-600y+36$$

又因为 $\tau=\mu\dfrac{dv}{dy}$，则可得

在 $y=0$ 处，切应力 $\tau=(0.5\times36)\text{Pa}=18\text{Pa}$；

在 $y = 20\text{mm}$ 处，切应力 $\tau = (0.5 \times 24)\,\text{Pa} = 12\text{Pa}$；

在 $y = 40\text{mm}$ 处，切应力 $\tau = (0.5 \times 12)\,\text{Pa} = 6\text{Pa}$。

例1-4　如图1-9所示滑动轴承，转轴直径 $d = 0.36\text{m}$，轴承长度 $l = 1\text{m}$，轴与轴承之间的缝隙 $\delta = 0.2\text{mm}$，其中充满动力黏度 $\mu = 0.72\text{Pa} \cdot \text{s}$ 的油，轴的转速 $n = 200\text{r/min}$。试求克服油的黏性阻力所消耗的功率。

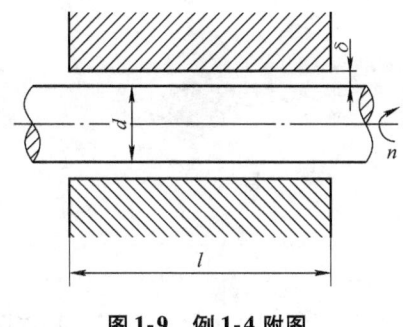

图1-9　例1-4附图

解：油层与轴承接触面上的速度为零，与轴接触面上的速度等于轴面上的线速度，即

$$v = \omega r = r\frac{\pi n}{30} = \left(0.18 \times \frac{\pi \times 200}{30}\right)\text{m/s} = 3.77\text{m/s}$$

设油层在缝隙内的速度为直线分布，即 $\dfrac{\mathrm{d}v_x}{\mathrm{d}y} = \dfrac{v}{\delta}$，则轴表面上的切向力

$$F_\text{t} = \tau A = \mu\frac{v}{\delta}\pi dl = \left(0.72 \times \frac{3.77}{2 \times 10^{-4}} \times \pi \times 0.36 \times 1\right)\text{N} = 1.535 \times 10^4\text{N}$$

克服摩擦所消耗的功率为

$$P = F_\text{t}v = (1.535 \times 10^4 \times 3.77)\text{W} = 5.79 \times 10^4\text{W} = 57.9\text{kW}$$

例1-5　如图1-10所示，一个圆柱体沿管道内壁下滑。圆柱体直径 $d = 100\text{mm}$，长 $L = 300\text{mm}$，自重 $W = 10\text{N}$。管道直径 $D = 101\text{mm}$，倾角 $\theta = 45°$，内壁涂有润滑油。测得圆柱体下滑速度为 $v = 0.23\text{m/s}$，求润滑油的动力黏度 μ。

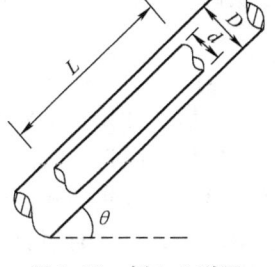

图1-10　例1-5附图

解：圆柱体表面的黏性切应力为

$$\tau = \mu\frac{v}{\delta}$$

黏性力与重力在斜面上的分量相等，即

$$W\sin\theta = \mu\frac{v}{\delta}\pi dL$$

于是

$$\mu = \frac{W\delta\sin\theta}{\pi dLv} = 0.1631\text{Pa} \cdot \text{s}$$

1.6　流体的表面张力与汽化压强

1.6.1　液体表面张力与毛细管现象

在日常生活中，经常可以看到收缩成球状的液滴，比如树叶上的水珠，平滑固体片面上滚动的水银珠等。为什么处于自由状态的液滴要收缩成球状呢？答案是液滴与大气的接触面，即自由表面内存在表面张力的缘故，这可以从下面的实验中可以得到证实。把一根棉线拴在铁丝环上，如图1-11所示。把铁丝环浸没在肥皂水里然后拿出，会发现铁丝环上出现一层肥皂薄膜，如图1-11a所示；如果用针刺破棉线左侧的薄膜，则棉线被其右侧的薄膜拉向右侧而弯曲，如图1-11b所示；反之，如果用针刺破棉线右侧的薄膜，则棉线被其左侧的薄膜拉向左侧而弯曲，如图1-11c所示。很显然，这种引起薄膜收缩的力就是沿薄膜平面的表面张力。

任意两相邻液体表面之间，与其分界线垂直且沿液体表面的单位长度分界线上相互作用

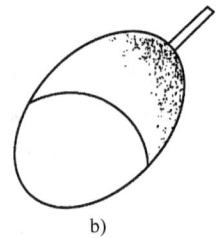
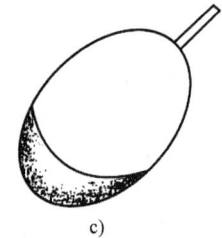

a)　　　　　　　　b)　　　　　　　　c)

图 1-11　表面张力

的拉力，称为表面张力，用符号 σ 表示，其单位为 N/m。表面张力是如何产生的呢？下面来分析其机理。液体的分子间是有吸引力的，其作用半径 R 为 $10^{-10} \sim 10^{-8}$ m。如果液体内的分子与自由表面的距离大于或等于半径 R，如图 1-12 中所示分子 a 和 b，则周围液体分子对该分子的吸引力互相平衡。但是对于像 c 和 d 这样的液体分子，在半径为 R 的球面上是分子稀少的大气，这些大气分子对 c 和 d 的吸引力与液面液体分子对 c 和 d 的吸引力不相平衡，产生一个自液面指向液体内部中心的合力 F_N，对于分子 d 来说，这种合力达到最大。在这种合力的作用下，液面上的液体分子被紧紧地拉向液体内部，则必然在液面内的分子间形成拉力，这种拉力就是液体的表面张力。其计算式为

$$\sigma = \frac{F_T}{l} \tag{1-25}$$

式中，F_T 为作用于液体表面分界线上的张力，单位为 N；l 为液体分界线长度，单位为 m。

由于表面张力的作用，在自然界中自由状态的液滴均收缩成球状，处于稳定的平衡状态。如果将液滴剖开，取下部球台为分离体，如图 1-13 所示，在球台切面的周线上必存在连续均匀、与球面相切且背离球台的表面张力 F_T。表面张力的起因是液体表面层中存在着不平衡的分子合力 F_N，但表面张力 F_T 并不就是分子合力 F_N，它们是互相垂直的。

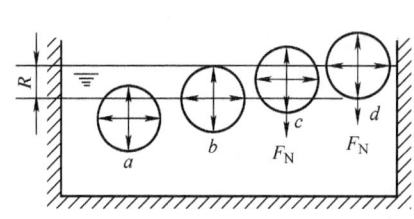
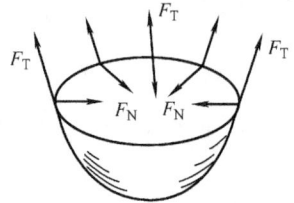

图 1-12　液体分子作用球　　　　　**图 1-13　表面张力的方向**

所有液体的表面张力都随着温度的上升而减小。常见液体的表面张力见表 1-7。

表 1-7　常见液体的表面张力

液体名称	表面张力 $\sigma/(\text{N/m})$	液体名称	表面张力 $\sigma/(\text{N/m})$
水（0℃）	0.0756	酒精	0.0223
水（20℃）	0.0728	原油	0.0233 ~ 0.0379
水（50℃）	0.0679	10% 盐水	0.0754
四氯化碳	0.0267	水银，在空气中	0.0476
煤油	0.0233 ~ 0.0321	水银，在水中	0.0373
润滑油	0.0350 ~ 0.0379	苯	0.0289

液体的表面张力在大多数工程实际中被忽略，因为多数情况下，惯性力、重力、黏性力等起着主要的作用，而表面张力的影响很小。但是，在有些流体力学问题中，表面张力的作用是不能忽略的，比如土壤和其他多孔物质中的流体运动、薄膜的流动、液滴和气泡的形成、液体的雾化、气液两相的传热和传质等。表面张力涉及液-气、液-液和液-气-固之间的交界面，是非常复杂的现象，对于深度的表面张力问题可查阅其他相关文献。

一个与表面张力有关的自然现象称为毛细现象。毛细管（横截面积很小的细管）与连通毛细管的大容器间存在液面不等高的现象，称为毛细管现象，简称毛细现象，如图1-14所示。将较细的吸管插入牛奶中就能看到这种现象。能发生毛细现象的细管称为毛细管。

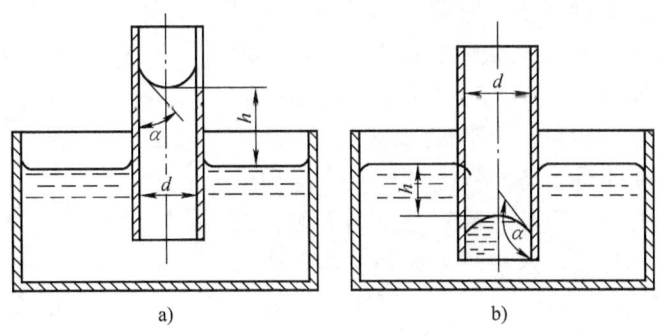

图1-14　毛细管现象

为什么会产生毛细现象呢？其起因是分子间作用力。液体的分子间具有吸引力，称为内聚力；液体分子和固体分子间也存在吸引力，称为附着力。对于图1-14a所示水液的情形，内聚力小于附着力，所以水润湿细管的壁面向上伸展，使液面向上弯曲，并且液面在表面张力的作用下被向上拉高h；对于图1-14b所示水银的情形，附着力小于内聚力，所以水银沿壁面向下伸展，使液面向下弯曲，并且液面在表面张力的作用下被向下拉低h。液面差h称为毛细高度，毛细管中液面与固壁的夹角α称为接触角。毛细高度计算式为

$$h = \frac{4\sigma\cos\alpha}{gd(\rho - \rho_s)} \tag{1-26}$$

式中，d为毛细管直径；g为重力加速度；ρ液体本身的密度；ρ_s液体所接触的流体的密度；接触角α的大小不仅与液体本身种类有关，并与接触面状态（所接触的固壁和流体种类及状态）关系很大。水、盐类水溶液及有机液体在通常温度的大气中，与精磨光的玻璃壁接触时，$\alpha \approx 0$；而对于上述接触面状态下的水银，$\alpha \approx 130° \sim 150°$。通常对于水，当玻璃管径大于20mm时；对于水银，当玻璃管径大于12mm时，毛细现象的影响可以忽略不计。

在通常温度的大气中，20℃时接触玻璃的几种液体的毛细高度近似值见表1-8。其中玻璃管直径d和玻璃板间距离b单位均为mm。

表1-8　20℃时与大气接触的几种液体的毛细高度

液体	水	酒精	水银	甲苯
玻璃管	$\approx 30/d$	$\approx 11/d$	$\approx -9/d$	$\approx 13/d$
玻璃平行板	$\approx 15/b$	$\approx 5.5/b$	$\approx -4.5/b$	$\approx 6.5/b$

毛细现象在日常生活和工农业生产中都起着重要的作用。例如，煤油灯芯上升，地下的水分沿着土壤中的毛细孔道上升到地面蒸发等。在多数工程实际问题中，由于固体的边界足

够大，毛细现象的影响可以忽略不计。但是，当用很细的管子作测压计时，则必须考虑毛细现象的影响，否则会产生较大的测量误差。

1.6.2 液体的汽化压强与空化

1. 液体的汽化压强

液体的汽化压强是与表面张力有关的另一个有实际意义的物理概念。固体、液体、气体是物质的三种普通形态，在不同温度、压强之下它们也可以互相转化。图 1-15 所示是纯净物质的三态界线示意图，一组确定的（p，T）在图中用一点表示，OAB 与 AC 线划分出固、液、气三态范围。如果 p、T 变化，则坐标点发生移动，一旦越过区域界线，则物态即发生转化。

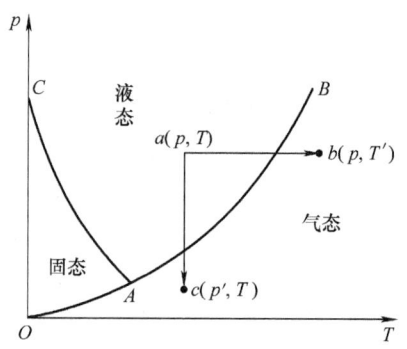

图 1-15　物质三态界线

流体力学上常见的是液态向气态的转化。这种转化有两种途径：当压强 p 不变，而 T 增加到 T' 时，沿 ab 直线方向越过 AB 界线，这种现象叫作沸腾；或者当温度 T 不变，而 p 降低到 p' 时，沿 ac 直线方向越过 AB 界线，这种现象叫作汽化。

沸腾的物理原因是，温度升高后分子动能加大，克服液体表面张力束缚从而由液体变成气体逸出液体表面。汽化的物理原因是，压强降低后减弱了分子间的引力，减弱了液体的表面张力，即使液体分子动能并未加大也同样可以挣脱表面张力的束缚。这两种途径实质上是殊途同归。

AB 界线上各点的温度和压强用 T_v、p_v 表示。T_v 称为沸点，它随着压强降低而降低；p_v 称为汽化压强，汽化压强也随着温度降低而降低。不同物质由于表面张力不同，因而在同样温度下有不同的汽化压强，表 1-5 中列出了常见液体汽化压强 p_v 的数值（这里的汽化压强是绝对压强，沸点温度 t_v 单位为摄氏度）。水在不同温度的汽化压强 p_v 与不同压强下的沸点温度 t_v 的对应关系列于表 1-9 中。

表 1-9　水的汽化压强（绝对）与沸点温度的对应表

温度 t/℃	100	80	60	40	20	10	0	沸点温度 t_v/℃
汽化压强 p_v/Pa	101300	47400	20000	7400	2340	1230	615	压强 p/Pa

2. 液体的空化

水的沸腾是蒸汽机的工作原理，而液体的汽化也会产生一种叫空化的物理现象，继而引发会对流道材料产生破坏作用的空蚀现象。液体在极短的时间内流过一个绝对压强较低的区域时，发生快速蒸发和再凝结的现象，称为空化。运动物体或相对运动物体受到空化冲击后，表面出现变形和材料剥蚀现象，这种由空化引起的材料破坏称为空蚀。空化与空蚀是自然界一种物理现象，多在水力机械中出现。历史上或现在部分行业仍用"汽蚀"这个概念，液体汽化产生气泡，通常把气泡形成和破裂致使材料受到破坏的过程，称为汽蚀现象。

空化是液体中形成空穴（蒸气泡），是液相流体的连续性遭到破坏的现象，它是在压力下降到某一临界值的流动域中急速产生的。在空穴中主要是液体的蒸汽，还有一部分从液体中析出的气体。当这些空穴进入压力较低的区域时，就开始发育成长为较大的气泡，如图

1-16所示气泡的显微形态。然后，气泡被液流带到压力高于临界值的区域而又急速溃灭，致使在液体中形成激波或高速微射流，这个过程称为空化。它包括了空穴的初生、发育成长到溃灭的整个过程。空泡溃灭形成的微射流速度高达 110～300m/s，相当于榔头击打物体的效果，频率也相当高，约为 100～1000 次/s·cm^2。空化过程可以发生在液体内部，也可以发生在固体的边界上。空蚀则是由于空泡的溃灭而引起的过流表面材料损坏的现象。在空泡溃灭过程中伴随着机械、电化和热力等过程的作用。空蚀是空化的直接后果，空蚀只发生在固体的边界上，因此叶片式水力机械中的汽蚀现象，实际上包括了空化和空蚀两个过程，如图1-17 所示为混流式水轮机叶片所受到的空蚀破坏。

图 1-16　直径约为 0.15mm 的空化气泡

图 1-17　混流式水轮机叶片的空蚀

　　为了避免出现空化，需要保持液体流道每一点位的绝对压强都比蒸气压强大。常用的三种方法可以保证实现这一目标。一是通过液体机械的安装方式提高流道内的总体压强，可以把设备安置在进水口的下方或降低设备与进水面的高度，由液体自身的重力驱动进入机器或大气压的驱动不至于损耗过大，比如水泵从游泳池或井里抽水就是这种情况；二是允许大气中的空气进入低压区，比如在阀门的出水段可以采取这一措施；三是设计抗空化水力机械过流部件。如图 1-18 所示是一轴流泵转轮叶片的绕流空化可视化照片，四种情形的水流速度完全相同，从图 a 到图 c 是同一叶片绝对压强逐渐减小，空化区域和气泡数量都在增大，图 d 是头部形状经过优化改型的叶片，流速和绝对压强与图 b 完全相同，但可见其抗空化性能却得到显著改善。

　　在汽化器、喷雾器、燃烧室中，液体汽化需要进行得均匀而且充分，应该创造条件促进汽化。但在液体机械的高速低压区域中有时自发产生汽化现象，对力学性能却有很大危害，这时汽化成为一种非常不利的因素。在液体机械的低压入口处、液压传动的小孔节流处，在文丘里流量计的喉部等场所常常会自发空化。空化与空蚀的后果不但会导致材料严重损坏，还会引起振动和噪声，同时会改变物体的运动性能和动力性能，降低效率，甚至不能工作。这是水泵、油泵、水轮机、船舶、水工结构、液压传动中等必须设法避免和消除的有害现象。

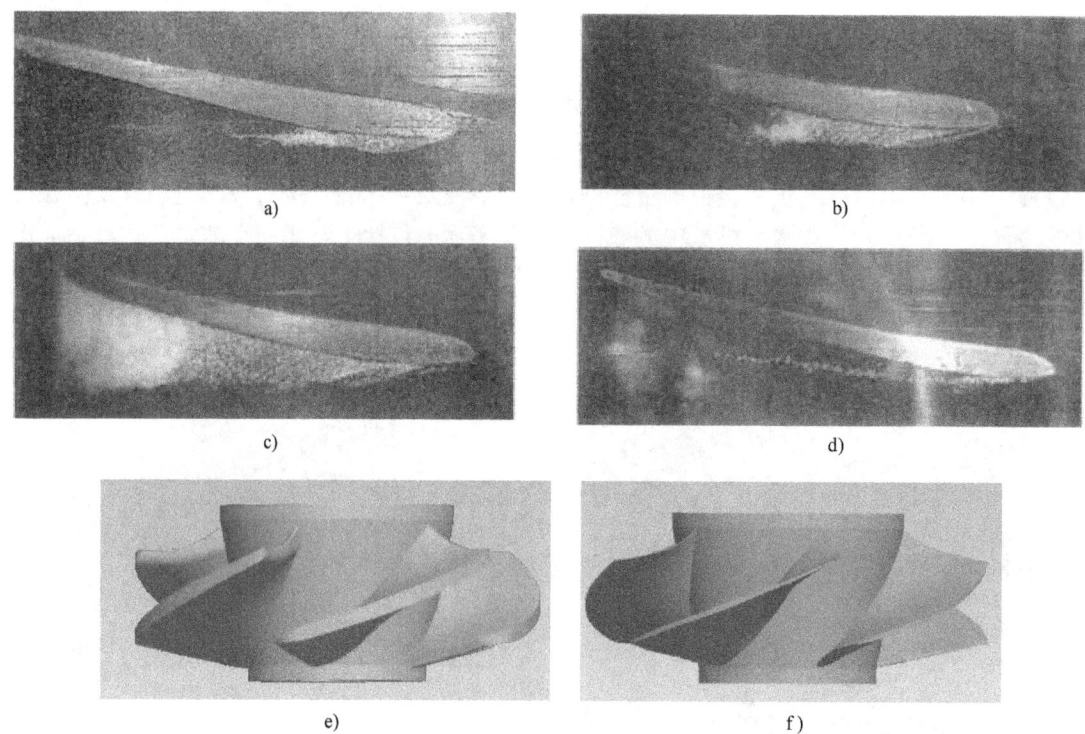

图 1-18 轴流泵叶片的绕流空化

a）转轮 I 叶片 b）转轮 I 叶片 c）转轮 I 叶片 d）转轮 II 叶片 e）轴流泵转轮 I f）轴流泵转轮 II

1.7 空气动力学主要设备风洞简介

能造成气流并在其中进行实验的装置叫风洞。风洞是空气动力学实验的主要设备，主要应用于航空、汽车、建筑、桥梁、环境工程和流体机械等学科的空气动力学科学技术研究。风洞实验是根据运动的相对性原理，用人工产生完全可以控制的气流流过静止的模型来进行观察和测量。图 1-19 所示是一开口式风洞外形；图 1-20 所示是汽车风洞实验。

图 1-19 开口式风洞外形

图 1-20 汽车风洞实验

1.7.1 风洞类型与结构

风洞的应用范围很广泛，且种类很多。按气流速度分，有低速风洞（$Ma \leqslant 0.3$）、高速风洞（$0.4 \leqslant Ma \leqslant 0.85$）、跨声速风洞（$Ma = 0.85 \sim 1.4$）、超声速风洞（$1.4 \leqslant Ma \leqslant 5.0$）和高超声速风洞（$Ma > 5.0$）；按外形分，有直流式、回流式、闭口式和开口式；此外，还可按工作原理、压力大小和用途来分类。如图 1-21 所示为 JDDF1400 低速闭口回流式风洞气动轮廓图。

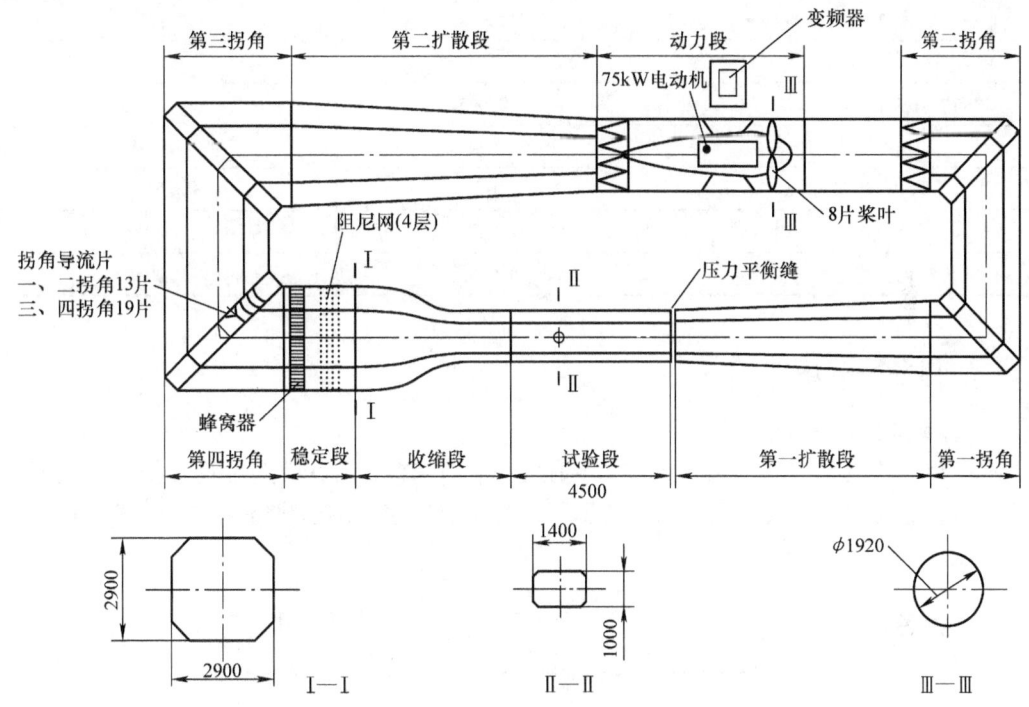

图 1-21　JDDF1400 低速闭口回流式风洞气动轮廓图

1. JDDF1400 风洞主要几何参数

试验段为开闭两用，其中闭口试验段：宽×高×长 = 1.4m×1.0m×4.5m，四角切角；开口试验段：宽×高×长 = 1.4m×1.0m×2.9m；收缩段：收缩比 $n = 6$，长 3m。

稳定段：正方形加切角，截面尺寸 2.9m×2.9m，总长 3.53m。蜂窝器为正六角形孔，对边距 40mm，深 300mm。阻尼网共 4 层，其中两层 14 目，两层 20 目。

2. JDDF1400 风洞动力系统主要参数

变频器驱动三项异步交流电动机带动螺旋桨工作。

变频器功率 75kW；电动机为 6 极，功率 75kW。桨叶翼型为 RAF，共 8 叶。

3. JDDF1400 风洞控制和数据采集系统

由计算机、风速传感器和变频器组成开环控制系统对风速进行控制。风速控制精度 ±0.2m/s。

姿态控制由计算机、两套步进电动机驱动器和步进电动机分别带动模型支撑系统（尾撑和腹撑）做垂直和水平面内转动（分别称为迎角 α 和侧滑角 β）。迎角 α 转动范围为

$-15° \sim +25°$，侧滑角 β 转动范围为 $-180° \sim +180°$。由绝对旋转编码器实施测量转动角度。

数据采集系统由天平和压力传感器输出信号，通过信号调理器及高精度稳压电源对信号进行滤波、放大后，送入数据采集卡变为数字量，进入计算机中央处理器处理。数据采集处理和控制程序采用 VB 语言。

4. JDDF1400 风洞流场主要技术指标

主要技术参数	闭口试验段	开口试验段
最大速度 $V_{max}/(m/s)$	55	45
最小稳定速度 $V_{min}/(m/s)$	5	5
轴向静压梯度 $|dCp/dx|/(1/m)$	≤0.005	≤0.003
场系数 μ_i	0.0045	0.005
平均气流偏角 $|\alpha|$	≤0.5°	≤0.2°
平均气流偏角 $|\beta|$	≤0.5°	≤0.2°
时间稳定性 η	0.005	0.0005

1.7.2 风洞实验原理

1. 二维模型测压实验

将模型（连同测压管）装入风洞试验段，如图 1-22 所示。模型可垂直安装，也可水平安装。模型上的测压孔通过测压细管与测压排管对应连接。测压排管液柱高度显示对应测压孔压强值。

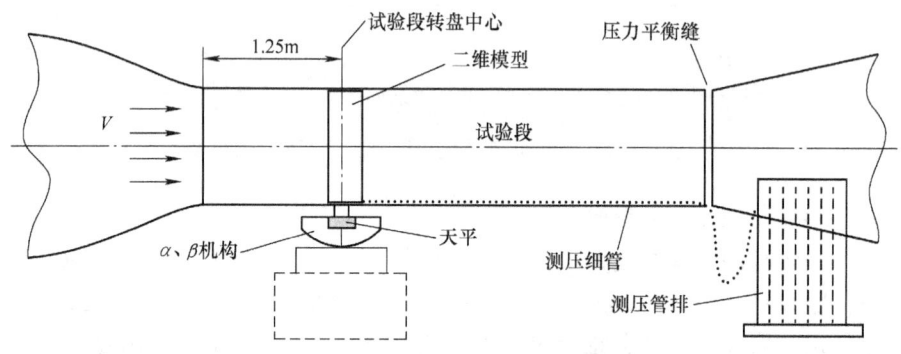

图 1-22 二维模型安装与测量原理

试验模型应根据测量目的和要求选择测压孔位置。如图 1-23 所示 NACA0012 全铝模型，翼展长 980mm，弦长 250mm，翼型最大厚度 30mm，翼面积 0.245m²，旋转中心位于弦长的 25%处，在中间剖面上下翼面各开有 13 个测压孔，前缘开有 1 个测压孔。

通过变频器调节螺旋桨转速以达到预定风

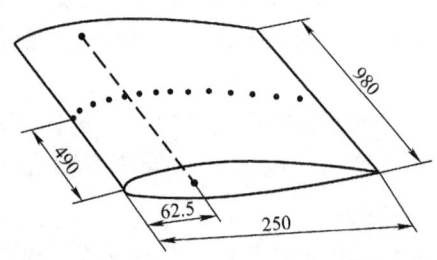

图 1-23 NACA0012 二维模型及测压孔开设

速；通过调节侧滑角 β 以实现模型不同的攻角。读取测压排管液柱高度等测量数值，测出测压孔的表面压力换算成压力系数。

2. 三维模型测力实验

将模型装入风洞试验段，如图 1-24 所示，一般水平安装。可在模型上布置分力杆式天平或应变片等形式，将测力天平输出信号等由屏蔽线传入信号调理器等读取。

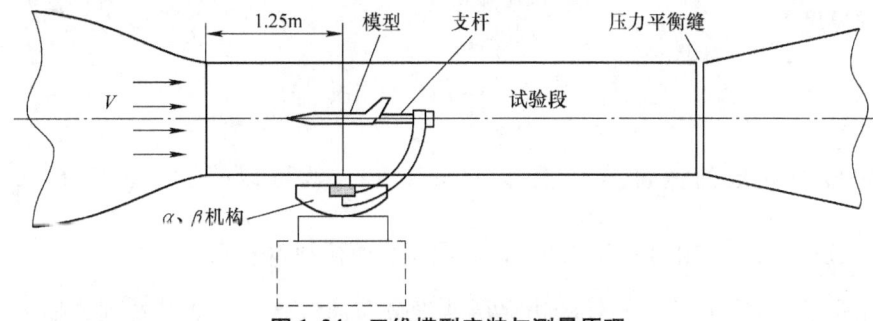

图 1-24　三维模型安装与测量原理

调节至预定测量风速；通过调节迎角 α 和侧滑角 β 以实现模型各种所需姿态。

附录 1　平板边界层速度分布测量

当实际黏性流体绕物体表面流动而雷诺数较大时，直接与物体表面接触的流体速度为 0，通过速度梯度较大的一层很薄的流体层，流体的速度 v 增加到层外势流的速度 V，这一层流体层叫边界层或附面层。通过本实验可以证实边界层这一薄层流体的存在，测定平板边界层的速度分布和厚度沿流动方向的变化，确定平板上层流边界层转变为湍流边界层的过渡区。

附录 1.1　测量原理

气流绕平直的光滑板做定常流动时，边界层沿流动方向在平板上的变化如图 1-25 所示。边界层沿平板逐渐增厚，开始是层流，经过一段距离之后，层流变为湍流。表示转变的特征参数是临界雷诺数，即

$$Re_c = \frac{Vx}{\nu} \tag{1-27}$$

式中，x 为从平板前缘点算起的距离。增加层外势流的湍流度或增加平板表面的粗糙度，都会降低临界雷诺数。因此不可能给出唯一的临界雷诺数，平板一般 $Re_c = 5 \times 10^5 \sim 3 \times 10^6$。

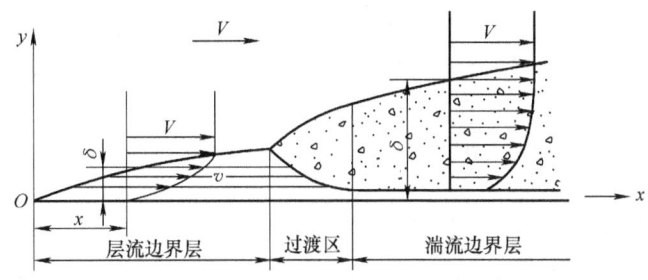

图 1-25　平板上的边界层

把边界层厚度 δ 定义为在边界层的外边界上流速达到层外势流速度 V 的99%时的厚度，这不是个令人满意的概念，因为速度达到层外势流速度 V 的99%时的距离与测量精度有关。更为有用的厚度概念是所谓位移厚度 δ_1：

$$\delta_1 = \int_0^\infty \left(1 - \frac{v}{V}\right)\mathrm{d}y \qquad (1\text{-}28)$$

和动量损失厚度 δ_2：

$$\delta_2 = \int_0^\infty \frac{v}{V}\left(1 - \frac{v}{V}\right)\mathrm{d}y \qquad (1\text{-}29)$$

如果测得边界层的速度分布曲线 $y = f\left(\dfrac{v}{V}\right)$，就可以作出 $y = f\left(1 - \dfrac{v}{V}\right)$ 和 $y = f\left[\dfrac{v}{V}\left(1 - \dfrac{v}{V}\right)\right]$ 曲线，并能测量出曲线下面的面积从而得到 δ_1 和 δ_2。

在作出距平板前缘点不同 x 处的边界层速度分布曲线之后，即可看到 δ 随 x 增加而增厚。把距平板表面同一高度 y 而不同 x 处的边界层速度 $\dfrac{v}{V}$ 分布画出来，很容易找到边界层由层流过渡到湍流的过渡区。图1-26a 是机翼不同弦长百分数处的边界层速度分布；图1-26b 是距机翼表面等高度 $y = 0.5\text{mm}$ 时边界层速度沿弦长的分布。从图中可以看到，大约在翼弦的18%处开始了转变。过渡区约在翼弦35%处结束。在距壁面同一距离处，边界层内层流区的速度，随弦长增加而逐渐降低；边界层内湍流区的速度，随弦长增加也降低。但在过渡区，因为这里的层流边界层反而变薄了，所以速度提高了一些。

在光滑的平板上，同样可以作出如图1-26所示的边界层速度分布，找到过渡区。

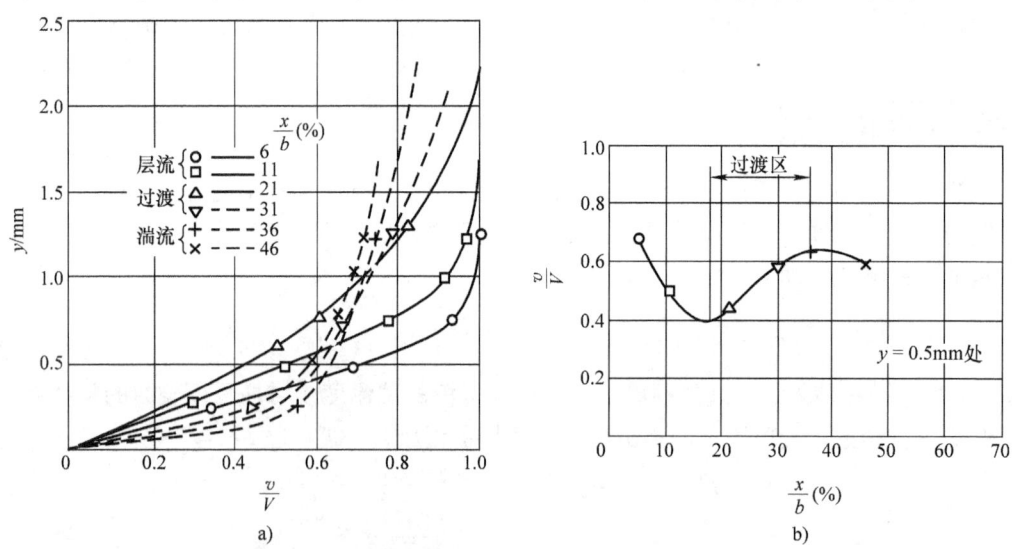

图1-26　平板边界层速度分布

a）机翼不同弦长百分数处边界层速度分布　b）离翼面等高度 $y = 0.5\text{mm}$ 处边界层速度分布

附录1.2　实验设备和仪器

图1-27是实验设备和仪器简图。在低速风洞的试验段垂直于两侧壁面安装一块带尖劈

的光滑平板。在试验段上部安放导轨，坐标仪可以沿试验段的轴向滑动，滑动距离 x 由导轨上的刻度指示。

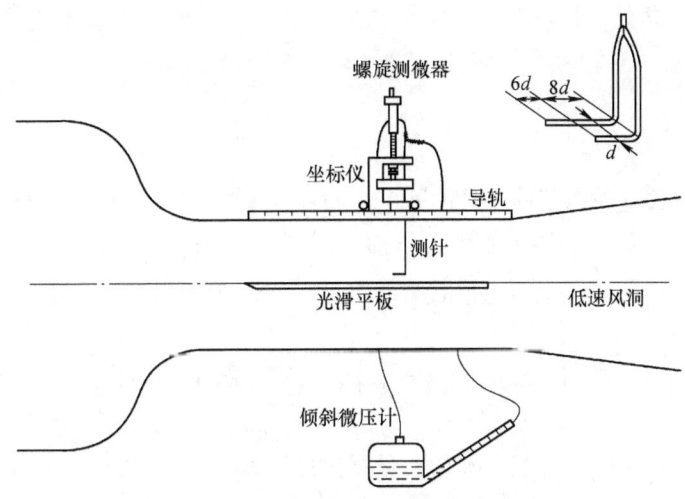

图 1-27 平板边界层实验设备和仪器简图

所使用的微型测速管测针是由单独的静压管和皮托管组成的，两根管子平行并排在一个水平面上，使静压管的静压测孔和皮托管的总压测孔在试验段的同一个截面上。静压管的半球形头部经过仔细加工并且进行校准。静压管和皮托管的直径 $d = 0.5\text{mm}$。

微型测速管在 y 向移动的距离，由坐标仪上的螺旋测微器的刻度指示，示数可以读到 0.01mm。

所测总压 p_0 和静压 p 引入倾斜微压计，即可测出离开平板表面某一距离 y 处的速度为

$$v = \sqrt{\frac{2}{\rho}(p_0 - p)} = \sqrt{\frac{2 \times 9.81}{\rho} K \Delta h} \qquad (1\text{-}30)$$

式中，v 为距离 y 处的速度，单位为 m/s；ρ 为空气密度，单位为 kg/m³；K 为倾斜微压计仪表常数；Δh 为倾斜微压计读数，单位为 mm。

所用平板是经过磨削加工的光滑平板，长 $l = 600\text{mm}$。当测针靠近平板表面时，即映出测针的影像，测量时要恰好使测针和它的像相碰，表示测针刚好触到平板表面。也可以在平板和测针之间接一低压电源，两者一接触，电路接通发出信号。此外，也可用一只万用电表检查测针是否和平板恰好接触。

附录 1.3 实验步骤与测量结果

1. 实验步骤

（1）将倾斜微压计底座调到水平位置，排出微压计中存在的气泡。

（2）启动风洞。将试验段的风速调到约 20m/s，使平板前端形成的层流边界层尽可能延续得长一些。

（3）移动坐标仪，使测量点距平板前缘点的距离 $x = 0.03l$，转动螺旋测微器，使测针恰好与平板表面相接触，这时开始读取动压值。然后使测针逐渐离开表面，每隔 1.0mm 读一次数，直到微压计的读数基本不变时为止。

（4）分别在 $x=0.06l$、$x=0.10l$、$x=0.20l$、$x=0.40l$ 和 $x=0.60l$ 处，重复步骤（3）。一共测 6 条速度分布曲线。

（5）在 $x=0.60l$ 处，把风洞的风速提高后重新测一条曲线，观察边界层厚度 δ 随雷诺数的变化情况。

（6）停机。

2. 实验结果

（1）根据实验数据作出不同 x 处的速度分布曲线 $y=f\left(\dfrac{v}{V}\right)$。确定边界层厚度 δ 的数值。

（2）从 $y=f\left(\dfrac{v}{V}\right)$ 曲线图上测量出代表 $\displaystyle\int_0^\infty\left(1-\dfrac{v}{V}\right)\mathrm{d}y$ 的面积，即为位移厚度 δ_1。

（3）从 $y=f\left(\dfrac{v}{V}\right)$ 曲线图上推出 $\dfrac{v}{V}\left(1-\dfrac{v}{V}\right)$ 的数值，画出 $y=f\left[\dfrac{v}{V}\left(1-\dfrac{v}{V}\right)\right]$ 函数曲线，测量出代表 $\displaystyle\int_0^\infty\dfrac{v}{V}\left(1-\dfrac{v}{V}\right)\mathrm{d}y$ 的面积，即为动量损失厚度 δ_2。

（4）作出离平板表面等高度 y 处的速度分布曲线 $\dfrac{v}{V}=f\left(\dfrac{x}{l}\right)$，求出由层流边界层转变为湍流边界层的过渡区。

思考题 1

1-1. 下列有关流体的描述中错误的是（　　　）。

A. 流体既无一定的体积，也无一定的形状；

B. 在任意微小剪切持续作用下流体会发生连续变形；

C. 流体具有黏性、可压缩性和易流动性；

D. 黏性是流体抵抗流体层间相对运动的一种属性

1-2. 下列物理量中，单位有可能为 $\mathrm{m^2/s}$ 的系数为（　　　）。

A. 运动黏度；　　　　B. 动力黏度；　　　　C. 体积弹性系数；　　　D. 体积压缩系数

1-3. 水的动力黏度随温度的升高而（　　　）。

A. 减小；　　　　　　B. 不变；　　　　　　C. 增大；　　　　　　D. 不定

1-4. 牛顿内摩擦定律 $\tau=\mu\dfrac{\mathrm{d}v}{\mathrm{d}y}$ 中的 $\dfrac{\mathrm{d}v}{\mathrm{d}y}$ 为运动流体的（　　　）。

A. 拉伸变形；　　　　B. 压缩变形；　　　　C. 剪切变形；　　　　D. 剪切变形速率

1-5. 按连续介质的概念，流体质点是指（　　　）。

A. 流体的分子；

B. 流体内的固体颗粒；

C. 几何的点；

D. 几何尺寸同流动空间相比是极小量，又含有大量分子的微元体

1-6. 水力学的基本原理也同样适用于气体的条件是（　　　）。

A. 气体不可压缩；　　B. 气体连续；　　　　C. 气体无黏滞性；　　　D. 气体无表面张力

1-7. 牛顿内摩擦力的大小与流体的（　　　）成正比。

A. 速度；　　　　　　B. 角变形；　　　　　C. 角变形速率；　　　　D. 压力

1-8. 作用在流体上的力有两大类，一类是表面力，另一类是（　　　）。

A. 质量力；　　　　　B. 万有引力；　　　　C. 分子引力；　　　　D. 黏性力

1-9. 静止流体的切应力 τ =（　　　）。

A. 0；　　　　B. $\mu\dfrac{\mathrm{d}v}{\mathrm{d}y}$；　　　　C. $\rho l^2\left(\dfrac{\mathrm{d}v}{\mathrm{d}y}\right)^2$；　　　　D. $\mu\dfrac{\mathrm{d}v}{\mathrm{d}y}+\rho l^2\left(\dfrac{\mathrm{d}v}{\mathrm{d}y}\right)^2$

1-10. 若某液体的密度变化率 $\mathrm{d}\rho/\rho=1\%$，则其体积变化率 $\mathrm{d}V/V$ =（　　　）。

A. 1%；　　　　B. -1%；　　　　C. 1‰；　　　　D. -1‰

1-11. 理想流体的切应力 τ =（　　　）。

A. 0；　　　　B. $\mu\dfrac{\mathrm{d}v}{\mathrm{d}y}$；　　　　C. $\rho l^2\left(\dfrac{\mathrm{d}v}{\mathrm{d}y}\right)^2$；　　　　D. $\mu\dfrac{\mathrm{d}v}{\mathrm{d}y}+\rho l^2\left(\dfrac{\mathrm{d}v}{\mathrm{d}y}\right)^2$

1-12. 气体在（　　　）情况下，可以作为不可压缩流体处理。

A. 所有；　　　　B. 没有；　　　　C. 高速；　　　　D. 低速

1-13. 已知动力黏度 μ 的单位为 Pa·s，则其量纲 $\dim\mu$ =（　　　）。

A. MLT^{-1}；　　　　B. $ML^{-1}T$；　　　　C. $M^{-1}LT$；　　　　D. $ML^{-1}T^{-1}$

1-14. 连续介质的含义是（　　　）。

A. 流体质点间有空隙；　　　　　　　B. 流体质点间无空隙；

C. 质量在空间连续分布；　　　　　　D. 密度处处相同

1-15. 刷牙用的牙膏属于（　　　）。

A. 牛顿流体；　　　B. 非牛顿流体；　　　C. 理想流体；　　　　D. 无黏流体

1-16. 单位质量力的国际单位是（　　　）。

A. N；　　　　B. Pa；　　　　C. m/s；　　　　D. m/s²

1-17. 理想流体是指（　　　）。

A. 忽略密度变化的流体；　　　　　　B. 忽略温度变化的流体；

C. 忽略黏性变化的流体；　　　　　　D. 忽略黏性的流体

1-18. 影响水的运动黏度的主要因素为（　　　）。

A. 水的温度；　　　B. 水的容量；　　　C. 当地气压；　　　　D. 水的流速

1-19. 理想流体是一种（　　　）的流体。

A. 不考虑惯性力；　　　　　　　　　B. 静止时理想流体内部压力相等；

C. 运动时没有摩擦力；　　　　　　　D. 运动时理想流体内部压力相等

1-20. 判断题：流体的黏性大小与流体的种类无关。

1-21. 判断题：理想流体与实际流体的区别仅在于，理想流体不具有黏性。

1-22. 判断题：液体流层之间的内摩擦力与液体所受的压力有关。

1-23. 判断题：液体的黏滞性只在流动时才表现出来。

1-24. 填空题：根据牛顿内摩擦定律，当流体黏度一定时，影响流体的切应力的因素是＿＿＿＿＿＿＿＿＿＿＿＿＿。

1-25. 填空题：理想液体与实际液体最主要的区别在于＿＿＿＿＿＿＿＿＿＿＿＿＿＿＿＿＿。

1-26. 填空题：流体力学中把微小特征体内含有足够多分子数并具有确定的＿＿＿＿＿＿＿的分子集合称为流体质点。

1-27. 填空题：流体的切应力与＿＿＿＿＿＿＿＿＿＿＿＿＿＿＿＿＿＿＿＿＿有关，而固体的切应力与＿＿＿＿＿＿＿＿＿＿＿＿＿＿＿有关。

1-28. 填空题：黏性流体静止时＿＿＿＿＿＿＿＿＿（有，无）切应力，因为＿＿＿＿＿＿＿＿＿＿＿＿。理想流体运动时＿＿＿＿＿＿＿＿＿（有，无）切应力，因为＿＿＿＿＿＿＿＿＿＿＿＿。

1-29. 填空题：理想流体是指＿＿＿＿＿＿＿＿＿＿＿＿＿＿＿。

1-30. 填空题：流体黏度的表示方法有 _____ 黏度、_____ 黏度和 _____ 黏度。

1-31. 填空题：作用在流体上的力分为 _____ 和 _____ 两种。

1-32. 填空题：气体的黏性随温度的增加而 _____ 。液体的黏性随温度的增加而 _____ 。

1-33. 填空题：两个圆筒同心地套在一起，其长度为 300mm，内筒直径为 200mm，外筒直径为 210mm，两筒间充满密度为 900kg/m³、运动黏度 $\nu = 0.260 \times 10^{-3} \mathrm{m^2/s}$ 的液体，现内筒以角速度 $\omega = 10\mathrm{rad/s}$ 匀速转动，则所需的转矩为 _____ 。

1-34. 填空题：如思考题 1-34 图所示的滑动轴承，直径 $d = 60\mathrm{mm}$，长度 $L = 140\mathrm{mm}$，间隙 $\delta = 0.3\mathrm{mm}$。间隙中充满了运动黏度 $\nu = 35.28 \times 10^{-6} \mathrm{m^2/s}$、密度 $\rho = 890\mathrm{kg/m^3}$ 的润滑油。如果轴的转速 $n = 500\mathrm{r/min}$，则轴表面摩擦阻力 $F_\mathrm{f} =$ _____ ，所消耗的功率 $P =$ _____ 。

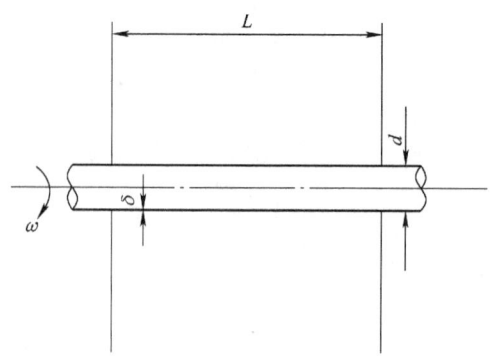

思考题 1-34 图

1-35. 名词解释：连续介质模型。

1-36. 名词解释：连续介质假设。

1-37. 名词解释：流体动力黏度和运动黏度。

1-38. 名词解释：不可压缩液体。

1-39. 名词解释：理想流体和牛顿流体。

1-40. 何谓流体？

1-41. 什么是流体的易流动性？

1-42. 简述流体的特性及连续介质假说。

1-43. 什么是流体的连续介质模型？它在流体力学中有何作用？

1-44. 流体力学研究中为什么要引入连续介质假设。

1-45. 阐述黏性及黏性的表示方法。

1-46. 为什么水通常被视为不可压缩流体？

1-47. 试述牛顿内摩擦定律。

1-48. 理想流体有无能量损失？为什么？

1-49. 流体的黏度与哪些因素有关？它们随温度如何变化？

1-50. 牛顿流体的 τ 与 $\mathrm{d}v/\mathrm{d}y$ 成正比，那么 τ 与 $\mathrm{d}v/\mathrm{d}y$ 成正比的流体一定是牛顿流体吗？

1-51. 气体的动力黏度如何随温度变化？为什么？

1-52. 试述流体的黏性以及它对流体流动的影响。

1-53. 简述作用在流体上的质量力和表面力。

1-54. 分析液流阻力产生的原因。

1-55. 能否用运动黏度比较两种流体黏性的大小？

1-56. 在高原上煮鸡蛋为什么须给锅加盖？

1-57. 液体和气体的黏度随温度变化的趋势是否相同？为什么？

1-58. 测压管的工作流体分别为水和水银，若测压管的读数为 h_1，毛细高度为 h_2，则该点的测压管实际高度为多少？

1-59. 为什么测压管的管径通常不能小于 1cm？

1-60. 两种不相同的液体放入同一容器，密度大的处于上层还是密度小的处于上层？

1-61. 一块毛巾，一头搭在脸盆内的水中，一头在脸盆外，过了一段时间后，脸盆外的台子上湿了一大块，为什么？

1-62. 试简述水轮机叶片空蚀的原因？

1-63. 为什么荷叶上的露珠总是呈球形？

习题 1

1-1. 整桶机油质量为 300kg，油桶直径为 0.6m，高为 1.2m，试求机器油的密度。

答案：$\rho = 884.194 \text{kg/m}^3$

1-2. 如习题 1-2 图所示一压强表校正器中活塞直径 $d = 1\text{cm}$，手轮螺距 $t = 2\text{mm}$，在 $p_a = 101325\text{Pa}$（大气压）下装入体积 $V = 200\text{mL}$ 的工作油液，为了造成 $200p_a$ 的计示压强，试求手轮需要转动的圈数 n。假定液压油压缩率的平均值可取为 $\kappa_T = 0.5 \times 10^{-9} \text{Pa}^{-1}$。

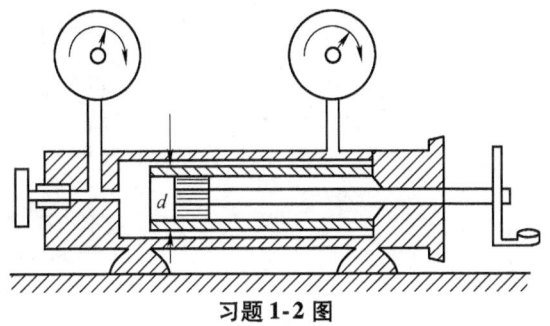

习题 1-2 图

答案：$n = 12.898$ 转

1-3. 如习题 1-3 图所示，为了检查液压油缸的密封性，需要进行水压试验，试验前先将 $l = 1.5\text{m}$、$d = 0.2\text{m}$ 的油缸用水全部充满，然后开动试压泵向油缸再供水加压，直到压强增加了 20MPa，不出故障为止。假定水的压缩率的平均值 $\kappa = 0.5 \times 10^{-9} \text{Pa}^{-1}$，忽略油缸变形，试求试验过程中，通过试压泵向液压缸又供应了多少水？

答案：$\Delta V = 0.475\text{L}$

1-4. 如习题 1-4 图所示为一重力循环室内采暖系统。膨胀水箱用于容纳由于温度升高而膨胀出的多余水。若系统内水的总体积 $V = 10\text{m}^3$，水的温度最大升高 55℃，水的体膨胀系数 $\alpha_V = 0.0005\text{K}^{-1}$，求膨胀水箱的最小容积。

答案：$V_{\min} = 0.275\text{m}^3$

1-5. 如习题 1-5 图所示，在 $\delta = 40\text{mm}$ 的两平行壁面之间充满动力黏度 $\mu = 0.7\text{Pa·s}$ 的液体，在液体中有一边长为 $a = 60\text{mm}$ 的薄板以 $v_0 = 15\text{m/s}$ 的速度沿薄板所在平面内运动，假设沿铅直方向的速度分布是直线规律。求：（1）当 $h = 10\text{mm}$ 时，薄板运动的液体阻力；（2）如果 h 可变，当 h 为多大时，薄板运动阻力最小？最小阻力为多大？

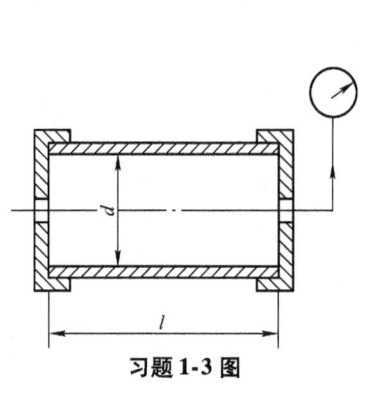

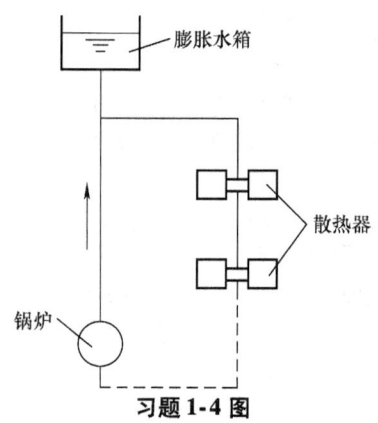

习题 1-3 图   习题 1-4 图

答案：（1）$F = 5.04\text{N}$；（2）$h = \dfrac{\delta}{2}$，$F_{\min} = 3.78\text{N}$

1-6. 如习题 1-6 图所示，水轮轴径 $d = 0.36\text{m}$，轴承长 $l = 1\text{m}$，同心缝隙 $\delta = 0.23\text{mm}$，润滑油动力黏度 $\mu = 0.072\text{Pa}\cdot\text{s}$，试求水轮机转速 $n = 200\text{r/min}$ 时，消耗于轴承上的摩擦功率。

答案：$P = 5.032\text{kW}$

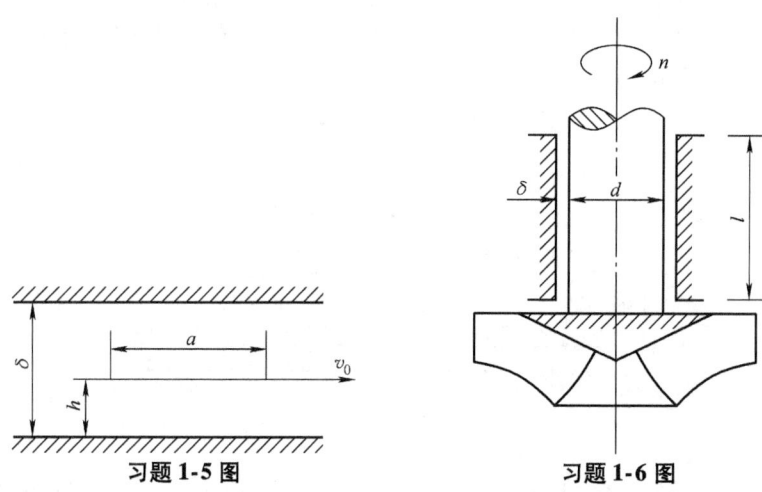

习题 1-5 图   习题 1-6 图

1-7. 如习题 1-7 图所示，一油缸及其中滑动栓塞，尺寸 $D = 120.2\text{mm}$，$d = 119.8\text{mm}$，$L = 160\text{mm}$，间隙内充满 $\mu = 0.065\text{Pa}\cdot\text{s}$ 的润滑油，若施加活塞以 $F = 10\text{N}$ 的拉力，试问活塞匀速运动时的速度是多少？

答案：$v = 0.51\text{m/s}$

1-8. 如习题 1-8 图所示，倾角 $\theta = 25°$ 的斜面涂有厚度 $\delta = 0.5\text{mm}$ 的润滑油。一块重量未知、底面积 $A = 0.02\text{m}^2$ 的木板沿此斜面以等速度 $v = 0.2\text{m/s}$ 下滑。如果在板上加一个重量 $W_1 = 5\text{N}$ 的重物，则下滑速度为 $v_1 = 0.6\text{m/s}$。试求润滑油的动力黏度 μ。

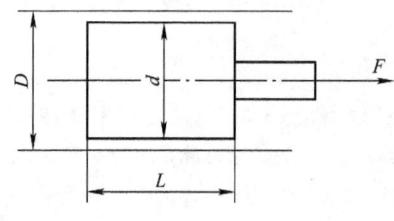

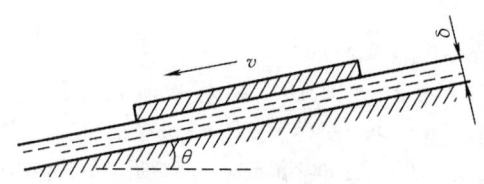

习题 1-7 图   习题 1-8 图

答案：$\mu = 0.132\text{Pa} \cdot \text{s}$

1-9. 水在两固定的平行平板间做定常层流流动。设 y 轴垂直平板，原点在下板上，速度分布 $v(y) = \dfrac{6q}{b^3}$ $(by - y^2)$，其中 b 为两板间距，q 为单位宽度上的流量。若设 $b = 4\text{mm}$，$q = 0.33\text{m}^3/(\text{s} \cdot \text{m})$，水的动力黏度 $\mu = 1.002 \times 10^{-3}\text{Pa} \cdot \text{s}$，试求两板上的切应力 τ_w。

答案：$\tau_w = 124\text{Pa}$

1-10. 如习题 1-10 图所示，黏度测量仪由内外两个同心圆筒组成，两筒的间隙充满油液。外筒与转轴连接，其半径为 r_2，旋转角速度为 ω。内筒悬挂于一金属丝下，金属丝上所受的力矩 T 可以通过扭转角的值确定。外筒与内筒底面间隙为 a，内筒高 H。试推出油液动力黏度 μ 的计算式。

答案：$\mu = \dfrac{T}{\dfrac{\omega}{a}\pi r_1^4\left[\dfrac{1}{2} + \dfrac{2ar_2H}{r_1^2(r_2 - r_1)}\right]}$

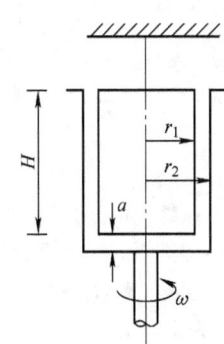

1-11. 测压管用玻璃管制成。水的表面张力 $\sigma = 0.0728\text{N/m}$，接触角 $\theta = 8°$，如果要求毛细水柱高度不超过 5mm，玻璃管的内径应为多少？

答案：$d \geqslant 5.88\text{mm}$

1-12. 煮沸开水时，有一个气泡的直径为 $d = 0.05\text{mm}$，试求气泡内外的压强差。

答案：$\Delta p = 5824\text{Pa}$

习题 1-10 图

1-13. 试求水在等温状态下，将体积缩小 5/1000 时所需要的压强增量。

答案：$\delta_p = 10^7\text{Pa}$

1-14. 如习题 1-14 图所示，半球体半径为 R，它绕竖轴旋转的角速度为 ω，半球体与凹槽间隙为 δ，槽面涂有润滑油，试推证所需的旋转力矩为 $T = \dfrac{4}{3}\pi R^4 \dfrac{\mu\omega}{\delta}$。

答案：$T = 2\pi R^4 \dfrac{\mu\omega}{\delta}\displaystyle\int_0^{\pi/2}\sin^3\theta \mathrm{d}\theta$

1-15. 如习题 1-15 图所示，相距 $a = 2\text{mm}$ 的两块平板插入水中，水的表面张力 $\sigma = 0.0725\text{N/m}$，接触角 $\theta = 8°$，求两板之间的毛细水柱高 h。

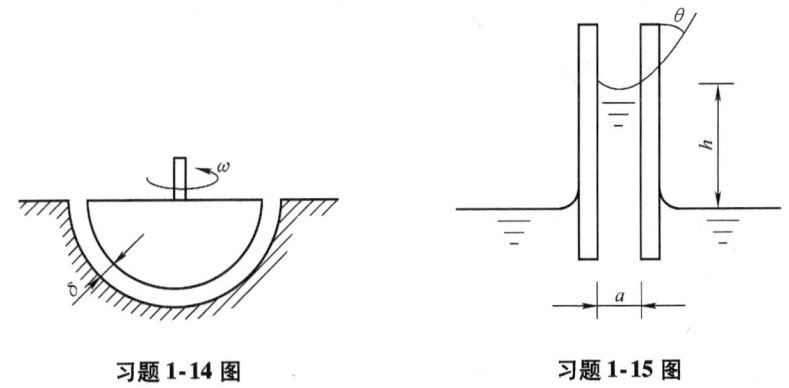

习题 1-14 图　　　　　　　　**习题 1-15 图**

答案：$h = 7.32\text{mm}$

1-16. 如习题 1-16 图，气缸内壁的直径 $D = 10\text{cm}$，活塞的直径 $d = 9.96\text{cm}$，活塞的长度 $L = 10\text{cm}$，活塞与气缸之间充满了 $\mu = 0.1\text{Pa} \cdot \text{s}$ 的润滑油，若活塞以 $v = 1\text{m/s}$ 的速度往复运动，求活塞受到的黏性力。

答案：$F = 15\text{N}$

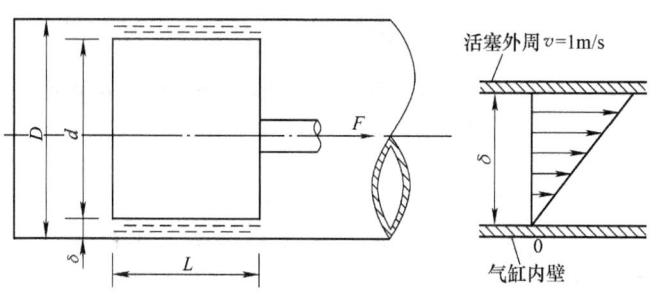

习题 1-16 图

1-17. 如习题 1-17 图所示，在两块相距 20mm 的平板间充满动力黏度为 0.065(N·s)/m² 的油，如果以 1m/s 速度拉动距上平板 5mm，面积为 0.5m² 的薄板（不计厚度），求需要的拉力。

答案：$F = 8.665N$

1-18. 在 1 个大气压下，温度为 0℃时，某气体的密度为 0.9kg/m³，求 500℃时该气体的密度。

答案：$\rho_2 = 0.318kg/m^3$

1-19. 如习题 1-19 图所示，上下两平行圆盘的直径为 d，两盘之间的间隙为 δ，间隙中流体的动力黏度为 μ，若下盘不动，上盘以角速度 ω 旋转，不计空气摩擦力。试求所需力矩 T 的表达式。

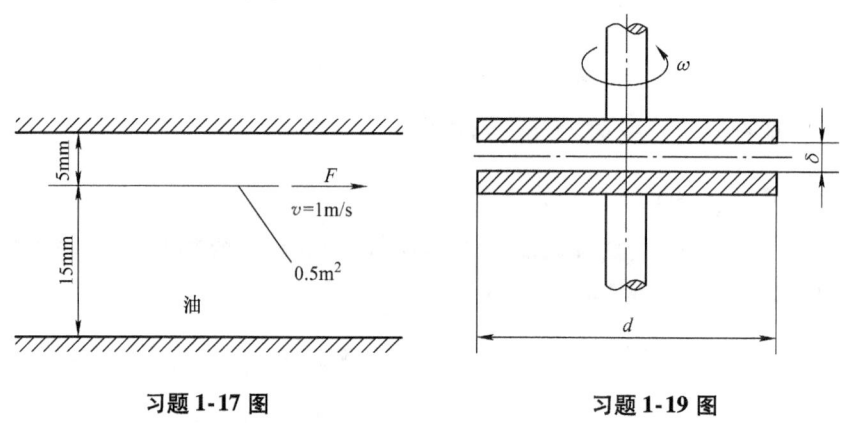

习题 1-17 图　　　　　习题 1-19 图

答案：$T = \dfrac{\pi\mu\omega d^4}{32\delta}$

1-20. 如习题 1-20 图所示，一圆锥形体绕其铅直中心轴等速旋转，锥体与固壁间距离为 $\delta = 1mm$，全部为润滑油充满，其动力黏度 $\mu = 0.1Pa \cdot s$，当旋转速度为 $\omega = 16s^{-1}$，锥体半径 $R = 0.3m$，高 $H = 0.5m$。求作用于圆锥体上的阻力矩 T。

答案：$T = 39.6N \cdot m$

1-21. 如习题 1-21 图所示，旋转圆筒黏度计，外筒固定，内筒由同步电机带动旋转。内外筒间充入实验液体如图所示。已知内筒半径 $r_1 = 1.93cm$，外筒半径 $r_2 = 2cm$，内筒高 $h = 7cm$。实验测得内筒转速 $n = 10r/min$，转轴上扭矩 $T = 0.0045N \cdot m$。试求该实验液体的黏度。

答案：$\mu = 0.952Pa \cdot s$

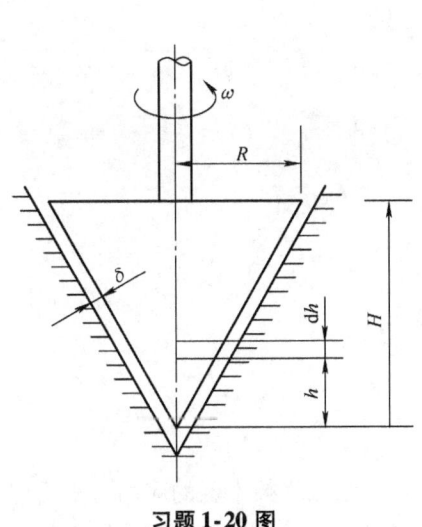

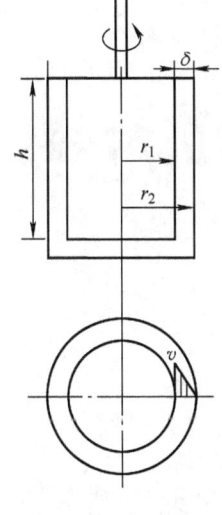

习题 1-20 图　　　　　　习题 1-21 图

第 1 章内容提要、思考题
解答及习题详解

第2章

流体静力学

流体静力学研究平衡流体的力学规律及其在工程技术上的应用。平衡包括两种：一种是流体对地球无相对运动，即处于静止状态；另一种是流体对运动容器无相对运动，也称为相对静止。前者称为重力场中的流体平衡，后者称为流体的相对平衡。其实这只是按习惯认为地球是静止不动而划分的，如果将地球视为运动容器，则一切平衡都是相当于对坐标系的相对平衡。

平衡流体相互之间没有相对运动，因而流体黏性在平衡状态下无从显示，流体静力学中的一切原理都适用于实际流体，分析与实验结果完全一致。流体静力学是工程流体力学中独立完整而又严密符合实际的一部分内容，这里的理论不需要实验修正。

2.1 静止流体中的压力

2.1.1 静压强和各向同性

在静止或者相对静止的流体中，因为没有相对运动或任何角变形，所以黏性也就表现不出来。那么这时出现在流体面（流体和周围物体之间的接触面，或者是这部分流体和相邻部分流体之间的接触面）上的只有法向的表面力了。

在日常生活和工程实践中总是看到，流体都处于受压状态之中。例如人直立在水中，当水淹过胸部时，呼吸就感到困难；又如盛水的木桶要给它套上一个铁箍，这是为了防止水的压力把木桶撑裂的缘故。

静止流体中只能有法向表面压力的出现，而且当压力施加在流体的部分面上时，这压力又会向各个方向传递出去，关于这点可通过一简单事例来做说明。如图 2-1 所示，有一方筒，里面盛着某种流体，我们通过筒上部的活塞施加压力于流体的顶面上。现在试沿图中点划线把容器中流体划分成两部分，并把出现在这截面上的法向压力也标明出来，如图 2-1a 所示。为了说明流体传递压力的性能，且先取出它的左上半部分，并讨论这一分离体的平衡。首先可以断言，在左侧面（即容器的左侧壁和流体的接触面）上还必须有法向压力出现。再者，按照平衡条件，如果把这三部分压力（为了简单起见，在此不考虑重力的作用）按大小和方向用矢线连接起来，应该合成一个三角形，如图 2-1c 所示。设左上部分三个接

触面截面积分别为 A_1、A_2、A_3，所受压力分别为 F_1、F_2、F_3，如图 2-1b 所示。由于力三角形的各边和分离体的相应边互相垂直，因而这两个三角形相似，于是有

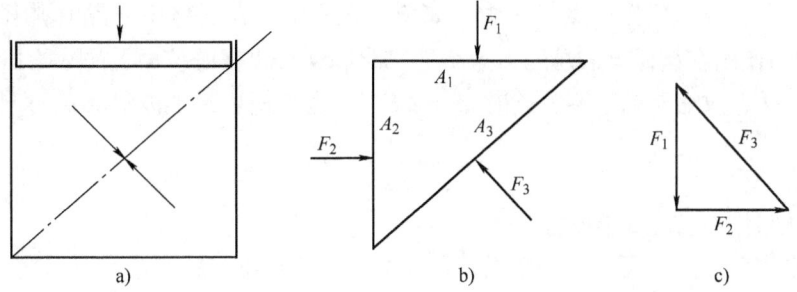

图 2-1 容器中静止流体受力分析

$$F_1 : F_2 : F_3 = A_1 : A_2 : A_3$$

或

$$\frac{F_1}{A_1} = \frac{F_2}{A_2} = \frac{F_3}{A_3}$$

上式表明，如按单位面积上的压力来比较，在上述三个面上它们都是相等的。

单位面积上的压力称为压强，一般用小写字母 p 来表示。在法定计量单位中，压强采用应力单位帕斯卡（帕），用符号 Pa 表示，$1\text{Pa} = 1\text{N/m}^2$。还有其他一些单位以后再补充介绍。至于整个面上的压力则称为"总压力"。这里需要强调说明，流体静压力与流体静压强虽然有联系，但它们是两个完全不同的物理概念。工程上习惯把压强也称为压力，压力表测的实际上是压强值，而且压力表的读数是表芯那点上的压强值。

对容器中右下半部分流体，用同样的方法讨论，可以获得和上面完全相同的结论。

在这里可以看到流体中压力传递的真相，就是说各个方向上出现的压强 p 都彼此相等。显然固体就不具备这种性能。如果在筒中安放一块刚体，那么活塞施加的压力只能传递到容器的底面，而不能传递到侧壁上去；如果筒中是某种弹性体，这时侧壁上可能感受到一些压力，但是比流体所传递的要小得多。

流体的这种特性就是物理学中的帕斯卡定律，即：不可压缩静止流体中的任一点受外力产生压力增量，只要不破坏流体的平衡，此压力增量会大小不变地迅速传递到静止流体各点。

流体的这一特性在工程上广泛获得应用，如水压机（图 2-2）、油压机、千斤顶等。在直径为 d_1 的小活塞上施加一个较小的力 F_1，则可在直径为 d_2 的大活塞上得到一个较大的力 F_2。当不计活塞自重及摩擦力时，有

$$F_2 = F_1 \left(\frac{d_2}{d_1} \right)^2$$

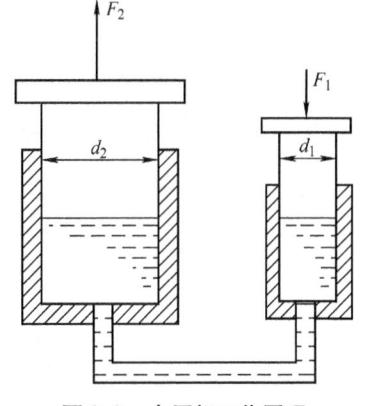

图 2-2 水压机工作原理

当小活塞被压下时，水中将出现一定大小的压强 p，该压强保持它一定的大小传递到大活塞上。大活塞的面积是小活塞的多少倍，大活塞上的总压力也就是小活塞上总压力的多少倍。

2.1.2 静止流体中一点上的压力

先说明一下，什么叫作一点的压力。如图 2-3 所示，在流体中某点 Q 周围试截取一小面积 ΔA，如知作用在该面上的总压力为 ΔF，那么 $\Delta F/\Delta A$ 就是该面上的平均压强 p_m。现在使面积 ΔA 向 Q 点收缩而趋于零，这时 $p_m = \Delta F/\Delta A$ 也将逼近某个极限值 p，即

$$p = \lim_{\Delta A \to 0} \frac{\Delta F}{\Delta A} = \frac{\mathrm{d}F}{\mathrm{d}A} \tag{2-1}$$

这个极值 p 就叫作 Q 点上的压强。

在流体中的某点上，可以取一个面，已如上述，这时压力就和这个面垂直；显然，我们还可以取第二个面，这时出现的压力就垂直于第二个面。如果在一点上取无数个不同方位的面，那就将出现无数个方向不相同的压力。可以证明，在静止流体中的一点上，各个方向上的压力大小都是相等的。

如图 2-4 所示，在平衡流体中某点 O 的周围取出一微小的四面体 $OABC$。四面体的三个相互垂直的面都通过 O 点，只有它的斜面还在点外。且以 p_x、p_y、p_z 表示三个正交方向上的压强，而以 p_n 表示斜面上的压强。它的三个棱边长度 $\mathrm{d}x$、$\mathrm{d}y$、$\mathrm{d}z$ 都是无穷小量，其体积为 $\mathrm{d}V = (1/6)\mathrm{d}x\mathrm{d}y\mathrm{d}z$。设斜面 ABC 外法线方向的单位矢量为 $\boldsymbol{n}$，它与三个坐标轴正向的夹角分别为 α、β、γ。设微元四面体内流体的平均密度为 ρ、单位质量力为 $\boldsymbol{a}_m = f_x\boldsymbol{i} + f_y\boldsymbol{j} + f_z\boldsymbol{k}$，则微元流体上的质量力为

$$\mathrm{d}\boldsymbol{F}_m = \rho\frac{1}{6}\mathrm{d}x\mathrm{d}y\mathrm{d}z(f_x\boldsymbol{i} + f_y\boldsymbol{j} + f_z\boldsymbol{k}) \tag{2-2}$$

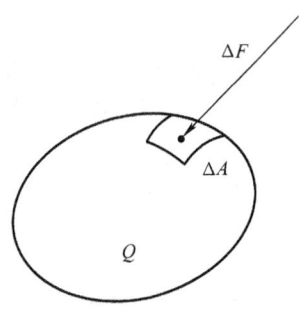

图 2-3 静止流体一点上的压力

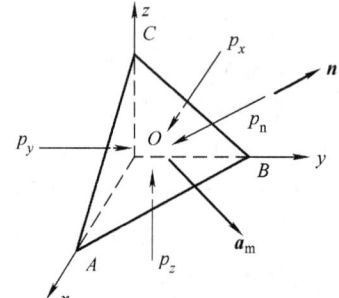

图 2-4 平衡流体中的微元四面体

则作用在微元四面体上的表面力为

$$\mathrm{d}\boldsymbol{F} = (p_x\frac{1}{2}\mathrm{d}y\mathrm{d}z - p_n\Delta ABC\cos\alpha)\boldsymbol{i} + (p_y\frac{1}{2}\mathrm{d}x\mathrm{d}z - p_n\Delta ABC\cos\beta)\boldsymbol{j}$$

$$+ (p_z\frac{1}{2}\mathrm{d}x\mathrm{d}y - p_n\Delta ABC\cos\gamma)\boldsymbol{k}$$

$$= (p_x - p_n)\frac{1}{2}\mathrm{d}y\mathrm{d}z\boldsymbol{i} + (p_y - p_n)\frac{1}{2}\mathrm{d}x\mathrm{d}z\boldsymbol{j} + (p_z - p_n)\frac{1}{2}\mathrm{d}x\mathrm{d}y\boldsymbol{k} \tag{2-3}$$

流体处于平衡状态，则 $\mathrm{d}\boldsymbol{F}_m + \mathrm{d}\boldsymbol{F} = 0$。将式（2-2）、式（2-3）相加写成投影式，则有

$$\left.\begin{array}{c}\rho \cdot \dfrac{1}{6}f_x\mathrm{d}x\mathrm{d}y\mathrm{d}z + (p_x - p_\mathrm{n})\dfrac{1}{2}\mathrm{d}y\mathrm{d}z = 0 \\[3mm] \rho \cdot \dfrac{1}{6}f_y\mathrm{d}x\mathrm{d}y\mathrm{d}z + (p_y - p_\mathrm{n})\dfrac{1}{2}\mathrm{d}x\mathrm{d}z = 0 \\[3mm] \rho \cdot \dfrac{1}{6}f_z\mathrm{d}x\mathrm{d}y\mathrm{d}z + (p_z - p_\mathrm{n})\dfrac{1}{2}\mathrm{d}x\mathrm{d}y = 0 \end{array}\right\}$$

每式中的第一项与第二项相比为高阶无穷小，略去不计，于是可得

$$p_\mathrm{n} = p_x = p_y = p_z \tag{2-4}$$

当 $\mathrm{d}x$、$\mathrm{d}y$、$\mathrm{d}z$ 趋近于零时，四面体缩为一个点，原来四个面上的压强也都变成一个点各个方向的压强了。在以上讨论中，斜面的方向 n 是任意选取的，所以可以说：在静止流体中，压强在一点的任何方向上都是相等的。按作用与反作用原理，一点对周围流体任何方向上所作用的流体静压强也都是相等的。流体静压强是各向同性的，它与受压面的方位无关，它的大小可以由质点所在的坐标位置确定。因而 $p = p(x, y, z)$ 与 $T = T(x, y, z)$、$\rho = \rho(x, y, z)$ 一样都是标量函数。于是，我们就统一用字母 p 来表示它们的大小，这里 p 是个标量。当然，在不同的点上压强的大小还是可以不相同的。

在静止流体中一点上压强的大小和方向无关，这个结论追根究底在于，静止流体中只有法向的表面力而没有切向表面力的缘故，至于质量力的出现并不能改变这一结论。静压力与静压强两个概念之间有不同之处，但它们不是没有联系的，流体静压力取决于受压面上各点的流体静压强。因此我们先讨论流体静压强的分布规律、计算与测量，然后叙述流体静压力的计算和应用。

2.2　流体平衡微分方程式

2.2.1　流体平衡微分方程式

如图 2-5 所示，在平衡流体中取六面体流体微团，边长分别为 $\mathrm{d}x$、$\mathrm{d}y$、$\mathrm{d}z$，均为无穷小量，C 点密度为 ρ、压强为 p。可得流体的质量力

$$\mathrm{d}\boldsymbol{G} = \mathrm{d}m(f_x\boldsymbol{i} + f_y\boldsymbol{j} + f_z\boldsymbol{k}) = \rho\mathrm{d}x\mathrm{d}y\mathrm{d}z(f_x\boldsymbol{i} + f_y\boldsymbol{j} + f_z\boldsymbol{k})$$

$$\tag{2-5}$$

在三个方向分量大小分别为：$\mathrm{d}G_x = \rho\mathrm{d}x\mathrm{d}y\mathrm{d}zf_x$，$\mathrm{d}G_y = \rho\mathrm{d}x\mathrm{d}y\mathrm{d}zf_y$，$\mathrm{d}G_z = \rho\mathrm{d}x\mathrm{d}y\mathrm{d}zf_z$。

流体的表面力为

$$\mathrm{d}\boldsymbol{F} = -p\mathrm{d}A\boldsymbol{n} = (p_x - p'_x)\mathrm{d}y\mathrm{d}z\boldsymbol{i} + (p_y - p'_y)\mathrm{d}x\mathrm{d}z\boldsymbol{j} + (p_z - p'_z)\mathrm{d}x\mathrm{d}y\boldsymbol{k} \tag{2-6}$$

设 C 点压强为 p，而且压强在平衡流体中是坐标的连续函数，即 $p = p(x, y, z)$，按照多元连续函数的泰勒公式，略去二阶以上无穷小量，可得 $1-2$ 面及 $3-4$ 面的重心 A、B 处的压强分别为

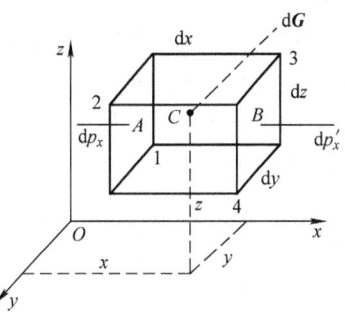

图 2-5　六面体流体微团

$$p_A = p_x = p - \frac{1}{2}\frac{\partial p}{\partial x}dx \\ p_B = p'_x = p + \frac{1}{2}\frac{\partial p}{\partial x}dx$$

在 x 轴方向上平衡流体所有合力为零，即 $dF_x + dG_x = 0$，于是有

$$\left(p - \frac{1}{2}\frac{\partial p}{\partial x}dx\right)dydz - \left(p + \frac{1}{2}\frac{\partial p}{\partial x}dx\right)dydz + \rho dxdydzf_x = 0$$

可得：$f_x - \frac{1}{\rho}\frac{\partial p}{\partial x} = 0$。因为流体保持平衡，它在任何方向的合力均为零，故其平衡条件是 $\sum F = 0$，或 $dG + dF = 0$，由式（2-5）及式（2-6）可得

$$\rho dxdydz\left[\left(f_x - \frac{1}{\rho}\frac{\partial p}{\partial x}\right)i + \left(f_y - \frac{1}{\rho}\frac{\partial p}{\partial y}\right)j + \left(f_z - \frac{1}{\rho}\frac{\partial p}{\partial z}\right)k\right] = 0$$

即

$$\left. \begin{array}{l} f_x - \frac{1}{\rho}\frac{\partial p}{\partial x} = 0 \\[2mm] f_y - \frac{1}{\rho}\frac{\partial p}{\partial y} = 0 \\[2mm] f_z - \frac{1}{\rho}\frac{\partial p}{\partial z} = 0 \end{array} \right\} \tag{2-7}$$

式（2-7）就是欧拉在 1775 年首先导出的流体平衡微分方程式，通常称为欧拉平衡方程式，它是平衡流体中普遍使用的一个基本公式，无论平衡流体受的质量力有哪些种类，流体是否可压缩，流体有无黏性，欧拉平衡方程式都是普遍适用的。

将式（2-7）分别乘以微分线段 dx、dy、dz 后相加，则有

$$f_xdx + f_ydy + f_zdz - \frac{1}{\rho}\left(\frac{\partial p}{\partial x}dx + \frac{\partial p}{\partial y}dy + \frac{\partial p}{\partial z}dz\right) = 0$$

括号中正是 $p = p(x, y, z)$ 这个标量函数的全微分 dp，所以

$$dp = \rho(f_xdx + f_ydy + f_zdz) \tag{2-8}$$

式（2-8）称为欧拉平衡方程式的综合形式，也叫作压强微分公式。

方程式的推导过程说明：微元平衡流体的质量力与表面力无论在任何方向上都应该保持平衡，即质量力与该方向上表面力的合力应该等值反向。此外，从方程式还可以看到：平衡流体受哪个方向的质量分力，则流体静压强沿该方向必然发生变化；反之，如果哪个方向没有质量分力，则流体静压强在该方向上必然保持不变。假如可以忽略流体的质量力，则这种流体中的流体静压强必然处处相等，这正是在简化处理机械或仪器中的气体平衡问题时所常常遇到的情况。

2.2.2　等压面微分方程式

流体中压强相等各点所组成的平面或曲面叫作等压面，等压面上

$$p = C$$
$$dp = 0$$

由式（2-8）可见等压面的微分方程式是

$$f_xdx + f_ydy + f_zdz = 0 \tag{2-9}$$

等压面具有下面三个性质：

1. 等压面是等势面或一簇水平面

当质量力仅仅为重力时，其单位质量力的分量 $f_x = f_y = 0$，$f_z = -g$，则式（2-9）为 $-g\mathrm{d}z = 0$，即

$$z = C \text{（常数）} \tag{2-10}$$

这表明等压面是 $z = C$ 的一簇水平面，即重力作用下静止液体的等压面是水平面。

与大气接触的自由表面当然也是等压面，这正是"水平面"一词的由来。不过应当注意，自由表面虽然始终是等压面，但在流体受其他质量力作用时其自由表面却不一定是水平的。这表明当流体微团沿等压面移动时，质量力所做的功等于零。因为质量力及其在等压面上的移动的距离都不为零，而它们的乘积（表示功）等于零。等压面概念对于解决许多流体平衡问题很有用处，它是液柱式压力计测压原理的重要基础。根据等压面性质，我们可以已知质量力的方向去确定等压面的形状；或已知等压面的形状去确定质量力的方向。

2. 等压面与单位质量力矢量垂直

这一性质可用等压面方程式（2-9）证明。因为 f_x、f_y、f_z 是单位质量力 $\boldsymbol{a}_{\mathrm{m}}$ 的三个投影，$\mathrm{d}x$、$\mathrm{d}y$、$\mathrm{d}z$ 是等压面上任意微元线段 $\mathrm{d}s$ 的三个投影，于是式（2-9）可以写成

$$\boldsymbol{a}_{\mathrm{m}} \cdot \mathrm{d}s = 0 \tag{2-11}$$

两矢量点积为零，说明两矢量相互垂直。$\mathrm{d}s$ 是等压面上的任意线段，因而等压面与单位质量力相互垂直。

3. 两种不相混合平衡液体的交界面必然是等压面

如图 2-6 所示，假定密闭容器与地球有某种相对运动，而其中密度 ρ_1 及 ρ_2 的两种不相混合液体在容器中处于平衡状态。如果两种液体的交界面 $a-a$ 不是等压面，则交界面上两点 A、B 的压强差从两种平衡液体中可以分别写出两个等式：

$$\mathrm{d}p = \rho_1(f_x\mathrm{d}x + f_y\mathrm{d}y + f_z\mathrm{d}z)$$
$$\mathrm{d}p = \rho_2(f_x\mathrm{d}x + f_y\mathrm{d}y + f_z\mathrm{d}z)$$

因为 $\rho_1 \neq \rho_2$，这组等式在 $\mathrm{d}p \neq 0$ 的情况下是不可能同时成立的。只有 $\mathrm{d}p = 0$ 时这组等式才能同时成立，因而交界面 $a-a$ 必须是等压面。

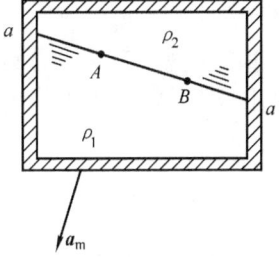

图 2-6　两种平衡液体的交界面

如果容器相对地球没有运动，则重力场中两种液体的交界面不但是等压面而且又必然是水平面。

2.3 重力场中的平衡流体

2.3.1 静止流体中压力变化规律

为了比较流体中 1、2 两点上的压力，如图 2-7a 所示，以 1、2 两点的连线为轴线，从而截取一个微元柱体（如果流体是盛在一个形状复杂的容器里，以致在两点间不能直接取出一柱体，这时我们还可以逐次使用这个方法，从第一点到另一个中间点等等，直到要做出

比较的第二点为止）。根据静止流体的基本性质，得知柱体侧面上只有和侧面相垂直的压力存在。如此，不管它们是如何分布的，在轴线方向上都不产生什么影响，这就使问题变得简单了。

现在来讨论柱体的轴向平衡。设它的横截面积为 A，p_1、p_2 是 1、2 两点上的两个压强；如无其他质量力，那么平衡条件为

$$Ap_1 = Ap_2, \quad p_1 = p_2$$

这表明，在没有任何质量力的情况下，流体中的压力是处处相等的。

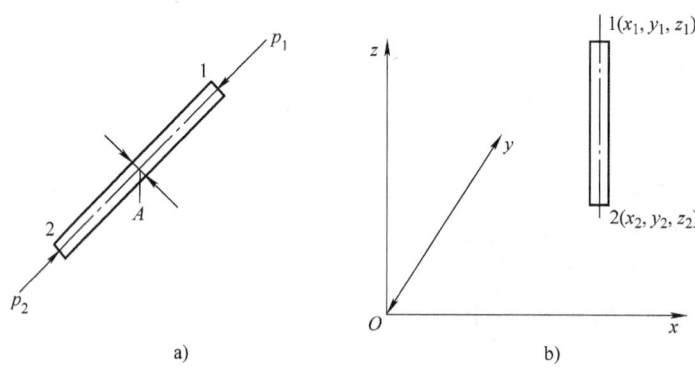

图 2-7　流体中两点上的压力

下面结合实际，把流体重量这个因素也考虑进去，并假定流体重度 $\gamma = \rho g$ 是个常量。讨论流体中压力的变化时，仍以小柱体为工具。先讨论轴线为水平位置小柱体的情况。现有一柱体放在水平位置上，就是和重力垂直的位置上，此时重力在轴线方向上没有分力，显然，根据平衡条件又得到 $p_1 = p_2$。可见，在流体中同一水平面上各点的压力还是相同的。

再来考虑一个轴线为铅直的流体柱如图 2-7b 所示，在这里柱体的重量对于轴向的平衡就起作用了。如果以 1 标记柱体的上端面，2 标记下端面，而 h 为 1、2 两点之间的高度差。在平衡时应有

$$Ap_1 + \rho g A h = Ap_2$$
$$p_2 = p_1 + \rho g h \tag{2-12}$$

这表明了 1、2 两点之间的压力差（也就是 1、2 两点所在的两个水平面之间的压力差）等于截面积为 1、高度为 h 的流体柱的重量。如图 2-8 所示上端敞口通大气的盛液容器，流体中任一点 M 的压力为

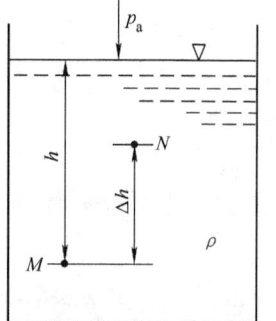

$$p_M = p_a + \rho g h$$

式中，h 为 M 点的淹没深度，即点 M 离自由液面的距离；p_a 为大气压力。

流体中任意两点的压力关系为

$$p_M = p_N + \rho g \Delta h$$

式中，Δh 为 M、N 点的淹没深差。

图 2-8　静止流体

流体中压力变化的规律通常又用下列公式来表达。取一直角坐标系，使 xy 坐标面为水平面，而 z 轴铅直向上，如图 2-7b 和图 2-9 连通器所示。如此 1、2 两点之间的压力差可表

示为

$$p_2 - p_1 = \rho g(z_1 - z_2)$$

或

$$\frac{p_1}{\rho g} + z_1 = \frac{p_2}{\rho g} + z_2 \qquad (2\text{-}13)$$

式（2-13）称为流体或水静力学基本公式，其中 z 表示点的位置高度。已知压力 p 的单位是 Pa，又知密度 ρ 的单位是 kg/m^3，那么从单位上来看，$p/\rho g$ 也反映了一个高度，单位为 m，这个高度将称为压力高度。所以基本公式又可叙述为：在静止流体中，每个点的位置高度 z 和该点的压力高度 $p/\rho g$ 之和是一常数。

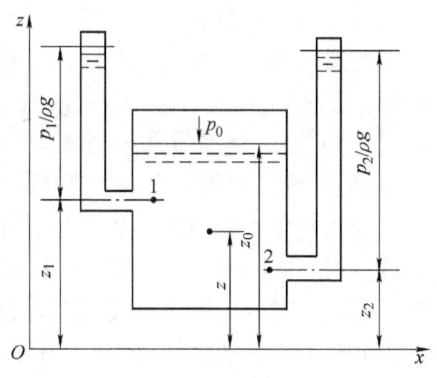

图 2-9 连通器静压强分布

2.3.2 不可压缩流体静压强基本公式

上面通过具体事例已得到流体静力学基本公式（2-13），现在从欧拉平衡方程推出不可压缩流体静压强基本公式的普遍式。重力场中的欧拉平衡方程式可以写成

$$\mathrm{d}p = -\rho g\mathrm{d}z \qquad (2\text{-}14)$$

对于连续、均质的不可压缩流体来说，其密度是恒定的常量，因而式（2-14）变成

$$\mathrm{d}z + \frac{\mathrm{d}p}{\rho g} = 0 \ \text{或} \ \mathrm{d}\left(z + \frac{p}{\rho g}\right) = 0$$

在流体连续区域内积分，则得

$$z + \frac{p}{\rho g} = C \qquad (2\text{-}15)$$

这就是重力场中连续、均质、不可压缩流体的静压强基本公式。式中的 z 和 p 代表平衡流体中任何一点的铅直坐标及静压强，C 是可以由边界条件确定的积分常数。由此，同样可以看出压强等于常量的等压面是铅直坐标恒定的水平面。

1. 压强的计算基准与单位

在工程应用中，压强的大小有两种参考基准，一是以绝对真空为基准，以绝对真空作为零值的压强大小称为绝对压强；二是以大气压为基准，以大气压作为零值的压强大小称为相对压强。绝对压强以绝对真空为起点，包括大气压在内，它主要反映流体分子运动的物理本质，因此在物理学、热力学、航空气体动力学上大多采用绝对压强为计算标准。相对压强以当地大气压为起点，测压仪表在当地大气压下的读数为零，仪表上的读数就是相对压强，它只表示流体压强比当地大气压大多少或者小多少，所以叫作计示压强。比当地大气压大多少为正压强，比当地大气压小多少为负压强或叫作真空度。相对压强一般用压力计测得，所以通常又叫表压强或表压力。绝对压强、计示压强与真空度的关系如图 2-10 所示。

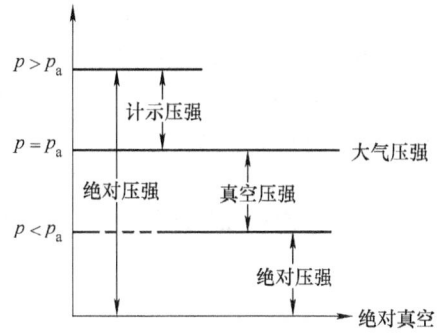

图 2-10 绝对压强、计示压强与真空度

相对压强以当地大气压为起点计算压强，则 $p_a = 0$，于是 $p = \rho g h$。它可能大于零，大多少就是计示压强的数值；它可能小于零，小多少就是真空度的数值。真空度表示负压强的程度，当绝对压强小于大气压强时，两者差的绝对值称为真空度。计示压强可以为负值，但真空度恒为正值。

当 $p > p_a$ 时：绝对压强 = 当地大气压 + 计示压强；计示压强 = 绝对压强 − 当地大气压。当 $p < p_a$ 时：绝对压强 = 当地大气压 − 真空度；真空度 = 当地大气压 − 绝对压强。

当地大气压在不同地区之间差别较大，在不同季节也有差别，有必要时可测取当地大气压数值。实际应用中一般都近似以标准大气压作为计示压强和真空度的起点，这样就意味着忽略了当地大气压与标准大气压之间的差别。标准大气压是地球周围大气平均状态的理想化表示，海平面的标准大气压为 $p_a = 101.33 \mathrm{kPa}$（绝对压强）。

压强法定单位以应力单位 Pa（帕斯卡）表示，$1 \mathrm{Pa} = 1 \mathrm{N/m^2}$，1bar（巴）$= 10^5 \mathrm{Pa} = 0.1 \mathrm{MPa}$，$1 \mathrm{MPa} = 10^6 \mathrm{Pa}$。$1 \mathrm{bar} = 0.987 \mathrm{atm}$，即 1bar 近似等于 1 个标准大气压，故而有时也称 1bar 为 1 个大气压。目前标准压力表都以 MPa（兆帕）为计量单位。

常用的还有液柱高单位，因为 $h = p/\rho g$，将应力单位的压强除以 ρg 即为该压强的液柱高度，测压计中常用水或汞作为工作介质，因此液柱高单位有米水柱（$\mathrm{mH_2O}$）、毫米汞柱（mmHg）等，不同液柱高度的换算关系可由 $p = \rho_1 g h_1 = \rho_2 g h_2$ 求得为 $h_2 = \rho_1 h_1 / \rho_2$。液柱高单位来源于实验测定，因此多用于实验室计量。

标准大气压（atm）是根据北纬 45° 海平面上 15℃ 时测定的数值。1 标准大气压（atm）= $760 \mathrm{mmHg} = 1.01325 \mathrm{bar} = 1.01325 \times 10^5 \mathrm{Pa}$。大气压单位多用于机械或航天行业，因为在高压情况下，用应力单位或液柱单位表示时则数字过大。此外，在工程上为便于计算常用工程大气压为计量单位，1 个工程大气压 $= 98100 \mathrm{Pa} = 0.981 \times 10^5 \mathrm{Pa}$。

2. 静压强的分布

静压强基本公式（2-13）的物理意义就是平衡流体中各点的总势能（包括位置势能和压强势能）是一定的。如图 2-9 所示，有

$$z_1 > z_2 , \quad \frac{p_1}{\rho g} < \frac{p_2}{\rho g}$$

但

$$z_1 + \frac{p_1}{\rho g} = z_2 + \frac{p_2}{\rho g}$$

所以两闭口测压管中的液面是水平的。

z 称为位置水头，$p/\rho g$ 称为压强水头，因为它们的量纲同样都是 L，后者也代表一定的液柱高度。测压管抽成完全真空是不可能的，实际测压管往往是开口连通大气，在大气压 p_a 的作用下，它的液面比闭口测压管低 $p_a/\rho g$ 这样一段液柱高，但液面仍然是水平的。

静压强基本公式中的积分常数 C 可以用平衡液体自由表面上的边界条件 $z = z_0$、$p = p_0$ 来确定。于是

$$z + \frac{p}{\rho g} = z_0 + \frac{p_0}{\rho g}$$

移项得

$$p = p_0 + \rho g (z_0 - z) = p_0 + \rho g h \tag{2-16}$$

这就是不可压缩流体的静压强分布规律。公式说明一点上的流体静压强 p 是由两个独立部分构成的。一部分是自由液面上的压强 p_0，一部分是单位截面上的液柱重力 $\rho g h$。如图 2-11 所示为静压强分布规律图，取一定比例尺，使 $\overline{gm} = \overline{rn} = p_0$，$\overline{sr} = \rho g h$，如图 2-11a 所示，则 gs 直线与 mn 直线间的水平线段长短就代表 $\overline{mn}$ 线上各点的流体静压强大小。如果 $p_0 = p_a = 0$，则 mn 线上的计示压强分布图如图 2-11b 所示。

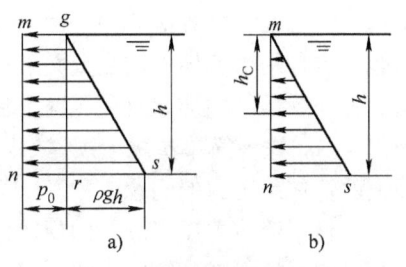

图 2-11 静压强分布图

例 2-1 如图 2-12 所示测量气体压差的双杯式微压计，上部盛油，密度为 $\rho' = 850 \text{kg/m}^3$，下部盛水，密度为 $\rho = 1000 \text{kg/m}^3$。两个圆杯的直径都是 $D = 30 \text{mm}$，连通管的直径 $d = 5 \text{mm}$，当 $p_1 = p_2$ 时，两边直管中的水面平齐。当 $p_1 > p_2$ 时，测得两边的直管的水面高差为 $h = 20 \text{mm}$，试求此时两杯口所接压强的差值 $p_1 - p_2$。

解： 当 $p_1 = p_2$ 时，设杯子的油液面与连通管的水面高差为 h_0；当 $p_1 > p_2$ 时，左杯的油液面下降 Δh，右杯的油液面上升 Δh。由液体静力学基本方程式，得

$$p_1 + \rho' g (h_0 - \Delta h + h/2) = p_2 + \rho' g (h_0 + \Delta h - h/2) + \rho g h$$

由于 $\dfrac{\pi D^2}{4} \Delta h = \dfrac{\pi d^2}{4} \dfrac{h}{2}$，因此

$$p_1 - p_2 = \rho g h + \rho' g (2\Delta h - h) = \rho g h - \rho' g h [1 - (d/D)^2]$$

代入数据，得

$$p_1 - p_2 = 34.05 \text{Pa}$$

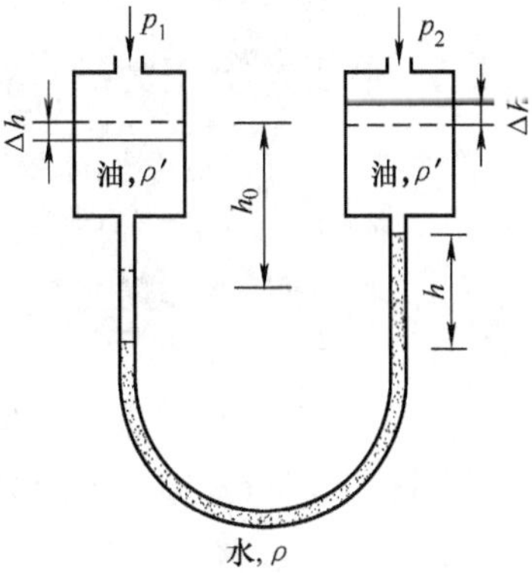

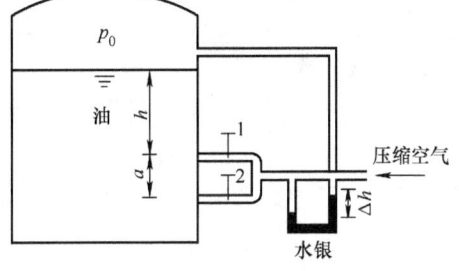

图 2-12 例 2-1 附图

例 2-2 用如图 2-13 所示气压式液面计测量封闭油箱中液面高程 h。打开阀门 1，调整压缩空气的压强，使气泡开始在油箱中逸出，记下 U 形水银压差计的读数 $\Delta h_1 = 150 \text{mm}$，然后关闭阀门 1，打开阀门 2，同样操作，测得 $\Delta h_2 = 210 \text{mm}$。已知 $a = 1 \text{m}$，求深度 h 及油的密度 ρ。

解： 设水银密度为 ρ_1，打开阀门 1 时，压缩空气压强为 p_1，考虑水银压差计两边液面的压差以及油箱液面和排气口的压差，则

$$p_1 - p_0 = \rho_1 g \Delta h_1 = \rho g h$$

同样，打开阀门 2 时，设压缩空气压强为 p_2，则

$$p_2 - p_0 = \rho_1 g \Delta h_2 = \rho g (h + a)$$

上面两式相减并化简，得

$$\rho_1 g (\Delta h_2 - \Delta h_1) = \rho g a$$

代入已知数据，得

$$\rho = 0.06 \rho_1 = 816 \text{kg/m}^3; \quad h = \frac{\rho_1}{\rho} \Delta h_1 = 2.5 \text{m}$$

图 2-13 例 2-2 附图

2.4 静止流体对壁面的作用力

工程上常常遇到计算油箱、水箱、密封容器、管道、锅炉、罐车、船舶、水池及堤坝等

结构物的强度，计算液体中潜浮物体的受力，以及液压油缸、活塞及各种形状阀门的受力等问题，这种平衡流体作用在壁面上的力就是流体静压力。流体静压力的大小、方向、作用点当然都与受压面的形状及受压面上流体静压强的分布有关。如果受压面积上的静压强相同，则 $F = pA$，这种简单情况无须讨论。下面主要介绍受压面上各点静压强不同时，如何计算壁面上的流体静压力的问题。

知道了流体中压力分布的规律，可以据此来处理两个问题，容器的强度计算和压力测量方法。容器的强度计算中，首先要算出作用在容器上的力，而后进一步来确定容器应有的尺寸。作用于容器上的力，一是决定于受力面的大小和形状，二是决定于面上的压力分布。下面分两种情况来介绍一些计算方法。

2.4.1 平面壁上压力的计算法

图 2-14 中有一储存液体的容器的平面斜壁，其中在液体的自由面（液体和气体的分界面）上出现的压力叫作外压力，习惯以 p_0 来表示它；而当外压力为大气压时，又常用 p_a 来表示它。现在要计算作用在某一部分面积为 A 的平面器壁上的力，这个面与水平面相交成 α 角。

先观察一条距自由表面、深度为 h 的小面积 $\mathrm{d}A$。已知 $\mathrm{d}A$ 面上的压力 p 较自由面上的大气压 p_a 要大一个 $\rho g h$ 数值，即 $p = p_a + \rho g h$。

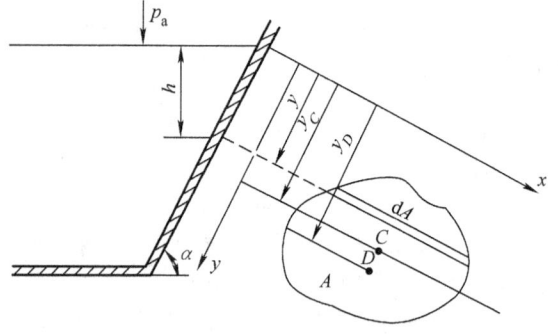

通常容器的外表面往往是暴露在大气中的，于是在考虑了容器内外受力的情况后，给出作用在 $\mathrm{d}A$ 面上的净力是 $\mathrm{d}F = \rho g h \mathrm{d}A$。

图 2-14　平面上的流体静压力

已经知道一条小面积上净作用的力是 $\mathrm{d}F = \rho g h \mathrm{d}A$，它垂直于壁面 $\mathrm{d}A$，而现在讨论的又是平面壁，所有作用在 A 面上的 $\mathrm{d}F$ 都是平行的，那么在计算总压力 F 时，只需运用简单的加法就可以了。于是

$$F = \int_A \rho g h \mathrm{d}A = \rho g \int_A h \mathrm{d}A$$

这里出现一个积分 $\int_A h \mathrm{d}A$，我们将按下述方法去计算它。如图 2-14 所示，存有如下之关系：

$$h = y \sin\alpha$$

其中 y 是沿着壁面量得的距离。在把上列关系代到积分中去后，得

$$\int_A h \mathrm{d}A = \sin\alpha \int_A y \mathrm{d}A$$

由工程力学知，$\int_A y \mathrm{d}A = y_C A$ 为受压面面积 A 对 x 轴的静矩，如此就转换成为计算面积惯性矩的问题了。其中 y_C 是 A 面的形心 C 到 x 轴（液体自由面和容器壁的交线）的距离。对于一些形状规则的平面，它们的形心的位置 y_C 都是熟知的。把静矩代入，则可得静止流体对平面壁的作用力为

$$F = \int_A \rho g h \, \mathrm{d}A = \rho g \sin\alpha y_C A = \rho g h_C A \qquad (2\text{-}17)$$

式中，h_C 表示 A 面形心 C 的深度。由此可见，作用在某一平面壁 A 上的总压力 F 就等于该面积 A 和它形心上的相对压强 $\rho g h_C$ 这二者的乘积。

在介绍了计算总压力的方法后，再简单说明一下如何去确定压力合力的作用点，又叫作压力中心。仍以 x 轴为参考轴，以 y_D 表示压力中心 D 到 x 轴的距离，如此 y_D 可以计算为

$$y_D = \frac{\int_A y \, \mathrm{d}F}{F} = \frac{\rho g \sin\alpha \int_A y^2 \, \mathrm{d}A}{\rho g \sin\alpha y_C A} = \frac{\int_A y^2 \, \mathrm{d}A}{y_C A} \qquad (2\text{-}18)$$

积分式 $\int_A y^2 \, \mathrm{d}A$ 称为 A 面对 x 轴的惯性矩，按习惯以 I_x 表示，下标 x 指所选取的参考轴。

现在通过 A 面的形心 C 另作一条和 x 轴平行的 C 轴，那么 A 面对 C 轴的惯性矩就以 I_C 来表示。由材料力学惯性矩平行换轴公式，在 I_x 和 I_C 这两个惯性矩之间有如下的换算关系：

$$I_x = I_C + y_C^2 A \qquad (2\text{-}19)$$

这里 y_C 恰好是两条平行轴之间的距离。于是

$$y_D = \frac{I_x}{y_C A} = \frac{I_C}{y_C A} + y_C \qquad (2\text{-}20)$$

对于一些形状规则的面，它们的惯性矩 I_C 可以在工程手册中查到，而且这些有规则的面都具有对称线，压力中心就很容易在对称线上确定下来。为了便于计算，现将工程上常用的几何平面图形的惯性矩 I_C、形心坐标 y_C 及图形面积 A 列于表 2-1 中。

表 2-1　几何平面图形的 I_C、y_C 及 A 值

平面图形		图形顶点到形心的距离 y_C	对于通过形心而与对称轴垂直的 $C-C$ 轴的惯性矩 I_C	面积 A
矩形		$\dfrac{h}{2}$	$\dfrac{bh^3}{12}$	bh
三角形		$\dfrac{2h}{3}$	$\dfrac{bh^3}{36}$	$\dfrac{bh}{2}$
梯形		$\dfrac{h(a+2b)}{3(a+b)}$	$\dfrac{h^3(a^2+4ab+b^2)}{36(a+b)}$	$\dfrac{h(a+b)}{2}$

（续）

平面图形		图形顶点到形心的距离 y_C	对于通过形心而与对称轴垂直的 $C-C$ 轴的惯性矩 I_C	面积 A
圆形	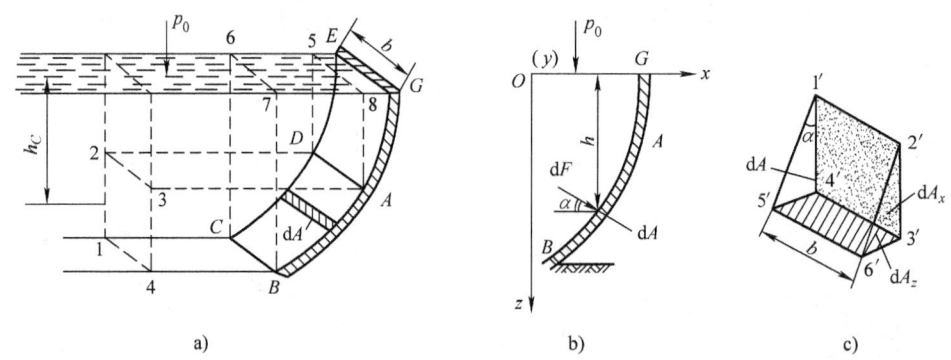	R	$\dfrac{\pi R^4}{4}$	πR^2
半圆形		$\dfrac{4R}{3\pi}$	$\dfrac{(9\pi^2-64)R^4}{72\pi}$	$\dfrac{\pi R^2}{2}$
环形		R	$\dfrac{\pi(R^4-r^4)}{4}$	$\pi(R^2-r^2)$

2.4.2 曲面壁上压力的计算法

设想图 2-15 表示开口容器上的一部分曲面壁 $ABCD$，容器内盛液体，外面是大气。现在来计算作用在这部分曲面上的总压力。

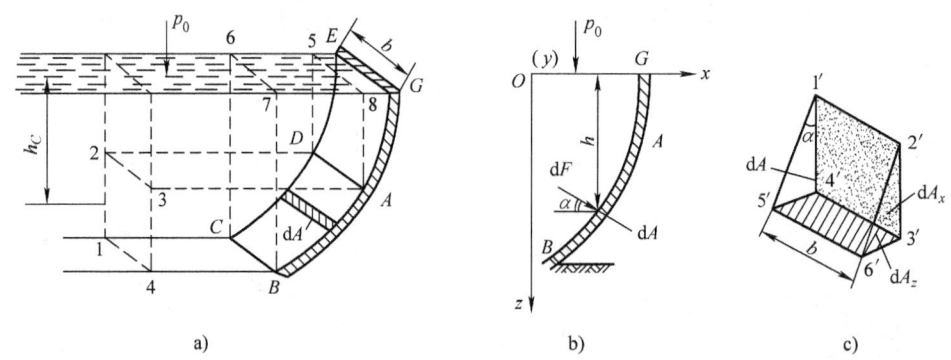

图 2-15　曲面壁上的流体静压力

取液体自由面作为 xOy 坐标面，z 轴铅直向下。自由面以下 h 距离深处在曲面上取一微元面积 dA，则面上承受的压力为 $dF = \rho g h dA$，压力的方向是 dA 面的法线方向。设 α 表示微元面积 dA 法线与水平线 x 轴夹角，β、γ （图中未画出）分别表示与 y 轴和 z 轴夹角。那么 dF 在坐标轴方向上的三个分量就可以分解为：$dF_x = dF\cos\alpha = \rho g h dA\cos\alpha$；$dF_y = dF\cos\beta = \rho g h dA\cos\beta$；$dF_z = dF\cos\gamma = \rho g h dA\cos\gamma$。

由于 dA 面在三个坐标平面上的投影分别是：dA_x = d$A\cos\alpha$；dA_y = d$A\cos\beta$；dA_z = d$A\cos\gamma$。于是有：d$F_x = \rho gh$dA_x；d$F_y = \rho gh$dA_y；d$F_z = \rho gh$dA_z。

上面三个式子适用于曲面上的每一部分，所以沿曲面 $ABCD$ 积分就可以得到 A 面上总压力的三个分量，它们是：$F_x = \rho g\int h$dA_x；$F_y = \rho g\int h$dA_y；$F_z = \rho g\int h$dA_z。

这里又出现了计算面积静矩的问题，试以第一式为例做说明如下：积分式 $\int h$dA_x 是投影面 A_x 对 y 轴的静矩，按面积惯性矩计算规则它等于 $\int h$d$A_x = h_C A_x$，其中 h_C 表示投影面 A_x 的形心（中心）位置。如此，$F_x = \rho gh_C A_x$。可以看出，求总压力分量 F_x 的计算方法完全跟处理一个平面问题一样。同样地，计算分量 F_y 时也可引用上式，不过这时面积要改成为 A_y，而 h_C 则应是投影面 A_y 的形心（中心）位置。

由于在自由面上选取 x、y 坐标轴是完全任意的，所以问题可以概括如下：静止流体作用在某个曲面上的总压力，其水平压力分量，不管是哪一个方向上的，总等于这一曲面在该方向的投影面所受到的力。假如在投影过程中某些部分曲面有重叠现象，那么确定投影面积时应把这些重叠部分除去，因为作用在它们上面的水平压力分量正好相互抵消。

现在再来计算铅直方向的压力分量。已知在 dA 面上的铅直压力为 d$F_z = \rho gh$dA_z，显然这部分压力就等于 dA 面上液柱的重量，那么铅直方向的总压力分量就可直接写成

$$F_z = \rho g\int h\mathrm{d}A_z = \rho gV$$

式中，深度 h 与微元面积 dA_z 为垂直关系；V 表示从曲面 A 的周界向上引伸以至自由面所构成的一个容积，称为压力体体积；而 ρgV 就是该压力体液体的重量。上式说明，作用在壁面上的流体静压力的铅直分力 F_z 等于曲面上方压力体体积的液重。需要注意的是，压力体体积是个纯几何体体积，压力体液重 ρgV 才具有力的量纲。

对于形状不规则的曲面，三个压力分量一般并不通过一共同点，因此不一定合成一个单力。曲面壁上压力 F 的三个分量通式为

$$\left.\begin{array}{l} F_x = \displaystyle\int_{A_x} p\mathrm{d}A_x = \rho g\int_{A_x} z\mathrm{d}A_x = \rho gz_C A_x \\[2mm] F_y = \displaystyle\int_{A_y} p\mathrm{d}A_y = \rho g\int_{A_y} z\mathrm{d}A_y = \rho gz_C A_y \\[2mm] F_z = \displaystyle\int_{A_z} p\mathrm{d}A_z = \rho g\int_{A_z} z\mathrm{d}A_z = \rho gV \end{array}\right\} \tag{2-21}$$

式中，ρgz_C 为投影面 A_x 或 A_y 的形心（中心）处的计示压强。

对于规则曲面，如果三个分力能交于一点，则可以求出作用在曲面 A 上的静压力的大小为

$$F = \sqrt{F_x^2 + F_y^2 + F_z^2} \tag{2-22}$$

静压力的方向可由下列三个方向余弦确定：

$$\cos\alpha = F_x/F, \quad \cos\beta = F_y/F, \quad \cos\gamma = F_z/F \tag{2-23}$$

静压力的矢量作用线与曲面 A 的交点称为压力中心，在壁面具体形状给定之后，作用在壁面上的静压力和压力中心都是容易确定的。

2.4.3 浮力原理与压力体

液体中物体的位置分为三种；当物体的密度大于液体时，物体沉没到液体的底部，此时的物体称为沉体；当物体的密度等于液体时，物体将潜入液体的任何位置，此时的物体称为潜体；当物体的密度小于液体时，物体将漂浮在液体的表面，此时的物体称为浮体。液体作用在潜体和浮体上的作用力（总压力）叫作浮力，浮力的作用点叫作浮心。

体积为 V 的固体完全沉没在静止液体中，则成为有封闭曲面的潜体。如图 2-16 所示。水平母线与物面接触点的连线将物面分割成左、右两个部分，左半部曲面 cad 与右半部曲面 cbd 上所受到的水平分压力 F_{y1} 与 F_{y2} 大小相等、方向相反而且作用在同一条直线上，因而整个潜体水平方向的流体静压力为 0。

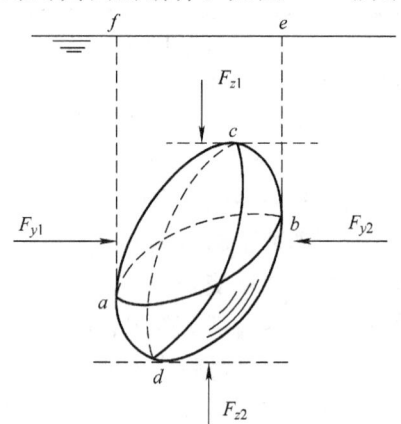

铅直母线与物面接触点的连线将物面分割成上、下两个部分，上半部曲面 acb 上的铅直分压力方向向下，大小等于压力体 $acbef$ 的液重，而下半部曲面 adb 上的铅直分压力方向向上，大小等于压力体 $adbef$ 的液重，因而整个潜体铅直方向的流体静压力大小为

$$F_z = F_{z2} - F_{z1} = \rho g(V_{adbef} - V_{acbef}) = \rho g V \quad (2\text{-}24)$$

式中，V 为潜体的体积；F_z 方向向上。压力中心也就是潜体的形心。

图 2-16　潜体上的流体静压力

对于部分沉没在液体中、部分露在液面上的所谓浮体，上述结论也是同样适用的，只不过此时压力体体积 V 不是物体全部，而是沉没在液体中的那部分体积。

作用在潜体或浮体上的铅直向上的流体静压力通称为浮力，这样就证明了物理上著名的阿基米德（Archimedes）原理：作用在潜体或浮体上的浮力或者说物体在液体中所减轻的重力等于它所排开的同体积的液重。

计算曲面或平面上的铅直分压力，需用到压力体的概念。压力体是由积分式 $\int_A z\mathrm{d}A_z$ 所确定的纯几何体积，它与这个体积中究竟有无液体没有关系，例如图 2-17 所示曲面 DAB，液体和实压力体位于曲面同侧，液体和虚压力体位于曲面异侧。假如它们本身尺寸完全相同，而且柱面在液面下的距离也完全相同，则根据积分所得的压力体体积 $V = V_{CDAB}$ 也是完全相同的。可见所谓的压力体液重并不是压力体内实有的液体重力。上述两例中压力体积既然相同，则乘以液体 ρg 后所得的压力体液重相同，即铅直分压力的大小也是完全相等的。但铅直分压力的方向却不同，具体受力方向还需要根据液体在壁面之上还是在壁面之

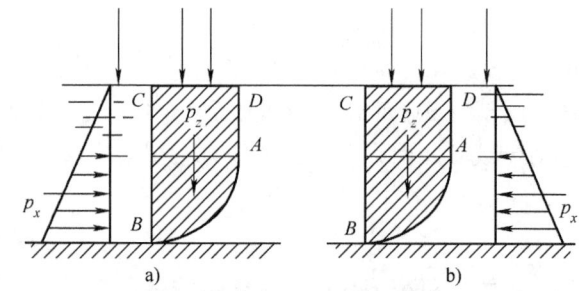

图 2-17　曲面上的压力体

下来确定。

这说明压力体液重并不一定就是压力体内实际具有的液体重力，它只是为计算铅直分压力大小而引入的一个虚构概念。

2.4.4 浮体的稳定性

像船一样漂浮于液面的物体被称作浮体。图 2-18 所示的是一对称浮体静止的情况。其中，浮体的重量为 W，重力的作用点（重心）为 G，浮力为 F_B，浮力中心为 C，若 G 和 C 在同一垂直线上，如图 2-18a 所示，根据力的平衡可得 $F_B = W$。在这种情况下，通过 G 和 C 的垂直线叫浮轴，被液面所切割的假想的浮体断面叫作浮面。另外，从浮面到物体最底部的深度叫作吃水。

如图 2-18b 所示，分析浮体处于平衡但是有倾斜且倾斜角度为 θ 的状态。重心 G 不改变，浮力中心从 C 移到 C'，浮力 F_B 通过 C' 垂直向上方作用。

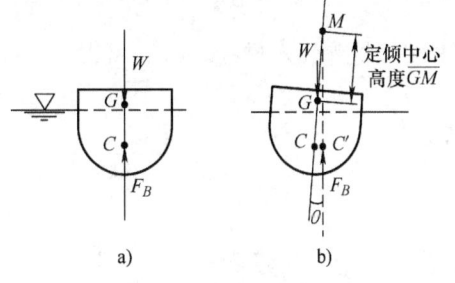

图 2-18　浮体的稳定条件

新的浮力作用线与倾斜之前浮轴的交点 M 称为定倾中心，$\overline{GM}$ 称作定倾中心高度，$\overline{CM}$ 称为定倾半径 ρ，$\overline{CG}$ 称为偏心距 e。如图 2-18b 所示，浮体倾斜后能否恢复其原平衡位置，取决于重心 G 和定倾中心 M 的相对位置。M 在 G 的上方，即 $\rho > e$，物体重力 W 和浮力 F_B 形成一个使浮体恢复到原有状态的转动力矩，浮体是稳定的。如果 M 在 G 的下方，即 $\rho < e$，转动力矩作用导致物体更加倾斜，则浮体是不稳定的。M 与 G 重合时则为中立，即 $\rho = e$，此时重力 W 与浮力 F_B 不会产生力矩，浮体处于随遇稳定。另外，浮体的倾斜角 θ 改变的话，定倾中心 M 的位置也会移动。θ 趋近于 0 的极限情况的定倾中心叫作真定倾中心。

下面考虑倾角 θ 较小的情况下，计算定倾中心的高 $\overline{GM}$。假设图 2-19 为浮体由平衡状态倾斜了微小角度 $\delta\theta$ 的状态。与图 2-18 相同，图 2-19 中的 G 和 C 分别是浮体的倾角为 0 时该浮体的重心和浮心，另外，C' 表示倾斜后的浮力中心。设浮体倾斜前的浮力线（G 和 C 的连接线）和浮面的交点为原点 O。如图所示选取 x 轴和 y 轴，y 轴为浮体的旋转轴，因为浮体倾斜了 $\delta\theta$，图中 OBB' 所示的楔形部分下沉于液面之下，作用于该楔形部分的浮力随之增加。另外，反方向的 OAA' 的楔形部分浮起于液面之上，失去了浮力。在浮体倾斜之前的浮面上取一微元面 dA，该微元面到 y 轴的距离为 x。设楔形部分内部的微元体 $dV = x\delta\theta dA$，随着此部分的浮力增加，绕 y 轴的力矩为 $\rho g x^2 \delta\theta dA$。于是，楔形部分整体的浮力增减导致绕 y 轴产生的力矩为

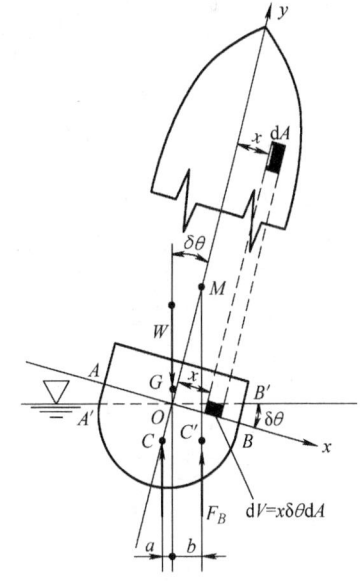

图 2-19　浮体微小倾角定倾中心

$$\int_A \rho g x^2 \delta\theta dA = \rho g \delta\theta \int_A x^2 dA = \rho g \delta\theta I_y$$

式中，A 为浮面的面积；$I_y = \int_A x^2 dA$ 为对应于浮面上 y 轴的断面二次扭矩。此扭矩和作用在点 C 上的浮力所产生的扭

矩 $-F_B a$（a 为 CO 之间的水平距离）之和与发生倾斜时浮力所产的扭矩 $F_B b$（b 为 OC' 之间的水平距离）必须相等。于是

$$\rho g \delta \theta I_y - F_B a = F_B b$$

因此

$$\rho g \delta \theta I_y = F_B(a+b) \tag{2-25}$$

另外，设浮体所排开液体体积为 V，则浮力为 $F_B = \rho g V$，因为倾角 $\delta\theta$ 较小，所以可得 $a+b = \overline{CM}\delta\theta$，将此代入式（2-25）可得

$$\rho g \delta \theta I_y = \rho g V \overline{CM} \delta\theta$$

所以

$$\overline{CM} = \frac{I_y}{V}$$

因此，定倾中心的高 $\overline{GM}$ 为

$$\overline{GM} = \overline{CM} - \overline{CG} = \frac{I_y}{V} - \overline{CG} \tag{2-26}$$

浮体在 $\overline{GM} > 0$ 时稳定；$\overline{GM} = 0$ 时中立；$\overline{GM} < 0$ 时不稳定。

例 2-3　如图 2-20 所示，一个封闭水箱，下面有一 1/4 圆柱曲面 AB，宽为 2m（垂直于纸面方向），半径 $R=1$m，$h_1=2$m，$h_2=3$m，计算曲面 AB 所受静水总压力的大小、方向和作用点。

解：由题意可知，水平分力为

$$F_x = \rho g h_{Cx} A_x = (1000 \times 9.8 \times 1.5 \times 2 \times 1)\text{N} = 29400\text{N} = 29.4\text{kN}$$

垂直分力为

$$F_z = \rho g V = (1000 \times 9.8 \times (2 \times 1 \times 2 - 2 \times \frac{\pi}{4} \times 1^2)\text{N}$$

$$= 23806.2\text{N} = 23.806\text{kN}$$

则合力为

$$F = \sqrt{F_x^2 + F_z^2} = \sqrt{29.4^2 + 23.8^2}\text{kN} = 37.83\text{kN}$$

力的方向与 x 方向的夹角为

$$\theta = \arctan\frac{F_z}{F_x} = \arctan\frac{23.806\text{kN}}{29.4\text{kN}} = \arctan 0.8097 = 39.0°$$

作用点距水箱底部距离：$e = R\sin\theta = 1\text{m} \times \sin 39.0° = 0.629\text{m}$

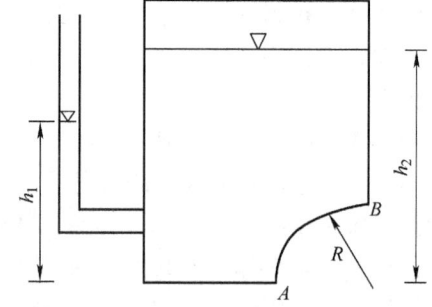

图 2-20　例 2-3 附图

例 2-4　用熔化生铁（相对密度为 7）铸造带凸缘的半球形零件，如图 2-21 所示，已知 $H=0.5$m、$D=0.8$m、$r=0.3$m、$\delta_1=15$mm、$\delta_2=25$mm、$d=20$mm，试求铁水作用在沙箱上的力。

解：铁水向上作用在沙箱上的力等于压力体的液重，压力体是由直径为 D、高为 H 的圆柱体再减去被铁水占据的下列三部分体积：（1）半径为 $r+\delta_1$ 的半球；（2）内半径为 $r+\delta_1$、外半径为 $D/2$、厚为 δ_2 的小圆环；（3）直径为 d、高为 $H-(r+\delta_1)$ 的小圆柱。

$$F = \rho g V_F = \rho g \left\{ \frac{\pi}{4}D^2 H - \frac{1}{2} \times \frac{4}{3}\pi(r+\delta_1)^3 - \right.$$

$$\left. \pi\left[\left(\frac{D}{2}\right)^2 - (r+\delta_1)^2\right]\delta_2 - \frac{\pi}{4}d^2[H-(r+\delta_1)]\right\}$$

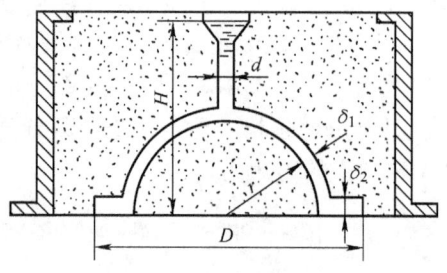

图 2-21　例 2-4 附图

将铁水密度 $\rho = (1000 \times 7)$ kg/m³ $= 7000$kg/m³ 及其他已知

数据代入上式，可得 $F = 12427\text{N}$。

例2-5 图2-22所示为汽油机燃料供给系统的浮子室，利用浮球沉浮控制针阀开闭，使浮子室中油面不变用以保证汽油机喷嘴的恒定供油量。已知 $a = 50\text{mm}$，$b = 15\text{mm}$，$d = 5\text{mm}$，浮子质量 $m_1 = 10.2\text{g}$，针阀质量 $m_2 = 5.1\text{g}$，汽油密度 $\rho = 678\text{kg/m}^3$，从汽油泵来的计示压强 $p = 40\text{kPa}$，杠杆质量忽略。试按浮子淹没一半的条件设计浮子的直径 D。

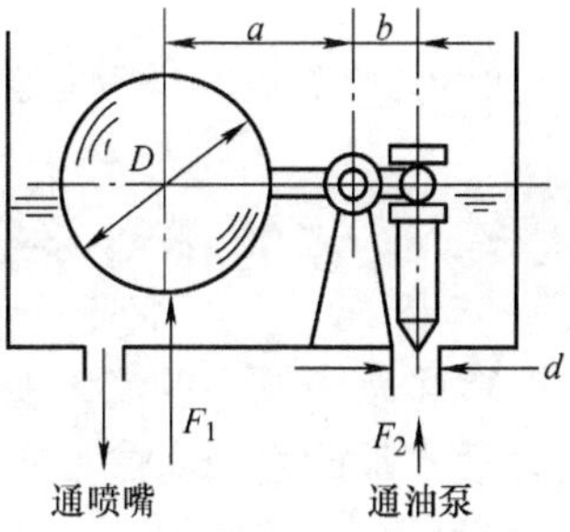

解： 用 F_1 表示浮力，用 $F_2 = p(\pi/4)d^2$ 表示针阀铅直方向的流体静压力。列出对杠杆铰点的力矩平衡方程式为

$$(F_1 - m_1 g)a + (m_2 g - F_2)b = 0$$

解得

$$F_1 = (F - m_2 g)\frac{b}{a} + m_1 g = \left(p\frac{\pi}{4}d^2 - m_2 g\right)\frac{b}{a} + m_1 g$$

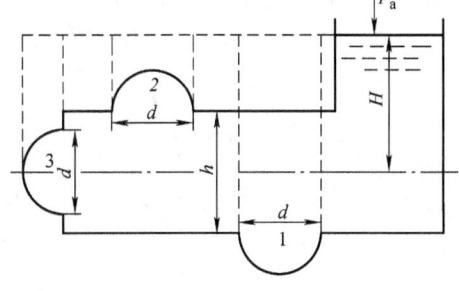

图2-22 例2-5附图

因为

$$m_1 g = (10.2 \times 10^{-3} \times 9.81)\text{N} = 0.1\text{N}, m_2 g = (5.1 \times 10^{-3} \times 9.81)\text{N} = 0.05\text{N}$$

所以

$$F_1 = \left(40 \times 10^3 \times \frac{\pi}{4} \times 0.005^2 - 0.05\right)\text{N} \times \frac{0.015\text{mm}}{0.05\text{mm}} + 0.1\text{N} = 0.32\text{N}$$

根据阿基米德原理，浮力 F_1 应等于半球体积的汽油重力，即

$$F_1 = \rho g \frac{\pi}{12}D^3$$

而 $\rho g = (678 \times 9.81)\text{N/m}^3 = 6650\text{N/m}^3$，所以

$$D = \sqrt[3]{\frac{12F_1}{\pi \rho g}} = \sqrt[3]{\frac{12 \times 0.32}{\pi \times 6650}}\text{m} = 0.057\text{m} = 57\text{mm}$$

例2-6 如图2-23所示，贮水器的壁面上有三个半球形的盖子，已知 $d = 0.5\text{m}$，$h = 1.5\text{m}$，$H = 2.5\text{m}$。试求作用在每个盖子上的总压力。

解： 由于作用在底盖上的压强左右对称，其总压力的水平分力为0，垂直分力方向向下，大小为

$$F_{pz1} = \rho g V_{p1} = \rho g \left[\frac{\pi d^2}{4}\left(H + \frac{h}{2}\right) + \frac{\pi d^3}{12}\right]$$

$$= 9807\text{N/m}^3 \times \left[\frac{\pi \times 0.5^2}{4} \times (2.5 + 0.75) + \frac{\pi \times 0.5^3}{12}\right]\text{m}^3$$

$$= 6579\text{N}$$

顶盖上的总压力的水平分力为零，垂直分力方向向上，大小为

$$F_{pz2} = \rho g V_{p2} = \rho g \left[\frac{\pi d^2}{4}\left(H - \frac{h}{2}\right) - \frac{\pi d^3}{12}\right] = 9807\text{N/m}^3 \times \left[\frac{\pi \times 0.5^2}{4} \times (2.5 - 0.75) - \frac{\pi \times 0.5^3}{12}\right]\text{m}^3$$

$$= 3049\text{N}$$

侧盖上总压力的水平分力为

$$F_{px3} = \rho g h_{Cx} A_x = \rho g H \times \frac{\pi d^2}{4} = \left(9807 \times 2.5 \times \frac{\pi \times 0.5^2}{4}\right)\text{N} = 4814\text{N}$$

侧盖上总压力的垂直分力应为作用在半球的上半部和下半部垂直分力的合力，即半球体积水的重量，大小为

$$F_{pz3} = \rho g \times \frac{\pi d^3}{12} = \left(9807 \times \frac{\pi \times 0.5^3}{12}\right)\text{N} = 321\text{N}$$

图2-23 例2-6附图

故侧盖上的总压力为

$$F_{p3} = \sqrt{F_{px3}^2 + F_{pz3}^2} = \left(\sqrt{4814^2 + 321^2}\right)\text{N} = 4825\text{N}$$

$$\theta = \arctan \frac{F_{px3}}{F_{pz3}} = \arctan \frac{4814\text{N}}{321\text{N}} = 86.2°$$

由于总压力的作用线与球面垂直，所以它一定通过球心。

2.5 流体的相对平衡

除了重力场中的流体平衡问题以外，还有一种在工程上常见的所谓液体相对平衡问题：液体质点彼此之间固然没有相对运动，但盛液体的容器或机件却对地面上的固定坐标系有相对运动。如果我们把运动坐标系取在容器或机件上，则对于这种所谓的非惯性坐标系来说，液体就成为相对平衡了。

容器或机件如果只有匀速直线运动，则流体质点的质量力仍与重力场中的情况完全一样，因此无须讨论。工程上比较常见的相对平衡有下面两种。

2.5.1 等加速直线运动液体的相对平衡

液体等加速直线运动的相对平衡先以斜面上的等加速运动展开讨论，最后将容器沿水平方向等加速直线运动和沿铅直方向运动的相对平衡作为特例延伸介绍。如图 2-24a 所示，盛有液体的容器沿着与水平基面成 α 角的斜面向上以匀加速度 $\boldsymbol{a}$ 做直线运动。将运动坐标系取在容器上，并使坐标原点在自由液面上，y 轴垂直于纸面，z 轴垂直于斜面，x 平行于斜面。按动静法，成相对平衡的液体的每个质点均受有两种质量力，一种是与运动方向相反的虚构惯性力 $\Delta \boldsymbol{I} = \Delta m \boldsymbol{a}$，一种是重力 $\Delta \boldsymbol{W} = \Delta m \boldsymbol{g}$，于是单位质量力：$\boldsymbol{a}_\mathrm{m} = f_x \boldsymbol{i} + f_y \boldsymbol{j} + f_z \boldsymbol{k} = \boldsymbol{a} + \boldsymbol{g}$。

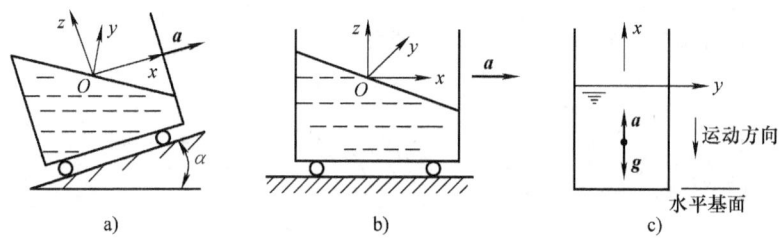

a)   b)   c)

图 2-24 液体的相对平衡

由图 2-24a 可得单位质量分力为

$$\left. \begin{array}{l} f_x = -a - g\sin\alpha \\ f_y = 0 \\ f_z = -g\cos\alpha \end{array} \right\} \qquad (2\text{-}27)$$

将式（2-27）代入压强微分公式（2-8）中，即得全微分方程为

$$\mathrm{d}p = -\rho[(a + g\sin\alpha)\mathrm{d}x + g\cos\alpha\mathrm{d}z]$$

做不定积分得到 $\qquad p = C - \rho(a + g\sin\alpha)x - \rho g\cos\alpha \cdot z$

根据边界条件 $x = 0$，$z = 0$，$p = p_\mathrm{a}$，得 $C = p_\mathrm{a}$，则液面方程为

$$p = p_\mathrm{a} - \rho(a + g\sin\alpha)x - \rho g\cos\alpha \cdot z \qquad (2\text{-}28)$$

对于等压面 $\mathrm{d}p = 0$，即 $g\cos\alpha\mathrm{d}z = -(a + g\sin\alpha)\mathrm{d}x$，有

$$\frac{\mathrm{d}z}{\mathrm{d}x} = -\frac{a + g\sin\alpha}{g\cos\alpha} \qquad (2\text{-}29)$$

dz/dx 是等压面的斜率，因为 a、g、α 都是常数，故液面倾斜角是一定的，这说明等压面（包括自由表面）是与水平基面成一倾斜角的一簇平行平面，这簇平面必然与单位质量力 $\boldsymbol{a}_\mathrm{m}$ 的方向互相垂直。

当斜面角度 α 变为 0 时，如图 2-24b 所示，由式（2-28）可得出容器水平匀加速直线运动的流体静压强的分布规律为

$$p = p_\mathrm{a} - \rho ax - \rho gz \tag{2-30}$$

斜面角度 $\alpha = 90°$，即容器沿铅直方向向下做匀加速运动，如图 2-24c 所示，由式（2-28）可得其等压面方程为

$$p = p_\mathrm{a} - \rho(a + g)x = p_\mathrm{a} - \rho ax - \rho gx \tag{2-31}$$

2.5.2 绕定轴旋转流体中的压力

如图 2-25 所示，有一圆柱形容器，内盛匀质液体。容器绕定轴旋转时带动其中液体一起旋转。最终液体和容器像连成整体般地以等角速度 ω 旋转，此时自由面呈一凹陷的旋转曲面。关于此中压力分布情况可做分析如下。

首先可以判断，液体的黏性在这里是不出现的，因为旋转时容器中液体像整块固体一样，它没有发生任何角变形。再者，如观察者或坐标系随同容器一起旋转，这时就看到容器中液体处于静止状态。那么在旋转坐标系中，可用静力学中的相对平衡分析方法来讨论这个问题，只是这里，除了重力 mg 之外，还要引进离心力 $m\omega^2 r$。

取如图 $Oxyz$ 坐标系，坐标面通过容器的旋转轴。因为容器中的情况是轴对称的，讨论这样一个截面上的压力分布就足以概括全貌。在流体中任意选取一微团，质量为 $\mathrm{d}m$。作用在这微团上的质量力有重力 $\mathrm{d}m \cdot \boldsymbol{g}$ 和虚构的离心惯性力 $\mathrm{d}m\omega^2\boldsymbol{r}$，因此单位质量力：$\boldsymbol{a}_\mathrm{m} = f_x\boldsymbol{i} + f_y\boldsymbol{j} + f_z\boldsymbol{k} = \boldsymbol{g} + \omega^2\boldsymbol{r}$。单位质量力分别为

$$\left.\begin{array}{c} f_x = \omega^2 x \\ f_y = \omega^2 y \\ f_z = -g \end{array}\right\} \tag{2-32}$$

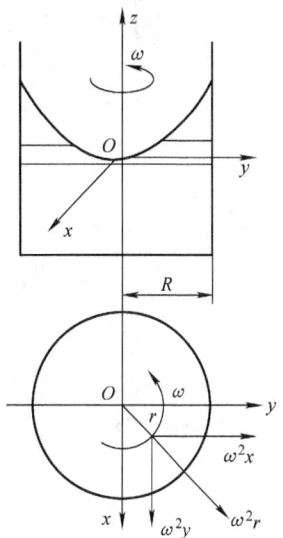

图 2-25　容器等角速度旋转

将式（2-32）代入等压面微分方程式（2-9），即得

$$\omega^2 x\mathrm{d}x + \omega^2 y\mathrm{d}y - g\mathrm{d}z = 0$$

做不定积分得

$$\frac{\omega^2 x^2}{2} + \frac{\omega^2 y^2}{2} - gz = C$$

即

$$\frac{\omega^2 r^2}{2} - gz = C \tag{2-33}$$

这说明等压面是绕 z 轴的一簇旋转抛物面。

根据边界条件，可得自由表面上的积分常数，故自由表面上的方程式为

$$\frac{\omega^2 r^2}{2} - gz = 0 \quad \text{或} \quad z = \frac{\omega^2 r^2}{2g} \tag{2-34}$$

自由表面上任意点的 z 坐标，也就是自由表面上的点比抛物面顶点所高出的铅直距离，叫作超高，用 Δh 表示，则

$$\Delta h = z = \frac{\omega^2 r^2}{2g} = \frac{v^2}{2g} \tag{2-35}$$

式中，$v = \omega r$，表示该点的圆周速度。

当 $R = r$，液面的最大超高为

$$\Delta H = \frac{\omega^2 R^2}{2g} = \frac{v_R^2}{2g} \tag{2-36}$$

将式（2-32）代入压强微分公式（2-8）中，即得全微分方程为

$$dp = \rho(\omega^2 x dx + \omega^2 y dy - g dz)$$

做不定积分得

$$p = \rho\left(\frac{\omega^2 x^2}{2} + \frac{\omega^2 y^2}{2} - gz\right) + C = \rho\left(\frac{\omega^2 r^2}{2} - gz\right) + C \tag{2-37}$$

针对下面的两种情况求积分常数 C。

容器为密闭，液面上的压强为 p_0。则根据边界条件在抛物面顶点有：$r = 0$，$z = 0$，$p = p_0$，代入式（2-37），得 $C = p_0$，则

$$p = p_0 + \rho\left(\frac{\omega^2 r^2}{2} - gz\right) \tag{2-38}$$

由于容器盛满液体，上盖中心通大气，则边界条件为：$r = 0$，$z = 0$，$p = p_a$，代入式（2-37），得 $C = p_a$，则

$$p = p_a + \rho\left(\frac{\omega^2 r^2}{2} - gz\right) \tag{2-39}$$

例 2-7 如图 2-26 所示，圆筒形容器的直径 $d = 300\text{mm}$，高 $H = 500\text{mm}$，容器内水深 $h_1 = 300\text{mm}$，容器绕中心轴等角速旋转。试确定：（1）水正好不溢出时的转速 n_1；（2）旋转抛物液面的顶点恰好触及底部时的转速 n_2；（3）容器停止旋转后静水的深度 h_2。

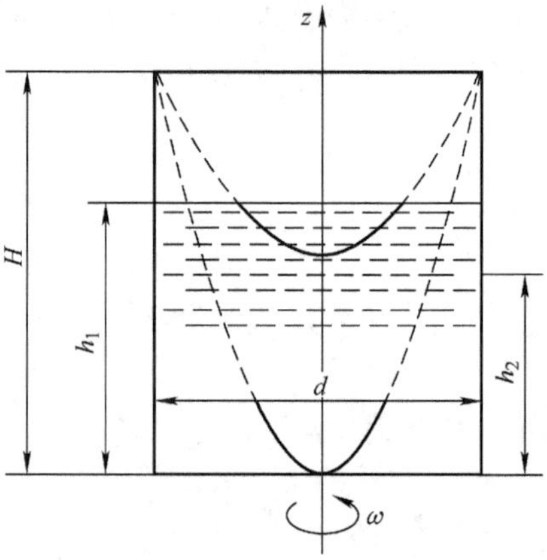

解： 设当水恰好触及容器口时，容器以转速 n_1 旋转。此时，自由液面为一旋转抛物面，其包容的体积则为容器原来无水部分的体积，所以有

$$\frac{\pi}{4} d^2 (H - h_1) = \frac{1}{2} \frac{\pi}{4} d^2 z_s$$

其中 $z_s = r^2 \omega_1^2 / (2g) = d^2 \omega_1^2 / (8g)$，代入上式，得

$$\omega_1 = \sqrt{\frac{16g(H - h_1)}{d^2}} = \sqrt{\frac{16 \times 9.807 \times (0.5 - 0.3)}{0.3^2}} \text{rad/s}$$

$$= 18.67 \text{rad/s}$$

图 2-26 例 2-7 附图

$$n_1 = 30\omega_1 / \pi = \frac{30 \times 18.67}{\pi} \text{r/min} = 178.3 \text{r/min}$$

当自由液面形成的抛物面恰好触及容器底部时，抛物面所包容的体积正好为容器体积的一半，此时

$$z_s = H = \frac{d^2\omega^2}{8g}, \quad \omega^2 = \sqrt{\frac{8gH}{d^2}} = \sqrt{\frac{8 \times 9.807 \times 0.5}{0.3^2}} \text{rad/s} = 20.88 \text{rad/s}$$

$$n_2 = 30\omega_2/\pi = \frac{30 \times 20.88}{\pi} \text{r/min} = 199.4 \text{r/min}$$

当容器停止转动时，容器中水的深度为

$$h_2 = H/2 = 0.5 \text{m}/2 = 0.25 \text{m}$$

例 2-8 将密度为 800kg/m^3、断面为 $5 \text{cm} \times 10 \text{cm}$、长为 1m 的四角木材，以 5cm 的边为底浮于水上，水的密度为 1000kg/m^3。求：（1）吃水是多少？（2）倾斜 $2°$ 时的扭矩是多少？（3）分析倾斜 $2°$ 时的稳定性。

解：（1）设吃水为 h，根据四角木材的重量 W 和浮力 F_B 相平衡，$W = F_B$，即有

$$800 \times 0.05 \times 0.10 \times 1 = 1000 \times 0.05 \times h \times 1$$

解得 $h = 0.08 \text{m}$。

（2）$I_y = \int_A x^2 dA = 1 \times \int_{-0.025}^{0.025} x^2 dx = 1 \times \left[\frac{x^3}{3}\right]_{-0.025}^{0.025} = 1.042 \times 10^{-5} \text{m}^4$

则扭矩为

$$\rho g \delta \theta I_y = \left(1000 \times 9.81 \times \frac{2\pi}{180} \times (1.042 \times 10^{-5})\right) \text{N} \cdot \text{m} = 3.567 \times 10^{-3} \text{N} \cdot \text{m}$$

（3）四角木材的重心 G 从底部起的高为 0.05m，四角木材的浮力中心 C 从底部起的高为 0.04m，于是 $\overline{CG} = (0.05 - 0.04) \text{m} = 0.01 \text{m}$，因此

$$\overline{GM} = \frac{I_y}{V} - \overline{CG} = \left(\frac{1.042 \times 10^{-5}}{0.05 \times 0.08 \times 1} - 0.01\right) \text{m} = -0.007395 \text{m} < 0$$

所以定倾中心的高度为距重心 G 起 0.007395m 之下，浮体不稳定。

2.6 流体压力测量

压强（压力）是表征流体属性的一个主要物理参数，可以采用多种方法测量而获得其数值。

2.6.1 流体压力（压强）的测量

流体压力（压强）的测量仪表主要有三种：液柱式、金属式和电测式。液柱式仪表测量精度高，可精确到 0.01mm 水柱，但量程较小，一般量程不超过 20m（0.2MPa）水柱，只能用于低压实验场所；金属式压力表利用待测压强与金属弹性元件的变形成比例，可直接安装到测点测量表压或真空度，量程较大，在生产和工程中普遍使用；电测式传感器将弹性元件的机械变形转换成电阻、电容、电感等电学量，便于远距离测量、自动化测量及动态测量。

1. 测压管和测压孔

测压管和测压孔是在固体壁面上开设的小孔和各种形状的开口管子，开口管子直接插入流动中测量点感受该点的压力，并通过传输管与压力表或测压管等连通，以测出压力的大小。它感受的压力是作用在其开口面积上的平均压力。如图 2-27 所示，流体流经静压孔时，流线会向孔内弯曲，并在孔内引起旋涡，所以当孔的相对深度 $h/d < 1.5$ 时，流动会影响到静压孔内，一般要求 $h/d > 3$。所以测压管和测压孔的几何尺寸应尽量小以减少其对流动的干扰并提高其空间分辨率。

测压孔沿壁面法线方向开设以测量该点处的静压。测量精度主要由静压孔的几何参数和测压孔附近的边界层特性决定。在壁面开设了测压孔的地方，流动特点就不同了。在切应力作用下，孔内的流体要运动，孔附近的流动就不能保持平行了，法线方向的静压不可能保持不变，即由静压孔引出的静压测值 p_m，不等于流体的真实静压 p。如以 v 表示边界层外的流速，则以 $\varepsilon = \dfrac{2(p_m - p)}{\rho v^2}$ 表示静压测量的误差。常用静压孔几何形状及误差如图 2-28 所示。

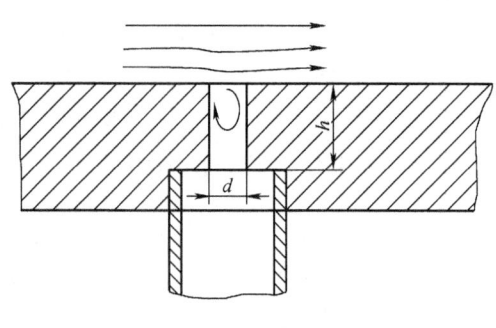

图 2-27　壁面静压孔

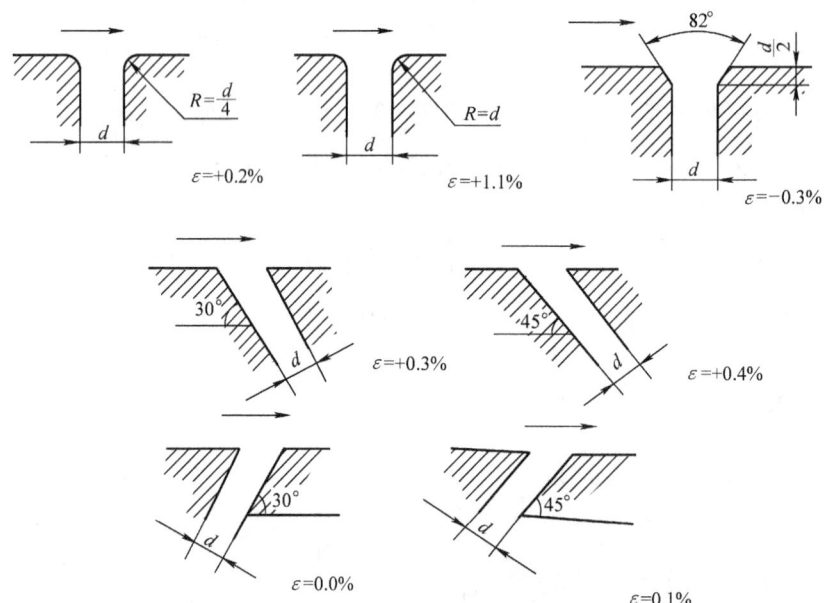

图 2-28　静压孔几何形状及误差

一般建议测压孔径在 $d = 0.5 \sim 1.0\text{mm}$ 范围内，孔深选为孔径的 $3 \sim 10$ 倍，孔口应仔细加工，孔的边缘光滑，不得有毛刺和凹凸不平。

2. 金属式测压计

金属式测压计是利用各种不同形状的金属弹性元件在被测压强作用下，产生弹性变形的原理而制成的测压仪表。这种仪表具有构造简单、使用方便、测压范围广，并具有足够的精确度，能够制成发出信号和远距离指示、自动记录仪表等优点，因此在生产中被广泛应用。

目前最常用的金属式测压计为弹簧管压力计，如图 2-29 所示。它的主要构成有一弹性环形金属管，断面为椭圆形，开口端与测点相连通。封闭端有联动杆与齿轮连接。施测时，环形金属管因所测压强的大小不同，而做相应的伸张或收缩变形，从而带动表针在刻度盘上指出压强数值。

这类压力表测压接口通常与大气相通，指针均指 0，因此所测值为相对压强，即表压强。习惯上称正压表为压力表，负压表为真空表，也有兼正压和负压的两用表。刻度盘上标注的单位一般为MPa。值得注意的是表显数值为表芯那点的所测压强。

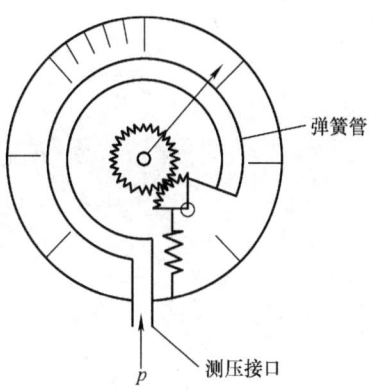

图 2-29 金属式测压计

3. 电磁式压力传感器

利用压力改变时引起电和磁的改变的物理现象做成的传感器统称为电磁式压力传感器。这种传感器种类很多，常见的有：（1）压电晶体压力传感器。它利用压电晶体受压后产生的电动势的大小来测量压力。（2）电感压力传感器。它利用膜片受压后变形引起电感的变化来测量压力。（3）硅膜片压力传感器。它利用硅膜片受压后电阻改变效应来测量压力。（4）霍尔压力传感器。它利用膜片受压变形，带动固定在膜片上的霍尔元件在磁场中运动，从而产生直流信号测量压力。

这类压力传感器具有相似的结构，如图 2-30 所示。传感元件密封在硅油之中，外有膜片和外壳保护，可以使用在强腐蚀性的工作介质中。它们都是插入流动进行工作的，所以几何尺寸要尽可能小以减少对流动的干扰和影响。在使用这类传感器时要特别注意其使用的压力范围。

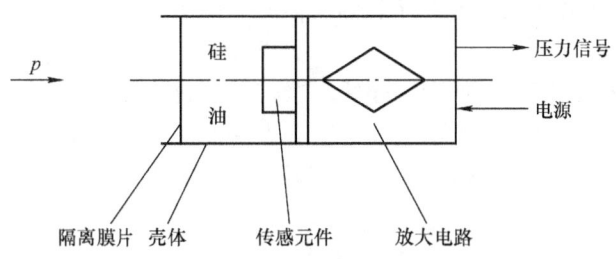

图 2-30 电磁式压力传感器

电磁式压力传感器将压力的变化转换为电信号，惯性小，动态响应高，便于信号自动采集、传输和处理，因而得到广泛应用。

2.6.2 液柱式压力计

液柱式压力计是与测压孔和测压管连用的压力显示装置。液柱式测压计的工作原理就是连通器的工作原理。液柱式仪表主要用于测量表压、真空压力和压差等。

1. 表压测量

表压测量常使用 U 形管压力计，如图 2-31 所示，它由装有工作液体的 U 形管和标尺组成。当其一臂与测压孔和测压管连通时，测压孔（管）传输来的压力与 U 形管两臂间液柱差产生的压力平衡，U 形管两壁间液柱差显示压力的值。设被测流体密度为 ρ_1，被测压力为 p，U 形管中注入的工作流体密度为 ρ_2。被测流体为一般气体时，如图 2-31a 所示，容器内的静止气体可认为各点压力相等，所测压强为

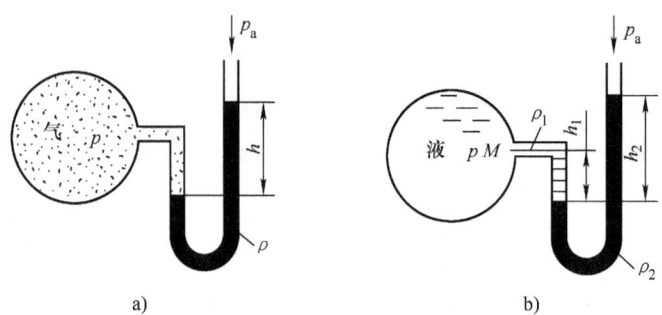

图 2-31　表压测量

$$p = \rho g h \tag{2-40}$$

被测流体为液体时，所测点 M 的压强为

$$p_M = g(\rho_2 h_2 - \rho_1 h_1) \tag{2-41}$$

若已知被测流体密度 ρ_1、测压点和压力计的相对安置位置及压力计工作液体的密度 ρ_2，以及压力计另一臂中的表面压力 p_a，由压力计两臂中液柱高度差，即指示了所测压力 p 的大小。改变工作流体的密度，即可放大或缩小 U 形压力计中的读数值 h。例如注入密度小的工作液体，如煤油、酒精等，在同样被测压力下，其读数 h 增大，可减小读数相对误差。而在测量大压力时，注入密度大的工作液体，常用的为水银，以减少 U 形压力计的几何尺寸。值得注意的是，工作液体不得和与其接触的流体起化学反应。

2. 真空压力测量

使用 U 形管测量气体的真空压力如图 2-32 所示，所测压强为

$$p = g\rho h \tag{2-42}$$

3. 压差测量

使用 U 形管或倒 U 形管压力计可以测量压差，只是压力计两臂同时接入两压力点，如图 2-33 所示。被测流体为液体时，如图 2-33a 所示，测点 A、B 压强差为

$$p_A - p_B = g(\rho - \rho_1)h \tag{2-43}$$

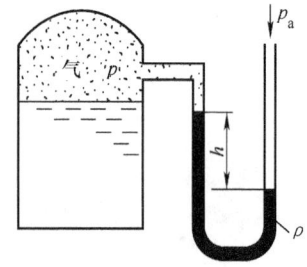

图 2-32　真空压力测量

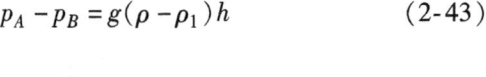

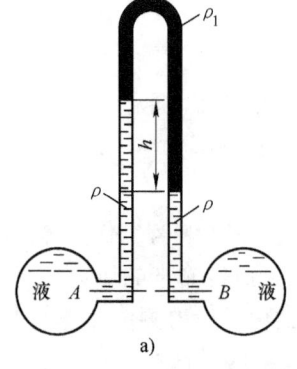

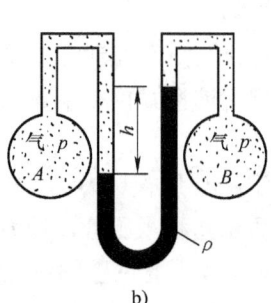

图 2-33　压差测量

被测流体为静止气体时如图 2-33b 所示，所测点 A、B 的压强差为

$$p_A - p_B = \rho g h \tag{2-44}$$

4. 微压力测量

在使用液柱式压力计测量微小压力时，常将其倾斜放置，如图 2-34 所示倾斜式压力计。其右边的测管可以绕枢轴转动，从而可以调节旋转角 α，测管及与之连通容器的横截面直径分别用 d 和 D 表示，仪器中液体密度用 ρ 表示，仪器的原始液面为 $0-0$，当待测的气体压强 p（$p > p_a$）引入容器后，可使容器中液面下降 Δh，测压管中液面上升，形成平衡，丁是

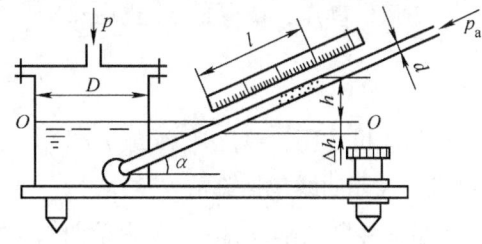

图 2-34　倾斜式压力计

$$p - p_a = \rho g (h + \Delta h) \tag{2-45}$$

从原始液面算起，上下变动的液体体积应该相等，则

$$\frac{\pi}{4} D^2 \Delta h = \frac{\pi}{4} d^2 l$$

$$\Delta h = \left(\frac{d}{D}\right)^2 l \tag{2-46}$$

将式（2-46）代入式（2-45），则待测的表压强为

$$p - p_a = \rho g \left[h + \left(\frac{d}{D}\right)^2 l \right] = \rho g l \left[\sin\alpha + \left(\frac{d}{D}\right)^2 \right] \tag{2-47}$$

如果 $d \ll D$，可认为 $\left(\frac{d}{D}\right)^2 \approx 0$，即忽略容器中的液面变化，则待测的表压强为

$$p - p_a = \rho g l \sin\alpha \tag{2-48}$$

由此可见，α 越小，则 l 越大，但实际上 α 不能过小，否则斜管中液面读数不易准确。还有一种叫补偿式微压计的压力测量仪器，读数可精确到 0.01mm 水柱，只是该仪表读数过程慢，不适宜用来测量不稳定的压力。

附录 2　风机性能测量

风机是一种常用的流体机械通用设备。通过本实验可以深入了解风机的性能，熟悉选用风机时必须提供的技术数据，掌握风机性能测量实验方法。

附录 2.1　实验与测量原理

离心风机的实际全压 p 是表示单位体积气体流过风机时实际获得的能量，它等于单位体积气体在风机出口与进口两处所具有的能量差。因为风机中气体的密度相对较小，其位能可忽略不计，故风机出口与进口的能量差为

$$p = \left(p_2 + \frac{\rho V_2^2}{2} \right) - \left(p_1 + \frac{\rho V_1^2}{2} \right) = (p_2 - p_1) + \frac{1}{2}\rho(V_2^2 - V_1^2) = p_s + p_d \tag{2-49}$$

式中，$p_s = p_2 - p_1$ 为风机静压，p_1、p_2 为风机进出口的静压；$p_d = \frac{1}{2}\rho(V_2^2 - V_1^2)$ 为风机动压，

V_1、V_2 为风机进出口气流速度；$p = p_s + p_d$ 为风机全压，单位是 Pa 或 mmH$_2$O（毫米水柱）。

如果风机是从静止的大气中抽取气体，即 $V_1 \approx 0$，$p_1 = p_a$，则风机静压就是风机出口静压的表压值。

$$p_s = p_2 - p_a \tag{2-50}$$

式中，p_s 为风机静压，单位是 Pa 或 mmH$_2$O（毫米水柱）。风机动压就是风机出口的动压：

$$p_d = \frac{1}{2}\rho V_2^2 \tag{2-51}$$

式中，p_d 为风机动压，单位是 Pa 或 mmH$_2$O（毫米水柱）。

风机的性能曲线包括流量–全压（$q_v - p$）、流量–静压（$q_v - p_s$）、流量–功率（$q_v - P$）和流量–静压效率（$q_v - \eta_s$）4 条曲线。为了作出这些性能曲线，需要测出实验状态和定转速下风机的下列参数：出口静压的表压值 p_{s1}、出口动压 p_{d1}、轴功率 P_1、转速 n_1 和流量 q_{v1}。

（1）测量实验状态和定转速下风机的静压 p_{s1} 和动压 p_{d1}。可在与风机出口面积相等、直径为 D 的圆形实验风管上测量静压和动压，测量截面至少要离开风机出口 $25D$。测出的静压 p'_s 加上从风机出口到测量截面的静压损失，才是风机出口的静压，即风机的静压

$$p_{s1} = p'_s + \lambda \frac{25D}{D} p_{d1}$$

取摩擦阻力系数 $\lambda = 0.025$，则 $\lambda \frac{25D}{D} = 0.625$，这样，风机在实验状态和定转速下的静压

$$p_{s1} = p'_s + 0.625 p_{d1} = g\rho_L h'_s + 0.625 p_{d1} \tag{2-52}$$

式中，p_{s1} 为风机静压，单位是 Pa；p'_s 为实验状态和定转速下测定的静压表压值，单位是 Pa；ρ_L 为液柱式测压计封液密度，单位是 kg/m^3；h'_s 为液柱式测压计示数，单位是 m；p_{d1} 为实验状态和定转速下测定的动压，单位是 Pa。

风机的动压 p_{d1} 是用皮托–静压管按对数–线性法选测点进行测定的，在两个相互垂直的直径上各取 6 个测点，共取 12 个测点。6 个测点距壁面的位置分别是：$0.032D$、$0.135D$、$0.321D$、$0.679D$、$0.865D$、$0.968D$。

动压用液柱式测压计测量，如任一点的动压

$$p_{di} = g\rho_L h_{di}$$

则平均动压

$$p_{d1} = g\rho_{L1} \frac{V_2^2}{2g} = \frac{\sum\limits_{i=1}^{12} g\rho_L h_{di}}{12} \tag{2-53}$$

（2）测量实验状态和定转速下通风机的流量 q_{v1}。单位时间内风机输送出的气体体积，叫风机的流量。风机铭牌上或产品样本上标明的流量是指在标准技术状态（$p_0 = 760\text{mmHg}$ 或 $p_0 = 101325\text{Pa}$，$T_0 = 293\text{K}$，$\rho_0 = 1.2\text{kg/m}^3$，相对湿度 $\varphi = 50\%$）和额定转速下的流量。

这里是利用皮托–静压管测得的动压来计算风机的流量。由式（2-53）得到

$$V_2 = \sqrt{\frac{2g}{g\rho_{L1}} \times \frac{1}{12} \sum_{i=1}^{12} g\rho_L h_{di} \xi} \tag{2-54}$$

其中

$$\rho_{L1} = \frac{p_a + p_{s1}}{R_g T'_1} \tag{2-55}$$

式中，ρ_{L1} 为风机出口气体密度，单位是 kg/m^3；ρ_L 为液柱式测压计封液密度，单位是 kg/m^3；h_{di} 为任一点动压在差压计上的示数，单位是 m；ξ 为皮托-静压管的校正系数；p_a 为当地大气压，单位是 Pa；p_{s1} 为风机静压，单位是 Pa；R_g 为气体常数，对空气 $R_g = 287J/(kg \cdot K)$；T'_1 为风机出口测得的气体绝对温度，单位是 K。

风机流量

$$q_{v1} = \frac{\pi D^2}{4} V_2 \tag{2-56}$$

式中，q_{v1} 为风机流量，单位是 m^3/s；V_2 为风机出口气流平均速度，单位是 m/s；D 为风机出口管道直径，单位是 m。

（3）测量风机转速 n_1。用频闪测速仪或扭矩传感器测量仪直接数显。

（4）测量风机轴功率 P_1。

1）使用天平式测功机（天平马达）测量时，其扭转力矩

$$T = GL \tag{2-57}$$

式中，T 为力矩，单位是 $N \cdot m$；G 为天平力臂端所加砝码或天平称示数，单位是 N；L 为天平力臂长度，单位是 m。

风机轴功率

$$P_1 = T\omega = \frac{GL}{1000} \times \frac{2\pi n_1}{60} = \frac{GLn_1}{9549} \tag{2-58}$$

式中，P_1 为风机轴功率，单位是 kW；n_1 为实验状态下测得风机转速，单位是 r/min。

2）用扭矩传感器测量仪直接数显风机轴功率 P_1 和输入力矩 T。

（5）进行风机测量数据的换算。根据相似原理，离心风机的换算关系为

$$q_v = q_{v1}\left(\frac{n}{n_1}\right), \quad p = p_1\left(\frac{n}{n_1}\right)^2, \quad P = P_1\left(\frac{n}{n_1}\right)^3 \tag{2-59}$$

式中，q_v、p、P、n 为风机额定转速 n 下的值；q_{v1}、p_1、P_1、n_1 为风机实验转速 n_1 下的值。

此外，还要把实验状态（$p_a + p_{s1}$、T_1、ρ_1）换算到标准技术状态（$p_0 = 760mmHg$ 或 $p_0 = 101325Pa$，$T_0 = 293K$，$\rho_0 = 1.2kg/m^3$），则

$$q_v = q_{v1}\left(\frac{n}{n_1}\right), \quad p = p_1\left(\frac{n}{n_1}\right)^2\left(\frac{\rho_0}{\rho_1}\right), \quad P = P_1\left(\frac{n}{n_1}\right)^3\left(\frac{\rho_0}{\rho_1}\right) \tag{2-60}$$

附录2.2 实验设备和仪器

离心风机的实验装置如图2-35所示。本实验采用的是排气实验装置，测速管和静压测点都在风机出口后 $l = 25D$ 处，测点在横截面上的分布用对数-线性法确定，而不用精度较差的切线法确定。实验风管的出口装有风量调节节流门，可调节风机的流量。

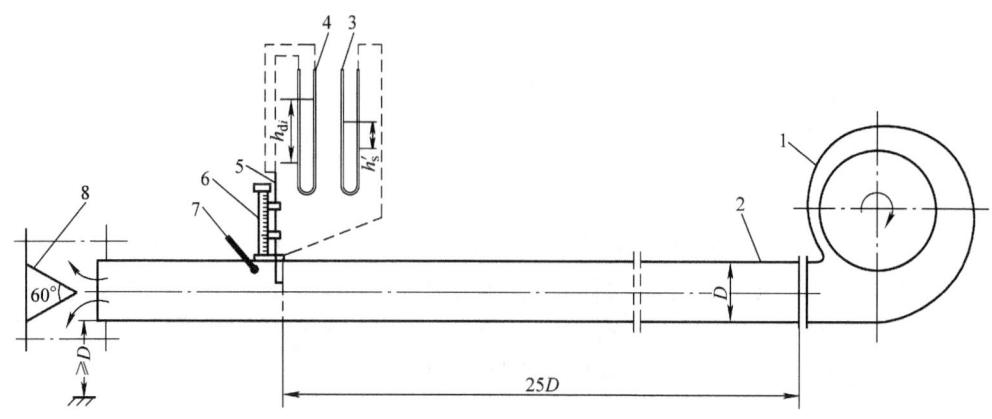

图 2-35 离心风机性能实验装置

1—离心风机 2—与风机出口面积相等的圆形实验风管 3—测静压 p'_s 的差压计 4—测动压的差压计

5—皮托－静压管（测速管） 6—坐标仪 7—温度计 8—风量调节节流门

附录2.3 实验步骤与测量结果

1. 实验步骤

（1）要在风机进行运转实验合格后，才能做性能实验。检查设备和仪器一切正常后，关闭实验管出口的节流门8，启动风机。

（2）逐渐开大节流门，流量由小变大。每改变一次风量，分别记录静压、动压、转速、功率等有关数据。共做8个实验点。

（3）停机。

2. 实验结果

（1）记录实测数据并进行计算，结果列入相关表格。

（2）根据实验和计算数据绘制出离心风机性能曲线：$q_v - p$；$q_v - p_s$；$q_v - P$；$q_v - \eta_s$，如图2-36所示。

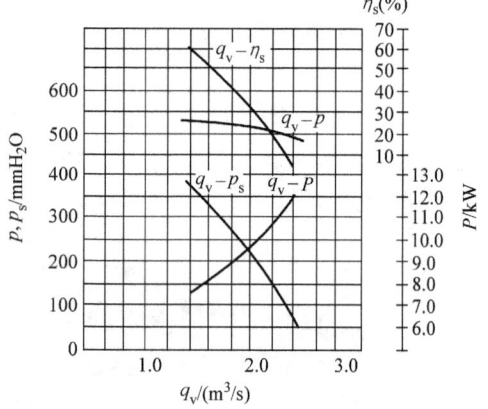

图 2-36 离心风机性能曲线

思考题 2

2-1. 比较重力场（质量力只有重力）中，水和水银所受的单位质量力 $f_{水}$ 和 $f_{汞}$ 的大小（　　）。

A. $f_{水} < f_{汞}$；　　　　　　B. $f_{水} > f_{汞}$；　　　　　　C. $f_{水} = f_{汞}$；　　　　　　D. 不一定

2-2. 当某点处存在真空时，该点的（　　）。

A. 绝对压强为正值；　B. 相对压强为正值；　C. 绝对压强为负值；　D. 相对压强为负值

2-3. 关于压强的三种表示方法，以下说法正确的是（　　）。

A. 绝对压强等于相对压强减去当地大气压强；

B. 绝对压强等于相对压强加上当地大气压强；

C. 真空度等于当地大气压强减去绝对压强；

D. 当地大气压强等于绝对压强减去真空度

2-4. 液体某点的绝对压强为 58kPa（当地大气压强 $p_a = 98000N/m^2$），则该点的相对压强为（　　）。

A. 156kPa；　　　　　B. 40kPa；　　　　　C. −58kPa；　　　　　D. −40kPa

2-5. 液体某点的真空压强为 58kPa（当地大气压强 $p_a = 98000N/m^2$），则该点的相对压强为（　　）。

A. 138kPa；　　　　　B. 40kPa；　　　　　C. −58kPa；　　　　　D. 156kPa

2-6. 静止液体中同一点各方向的压力中（　　）。

A. 数值相等；　　　　　　　　　　　B. 数值不等；

C. 仅水平方向数值相等；　　　　　　D. 铅直方向数值最大

2-7. 一密闭容器内下部为水，上部为空气，液面下 4.2m 处测压管高度为 2.2m，设当地大气压为 1 个工程大气压，则容器内绝对压强为几米水柱？（　　）

A. 2m；　　　　　　B. 1m；　　　　　C. 8m；　　　　　D. −2m

2-8. 下列论述错误的是（　　）。

A. 静止液体中任一点处各个方向的静水压强大小都相等；

B. 静水压力只存在于液体和与之接触的固体边壁之间；

C. 实际液体的动水压强特性与理想液体不同；

D. 质量力只有重力的液体，其等压面为水平面

2-9. 下列论述正确的为（　　）。

A. 液体的黏度随温度的减小而减小；

B. 静水压力属于质量力；

C. 相对平衡液体中的等压面可以是倾斜平面或曲面；

D. 急变流过水断面的测压管水头相等

2-10. 金属压力表的读数值是（　　）。

A. 绝对压强；　　　　　　　　　　　B. 相对压强；

C. 绝对压强加当地大气压；　　　　　D. 相对压强加当地大气压

2-11. 某点的真空度为 65000Pa，同高程的大气压为 0.1MPa，该点的绝对压强是（　　）。

A. 65000Pa；　　　B. 55000Pa；　　　C. 35000Pa；　　　D. 165000Pa

2-12. 如思考题 2-12 图所示的密闭容器上装有 U 形水银测压计，其中 1、2、3 点位于同一水平面上，其压强关系为（　　）。

A. $p_1 = p_2 = p_3$；　　B. $p_1 > p_2 > p_3$；　　C. $p_1 < p_2 < p_3$　　D. $p_2 < p_1 < p_3$

2-13. 如思考题 2-13 图所示的密封容器，当已知测压管高出液面 $h = 1.5m$，液面相对压强 p_0 为（　　）。用水柱高表示，容器盛的液体是汽油。（$\rho = 750kg/m^3$）

A. 1.500m；　　　B. 1.125m；　　　C. 2.000m；　　　D. 11.500m

2-14. 如思考题 2-14 图所示水头分布，压强关系为（　　）。

A. $p_0 = p_a$；　　　B. $p_0 > p_a$；　　　C. $p_0 < p_a$；　　　D. 无法判断

思考题 2-12 图　　　　思考题 2-13 图　　　　思考题 2-14 图

2-15. 二向曲面上的静水总压力的作用点为（　　　）。

A. 通过静水总压力的水平分力与铅直分力的交点；

B. 通过二向曲面上的形心点；

C. 就是静水总压力的水平分力与铅直分力的交点；

D. 就是二向曲面上的形心点

2-16. 下列关于压力体的说法中，正确的有（　　　）。

A. 当压力体和液体在曲面的同侧时，为实压力体，P_z 方向向下；

B. 当压力体和液体在曲面的同侧时，为虚压力体，P_z 方向向上；

C. 当压力体和液体在曲面的异侧时，为实压力体，P_z 方向向下；

D. 当压力体和液体在曲面的异侧时，为虚压力体，P_z 方向向上；

E. 当压力体和液体在曲面的异侧时，为虚压力体，P_z 方向向右

2-17. 重力作用下的流体静压强微分方程为 $\mathrm{d}p =$（　　　）。

A. $-\rho \mathrm{d}z$；　　　　B. $-g\mathrm{d}z$；　　　　C. $-\rho g\mathrm{d}z$；　　　　D. 0

2-18. 1 个工程大气压 =（　　　）。

A. 98kPa；　　　　B. 10mH$_2$O；　　　　C. 101.3kPa；　　　　D. 760mmHg

2-19. 平衡流体的等压面方程为（　　　）。

A. $f_x - f_y - f_z = 0$；

B. $f_x + f_y + f_z = 0$；

C. $f_x\mathrm{d}x - f_y\mathrm{d}y - f_z\mathrm{d}z = 0$；

D. $f_x\mathrm{d}x + f_y\mathrm{d}y + f_z\mathrm{d}z = 0$

2-20. 一圆桶中盛有水，静止时重力势能相等的面和当圆桶以等角速度绕中心轴旋转时压强相等的面分别为（　　　）。

A. 水平面、斜面；　　B. 斜面、水平面；　　C. 抛物面、水平面；　　D. 水平面、抛物面

2-21. 在重力场中，相对于坐标系静止的所有液体的等压面必是（　　　）。

A. 水平面；

B. 铅垂面；

C. 与总质量力平行的面；

D. 与总质量力垂直的面

2-22. 静止液体中存在（　　　）。

A. 压应力和拉应力；　　B. 压应力和切应力；　　C. 压应力；　　D. 切应力

2-23. 有一水泵装置，其吸水管中某点的真空压强水头等于 3m 水柱高，当地大气压为一个工程大气压，其相应的相对压强水头等于（　　　）。

A. 3m 水柱高；　　B. -7m 水柱高；　　C. -3m 水柱高；　　D. 以上答案都不对

2-24. 总水头与测压水头的差值等于（　　　）水头。

A. 位置；　　　　B. 压强；　　　　C. 速度；　　　　D. 损失

2-25. 绝对压强 p、相对压强 p_g、真空压强 p_v、当地大气压 p_a 之间的关系是（　　　）。

A. $p = p_g + p_v$；　　B. $p_g = p + p_a$；　　C. $p_v = p_a - p$；　　D. $p_g = p_v + p_a$

2-26. 静止液体作用在曲面上的静水总压力的水平分力 $F_x = p_c A_x = \rho g h_c A_x$，式中的（　　　）。

A. p_c 为受压面形心处的绝对压强；

B. p_c 为压力中心处的相对压强；

C. A_x 为受压曲面的面积；

D. A_x 为受压曲面在铅垂面上的投影面积

2-27. 任意形状平面壁上静水压力的大小等于（　　　）处静水压强乘以受压面的面积。

A. 受压面的中心；　　B. 受压面的重心；　　C. 受压面的形心；　　D. 受压面的垂心

2-28. 两层静止液体，上层为油（密度为 ρ_1），下层为水（密度为 ρ_2），两层液深相同，皆为 h。水油分界面的相对压强与水底面相对压强的比值为（　　　）。

A. $\rho_1/(\rho_1 + \rho_2)$；　　B. $\rho_2/(\rho_1 + \rho_2)$；　　C. ρ_1/ρ_2；　　D. ρ_2/ρ_1

2-29. 浮体的稳定性条件是（　　　）。

A. 浮体的定倾半径必须小于浮心与形心的偏心距；

B. 浮体的定倾半径必须大于浮心与形心的偏心距；

C. 浮体的定倾半径必须小于浮心与重心的偏心距；

D. 浮体的定倾半径必须大于浮心与重心的偏心距

2-30. 判断题：在工程流体力学中，单位质量力是指作用在单位重量流体上的质量力。

2-31. 判断题：定常均匀流过流断面上的动水压强近似按静水压强分布，即 $z + p/\rho g \approx C$。

2-32. 判断题：当作用面的面积相等时静水总压力的大小也相等。

2-33. 判断题：静止流体一般能承受拉、压、弯、剪、扭。

2-34. 判断题：任一点静水压强的大小和受压面方向有关。

2-35. 判断题：在相对静止的同种、连通、均质液体中，等压面就是水平面。

2-36. 判断题：相对静止流体的自由液面一定是水平面。

2-37. 判断题：当液体中发生真空时，其绝对压强必小于 1 个大气压强。

2-38. 判断题：流体只有在运动时才有黏性，静止时没有黏性。

2-39. 判断题：当液体中发生真空时，其相对压强必小于零。

2-40. 判断题：基准面可以任意选取。

2-41. 判断题：静水压强大小与作用面的方向无关。

2-42. 判断题：不论平面在静止液体内如何放置，其静水总压力的作用点永远在平面形心之下。

2-43. 判断题：平面所受静水总压力的压力中心就是受力面的形心。

2-44. 判断题：如果容器相对地球没有运动，则重力场中两种液体的交界面不但是等压面而且又必然是水平面。

2-45. 判断题：如思考题 2-45 图所示两种液体盛在同一容器中，且 $\rho_1 < \rho_2$，在容器侧壁装了两根测压管，试问图中所标明的测压管中水位对否？

2-46. 判断题：如思考题 2-46 图所示水深相差 h 的 A、B 两点均位于箱内静水中，连接两点的 U 形水银压差计的液面高差 h_m，试问下述三个 h_m 值哪一个正确？（1）$(p_A - p_B)/\rho_m$；（2）$(p_A - p_B)/g(\rho_m - \rho)$；（3）0。

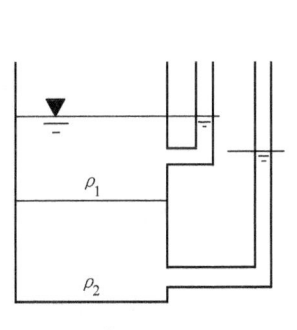
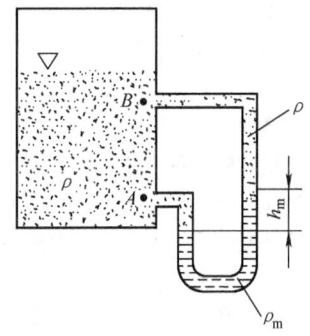

思考题 **2-45** 图　　　　思考题 **2-46** 图

2-47. 判断题：如思考题 2-47 图所示浸没在水中一侧挡水的三种形状的平面物体，面积相同，形心处的水深相等。问：（1）受到的静水总压力是否相等？（2）压力中心的水深位置是否相同？

2-48. 判断题：如思考题 2-48 图所示静力奇象，同种液体且液深相同，分别盛在 4 个形状不同但底面积相同的容器中，试问容器底平面所受总压力是否相同？

2-49. 填空题：如思考题 2-49 图所示垂直放置的矩形平板挡水，水深 $h = 3m$，静水总压力 F 的作用点到水面的距离 $y_D =$ _____。

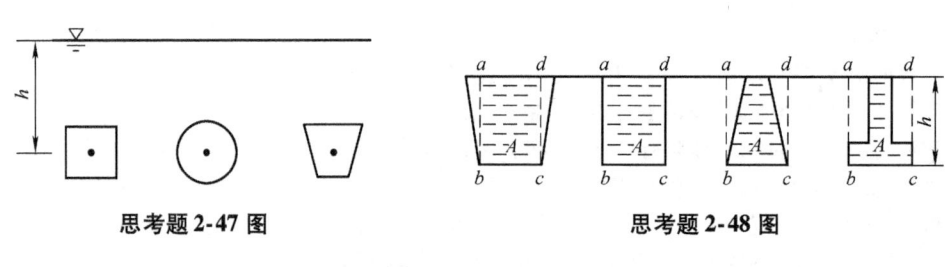

思考题 2-47 图   思考题 2-48 图

2-50. 填空题：煤气管上某点的压强为 100mm 水柱，相当于 _____ N/m²。

2-51. 填空题：水泵进口真空计的读数为 $p_v = 4kN/m^2$，则该处的相对压强为 $p_r = $ _____，绝对压强 $p_{abs} = $ _____。

2-52. 填空题：在静止流体中，表面力的方向是沿作用面的 _____ 方向。

2-53. 填空题：某潜艇在海面下 20m 深处以 16km/h 的速度航行，设海水的密度为 1026kg/m³，则潜艇前驻点处的压强为 _____。

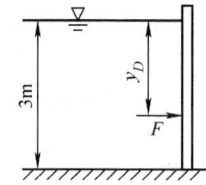

思考题 2-49 图

2-54. 填空题：等压面是水平面的条件是 _____，_____。

2-55. 填空题：处于相对平衡的液体中，等压面与 _____ 力正交。

2-56. 填空题：密闭容器内液面下某点绝对压强为 68kN/m²，当地大气压强为 98kN/m²，则该点的相对压强 $p = $ _____，真空压强 $p_v = $ _____。

2-57. 填空题：理想液体在同一点上各方向的动水压强数值是 _____ 的。实际液体中的动水压强为在同一点上沿三个正交方向的动水压强的 _____。

2-58. 填空题：等压面是 _____ 的面，在重力场条件下，等压面是 _____ 面。

2-59. 填空题：在有压管流的管壁上开一小孔，如果没有液体从小孔流出，且向孔内吸气，这说明小孔内液体的相对压强 _____ 零（填写大于、等于或小于）；如在小孔处装一测压管，则管中液面将 _____（填写高于、等于或低于）小孔的位置。

2-60. 填空题：有一水泵装置，其吸水管中某点的绝对压力水头为 6m 水柱高，当地大气压为一个工程大气压，其相应的真空压强值等于 _____ 水柱高。

2-61. 填空题：一球体放在静止水中，其处于较深或较浅位置时，受到水的铅垂方向的作用力 _____。（"相等"或"不相等"）

2-62. 填空题：液体平衡微分方程的积分条件是 _____。

2-63. 名词解释：相对压强。

2-64. 名词解释：真空压强。

2-65. 静止的流体受到哪几种力的作用？

2-66. 运动中的理想流体受到哪几种力的作用？

2-67. 运动中的流体受到哪几种力的作用？

2-68. 简述平衡流体中的应力特征。

2-69. 什么叫流体静压强？它的主要特性是什么？

2-70. 压强的表示方法有哪些？

2-71. 当液面的计示压强不为零时，曲面对应的压力体能否以液面为顶面？

2-72. 静力学基本方程 $z + \dfrac{p}{\rho g} = C$ 及其各项的物理意义是什么？

2-73. 简要说明液体的相对平衡。

2-74. 什么是等压面？试分别写出绝对静止液体中的等压面方程和等角速度旋转圆筒中液体的等压面方程。

2-75. 写出液体等压面是水平面的条件。

2-76. 相对平衡的流体的等压面是否为水平面？为什么？什么条件下的等压面是水平面？

2-77. 什么是等压面？等压面的条件是什么？

2-78. 仅有重力作用的静止流体的单位质量力为多少？（坐标轴 z 与铅垂方向一致，并竖直向上。）

2-79. 若人所能承受的最大压力为 1.274MPa（相对压强），则潜水员的极限潜水深度为多少？

2-80. 在传统实验中，为什么常用水银作 U 形测压管的工作流体？

2-81. 为什么虹吸管能将水输送到一定的高度？

2-82. 正常人的血压是收缩压 $100 \sim 120$mmHg，舒张压 $60 \sim 90$mmHg，用国际单位制表示是多少帕（Pa）？

2-83. 在静止流体中，各点的测压管水头是否相等？在流动流体中是否相等？

2-84. 浮体的平衡稳定条件是什么？当 $\rho < e$ 和 $\rho = e$ 时，浮体各处于什么状态？

2-85. 潜体的平衡稳定条件是什么？它有哪几种平衡形式？

2-86. 如思考题 2-86 图所示，问 A、B、C、D 四点的压强是否相等？为什么？

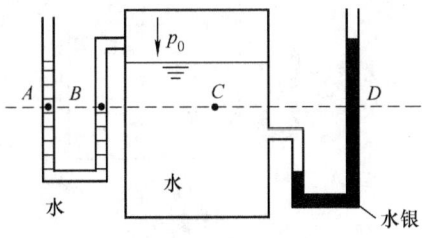

思考题 2-86 图

习题 2

2-1. 如习题 2-1 图所示，水压机小活塞面积 $A_1 = 5$cm^2，大活塞面积 $A_2 = 1$m^2，杠杆壁长 $a = 50$cm，$b = 5$cm，高度差 $h = 1$m，当施力 $F = 98$N 时，求大活塞所受的水静压力 F'。

答案：$F' = 1969.807$kN

2-2. 用如习题 2-2 图所示装置测量油的密度，已知 $h = 74$mm，$h_1 = 152$mm，$h_2 = 8$mm，求油的密度。

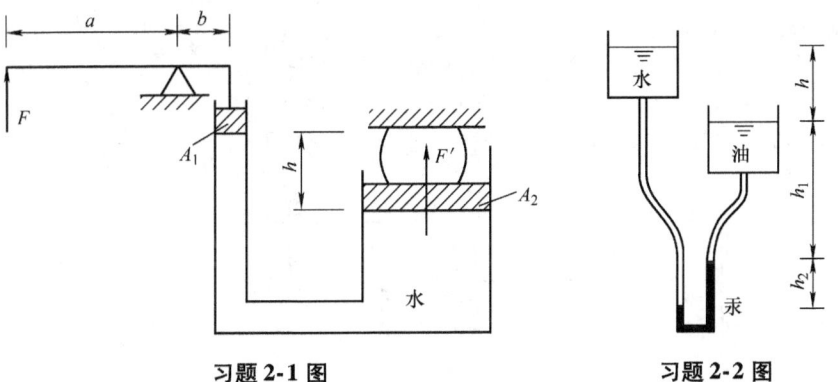

习题 2-1 图   习题 2-2 图

答案：$\rho_1 = 823.68$kg/m^3

2-3. 如习题 2-3 图所示，已知 $h_1 = 20$mm，$h_2 = 240$mm，$h_3 = 220$mm，求水深 H。

答案：$H = 2.48$m

2-4. 如习题 2-4 图所示，在汽油箱上装三种测压仪表，已知 $a = 0.6$m，$b = 1.3$m，各液体标高均以 m 计。汽油相对密度为 0.7，汞相对密度为 13.6，空气相对密度近似为零。试求金属压强表上的读数及测压管高度 H。

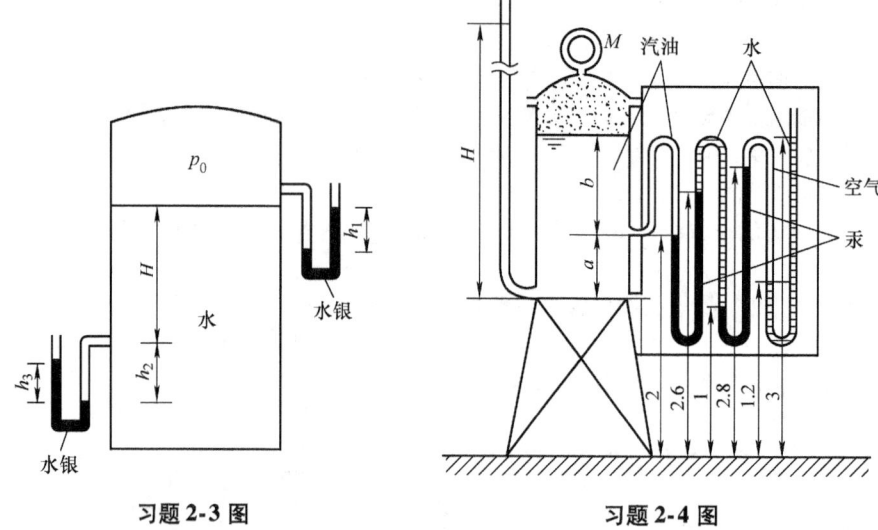

习题 2-3 图 　　　　　　　　习题 2-4 图

答案：$p_M = 313\text{kPa}$；$H = 47.5\text{m}$

2-5. 液体的静压式是 $z + \dfrac{p}{\rho g} = C$。某容器盛有两种互不混杂的液体，上、下层液体密度分别为 ρ_1 和 ρ_2，静压式的常数 C 分别记为 C_1、C_2，上层液体比下层液体轻，$\rho_1 < \rho_2$，求证：$C_1 > C_2$。

答案：$C_1 - C_2 = \dfrac{p_0}{g}\left(\dfrac{1}{\rho_1} - \dfrac{1}{\rho_2}\right) > 0$。

2-6. 如习题 2-6 图所示差动式压力计，两水银柱高度差 $y = 0.36\text{m}$，其他液体为水，A、B 两容器高差 $z = 1\text{m}$，求 A、B 两容器中心处的压强差。

答案：$p_A - p_B = 34.65\text{kPa}$

2-7. 如习题 2-7 图 a 所示封闭容器中盛水，在液面下侧壁上开 $0.5\text{m} \times 0.6\text{m}$ 的矩形孔，孔上装一平板闸门防止水泄漏。若水面上的绝对压强 $p_0 = 117.7\text{kPa}$，当地大气压强 $p_a = 101.3\text{kPa}$，求作用于闸门上的水静压力及其作用点。

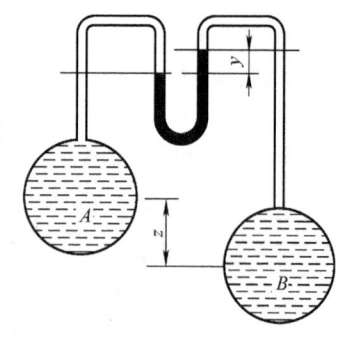

习题 2-6 图

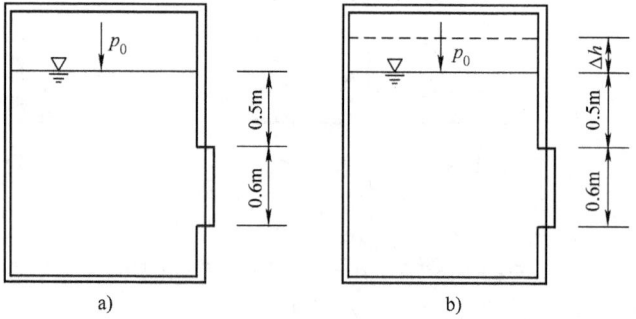

a)　　　　　　　　b)

习题 2-7 图

答案：$F = 7.27\text{kN}$；作用点在形心下 0.01m，并位于闸门对称轴上

2-8. 如习题 2-8 图所示，活塞直径 $d = 35\text{mm}$，重量 $W = 15\text{N}$。油的密度 $\rho_1 = 920\text{kg/m}^3$，水银的密度 $\rho_2 = 13600\text{kg/m}^3$。若不计活塞的摩擦和油的泄露，当活塞底面和 U 形管中水银液面的高度差 $h = 0.7\text{m}$ 时，

试求 U 形管中两水银面的高度差。

答案：$\Delta h = 0.1642\text{m}$

2-9. 如习题 2-9 图所示，有一直径 $d = 12\text{cm}$ 的圆柱体，其质量 $m = 5\text{kg}$，在力 $F = 100\text{N}$ 的作用下，当淹没深度 $h = 0.5\text{m}$ 时处于静止状态，求测压管中水柱的高度 H。

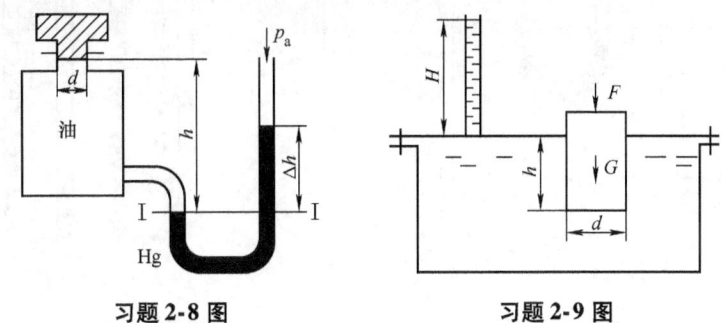

习题 2-8 图 　　　　　　　　习题 2-9 图

答案：$H = 0.85\text{m}$

2-10. 如习题 2-10 图所示，差动滑阀上有直径为 $D_1 = 22\text{mm}$ 及 $D_2 = 20\text{mm}$ 的两个相连的活塞，大活塞上的弹簧预紧力使油路切断。已知弹簧刚度系数为 $K = 8\text{N/mm}$，弹簧预紧压缩长度为 10mm，试求接通油路所需的油压压强。

答案：$p = 1213\text{kPa}$

2-11. 一容器如习题 2-11 图所示，容器中上部分液体是相对密度（即比重）为 0.8 的油，下部分液体为水，当 A 处真空表读数为 22cm 水银时，求：（1）测压管 E 的液面与水油交界面的高度差 h_1。（2）水银 U 形测压管 F 的水银面高度差 h_2。

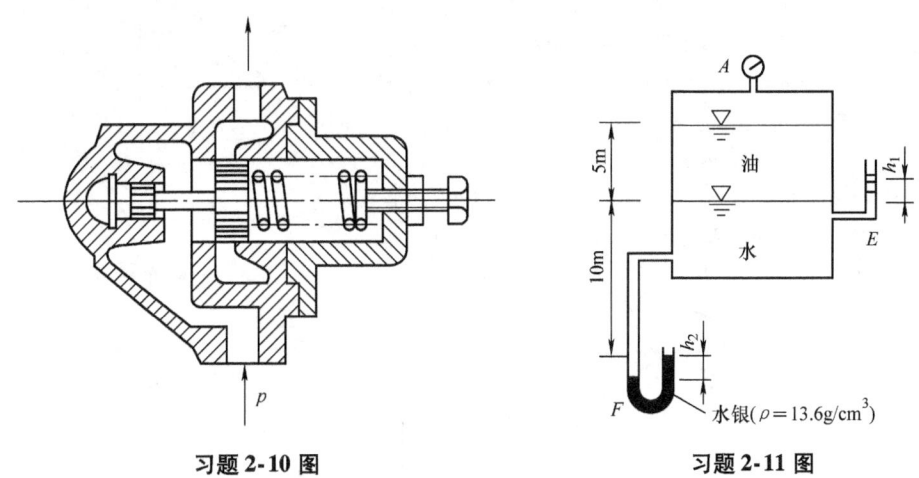

习题 2-10 图 　　　　　　　　习题 2-11 图

答案：$h_1 = 1.01\text{m}$；$h_2 = 0.81\text{m}$

2-12. 如习题 2-12 图所示 U 形管测量水池的水深为 H。已知 $h = 20\text{cm}$，$\Delta h = 15\text{cm}$，水的密度 $\rho = 1000\text{kg/m}^3$，水银密度 $\rho' = 13600\text{kg/m}^3$。

答案：$H = 184\text{cm}$

2-13. 如习题 2-13 图所示，压差计中水银液面高差 $h = 200\text{mm}$，A、B 两容器中为水，其位置高度差为 1m，试求 A、B 两容器中心处的压强差。

答案：$p_A - p_B = 14.897\text{kPa}$

2-14. 如习题 2-14 图所示，用多管水银测压计测量容器液面上气体的压强。已

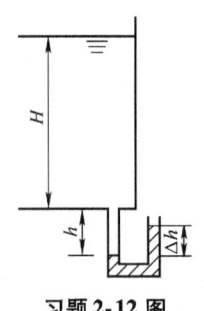

习题 2-12 图

知各点标高分别为：$z_1 = 3\text{m}$，$z_2 = 1.4\text{m}$，$z_3 = 2.5\text{m}$，$z_4 = 1.2\text{m}$，$z_5 = 2.3\text{m}$。求液面压强 p_0。

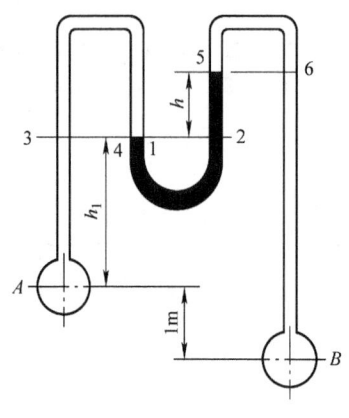

习题 2-13 图

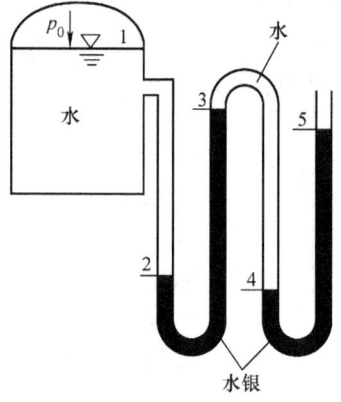

习题 2-14 图

答案：$p_0 = 265\text{kPa}$

2-15. 如习题 2-15 图所示一种酒精和水银双液测压计，当细管上端接通大气时，酒精液面高度读数为零。当酒精液面下降 $h = 30\text{mm}$ 时，求细管上端的相对压强 $p - p_0$。已知：$d_1 = 5\text{mm}$，$d_2 = 20\text{mm}$，$d_3 = 50\text{mm}$，酒精密度为 800kg/m^3。

答案：$p - p_0 = p_1 - p_a = 518.32\text{Pa}$

2-16. 如习题 2-16 图所示，用一个复式测压计（双 U 形管）测量 A、B 两点的压差。已知 $h_1 = 600\text{mm}$，$h_2 = 250\text{mm}$，$h_3 = 200\text{mm}$，$h_4 = 300\text{mm}$，$h_5 = 500\text{mm}$，$\rho_1 = 1000\text{kg/m}^3$，$\rho_2 = 772.7\text{kg/m}^3$，$\rho_3 = 13.6 \times 10^3\text{kg/m}^3$。求 A、B 两点的压差。

答案：$p_A - p_B = 67.876\text{kPa}$

2-17. 如习题 2-17 图所示，有一圆形滚门，长 1m（垂直图面方向），直径 $D = 4\text{m}$。两侧有水，上游水深 4m，下游水深 2m，求作用在门上的总压力大小。

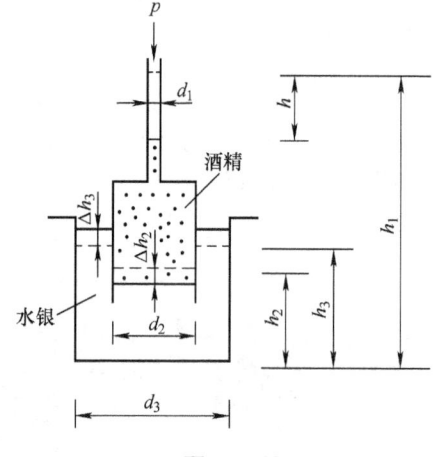

习题 2-15 图

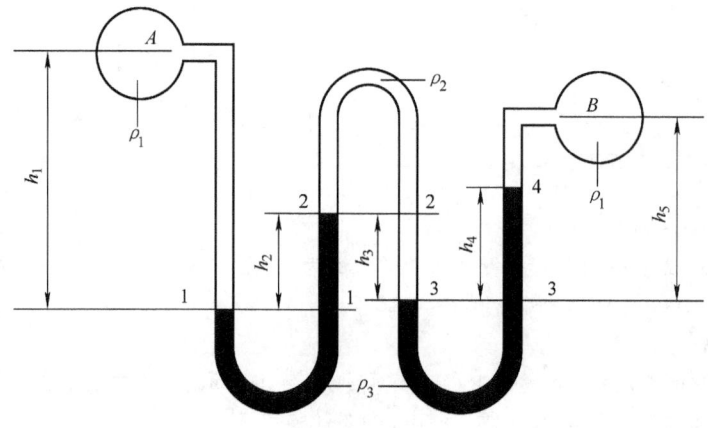

习题 2-16 图

答案：$F = 109452$N

2-18. 如习题2-18图所示，两圆筒用管子连接，内充水银。第一个圆筒直径 $d_1 = 45$cm，活塞上受力 $F_1 = 3197$N，密封气体的计示压强 $p_e = 9810$Pa；第二圆筒直径 $d_2 = 30$cm，活塞上受力 $F_2 = 4945.5$N，开口通大气。若不计活塞质量，试求平衡状态时两活塞的高度差 h。（已知水银密度 $\rho = 13600$kg/m³）

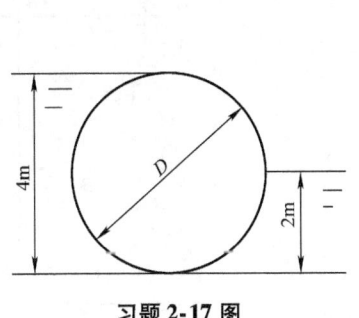

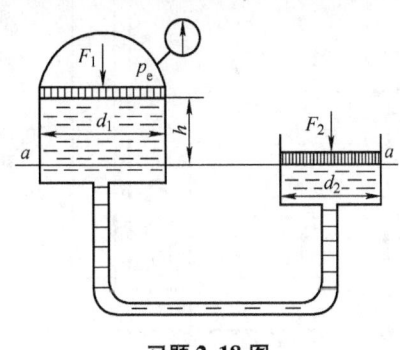

习题 2-17 图　　　　　　　习题 2-18 图

答案：$h = 0.3003$m

2-19. 如习题2-19图所示，一个有盖的圆柱形容器，底半径 $R = 2$m，容器内充满水，顶盖上距中心为 r_0 处开一个小孔通大气，容器绕其主轴做等角速度旋转。试问当 r_0 为多少时，顶盖所受的水的总压力为零。

答案：$r_0 = \sqrt{2} = 1.414$m

2-20. 如习题2-20图所示，潜艇内的汞气压计读数 $h_1 = 800$mm，多管汞差压计读数 $h_2 = 500$mm，海平面上汞气压计读数为760mm，海水密度为1025kg/m³。试求潜艇在海面下的深度 H。

答案：$H = 13.8$m

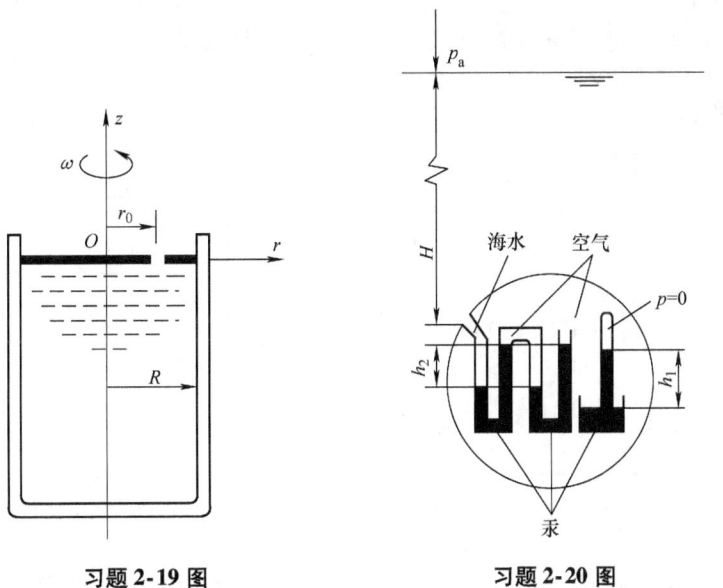

习题 2-19 图　　　　　　　习题 2-20 图

2-21. 如习题2-21图所示，某工地用压力水箱供水，水箱封闭后，打入压缩空气。水箱上部压力表的表压为140kPa（相对压强），如在自由液面下深度 $h = 2$m 的 A 点处接一测压管与水箱相连。试求 A 点的压强，该点压强能使测压管水位上升多少（h_p）？

答案：$p_A = 159.6$kPa；$h_p = 16.3$m

2-22. 如习题2-22图所示立置在水池中的密封罩，试求罩内 A、B、C 三点的压强。

答案：$p_A = 14700\text{Pa}$；$p_B = 0$；$p_C = -19600\text{Pa}$

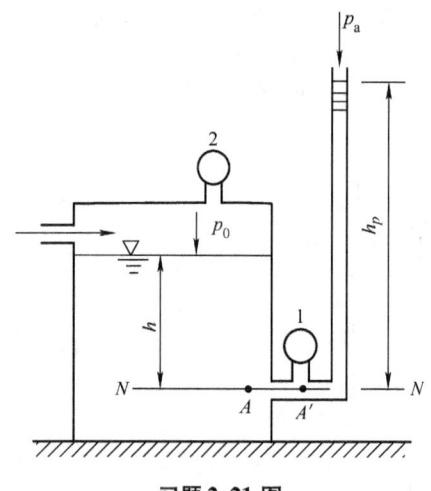

习题 2-21 图

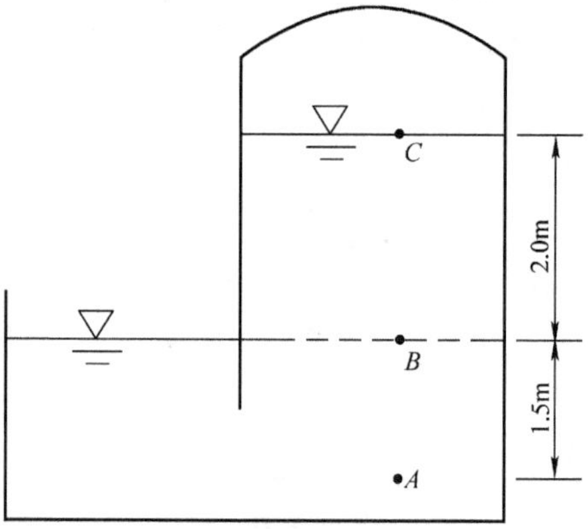

习题 2-22 图

2-23. 如习题 2-23 图所示，汽车上有一与水平运动方向平行放置的内充液体的 U 形管。已知长度 $L = 0.5\text{m}$，加速度 $a = 0.5\text{m/s}^2$。试求 U 形管外侧的液面高度差。

答案：$\Delta h = 0.0255\text{m}$

2-24. 如习题 2-24 图所示，求水作用于容器 AB 面上的静压强的大小和方向，已知 $h = 1\text{m}$，$p_0 = 150\text{kPa}$。

答案：$p = 159.807\text{kPa}$；压强方向铅直向上

2-25. 如习题 2-25 图所示密闭容器，侧壁上方装有 U 形管水银测压计，读值 $h_p = 20\text{cm}$。试求安装在水面下 3.5m 处的压力表读值。

答案：$p = 7.64\text{kPa}$

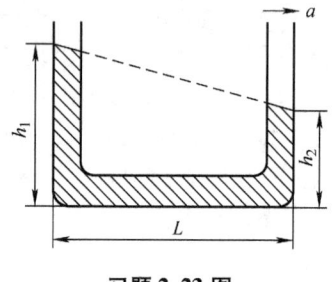

习题 2-23 图

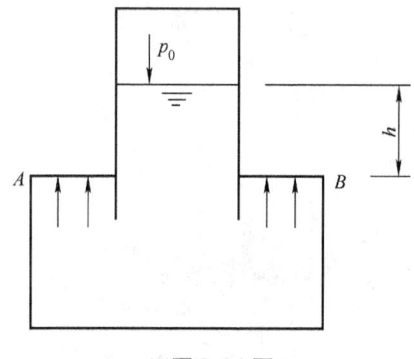

习题 2-24 图

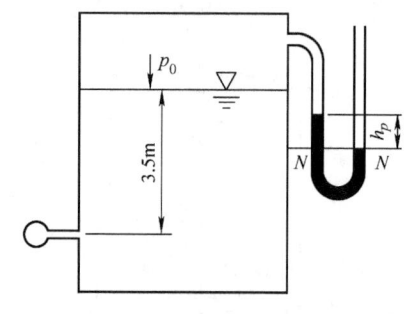

习题 2-25 图

2-26. 如习题 2-26 图所示挡水弧形闸门，已知 $R = 2\text{m}$，$\theta = 30°$，$h = 5\text{m}$。试求单位宽度所受的静水总压力的大小。

答案：$F = 45806\text{N}$

2-27. 如习题 2-27 图所示水力变压器，大活塞直径为 D，小活塞直径为 d，两条测压管直径相同，液体均为水。活塞处于平衡状态时，左测压管与活塞连杆高差为 H，左右测压管液面高差为 h，试求 h 和 H 的关系。此时，如果将体积为 V 的水加入左测压管内，试求活塞向右移动的距离 x。

答案：$x = V\dfrac{1}{[1+(d/D)^4]\pi D^2/4}$

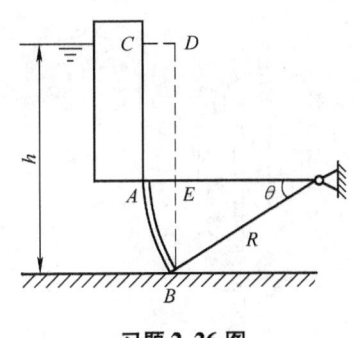

习题 2-26 图

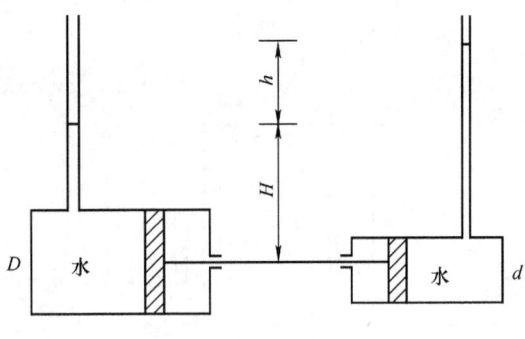

习题 2-27 图

2-28. 如习题 2-28 图所示，液体转速计由一个直径为 d_1 的圆筒、活塞盖以及与其连通的直径为 d_2 的两支竖直支管构成。转速计内装液体，竖管距离立轴的距离为 R，当转速为 ω 时，活塞比静止时的高度下降了 h，试证明：

$$h = \frac{\omega^2}{2g}\frac{R^2 - d_1^2/8}{1 + \dfrac{1}{2}(d_1/d_2)^2}$$

答案：证明略

2-29. 如习题 2-29 图所示，飞机油箱的尺寸为高 $h = 0.4\text{m}$，长 $l = 0.6\text{m}$，宽 $b = 0.4\text{m}$，装油占油箱体积的 1/3，出油口在底部中心处。试求使油面处于出油口中心时的水平飞行的极限加速度 $a_{\max}$（此时箱内油量仍为 1/3）。

答案：$a_{\max} = 19.62\text{m/s}^2$

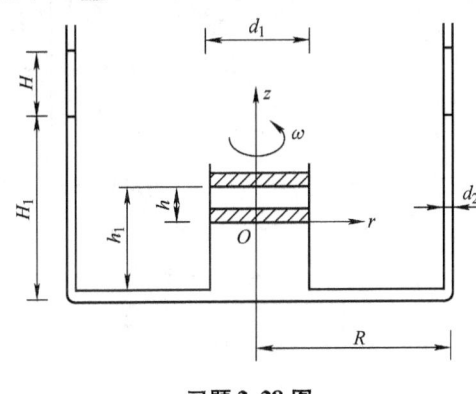

习题 2-28 图

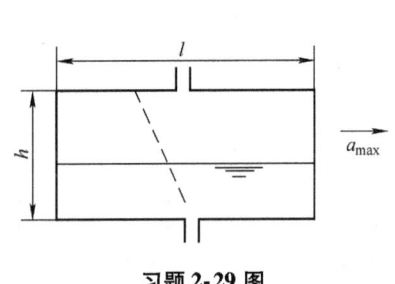

习题 2-29 图

2-30. 如习题 2-30 图所示测定运动加速度的 U 形管，已知 $l = 0.3\text{m}$，$h = 0.2\text{m}$，求加速度 a 的值。

答案：$a = 6.5373\text{m/s}^2$

2-31. 如习题 2-31 图所示，容器截面积是矩形，左侧是一块矩形堵板，高为 H，下端有铰轴，右侧在半高处有一个测压管，如果堵板不会自动翻转，则 h 应小于何值？

答案：$h < H/6$

2-32. 如习题 2-32 图所示一台锅炉水位计。锅筒中的压力为 $p_0 = 10.89 \times$

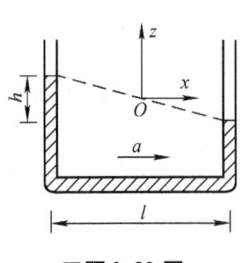

习题 2-30 图

10^6Pa，水位计中的水温 $t = 260℃$，水位计读数 $h_2 = 35 \text{cm}$，试求锅筒内实际水位及相对误差。已知压力为 $p_0 = 10.89 \times 10^6 \text{Pa}$ 时，饱和水的密度 $\rho_1 = 673 \text{kg/m}^3$；$t = 260℃$ 时的未饱和水的密度为 $\rho_2 = 785 \text{kg/m}^3$。

答案：$h_1 = 40.8 \text{cm}$；$\varepsilon = 14.21\%$

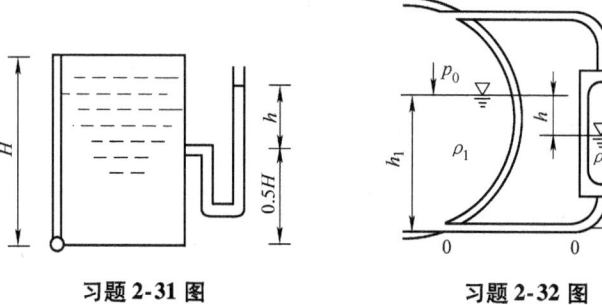

习题 2-31 图　　　　　　　习题 2-32 图

2-33. 如习题 2-33 图所示一盛水容器，已知平壁 $AB = CD = 2.5 \text{m}$，BC 及 AD 为半个圆柱体，半径 $R = 1 \text{m}$，自由表面处压强为一个大气压，高度 $H = 3 \text{m}$，试分别计算作用在单位长度上 AB 面、BC 面和 CD 面所受到的静水总压力。

答案：$p_{AB} = 24500 \text{N}$；$p_{BC} = 42111 \text{N}$；$p_{CD} = 73500 \text{N}$

2-34. 如习题 2-34 图所示，一个漏斗倒扣在桌面上，已知 $h = 120 \text{mm}$，$d = 140 \text{mm}$，自重 $W = 20 \text{N}$。试求充水高度 H 为多少时，水压力将把漏斗举起而引起水从漏斗口与桌面的间隙泄出？

答案：$H = 0.1725 \text{m}$

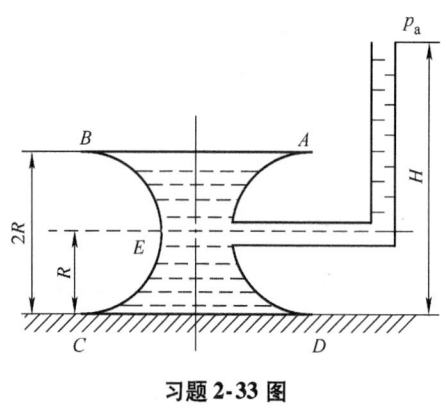

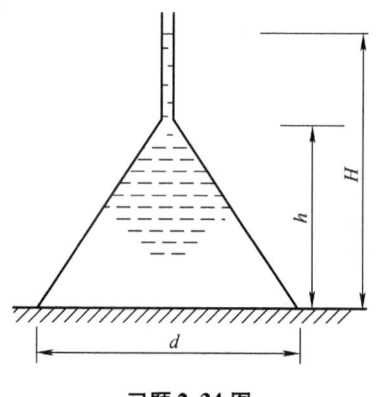

习题 2-33 图　　　　　　　习题 2-34 图

2-35. 如习题 2-35 图所示，底面积为 $b \times b = 0.2 \text{m} \times 0.2 \text{m}$ 的方口容器，自重 $G = 40 \text{N}$，静止时装水高度 $h = 0.15 \text{m}$，设容器在荷重 $W = 200 \text{N}$ 的作用下沿平面滑动，容器底与平面之间的摩擦因数 $f = 0.3$，试求保证水不能溢出的容器最小高度。

答案：$H = 0.207 \text{m}$

2-36. 如习题 2-36 图所示，半径为 R 的密闭球形容器充满密度为 ρ 的液体，该容器绕铅垂轴以角速度 ω 旋转，试求最大压强作用点的坐标。

答案：最大压强作用点在 $z = -\dfrac{g}{\omega^2}$，$r = \sqrt{R^2 - \dfrac{g^2}{\omega^4}}$ 的圆周线上

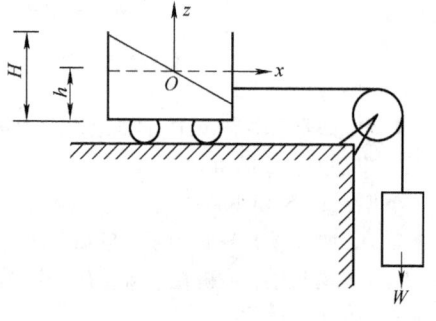

习题 2-35 图

2-37. 如习题 2-37 图所示，一锥形浮体的锥顶角为 60°，质量为 $m_1 = 300\text{kg}$，放在密度 $\rho = 1025\text{kg/m}^3$ 的海水中，浮体上放置质量 $m_2 = 55\text{kg}$ 的航标灯。试求浮体的淹没深度 h。

答案：$h = 0.9974\text{m}$

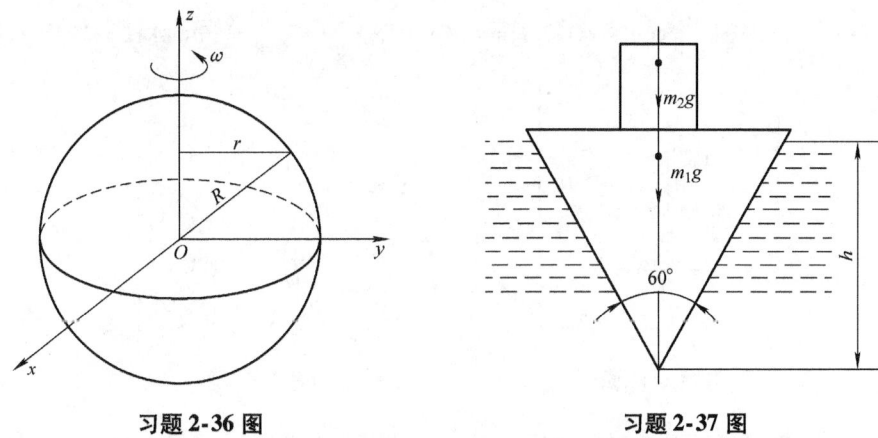

习题 2-36 图　　　　　　　　　习题 2-37 图

2-38. 如习题 2-38 图所示，盛水容器底部有一个半径 $r = 2.5\text{cm}$ 的圆形孔口，该孔口用半径 $R = 4\text{cm}$、自重 $W = 2.452\text{N}$ 的圆球封闭。已知水深 $H = 20\text{cm}$，试求升起球体所需的拉力 P。

答案：$P = 4.039\text{N}$

2-39. 如习题 2-39 图所示，油罐车是一个圆柱形容器，长度 $L = 5\text{m}$，两头的截面是圆，半径为 $R = 0.6\text{m}$，车顶有进油管，油面比容器顶高出 $h = 0.3\text{m}$，油的密度 $\rho = 800\text{kg/m}^3$，设此油车以加速度 $a = 1.5\text{m/s}^2$ 启动，试求油车两端的截面 A 和 B 所受到的油的总压力。

答案：$F_A = 11378\text{N}$；$F_B = 4592\text{N}$

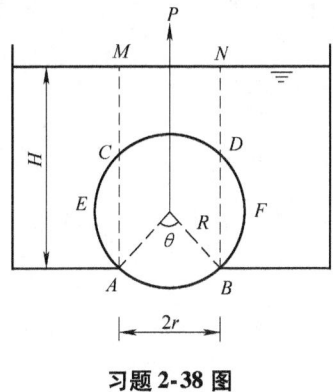　　　　　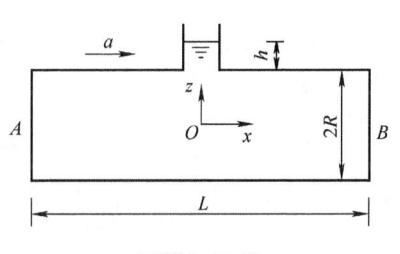

习题 2-38 图　　　　　　　　　习题 2-39 图

2-40. 如习题 2-40 图所示，求容器中 1、2、3、4 点的相对压强。已知：$z_1 = 1.5\text{m}$，$z_2 = 1.0\text{m}$，$z_3 = 0.5\text{m}$，$z_4 = 1.2\text{m}$，容器中的液体为水。

答案：$p_1 = -4.904\text{kPa}$；$p_2 = 0$；$p_3 = p_4 = 4.904\text{kPa}$

2-41. 如习题 2-41 图所示，矩形木箱长 3m，静止液面离箱底 1.5m，现以 3m/s^2 的等加速度水平运动，计算此时液面与水平面之间的夹角 θ（用反三角函数的形式即可），以及作用在箱底的最大压强与最小压强。（流体密度 $\rho = 1000\text{kg/m}^3$）

答案：$p_{max} = p_a + \rho g h_1$；$p_{min} = p_a + \rho g h_2$

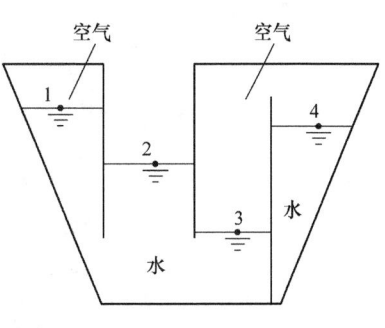

习题 2-40 图

2-42. 如习题 2-42 图所示，露天敷设的输水钢管，直径 $D = 1.5\text{m}$，管壁厚 $\delta = 6\text{mm}$，钢管的许用应力 $[\sigma] = 150\text{MPa}$，弹性模量 $E = 21 \times 10^{10}\text{Pa}$，除内水压力外，不考虑其他载荷及敷设情况。试求：（1）该管道允许的最大内水压强；（2）保持弹性稳定，管内允许的最大真空度。

答案：（1）$\dfrac{p_{\max}}{\rho g} = \dfrac{1.2 \times 10^6}{9.8 \times 10^3}\text{m 水柱} = 122.45\text{m 水柱}$；（2）$\dfrac{p_{v\max}}{\rho g} = \dfrac{2.69 \times 10^4}{9.8 \times 10^3}\text{m 水柱} = 2.74\text{m 水柱}$

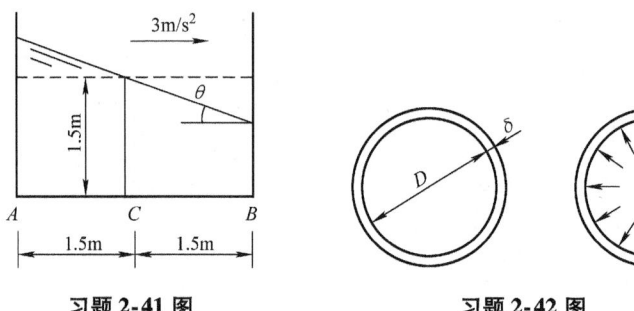

习题 2-41 图　　　　　　**习题 2-42 图**

2-43. 如习题 2-43 图所示航标灯模型表示，灯座是一个浮在水面上的均质圆柱体，高度 $H = 0.5\text{m}$，底半径 $R = 0.6\text{m}$，自重 $W' = 1500\text{N}$，航灯重 $W = 500\text{N}$，用竖杆架在灯座上，高度设为 z。若要求浮体稳定，则 z 的最大值应为多少？

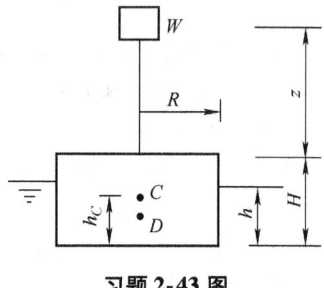

习题 2-43 图

答案：$z < 1.1074\text{m}$

2-44. 如习题 2-44 图所示，油箱液面指示器的功能是：在较短尺寸的液面指示管上成比例地指出油箱中液体的下降情况。在图示的三液交叉式 U 形管中，装有汽油 ρ_1、水银 ρ_3 和水 ρ_2，汽油装满时，U 形管中的水银面为 $A - A'$，液面指示管中的水位在刻度 1 处。当油箱液面下降 h_1 时，指示管中液面下降 h_2，试导出 h_2 与 h_1 的比例关系式。

答案：$h_2 = \dfrac{\rho_1}{2\rho_3 - \rho_1} h_1$

2-45. 如习题 2-45 图所示为测量风管内气体压强的装置。已知：U 形管显示的水柱高度 $h = 100\text{mm}$，求风管内壁气体的压强值。

答案：$p = 980.7\text{Pa}$

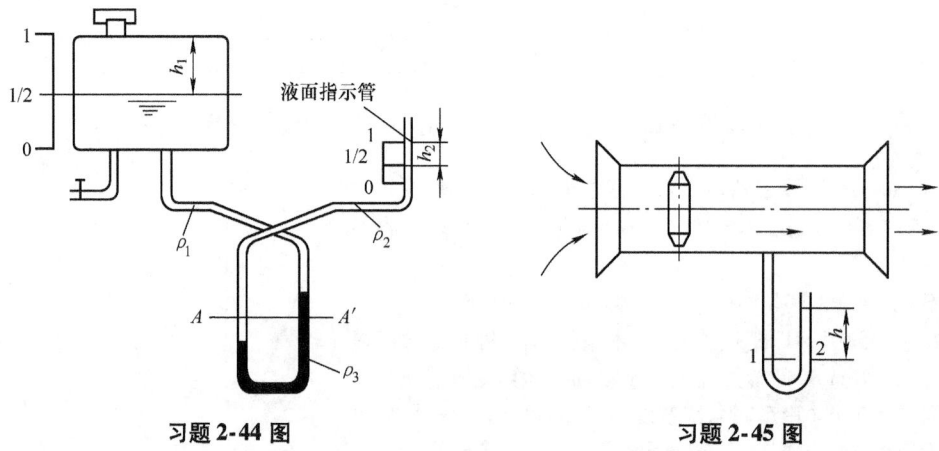

习题 2-44 图　　　　　　　　　　　　**习题 2-45 图**

2-46. 如习题 2-46 图所示，单向阀弹簧刚度系数为 $K = 6\text{N/mm}$，预压缩量为 $x = 5\text{mm}$，钢球直径 $D =$

24mm，入口管道直径 $d = 10$mm，钢球相对密度是 7，试求接通油路所需要的压强 p。

答案：$p = 388$kPa

2-47. 如习题 2-47 图所示，角速度测量仪为一内盛液体的 U 形开口玻璃管绕一条立轴旋转。两支立管到旋转轴的距离分别为 R_1 和 R_2，测得两支立管的液柱高度分别为 h_1 和 h_2，若 $R_1 = 0.20$m，$R_2 = 0.08$m，$h_1 = 0.21$m，$h_2 = 0.15$，求旋转角速度 ω 的值。

答案：$\omega = 5.9179$rad/s

2-48. 如习题 2-48 图所示，水箱用锥台塞子封堵出水口，塞子通过绳子与浮子相连。已知 $R = 0.14$m，$r_1 = 0.08$m，$r_2 = 0.05$m，$h = 0.06$m，$l = 0.3$m，不计塞子和浮子自重，欲使塞子开启，水深 H 应为多少？

答案：$H > 0.3975$m

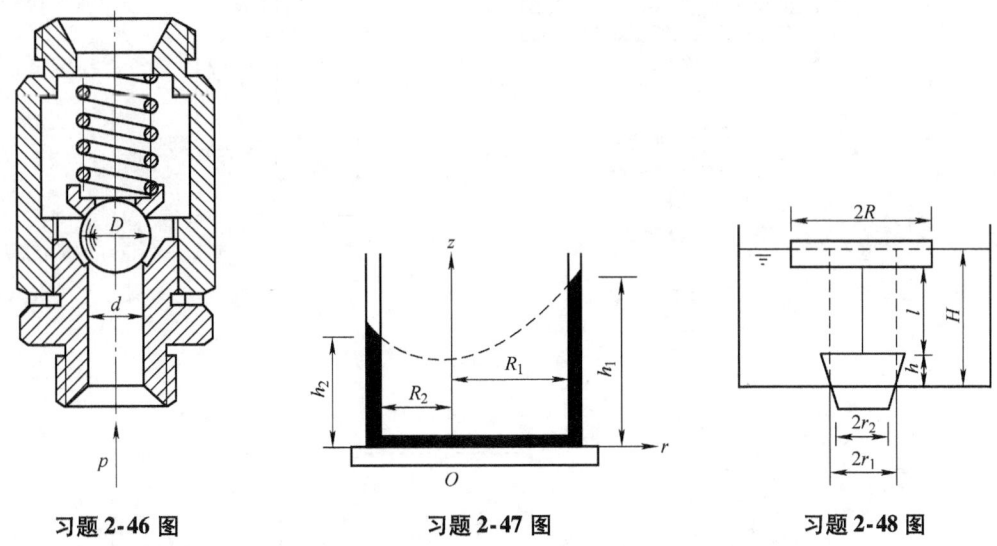

| 习题 2-46 图 | 习题 2-47 图 | 习题 2-48 图 |

2-49. 如习题 2-49 图所示，矩形平板一侧挡水，与水平面夹角 $\alpha = 30°$，平板上边与水平面齐平，水深 $h = 3$m，平板宽 $b = 5$m。试求作用在平板上的静水总压力。

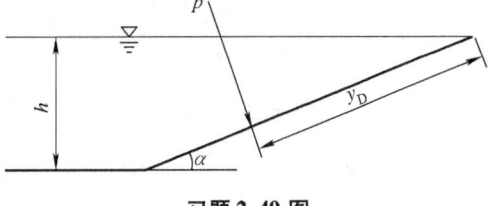

习题 2-49 图

答案：$F = 441$kN；$y_D = 4$m

2-50. 如习题 2-50 图所示，制动轮内腔直径 $D_1 = 0.8$m，高 $H = 0.2$m，上盖开口 $D_2 = 0.5$m，当轮绕垂直轴的转速超过规定极限时，内腔的水形成左半边部所示的抛物面，液体对制动轮上下盖产生足够的压力差，推轮向下，使轮与刹车带接触而产生制动作用。现规定极限转速为 $n = 120$r/min。试求：（1）自由液面与下盖接触处的半径 r；（2）液体对上、下盖的压力及向下的压力差；（3）刹车后，轮内腔中的液位高度 h。

答案：（1）$r = 0.194$m；（2）$F_2 - F_1 = 683.58$N；（3）$h = 0.1374$m

2-51. 如习题 2-51 图所示，一个圆柱形桶，高为 h，底面直径为 d，桶内盛有 1/3 体积的油、2/3 体积的水。若将此桶以等角速度 ω 绕其轴线旋转，试求当 ω 达到多大值时，桶内的油全部抛出桶外？

答案：$\omega = \dfrac{4\sqrt{gh/3}}{d}$

2-52. 如习题 2-52 图所示，一个密封的圆柱形容器，高 $H = 0.9$m，底面直径 $D = 0.8$m，内盛深 $h = 0.6$m 的水，其余空间充满油。试求当容器绕其中心轴的旋转角速度 ω 是多少时，油面正好接触到圆柱体底面？

答案：$\omega = 12.8638$rad/s

2-53. 如习题 2-53 图所示，一个圆柱形容器，下底封闭，上盖中心有一孔口通大气，容器高 H，底半径 R，静止时水深 h_0（$h_0 > 0.5H$），设容器以等角速度 ω 旋转。试求液面最低点到底面的高差 h 与角速度 ω 的函数关系。

答案：$\omega = \dfrac{\sqrt{4g(H - h_0)}}{R}$

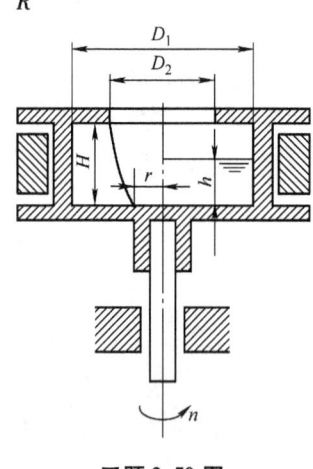

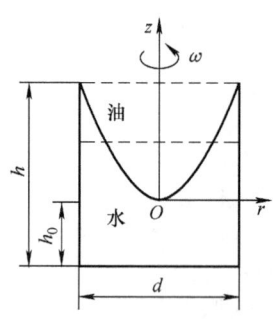

习题 2-50 图　　　　　**习题 2-51 图**

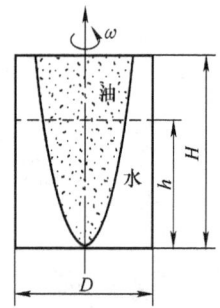

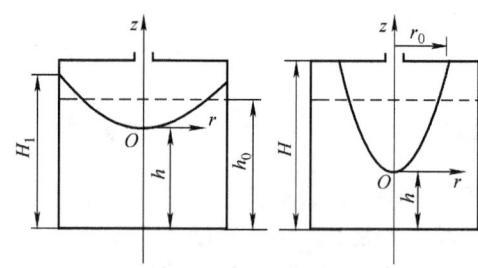

习题 2-52 图　　　　　**习题 2-53 图**

2-54. 如习题 2-54 图所示，水车沿直线加速度行驶，水箱长 $l = 3\text{m}$，高 $H = 1.8\text{m}$，盛水深 $h = 1.2\text{m}$。试求确保水不溢出的加速度的允许值。

答案：$a \leqslant 3.92\text{m/s}^2$

2-55. 如习题 2-55 图所示，直径 $d = 1\text{m}$、高 $H = 1.5\text{m}$ 的圆柱形容器内充满密度 $\rho = 900\text{kg/m}^3$ 的液体，顶盖中心开孔通大气。当容器以转速 $n = 50\text{r/min}$ 绕垂直轴旋转时，试确定液体对容器底面的作用力。

答案：$P = 4.67\text{kN}$

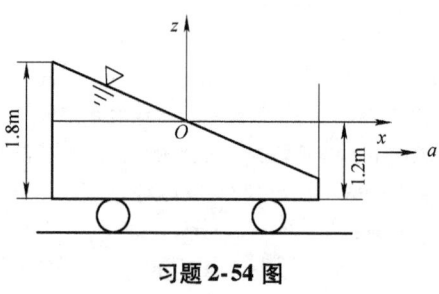

习题 2-54 图

2-56. 如习题 2-56 图所示一个浮体浮于水面，已知浮体自重为 G，定倾半径为 γ，偏心距为 e。当它受到一个力矩 T 的作用时，将发生 θ 角度的倾斜。（1）试证明力矩 $T = G(\gamma - e)\sin\theta$；（2）若将此浮体换成一平底驳船，驳船长 $L = 6\text{m}$，宽 $B = 3\text{m}$，吃水深度 $h = 0.9\text{m}$，驳船重心距离船底的高度为 $h_D = 0.7\text{m}$。驳船受力矩 T 作用后倾斜角度 $\theta = 4°42'$，试求此力矩。

答案：（1）证明略；（2）$e = 0.25\text{m}$，$T = 7593\text{N}\cdot\text{m}$

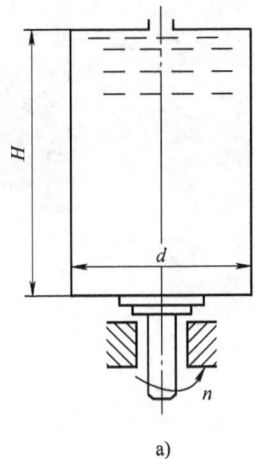
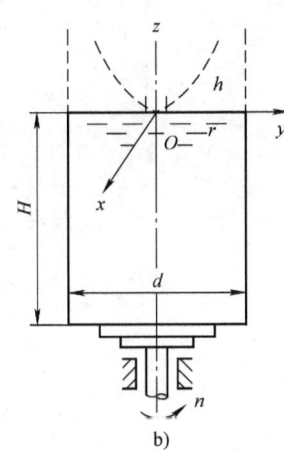

a) b)

习题 2-55 图

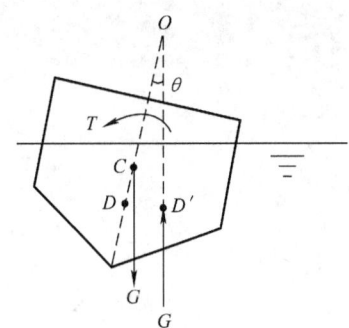

习题 2-56 图

第 2 章内容提要、
思考题解答及
习题详解

第 3 章

流体运动学

Chapter 3

流体运动学研究流体的运动规律，即描述流体运动的方法，质点速度、加速度变化和所遵循的规律。流体运动学所研究的内容及其结论，对理想流体和黏性流体均适用。

3.1 研究流体运动的两种方法

理论力学以受力后不变形的刚体为研究对象；材料力学以各向同性产生微小变形的弹性固体为研究对象；而流体力学以无固定形状的流体为研究对象。流体中每个质点都受周围各质点的影响，运动互相制约，但又约束得不像刚体那样紧密，互相之间有自由程和相对位移，因此流体运动较为复杂。流体质点在空间运动具有确定的物理量，诸如流体质点的位移、速度、加速度、密度、压强、动量、动能等，统称为流体的流动参数。在运动过程中，这些物理量会发生变化，就要进行描述及研究变化规律。描述流体运动也就是要表达这些流动参数在各个不同空间位置上随时间连续变化的规律。根据是从着眼于研究流体质点的运动出发，还是从着眼于研究流动空间点上流动参数的变化出发，解决问题分别用两种可行的方法，即拉格朗日法和欧拉法。

3.1.1 拉格朗日方法

拉格朗日方法着眼于研究流体质点，就是采用理论力学中描述质点和质点系运动的方法。流体力学中的质点系在运动中极易变形，因而首先需要将不同流体质点加以标志识别，不然在流体运动中，我们就无法跟踪所需研究的那一个流体质点了。如图 3-1 所示，在选定的 $Oxyz$ 坐标系上，在时间 $t = 0$ 的运动初始时刻，每一个流体质点应该有一组唯一的坐标（$x_0 = a$，$y_0 = b$，$z_0 = c$），用这种质点的初始坐标（a，b，c）作为不同质点的区别标志。在流体运动过程中，每一个质点（a，b，c）的运动坐标（x，y，z）随时间 t 有一定的变化规律，不同质点这种规律又不尽相同。如果用质点初始坐标（a，b，c）与时间变量 t 共同表达质点的运动规律，则（a，b，c，t）叫作拉格朗日变数，用拉格朗日变数描

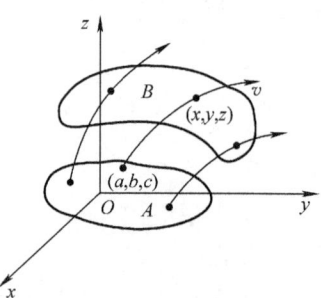

图 3-1　拉格朗日变数

述流体运动的方法叫作拉格朗日法，按照这种方法可写出流体质点运动坐标的表达式为

$$\left.\begin{array}{l} x = x(a,b,c,t) \\ y = y(a,b,c,t) \\ z = z(a,b,c,t) \end{array}\right\} \tag{3-1}$$

运动坐标对时间 t 求导可得质点速度表达式为

$$\left.\begin{array}{l} v_x = \dfrac{\mathrm{d}x}{\mathrm{d}t} = v_x(a,b,c,t) \\[2mm] v_y = \dfrac{\mathrm{d}y}{\mathrm{d}t} = v_y(a,b,c,t) \\[2mm] v_z = \dfrac{\mathrm{d}z}{\mathrm{d}t} = v_z(a,b,c,t) \end{array}\right\} \tag{3-2}$$

运动速度对时间 t 再求导可得质点加速度表达式为

$$\left.\begin{array}{l} a_x = \dfrac{\mathrm{d}^2x}{\mathrm{d}t^2} = \dfrac{\mathrm{d}v_x}{\mathrm{d}t} = a_x(a,b,c,t) \\[2mm] a_y = \dfrac{\mathrm{d}^2y}{\mathrm{d}t^2} = \dfrac{\mathrm{d}v_y}{\mathrm{d}t} = a_y(a,b,c,t) \\[2mm] a_z = \dfrac{\mathrm{d}^2z}{\mathrm{d}t^2} = \dfrac{\mathrm{d}v_z}{\mathrm{d}t} = a_z(a,b,c,t) \end{array}\right\} \tag{3-3}$$

同样流体质点的密度 ρ、压力 p 和温度 T 也是拉格朗日变数（a，b，c，t）的函数，即

$$\left.\begin{array}{l} \rho = \rho(a,b,c,t) \\ p = p(a,b,c,t) \\ T = T(a,b,c,t) \end{array}\right\} \tag{3-4}$$

在这些表达式中，拉格朗日变数（a，b，c，t）是各自独立的，质点的初始坐标（a，b，c）与时间 t 无关，时间 t 只影响质点的运动坐标、速度和加速度，而不会改变质点的初始坐标。拉格朗日方法不仅适用于观察起始坐标（a，b，c）不变的某一个质点，也适用于观察（a，b，c）连续变化的整个流体控制体。

3.1.2 欧拉方法

流体流动的空间称为流场。流场中，每一空间点上有流体质点占据，并都对应着确定的表征流体质点运动的物理量，从而形成速度、压力、密度、温度等矢量场或标量场。

欧拉方法的着眼点不是流体质点，而是空间点。以研究流体质点所占据的各个空间点上的流动物理量来研究整个流动的方法，称为欧拉方法。欧拉方法是设法在空间的每一点上描述流体流动参数随时间的变化情况，而不过问这些运动特性是由哪些质点表现出来的。其特点是在流场中选定足够多的空间点，观察先后流过各空间点上的各个流体质点的物理量变化情况，便能了解整个或部分流场的运动情况，故欧拉方法又称为空间点法或流场法。这种方法适用于流体运动的特点，在流体力学上获得了广泛应用。

例如在气象观测中就广泛使用欧拉法。在世界各地设立星罗棋布的气象站（相当于空间点），根据统一时间各气象站把同一时间观测到的气象要素迅速报到规定的通信中心，绘制成对应不同时刻的气象图，据此做出天气预报。

因为流体空间中充满连续不断的流体质点，而每个质点都具有一定的物理量，因而流体流动空间必然形成物理量连续分布的场。每一个流体质点在确定的时刻 t 必然占据流场中的确定位置 (x, y, z)，从而具有确定的物理量。因为流体是连续介质，质点紧密相接，在运动过程中，一定的空间点可能被无数质点前出后进地依次占据，所以无须关心某一个质点的运动过程，只要能够找到整个流场中物理量的变化规律，则此流场的运动性质及流场中流体与固体边界的相互作用都是可以顺利解决的。欧拉法以数学场论为基础，着眼于描述任何时刻流体运动物理量在场上的分布规律。欧拉法中用质点的空间坐标 (x, y, z) 与时间变量 t 来表达流场中的流体运动规律，(x, y, z, t) 叫作欧拉变数。

欧拉变数 (x, y, z, t) 不是各自独立的，因为流体质点在场中的空间位置 x、y、z 都应该与运动过程中的时间变量有关。不同时间 t，每个流体质点应该有不同的空间坐标，因而对任一个流体质点来说其位置变量 x、y、z 应该是时间 t 的函数，即

$$\left.\begin{array}{l} x = x(t) \\ y = y(t) \\ z = z(t) \end{array}\right\} \tag{3-5}$$

由此可见，欧拉变数 (x, y, z, t) 与拉格朗日变数 (a, b, c, t) 不同，后者是各自独立的，而欧拉变数中的 x、y、z 并非独立变量，它们是随 t 变化的中间变量，因而欧拉变数中真正独立的只有时间变量 t。

用欧拉法描述流体运动需要建立质点速度场、压力场、密度场和温度场表达式，即

$$\left.\begin{array}{l} v_x = v_x(x,y,z,t) = v_x[x(t),y(t),z(t),t] \\ v_y = v_y(x,y,z,t) = v_y[x(t),y(t),z(t),t] \\ v_z = v_z(x,y,z,t) = v_z[x(t),y(t),z(t),t] \end{array}\right\} \tag{3-6}$$

或

$$\boldsymbol{v} = v(x,y,z,t) = \boldsymbol{v}[x(t),y(t),z(t),t]$$

及

$$\left.\begin{array}{l} p = p(x,y,z,t) = p[x(t),y(t),z(t),t] \\ \rho = \rho(x,y,z,t) = \rho[x(t),y(t),z(t),t] \\ T = T(x,y,z,t) = T[x(t),y(t),z(t),t] \end{array}\right\} \tag{3-7}$$

据此可以得出任一时刻（即 t 一定）质点流动参数在空间中的分布规律，也可以得出任一空间点上（即 x、y、z 一定）的质点流动参数随时间的变化规律。

如图 3-2 所示，流体质点 M 在 t 时刻，从某一空间点 A (x,y,z) 以瞬时速度 $\boldsymbol{v}(x) = v_x(t)\boldsymbol{i} + v_y(t)\boldsymbol{j} + v_z(t)\boldsymbol{k}$ 携带某个物理量 $W = W(x,y,z,t)$ 在流场中运动，经过 Δt 时间，质点到达 $B(x + \Delta x, y + \Delta y, z + \Delta z)$ 点，质点 M 所具有的物理量 W 在运动过程中既经历了时间 Δt 的变化，又经历了空间 $\Delta s = \Delta x\boldsymbol{i} + \Delta y\boldsymbol{j} + \Delta z\boldsymbol{k}$ 的变化。这种空间变化量 Δs，亦即质点的位移，当然与 Δt 时间的长短有关，因而质点 M 所具有的物理量 W 并不是 t 的简单一元函数，而是 t 的复合函数，其中间变量 $x = x(t), y = y(t), z = z(t)$。按照多元复合函数 $W = W[x(t),y(t),z(t),t]$ 对独立自变量 t 求导，可得

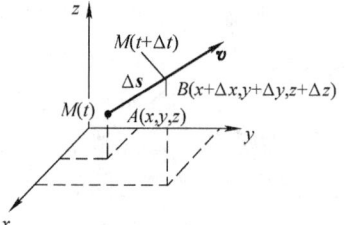

图 3-2　流体质点全导数

$$\frac{\mathrm{d}W}{\mathrm{d}t} = \frac{\partial W}{\partial x}\frac{\mathrm{d}x}{\mathrm{d}t} + \frac{\partial W}{\partial y}\frac{\mathrm{d}y}{\mathrm{d}t} + \frac{\partial W}{\partial z}\frac{\mathrm{d}z}{\mathrm{d}t} + \frac{\partial W}{\partial t} \tag{3-8}$$

因为位移对时间的导数就是质点的速度，即

$$\frac{\mathrm{d}x}{\mathrm{d}t} = v_x, \quad \frac{\mathrm{d}y}{\mathrm{d}t} = v_y, \quad \frac{\mathrm{d}z}{\mathrm{d}t} = v_z \tag{3-9}$$

故物理量 W 对时间的导数又可写成

$$\frac{\mathrm{d}W}{\mathrm{d}t} = v_x \frac{\partial W}{\partial x} + v_y \frac{\partial W}{\partial y} + v_z \frac{\partial W}{\partial z} + \frac{\partial W}{\partial t} \tag{3-10}$$

或

$$\frac{\mathrm{d}W}{\mathrm{d}t} = (\boldsymbol{v} \cdot \nabla) W + \frac{\partial W}{\partial t} \tag{3-11}$$

式中，$\nabla = \boldsymbol{i}\frac{\partial}{\partial x} + \boldsymbol{j}\frac{\partial}{\partial y} + \boldsymbol{k}\frac{\partial}{\partial z}$ 称为哈密顿（Hamilton）算子。它虽然具有矢量形式，但并非矢量，只是微分运算的一种符号。

质点的物理量 W 可以是压强、密度、温度，也可以是流体运动的加速度。因而根据式（3-10）可得

$$\frac{\mathrm{d}p}{\mathrm{d}t} = v_x \frac{\partial p}{\partial x} + v_y \frac{\partial p}{\partial y} + v_z \frac{\partial p}{\partial z} + \frac{\partial p}{\partial t} = (\boldsymbol{v} \cdot \nabla) p + \frac{\partial p}{\partial t} \tag{3-12}$$

$$\frac{\mathrm{d}\rho}{\mathrm{d}t} = v_x \frac{\partial \rho}{\partial x} + v_y \frac{\partial \rho}{\partial y} + v_z \frac{\partial \rho}{\partial z} + \frac{\partial \rho}{\partial t} = (\boldsymbol{v} \cdot \nabla) \rho + \frac{\partial \rho}{\partial t} \tag{3-13}$$

$$\left.\begin{aligned} a_x &= \frac{\mathrm{d}v_x}{\mathrm{d}t} = v_x \frac{\partial v_x}{\partial x} + v_y \frac{\partial v_x}{\partial y} + v_z \frac{\partial v_x}{\partial z} + \frac{\partial v_x}{\partial t} = (\boldsymbol{v} \cdot \nabla) v_x + \frac{\partial v_x}{\partial t} \\ a_y &= \frac{\mathrm{d}v_y}{\mathrm{d}t} = v_x \frac{\partial v_y}{\partial x} + v_y \frac{\partial v_y}{\partial y} + v_z \frac{\partial v_y}{\partial z} + \frac{\partial v_y}{\partial t} = (\boldsymbol{v} \cdot \nabla) v_y + \frac{\partial v_y}{\partial t} \\ a_z &= \frac{\mathrm{d}v_z}{\mathrm{d}t} = v_x \frac{\partial v_z}{\partial x} + v_y \frac{\partial v_z}{\partial y} + v_z \frac{\partial v_z}{\partial z} + \frac{\partial v_z}{\partial t} = (\boldsymbol{v} \cdot \nabla) v_z + \frac{\partial v_z}{\partial t} \end{aligned}\right\} \tag{3-14}$$

式（3-14）也可以写成

$$\boldsymbol{a} = \frac{\mathrm{d}\boldsymbol{v}}{\mathrm{d}t} = (\boldsymbol{v} \cdot \nabla) \boldsymbol{v} + \frac{\partial \boldsymbol{v}}{\partial t} \tag{3-15}$$

速度这个物理量的质点导数，实际上就是流体质点的加速度，因而用欧拉法描述流体运动时的质点加速度表达式即如式（3-14）或式（3-15）所示。从式（3-15）可见，流体质点的加速度 $\boldsymbol{a}$ 包括下列两部分：第一部分是 $\frac{\partial \boldsymbol{v}}{\partial t}$ 项，它表示流体质点没有空间变位时，在一固定点上速度对时间的变化率，它反映流场的非定常性，称为时变加速度、局部加速度或当地加速度；第二部分是 $(\boldsymbol{v} \cdot \nabla)\boldsymbol{v}$ 项，它表示流体质点所在的空间位置的变化而引起的速度变化率，代表质点经过 $\mathrm{d}t$ 时间处于不同位置时，物理量速度 $\boldsymbol{v}$ 对时间变化率，它反映流场的非均匀性，称为位变加速度或迁移加速度。

用类似的方法分析式（3-10）或式（3-11），则 $\frac{\mathrm{d}W}{\mathrm{d}t}$ 称为全导数或随体导数；$\frac{\partial W}{\partial t}$ 称为当地导数、局部导数或者时变导数；$(\boldsymbol{v} \cdot \nabla)W$ 称为迁移导数或位变导数。值得注意的是，位变导数 $v_x \frac{\partial W}{\partial x} + v_y \frac{\partial W}{\partial y} + v_z \frac{\partial W}{\partial z}$ 虽然与物理量 W 在空间的分布 $\left(\frac{\partial W}{\partial x}, \frac{\partial W}{\partial y}, \frac{\partial W}{\partial z}\right)$ 有关，但它并不就

是物理量 W 对坐标的导数 $\frac{\partial W}{\partial x}$、$\frac{\partial W}{\partial y}$、$\frac{\partial W}{\partial z}$。位变导数中的自变量仍然是时间 t，从式（3-8）等号右边的前三项可见位变导数仍然是物理量 W 对时间 t 求导，只不过不是直接求导，而是通过中间变量 x、y、z（亦即质点的位标）实行的对 t 的求导罢了。因而位变导数必然也是质点导数（即物理量 W 对时间的变化率）中的一个组成部分。

欧拉法着眼于不同瞬时物理量在空间上的分布而不关心个别质点的运动历程，这个借以观察流体运动的固定空间区域又称为控制体。控制体是相对于坐标系固定位置、有任意确定的形状的空间区域，控制体的表面也称为控制面，流体质点系可以按照自身运动规律穿越控制面自由出入于控制体。质点系相对于坐标系不但可以有位移，而且也可能有形变（压缩或膨胀），但是在运动过程中控制体相对于坐标系的位置与形状都是固定不变的。通俗地说，控制体类似于足球比赛的足球场，流体质点就好像是球场上运动的球员，不同时间以不同的速度位于球场某个位置，观众的目光只是锁定在球场内球员的表现，而不关心球员球场外的活动。比赛时，"球场"是不能"迁移"也不能"改建"的。

3.2 流体运动的基本概念

欧拉法是流体力学中特有的方法，为了充分运用这种方法，必须了解有关的一些基本概念。

3.2.1 定常流动和均匀流动

1. 定常流和均匀流

从定常流动和均匀流动可以体现流场有两种特例，一种是定常场，一种是均匀场。

流体运动过程中，若各空间点上对应的物理量不随时间而变化，则称此流动为定常流动或恒定流动，此时的流场称为定常场，反之为非定常流动或非恒定流动。也就是如果流场中的速度、压强、密度、温度等物理量的分布与时间 t 无关，式（3-10）中的时变导数为 0，即

$$\frac{\partial W}{\partial t} = \frac{\partial v}{\partial t} = \frac{\partial p}{\partial t} = \frac{\partial \rho}{\partial t} = \frac{\partial T}{\partial t} = \cdots = 0 \tag{3-16}$$

此时物理量具有对时间的不变性，速度、密度、压强等参数只是空间点坐标的函数，即

$$\left. \begin{array}{l} v = v(x,y,z) \\ \rho = \rho(x,y,z) \\ p = p(x,y,z) \end{array} \right\} \tag{3-17}$$

在工程上，常常遇到定常流动，比如依靠水泵输水的系统，当水泵的工况稳定后，管中的流动就是定常流动。又如水箱出流，如果不断向水箱中补水保持自由表面高度不变，则出流为定常流动；如果不向水箱中补水，而将水箱中的水放空，则出流为非定常流动。

定常流动与非定常流动是相对的，这和坐标系的建立相关。一般来说，定常流动研究起来比较方便，而研究非定常流动时必须考虑流动随时间的变化，所以较为烦琐。比如，研究汽车和飞机等移动物体周围的流动时，若从图 3-3a 所示的空间中固定的静止坐标系 (x,y,z) 中来观察，其流动为非定常，分析起来稍嫌烦琐。但是，同样的流动若从以与物

体相同速度移动的坐标系（ξ，η，ζ）上观察，如图 3-3b 所示，流动就可看作为定常的，因而方便进行数值分析。基于此目的，常常不用静止坐标系而是采用和物体以相同速度运动的移动坐标系。在实际应用中，可采用不同的坐标系，但最后流体力学方程式的解是相同的。移动坐标和静止坐标之间存在如下关系：

$$\xi = x - Ut, \quad \eta = y, \quad \zeta = z \qquad (3\text{-}18)$$

流体运动过程中，若所有物理量皆不依赖于空间坐标，则称此流动为均匀流动，此时的流场称为均匀场，反之为非均匀流动。此时物理量具有对空间的不变性，流场中的速度、压强、密度、温度等物理量均与空间坐标无关，即

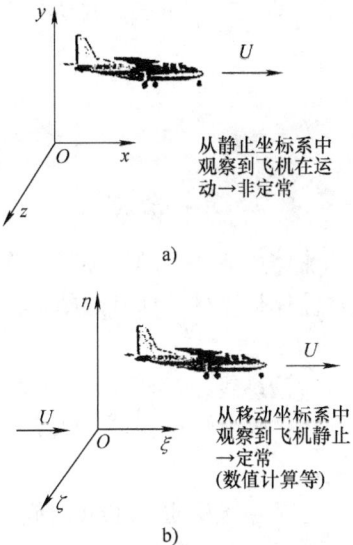

a)

b)

图 3-3　静止坐标系与移动坐标系

$$\frac{\partial W}{\partial x} = \frac{\partial W}{\partial y} = \frac{\partial W}{\partial z} = \frac{\partial v}{\partial x} = \frac{\partial v}{\partial y} = \frac{\partial v}{\partial z} = \frac{\partial p}{\partial x} = \frac{\partial p}{\partial y} = \frac{\partial p}{\partial z} = \cdots = 0$$

$$(3\text{-}19)$$

现用图 3-4 所示的简例加以说明。装在水箱中的水经过水箱底部的一段等径管路 AB 及变径喷嘴 BC 向外流动。假如我们只讨论管中断面上的平均速度 v 而不研究断面上的速度分布。那么断面平均流动参数，除时间变量外，就只随一个空间变量 s（即沿管轴线方向的自然坐标）变化：$v = v(s,t)$，这种流动通称为一维（或一元）流动。对于一维流动来说，如果箱中水位保持恒定，则整个管流成为定常流 $v = v(s)$，AB 段是定常均匀流，BC 段是定常非均匀流。质点从 A 流向 B 时即没有时变加速度也没有位变加速度；质点从 B 流向 C 时虽然没有时变加速度，但是却有位变加速度。

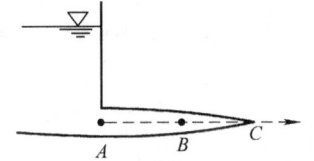

图 3-4　定常流与均匀流

如果箱中水位不保持恒定，则整个管路成为非定常流。AB 段是非定常均匀流，BC 段是非定常非均匀流。质点从 A 流向 B 时虽然没有位变加速度，但是却有时变加速度；质点从 B 流向 C 时既有位变加速度又有时变加速度。

2. 一维、二维和三维流动

在描述流动的欧拉法中，任一流动参数 W 是时间和 3 个空间坐标共 4 个变量的函数，即 $W = W(x,y,z,t)$，但是在有些情况下，流动参数可能只与 4 个变量中的部分参数有关，这样就可以根据流动参数与哪些变量有关将流动进行分类。

根据流动参数与哪些空间坐标有关，将流动分为一维、二维和三维流动。如果流动参数与 3 个空间坐标有关，即 $W = W(x,y,z,t)$，则称其为三维流动（或三元流动），比如大气层中风的流动。三维流动是最一般的流动。如果流动参数与两个空间坐标有关，即 $W = W(x,y,t)$，则称其为二维流动（或二元流动）。二维流动是平面流动，比如将流体绕过圆柱的流动假想为绕过无限长圆柱的流动时就是二维流动。如果流动参数只与一个空间坐标有关，即 $W = W(x,t)$ 则称其为一维流动（或一元流动）。一般的工程应用中通常假定有压管道流动，如自来水管道中的水流，为沿管道轴线的一维流动。实际自然界中绝大多数流动都是三维流动。

一维、二维和三维流动的速度场可分别表示为

$$\boldsymbol{v} = v_x(x,t)\boldsymbol{i} \tag{3-20}$$

$$\boldsymbol{v} = v_x(x,y,t)\boldsymbol{i} + v_y(x,y,t)\boldsymbol{j} \tag{3-21}$$

$$\boldsymbol{v} = v_x(x,y,z,t)\boldsymbol{i} + v_y(x,y,z,t)\boldsymbol{j} + v_z(x,y,z,t)\boldsymbol{k} \tag{3-22}$$

3.2.2 迹线与流线

流体质点的运动轨迹叫作迹线，迹线是拉格朗日法描述流体运动的几何基础，而欧拉法描述流体运动的几何基础则是流线。

1. 迹线

所谓迹线，就是流体质点在运动时的轨迹线。在以拉格朗日法研究运动时，即给出流体质点的迹线方程（3-1）。当方程（3-1）中 a、b、c 为常数时，则得到某一流体质点的运动迹线。

设某一流体质点在 $\mathrm{d}t$ 时间内沿迹线运动了 $\mathrm{d}s$ 弧长，$\mathrm{d}s$ 在坐标轴上投影为 $\mathrm{d}x$、$\mathrm{d}y$、$\mathrm{d}z$，显然 $\mathrm{d}x = v_x\mathrm{d}t$，$\mathrm{d}y = v_y\mathrm{d}t$，$\mathrm{d}z = v_z\mathrm{d}t$，由此得迹线的微分方程为

$$\frac{\mathrm{d}x}{v_x} = \frac{\mathrm{d}y}{v_y} = \frac{\mathrm{d}z}{v_z} = \mathrm{d}t \tag{3-23}$$

或

$$\frac{\mathrm{d}x}{v_x(x,y,z,t)} = \frac{\mathrm{d}y}{v_y(x,y,z,t)} = \frac{\mathrm{d}z}{v_z(x,y,z,t)} = \mathrm{d}t \tag{3-24}$$

这是由三个常微分方程组成的方程组，其中 t 为独立变量。x，y，z 是时间 t 的函数。

2. 流线

如图 3-5 所示，在 $\boldsymbol{v} = \boldsymbol{v}(x,y,z,t)$ 的流速场中，任取 1 点绘出 t 时刻 1 点的速度矢量 $\boldsymbol{v}_1$，在 $\boldsymbol{v}_1$ 矢量线上取与 1 点相距极近的 2 点，绘出同一瞬时 2 点的速度矢量 $\boldsymbol{v}_2$，再在 $\boldsymbol{v}_2$ 矢量线上取与 2 点相距极近的 3 点，绘出同一瞬时 3 点的速度矢量 $\boldsymbol{v}_3$，依次类推，就可以得出 1234……这样一条折线，如果所取各点的距离无限缩短，则这条折线就变成一条光滑曲线，这就是 t 时刻从 1 点出发的一条流线。于是可得出流线

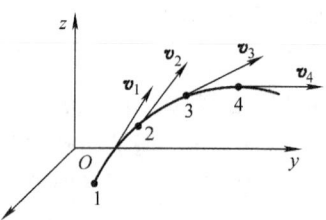

图 3-5　流线

的定义是：流线是流场中的瞬时光滑曲线，曲线上各点的切线方向与该点的瞬时速度方向一致。

设某一点上的质点瞬时速度为

$$\boldsymbol{v} = v_x\boldsymbol{i} + v_y\boldsymbol{j} + v_z\boldsymbol{k} \tag{3-25}$$

流线上的微元线段矢量为

$$\mathrm{d}\boldsymbol{s} = \mathrm{d}x\boldsymbol{i} + \mathrm{d}y\boldsymbol{j} + \mathrm{d}z\boldsymbol{k} \tag{3-26}$$

根据流线定义，这两个矢量方向一致，矢量积为零，于是可得出流线的矢量表示法为

$$\boldsymbol{v} \times \mathrm{d}\boldsymbol{s} = \begin{vmatrix} \boldsymbol{i} & \boldsymbol{j} & \boldsymbol{k} \\ v_x & v_y & v_z \\ \mathrm{d}x & \mathrm{d}y & \mathrm{d}z \end{vmatrix} = 0 \tag{3-27}$$

写成投影形式，则

$$\frac{\mathrm{d}x}{v_x(x,y,z,t)} = \frac{\mathrm{d}y}{v_y(x,y,z,t)} = \frac{\mathrm{d}z}{v_z(x,y,z,t)} \tag{3-28}$$

这就是最常用的流线微分方程式。

流线和迹线是两条具有不同内容和意义的曲线,所以在一般情况下流线与迹线并不重合。定常流动中流线形状不随时间变化,而且流体质点的轨迹与流线重合。因为定常流动中速度与时间无关,因而代表速度方向的流线形状也必然与时间无关。此时迹线方程可写成

$$\mathrm{d}x = v_x(x,y,z)\,\mathrm{d}t, \mathrm{d}y = v_y(x,y,z)\,\mathrm{d}t, \mathrm{d}z = v_z(x,y,z)\,\mathrm{d}t$$

将第一式中的 $\mathrm{d}t$ 以第二式代替,得

$$\mathrm{d}x = v_x(x,y,z)\frac{\mathrm{d}y}{v_y(x,y,z)}$$

同样

$$\mathrm{d}x = v_x(x,y,z)\frac{\mathrm{d}z}{v_z(x,y,z)}$$

在上述两式中没有 t 出现,因此可积分。整理后得

$$\frac{\mathrm{d}x}{v_x(x,y,z)} = \frac{\mathrm{d}y}{v_y(x,y,z)} = \frac{\mathrm{d}z}{v_z(x,y,z)}$$

此迹线方程与定常的流线方程作比较,可以看到流线方程与迹线方程完全相同,即定常流动时,流线与迹线重合。

要注意的是:同一个流动的迹线和流线,在参考坐标系改变的时候,外观完全不同。例如,一个小舢板以等速度 v 在湖中做直线运动,观察者(或者参考系)设在岸边,观察到的流线如图 3-6a 所示;观察者(或者参考系)随小舢板一起运动,此时对观察者来说,小舢板与之相对静止,而流体绕小舢板流过,这时所观察到的流线为图 3-6b 所示的流线,这两者是不同的。第一种情况流线随时间而改变,即为不定常运动;第二种情况流线不随时间改变,即可作为定常运动的情况来研究。从这里可以受到启发:任何物体在静止流体中做等速运动情况都可以应用上述坐标系的转换(或称运动转换)原则进行研究。经过坐标转换,可将不定常运动转换为定常运动,两者之相对速度以及作用力是完全相同的。

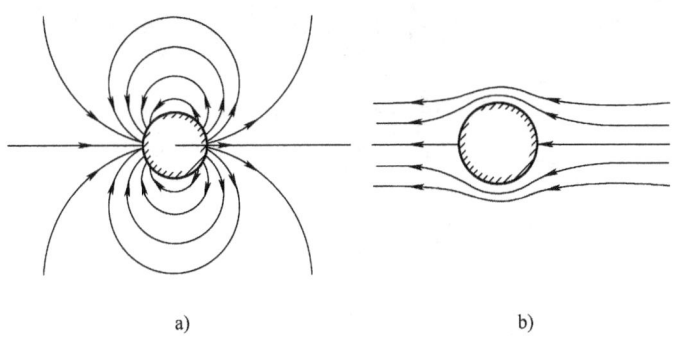

a)   b)

图 3-6 相对运动流线

实际流场中除驻点和奇点外,流线不能相交,不能突然转折。因为实际存在的流场中除驻点和奇点外,一点处的质点瞬时速度只可能有一个唯一的方向和大小。如果流线相交或者突然折转,则在交点和折转点上必然出现不同方向的瞬时速度,这违背一点上瞬时速度的唯

一性。

驻点和奇点是两种例外，例如气流绕尖头直尾的物体流动时，其流线谱如图 3-7a 所示，物体的前缘点 A 就是一个实际存在的驻点，驻点上流线是相交的，这是因为驻点速度为 0 的缘故。图 3-7b 为奇点，流体沿射线从 B 点流出或者向 B 点流入的流动称为源或汇，B 点是速度趋向无穷的奇点，奇点处流线也是相交的。不过需要指出的是，实际流动中不可能出现无穷大的速度，因而奇点（或源与汇）只是一种抽象的理论模型。

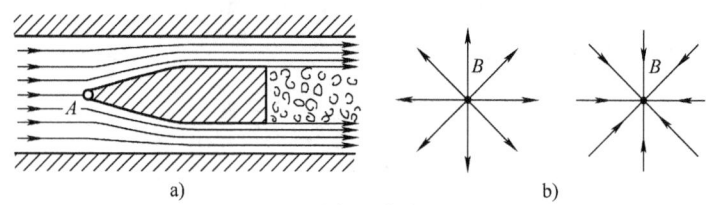

a)   b)

图 3-7   驻点和奇点流线谱

a）驻点   b）奇点

流线不能突然折转，因而在图 3-7a 的物体尾部，必然有一部分流体不能参与主流方向的运动，而被主流带动产生旋涡，由此消耗了主流的能量，或者增大了运动物体的阻力。如果将物体平直的尾部改成圆滑的"流线型"形状，则可以减小尾部的旋涡，改善运动物体的动力性能，所谓"流线型"就是适应流线不能突然折转而采取的减少阻力的措施。

发展中的激光测速或 PIV（三维粒子图像场仪）"流场可视化"技术，在水流中均匀投入适量的轻金属粉末，同时采用适当曝光时间拍摄照片，则许多依次首尾相连的短线就组成流场中的流线谱，由此可以清楚地看到流场中各点的瞬时速度方向。科学实验手段的提高，使流线已不是看不见摸不着的抽象概念。

例 3-1   已知流场的速度分布为 $v_x = 4x^3 + 2y + xy$，$v_y = 3x - y^3 + z$，$v_z = 0$，试问：

（1）该流场属几维流动？（2）求点（2，2，3）处的加速度。

解：（1）因为 $\dfrac{\partial v_x}{\partial z} = 0$，$\dfrac{\partial v_y}{\partial z} = 1 \neq 0$，所以该流场均属三维流动。

（2）由欧拉法描述流场的加速度计算公式有

$$a_x = \frac{\partial v_x}{\partial t} + v_x \frac{\partial v_x}{\partial x} + v_y \frac{\partial v_x}{\partial y} + v_z \frac{\partial v_x}{\partial z} = (4x^3 + 2y + xy)(12x^2 + y) + (3x - y^3 + z)(2 + x)$$

$$a_y = \frac{\partial v_y}{\partial t} + v_x \frac{\partial v_y}{\partial x} + v_y \frac{\partial v_y}{\partial y} + v_z \frac{\partial v_y}{\partial z} = (4x^3 + 2y + xy) \times 3 + (3x - y^3 + z) \times (-3y^2)$$

$$a_z = \frac{\partial v_z}{\partial t} + v_x \frac{\partial v_z}{\partial x} + v_y \frac{\partial v_z}{\partial y} + v_z \frac{\partial v_z}{\partial z} = 0$$

所以过点（2，2，3）时，代入数据得，

$$\begin{cases} a_x \big|_{(2,2,3)} = (40 \times 50 + 1 \times 4)\,\mathrm{m/s^2} = 2004\,\mathrm{m/s^2} \\ a_y \big|_{(2,2,3)} = (40 \times 3 + 1 \times (-12))\,\mathrm{m/s^2} = 108\,\mathrm{m/s^2} \\ a_z \big|_{(2,2,3)} = 0 \end{cases}$$

例 3-2   已知速度场 $v_x = a$，$v_y = bt$，$v_z = 0$。试求：（1）流线方程及 $t = 0$，$t = 1\mathrm{s}$，$t = 2\mathrm{s}$ 时的流线图；（2）迹线方程及 $t = 0$ 时过（0，0）点的迹线。

解：（1）由流线的微分方程式得

$$\frac{\mathrm{d}x}{a} = \frac{\mathrm{d}y}{bt}$$

式中，t 是参变量。积分得

$$ay = btx + C$$

或

$$y = (bt/a)x + C$$

所得流线方程是直线方程，不同时刻（$t=0$，$t=1s$，$t=2s$）的流线图是三组不同斜率的直线簇，如图 3-8 所示。

（2）迹线的微分方程式为

$$\frac{dx}{a} = \frac{dy}{bt} = dt$$

即

$$dx = adt, \quad dy = btdt$$

式中，t 是自变量。积分得

$$\begin{cases} x = at + C_1 \\ y = b\dfrac{t^2}{2} + C_2 \end{cases}$$

由 $t=0$，$x=0$，$y=0$，确定积分常数 $C_1=0$，$C_2=0$，消去时间变量 t，得 $t=0$ 时，过（0，0）点的迹线方程为

$$y = \frac{b}{2a^2}x^2$$

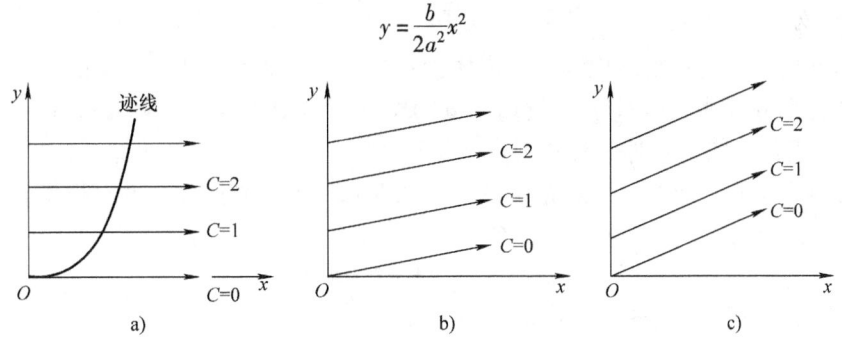

图 3-8 例 3-2 附图

a）$t=0$ 时流线图及 $t=0$ 过(0, 0)点迹线 b）$t=1$ 时流线图 c）$t=2$ 时流线图

此迹线是抛物线。本题 v_y 是时间 t 的函数，流动是非定常流，流线和迹线不重合，如图 3-8a 所示。

3.2.3 流管、流束、过流断面和流量

1. 流管与流束

在流场中任意取出一个有流体从中通过的封闭曲线 c，如图 3-9 所示，过封闭曲线上的每个点作适当长度的流线，这无数流线组成的曲面为流面，这个管状曲面通常称为流管，流管内部的全部流体叫作流束。

流束可大可小，如果封闭曲线取在管道内壁周线上，则流束就是充满管道内部的全部流体，这种情况通常称为总流。如果封闭曲线取得极小，甚至缩为一点，则极限近于一条流线的流束叫作微团流束。流束无论大小，它总是由流体组成的，因而它有体积、有质量、有动能、有动量。而流管和流线则只是一种几何上的面和线，它们只有几何形状而没有任何体积和质量。

流管连同两侧的断面组成一个流管控制体，而流束则是流体质点系。因为流管是由无数流线组成的，流线不能相交，故而不会有流体穿越流管表面。流束与其他流体的质量交换只

能通过流管或流束的两个断面来完成。与速度方向相互垂直的断面称为过流断面。流束上流线互相平行时过流断面是平面；流线不平行时，过流断面是曲面，如图 3-10 所示。

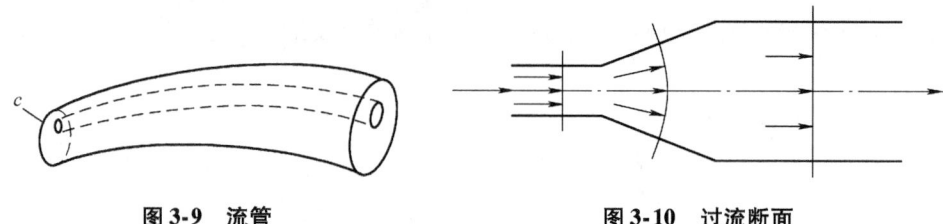

图 3-9　流管　　　　　　　　　　图 3-10　过流断面

如果流管的管状流面部分或全部取在固壁上，这整股流体称为总流，它是微元流束的总和。例如，河流、水渠水管中的水流及风管中的气流等都是总流。有限大过流断面的总流可以看作是由无数并列的微团流束所组成的，因而可以在总流中取出微团流束作为流动的基本单元，运用一元函数的简单分析方法很容易得出流动参数沿流束的变化规律。然后通过在总流过流断面上的积分，就可以得到总流流量。

2. 流量

单位时间内流体通过某一控制面的流体量称为流量。流体量可以用体积、质量表示，其相应的流量分别称为体积流量 q_v、质量流量 q_m。流量不是矢量，它的单位是 m^3/s、m^3/h、L/min、kg/s 等，不加说明时一般常用体积流量。

如果控制面不是过流断面，通常可用速度矢量 v 与控制面上的微团面积矢量 dA 的数量积表达流量。微元流量为

$$dq_v = v \cdot dA = v \cdot n dA \tag{3-29}$$

式中，n 为微团面积矢量外法线方向的单位矢量。

整个平面截面上的流量为

$$q_v = \int_A v \cdot dA = \int_A v \cdot n dA \tag{3-30}$$

整个曲面截面上的流量为

$$q_v = \iint_A v \cdot dA = \iint_A v \cdot n dA \tag{3-31}$$

如果控制面是过流断面（不论平面或曲面），由于速度方向与面积垂直，故其流量表达式如下：

在微团流束上

$$dq_v = v dA \tag{3-32}$$

在平面截面上

$$q_v = \int_A v dA = vA \tag{3-33}$$

在曲面截面上

$$q_v = \iint_A v dA = vA \tag{3-34}$$

从流量公式上看到，要想求得总流过流断面上的流量，必须知道速度在过流断面上的分

布规律。由于黏性摩擦及质点互相混杂等实际因素的影响，即使在简单的管道流动中，流体速度分布规律$v = v(r)$呈抛物线等多种形式，有时也不容易确定的。

工程计算常采取一种简单化的方式，不管速度分布如何，只要用实验测出过流断面的流量q_v，再除以过流断面面积A，则所得到的一个平均值

$$\bar{v} = \frac{q_v}{A} \tag{3-35}$$

就叫作过流断面上的平均速度，也称为管中平均速度。

例 3-3 多级高压泵提供给水力提升机的工作量$q_v = 38.5 \text{m}^3/\text{h}$，若供水管内径$d = 100\text{mm}$，试计算流体的平均流速，并将体积流量换算成质量流量。

解：计算平均流速

$$v = \frac{q_v}{A} = \frac{4 \times 38.5}{\pi \times 0.1^2 \times 3600}\text{m/s} = 1.36\text{m/s}$$

计算质量流量

$$q_m = \rho q_v = \left(1000 \times \frac{38.5}{3600}\right)\text{kg/s} = 10.69\text{kg/s}$$

例 3-4 已知速度场$v_x = ax$，$v_y = -ay$，$v_z = 0$，其中$y \geq 0$，a为常数。试求：（1）流线方程；（2）迹线方程。

解：由$v_z = 0$及$y \geq 0$可知，流动限于Oxy平面的上半平面。

（1）由流线的微分方程式得

$$\frac{\mathrm{d}x}{ax} = \frac{\mathrm{d}y}{-ay}$$

积分得
$$\ln x = -\ln y + \ln c_1$$
$$xy = c_2$$

式中，c_1，c_2为常数，由流线方程知流线是一簇等轴双曲线。

流线的走向由速度场给出，可取流线上任一点的速度方向来判定。已知速度场$v_x = ax$，$v_y = -ay$：在第一象限（$x > 0$，$y > 0$），$v_x > 0$朝x轴正方向，$v_y < 0$朝y轴负方向；在第二象限（$x < 0$，$y > 0$），$v_x < 0$朝x轴负方向，$v_y < 0$朝y轴负方向；在y轴上（$x = 0$，$y > 0$），$v_x = 0$，$v_y < 0$朝y轴负方向，指向O点。根据以上分析，按流线方程$xy = c_2$，便可绘出如图 3-11 所示的流线图。

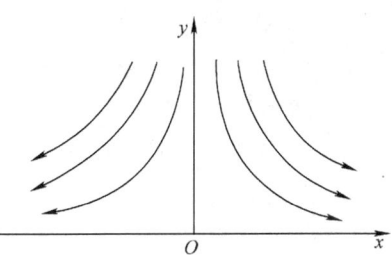

图 3-11 例 3-4 附图

如将x轴看成平板，该流线图表示均匀平行流动受平板阻挡时，驻点附近的流动图形。

（2）由迹线的微分方程式得

$$\frac{\mathrm{d}x}{ax} = \frac{\mathrm{d}y}{-ay} = \mathrm{d}t$$

积分得迹线方程为

$$\begin{cases} x = c_1 \exp(at) \\ y = c_2 \exp(-at) \end{cases}$$

改写上式
$$xy = c_1 c_2 \exp(at - at) = c_1 c_2 = c$$

与流线方程相同，表明定常流动流线和迹线在几何上一致，两者相重合。

例 3-5 已知速度场$\boldsymbol{v} = (4y - 6x)t\boldsymbol{i} + (6y - 9x)t\boldsymbol{j}$。试问：（1）$t = 2\text{s}$时，在（2，4）点的加速度是多

少? (2) 流动是定常流还是非定常流? (3) 流动是均匀流还是非均匀流?

解: (1)

$$a_x = \frac{\mathrm{d}v_x}{\mathrm{d}t} = \frac{\partial v_x}{\partial t} + v_x\frac{\partial v_x}{\partial x} + v_y\frac{\partial v_x}{\partial y} = (4y-6x) + (4y-6x)t(-6t) + (6y-9x)t(4t)$$

$$= (4y-6x)(1-6t^2+6t^2)$$

以 $t=2\mathrm{s}$, $x=2$, $y=4$, 代入上式, 得

$$a_x = 4\mathrm{m/s^2}$$

同理得

$$a_y = 6\mathrm{m/s^2}$$

故

$$a = \sqrt{a_x^2 + a_y^2} = 7.21\mathrm{m/s^2}$$

(2) 因速度场随时间变化, 或由时变导数

$$\frac{\partial \boldsymbol{v}}{\partial t} = \frac{\partial v_x}{\partial t}\boldsymbol{i} + \frac{\partial v_y}{\partial t}\boldsymbol{j} = (4y-6x)\boldsymbol{i} + (6y-9x)\boldsymbol{j} \neq 0$$

此流动为非定常流。

(3) 由位变导数计算式

$$(\boldsymbol{v}\cdot\nabla)\boldsymbol{v} = \left(v_x\frac{\partial v_x}{\partial x} + v_y\frac{\partial v_x}{\partial y}\right)\boldsymbol{i} + \left(v_x\frac{\partial v_y}{\partial x} + v_y\frac{\partial v_y}{\partial y}\right)\boldsymbol{j} = 0$$

则此流动为均匀流。

3.3 连续性方程

连续性方程是质量守恒定律在流体力学中的应用所得出的表达式。

3.3.1 连续性方程推导

在流场中取任意形状的一个封闭曲面所围成的控制体, 如图 3-12 所示, 设其体积为 τ, 其表面积为 A, $\boldsymbol{n}$ 为微元面积矢量 $\mathrm{d}A$ 外法线方向上的单位矢量。任何瞬时连续充满于控制体内的流体质量可以用微元质量 $\rho\mathrm{d}\tau$ 在控制体范围内的体积积分表示为 $\iiint\limits_{\tau}\rho\mathrm{d}\tau$。

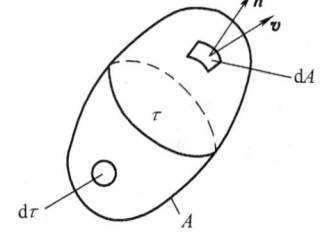

图 3-12　流场中的控制体

在流体穿越控制面的流动过程中, 经过单位时间, 假如控制体内的流体质量发生了变化, 则其对时间的变化率, 或者说是单位时间内的变化量应当记为 $\frac{\partial}{\partial t}\left(\iiint\limits_{\tau}\rho\mathrm{d}\tau\right)$ (此处采用偏微分符号的原因是, 控制体位置和形状相对于坐标系是固定不变的)。

什么情况下控制体内的质量才能发生变化? 如果变化其变化率又是多少? 根据质量守恒定律, 控制体内的质量不能无缘无故地自然生成或消失, 影响质量的变化的唯一因素就是经过控制面的流动。在单位时间内, 如果流入控制体的质量大于从控制体流出的质量, 即净质量流量 $\oiint\limits_{A}\rho\boldsymbol{v}\cdot\mathrm{d}A < 0$, 则控制体内的质量必然增加, $\frac{\partial}{\partial t}\iiint\limits_{\tau}\rho\mathrm{d}\tau > 0$; 相反, 如果流入的质量流量小于流出的质量流量, $\oiint\limits_{A}\rho\boldsymbol{v}\cdot\mathrm{d}A > 0$, 则控制体内的质量必然减少, $\frac{\partial}{\partial t}\iiint\limits_{\tau}\rho\mathrm{d}\tau < 0$。

质量守恒定律不但能定性地说明控制体质量变化的原因，而且能定量地表达控制体中质量变化的大小。因为在控制体中质量不生不灭，要保持其中的流体呈连续状态而不出现任何空隙，则控制体中流体质量对时间的变化率与流经全部控制面的净质量流量在数值上必须完全相等。换句话说就是，控制体中的质量增加量必然就是同一时间内流入与流出的质量差。反之，其中的质量减小量必然就是流出与流入的质量差。如果控制体中质量不变，则必然是在同一时间内流入与流出的质量相等。因而有

$$\oiint_A \rho \boldsymbol{v} \cdot \mathrm{d}\boldsymbol{A} = -\frac{\partial}{\partial t} \iiint_\tau \rho \mathrm{d}\tau$$

或

$$\oiint_A \rho \boldsymbol{v} \cdot \mathrm{d}\boldsymbol{A} + \frac{\partial}{\partial t} \iiint_\tau \rho \mathrm{d}\tau = 0 \tag{3-36}$$

这就是根据质量守恒定律、保持流体呈连续流动状态而得到的所谓连续方程式。它是一切流体运动所必须遵循的一项普遍原则，有下面两种简化的特例。

在定常流动中，流场任何空间点处的密度均不随时间变化，因而整个控制体中的质量也不随时间变化，$\frac{\partial}{\partial t} \iiint_\tau \rho \mathrm{d}\tau = 0$，于是式（3-36）简化为

$$\oiint_A \rho \boldsymbol{v} \cdot \mathrm{d}\boldsymbol{A} = 0 \tag{3-37}$$

这就是定常流动的连续性方程，它既适用于可压缩的定常流动，也适用于不可压缩的定常流动。式（3-37）说明：定常流动中，从控制体流出的质量流量恒等于流入控制体的质量流量。

若流体不可压缩流动，则其密度不但不随空间变化，而且也不随时间变化，于是从式（3-36）可得

$$\rho \left(\oiint_A \boldsymbol{v} \cdot \mathrm{d}\boldsymbol{A} + \frac{\partial}{\partial t} \iiint_\tau \mathrm{d}\tau \right) = 0$$

$\iiint_\tau \mathrm{d}\tau = \tau$，而控制体的位置、形状和体积在流动的过程相对于坐标系不变，故 $\frac{\partial \tau}{\partial t} = 0$，又 $\rho \neq 0$，于是最后得

$$\oiint_A \boldsymbol{v} \cdot \mathrm{d}\boldsymbol{A} = 0 \tag{3-38}$$

这就是不可压缩流体的连续方程式，它既适用于不可压缩的定常流动也适用于不可压缩的非定常流动。式（3-38）说明：不可压缩流体流动时任何瞬时流入控制体的流量均等于同一瞬时从控制体流出的流量。

上面一组公式中所包含的曲面积分，在工程计算常用的流管控制体及微团六面体控制体中都很容易化简，从而得到的下面两组连续方程式则更具有实用价值。

3.3.2 连续性方程简化形式

在流体中取一流管，如图 3-13 所示，微小流束是一维流动，即使有固定边界的总流，如果一切流动参数均以过流断面上的平均值计算，它也可以看作是一维流动。在一维流动的

整个封闭控制表面中，只有两个过流断面是有流体通过的。因为出口过流断面的面积矢 $\mathrm{d}\boldsymbol{A}_2$ 与速度矢 $\boldsymbol{v}_2$ 方向一致，而进口过流断面的 $\mathrm{d}\boldsymbol{A}_1$ 与 $\boldsymbol{v}_1$ 方向相反，故由式（3-37）可得

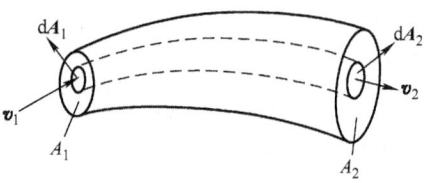

$$\oiint_A \rho\boldsymbol{v}\cdot\mathrm{d}\boldsymbol{A} = \int_{A_2}\rho v_2\mathrm{d}A_2 - \int_{A_1}\rho v_1\mathrm{d}A_1 = \rho_2\,\bar{v}_2 A_2 - \rho_1\,\bar{v}_1 A_1 = 0$$

图 3-13　一维管流

故一维定常流动的连续方程式是

$$\rho_1\,\bar{v}_1 A_1 = \rho_2\,\bar{v}_2 A_2 \tag{3-39}$$

同理，由式（3-38）一维不可压缩流动的连续方程式为

$$\bar{v}_1 A_1 = \bar{v}_2 A_2 \tag{3-40}$$

式（3-39）、式（3-40）中的 ρ_1、$\bar{v}_1$、ρ_2、$\bar{v}_2$ 均是过流断面上的平均值。

根据高斯定理可知，若在闭区域之中，被积函数连续并一阶可导，可将式（3-36）中的两项分别改写。首先将对面积的曲面积分 $\oiint_A\rho\boldsymbol{v}\cdot\mathrm{d}\boldsymbol{A}$ 化为对坐标的曲面积分，然后再化为三重积分即得

$$\oiint_A\rho\boldsymbol{v}\cdot\mathrm{d}\boldsymbol{A} = \oiint_A(\rho v_x\mathrm{d}y\mathrm{d}z + \rho v_y\mathrm{d}x\mathrm{d}z + \rho v_z\mathrm{d}x\mathrm{d}y) = \iiint_\tau\left[\frac{\partial(\rho v_x)}{\partial x} + \frac{\partial(\rho v_y)}{\partial y} + \frac{\partial(\rho v_z)}{\partial z}\right]\mathrm{d}x\mathrm{d}y\mathrm{d}z$$

$$\tag{3-41}$$

其次根据控制体与时间无关的特性，将 $\dfrac{\partial}{\partial t}\iiint_\tau\rho\mathrm{d}\tau$ 先对控制体积积分后对时间微分的次序颠倒，则得

$$\frac{\partial}{\partial t}\iiint_\tau\rho\mathrm{d}\tau = \iiint_\tau\frac{\partial}{\partial t}(\rho\mathrm{d}\tau) = \iiint_\tau\frac{\partial\rho}{\partial t}\mathrm{d}\tau = \iiint_\tau\frac{\partial\rho}{\partial t}\mathrm{d}x\mathrm{d}y\mathrm{d}z \tag{3-42}$$

将式（3-41）与（3-42）代回式（3-36）中即得

$$\iiint_\tau\left[\frac{\partial(\rho v_x)}{\partial x} + \frac{\partial(\rho v_y)}{\partial y} + \frac{\partial(\rho v_z)}{\partial z} + \frac{\partial\rho}{\partial t}\right]\mathrm{d}x\mathrm{d}y\mathrm{d}z = 0$$

积分区域 τ 即控制体体积，在流场中是任取的，积分为零则必有被积函数在流场中处处为零，故

$$\frac{\partial(\rho v_x)}{\partial x} + \frac{\partial(\rho v_y)}{\partial y} + \frac{\partial(\rho v_z)}{\partial z} + \frac{\partial\rho}{\partial t} = 0 \tag{3-43}$$

这就是直角坐标系中的三维流动连续方程式。

对于定常流动简化为

$$\frac{\partial(\rho v_x)}{\partial x} + \frac{\partial(\rho v_y)}{\partial y} + \frac{\partial(\rho v_z)}{\partial z} = 0 \tag{3-44}$$

对于不可压缩流动简化为

$$\frac{\partial v_x}{\partial x} + \frac{\partial v_y}{\partial y} + \frac{\partial v_z}{\partial z} = 0 \tag{3-45}$$

在以上三个方程式中，如果取消等号左端的第三项，则成为直角坐标系中的二维流动（也称平面流动）的连续方程式。

例3-6 已知速度场 $v_x = cx^2yz$，$v_y = y^2z - cxy^2z$，其中 c 为常数。试求坐标 z 方向的速度分量 v_z。

解： 此流动为不可压缩流体三维流动

$$\frac{\partial v_x}{\partial x} = 2cxyz$$

$$\frac{\partial v_y}{\partial y} = 2yz - 2cxyz$$

由不可压缩流体连续性微分方程式得

$$\frac{\partial v_z}{\partial z} = -\left(\frac{\partial v_x}{\partial x} + \frac{\partial v_y}{\partial y}\right) = -2yz$$

积分上式，则

$$v_z = -yz^2 + f(x,y)$$

式中，$f(x,y)$ 是 x、y 的任意函数。满足连续性微分方程的 v_z 可有无数个，最简单的情况取 $f(x,y) = 0$，即 $v_z = -yz^2$。

例3-7 如图3-14所示输水管经三通管分流。已知管径 $d_1 = d_2 =$ 200mm，$d_3 = 100$mm，断面平均流速 $v_1 = 3$m/s，$v_2 = 2$m/s，试求断面平均流速 v_3。

解： 流入和流出三通管的流量相等，即

$$q_{v1} = q_{v2} + q_{v3}$$

$$v_1 A_1 = v_2 A_2 + v_3 A_3$$

$$v_3 = (v_1 - v_2)\left(\frac{d_1}{d_3}\right)^2 = 4\text{m/s}$$

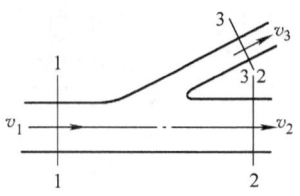

图3-14 例3-7附图

例3-8 写出下列特殊情况的连续性微分方程：（1）yz 平面的定常可压缩流体；（2）在 xz 平面上的非定常不可压缩流体；（3）仅在 y 方向的非定常可压缩流体；（4）在平面极坐标上的定常可压缩流体。

解：（1）$\dfrac{\partial(\rho v_y)}{\partial y} + \dfrac{\partial(\rho v_z)}{\partial z} = 0$

（2）$\dfrac{\partial v_x}{\partial x} + \dfrac{\partial v_z}{\partial z} + \dfrac{\partial \rho}{\partial t} = 0$

（3）$\dfrac{\partial(\rho v_y)}{\partial y} + \dfrac{\partial \rho}{\partial t} = 0$

（4）$\dfrac{1}{r}\dfrac{\partial(\rho r v_r)}{\partial r} + \dfrac{1}{r}\dfrac{\partial(\rho v_\theta)}{\partial \theta} = 0$　或　$\dfrac{\partial(\rho r v_r)}{\partial r} + \dfrac{\partial(\rho v_\theta)}{\partial \theta} = 0$

3.4 黏性流体的两种流动状态

实际流体都是有黏性的流体，在不同的初始和边界条件下，黏性流体质点的运动会出现两种不同的流动状态，一种是所有流体质点做定向有规则的运动，称为层流状态；另一种是做无规则不定向的混杂运动，称为湍流或紊流。最早是英国物理学家雷诺（Reynolds）在1883年用实验来证明了两种流态的存在，确定了流态的判定方法。

3.4.1 雷诺实验

雷诺实验揭示了重要的流体流动机理，即根据流速的大小，流体有两种不同的形态。当流体流速较小时，流体质点只沿流动方向做一维的运动，与其周围的流体间无宏观的混合，

即呈现分层流动这种流体状态。流体流速增大到某个值后，流体质点除流动方向上的流动外，还向其他方向做随机的运动，即存在流体质点的不规则脉动，呈现紊乱的流动状态。

雷诺实验装置如图 3-15 所示。装置由能保持恒定水位的水箱、透明玻璃试验管道及能注入有色液体的导管部分等组成。实验时，只要微微开启出水阀，并打开有色液体盒连接管上的小阀，色液即可流入圆管中，显示出层流或湍流状态。

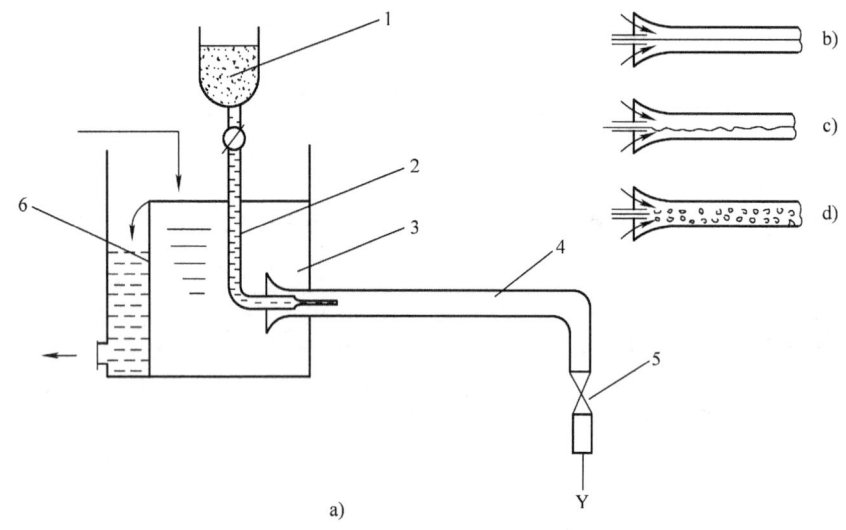

图 3-15 雷诺实验装置

1—有色液体 2—导管 3—水箱 4—玻璃管 5—阀门 6—溢流稳压板

实验开始时，缓慢开启玻璃管出口的阀门，使管内的流量较小，然后再开启颜色水瓶下的阀门，让色液缓慢流入水平玻璃管。此时可以看到管内轴线上有一条清晰、笔直的色线，如图 3-15b 所示。这表明玻璃管中的流动是沿着轴线的分层流动，并且没有径向流动，层间没有流体掺混，这就是层流。

将玻璃管出口的阀门逐渐开大，可以发现色线逐渐开始抖动，由直线变成曲线，如图 3-15c 所示。这表明管内的层流受到扰动，逐渐出现径向流动。但是尽管此时色线变成曲线，但是仍处于轴线附近，称此状态为过渡状态。

继续开大玻璃管出口的阀门，使玻璃管中的流量进一步增大，当管中的流速超过某一流速时，色线开始杂乱无章后而破裂，不再保持完整形状，距玻璃管的入口段一定距离后完全消失，如图 3-15d 所示。这表明玻璃管中的色液流体质点产生了显著的径向流动，完全扩散到水中。此时玻璃管中的流体已不再做有规律的层状流动，而是做径向和轴向混合的复杂运动，称此种流动状态为湍流或紊流。

如果将玻璃管出口的阀门全开，然后逐渐关闭到很小，杂乱现象逐渐减轻，就会发现玻璃管中产生了由无色线到波浪色线再到清晰的直色线的过程，这表明玻璃管中的流动由湍流向过渡状态再向层流变化，只不过由过渡状态到层流状态转变的临界速度比由层流向过渡状态转变时要小。将由层流向过渡状态转变的临界速度称为上临界速度，用符号 v_c' 表示；将由过渡状态向层流转变的临界速度称为下临界速度，用符号 v_c 表示。实验发现，上临界速度的大小不稳定，而下临界速度则比较稳定。

由以上层流和湍流的定义，可以写出层流和湍流的速度场如下：

$$v = v_x i \quad (\text{层流}) \tag{3-46}$$

$$v = v_x i + v_y j + v_z k \quad (\text{湍流}) \tag{3-47}$$

3.4.2 雷诺数与流态判别

雷诺不仅设计了上述实验,将流动分为层流和湍流两类,而且通过大量实验得到了可以用来判断流动是层流还是湍流的雷诺数。

雷诺发现,黏性流体的流动是层流还是湍流不仅和流速 v 有关,而且和流体的密度 ρ、动力黏度 μ、管道的特征尺寸 L(圆管流动时为管径 d)有关。但是,不论 v、ρ、μ、L 怎样变化,而相应的转换无量纲数 $\rho v L / \mu$ 却总是一定的。雷诺通过大量实验得到的这些参数组成的这个无量纲准则数就叫雷诺数 Re,可以用来判断流动的状态。运动黏度 $\nu = \mu / \rho$,即雷诺数为

$$Re = \frac{\rho v L}{\mu} = \frac{v L}{\nu} \tag{3-48}$$

对于圆管,特征尺寸 L 取圆管的内径 d,所以圆管的雷诺数为

$$Re = \frac{\rho v d}{\mu} = \frac{v d}{\nu} \tag{3-49}$$

将上临界速度代入式(3-49)得到的雷诺数称为上临界雷诺数,用符号 Re_c' 表示;将下临界速度代入式(3-49)得到的雷诺数称为下临界雷诺数,用符号 Re_c 表示。则

$$Re_c' = \frac{\rho v_c' d}{\mu} = \frac{v_c' d}{\nu} \tag{3-50}$$

$$Re_c = \frac{\rho v_c d}{\mu} = \frac{v_c d}{\nu} \tag{3-51}$$

雷诺通过实验测定得知,对于圆管流动:$Re_c' = 13800 \sim 40000$;$Re_c = 2320$。上临界雷诺数的大小很不稳定,一般与实验环境和初始条件有关。下临界雷诺数则相对稳定。所以一般利用下临界雷诺数 Re_c 来判断流动的状态,即:当 $Re < Re_c$ 时,流动为层流;当 $Re_c < Re < Re_c'$ 时,流动为过渡状态;当 $Re > Re_c'$ 时,流动为湍流。工程上为稳妥起见,一般取下临界雷诺数的经验值 $Re_c = 2000$。

过渡状态层流和湍流的可能性都存在,不过湍流的情况居多。因此,一般可认为层流和湍流的判别标准就是下临界雷诺数 $Re_c = 2320$,即

当 $Re_c < 2320$ 时,管中流动为层流;

当 $Re_c > 2320$ 时,管中流动为湍流。

例 3-9 用直径 $d = 25\text{mm}$ 的管道输送 30℃的空气,试问管内保持层流的最大流速是多少?

解:30℃时空气的运动黏度 $\nu = 16.6 \times 10^{-6}\text{m}^2/\text{s}$,最大流速就是临界流速,由于

$$Re = \frac{v_c d}{\nu} = 2320$$

得

$$v_c = \frac{Re_c \nu}{d} = \frac{2320 \times 16.6 \times 10^{-6}}{0.025}\text{m/s} = 1.541\text{m/s}$$

例 3-10 已知水通过一直径为 0.1m 的圆管以 0.4m/s 的速度流动,水的运动黏度为 $1 \times 10^{-6}\text{m}^2/\text{s}$,试问该流动是层流还是湍流?

解:将已知的参数代入雷诺数计算式,得

$$Re = \frac{\rho v d}{\mu} = \frac{v d}{\nu} = \frac{0.4 \times 0.1}{1 \times 10^{-6}} = 40000 > 2320$$

所以，流动为湍流。

3.5 流体微团的运动分析

　　三维流动的连续方程式提供了为使流体呈现连续状态时质点速度各分量之间所必须保持的关系，但并没有说明在这种关系支配之下的质点速度究竟可能包含一些什么样的运动成分。本节将进一步分析质点运动的组成部分，一方面便于对流体运动进行分类研究，一方面也为流体内的应力分析奠定基础。

3.5.1 流体微团速度分析公式

　　刚体的一般运动可以分解为平移和转动之和。流体运动要比刚体运动复杂，因为它除了平移和转动外，还有变形运动。

　　如图 3-16 所示，在流场中取流体微团，设微团质量中心 $M_0(x,y,z)$ 点在某瞬时的速度为 $\boldsymbol{v} = v_x \boldsymbol{i} + v_y \boldsymbol{j} + v_z \boldsymbol{k}$，与 M_0 相距极近的 $M(x+\mathrm{d}x, y+\mathrm{d}y, z+\mathrm{d}z)$ 点在同一瞬时的速度可用略去二阶以上无穷小的泰勒公式表示为

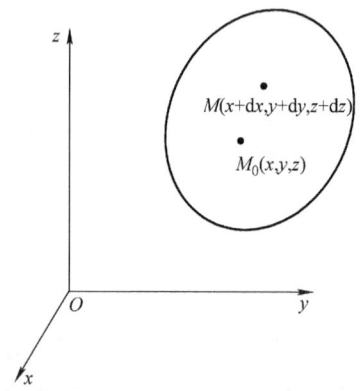

图 3-16　流体微团的速度

$$\left.\begin{aligned}
v'_x &= v_x + \frac{\partial v_x}{\partial x}\mathrm{d}x + \frac{\partial v_x}{\partial y}\mathrm{d}y + \frac{\partial v_x}{\partial z}\mathrm{d}z \\
v'_y &= v_y + \frac{\partial v_y}{\partial x}\mathrm{d}x + \frac{\partial v_y}{\partial y}\mathrm{d}y + \frac{\partial v_y}{\partial z}\mathrm{d}z \\
v'_z &= v_z + \frac{\partial v_z}{\partial x}\mathrm{d}x + \frac{\partial v_z}{\partial y}\mathrm{d}y + \frac{\partial v_z}{\partial z}\mathrm{d}z
\end{aligned}\right\} \tag{3-52}$$

　　在式（3-52）的第一个速度分式中人为地增加 $\pm \frac{1}{2}\frac{\partial v_y}{\partial x}\mathrm{d}y \pm \frac{1}{2}\frac{\partial v_z}{\partial x}\mathrm{d}z$ 四项，并将式中的最末两项也改写成带 $\frac{1}{2}$ 系数的四项，于是第一个速度分式变成

$$v'_x = v_x + \frac{\partial v_x}{\partial x}\mathrm{d}x + \frac{1}{2}\left(\frac{\partial v_x}{\partial y} + \frac{\partial v_y}{\partial x}\right)\mathrm{d}y + \frac{1}{2}\left(\frac{\partial v_x}{\partial z} + \frac{\partial v_z}{\partial x}\right)\mathrm{d}z + \frac{1}{2}\left(\frac{\partial v_x}{\partial z} - \frac{\partial v_z}{\partial x}\right)\mathrm{d}z - \frac{1}{2}\left(\frac{\partial v_y}{\partial x} - \frac{\partial v_x}{\partial y}\right)\mathrm{d}y$$

　　按类似方法可将 v'_y 及 v'_z 也改写成类似的形式。用相对线变形速度 θ、纯剪变形角速度 ε 和旋转角速度 ω 代表分项，即

$$\left.\begin{aligned}
\theta_{xx} &= \frac{\partial v_x}{\partial x} \\
\theta_{yy} &= \frac{\partial v_y}{\partial y} \\
\theta_{zz} &= \frac{\partial v_z}{\partial z}
\end{aligned}\right\} \tag{3-53}$$

$$\left.\begin{array}{l} \varepsilon_{xy} = \varepsilon_{yx} = \dfrac{1}{2}\left(\dfrac{\partial v_x}{\partial y} + \dfrac{\partial v_y}{\partial x}\right) \\[3mm] \varepsilon_{yz} = \varepsilon_{zy} = \dfrac{1}{2}\left(\dfrac{\partial v_y}{\partial z} + \dfrac{\partial v_z}{\partial y}\right) \\[3mm] \varepsilon_{zx} = \varepsilon_{xz} = \dfrac{1}{2}\left(\dfrac{\partial v_z}{\partial x} + \dfrac{\partial v_x}{\partial z}\right) \end{array}\right\} \qquad (3\text{-}54)$$

$$\left.\begin{array}{l} \omega_x = \dfrac{1}{2}\left(\dfrac{\partial v_z}{\partial y} - \dfrac{\partial v_y}{\partial z}\right) \\[3mm] \omega_y = \dfrac{1}{2}\left(\dfrac{\partial v_x}{\partial z} - \dfrac{\partial v_z}{\partial x}\right) \\[3mm] \omega_z = \dfrac{1}{2}\left(\dfrac{\partial v_y}{\partial x} - \dfrac{\partial v_x}{\partial y}\right) \end{array}\right\} \qquad (3\text{-}55)$$

将式（3-53）、式（3-54）、式（3-55）一起代入，简化可得 M 点三个方向速度分式为

$$\left.\begin{array}{l} v'_x = v_x + \theta_{xx}\mathrm{d}x + \varepsilon_{xy}\mathrm{d}y + \varepsilon_{xz}\mathrm{d}z + \omega_y\mathrm{d}z - \omega_z\mathrm{d}y \\[2mm] v'_y = v_y + \theta_{yy}\mathrm{d}y + \varepsilon_{yz}\mathrm{d}z + \varepsilon_{yx}\mathrm{d}x + \omega_z\mathrm{d}x - \omega_x\mathrm{d}z \\[2mm] v'_z = v_z + \theta_{zz}\mathrm{d}z + \varepsilon_{zx}\mathrm{d}x + \varepsilon_{zy}\mathrm{d}y + \omega_x\mathrm{d}y - \omega_y\mathrm{d}x \end{array}\right\} \qquad (3\text{-}56)$$

这就是流体微团的速度分解公式，也称亥姆霍兹（Helmholts）速度分解定理。

3.5.2 速度分解的物理意义

为了说明式（3-56）中各项符号的含义，深入了解亥姆霍兹定理的内容，无须引用空间流动的复杂情况，只要分析一下图 3-17 所示的平面流动就够了。因为 $v_z = 0$，$\mathrm{d}z = 0$，故 A 点的速度只有 v_x、v_y 两个分量；而 C 点的速度则可由式（3-56）化简为平面运动的速度分式：

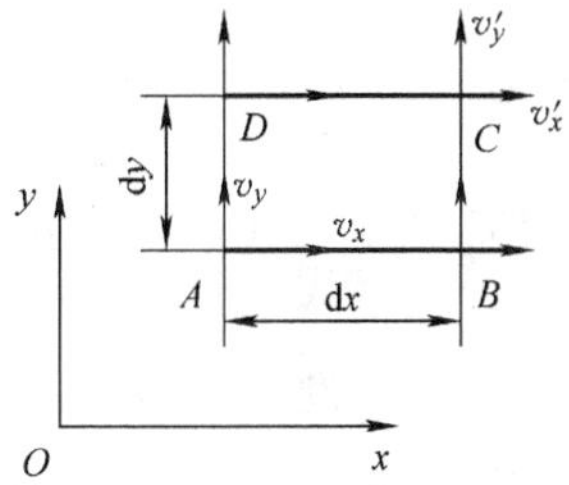

图 3-17 微团的平面运动

$$\left.\begin{array}{l} v'_x = v_x + \theta_{xx}\mathrm{d}x + \varepsilon_{xy}\mathrm{d}y - \omega_z\mathrm{d}y \\[2mm] v'_y = v_y + \theta_{yy}\mathrm{d}y + \varepsilon_{yx}\mathrm{d}x + \omega_z\mathrm{d}x \end{array}\right\} \qquad (3\text{-}57)$$

1. 平移运动

式（3-57）右端的第一项 v_x、v_y，说明 C 点（也代表流体微团中的任一点）有随微团质量中心 A 一起做平移运动的成分。如果 $\theta_{xx} = \theta_{yy} = \varepsilon_{xy} = \varepsilon_{yx} = \omega_z = 0$，则如图 3-18a 所示，经过 $\mathrm{d}t$ 时间后，$ABCD$ 平移到 $A'B'C'D'$ 位置，微团形状不变。v_x、v_y 称为微团的平移速度。

2. 线变形运动

$\theta_{xx} = \dfrac{\partial v_x}{\partial x}$ 的物理意义是 v_x 沿 x 方向的变化率，$\theta_{xx}\mathrm{d}x$ 是 C、A 两点（也代表 CB、DA 两条线）的 x 方向分速度的变化量。$\theta_{yy}\mathrm{d}y$ 是 C、A 两点（也代表 CD、BA 两条线）的 y 方向分速度的变化量。在不可压缩流体中 $\dfrac{\partial v_x}{\partial x} + \dfrac{\partial v_y}{\partial y} = 0$，如果 $v_x = v_y = \varepsilon_{xy} = \varepsilon_{yx} = \omega_z = 0$，则经过 $\mathrm{d}t$ 时间以后 $ABCD$ 变成如图 3-18b 所示的 $AB'C'D'$ 形状。

这种运动称为微团的直线变形运动，于是 θ_{xx}、θ_{yy}、θ_{zz} 称为直线应变速度，$\theta_{xx}\mathrm{d}x$、$\theta_{yy}\mathrm{d}y$、$\theta_{zz}\mathrm{d}z$ 则称为微团的直线变形速度。

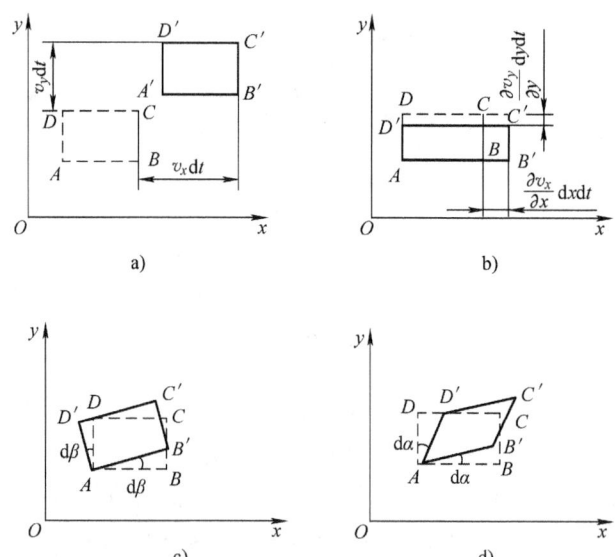

图 3-18　微团的各种运动形式

3. 旋转运动与剪切变形运动

$\dfrac{\partial v_x}{\partial y}$ 是 v_x 沿 y 方向的变化率，也叫作 v_x 沿 y 方向的速度

梯度；$\dfrac{\partial v_y}{\partial x}$ 是 v_y 沿 x 方向的变化率，也叫作 v_y 沿 x 方向的

速度梯度；$\dfrac{\partial v_x}{\partial y}\mathrm{d}y$ 是 C、A 两点（也代表 CD、AB 两条线）

的 x 方向分速度的变化量；$\dfrac{\partial v_y}{\partial x}\mathrm{d}x$ 是 C、A 两点（也代表

CB、AD 两条线）的 y 方向分速度的变化量。

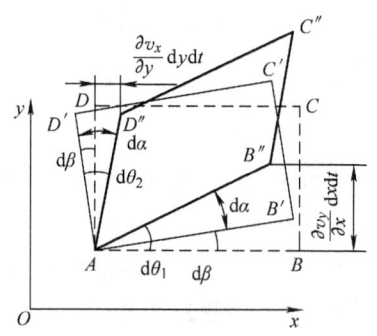

图 3-19　微团的旋转与
剪切变形

由于这两个速度梯度的存在，如果 $v_x = v_y = \theta_{xx} = \theta_{yy} = 0$，则经过 $\mathrm{d}t$ 时间后，如图 3-19 所示，$ABCD$ 要变成 $AB''C''D''$ 的形状，由此得

$$\mathrm{d}\theta_1 = \tan\mathrm{d}\theta_1 = \frac{BB''}{AB} = \frac{\dfrac{\partial v_y}{\partial x}\mathrm{d}x\mathrm{d}t}{\mathrm{d}x} = \frac{\partial v_y}{\partial x}\mathrm{d}t$$

$$\mathrm{d}\theta_2 = \tan\mathrm{d}\theta_2 = \frac{DD''}{AD} = \frac{\dfrac{\partial v_x}{\partial y}\mathrm{d}y\mathrm{d}t}{\mathrm{d}y} = \frac{\partial v_x}{\partial y}\mathrm{d}t$$

一般情况下，如果

$$\frac{\partial v_y}{\partial x} \neq \frac{\partial v_x}{\partial y}$$

则 $\mathrm{d}\theta_1 \neq \mathrm{d}\theta_2$。假定 $\mathrm{d}\theta_1 > \mathrm{d}\theta_2$，则令

$$\left.\begin{array}{l} \dfrac{1}{2}(\mathrm{d}\theta_1 - \mathrm{d}\theta_2) = \mathrm{d}\alpha \\[3mm] \dfrac{1}{2}(\mathrm{d}\theta_1 + \mathrm{d}\theta_2) = \mathrm{d}\beta \end{array}\right\} \tag{3-58}$$

于是

$$\left.\begin{array}{l} \mathrm{d}\theta_1 = \mathrm{d}\alpha + \mathrm{d}\beta \\[2mm] \mathrm{d}\theta_2 = \mathrm{d}\alpha - \mathrm{d}\beta \end{array}\right\} \tag{3-59}$$

这就是说，两个不相等的角度 $\mathrm{d}\theta_1$ 与 $\mathrm{d}\theta_2$ 总可以用如式（3-59）所示的另外两个角度（即 $\mathrm{d}\alpha$ 与 $\mathrm{d}\beta$）的和与差来表示，于是可以设想 $ABCD$ 先整体同向旋转一个 $\mathrm{d}\beta$ 角变成 $AB'C'D'$，然后互相垂直的两边再反向各自剪切一个 $\mathrm{d}\alpha$ 角，于是 $AB'C'D'$ 最终就会变成原来由 $\mathrm{d}\theta_1$ 与 $\mathrm{d}\theta_2$ 所决定的 $AB''C''D''$ 的形状了。因此从式（3-58）可解出微团整体的旋转角

$$\mathrm{d}\beta = \frac{1}{2}(\mathrm{d}\theta_1 - \mathrm{d}\theta_2) = \frac{1}{2}\left(\frac{\partial v_y}{\partial x} - \frac{\partial v_x}{\partial y}\right)\mathrm{d}t$$

微团一个边的剪切角

$$\mathrm{d}\alpha = \frac{1}{2}(\mathrm{d}\theta_1 + \mathrm{d}\theta_2) = \frac{1}{2}\left(\frac{\partial v_y}{\partial x} + \frac{\partial v_x}{\partial y}\right)\mathrm{d}t$$

微团整体的剪切角

$$\mathrm{d}\gamma = 2\mathrm{d}\alpha = \mathrm{d}\theta_1 + \mathrm{d}\theta_2 = \left(\frac{\partial v_y}{\partial x} + \frac{\partial v_x}{\partial y}\right)\mathrm{d}t$$

于是可得

微团整体的旋转角速度　　$\dfrac{\mathrm{d}\beta}{\mathrm{d}t} = \dfrac{1}{2}\left(\dfrac{\partial v_y}{\partial x} - \dfrac{\partial v_x}{\partial y}\right) = \omega_z$

微团一个边的剪切速度　　$\dfrac{\mathrm{d}\alpha}{\mathrm{d}t} = \dfrac{1}{2}\left(\dfrac{\partial v_y}{\partial x} + \dfrac{\partial v_x}{\partial y}\right) = \varepsilon_{xy}$　　(3-60)

微团整体的剪切角速度　$\dfrac{\mathrm{d}\gamma}{\mathrm{d}t} = 2\dfrac{\mathrm{d}\alpha}{\mathrm{d}t} = \left(\dfrac{\partial v_y}{\partial x} + \dfrac{\partial v_x}{\partial y}\right) = 2\varepsilon_{xy}$

由此可见，当 $v_x = v_y = \theta_{xx} = \theta_{yy} = \varepsilon_{xy} = \varepsilon_{yx} = 0$ 时，经过 $\mathrm{d}t$ 时间，$ABCD$ 发生旋转运动变成如图 3-18c 所示的 $AB'C'D'$ 形状。

当 $v_x = v_y = \theta_{xx} = \theta_{yy} = \omega_z = 0$（也就是 $\dfrac{\partial v_y}{\partial x} = \dfrac{\partial v_x}{\partial y}$，$\mathrm{d}\theta_1 = \mathrm{d}\theta_2$ 的特殊情况）时，经过 $\mathrm{d}t$ 时间，$ABCD$ 发生剪切变形变成如图 3-18d 所示的 $AB'C'D'$ 形状。

因为 ω_z 的物理意义是微团整体绕通过 A 点之 z 轴的旋转角速度，ε_{xy} 的物理意义是微团一个边绕通过 A 点之 z 轴的剪切变形角速度，故式（3-57）的第一个速度分式中的 $\omega_z\mathrm{d}y$ 及 $\varepsilon_{xy}\mathrm{d}y$ 两项自然是代表由于这两个角速度而引起的 C 点在 x 方向上的线速度，同样第二个速度分式中的 $\omega_z\mathrm{d}x$ 及 $\varepsilon_{yx}\mathrm{d}x$ 则是这两个角速度所引起的 C 点在 y 方向上的线速度。

式（3-56）和式（3-57）中的符号式类似的，按平面运动中的 θ_{xx}、θ_{yy}、ω_z、ε_{xy} 的物理意义，类推到空间运动，自然速度分解公式中的全部符号的物理意义我们也都是清楚的了。

式（3-53）、式（3-54）和式（3-55）代表变形运动的符号，统称为微团的应变速度，

应变速度的 9 个元素组成一个沿 $\theta_{xx} - \theta_{zz}$ 主对角线成对称的应变速度矩阵

$$\begin{pmatrix} \theta_{xx} & \varepsilon_{xy} & \varepsilon_{xz} \\ \varepsilon_{yx} & \theta_{yy} & \varepsilon_{yz} \\ \varepsilon_{zx} & \varepsilon_{zy} & \theta_{zz} \end{pmatrix} \tag{3-61}$$

亥姆霍兹定理说明：一般情况下流体微团运动是由平移、变形（包括直线变形与剪切变形）、旋转三种运动构成的。

例 3-11 给定两个流场：$\boldsymbol{v}_1 = (-y)\boldsymbol{i} + x\boldsymbol{j} + 0 \cdot \boldsymbol{k}$；$\boldsymbol{v}_2 = \left(\dfrac{-y}{x^2 + y^2}\right)\boldsymbol{i} + \left(\dfrac{x}{x^2 + y^2}\right)\boldsymbol{j} + 0 \cdot \boldsymbol{k}$。试求：（1）两个流场的迹线；（2）两个流场微团旋转角速度。

解：（1）因为两个流场都是平面定常流场，流线与迹线重合，所以求出 xOy 面上的流线也就是迹线方程。应用流线微分方程 $\dfrac{\mathrm{d}x}{v_x} = \dfrac{\mathrm{d}y}{v_y}$，所以有 $\dfrac{\mathrm{d}x}{-y} = \dfrac{\mathrm{d}y}{x}$，又

$$\frac{\mathrm{d}x}{\dfrac{-y}{x^2+y^2}} = \frac{\mathrm{d}y}{\dfrac{x}{x^2+y^2}}$$

两个流场得到相同的流线微分方程，即

$$\frac{\mathrm{d}x}{-y} = \frac{\mathrm{d}y}{x}$$

积分上式得

$$x^2 + y^2 = C$$

上式说明，两个流场的流体微团迹线都是同心圆，也就是说任一流体微团都做圆周运动。

（2）利用微团旋转角速度公式求旋转角速度

对于第一个流场：$v_x = -y$；$v_y = x$；$v_z = 0$，故有

$$\omega_x = \frac{1}{2}\left(\frac{\partial v_z}{\partial y} - \frac{\partial v_y}{\partial z}\right) = 0; \quad \omega_y = \frac{1}{2}\left(\frac{\partial v_x}{\partial z} - \frac{\partial v_z}{\partial x}\right) = 0; \quad \omega_z = \frac{1}{2}\left(\frac{\partial v_y}{\partial x} - \frac{\partial v_x}{\partial y}\right) = \frac{1}{2}[1 - (-1)] = 1$$

所以 $\omega_1 \neq 0$，该流动是有旋流动。

对于第二个流场：$v_x = \dfrac{-y}{x^2+y^2}$，$v_y = \dfrac{x}{x^2+y^2}$；$v_z = 0$，有

$$\omega_x = \frac{1}{2}\left(\frac{\partial v_z}{\partial y} - \frac{\partial v_y}{\partial z}\right) = 0; \quad \omega_y = \frac{1}{2}\left(\frac{\partial v_x}{\partial z} - \frac{\partial v_z}{\partial x}\right) = 0;$$

$$\omega_z = \frac{1}{2}\left(\frac{\partial v_y}{\partial x} - \frac{\partial v_x}{\partial y}\right) = \frac{1}{2}\left[\frac{y^2 - x^2}{(x^2+y^2)^2} - \frac{y^2 - x^2}{(x^2+y^2)^2}\right] = 0$$

所以 $\omega_2 = 0$，该流动是无旋流动。

讨论：虽然两个流场的流体质点都做圆周运动，但第一个流场流体微团的旋转角速度处处为 1，就是说流体微团在做圆周运动的同时还有自转；第 2 个流场流体微团的旋转角速度处处为零，也就是说流体微团只做圆周运动而没有自转。

为了形象地解释这两个流场，我们可以把流体微团做上标记，用来考察流体微团在运动过程中是否有"自转"，即是否存在转角速度。如图 3-20a 所示：第一个流场流体微团做圆周运动的同时以旋转运动的方式绕微团中心转动（矩形的黑色标记随着微团转动）；如图 3-20b 所示，第二个流场流体微团只有圆周平移运动，而自身没有转动。

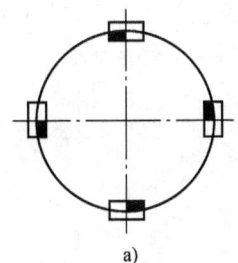 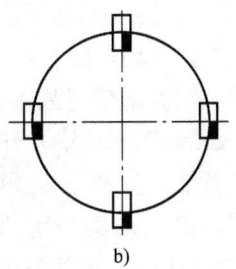

a)   b)

图 3-20   例 3-11 附图

$$a) \ \boldsymbol{v}_1 = (-y)\boldsymbol{i} + x\boldsymbol{j} + 0 \cdot \boldsymbol{k} \quad b) \boldsymbol{v}_2 = \left(\frac{-y}{x^2+y^2}\right)\boldsymbol{i} + \left(\frac{x}{x^2+y^2}\right)\boldsymbol{j} + 0 \cdot \boldsymbol{k}$$

3.6 流体的旋涡流动

在速度分解定理的基础上,将流体运动分为有旋流和无旋流。在自然界和生产实践中都可看到旋涡运动,如图 3-7a 所示物体绕流的尾流;水流过桥墩时会打起一个个旋涡状的漩流;航行的船舶船体后的尾迹;在夏秋季节会发生巨大的台风和龙卷风。如图 3-21 所示,飞机的机翼在大攻角的情况下,在前部会出现一个较小的旋涡区,在后部接着产生较大的更紊乱的旋涡区,甚至会发展到一种叫失速的物理现象。此外,叶轮机械和透平中都会出现旋涡运动。自然界中的流体运动大多是有旋的,只是旋涡运动剧烈的程度不同而已。

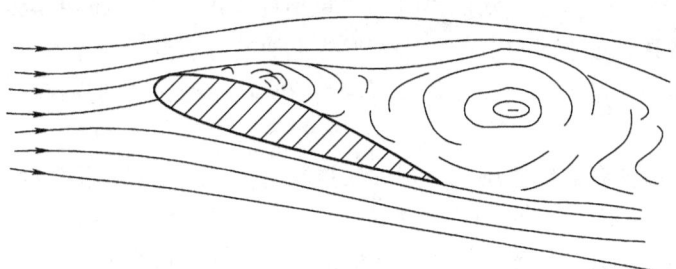

图 3-21   大攻角的翼型绕流

3.6.1 流体的旋涡运动

按照流场中每一个流体微团是否旋转可以将流动分为两大类:无旋运动和有旋运动。

不存在旋涡的流动,称为无旋运动,又称为位势流动或有势流动。流体在运动中,它的微小单元只有平动或变形,但不发生旋转运动,即流体质点不绕其自身任意轴转动。如图 3-22a 和图 3-23a 所示为无旋运动,流体迹线虽

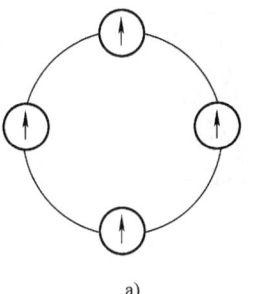 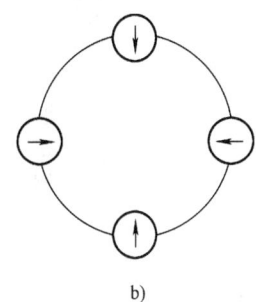

a)   b)

图 3-22   流体的转动

然是圆，但流体质点不旋转。对于无旋流，旋转角速度为零，即式（3-55）中 $\omega_x = \omega_y = \omega_z = 0$。容易验证均匀流动满足上述条件，所以均匀流动是无旋流动。

存在旋涡的流动，称为有旋流动，俗称旋涡流动。即如果式（3-55）中 $\omega \neq 0$ 或 $\nabla \times \boldsymbol{v} \neq 0$，也就是至少 ω_x、ω_y 和 ω_z 中有一个不为零，则流动就是有旋的，此时的流场称为涡旋场。有旋流亦称"涡流"，流体微团在运动中不仅发生平动（或形变），而且绕着自身的瞬时轴做旋转运动，如图 3-22b 所示；图 3-23b 所示的流体迹线是直线，但流

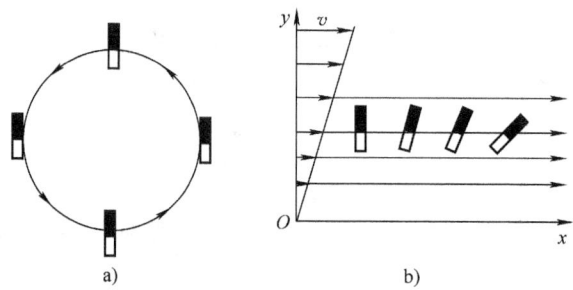

图 3-23　无旋运动和有旋运动

体质点在旋转，故为有旋流动。黏性流体流动总是有旋流动。流体团的旋转运动称为涡旋。涡旋的产生伴随着能量消耗和引起噪声，这是不利的一面；但另一方面，正是存在涡旋机翼才有举力，所以有时还人为制造涡旋以作消能装置。

旋转流中最具代表性的是自由涡和强制涡。

自由涡是流体的圆周速度 v_u，反比于其距旋转中心半径 r 的旋转流动。该涡产生时没有外部能量的输入，其圆周速度

$$v_u \propto \frac{1}{r} \tag{3-62}$$

拔掉浴盆或者水池的塞子让水流出时形成近似的自由涡流。如图 3-24 所示是把水装入饮料瓶中，然后将其倒过来时水流的情形，形成近似的自由涡流。

强制涡是流体圆周速度 v_u 正比于旋转半径 r 的旋转流动，其圆周速度

$$v_u \propto r \tag{3-63}$$

容器里注入液体，若使容器整体旋转，则形成强制涡。因此，强制涡产生时有外部能量的输入。图 3-25 给出的是装有水的塑料瓶用线吊起来，将线拧上劲之后松开手，塑料瓶旋转的情况。塑料瓶中的水也旋转形成强制涡，水面形状为旋转的抛物面。

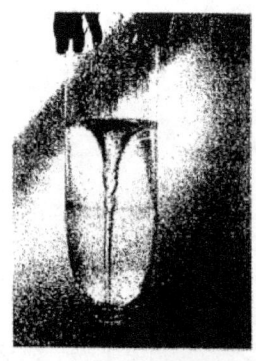

图 3-24　从瓶中向外排水的自由涡

图 3-25　旋转盛水瓶的强制涡

理论上自由涡中心的速度为无穷大，因此，完全的自由涡在自然界中是不存在的。自然界中见到的多数涡是中心附近为强制涡，外侧为自由涡的兰金组合涡。若自由涡与强制涡的

边界半径为 r_0，则有 $r < r_0$ 时，为强制涡；$r > r_0$ 时，为自由涡。台风、龙卷风、涡潮等都是这种组合涡的例子。

3.6.2 理想流体旋涡流场

旋涡运动十分复杂，涉及因素又较多，为了研究旋涡的运动规律，首先认为所研究的流体是理想不可压缩的，在这个基础上分析流场中旋涡的特性和规律。仿照利用流线、流管、流束和流量来描述流场的方法，这里引进涡线、涡管、涡束、涡通量和速度环量来描述涡旋场角速度场 $\boldsymbol{\omega}(x, y, z, t)$。

涡线是涡旋场中这样的一条曲线，在某一瞬时，该曲线上每一点的切线方向和该点的涡旋方向相同，如图 3-26 所示。设涡旋场中某一点流体微团的瞬时角速度为

$$\boldsymbol{\omega} = \omega_x \boldsymbol{i} + \omega_y \boldsymbol{j} + \omega_z \boldsymbol{k}$$

涡线上切线的微团矢量为

$$d\boldsymbol{s} = dx\boldsymbol{i} + dy\boldsymbol{j} + dz\boldsymbol{k}$$

根据涡线的定义，这两个矢量方向一致，矢量积为 0。于是得

$$\boldsymbol{\omega} \times d\boldsymbol{s} = \begin{vmatrix} \boldsymbol{i} & \boldsymbol{j} & \boldsymbol{k} \\ \omega_x & \omega_y & \omega_z \\ dx & dy & dz \end{vmatrix} = 0 \tag{3-64}$$

$$\frac{dx}{\omega_x} = \frac{dy}{\omega_y} = \frac{dz}{\omega_z} \tag{3-65}$$

这就是涡线微分方程。涡线具有瞬时的概念，在不同时刻有不同的形状，在定常流动中，它的形状将保持不变。

在某一瞬时，在涡旋场中任取一条封闭曲线 c（不是涡线），过曲线上的每一点作涡线，这些涡线所组成的管状曲面称为涡管，如图 3-27 所示。显然，随着曲线 c 所取的大小，涡管截面可大可小，微小截面的涡管称为微元涡管。

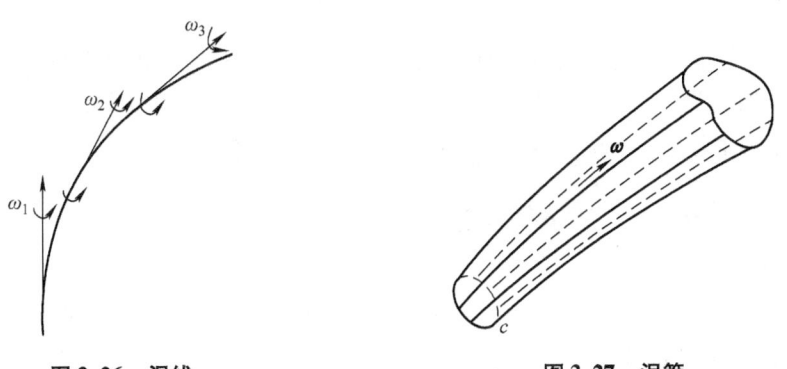

图 3-26　涡线　　　　　　　　　　图 3-27　涡管

横断涡管与其中所有涡线垂直的断面称为涡管断面，在微小断面上，各点的旋转角速度 ω 可以认为相同。

涡管中做旋转运动的流体称为涡束，微元涡管中的涡束称为微元涡束。

涡通量就是通过涡管的涡旋 ω 的通量。如果垂直于涡线的截面积为 dA，则通过任意有限面积 A 的涡通量为

$$J = \int_A (\boldsymbol{\omega} \cdot \boldsymbol{n}) \mathrm{d}A \qquad (3-66)$$

式中，n 为截面积的单位法向矢量。涡通量表示涡束的旋涡强度。

　　流体质点的旋转角速度矢量无法直接测量，所以涡通量不能直接计算。但是，涡通量与它周围的速度有关，涡通量越大，对周围流体速度的影响越大。因此这里引出与旋涡周围速度场有关的速度环量的概念，建立速度环量和涡通量的计算关系。这样通过计算涡束周围的速度场来得到涡通量。

　　如图 3-28 所示，假设某一瞬时 t，在流动空间中取任意曲线 AB，在 AB 曲线上的 M 点处取微团线段 $\mathrm{d}l$，M 点速度为 $\boldsymbol{v}$，$\boldsymbol{v}$ 与 $\mathrm{d}l$ 夹角为 α，则称

$$\mathrm{d}\Gamma = \boldsymbol{v} \cdot \mathrm{d}l = v\mathrm{d}l\cos\alpha = v_l \mathrm{d}l$$

为沿线段 $\mathrm{d}l$ 的速度环量。

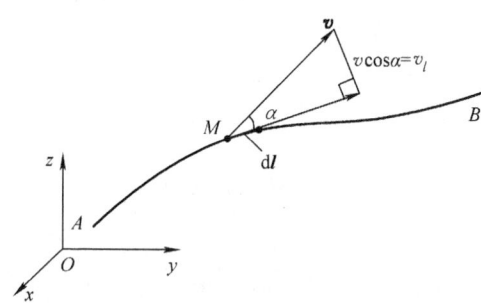

图 3-28　速度环量

　　于是，沿 AB 曲线的速度环量为

$$\Gamma_{AB} = \int_A^B v\cos\alpha \mathrm{d}l$$

沿任意封闭曲线 L 的速度环量为

$$\Gamma_L = \oint_L \boldsymbol{v} \cdot \mathrm{d}l = \oint_L v\cos\alpha \mathrm{d}l$$

如果 $\mathrm{d}x$、$\mathrm{d}y$ 和 $\mathrm{d}z$ 为 $\mathrm{d}l$ 在坐标轴上的投影，则

$$\boldsymbol{v} \cdot \mathrm{d}l = v_x \mathrm{d}x + v_y \mathrm{d}y + v_z \mathrm{d}z$$

所以

$$\Gamma_{AB} = \int_A^B v_x \mathrm{d}x + v_y \mathrm{d}y + v_z \mathrm{d}z \qquad (3-67)$$

$$\Gamma_L = \oint_L v_x \mathrm{d}x + v_y \mathrm{d}y + v_z \mathrm{d}z \qquad (3-68)$$

　　速度环量是标量，规定积分方向取逆时针方向，速度方向与积分路线方向相同（或成锐角）为正，相反为负。对于非稳定流动，速度环量是个瞬时的概念，应根据同一时刻曲线上各点的速度来计算，积分时间 t 为参数。

3.6.3　理想流体旋涡运动基本定理

1. 斯托克斯定理

　　对于有旋流动，其流动空间既是速度场，又是旋涡场。这两个场之间的关系正是斯托克斯定理的内容。关于速度环量和涡通量有如下斯托克斯定理：沿任意封闭曲线 L 的速度环量，等于穿过该曲线所包围的面积的涡通量的两倍，即

$$\Gamma_L = 2J \qquad (3-69)$$

　　显然，如果封闭曲线 L 上所有点的速度与该点切线垂直，那么沿封闭曲线 L 的速度环量为零。在无旋流动中，沿任何封闭周线的速度环量为零。斯托克斯定理将涡通量和速度环量联系起来，给出了通过速度环量求解涡通量的方法。斯托克斯定理适用于单连通域，对复连通域要进行一些变换。斯托克斯定理的证明这里不加叙述了。

2. 汤姆逊定理

汤姆逊定理表述为：在有势的质量力的作用下，在理想的正压流体中，沿任意封闭曲线的速度环量不随时间而变化，即

$$\frac{\mathrm{d}\Gamma}{\mathrm{d}t} = 0 \qquad (3\text{-}70)$$

由汤姆逊定理可以得出，如果理想流体从静止状态（$\Gamma = 0$）开始运动，且始终沿有相同的流体质点的封闭曲线流动，则它的速度环量始终为零。根据斯托克斯定理，涡通量由速度环量度量，因此在有势的质量力的作用下，在理想的不可压缩流体中，如果开始时没有旋涡，旋涡就不可能在流动过程中产生；或者相反，即若初始有旋涡，则旋涡将始终保持下去，不会消失。如果流体从静止状态开始运动，由于某种原因产生旋涡，则在该瞬时必然产生一个环量大小相等方向相反的旋涡，并且保持环量为零。实际上，只有存在黏性的实际流体，旋涡才会产生和消失，因此，实际流体不能利用汤姆逊定理，但是在流体的黏性影响较小、时间较短的情况下，汤姆逊定理也可以适用于实际流体。

3.6.4 旋转容器内的强制涡

如图 3-29 所示，对圆筒容器内的液体与圆筒一同绕着垂直轴以角速度 ω 旋转时产生的强制涡进行分析。假设液体与圆筒容器同步旋转，即 $\omega = \Omega$，Ω 为圆筒容器旋转角速度。以圆筒容器的中心 O 为原点，在底面上选取 x、y 轴，垂直向上取为 z 轴。设 x、y、z 轴方向的单位向量为 $\boldsymbol{i}$、$\boldsymbol{j}$、$\boldsymbol{k}$。将容器的旋转角速度用 $\boldsymbol{\Omega} = \Omega\boldsymbol{k}$ 来表示，则旋转所引起的半径方向的惯性力，也就是离心力为 $-\boldsymbol{a} = -\boldsymbol{\Omega} \times (\boldsymbol{\Omega} \times \boldsymbol{r}) = r\Omega^2\boldsymbol{i}_r$，$\boldsymbol{r}$ 是大小为 r 的半径方向的位置向量，$\boldsymbol{i}_r$ 为半径方向的单位向量。离心力在直角坐标系中可表示为 $-\boldsymbol{a} = [r\Omega^2(x/r), r\Omega^2(y/r), 0] = (x\Omega^2, y\Omega^2, 0)$。对于液体来说，与旋转运动无关，有重力 $\boldsymbol{K} = \boldsymbol{g} = (0, 0, -g)$ 作为质量力作用在液体上。因此，液体中的压力变化 $\mathrm{d}p$ 可由式（2-8）变化为

$$\mathrm{d}p = \rho\left[(f_x - a_x)\mathrm{d}x + (f_y - a_y)\mathrm{d}y + (f_z - a_z)\mathrm{d}z \right] \qquad (3\text{-}71)$$

即

$$\mathrm{d}p = \rho\left(x\omega^2\mathrm{d}x + y\omega^2\mathrm{d}y - g\mathrm{d}z \right)$$

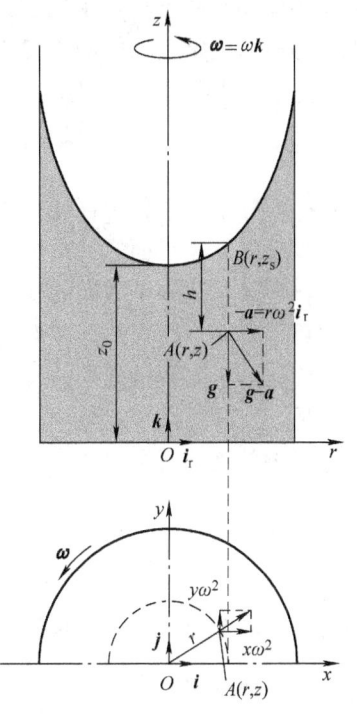

图 3-29 旋转容器内的强制涡

利用在 $x = 0$，$y = 0$，$z = z_0$（液面高度）处且 $p = p_\mathrm{a}$（大气压）的边界条件进行积分，则液体中任意点 $A(r, z)$ 处的压力可表示为

$$p - p_\mathrm{a} = \frac{\rho}{2}(x^2 + y^2)\omega^2 - \rho g(z - z_0) = \frac{\rho}{2}r^2\omega^2 - \rho g(z - z_0) \qquad (3\text{-}72)$$

在点 A 处垂直上方液面上的 $B(r, z_\mathrm{s})$ 点处，存在 $p = p_\mathrm{a}$ 的条件，有

$$0 = \frac{\rho}{2}r^2\omega^2 - \rho g(z_\mathrm{s} - z_0)$$

所以液面形状为

$$z_s = z_0 + \frac{r^2 \omega^2}{2g} \qquad (3-73)$$

将式（3-73）代入式（3-72），可得任意点 A 处的相对压力 p_A 为

$$p_A = p - p_a = \rho g(z_s - z) = \rho g h \qquad (3-74)$$

这里，h 为从液面起计算的 A 点处深度。根据式（3-74）可知，p_A 和静止流体的情况相同，只是深度 h 的相关函数。

可以验证强制涡是一种既没有拉伸变形，也没有剪切变形，仅存在旋转的流动，涡度是旋转角速度 ω 的 2 倍。

3.7 平面势流

平面流动（或二维流动）是指对任一时刻，流场中各点的流体速度都平行于某一固定平面的流动，并且流场中诸如速度、压强、密度等物理量在流动平面的垂直方向上没有变化，即所有决定运动的函数仅与两个坐标及时间有关。设横截面为 xOy 平面，流场中各点的流体速度都平行于 xOy 平面，z 方向的速度分量为零，各物理量在 z 方向没有变化，即

$$v_z = 0, \frac{\partial}{\partial z} = 0$$

显然，实际流动中并不存在严格的平面流动，只是在不少情况下，平面流动不失为良好的近似。当流动的物理量在某一个方向的变化相对其他方向上的变化可以忽略，而且在此方向上的速度很小时，就可以简化为平面流动问题处理。通过研究这一平面上的运动，就可以了解整个空间的流动，例如空气绕过翼型的流动就可以作为平面流动处理，如图 3-30 所示。

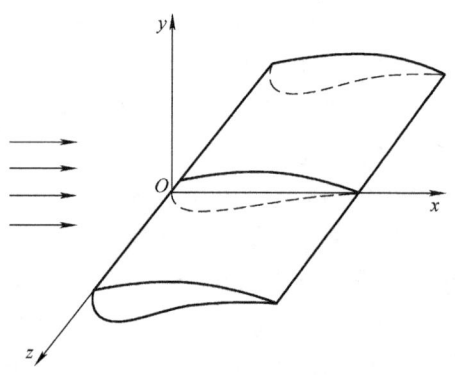

图 3-30　绕翼型的流动

如果这种流动是有势的，即流体微团本身没有旋转运动，则这种流动称为平面有势流动，简称平面势流。本节主要讨论这种流动。

3.7.1 速度势函数

由前所述已经知道，对于无旋流动式（3-55）中旋转角速度 $\omega = 0$，即 $\nabla \times \boldsymbol{v} = 0$，也就是

$$\left. \begin{aligned} \omega_x &= \frac{1}{2}\left(\frac{\partial v_z}{\partial y} - \frac{\partial v_y}{\partial z}\right) = 0 \\ \omega_y &= \frac{1}{2}\left(\frac{\partial v_x}{\partial z} - \frac{\partial v_z}{\partial x}\right) = 0 \\ \omega_z &= \frac{1}{2}\left(\frac{\partial v_y}{\partial x} - \frac{\partial v_x}{\partial y}\right) = 0 \end{aligned} \right\} \qquad (3-75)$$

或

$$\begin{cases} \dfrac{\partial v_y}{\partial x} = \dfrac{\partial v_x}{\partial y} \\[2mm] \dfrac{\partial v_x}{\partial z} = \dfrac{\partial v_z}{\partial x} \\[2mm] \dfrac{\partial v_z}{\partial y} = \dfrac{\partial v_y}{\partial z} \end{cases} \tag{3-76}$$

根据数学分析知，$v_x \mathrm{d}x + v_y \mathrm{d}y + v_z \mathrm{d}z$ 是某个标量函数 φ 的全微分的充分必要条件。称标量函数 $\varphi(x, y, z)$ 为速度势函数，简称速度势。

根据全微分的定义

$$\mathrm{d}\varphi = \frac{\partial \varphi}{\partial x}\mathrm{d}x + \frac{\partial \varphi}{\partial y}\mathrm{d}y + \frac{\partial \varphi}{\partial z}\mathrm{d}z = v_x \mathrm{d}x + v_y \mathrm{d}y + v_z \mathrm{d}z \tag{3-77}$$

所以

$$\left.\begin{aligned} v_x &= \frac{\partial \varphi}{\partial x} \\[2mm] v_y &= \frac{\partial \varphi}{\partial y} \\[2mm] v_z &= \frac{\partial \varphi}{\partial z} \end{aligned}\right\} \tag{3-78}$$

写成矢量形式，即

$$\boldsymbol{v} = \nabla \varphi \tag{3-79}$$

将式（3-79）代入不可压缩流体的连续性方程 $\nabla \times \boldsymbol{v} = 0$ 中，可得

$$\nabla^2 \varphi = 0 \tag{3-80}$$

式中，$\nabla^2 = \nabla \cdot \nabla$，称为拉普拉斯算子。式（3-80）称为拉普拉斯方程。

在直角坐标系中，拉普拉斯方程的形式为

$$\frac{\partial^2 \varphi}{\partial x^2} + \frac{\partial^2 \varphi}{\partial y^2} + \frac{\partial^2 \varphi}{\partial z^2} = 0 \tag{3-81}$$

旋转流动是由于存在转矩施加在流体质点上的结果，也就是切向应力作用的结果，由于切向应力只能在黏性流体中存在，理想流体中不存在黏性，切向应力为零，所以理想的不可压缩的流体必然是无旋的。但是这并不意味着实际的黏性流体中就不存在无旋流动，在黏性流场不受扰动的区域，流动可能是无旋的。

满足拉普拉斯方程的流动称为有势流动，反过来说就是理想的、不可压缩的、无旋的流场受拉普拉斯方程支配。无旋流动也称为有势流动。

在第 2 章中讨论了欧拉平衡方程，压强微分公式（2-8）的左端是压强的全微分，积分后得到一点上的静压强和。而平衡流体中一点上的流体静压强应该由其坐标而唯一地确定，因此式（2-8）的右端必须也是一个坐标函数的全微分，这样才能保证积分结果的唯一性。

不难看到，如果单位质量分力与某一个坐标函数 $M = M(x,y,z)$ 具有下列关系（即 M 对某一个坐标的偏导数的负值等于该坐标方向上的质量分力）：

$$f_x = -\frac{\partial M}{\partial x}, \quad f_y = -\frac{\partial M}{\partial y}, \quad f_z = -\frac{\partial M}{\partial z} \tag{3-82}$$

则式（2-8）的右端

$$\rho(f_x\mathrm{d}x+f_y\mathrm{d}y+f_z\mathrm{d}z)=-\rho\left(\frac{\partial M}{\partial x}\mathrm{d}x+\frac{\partial M}{\partial y}\mathrm{d}y+\frac{\partial M}{\partial z}\mathrm{d}z\right)=-\rho\mathrm{d}M$$

才能成为坐标函数 $M=M(x,y,z)$ 的全微分。于是式（2-8）变成

$$\mathrm{d}p=-\rho\mathrm{d}M \qquad\qquad (3\text{-}83)$$

我们称满足式（3-82）的坐标函数 $M=M(x,y,z)$ 为质量力的势函数，符合式（3-82）关系的质量力则称为有势的质量力。

由此可以看到：在有势的质量力作用下，流体中任何一点上的流体静压强可以由坐标唯一地确定，这样流体才能保持平衡状态。因而结论是：只有在有势的质量力作用下流体才能平衡。

如果单位质量力与时间变量有关，那就找不到纯坐标变量的质量力的势函数，因而压强也就不能由坐标所唯一确定，这种情况下的流体当然不能保持平衡状态。

质量力的势函数通常可以根据平衡流体所受的单位质量分力用积分方法加以确定。对于理想的、不可压缩的、无旋的流动，引进速度势给求解流场带来了方便。通过拉普拉斯方程式（3-80）或式（3-81）得到某个无旋流场的速度势，代入式（3-78），即可解出速度分布 v，再利用伯努利方程解出压强 p。

下面来推导重力场中平衡流体的质量力势函数，并说明其物理意义。取如图 3-31 所示的坐标系，则单位质量分力为 $f_x=f_y=0$，$f_z=-g$，于是

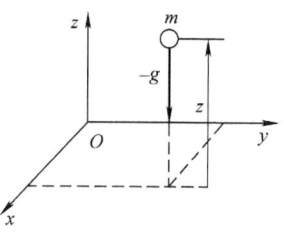

$$\mathrm{d}M=\frac{\partial M}{\partial x}\mathrm{d}x+\frac{\partial M}{\partial y}\mathrm{d}y+\frac{\partial M}{\partial z}\mathrm{d}z=-(f_x\mathrm{d}x+f_y\mathrm{d}y+f_z\mathrm{d}z)=g\mathrm{d}z$$

$$(3\text{-}84)$$

设基准面 $z=0$ 处的势函数值为零，即零势面上 $M=0$。于是积分可得重力场中平衡流体的力势函数为

图 3-31　重力场中的质量分力

$$M=gz \qquad\qquad (3\text{-}85)$$

因为在力学上，mgz 代表质量为 m 的物体在基准面以上高度为 z 时的位置势能，因而质量力势函数 $M=gz$ 的物理意义是单位质量（$m=1$）流体在基准面以上高度为 z 时所具有的位置势能。

3.7.2　流函数

流函数为常数的线就是流线。势函数可以直接描述一个流场，在平面流动中还存在流函数，它比势函数具有更明确直观的物理意义和几何观念。势函数的出发点是无旋流动，而流函数的出发点是更广阔的连续性方程。

前面用流线定义导出了流线方程，这里用连续性方程可导出更广义的流函数。流体机械中的透平和许多叶轮机，叶片边缘即为一条流线，固体弯曲壁面或扭曲流道就是由无数流线组成的流面，比如电风扇的转轮就是这种情形。在实际设计中，通常是求定几条特定的流线，流线之间光滑过渡就形成了流面，如图 3-32 所示为离心泵叶轮盖板方格网保角变换流线手工绘型法。这样在工程实际中，只要求出了曲面物体的流函数就是确定了曲面簇，把流函数程序输入数控机床就能快捷精准加工出模具的成型面。所以研究流函数无疑对流体机械

与工程等有着重要的现实意义。

能恒满足连续性方程的函数称为流函数。不可压缩或定常可压缩的平面流动或轴对称流动都存在流函数。轴对称流动的流函数又称斯托克斯流函数。定常流动连续方程式简化为

$$\frac{\partial(\rho v_x)}{\partial x} + \frac{\partial(\rho v_y)}{\partial y} + \frac{\partial(\rho v_z)}{\partial z} = 0$$

三维不可压缩流动连续方程式简化为

$$\frac{\partial v_x}{\partial x} + \frac{\partial v_y}{\partial y} + \frac{\partial v_z}{\partial z} = 0$$

在以上三维方程式中，如果取消等号左端的第三项，则成为直角坐标系中的二维流动（也称平面流动）的连续方程式，即

$$\frac{\partial v_x}{\partial x} + \frac{\partial v_y}{\partial y} = 0$$

移项得

$$\frac{\partial v_x}{\partial x} = -\frac{\partial v_y}{\partial y}$$

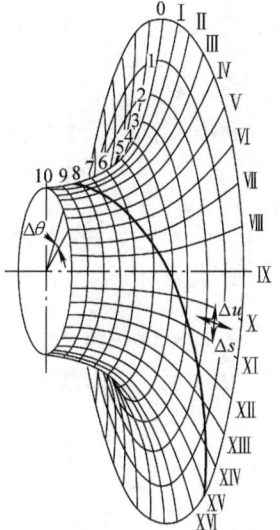

图 3-32　方格网保角变换
流线绘型

可以定义一个流函数 ψ，使得表达式 $v_x \mathrm{d}y - v_y \mathrm{d}x$ 是某一函数 $\psi(x,y)$ 的全微分，即有

$$\mathrm{d}\psi = v_x \mathrm{d}y - v_y \mathrm{d}x = \frac{\partial \psi}{\partial x}\mathrm{d}x + \frac{\partial \psi}{\partial y}\mathrm{d}y \tag{3-86}$$

故有

$$v_x = \frac{\partial \psi}{\partial y}, v_y = -\frac{\partial \psi}{\partial x} \tag{3-87}$$

流函数 ψ 自动满足连续方程

$$\frac{\partial v_x}{\partial x} + \frac{\partial v_y}{\partial y} = \frac{\partial}{\partial x}\left(\frac{\partial \psi}{\partial y}\right) + \frac{\partial}{\partial y}\left(-\frac{\partial \psi}{\partial x}\right) = 0$$

综合上述可以看出流函数与势函数具有下列性质：

（1）流函数的等值线是流线。

流函数值相等 $\psi = C$，$\mathrm{d}\psi = 0$，则由流函数等值线方程 $v_x \mathrm{d}y - v_y \mathrm{d}x = 0$，得

$$\frac{\mathrm{d}x}{v_x} = \frac{\mathrm{d}y}{v_y} \tag{3-88}$$

式（3-88）即平面流动的流线方程。

（2）两条流线间流动的流体流量等于这两条流线的流函数值之差。

如图 3-33 所示，两根流线间作一曲线 AB，求通过 AB 两点流量。

$$\mathrm{d}q = v_n \mathrm{d}s = \left[v_x\cos(n,x) + v_y\cos(n,y)\right]\mathrm{d}s = \left[v_x\frac{\mathrm{d}y}{\mathrm{d}s} + v_y\left(-\frac{\mathrm{d}x}{\mathrm{d}s}\right)\right]\mathrm{d}s = v_x \mathrm{d}y - v_y \mathrm{d}x = \mathrm{d}\psi$$

$$q = \int_A^B \mathrm{d}q = \int_{\psi_1}^{\psi_2} \mathrm{d}\psi = \psi_2 - \psi_1 \tag{3-89}$$

（3）平面无旋流动的等流函数线（流线）与等势线正交。

对于平面无旋流动，同时存在速度势函数和流函数，由等流函数线方程

$$\mathrm{d}\psi = v_x \mathrm{d}y - v_y \mathrm{d}x = 0$$

可得某一点的等流函数线斜率为
$$m_1 = \frac{\mathrm{d}y}{\mathrm{d}x} = \frac{v_y}{v_x}$$

等势线方程
$$\mathrm{d}\varphi = v_x \mathrm{d}x + v_y \mathrm{d}y = 0$$

同一点的等势线斜率为

$$m_2 = \frac{\mathrm{d}y}{\mathrm{d}x} = -\frac{v_x}{v_y}$$

因此有
$$m_1 m_2 = \frac{v_y}{v_x}\left(-\frac{v_x}{v_y}\right) = -1$$

即等流函数线与等势线正交，故等势线也就是过流断面线。由等势线和流线两组线交织成的网状图叫流网，如图3-34所示。

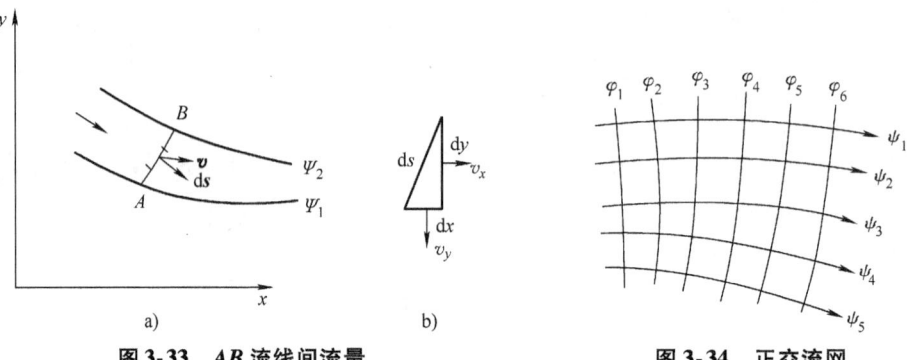

图3-33　AB流线间流量　　　　　　　图3-34　正交流网

（4）对平面无旋流动，流函数就是调和函数。

因为平面无旋流动，则
$$\omega_x = \frac{1}{2}\left(\frac{\partial v_y}{\partial x} - \frac{\partial v_x}{\partial y}\right) = 0$$

所以有
$$\frac{\partial v_y}{\partial x} - \frac{\partial v_x}{\partial y} = 0$$

可得 $v_x = \dfrac{\partial \psi}{\partial y}$，$v_y = -\dfrac{\partial \psi}{\partial x}$，代入上式，得

$$\frac{\partial^2 \psi}{\partial x^2} + \frac{\partial^2 \psi}{\partial y^2} = 0$$

即平面无旋流动的流函数满足拉普拉斯方程，是调和函数。且满足

$$\begin{cases} \dfrac{\partial \varphi}{\partial x} = \dfrac{\partial \psi}{\partial y} \\ \dfrac{\partial \varphi}{\partial y} = -\dfrac{\partial \psi}{\partial x} \end{cases}$$

即流函数与势函数互为共轭函数。流函数从满足不可压缩流体平面流动的连续方程出发而定义，因此适用于无旋和有旋流动，在无旋条件下满足拉氏方程。势函数从满足无旋条件出发而定义，因此只适用于势流。在不可压缩流体条件下满足拉氏方程。

平面势流运动的问题归结为求速度势函数和流函数，得出速度场或求流网的问题。直接求解的方法是根据以往经验或已有的动力学分析得到的运动特点，直接求出平面势流运动场，这种方法只适用于简单的平面运动，在此基础上再用叠加的方法求出复杂的平面流动。

例 3-12　已知流场的速度分布为 $v_x = x^2 - y^2 + x$，$v_y = -2xy - y$，求：（1）是否为不可压缩流体的流动？（2）是否为无旋流动？若是，求出它的势函数；（3）求出沿圆 $x^2 + y^2 = 1$ 的速度环量。

解：（1）因为 $\dfrac{\partial v_x}{\partial x} + \dfrac{\partial v_y}{\partial y} = 2x + 1 + (-2x - 1) = 0$，故流体为不可压流动。

（2）$\dfrac{\partial v_x}{\partial y} = -2y$，$\dfrac{\partial v_y}{\partial x} = -2y$，故 $\dfrac{\partial v_x}{\partial y} = \dfrac{\partial v_y}{\partial x}$，可见是无旋流动。

设势函数为 $\varphi(x, y)$，可知
$$\varphi(x, y) = v_x \mathrm{d}x + v_y \mathrm{d}y$$

先对 v_x 积分得
$$\varphi(x, y) = \frac{1}{3}x^3 - xy^2 + \frac{1}{2}x^2 + f(y)$$

再将 $\varphi(x, y)$ 对 y 求偏导：
$$\frac{\partial \varphi(x, y)}{\partial y} = -2xy + f'(y) = v_y$$

所以 $f(y) = -\dfrac{1}{2}y^2$，则

$$\varphi(x, y) = \frac{1}{3}x^3 + \frac{1}{2}x^2 - xy^2 - \frac{1}{2}y^2$$

（3）因其无旋，故速度环量为 0。

例 3-13　已知理想不可压缩流体平面无旋流动的速度势为 $\varphi = a(x^2 - y^2)$。（1）求流场的速度分布，并找出驻点的位置；（2）求流函数 $\psi(x, y)$，并画出等势线和等流函数线；（3）若驻点的压强为 p_0，求平面 xOy 上的压强分布。

解：（1）$v_x = \dfrac{\partial \varphi}{\partial x} = 2ax$，$v_y = \dfrac{\partial \varphi}{\partial y} = -2ay$，驻点处 $v = 0$，即 $v_x = 0$，$v_y = 0$，故 $x = 0$，$y = 0$。即驻点 $S(0, 0)$ 为坐标原点。

（2）由 $v_x = \dfrac{\partial \psi}{\partial y} = 2ax$，积分得 $\psi = 2axy + f(x)$，则 $v_y = -\dfrac{\partial \psi}{\partial x} = -2ay + f'(x)$，对比已知流速 $v_y = -2ay$，得 $f'(x) = 0$，故 $f(x) = C$，则 $\psi = 2axy + C$，略去 C，得 $\psi = 2axy$。

等势线
$$\varphi = a(x^2 - y^2) = C_1'$$
$$x^2 - y^2 = C_1$$

它是以坐标轴的等分角线为渐近线的一组双曲线。

等流函数线
$$\psi = 2axy = C_2'$$
$$xy = C_2$$

它是以两个坐标轴为渐近线的双曲线族。

等势线与等流函数线如图 3-35 所示，实线为流线，虚线为等势线，由于流线与物体表面可以互换，故如将 $\psi = 0$ 的流线的一部分即图中 x、y 的正轴换成固体壁面，则 $\varphi = a(x^2 - y^2)$ 和 $\psi = 2axy$ 就可描述直角壁面内流体的流动。

将 $x = r\cos\theta$，$y = r\sin\theta$ 代入 φ 和 ψ，则用柱坐标表示的速度势函数和流函数为

$$\varphi = a(r^2 \cos^2\theta - r^2 \sin^2\theta) = ar^2 \cos 2\theta$$
$$\psi = 2ar\cos\theta \cdot r\sin\theta = ar^2 \sin 2\theta$$

（3）列 xOy 平面内任意一点与驻点的能量方程，由驻点处 $v = 0$，$p = p_0$，有 $p_0 + 0 = p + \dfrac{\rho}{2}(v_x^2 + v_y^2) = p + \dfrac{\rho}{2}(4a^2x^2 + 4a^2y^2)$

故有
$$p = p_0 - 2a^2 \rho r^2$$

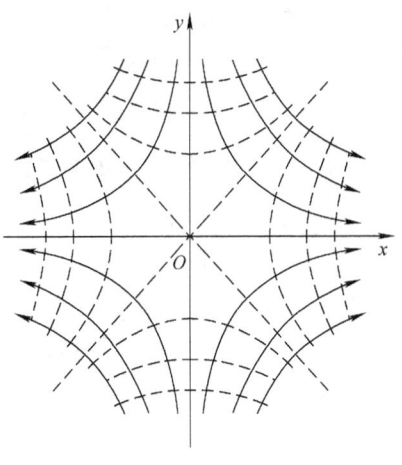

图 3-35　例 3-13 附图

例 3-14 不可压缩二维流动的流速分量为：$v_x = x - 4y$，$v_y = -y - 4x$。求：（1）该流动是定常流还是非定常流？（2）该流动是否连续？（3）写出流线方程式；（4）判别有无线变形和角变形运动；（5）判别有涡流还是无涡流；（6）判别是否为势流，若流动有势写出流速势函数表达式。

解：（1）因为 v_x 与 v_y 均与时间无关，所以流动是定常流。

（2）流动能用表达式表达出来，显然也是连续的。

（3）设流函数为 ψ，则有

$$\frac{\partial \psi}{\partial y} = v_x = x - 4y$$

积分可得

$$\psi = xy - 2y^2 + f(x)$$

又 $\frac{\partial \psi}{\partial x} = -v_y = y + 4x$，于是有流线即流函数值为常数的线，故流线方程为

$$\psi = xy - 2y^2 + 2x^2 = C$$

（4）因为 $\theta_{xx} = \frac{\partial v_x}{\partial x} = 1, \theta_{yy} = \frac{\partial v_y}{\partial y} = -1$，均不为 0，故流动有线变形；又因为 $\varepsilon_{xy} = \varepsilon_{yx} = \frac{1}{2}\left(\frac{\partial v_y}{\partial x} + \frac{\partial v_x}{\partial y}\right) = -4 \neq 0$，故有角变形。

（5）因为 $\frac{\partial v_y}{\partial x} - \frac{\partial v_x}{\partial y} = 0$，所以流动无涡。

（6）因为流动无涡所以必为有势流。设势函数为 φ，由 $\frac{\partial \varphi}{\partial x} = v_x = x - 4y, \frac{\partial \varphi}{\partial y} = v_y = -y - 4x$，得到

$$\varphi = \frac{1}{2}x^2 - \frac{1}{2}y^2 - 4xy + C'$$

附录3 流体五孔探针流场测量

五孔球形探针是根据流体绕流球体的基本原理所设计，利用已知的校正曲线，采用直接测量和间接测量相结合的方法，用于测量空间流场的流动参数，如流体速度的大小、方向，静压，总压等。探针自身具有一定的体积，实施测量时会占据流场一定的空间，视具体情况会影响或破坏原流动的流场性质。

附录3.1 探针结构与测量原理

五孔球形探针可用来测量空间流动的速度方向，其结构如图 3-36 所示。一般球探头直径为 5mm。在面对来流方向的球面上开有五个直径为 0.5mm 的感压孔。1、2、3 三个孔在探针的纵剖面上，4、5 两孔位于通过球的球心并与探针支杆轴线相垂直的平面内。2 孔在球头端部，其他四个孔与 2 孔的夹角均为 45°。每个压力感应孔分别同探针体内不锈钢管相通，探针末端通过塑料管分别与水银或酒精测压计相连。五孔探针采用对向测量与非对向测量相结合的方法测定来流三维速度。如图 3-36 所示为五孔球形探针与差压计连接系统图。

使用五孔球形探针时，使处在欲测流动方向的流场之中的五孔球形探针，绕探针支杆轴

转动，当看到连接 4、5 孔的 U 形管压差计的两管内无液柱高度差（液柱齐平）时，就说明来流方向已处在与 4、5 孔对称的 1、2、3 孔所在的平面之内了，这时探针的方向刻度盘即指示出水平面内流动的方向角 α，这样就用直接测量法测得平面内流动的速度方向。确定空间流动的流速方向还需要测出另一个方向角 β。这个角是来流在 1、2、3 孔所在平面与孔 2 中心线的夹角。为了确定 β 角，需要采用间接测量法。由于 4、5 孔感受的压力相等，来流方向矢量落在 1、2、3 孔所在的平面内，因此 β 角的大小与这三孔感受的压力值有关。在实际测量时，可利用预先标定得到的 $K_\beta - \beta$ 曲线，查出 β 角。如图 3-37 所示为五孔球形探针的校正系数曲线，该曲线图一般随探针配套携带。

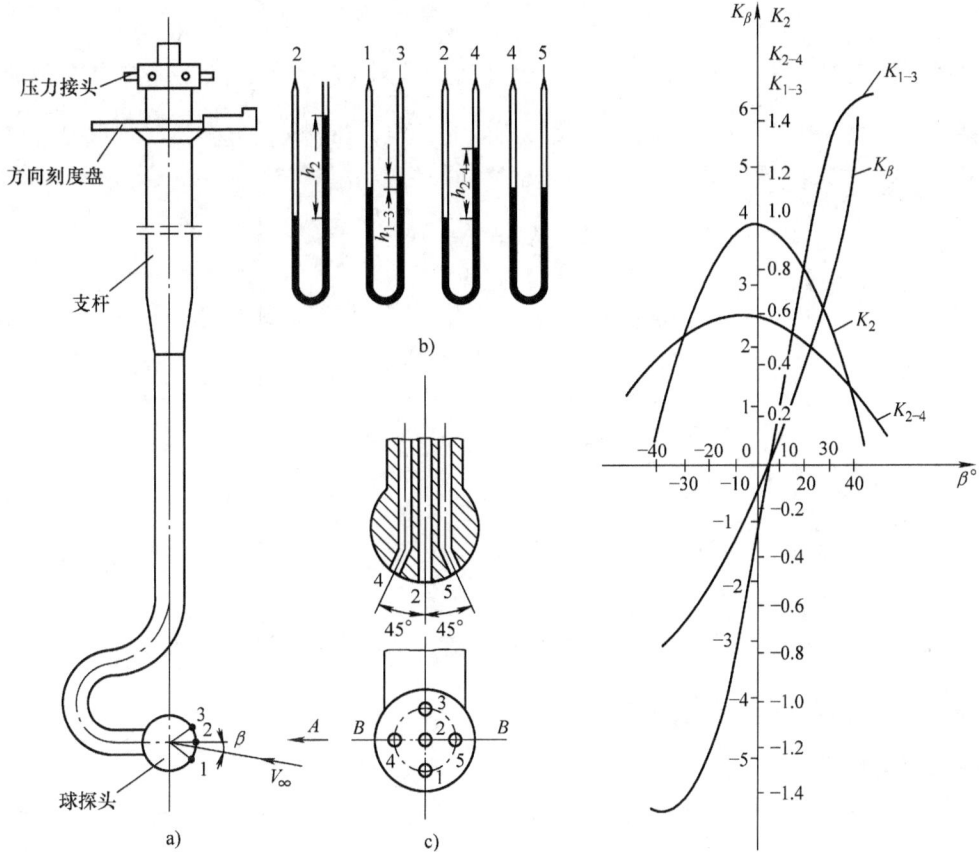

图 3-36　五孔球形探针结构

a）平面图　b）$B-B$ 部面　c）A 向视图

图 3-37　五孔球形探针校正系数曲线

附录3.2　五孔球形探针的校正

五孔球形探针的校正系数有四个：

$$\left.\begin{array}{l} \beta \text{ 角校正系数} \quad K_{\beta} = \dfrac{p_1 - p_3}{p_2 - p_4} = \dfrac{h_{1-3}}{h_{2-4}} \\[3mm] \text{动压校正系数} \quad K_{1-3} = \dfrac{p_1 - p_3}{\dfrac{\rho}{2} V_{\infty}^2} = \dfrac{\rho g h_{1-3}}{\dfrac{1}{2} \rho V_{\infty}^2} \\[3mm] \text{动压校正系数} \quad K_{2-4} = \dfrac{p_2 - p_4}{\dfrac{\rho}{2} V_{\infty}^2} = \dfrac{\rho g h_{2-4}}{\dfrac{1}{2} \rho V_{\infty}^2} \\[3mm] \text{总压校正系数} \quad K_2 = \dfrac{p_2 - p_a}{\dfrac{\rho}{2} V_{\infty}^2} = \dfrac{\rho g h_2}{\dfrac{1}{2} \rho V_{\infty}^2} \end{array}\right\} \tag{3-90}$$

这四个校正系数都是在已知动压头 $\dfrac{\rho}{2} V_{\infty}^2$ 的开口校正风洞中做出的。校正风洞中装有专门的坐标架，可以使五孔球形探针绕着球心旋转不同的 β 角，在确定的 β 角度时，取得各差压计的读数 h'_{1-3}、h'_{2-4}、h'_2，则可得

$$\left.\begin{array}{l} \beta \text{ 角校正系数} \quad K_{\beta} = \dfrac{p_1 - p_3}{p_2 - p_4} = \dfrac{h'_{1-3}}{h'_{2-4}} \\[3mm] \text{动压校正系数} \quad K_{1-3} = \dfrac{p_1 - p_3}{\dfrac{\rho}{2} V_{\infty}^2} = \dfrac{\rho g h'_{1-3}}{\dfrac{\rho}{2} V_{\infty}^2} \\[3mm] \text{动压校正系数} \quad K_{2-4} = \dfrac{p_2 - p_4}{\dfrac{\rho}{2} V_{\infty}^2} = \dfrac{\rho g h'_{2-4}}{\dfrac{\rho}{2} V_{\infty}^2} \\[3mm] \text{总压校正系数} \quad K_2 = \dfrac{p_2 - p_a}{\dfrac{\rho}{2} V_{\infty}^2} = \dfrac{\rho g h'_2}{\dfrac{\rho}{2} V_{\infty}^2} \end{array}\right\} \tag{3-91}$$

在不同的已知 β 角度下可得到一系列校正系数，从而得到如图 3-37 所示的校正曲线。

附录3.3 实验步骤与测量结果

1. 实验步骤

（1）将五孔球形探针一般螺纹联接固定安装在待测的流场中，预先进行测点分布，确定测点坐标。

（2）采用五孔球形探针测量空间流动速度的方向时，先转动探针支杆，使 4、5 两孔压力相等，这时由方向刻度盘直接指出方向角 α。然后测出 p_1、p_2、p_3、p_4，记录差压计的读数 h_{1-3}、h_{2-4}，代入式（3-90）中的第一个式子求得 K_{β}。

（3）利用已经做出的 $K_{\beta} - \beta$ 曲线查得 β 角，由 β 角查得 K_{1-3}、K_{2-4}，并利用这些系数根据式（3-90）算出动压头 $\dfrac{\rho}{2} V_{\infty}^2$，从而求出来流速度 V_{∞} 值。

$$由 \frac{\rho}{2}V_\infty^2 = \frac{\rho g h_{1-3}}{K_{1-3}} 得 \quad V_\infty = \sqrt{\frac{2}{\rho}\frac{\rho g h_{1-3}}{K_{1-3}}}$$

$$由 \frac{\rho}{2}V_\infty^2 = \frac{\rho g h_{2-4}}{K_{2-4}} 得 \quad V_\infty = \sqrt{\frac{2}{\rho}\frac{\rho g h_{2-4}}{K_{2-4}}} \tag{3-92}$$

由图 3-37 可知，β 角小时宜用 K_{1-3}，β 角大时宜用 K_{2-4}。这可以避开曲线的平坦区，获得较高的精确度。

（4）停机。

2. 实验结果

测得空间流动速度的方向角 α 和 β 以及速度 V_∞ 后，可按下式计算速度分量：

$$V_x = V_\infty \cos\alpha\cos\beta$$

$$V_y = V_\infty \sin\alpha\cos\beta \tag{3-93}$$

$$V_z = V_\infty \sin\beta$$

最后完成测量误差精确度分析。

思考题 3

3-1. 下列有关迹线和流线的描述中，正确的是（　　）。

A. 任意状况下，流线和迹线都不重合；

B. 不同时刻流线的形状、位置不会发生变化，且与迹线重合；

C. 不可压缩流动情况下，流线的疏密可以反映速度的相对大小；

D. 在风向及风速变化的天气观察到的从烟囱里冒出的烟是流线

3-2. 从本质上讲，湍流应属于（　　）。

A. 定常流；　　　　　B. 非定常流；　　　　　C. 均匀流；　　　　　D. 定常非均匀流

3-3. 在运动流体中，方程 $\frac{p}{\rho g} + z = C$（　　）。

A. 完全不适用；　　　　　　　　　　　B. 只适用于渐变流的垂直断面；

C. 只适用于沿流线；　　　　　　　　　D. 只适用于急变流的垂直断面

3-4. 理想液体定常有势流动，当质量力仅为重力时（　　）。

A. 整个流场内各点 $z + \frac{p}{\rho g} + \frac{v^2}{2g}$ 相等；

B. 仅沿同一流线上 $z + \frac{p}{\rho g} + \frac{v^2}{2g}$ 相等；

C. 任意两点间 $z + \frac{p}{\rho g} + \frac{v^2}{2g}$ 都不相等；

D. 流场内各点 $\frac{p}{\rho g}$ 相等

3-5. 下列水流中，时变（当地）加速度为 0 是（　　）。

A. 定常流；　　　　　B. 均匀流；　　　　　C. 层流；　　　　　D. 一维流

3-6. 流线与流线（　　）。

A. 可以相交，也可以相切；　　　　　　B. 可以相交，但不可以相切；

C. 可以相切，但不可以相交；　　　　　D. 不可以相交，也不可以相切

3-7. 在定常流中，水流的（　　）为 0。

A. 迁移加速度；　　　　B. 当地加速度；　　　　C. 切应力；　　　　D. 速度

3-8. 理想不可压缩液体定常流动，当质量力仅为重力时（　　）。

A. 整个流场内各点的总水头相等；　　　　　　B. 同一流线上的各点总水头相等；

C. 同一流线上总水头沿程减小；　　　　　　　D. 同一流线上总水头沿程增加

3-9. 流线（　　）。

A. 在定常流中是固定不变的；　　　　　　　　B. 只存在于均匀流中；

C. 总是与质点的运动轨迹重合；　　　　　　　D. 是与速度分量正交的线

3-10. 已知不可压缩流体的断面流速分布为 $v_x = f(y,z)$，$v_y = v_z = 0$，则该流动属于（　　）。

A. 定常流；　　　　B. 非定常流；　　　　C. 一维流；　　　　D. 二维流；　　　　E. 三维流

3-11. 在不可压缩流体的管流中，如果管流两个截面的直径比为 $d_1/d_2 = 3$，则相应的雷诺数之比为 $Re_1/Re_2 =$（　　）。

A. 9；　　　　B. 3；　　　　C. 1/9；　　　　D. 1/3

3-12. 定常流的定义是（　　）。

A. 各过流断面的速度分布相同；　　　　　　　B. 流动随时间按一定规律变化；

C. 流场中任意空间点的运动要素不随时间变化；　D. 各过流断面压强相同

3-13. 均匀流的总水头线与测压管水头线的关系是（　　）。

A. 互相平行的直线；　　B. 互相平行的曲线；　　C. 互不平行的直线；　　D. 互不平行的曲线

3-14. 平面不可压缩流场中的流网是由（　　）构成的。

A. 流线和迹线；　　　　B. 流线和等势线；　　　　C. 流线和等压线；　　　　D. 等势线和等压线

3-15. 某变径管的雷诺数之比 $Re_1:Re_2 = 1:2$，则其管径之比 $d_1:d_2$ 为（　　）。

A. 2：1；　　　　B. 1：1；　　　　C. 1：2；　　　　D. 1：4

3-16. 缓变流断面的水力特性（　　）。

A. 质量力只有惯性力；　B. $z + \dfrac{p}{\rho g} =$ 常数；　　C. $z + \dfrac{p}{\rho g} + \dfrac{v^2}{2g} =$ 常数；　　D. $p =$ 常数

3-17. 定常平面不可压缩流场中，通过两点间连线的体积流量等于（　　）值的差值。

A. 速度势函数；　　　　B. 速度；　　　　C. 压强；　　　　D. 流函数

3-18. 下列流动中，一定存在势函数的流动是（　　）。

A. 流体质点的迹线为直线的流动；　　　　　　B. 流体质点的迹线为圆的流动；

C. 任一流体微团的旋转角速度为零的流动；　　D. 定常流动

3-19. 速度势函数 φ 存在的条件是（　　）。

A. 定常流动；　　　　B. 不可压缩流体；　　　　C. 无旋流动；　　　　D. 二维流动

3-20. 判断题：根据牛顿内摩擦定律，液体流层间发生相对运动时，液体所受到的黏性内摩擦切应力与流体微团角变形成正比。

3-21. 判断题：在有压管流中，临界雷诺数与管径和流速无关，仅与液体种类有关。

3-22. 判断题：飞机在静止的大气中做等速直线飞行，从飞机上观察，其周围的气流流动为定常流动。

3-23. 判断题：不可压缩流体连续性微分方程 $\dfrac{\partial v_x}{\partial x} + \dfrac{\partial v_y}{\partial y} + \dfrac{\partial v_z}{\partial z} = 0$ 只能用于定常流。

3-24. 判断题：均匀流流场内的压强分布规律与静水压强分布规律相同。

3-25. 判断题：用欧拉法描述流体运动，质点加速度等于时变加速度和位变加速度之和。

3-26. 判断题：迹线是描述同一个液体质点在流场中运动时的速度方向的曲线。

3-27. 判断题：急变流不可能是均匀流。

3-28. 判断题：定常流是指流场内任意两点间的流速矢量相等。

3-29. 判断题：流线为直线的流动也有可能是有旋流动。

3-30. 填空题：描述流体运动的方法有两种：一是以流体质点为对象的_____法；二是以流动参数的时空分布为对象的_____法。

3-31. 填空题：当液流为_____时，流线与迹线重合。

3-32. 填空题：某变径管两断面的雷诺数之比为 1/4，则其管径之比为_____。

3-33. 填空题：液体质点运动的基本形式包含平移、旋转、_____和_____。

3-34. 填空题：雷诺数的物理意义是_____。

3-35. 填空题：运动要素随_____而变化的液流称为二维（元）流。运动要素随_____而变化的液流称为非定常流。

3-36. 填空题：定常流是各空间点上的运动参数都不随_____变化的流动。

3-37. 填空题：流体质点加速度＝当地加速度＋迁移加速度，其中当地加速度是由于流场的_____引起的；迁移加速度是由于流场的_____引起的。

3-38. 填空题：直角坐标系下的流线方程为：_____。当流动_____时流线和迹线相同。

3-39. 填空题：从湍流过渡到层流时的雷诺数称为_____雷诺数。从层流过渡到湍流时的雷诺数称为_____雷诺数。

3-40. 填空题：在渐变流过流断面上，压强分布规律的表达式为_____。

3-41. 填空题：将水流的运动定义为均匀流、非均匀流是基于描述水流运动的_____方法，当_____＝0 时水流的运动是均匀流。

3-42. 填空题：定常流动的_____加速度为零，均匀流动的_____加速度为零。

3-43. 填空题：雷诺试验揭示了液体存在_____和_____两种流态，并可用_____来判别液流的流态。

3-44. 填空题：渐变流流线的特征是_____。

3-45. 填空题：平面不可压缩流体的流动存在流函数的条件是流速 v_x 和 v_y 满足_____方程。

3-46. 填空题：存在速度势函数的条件是流动为_____流动。

3-47. 名词解释：拉格朗日观点和欧拉观点。

3-48. 名词解释：均匀流。

3-49. 名词解释：定常与非定常流动。

3-50. 名词解释：层流。

3-51. 名词解释：层流、湍流（紊流）。

3-52. 名词解释：均匀流与缓变流。

3-53. 名词解释：流管与流线。

3-54. 名词解释：有旋流动、无旋流动。

3-55. 名词解释：流线与迹线。

3-56. 名词解释：均质不可压缩流体。

3-57. 简述研究流体运动的两种方法及它们的主要区别。

3-58. 欧拉法、拉格朗日方法各以什么作为其研究对象？对于工程来说，哪种方法是可行的？

3-59. 试述流体运动的拉格朗日法和欧拉法各自的特点。

3-60. 简述定常流动和非定常流动的区别，结合工程实例说明。

3-61. 简述工程流体力学中的缓变流断面及引入的目的。

3-62. 在描述流动时常用到流线、迹线和脉线等概念。试问陨石下坠时在天空划过的白线是什么线？烟囱里冒出的烟是什么线？

3-63. 流线、迹线各有何性质？什么是色线？色线有些什么作用？

3-64. 简述流线、迹线及其主要区别。

3-65. 定常流、均匀流等各有什么特点？

3-66. 实际水流中存在流线吗？引入流线概念的意义何在？

3-67. 实际流体区别于理想流体有何特点？理想流体的运动微分方程与实际流体的运动微分方程有何联系？

3-68. "只有当过水断面上各点的实际流速均相等时，水流才是均匀流"，该说法是否正确？为什么？

3-69. 连续性微分方程有哪几种形式？不可压缩流体的连续性微分方程说明了什么问题？

3-70. 简述层流与湍流。

3-71. 雷诺数与哪些因数有关？其物理意义是什么？当管道流量一定时，随管径的加大，雷诺数是增大还是减小？

3-72. 为什么用下临界雷诺数，而不用上临界雷诺数作为层流与湍流的判别准则？

3-73. 当管流的直径由小变大时，其下临界雷诺数如何变化？

3-74. 流动满足质量守恒的表达式是什么？不可压缩流体的方程被简化成什么形式？

3-75. 简要回答流体微团运动的基本形式有哪几种。

3-76. 试述物质导数（又称随体导数）和当地导数的定义，并阐述两者的联系。

3-77. 简述质量力、表面力的作用面及大小。

3-78. 黏性流有可能是无旋流吗？为什么？

3-79. 什么是有旋流、无旋流？它们各有什么特点？

3-80. 分别写出恒定平面势流中流函数 ψ、势函数 φ 与流速 v_x 和 v_y 的关系式。

3-81. 欧拉运动微分方程组在势流条件下的积分形式的应用与沿流线的积分有何不同？

3-82. 流函数有哪些物理意义？

3-83. 流函数、势函数的存在条件各是什么？它们是否都满足拉普拉斯方程形式？

3-84. 什么是流网？流网有些什么性质？有哪些应用？

习题 3

3-1. 如习题3-1图所示，直径为 d 的柱塞以速度 $V=50\mathrm{mm/s}$ 挤入一个同轴油缸（直径为 D），如果 $d=0.9D$，试求环形间隙处油液的流出速度 v。

答案：$v=213.16\mathrm{mm/s}$

3-2. 已知平面流动的速度分布为

$$v_r = \left(1-\frac{1}{r^2}\right)\cos\theta, \quad v_\theta = -\left(1+\frac{1}{r^2}\right)\sin\theta$$

试计算点（0，1）处的加速度。

答案：$a_x=0$；$a_y=-4$

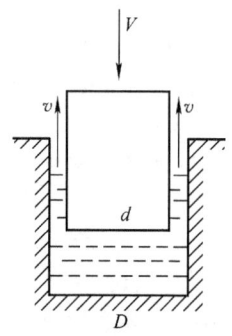

习题 3-1 图

3-3. 已知平面流动的 $v_x=3x$ m/s，$v_y=3y$ m/s。试确定坐标为（8，6）点上流体的加速度。

答案：$a=90\mathrm{m/s^2}$

3-4. 已知流体质点的位置由拉格朗日变数表示为

$$x = ab\cos\frac{a(t)}{a^2+b^2} \tag{1}$$

$$y = a^2 b^2 \sin^2\frac{a(t)}{a^2+b^2} \tag{2}$$

式中，$a(t)$ 为时间的某一函数。求质点的迹线。

答案：$y=a^2b^2-x^2$，流体质点的迹线是一抛物线

3-5. 已知 $v_x = yzt$，$v_y = xzt$，$v_z = 0$，求 $t = 1$ 时，质点 (x, y, z) 在 $(1, 2, 1)$ 处的加速度。

答案：$a = \sqrt{a_x^2 + a_y^2 + a_z^2} = 3\sqrt{2}$

3-6. 已知一非定常二维速度场的欧拉描述在直角坐标系中给出为

$$\boldsymbol{v} = e^{xt}\boldsymbol{i} + e^{yt}\boldsymbol{j}$$

试确定流体微团在位置 $(1, 2)$，$t = 2$ 时加速度。

答案：$\boldsymbol{a} = [e^2(1 + 2e^2)]\boldsymbol{i} + [2e^4(1 + e^4)]\boldsymbol{j}$

3-7. 设流场的速度分布为 $v_x = 4t - \dfrac{2y}{x^2 + y^2}$，$v_y = \dfrac{2x}{x^2 + y^2}$。试确定：（1）流场的当地加速度；（2）$t = 0$ 时，在 $x = 1$，$y = 1$ 点上流体质点的加速度。

答案：（1）$\dfrac{\partial v_x}{\partial t} = 4$，$\dfrac{\partial v_y}{\partial t} = 0$；（2）$a_x = 3$，$a_y = -1$

3-8. 已知用拉格朗日变数表示流速场为

$$\left.\begin{array}{l} v_x = (a+1)e^t - 1 \\ v_y = (b+1)e^t - 1 \end{array}\right\}$$

式中，a，b 是 $t = 0$ 时流体质点的直角坐标值。试求：（1）$t = 2$ 时，流体中质点的分布规律；（2）$a = 1$，$b = 2$ 时，这个质点的运动规律；（3）加速度场。

答案：$\left.\begin{array}{l} x = (a+1)e^2 - 3 \\ y = (b+1)e^2 - 3 \end{array}\right\}$；$\left.\begin{array}{l} x = 2e^2 - t - 1 \\ y = 3e^2 - t - 1 \end{array}\right\}$；$\left.\begin{array}{l} a_x = (a+1)e^t \\ a_y = (b+1)e^t \end{array}\right\}$

3-9. 已知速度场 $v_x = 2x$，$v_y = -2y$，$v_z = 0$，试求流体质点的加速度及流场中 $(1, 1)$ 点的加速度。

答案：$\boldsymbol{a} = 4x\boldsymbol{i} + 4y\boldsymbol{j}$；$\boldsymbol{a} = 4\boldsymbol{i} + 4\boldsymbol{j}$

3-10. 二维不可压缩流场中

$$v_x = 5x^3，\quad v_y = -15x^2 y$$

试求 $(x = 1\text{m}，y = 2\text{m})$ 点上的速度和加速度。

答案：$v = 30.41\text{m/s}$；$a = 167.71\ \text{m/s}^2$

3-11. 已知流场的速度为：$v_x = 2kx$，$v_y = 2ky$，$v_z = -4kz$，其中 k 为常数。试求通过 $(1, 0, 1)$ 点的流线方程。

答案：$x = \dfrac{1}{\sqrt{z}}$ 或 $z = \dfrac{1}{x^2}$

3-12. 如习题 3-12 图所示，已知二维流动的速度场为 $\boldsymbol{v} = (V_0/l)(x\boldsymbol{i} - y\boldsymbol{j})$，其中 V_0 和 l 为常数。试求流线的方程。

答案：$xy = C$

3-13. 已知水通过一直径为 0.1m 的圆管以 0.4m/s 的速度流动，水的运动黏度为 $1 \times 10^{-6}\text{m}^2/\text{s}$，试问该流动是层流还是湍流？

答案：$Re = 4000 > 2320$，流动为湍流

3-14. 不可压缩流体做平面流动，x 方向的速度为 $v_x = e^{-x}\cosh y + 1$。如果 $y = 0$ 时，$v_y = 0$，试由连续性方程求速度 v_y 的表达式。

答案：$v_y = e^{-x}\sinh y$

3-15. 如习题 3-15 图所示，V 形槽的宽度为 b，水自入流管注入的流量为 q_V。试求：（1）导出 $\text{d}h/\text{d}t$；（2）液面高度由 h_1 升至 h_2 所需的时间。

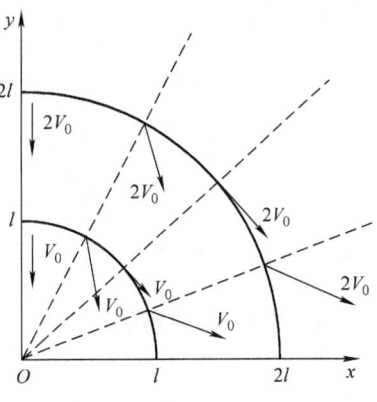

习题 3-12 图

答案：$\dfrac{\mathrm{d}h}{\mathrm{d}t} = \dfrac{q_v}{(h\cot 20°)hb}$；$\Delta t = \dfrac{C}{3}(h_2^3 - h_1^3)$，其中

$C = \dfrac{b\cot 20°}{q_v}$

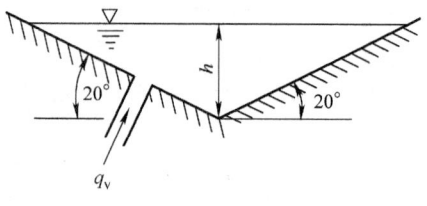

3-16. 已知一个非稳定二维流场中的速度分布如下：

$$v_x = x/(t-3), \quad v_y = y + 2$$

试求流线方程和迹线方程。

习题 3-15 图

答案：$x^{t-3} = C(y+2)$；$y = C_2 \mathrm{e}^{\frac{x}{C_1}+3} - 2$

3-17. 已知直角坐标系中的速度场

$$\begin{cases} v_x = x + t \\ v_y = y + t \end{cases}$$

试求：（1）一般的迹线方程，令 $t=0$ 时的坐标值为（a，b）；（2）在 $t=1$ 时刻过（1，2）点的质点的迹线；（3）在 $t=1$ 时刻过（1，2）点的流线；（4）以拉格朗日变数表示的速度分布 $v = v(a, b, t)$。

答案：$\begin{cases} x = (a+1)\mathrm{e}^t - t - 1 \\ y = (b+1)\mathrm{e}^t - t - 1 \end{cases}$；$\begin{cases} x = 3\mathrm{e}^{t-1} - t - 1 \\ y = 4\mathrm{e}^{t-1} - t - 1 \end{cases}$；$x = \dfrac{2}{3}y - \dfrac{1}{3}$；$\begin{cases} v_x = (a+1)\ \mathrm{e}^t - 1 \\ v_y = (b+1)\ \mathrm{e}^t - 1 \end{cases}$

3-18. 已知速度场

$$\left. \begin{array}{l} v_x = \dfrac{1}{\rho}\ (y^2 - x^2) \\[2mm] v_y = \dfrac{1}{\rho}\ (2xy) \\[2mm] v_z = \dfrac{1}{\rho}\ (-2tz) \\[2mm] \rho = t^2 \end{array} \right\}$$

试问流动是否满足连续性条件。

答案：$\dfrac{\partial \rho}{\partial t} + \dfrac{\partial(\rho v_x)}{\partial x} + \dfrac{\partial(\rho v_y)}{\partial y} + \dfrac{\partial(\rho)}{\partial z} = 2t - 2x + 2x - 2t = 0$，满足连续性条件

3-19. 已知一不可压缩流体空间流动速度分量为 $v_x = x^2 + y^2 + x + y + z$，$v_y = y^2 + 2yz$。试用连续性方程推出 v_z 的表达式。

答案：$v_z = -2z(x+y) - z^2 - z + c$

3-20. 试推导平面流动中，极坐标形式的连续性方程：

$$\dfrac{\partial \rho}{\partial t} + \dfrac{1}{r}\left[\dfrac{\partial(\rho r v_r)}{\partial r} + \dfrac{\partial(\rho v_\theta)}{\partial \theta}\right] = 0$$

答案：$\dfrac{\partial \rho}{\partial t} + \dfrac{1}{r}\left[\dfrac{\partial(\rho r v_r)}{\partial r} + \dfrac{\partial(\rho v_\theta)}{\partial \theta}\right] = 0$，当密度 ρ 为常数时，$\dfrac{\partial(r v_r)}{\partial r} + \dfrac{\partial v_\theta}{\partial \theta} = 0$

3-21. 不可压缩流体平面连续流动，其速度分布为 $v_y = y^2 - y - x$，假定 $x=0$ 时，$v_x = 0$，试求 v_x。

答案：$v_x = (1-2y)x = x - 2xy$

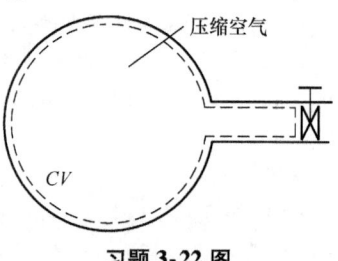

3-22. 如习题 3-22 图所示，体积 $V = 0.05\mathrm{m}^3$ 的压力容器内盛有绝对压强为 800kPa、温度为 15℃ 的空气，空气从一截面面积 $A = 65\mathrm{mm}^2$ 的阀门流出，初始时空气流过阀门的速度 $v = 5.18\mathrm{m/s}$，密度 $\rho = 6.13\mathrm{kg/m}^3$。假设容器内的流体参数是均匀的，试确定初始时刻容器内密度的瞬时变化率。

习题 3-22 图

答案：$\dfrac{\partial \rho}{\partial t} = -\dfrac{\rho v A}{V} = -0.0413 \mathrm{kg/(m^3 \cdot s)}$，压力容器中流体密度在减小

3-23. 如题 3-23 图所示，已知半径为 r_0 的圆管中，过流断面上的流速分布为 $v = v_{\max}(y/r_0)^{1/7}$，其中 $v_{\max}$ 是断面轴线上最大流速，y 为距管壁的距离。试求：（1）通过的流量和断面平均流速；（2）过流断面上，速度等于平均流速的点距管壁的距离。

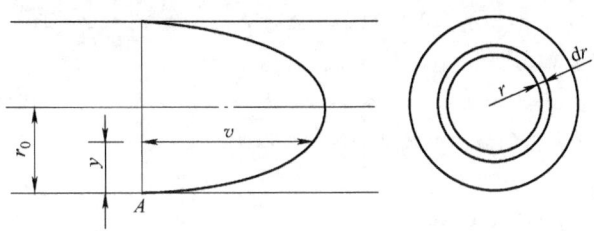

习题 3-23 图

答案：（1）$q_v = \dfrac{49}{60}\pi r_0^2 v_{\max}$，$\bar{v} = \dfrac{q_v}{A} = \dfrac{49}{60}v_{\max}$；（2）$y = 0.242 r_0$

3-24. 某段自来水管，其管径 $d = 100\mathrm{mm}$，管中流速 $v = 1.0\mathrm{m/s}$，水的温度为 $10^{\circ}\mathrm{C}$，试判明管中水流形态。

答案：$Re = 76452.6 > Re_c = 2320$，管中水流处在湍流形态

3-25. 如题 3-25 图所示四冲程六缸汽油发动机进气管路，试求进入发动机的空气质量流量 q_m 及进气管、喉部、气门处的气流速度 v_1、v_2、v_3。已知条件如下：

环境大气压 $p = 101300\mathrm{Pa}$，环境气温 $t = 20^{\circ}\mathrm{C}$，进气管直径 $d_1 = 6\mathrm{cm}$，喉部直径 $d_2 = 3\mathrm{cm}$，气门直径 $d_3 = 2.5\mathrm{cm}$，气门杆直径 $d_4 = 0.8\mathrm{cm}$，气缸直径 $D = 10\mathrm{cm}$，活塞冲程 $s = 12\mathrm{cm}$，发动机曲轴转速 $n = 2500\mathrm{r/min}$，由于进排气重叠，实际进气量与理论容积之比称为充气系数，充气系数 $\eta_v = 0.8$，四冲程发动机每两转，六缸各吸气一次，据此计算理论容积。

答案：$q_m = 0.11\mathrm{kg/s}$，$v_1 = 33.3\mathrm{m/s}$，$v_2 = 133.3\mathrm{m/s}$，$v_3 = 35.6\mathrm{m/s}$

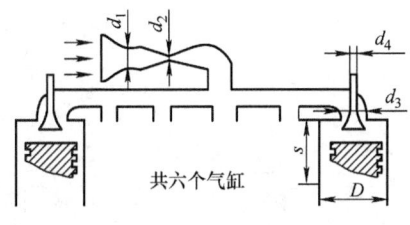

共六个气缸

习题 3-25 图

3-26. 已知不可压流场在 x 方向的速度分量为 $v_x = a(x^2 - y^2)$，z 方向的速度分量为 $v_z = b$，a 和 b 均为常数，试根据连续方程求 y 方向的速度分量。

答案：$v_y = -2axy + c$，其中 c 为常数

3-27. 可压缩流体在变截面管道中流动，如题 3-27 图所示，试推导连续性方程

$$\frac{\partial \rho}{\partial t} + \frac{1}{A}\frac{\partial(\rho v A)}{\partial x} = 0$$

式中，A 是截面面积；v 是截面平均流速；x 是沿管轴线的坐标。

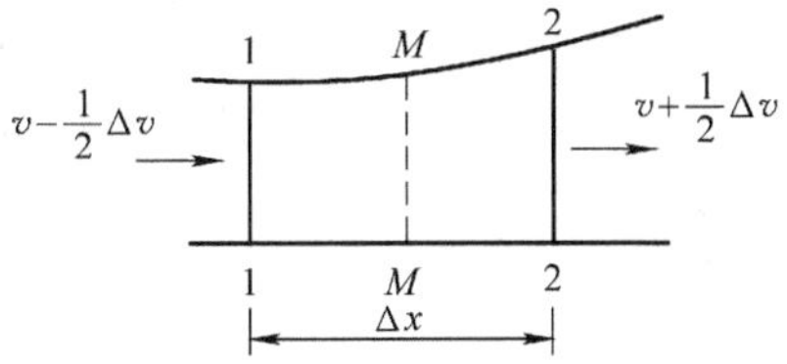

答案：$A\dfrac{\partial \rho}{\partial t} + \rho\left(v\dfrac{\partial A}{\partial x} + A\dfrac{\partial v}{\partial x}\right) + vA\dfrac{\partial \rho}{\partial x} = 0$，整理得 $\dfrac{\partial \rho}{\partial t} + \dfrac{1}{A}\dfrac{\partial(\rho v A)}{\partial x} = 0$

习题 3-27 图

3-28. 如题 3-28 图所示不可压缩流体流过不透水的平板，流入速度是均匀的，为 U_0；而出口流速呈抛物线分布，即 $v = U_0(y/\delta)^2$，若抛物线在 $y = \delta$ 处的值为最大，$v_{\max} = U_0$，平板垂直纸面宽度为 b。试求流过上层控制面的流量 q_v。

答案：$q_v = \dfrac{2}{3} b U_0 \delta$，本题是定常流条件下，不可压缩流体质量守恒原理的应用

3-29. 如习题 3-29 图所示定常水流流过该种装置，有效截面 A_1、A_3 和 A_4 上的流速方向如图所示。已知截面 $A_1 = 0.0186\text{m}^2$，$A_2 = 0.0465\text{m}^2$，$A_3 = A_4 = 0.0372\text{m}^2$，通过 A_3 的质量流量 $q_{m3} = 3400\text{kg/h}$，通过 A_4 的体积流量 $q_{v4} = 1.7\text{m}^3/\text{h}$，截面 A_1 上的流速 $v_1 = 0.5\text{m/s}$，水的密度 $\rho = 1000\text{kg/m}^3$。假设进出口截面上的流动参数是均匀的，试求通过 A_2 的质量流量和流速。

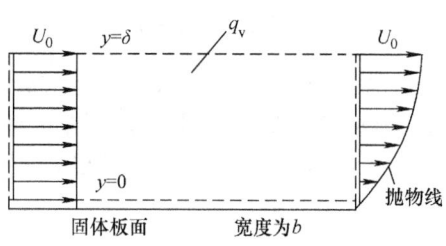

习题 3-28 图

答案：$q_{m2} = 8.828\text{kg/s}$；$v_2 = 0.178\text{m/s}$

3-30. 如习题 3-30 图所示变直径水管，已知粗管直径 $d_1 = 200\text{mm}$，断面平均流速 $v_1 = 0.8\text{m/s}$，细管直径 $d_2 = 100\text{mm}$，试求细管管段的断面平均流速。

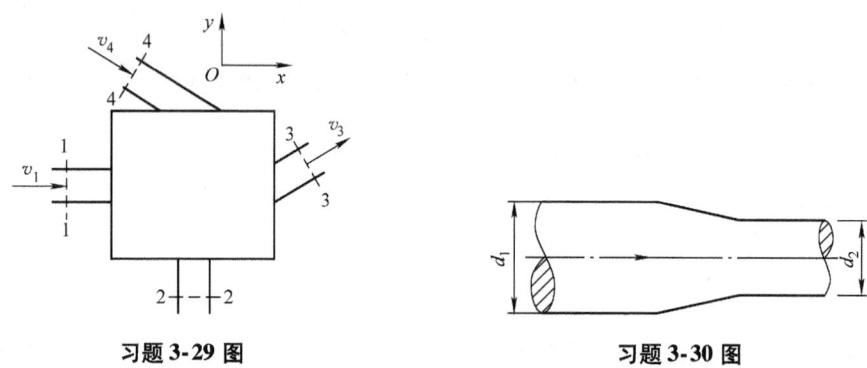

习题 3-29 图

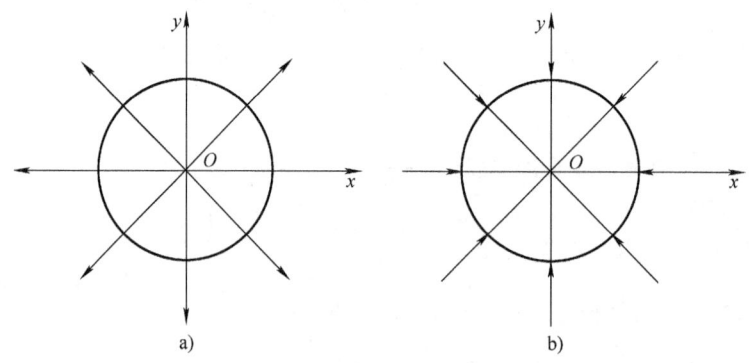

习题 3-30 图

答案：$v_2 = 3.2\text{m/s}$

3-31. 如习题 3-31 图所示平面点源流动和平面点汇流动流速场，已知 $v_x = Cx/(x^2 + y^2)$，$v_y = Cy/(x^2 + y^2)$，$v_z = 0$，其中 C 为常数。求流线方程。

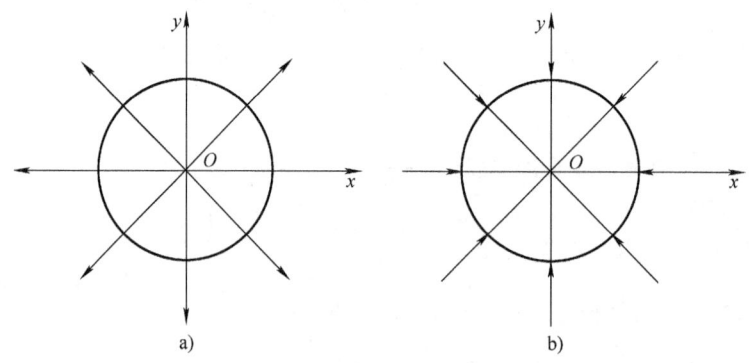

a)   b)

习题 3-31 图

a）平面点源流动　b）平面点汇流动

答案：$y = C_1 x$，$z = C_2$，流动称为平面点源流动（$C > 0$ 时），或平面点汇流动（$C < 0$ 时）

3-32. 如习题 3-32 图所示，导管（1）和（2）的直径 $d_1 = d_2 = 2\text{cm}$，导管（3）的直径 $d_3 = 3\text{cm}$。酒精（相对密度 $S = 0.79$）自导管（1）流入，流速为 8m/s。而水自导管（2）流入，流速为 12m/s。若此两

种不可压缩流体在容器内作充分的混合，试求导管（3）出口流速 v_3 和密度 ρ_3。

答案：$v_3 = 8.89\text{m/s}$；$\rho_3 = 916\text{kg/m}^2$

3-33. 已知二维流场的速度分布为 $v_x = -6y$，$v_y = -8x$，试求如习题 3-33 图所示绕圆 $x^2 + y^2 = R^2$ 的速度环量。

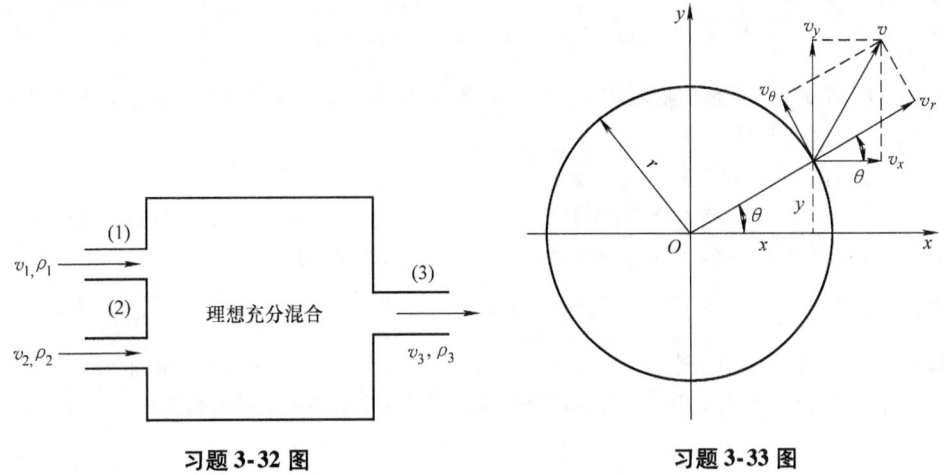

习题 3-32 图　　　　　　　习题 3-33 图

答案：$\Gamma = 14\pi r^2$

3-34. 对于 $v_x = 2xy$，$v_y = a^2 + x^2 - y^2$ 的平面流动，a 为常数，试分析判断：（1）是定常流还是非定常流？（2）是均匀流还是非均匀流？（3）是有旋流还是无旋流？

答案：（1）定常流；（2）非均匀流；（3）无旋流

3-35. 如习题 3-35 图所示，一个圆柱形水池，水深为 $H = 3\text{m}$，池底面直径 $D = 5\text{m}$，在池底侧壁开设一个直径为 $d = 0.5\text{m}$ 的孔口，水从孔口流出时，水池液面逐渐下降。试求水池中的水全部泄空所经历的时间 T。

答案：$T = 78.22\text{s}$

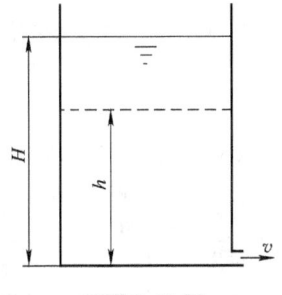

习题 3-35 图

3-36. 平面流动的速度分布为 $v_x = x^2 y$，$v_y = xy^2$，验证：任一点的速度和加速度的方向相同。

答案：$a_y / a_x = y/x$，$v_y / v_x = y/x$，故加速度和速度方向相同

3-37. 试证明均匀流的流速环量等于零，如习题 3-37 图所示。

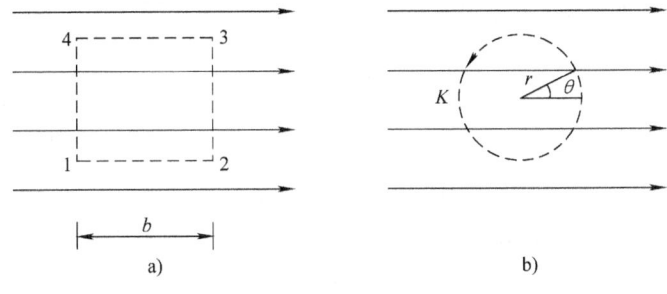

a)　　　　　　　　　　b)

习题 3-37 图

答案：$\Gamma_{12341} = bv_0 + 0 - bv_0 + 0 = 0$，$\Gamma_K = v_0 r \int_0^{2\pi} \cos(90° + \theta)\mathrm{d}\theta = 0$

3-38. 距台风中心 8000m 处的风速是 13.33m/s，气压表读数为 98200Pa，试求距台风中心 800m 处的风

速和风压，假设流场为自由涡诱导流动。

答案：$v = 133.3\text{m/s}$；$p = 86853\text{Pa}$

3-39. 已知理想流体的速度分布为 $v_x = a\sqrt{y^2 + z^2}$，$v_y = v_z = 0$，试求涡线方程以及沿封闭周线 $x^2 + y^2 = b^2(z = 0)$ 的速度环量，其中 a、b 为常数。

答案：$\begin{cases} y^2 + z^2 = C_1 \\ x = C_2 \end{cases}$；$\varGamma = -\pi ab^2$

3-40. 设某一平面流动的流函数为 $\psi(x, y, t) = -\sqrt{3}x + y$，试求该流动的速度分量，并通过点 $A(1, 0)$ 和点 $B(2, \sqrt{3})$ 的连接线 AB 的流量 q_{vAB}。

答案：$v = 2\text{m/s}$；$q_{vAB} = 0\text{m}^3/\text{s}$

3-41. 设一平面不可压缩流体的速度分量为 $v_x = 4x - y$，$v_y = -4y - x$。（1）证明此流动满足连续性条件。（2）写出该流动的流函数。（3）若流动是有势的，写出其速度势函数。

答案：（1）$\dfrac{\partial v_x}{\partial x} + \dfrac{\partial v_y}{\partial y} = 4 + (-4) = 0$；（2）$\psi = 4xy - \dfrac{y^2}{2} + \dfrac{x^2}{2} + C_1$；（3）$\varphi = 2x^2 - xy - 2y^2 + C_2$

3-42. 已知某二维不可压缩流场的速度分布为 $v_x = x^2 + 4x - y^2$，$v_y = -2xy - 4y$。试确定：（1）流动是否连续？（2）流动是否有旋？（3）速度为零的驻点位置；（4）速度势函数 φ 和流函数 ψ。

答案：（1）流动连续；（2）流场无旋；（3）$\begin{cases} x_1 = 0 \\ y_1 = 0 \end{cases}$，$\begin{cases} x_2 = -4 \\ y_2 = 0 \end{cases}$；（4）$\varphi = \dfrac{1}{3}x^3 + 2x^2 - y^2x - 2y^2$，$\psi = x^2y + 4xy - \dfrac{1}{3}y^3$

3-43. 二维不可压缩流体的速度分布假定为

$$\begin{cases} v_x = \mathrm{e}^{-x}\cosh y \\ v_y = \mathrm{e}^{-x}\sinh y \end{cases}$$

试判断这种流动是否可能。

答案：$\dfrac{\partial v_x}{\partial x} + \dfrac{\partial v_y}{\partial y} = -\mathrm{e}^{-x}\cosh y + \mathrm{e}^{-x}\cosh y = 0$，流动可能

3-44. 如习题 3-44 图所示，断面为矩形的送风通道，通过 a、b、c、d 四个 $200\text{mm} \times 200\text{mm}$ 的送风口向室内输送冷空气。风道截面尺寸如图中所示（单位 mm），若每个送风口的流速均为 5m/s，求通过 $B-B$、$C-C$、$D-D$ 断面上的风量和风速。

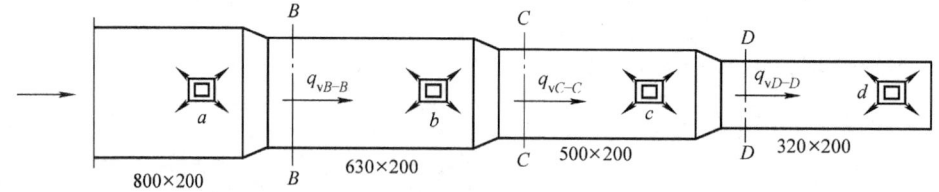

习题 3-44 图

答案：$v_{B-B} = 4.76\text{m/s}$；$v_{C-C} = 4.00\text{m/s}$；$v_{D-D} = 3.13\text{m/s}$

3-45. 在二维涡量场中，已知圆心在坐标原点、半径 $r = 0.2\text{m}$ 的圆区域内流体的涡通量 $J = 0.8\pi\text{m}^2/\text{s}$。若流体微团在半径 r 处的速度分量 v_θ 为常数，它的值是多少？

答案：$v_\theta = \dfrac{J}{2\pi r} = 2\text{m/s}$

3-46. 给定流速场 $v_x = x^2y + y^2$，$v_y = x^2 - y^2x$，$v_z = 0$，问：（1）是否同时存在流函数和势函数？（2）如存在，求出其具体形式。

答案：（1）流函数 $\psi = \dfrac{x^2 y^2}{2} + \dfrac{y^3}{3} - \dfrac{x^3}{3}$；（2）$\omega_z = \dfrac{1}{2}\left(\dfrac{\partial v_y}{\partial x} - \dfrac{\partial v_x}{\partial y}\right) \neq 0$，不存在势函数

3-47. 若已知一定常平面流动的速度分布为 $v_x = -4y$，$v_y = -4x + 1$。试问：（1）该流动是否为势流？若是，求出速度势函数；（2）该流动是否存在流函数？若存在，求出流函数。

答案：（1）$\varphi = -4xy + y + C$，C 为常数；（2）$\psi = 2x^2 - x + 2y^2 + C$，$C$ 为常数

3-48. 不可压缩流体平面势流的速度势 $\varphi = xy$，试求速度分量和流函数。

答案：$v_x = \dfrac{\partial \varphi}{\partial x} = y$，$v_y = \dfrac{\partial \varphi}{\partial y} = x$；$\psi = \dfrac{1}{2}(y^2 - x^2) + C$，$C$ 为常数

3-49. 已知一个二维流动的流场的速度为 $\boldsymbol{v} = 4xy\boldsymbol{i} + 2(x^2 - y^2)\boldsymbol{j}$，试问这个流动是否是无旋流动？

答案：$\boldsymbol{\omega} = \omega_x \boldsymbol{i} + \omega_y \boldsymbol{j} + \omega_z \boldsymbol{k} = 0$，为无旋流动

3-50. 给定直角坐标系中速度场为

$$\boldsymbol{v} = (x^2 y + y^2)\boldsymbol{i} + (x^2 - xy^2)\boldsymbol{j} + 0 \cdot \boldsymbol{k}$$

试求线变形率和剪切角变形；并判断该流场是否为不可压缩流场。

答案：$\theta_{xx} = \dfrac{\partial v_x}{\partial x} = 2xy$，$\theta_{yy} = \dfrac{\partial v_y}{\partial y} = -2xy$，$\theta_{zz} = 0$；$\varepsilon_{xy} = \varepsilon_{yx} = \dfrac{x^2 - y^2}{2} + x + y$，$\varepsilon_{yz} = \varepsilon_{zy} = 0$，$\varepsilon_{zx} = \varepsilon_{xz} = 0$；$\dfrac{\partial v_x}{\partial x} + \dfrac{\partial v_y}{\partial y} + \dfrac{\partial v_z}{\partial z} = 0$，为不可压缩流场

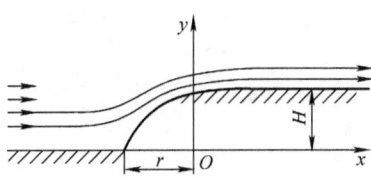

3-51. 如习题 3-51 图所示，风速 $U_0 = 12\text{m/s}$（强风）的水平风，吹过高度 $H = 300\text{m}$，形状接近钝头曲线型的山坡，试用势流来描述此流动。

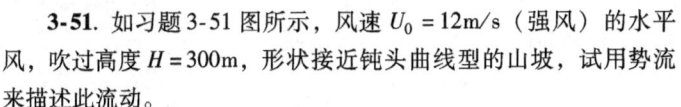

习题 3-51 图

答案：$\varphi = 12r\cos\theta + 1146.5\ln r$；$\psi = 12r\sin\theta + 1146.5\theta$；$v_r = 12\cos\theta + 1146.5\dfrac{1}{r}$，$v_\theta = -12\sin\theta$

3-52. 已知平面不可压缩流体流动的流速为 $v_x = x^2 + 2x - 4y$，$v_y = -2xy - 2y$。

（1）检查流动是否连续；（2）检查流动是否有旋；（3）求流场驻点位置；（4）求流函数。

答案：（1）$\dfrac{\partial v_x}{\partial x} + \dfrac{\partial v_y}{\partial y} = 0$；（2）$\omega_z = -y + 2 \neq 0$，为有旋流动；（3）3 驻点 $(0, 0)$、$(-2, 0)$、$\left(-1, -\dfrac{1}{4}\right)$；（4）$\psi = x^2 y + 2xy - 2y^2$

3-53. 已知平面势流的势函数 $\varphi = 4(x^2 - y^2)$，试求速度和流函数。

答案：$v_x = 8x$，$v_y = -8y$；$\psi = 8xy + C$，C 为常数

3-54. 试求证均匀直线流与点源叠加后的流动为如习题 3-54 图所示的半体绕流。已知 x 方向流速为 U 的均匀直线的势函数和流函数分别为

$$\begin{cases} \varphi_1 = Ux = Ur\cos\theta \\ \psi_1 = Uy = Ur\sin\theta \end{cases}$$

置于坐标原点强度为 $q/(2\pi)$ 的点源的势函数和流函数分别为

$$\begin{cases} \varphi_2 = \dfrac{q}{2\pi}\ln\sqrt{x^2 + y^2} = \dfrac{q}{2\pi}\ln r \\ \psi_2 = \dfrac{q}{2\pi}\arctan(y/x) = \dfrac{q}{2\pi}\theta \end{cases}$$

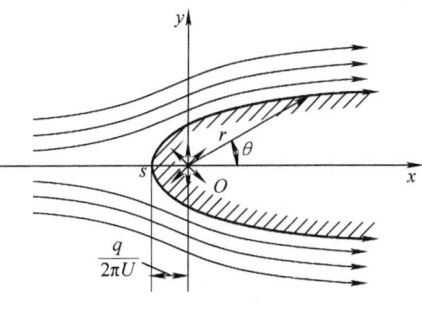

习题 3-54 图

答案：
$$\begin{cases} \varphi = \varphi_1 + \varphi_2 = Ur\cos\theta + \dfrac{q}{2\pi}\ln r \\ \psi = \psi_1 + \psi_2 = Ur\sin\theta + \dfrac{q}{2\pi}\theta \end{cases} \quad ; \quad \begin{cases} v_x = U + \dfrac{q}{2\pi}\dfrac{\cos\theta}{r} \\ v_y = \dfrac{q}{2\pi}\dfrac{\sin\theta}{r} \end{cases} \quad ; \quad 驻点坐标 \begin{cases} \theta_s = \pi \\ r_s = \dfrac{q}{2\pi U} \end{cases}$$

3-55. x 轴上的两点 $(a, 0)$ 和 $(-a, 0)$ 分别放置强度为 Q 的一个点源和一个点汇。试证明叠加后组合流动的流函数为

$$\psi = \frac{Q}{2\pi}\arctan\frac{2ay}{x^2 + y^2 - a^2}$$

答案：$\psi = \dfrac{Q}{2\pi}(\theta_1 - \theta_2) = \dfrac{Q}{2\pi}\arctan\dfrac{2ay}{x^2 + y^2 - a^2}$

第 3 章内容提要、
思考题解答及
习题详解

第 4 章

流体动力学基础

流体动力学用来解释流体运动的原因，即作用在流体上的力与运动要素之间的关系，具体来说就是质点力学中的牛顿第二定律和能量守恒定律在流体力学中的具体表现形式。由于流体在运动过程中会产生变形，因此可以想象，描述流体运动（流动）的牛顿第二定律、能量守恒与转化方程比质点力学要复杂得多。流体动力学的基本方程是积分方程或偏微分方程组，而在质点力学中的基本方程为代数方程或代数方程组。

建立流体动力学基本方程有两方面的目的，一方面用来揭示流体流动的机理，另一方面是来解决工程实践问题，指导机械仪器设备的设计、制造及其性能分析和环境预测预报等。对于工程流体力学而言，其主要的目的是指第二个方面。

根据实际工程的需要，许多情况下我们只是关心充满流动空间的总流的总体规律，比如过流断面上的平均压强、平均流速、流量等参数的变化规律，而不关心某一特定空间点上的参数变化。这种规律足以解决工程和生活上的一大类问题，比如城市给排水的管网系统、水泵和风机在管路上的工作、水枪的射流等。本章将给出积分形式的流体动力学基本方程式，重点阐述总流的运动规律。但是在工程实际中，许多情况下仅仅知道总流的运动规律是不够的，还需要了解整个流场上的压强、速度分布规律，比如现代涡轮机、内燃机、空气压缩机等以流体作为工作介质的机械设备的设计、性能分析等，这就需要建立微分形式的流体动力学方程，联立其他方程，组成封闭形式的方程组，研究各种数值的求解方法，编制程序借助计算机来求解，即所谓计算流体力学。

本章着重讨论实际黏性流体运动微分形式的纳维-斯托克斯方程和积分形式的伯努利方程。鉴于纳维-斯托克斯方程的非线性，除了少数特殊情况能够求得精确解外，不存在一般的求解方法，因此必须转向近似解。纳维-斯托克斯方程在两个极端情况下，即极大黏性和极小黏性的流动问题中可获得大大的简化。前者研究极缓慢流动的问题，例如轴承润滑理论；后者主要研究边界层理论。

4.1 流体运动微分方程

4.1.1 理想流体运动微分方程

在静止（平衡）的流体里，无论是理想还是实际黏性流体，流体质点只能承受压应力，即流体静压强。同时也已证明任意一点上的流体静压强与作用方向无关，只是位置的函数。在运动的流体中，既可能有压应力，也可能有切应力。流体的运动问题就进一步变得更加复杂。为了与第 2 章中的静压强以示区别，这里称运动压应力为动压强。

在运动的理想流体里，由于没有黏滞性的作用，虽质点间有相对运动，但不会有切应力。因此，在运动的理想流体中只有流体的动压强。但流体运动时，一般情况下表面力不能平衡质量力，根据牛顿第二运动定律可知，流体将产生加速度。

在运动的无黏性流体中，取微元平行六面体，正交的三个边长 dx、dy、dz，分别平行 x、y、z 坐标轴，如图 4-1 所示。设六面体的中心点 $O'(x, y, z)$ 速度为 v、压强为 p，先来分析该微元六面体 x 方向的受力和运动情况。

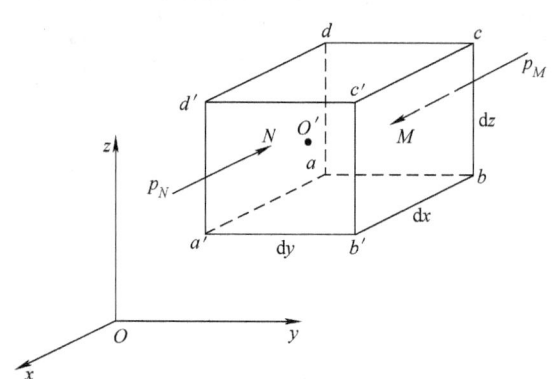

图 4-1　无黏性流体微元体

表面力：无黏性流体内不存在剪应力，只有压强。x 方向受压面（$abcd$ 面和 $a'b'c'd'$ 面）形心点的压强为

$$p_M = p - \frac{1}{2}\frac{\partial p}{\partial x}dx$$

$$p_N = p + \frac{1}{2}\frac{\partial p}{\partial x}dx$$

受压面上的压力

$$F_M = p_M dy dz$$

$$F_N = p_N dy dz$$

质量力

$$F_{mx} = \rho f_x dx dy dz$$

由牛顿第二定律

$$\sum F_x = m\frac{dv_x}{dt} = \left[\left(p - \frac{1}{2}\frac{\partial p}{\partial x}dx\right) - \left(p + \frac{1}{2}\frac{\partial p}{\partial x}dx\right)\right]dy dz + f_x \rho dx dy dz = \rho dx dy dz \frac{dv_x}{dt}$$

化简得

$$f_x - \frac{1}{\rho}\frac{\partial p}{\partial x} = \frac{dv_x}{dt}$$

同理得到 f_y、f_z 的表达式，有

$$\left.\begin{array}{l} f_x - \dfrac{1}{\rho}\dfrac{\partial p}{\partial x} = \dfrac{dv_x}{dt} \\[2mm] f_y - \dfrac{1}{\rho}\dfrac{\partial p}{\partial y} = \dfrac{dv_y}{dt} \\[2mm] f_z - \dfrac{1}{\rho}\dfrac{\partial p}{\partial z} = \dfrac{dv_z}{dt} \end{array}\right\} \tag{4-1}$$

将加速度项展开成欧拉法表达式

$$\left.\begin{array}{l} f_x - \dfrac{1}{\rho}\dfrac{\partial p}{\partial x} = \dfrac{\partial v_x}{\partial t} + v_x\dfrac{\partial v_x}{\partial x} + v_y\dfrac{\partial v_x}{\partial y} + v_z\dfrac{\partial v_x}{\partial z} = \dfrac{\mathrm{d}v_x}{\mathrm{d}t} \\[2mm] f_y - \dfrac{1}{\rho}\dfrac{\partial p}{\partial y} = \dfrac{\partial v_y}{\partial t} + v_x\dfrac{\partial v_y}{\partial x} + v_y\dfrac{\partial v_y}{\partial y} + v_z\dfrac{\partial v_y}{\partial z} = \dfrac{\mathrm{d}v_y}{\mathrm{d}t} \\[2mm] f_z - \dfrac{1}{\rho}\dfrac{\partial p}{\partial z} = \dfrac{\partial v_z}{\partial t} + v_x\dfrac{\partial v_z}{\partial x} + v_y\dfrac{\partial v_z}{\partial y} + v_z\dfrac{\partial v_z}{\partial z} = \dfrac{\mathrm{d}v_z}{\mathrm{d}t} \end{array}\right\} \tag{4-2}$$

用矢量表示

$$\boldsymbol{f} - \frac{1}{\rho}\nabla p = \frac{\partial \boldsymbol{v}}{\partial t} + (\boldsymbol{v}\cdot\nabla)\boldsymbol{v} \tag{4-3}$$

式（4-3）即理想流体运动微分方程式，又称欧拉运动微分方程式。式（4-3）是牛顿第二定律的流体力学表达式，是控制理想流体运动的基本方程式。该方程对于定常流或非定常流，对于不可压缩流体或可压缩流体都适用。对于平衡（静止）流体，只受质量力、压应力的作用，运动方程简化为第 2 章中介绍的欧拉平衡微分方程

$$\boldsymbol{f} - \frac{1}{\rho}\nabla p = 0$$

对于不可压缩均质流体，ρ 是常数，欧拉运动微分方程式（4-2）与不可压缩流体的连续性方程 $\dfrac{\partial v_x}{\partial x} + \dfrac{\partial v_y}{\partial y} + \dfrac{\partial v_z}{\partial z} = 0$ 联立，共有 4 个未知数 v_x、v_y、v_z 和 p，再加上确定的初始条件和边界条件，则该方程组理论上可以求解。对于可压缩流体，ρ 是变量，欧拉运动微分方程式（4-2）与可压缩流体的连续性方程 $\dfrac{\partial \rho}{\partial t} + \dfrac{\partial(\rho v_x)}{\partial x} + \dfrac{\partial(\rho v_y)}{\partial y} + \dfrac{\partial(\rho v_z)}{\partial z} = 0$ 联立则有 5 个未知数，因此必须根据具体问题补充一个方程，才可求解。

然而，不论是可压缩流体还是不可压缩流体，由于方程中的惯性项是非线性的，因此，要求解这样一个非线性的二阶偏微分方程组，这在数学上是十分困难的，目前只能在一些特殊情况下将方程进一步化简，然后才能求解。

面对一个流动问题求解时，连续方程式等均为偏微分方程，因此边界条件是必不可缺的。沿着固体表面的流动，如图 4-2 所示，贯通表面的速度分量 v_y 和在固体表面上的沿着表面方向的速度分量 v_x 均为 0，即

$$v_x = 0,\ v_y = 0 \tag{4-4}$$

$v_x = 0$ 的条件称为无滑移条件。除了稀薄气体和一部分高分子液体之外，无滑移条件的成立已被实验所证明。对压力，一般给定某一位置的压力值作为边界条件，比如，管路内的流动给定进口的压力，物体绕流则给定物体壁面上一点的压力，或者给定离物体无限远处的压力作为边界条件。

对气液界面，液体不是和固体壁面直接相连接，具有自由表面的情况时的边界条件和式（4-4）稍有不同。为了简单些，考虑界面的形状不随时间变化的情况。如图 4-3 所示，气体的速度、压力和黏度用上标 * 来表示，与液体的对应量进行区分。因为可以忽略界面形状的变化，垂直于界面方向的速度 v_y 为 0，沿着界面方向的速度 v_x 不是 0，但是气体侧的切应力和液体侧的切应力应相同，由此可得 v_x 的边界条件。所以，在界面处

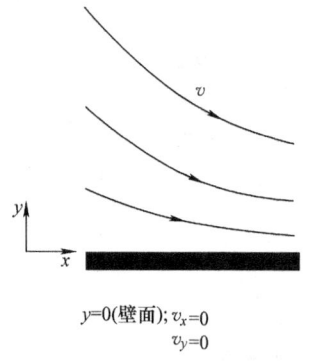

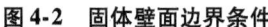

$$y=0(壁面); v_x=0$$
$$v_y=0$$

图4-2 固体壁面边界条件

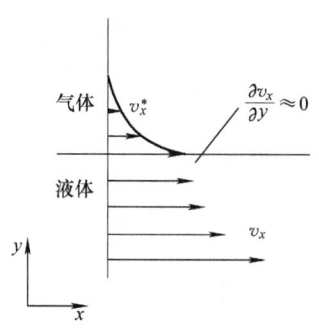

图4-3 流体之间边界条件

$$v_y = v_y{}^* = 0, \quad \mu\frac{\partial v_x}{\partial y} = \mu^*\frac{\partial v_x{}^*}{\partial y} \qquad (4-5)$$

气体的黏度和液体的黏度相比非常小，因此如图4-3所示只考虑液体侧滑动时，$\mu^*/\mu \ll 1$，可以近似认为 $\partial v_x/\partial y = 0$，并可应用该条件求解 v_x。压力在界面上为 $p = p^*$，考虑到气体侧的流动可忽略不计时，在界面上压力 $p =$ 常数，可取为大气压；而在界面具有一定的曲率时，由于存在表面张力，在气液之间产生压力差 $\Delta p = T/R$，这里 T 为表面张力，R 为曲率半径。另外，对气液界面来说，式（4-5）只是对没有混合的两层流体界面成立；若存在混合时，不是要考虑表面张力而是要考虑界面张力。

4.1.2 实际黏性流体运动微分方程（纳维－斯托克斯方程式）

一切实际流体都具有黏性，理想流体运动微分方程存在局限，只适用于理想流体。为此，需要建立实际黏性流体的运动微分方程。

1. 黏性流体动压强

理想流体因无黏性，运动时不出现切应力，只有法向应力，即动压强 p，用类似分析流体静压强特性的方法，便可证明任一点动压强的大小与作用面的方位无关，是空间坐标和时间变量的函数，即 $p = p(x,y,z,t)$。

黏性流体的应力状态和理想流体不同，由于黏性作用，运动时出现摩擦切应力，使任一点法向应力的大小与作用面的方位有关。如以应力符号的第一个下角标表示作用面的方位，第二个下角标表示应力的方向，则法向应力 $p_{xx} \neq p_{yy} \neq p_{zz}$。进一步的研究证明，同一点任意三个正交面上法向应力之和 $p_{xx} + p_{yy} + p_{zz}$ 是坐标变换中的不变量，即其值不随坐标轴的转动而改变，即

$$p_{xx} + p_{yy} + p_{zz} = p_{\alpha\alpha} + p_{\beta\beta} + p_{\gamma\gamma}$$

据此，在黏性流体中，把某点三个正交面上的法向应力的平均值定义为该点的动压强，以 p 表示为

$$p = \frac{1}{3}(p_{xx} + p_{yy} + p_{zz}) \qquad (4-6)$$

它只取决于场点的位置，而与作用面的方位无关。如此定义，黏性流体的动压强也是空间坐标和时间变量的函数，即

$$p = p(x, y, z, t)$$

2. 应力和变形速度（应变率）的关系

黏性流体的应力与变形速度有关，其中法向应力与线变形速度有关，切应力则与角变形速度有关。

流场中某点的动压强 p 是过该点三个相互正交平面上法向应力的平均值，同其中某一平面上的法向应力有一定差值，称为附加法向应力，以 p'_{xx}、p'_{yy}、p'_{zz} 表示。它是由流体微团在法线方向上发生线变形（伸长或缩短）引起的，可表示为

$$\left.\begin{aligned}
p_{xx} &= p + p'_{xx} = p - 2\mu \frac{\partial v_x}{\partial x} \\
p_{yy} &= p + p'_{yy} = p - 2\mu \frac{\partial v_y}{\partial y} \\
p_{zz} &= p + p'_{zz} = p - 2\mu \frac{\partial v_z}{\partial z}
\end{aligned}\right\} \tag{4-7}$$

切应力与角变形速度的关系，在简单剪切流动中符合牛顿内摩擦定律 $\tau = \mu \dfrac{\mathrm{d}v}{\mathrm{d}y}$，将牛顿内摩擦定律推广到一般空间流动，得出

$$\left.\begin{aligned}
\tau_{yz} &= \tau_{zy} = \mu\left(\frac{\partial v_z}{\partial y} + \frac{\partial v_y}{\partial z}\right) \\
\tau_{zx} &= \tau_{xz} = \mu\left(\frac{\partial v_x}{\partial z} + \frac{\partial v_z}{\partial x}\right) \\
\tau_{xy} &= \tau_{yx} = \mu\left(\frac{\partial v_y}{\partial x} + \frac{\partial v_x}{\partial y}\right)
\end{aligned}\right\} \tag{4-8}$$

3. 黏性流体运动微分方程

采用类似推导无黏性流体运动微分方程式（4-1）的方法，取微小平行六面体（质点），根据牛顿第二定律建立以应力（包括剪应力）表示的运动微分方程式，并以式（4-7）、式（4-8）代入整理，便得到不可压缩黏性流体的运动微分方程，即

$$\left.\begin{aligned}
f_x - \frac{1}{\rho}\frac{\partial p}{\partial x} + \nu\nabla^2 v_x &= \frac{\partial v_x}{\partial t} + v_x\frac{\partial v_x}{\partial x} + v_y\frac{\partial v_x}{\partial y} + v_z\frac{\partial v_x}{\partial z} = \frac{\mathrm{d}v_x}{\mathrm{d}t} \\
f_y - \frac{1}{\rho}\frac{\partial p}{\partial y} + \nu\nabla^2 v_y &= \frac{\partial v_y}{\partial t} + v_x\frac{\partial v_y}{\partial x} + v_y\frac{\partial v_y}{\partial y} + v_z\frac{\partial v_y}{\partial z} = \frac{\mathrm{d}v_y}{\mathrm{d}t} \\
f_z - \frac{1}{\rho}\frac{\partial p}{\partial z} + \nu\nabla^2 v_z &= \frac{\partial v_z}{\partial t} + v_x\frac{\partial v_z}{\partial x} + v_y\frac{\partial v_z}{\partial y} + v_z\frac{\partial v_z}{\partial z} = \frac{\mathrm{d}v_z}{\mathrm{d}t}
\end{aligned}\right\} \tag{4-9}$$

上式就是著名的纳维－斯托克斯方程（Navier – Stokes 方程），用向量表示为

$$\boldsymbol{f} - \frac{1}{\rho}\nabla p + \nu\nabla^2\boldsymbol{v} = \frac{\partial \boldsymbol{v}}{\partial t} + \boldsymbol{v}(\boldsymbol{v}\cdot\nabla) = \frac{\mathrm{d}\boldsymbol{v}}{\mathrm{d}t} \tag{4-10}$$

其中拉普拉斯（Laplace）算子为

$$\nabla^2 = \frac{\partial^2}{\partial x^2} + \frac{\partial^2}{\partial y^2} + \frac{\partial^2}{\partial z^2} \tag{4-11}$$

自 1755 年欧拉提出理想流体运动微分方程以来，法国工程师 L. 纳维、英国数学家斯托克斯等经过近百年的研究，最终完成了现在形式的黏性流体运动微分方程，又称为纳维－斯

托克斯方程，简写为 N－S 方程。它是不可压缩黏性流体流动问题研究的出发点。应当注意，推导过程中假定了动力黏度 μ 为常数，因此对于非等温的流动问题，式（4-10）的结果就出现近似的情况，液体介质尤为明显。

N－S 方程表示作用在单位质量流体上的质量力、表面力（压力和黏性力）和惯性力相平衡。由 N－S 方程式（4-9）和连续性微分方程式组成的基本方程组，原则上可以求解速度场 v_x、v_y、v_z 和压强场 p，可以说黏性流体的运动分析，归根到底是对 N－S 方程的研究。

例 4-1　考虑两个平行平板之间的黏性不可压缩流体的运动，流体动力黏度为 μ。设两板为无限平板，间距为 $2h$。下板不动，上板以均匀的速度 U 沿如图 4-4 所示 x 方向运动，设沿流向压力梯度 $\dfrac{\mathrm{d}p}{\mathrm{d}x}$ 为常数，运动定常，流体所受外力不计。求

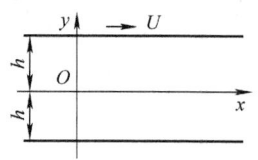

图 4-4　例 4-1 附图

（1）平板间的速度分布 $v(y)$；

（2）压力梯度满足什么条件时，两平板之间的总流量为 0。

解：（1）由不可压缩流体的连续方程知　　$\dfrac{\partial v_x}{\partial x} + \dfrac{\partial v_y}{\partial y} + \dfrac{\partial v_z}{\partial z} = 0$

由 $v_y = 0$，$v_z = 0$，可得　　　　　　　　$\dfrac{\partial v_x}{\partial x} = 0$

又由 N－S 方程

$$\begin{cases} v_x \dfrac{\partial v_x}{\partial x} + v_y \dfrac{\partial v_x}{\partial y} = f_x - \dfrac{1}{\rho}\dfrac{\partial p}{\partial x} + \dfrac{\mu}{\rho}\left(\dfrac{\partial^2 v_x}{\partial x^2} + \dfrac{\partial^2 v_x}{\partial y^2}\right) \\[2mm] v_x \dfrac{\partial v_y}{\partial x} + v_y \dfrac{\partial v_y}{\partial y} = f_y - \dfrac{1}{\rho}\dfrac{\partial p}{\partial y} + \dfrac{\mu}{\rho}\left(\dfrac{\partial^2 v_y}{\partial x^2} + \dfrac{\partial^2 v_y}{\partial y^2}\right) \end{cases}$$

代入边界条件可得

$$\begin{cases} 0 = -\dfrac{1}{\rho}\dfrac{\partial p}{\partial x} + \dfrac{\mu}{\rho}\dfrac{\partial^2 v_x}{\partial y^2} \\[2mm] 0 = -\dfrac{1}{\rho}\dfrac{\partial p}{\partial y} \end{cases}$$

因为 $\dfrac{\partial p}{\partial y} = 0$，说明 p 仅为 x 的函数，故 $\dfrac{\partial p}{\partial x} = \dfrac{\mathrm{d}p}{\mathrm{d}x}$，则

$$\dfrac{\mathrm{d}p}{\mathrm{d}x} = \mu \dfrac{\partial^2 v_x}{\partial y^2}$$

所以有

$$\dfrac{\partial^2 v_x}{\partial y^2} = \dfrac{1}{\mu}\dfrac{\mathrm{d}p}{\mathrm{d}x}$$

积分可得

$$\dfrac{\partial v_x}{\partial y} = \dfrac{1}{\mu} \cdot y \dfrac{\mathrm{d}p}{\mathrm{d}x} + c \ （c \text{ 为常数}）$$

再次积分得

$$v_x = \dfrac{1}{2\mu} \cdot y^2 \dfrac{\mathrm{d}p}{\mathrm{d}x} + c_1 y + c_2 \ （c_1、c_2 \text{ 为积分常数}）$$

由边界条件 $\begin{cases} v_x = U \\ y = h \end{cases}$ 和 $\begin{cases} v_x = 0 \\ y = -h \end{cases}$ 可得

$$v_x = \dfrac{1}{2\mu}(y^2 - h^2)\dfrac{\mathrm{d}p}{\mathrm{d}x} + \dfrac{U}{2h}y + \dfrac{U}{2}$$

（2）两板间的总流量 $q_v = \displaystyle\int_{-h}^{h} v_x \mathrm{d}y$，对于截面的流速积分得

$$q_v = \int_{-h}^{h}\left[\dfrac{1}{2\mu}(y^2 - h^2)\dfrac{\mathrm{d}p}{\mathrm{d}x} + \dfrac{U}{2h}y + \dfrac{U}{2}\right]\mathrm{d}y = -\dfrac{2}{3}\dfrac{h^2}{\mu}\dfrac{\mathrm{d}p}{\mathrm{d}x} + hU$$

当 $q_v = 0$ 时：

$$\frac{\mathrm{d}p}{\mathrm{d}x} = \frac{3}{2}\frac{\mu U}{h^2}$$

即当压力梯度满足 $\dfrac{\mathrm{d}p}{\mathrm{d}x} = \dfrac{3}{2}\dfrac{\mu U}{h^2}$ 条件时，两平行板间的总流量为0。

如果是理想流体，$v = 0$，则 N-S 方程式左端的第三项全为零，就是欧拉运动方程式了。

如果是平衡（静止）流体，相对于坐标系来说 $v = 0$，则 N-S 方程式即可转化为欧拉平衡方程式。

N-S 方程是表达不可压缩流体运动最全面的一个微分方程式。如果将牛顿第二定律 $\sum \boldsymbol{F} - ma = 0$ 理解为力的平衡关系式，则从上面推导过程中不难看到 N-S 方程也是作用在流体上的力平衡关系式。

在第 2 章中，对欧拉平衡方程式进行积分，可以得到流体平衡的完整理论；如果对理想流体的欧拉运动方程式进行积分，则在几种特定的情况下（如势流、流线上等）也可以得出一些有意义的结果；由于实际流体中的黏性影响非常复杂，单纯用求解 N-S 方程的方法去解决各种实际问题是有困难的。而且 N-S 方程是二阶非线性非齐次的偏微分方程组，除针对具体情况用数值计算方法外，还不可能积分求普遍解。但是在一些较简单的流动情况下，由于 N-S 方程可以化简，故而 N-S 方程用于解决圆管层流、平板层流、球体的低速绕流、地下水渗流等问题时，能够得到与实验相符合的满意结果；用于分析附面层、润滑理论等问题时，能够得到一定程度的近似结果；用于研究湍流时，虽有许多进展，但还不十分成功。

近年来，计算机技术的飞速发展，为开展流体力学数值解法的研究提供了有力的手段。现在已经形成了一个专业领域，它把各种数值计算方法结合起来，应用 N-S 方程致力于求解具有各种挑战性特征的流场。整个流动区域分割成许多小的单元，在每个小单元中应用 N-S 方程来处理问题。用这样的数值步骤来研究问题的学科分支，称为计算流体力学（CFD）。如图 4-5a 所示为一湍动流场，图 4-5b 为这一流场的数值模拟结果，应用色彩、等值线或计算数值等，可以把流场物理特性形象地表达出来。

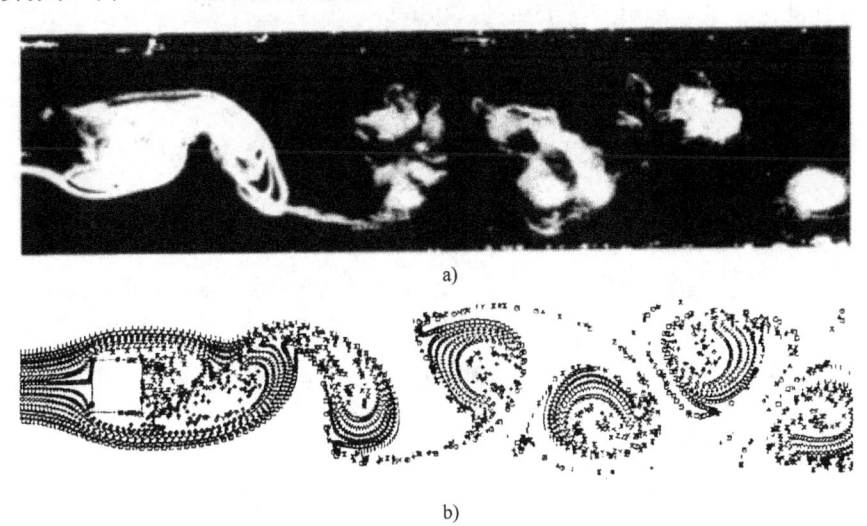

a)

b)

图 4-5 一方形绕流流场比较

a) $Re = 550$ 流场观察结果　b) $Re = 500$ 流场计算结果

4.2 伯努利能量方程

流体具备三种形式的能量，即动能、位置势能和压力势能，而且这三种形式的能量之间可以互相转化。自然界的流体均以这三种，或者三种之二，或者三种之一形式的能量而存在。比如风具有动能，小者吹在自行车上转化为压力能，如有支点产生力矩可以吹翻自行车，大者可以吹翻火车或轮船及建筑物，这也是风力发电的基本原理；水库中的水具有位置势能，打开闸门可以转化为动能流下来，或推动水轮机转化为机械能，通过发电机再转化为电能；充满气体的液化气钢瓶或氧气瓶等，其中有压力势能，打开阀门可转化为动能喷流出来；消防员手中的流出喷头的水因具备一定的动能和压力势能，故可将水喷洒到一定高度的失火点。伯努利（Bernoulli）能量方程式就是阐明上述现象背后科学原理的能量守恒定律。

伯努利能量方程式在工程流体力学基本理论中占有重要位置，它形式简单，意义明确，而且与实际的联系又最为密切。

4.2.1 流线上的伯努利方程

假如单位质量的流体质点某瞬时的速度为 $\boldsymbol{v} = v_x\boldsymbol{i} + v_y\boldsymbol{j} + v_z\boldsymbol{k}$。不论运动是否定常，经过 $\mathrm{d}t$ 时间，质点沿流线移动一段微小位移 $\mathrm{d}\boldsymbol{s} = \mathrm{d}x\boldsymbol{i} + \mathrm{d}y\boldsymbol{j} + \mathrm{d}z\boldsymbol{k}$。为了求出单位质量流体沿这段微元流线运动时外力做功的能量关系式，可将 $\mathrm{d}\boldsymbol{s}$ 的三个投影 $\mathrm{d}x = v_x\mathrm{d}t$，$\mathrm{d}y = v_y\mathrm{d}t$，$\mathrm{d}z = v_z\mathrm{d}t$ 分别与 N-S 方程组（4-9）的三个式子相乘，然后相加，即得

$$f_x\mathrm{d}x + f_y\mathrm{d}y + f_z\mathrm{d}z - \frac{1}{\rho}\left(\frac{\partial p}{\partial x}\mathrm{d}x + \frac{\partial p}{\partial y}\mathrm{d}y + \frac{\partial p}{\partial z}\mathrm{d}z\right) + \nu\nabla^2 v_x\mathrm{d}x + \nu\nabla^2 v_y\mathrm{d}y + \nu\nabla^2 v_z\mathrm{d}z$$

$$= v_x\mathrm{d}t\frac{\mathrm{d}v_x}{\mathrm{d}t} + v_y\mathrm{d}t\frac{\mathrm{d}v_y}{\mathrm{d}t} + v_z\mathrm{d}t\frac{\mathrm{d}v_z}{\mathrm{d}t} \tag{4-12}$$

下面分别对式中的四类项进行化简。

（1）有势的质量力，可用质量力的势函数表示，则

$$f_x\mathrm{d}x + f_y\mathrm{d}y + f_z\mathrm{d}z = -\frac{\partial M}{\partial x}\mathrm{d}x - \frac{\partial M}{\partial y}\mathrm{d}y - \frac{\partial M}{\partial z}\mathrm{d}z = -\mathrm{d}M$$

（2）$\frac{\partial p}{\partial x}\mathrm{d}x + \frac{\partial p}{\partial y}\mathrm{d}y + \frac{\partial p}{\partial z}\mathrm{d}z$ 是压强对坐标的全微分，记为 $\mathrm{d}p$，则

$$\frac{1}{\rho}\left(\frac{\partial p}{\partial x}\mathrm{d}x + \frac{\partial p}{\partial y}\mathrm{d}y + \frac{\partial p}{\partial z}\mathrm{d}z\right) = \frac{\mathrm{d}p}{\rho}$$

（3）因为 N-S 方程中的 $\nu\nabla^2 v_x$、$\nu\nabla^2 v_y$、$\nu\nabla^2 v_z$ 是代表作用在单位质量流体上的黏性分力，假如它们的合力用 f 表示，则这种作用在运动流体上的黏性摩擦力 f 的方向一定与流体沿流线运动的方向（即 $\mathrm{d}\boldsymbol{s}$ 的方向）相反，或者说黏性摩擦力所做的功应为负值，于是可写出

$$\nu\nabla^2 v_x\mathrm{d}x + \nu\nabla^2 v_y\mathrm{d}y + \nu\nabla^2 v_z\mathrm{d}z = \boldsymbol{f} \cdot \mathrm{d}\boldsymbol{s} = f\mathrm{d}s\cos\pi = -f\mathrm{d}s$$

（4）将导数化为微分，则

$$v_x\mathrm{d}t\frac{\mathrm{d}v_x}{\mathrm{d}t} + v_y\mathrm{d}t\frac{\mathrm{d}v_y}{\mathrm{d}t} + v_z\mathrm{d}t\frac{\mathrm{d}v_z}{\mathrm{d}t} = v_x\mathrm{d}v_x + v_y\mathrm{d}v_y + v_z\mathrm{d}v_z$$

$$= \mathrm{d}\left(\frac{v_x^2 + v_y^2 + v_z^2}{2}\right) = \mathrm{d}\left(\frac{v^2}{2}\right)$$

将这些结果代回式（4-12），则可得

$$-\mathrm{d}M - \frac{\mathrm{d}p}{\rho} - f\mathrm{d}s = \mathrm{d}\left(\frac{v^2}{2}\right)$$

或

$$\mathrm{d}\left(M + \int\frac{\mathrm{d}p}{\rho} + \frac{v^2}{2} + \int f\mathrm{d}s\right) = 0$$

在非定常流的情况下，方括弧中的四项之和本来是 x、y、z、t 的函数，但它们对坐标的全微分等于零，则必对 x、y、z 的三个偏导数同时为零，因此沿流线积分，所得积分常数只可能与时间有关，即

$$M + \int\frac{\mathrm{d}p}{\rho} + \frac{v^2}{2} + \int f\mathrm{d}s = C(t) \tag{4-13}$$

在定常流动的情况下，积分常数则与时间无关，即

$$M + \int\frac{\mathrm{d}p}{\rho} + \frac{v^2}{2} + \int f\mathrm{d}s = C \tag{4-14}$$

在重力场、不可压缩流体的条件下，则式（4-14）变成

$$gz + \frac{p}{\rho} + \frac{v^2}{2} + \int f\mathrm{d}s = C$$

除以 g，则

$$z + \frac{p}{\rho g} + \frac{v^2}{2g} + \frac{1}{g}\int f\mathrm{d}s = C' \tag{4-15}$$

式中，$C' = \dfrac{C}{g}$。或对于流线上任意两点，亦可写成

$$z_1 + \frac{p_1}{\rho g} + \frac{v_1^2}{2g} = z_2 + \frac{p_2}{\rho g} + \frac{v_2^2}{2g} + \frac{1}{g}\int_1^2 f\mathrm{d}s \tag{4-16}$$

这就是实际流体在定常流动、重力场、不可压缩条件下，在流线上任意两点之间成立的伯努利方程式。

如果是理想流体，其他条件不变，则式（4-15）和式（4-16）变成下面的所谓理想流体伯努利方程式：

$$z + \frac{p}{\rho g} + \frac{v^2}{2g} = C \tag{4-17}$$

或

$$z_1 + \frac{p_1}{\rho g} + \frac{v_1^2}{2g} = z_2 + \frac{p_2}{\rho g} + \frac{v_2^2}{2g} \tag{4-18}$$

或

$$(p_2 - p_1) + \left(\frac{\rho v_2^2}{2} - \frac{\rho v_1^2}{2}\right) + \rho g(z_2 - z_1) = 0 \tag{4-19}$$

如果流动速度为零，则由伯努利方程式又可得出平衡（静止）流体的静力学基本方程式

$$z + \frac{p}{\rho g} = C$$

因此，伯努利方程式各项的物理意义也就明显了：z 表示单位重力流体的位能，或简称

位置水头；$\dfrac{p}{\rho g}$ 表示单位重力流体的压能，或简称压强水头；$\dfrac{v^2}{2g}$ 表示单位重力流体的动能，也

简称速度水头；$\dfrac{1}{g}\displaystyle\int_1^2 f\mathrm{d}s$ 代表示单位重力流体沿流线从 1 点流动到 2 点克服黏性阻力所做的

功，或损失的能量。

理想流体没有能量损失，于是理想流体伯努利方程式说明在理想流体中流体的总机械能（位能、压能、动能）守恒。由此可见伯努利方程式实质上就是物理学能量守恒定律在流体力学上的一种表现形式。

4.2.2 其他形式伯努利方程

1. 总流上的伯努利方程

工程计算上一般并不观察哪一条流线上的流动，而是着眼于总流在过流断面上的平均值，因此伯努利方程式中的各项如以过流断面上的平均值表示，则更有实际应用意义。

过流断面上的平均速度为 $\bar{v}=\dfrac{q_v}{A}$，过流断面上的单位重力流体的平均动能为 $\dfrac{\alpha\,\bar{v}^2}{2g}$（$\alpha$ 为

动能修正系数）。

因为过流断面是与流线上的速度方向成正交的断面，故而在过流断面上没有任何速度分量。如果令 x 轴与过流断面相垂直，则在 Oyz 的过流断面上，N−S 方程（4-9）的第二、三式变成

$$\left.\begin{aligned} f_y-\frac{1}{\rho}\frac{\partial p}{\partial y}=0 \\ f_z-\frac{1}{\rho}\frac{\partial p}{\partial z}=0 \end{aligned}\right\}$$

这说明在过流断面上的流体压强应该符合流体静力学的压强分布规律

$$z+\frac{p}{\rho g}=C$$

即过流断面上任何一点的位能与压能之和都等于一个常数，于是过流断面上任何一点的

$z+\dfrac{p}{\rho g}$ 都代表断面上的平均值。

最后用 $h_{\mathrm{f}}=\dfrac{\dfrac{1}{g}\displaystyle\int_1^2 f\mathrm{d}s\cdot\rho g\mathrm{d}q_v}{\rho g q_v}$ 代表总流上 1、2 两个过流断面之间单位重力流体的平均能

量损失，则实际流体总流上的伯努利方程式即可写成

$$z_1+\frac{p_1}{\rho g}+\frac{\alpha\,\bar{v}_1^2}{2g}=z_2+\frac{p_2}{\rho g}+\frac{\alpha\,\bar{v}_2^2}{2g}+h_{\mathrm{f}} \tag{4-20}$$

式中，h_{f} 的计算方法将在第 6 章中详细介绍。如没有特别说明，一般情况下给出的总流流速均指平均速度，所以可用 v_1、v_2 取代 $\bar{v}_1$、$\bar{v}_2$。且在过流断面上速度分布比较均匀时（管中水流多数属于这种情况），工程实际中的湍流运动动能修正系数 $\alpha\approx1$，圆管层流运动中 $\alpha=2$。则常用的总流伯努利方程形式为

$$z_1+\frac{p_1}{\rho g}+\frac{v_1^2}{2g}=z_2+\frac{p_2}{\rho g}+\frac{v_2^2}{2g}+h_{\mathrm{f}} \tag{4-21}$$

如果不计损失，则理想流体总流上的伯努利方程与流线上的伯努利方程在形式上就没有区别了。

伯努利方程使用的条件是：（1）不可压缩流体定常流；（2）质量力只有重力；（3）所取过流断面为渐变流断面；（4）两断面间无分流和汇流；（5）两端面间无能量的输入或支出；（6）不存在相对运动。

伯努利方程使用的注意事项是：（1）方程中 z_1、z_2 的基准面可任选，但必须选择同一基准面，一般使 $z \geq 0$；（2）两断面必须取在缓变流段中，在两断面之间流动是否为缓变流则无关系；（3）方程中的压强 p_1 和 p_2，即可用绝对压强，也可用相对压强，但等式两边的标准必须一致；（4）当 $h_f = 0$ 时，方程变为理想流体总流的伯努利方程；（5）对于水罐、水池等，液面上速度近似为零。

若使用条件与上述情况有差别时，须对伯努利方程进行修正。

例 4-2 如图 4-6 所示，水从水箱先后经三段管子流入大气，已知 $d_1 = 25mm$，$d_2 = 15mm$，$d_3 = 10mm$，$H = 6m$，水箱水面保持恒定。（1）不及损失，求出口流速及 M 点压强。（2）当 AB、BC、CD 段内的水头损失分别为 0.4m、0.5m、0.4m，且 A、B、C 点处的水头损失分别为 0.2m、0.4m、0.1m 时，求出口流速及 M 点压强。

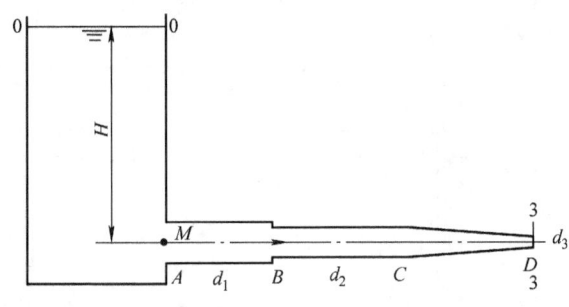

图 4-6 例 4-2 附图

解：（1）取过轴心线的水平面为基准面，在水箱自由液面和管路出口列理想流体能量方程，有

$$\frac{p_0}{\rho g} + z_0 + \frac{v_0^2}{2g} = \frac{p_3}{\rho g} + z_3 + \frac{v_3^2}{2g}$$

将 $z_3 = 0$，$z_0 = H$，$p_0 = p_3 = 0$，$v_0 = 0$ 代入上式，化简得

$$H = \frac{v_3^2}{2g}, \quad v_3 = 10.85 \text{m/s}$$

根据连续性方程 $v_1 A = v_3 A_3$，有

$$v_1 = \frac{d_3^2}{d_1^2} v_3 = 10.85 \times \frac{10^2}{25^2} = 1.74 \text{m/s}$$

又在水箱自由液面和 M 点所在断面列理想流体能量方程，有

$$\frac{p_0}{\rho g} + z_0 + \frac{v_0^2}{2g} = \frac{p_M}{\rho g} + z_M + \frac{v_M^2}{2g}$$

化简得

$$H = \frac{p_M}{\rho g} + \frac{v_1^2}{2g}$$

故

$$p_M = \rho g \left(H - \frac{v_1^2}{2g} \right) = 57.33 \text{kPa}$$

（2）取过轴心线的水平面为基准面，在水箱自由液面和管路出口列能量方程，有

$$\frac{p_0}{\rho g} + z_0 + \frac{v_0^2}{2g} = \frac{p_3}{\rho g} + z_3 + \frac{v_3^2}{2g} + h_{w0-3}$$

化简得

$$H = \frac{v_3^2}{2g} + h_{w0-3}$$

又 $h_{w0-3} = (0.4 + 0.5 + 0.4 + 0.2 + 0.4 + 0.1)$ m $= 2$ m，所以

$$v_3 = \sqrt{2g(H - h_{w0-3})}\,\text{m/s} = 8.86\,\text{m/s}$$

根据连续性方程 $v_1 A = v_3 A_3$，有

$$v_1 = \frac{d_3^2}{d_1^2} v_3 = 8.86 \times \frac{10^2}{25^2}\,\text{m/s} = 1.42\,\text{m/s}$$

又在水箱自由液面和 M 点所在断面列几何意义上的能量方程，有

$$\frac{p_0}{\rho g} + z_0 + \frac{v_0^2}{2g} = \frac{p_M}{\rho g} + z_M + \frac{v_M^2}{2g} + h_{w0-M}$$

化简得

$$H = \frac{p_M}{\rho g} + \frac{v_1^2}{2g} + h_{w0-M}$$

又 $h_{w0-M} = 0.2$ m，故 $p_M = 55.9$ kPa。

例 4-3　如图 4-7 所示皮托管和测速装置，已知 U 形压差计两液面高差 $\Delta z = 50$ mm，试求：（1）管内为水、压差计内为水银；（2）管内为空气、压差计内为水时管内断面轴心处的流速 v。

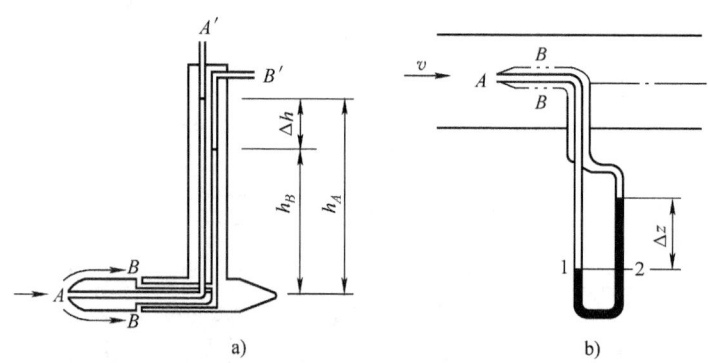

图 4-7　例 4-3 附图

解：（1）管内为水、压差计内为水银时

由 $1-2$ 为等压面，有

$$p_A - p_B = g(\rho_{水银} - \rho_水)\Delta z$$

A、B 两点压差折合成的水柱高度为

$$\Delta h = \frac{p_A - p_B}{g\rho_水} = \frac{\rho_{水银} - \rho_水}{g\rho_水} g\Delta z = \frac{13.6 - 1}{1} \times 0.05\,\text{m} = 0.63\,\text{m}$$

将其代入皮托管测速公式，取 $\varphi = 1.0$，得

$$v = \varphi\sqrt{2g\Delta h} = \sqrt{2 \times 9.81 \times 0.63}\,\text{m/s} = 3.52\,\text{m/s}$$

（2）管内为空气，压差计为水时

$$p_A - p_B = g\rho_水 \Delta z$$

$$\Delta h = \frac{p_A - p_B}{g\rho_气} = \frac{g\rho_水}{g\rho_气}\Delta z = \frac{1}{1.2 \times 10^{-3}} \times 0.05\,\text{m} = 41.7\,\text{m}$$

取 $\varphi = 1.0$，得

$$v = \varphi\sqrt{2g\Delta h} = \sqrt{2 \times 9.81 \times 41.7}\,\text{m/s} = 28.6\,\text{m/s}$$

例4-4 如图4-8所示，离心泵由吸水池抽水。已知抽水量 $q_v = 5.56\text{L/s}$，泵的安装高度 $H_s = 5\text{m}$，吸水管直径 $d = 100\text{mm}$，吸水管水头损失 $h_w = 0.25\text{m}$ 水柱。试求水泵进口断面 $2-2$ 的真空度。

解：本题运用伯努利方程求解。选基准面 $0-0$ 与吸水池水面重合。选吸水池水面为 $1-1$ 断面，与所选基准面重合，水泵进口断面为 $2-2$ 断面。以吸水池水面上的一点与水泵进口断面的轴心点为计算点，则流动参数为 $z_1 = 0$，$p_1 = p_a$（绝对压强），$v_1 \approx 0$，$z_2 = H_s$，p_2 待求，$v_2 = q_v/A = 0.708\text{m/s}$，将各量代入伯努利方程

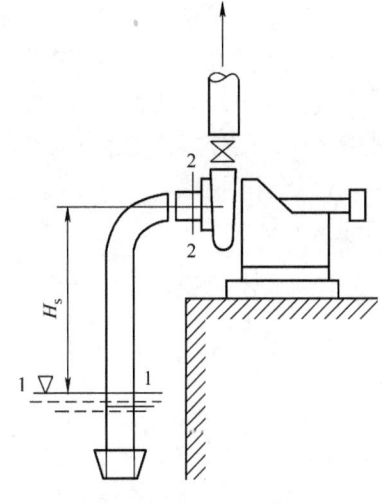

$$\frac{p_a}{\rho g} = H_s + \frac{p_2}{\rho g} + \frac{v_2^2}{2g} + h_w$$

$$\frac{p_v}{\rho g} = \frac{p_a - p_2}{\rho g} = H_s + \frac{v_2^2}{2g} + h_w = 5.28\text{m}$$

$$p_v = (9.8 \times 5.28)\text{kPa} = 51.74\text{kPa}$$

图4-8　例4-4附图

例4-5 如图4-9所示水泵管路系统，已知：流量 $q_v = 101\text{m}^3/\text{h}$，管径 $d = 150\text{mm}$，管路的总水头损失 $h_{w1-2} = 25.4\text{m}$，水泵效率 $\eta = 75.5\%$，试求：（1）水泵的扬程 H；（2）水泵的功率 P。

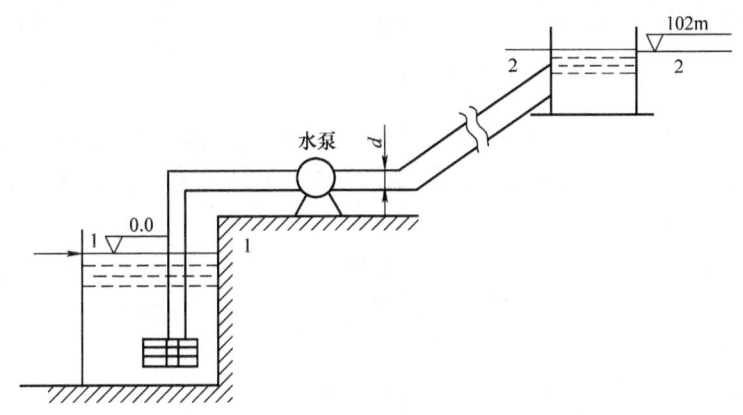

图4-9　例4-5附图

解：（1）计算水泵的扬程 H

以吸水池面为基准列 $1-1$、$2-2$ 断面能量方程

$$z_1 + \frac{p_1}{\rho g} + \frac{\overline{v_1^2}}{2g} + H = z_2 + \frac{p_2}{\rho g} + \frac{\overline{v_2^2}}{2g} + h_{w1-2}$$

即

$$0 + 0 + 0 + H = 102 + 0 + 0 + h_{w1-2}$$

所以

$$H = 102 + h_{w1-2} = (102 + 25.4)\text{m} = 127.4\text{m}$$

（2）水泵的功率

$$P = \frac{\rho g q_v H}{\eta} = \frac{1000 \times 9.8 \times 101 \times 127.4}{3600 \times 0.755 \times 1000}\text{kW} = 46.4\text{kW}$$

2. 绝热和等熵气流的伯努利方程

前面推导的总流的伯努利方程式（4-21）是对不可压缩流体导出的。气体是可压缩流体，但是对流速不很大、压强变化不大的系统，如工业通风管道、烟道等，气体在流动过程中密度的变化很小，在这样的条件下，伯努利方程仍可用于气流。但在气流速度接近每秒百

米的情况下就要考虑可压缩性了，即要纳入气体密度的变化。

气流的质量力较小，因而在气体的流动过程中，位能或者位能的变化一般均忽略不计。绝热气流一般可分为两种。一种是不可逆的绝热气流，流动中有摩擦，摩擦所生的热量虽然不外传，但只能使气流的熵增加而不能再全部变成气流的有用功。实际流体的流动过程即是绝热，也是不可逆的。再一种就是可逆的绝热气流（亦称为等熵气流），这是一种实际达不到的理想过程。

不论可逆不可逆，只要绝热，则有绝热方程式 $\dfrac{p}{\rho^{\gamma}} = C$ 成立，其中 γ 称为绝热指数，于是式（4-14）中的第二项可以写成

$$\int \frac{\mathrm{d}p}{\rho} = \int \frac{\mathrm{d}p}{\left(\dfrac{p}{C}\right)^{\frac{1}{\gamma}}} = C^{\frac{1}{\gamma}} \int p^{-\frac{1}{\gamma}} \mathrm{d}p = \frac{p^{\frac{1}{\gamma}}}{\rho} \left(\frac{p^{-\frac{1}{\gamma}+1}}{-\dfrac{1}{\gamma}+1} \right) = \frac{\gamma}{\gamma-1} \frac{p}{\rho} \tag{4-22}$$

代回式（4-14），略去 M，则不可逆绝热气流的伯努利方程式为

$$\frac{\gamma}{\gamma-1} \frac{p}{\rho} + \frac{v^2}{2} + \int f \mathrm{d}s = C \tag{4-23}$$

等熵（可逆绝热）气流的伯努利方程式为

$$\frac{\gamma}{\gamma-1} \frac{p}{\rho} + \frac{v^2}{2} = C \tag{4-24}$$

从机械能守恒的观点来看，可逆绝热和不可逆绝热是有区别的，但是如果从包括机械能和热能在内的总能量守恒观点来看，这两者并无区别，这种情况在第 9 章中再进一步加以说明。

例 4-6 如图 4-10 所示自然排烟锅炉，烟囱直径 $d = 1\mathrm{m}$，烟气流量 $q_v = 7.135\mathrm{m^3/s}$，烟气密度 $\rho = 0.7\mathrm{kg/m^3}$，外部空气密度 $\rho_a = 1.2\mathrm{kg/m^3}$，烟囱的压强损失 $p_f = 0.035 \dfrac{H}{d} \dfrac{\rho v^2}{2}$。为使烟囱底部入口断面的真空度不小于 10mm 水柱，试求烟囱的高度 H。

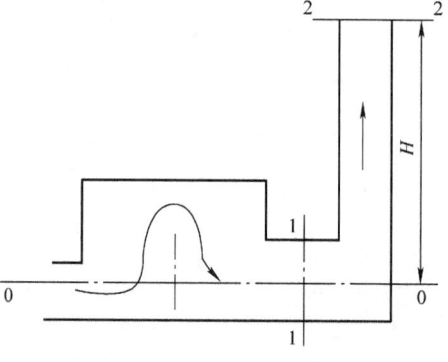

解：选烟囱的底部入口断面为 1—1 断面，出口断面为 2—2 断面。而烟囱和外部空气的密度不同，由伯努利方程式得

$$p_1 + \frac{\rho v_1^2}{2} + (\rho_a - \rho)g(z_2 - z_1) = p_2 + \frac{\rho v_2^2}{2} + p_f$$

图 4-10　例 4-6 附图

其中 1—1 断面：

$$p_1 = -\rho_0 g h = (-1000 \times 9.8 \times 0.01)\mathrm{N/m^2} = -98\mathrm{N/m^2}$$

$$v_1 \approx 0, \quad z_1 = 0$$

2—2 断面：$p_2 = 0$，$v_2 = q_v/A = 9.089\mathrm{m/s}$，$z_2 = H$。代入伯努力方程式求得 $H = 32.63\mathrm{m}$。烟囱的高度必须大于此值。

由本题可见，自然排烟锅炉底部压强为负压 $p_1 < 0$，顶部出口压强 $p_2 = 0$，且 $z_1 < z_2$，这种情况下，是位压 $(\rho_a - \rho)g(z_2 - z_1)$ 提供了烟气在烟囱内向上流动的能量。所以，自然排烟需要一定的位压，为此烟气要有一定的温度，以保持有效浮力 $(\rho_a - \rho)g$，同时烟囱还需一定的高度 $(z_2 - z_1)$，否则将不能维持自然排烟。

3. 有能量变化的伯努利方程

总流伯努利方程式（4-21）是在两过流断面间除水头损失之外，再无能量输入或输出的条件下导出的。当两过流断面间有水泵、风机等被动机时，如图4-11所示；或有水轮机、气轮机等原动机时，如图4-12所示，则存在机械能的输入或输出。如水力机械为水泵，则叶轮对水流做功，使水流的能量增加；若水力机械为水轮机，则水流对水轮机做功，从而使水流能量减少。

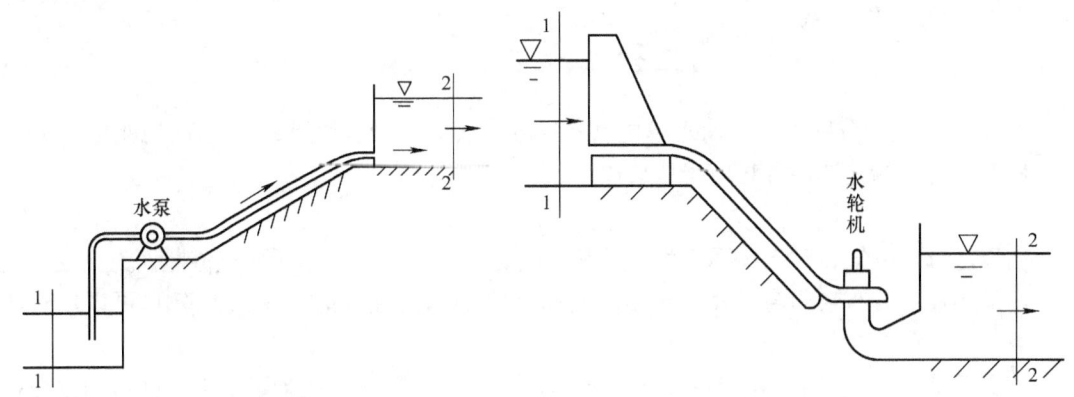

图4-11 水泵能量输入总流　　　　　图4-12 水轮机能量输出总流

上述这种情况，根据能量守恒原理，计入单位重量流体流经流体机械获得或失去的机械能，在原伯努利方程式（4-21）的基础上应加入能量的输入或输出项 H，即

$$z_1 + \frac{p_1}{\rho g} + \frac{v_1^2}{2g} \pm H = z_2 + \frac{p_2}{\rho g} + \frac{v_2^2}{2g} + h_f \tag{4-25}$$

式中，"$\pm$"：由于水轮机等原动机给流体输出能量，则选负号；而水泵等被动机吸收流体的能量，则选正号。H 表示单位重量流体通过水泵等被动流体机械获得的机械能，或是单位重量流体给予水轮机等原动流体机械的机械能，又称为水轮机的作用水头。

4. 有流量变化的伯努利方程

定常总流的伯努利方程式（4-21）是在两过流断面间无分流或汇流的条件下导出的，而实际的输水、供气管道，沿程大多都有分流或汇流。在这种情况下应用上下游断面之间全部重量流体的能量守恒原理写出能量方程。

如图4-13所示，对于两断面间有分流的流动，设想 $1-1$ 断面的来流，分为两股（以虚线划分），分别通过 $2-2$、$3-3$ 断面。

对 $1'-1'$（$1-1$ 断面中的一部分）和 $2-2$ 断面列伯努利方程，其间无分流，则

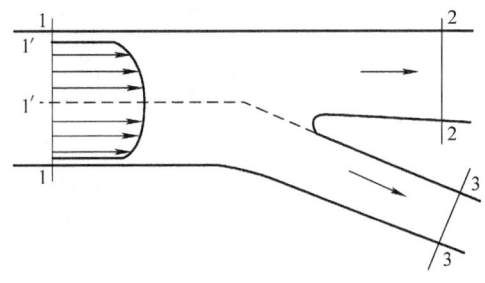

图4-13 沿程分流

$$z_1 + \frac{p_1}{\rho g} + \frac{v_1^2}{2g} = z_2 + \frac{p_2}{\rho g} + \frac{v_2^2}{2g} + h_{f1-2}$$

因所取 $1-1$ 断面为渐变流断面，断面各点的势能相等，则

$$z_1' + \frac{p'}{\rho g} = z_1 + \frac{p_1}{\rho g}$$

如 1-1 断面流速分布为均匀流，则

$$z' + \frac{p'}{\rho g} + \frac{v_1'^2}{2g} = z_1 + \frac{p_1}{\rho g} + \frac{v_1^2}{2g}$$

因此，下式近似成立：

$$z_1 + \frac{p_1}{\rho g} + \frac{v_1^2}{2g} = z_2 + \frac{p_2}{\rho g} + \frac{v_2^2}{2g} + h_{fl-2} \tag{4-26}$$

同理可得

$$z_1 + \frac{p_1}{\rho g} + \frac{v_1^2}{2g} = z_3 + \frac{p_3}{\rho g} + \frac{v_3^2}{2g} + h_{fl-3} \tag{4-27}$$

式中，h_{fl-2}、h_{fl-3} 分别表示平均每单位重量的流体从 1 断面运动到 2、3 断面的能量损失。

同时，总流的连续性方程应当修改成

$$q_{v1} = q_{v2} + q_{v3} \tag{4-28}$$

由以上分析可知，对于实际工程中两断面间有分流的流动，当所取过流断面为渐变流断面，断面上速度分布较均匀，并计入相应断面之间的水头损失时，式（4-21）可以用于工程计算。

若是汇流，即设想 1-1、2-2 断面的来流合为 3-3 断面，同理可推导出伯努利方程：

$$z_1 + \frac{p_1}{\rho g} + \frac{v_1^2}{2g} = z_3 + \frac{p_3}{\rho g} + \frac{v_3^2}{2g} + h_{fl-3} \tag{4-29}$$

$$z_2 + \frac{p_2}{\rho g} + \frac{v_2^2}{2g} = z_3 + \frac{p_3}{\rho g} + \frac{v_3^2}{2g} + h_{f2-3} \tag{4-30}$$

4.2.3 非定常总流伯努利方程

上面讨论的伯努利积分前提条件之一是定常流动，下面研究非定常流动总流的伯努利方程。

非定常流动 $v = v(x, y, z, t)$，$p = p(x, y, z, t)$ 由无黏性流体欧拉运动微分方程式（4-2）变换形式为

$$\left.\begin{aligned}
f_x - \frac{1}{\rho}\frac{\partial p}{\partial x} &= \frac{\partial v_x}{\partial t} + \frac{\partial}{\partial x}\left(\frac{v_x^2 + v_y^2 + v_z^2}{2}\right) - v_y\frac{\partial v_y}{\partial x} - v_z\frac{\partial v_z}{\partial x} + v_y\frac{\partial v_x}{\partial y} + v_z\frac{\partial v_x}{\partial z} \\
f_y - \frac{1}{\rho}\frac{\partial p}{\partial y} &= \frac{\partial v_y}{\partial t} + \frac{\partial}{\partial y}\left(\frac{v_x^2 + v_y^2 + v_z^2}{2}\right) - v_x\frac{\partial v_x}{\partial y} - v_z\frac{\partial v_z}{\partial y} + v_x\frac{\partial v_y}{\partial x} + v_z\frac{\partial v_y}{\partial z} \\
f_z - \frac{1}{\rho}\frac{\partial p}{\partial z} &= \frac{\partial v_z}{\partial t} + \frac{\partial}{\partial z}\left(\frac{v_x^2 + v_y^2 + v_z^2}{2}\right) - v_x\frac{\partial v_x}{\partial z} - v_y\frac{\partial v_y}{\partial z} + v_x\frac{\partial v_z}{\partial x} + v_y\frac{\partial v_z}{\partial y}
\end{aligned}\right\} \tag{4-31}$$

各式分别乘以流线上微元线段 ds 的投影 dx、dy、dz，且在流线上，由流线微分方程式（3-28）有 $v_x dy = v_y dx$，$v_x dz = v_z dx$，$v_y dz = v_z dy$，相加后得

$$f_x dx + f_y dy + f_z dz - \frac{1}{\rho}\frac{\partial p}{\partial x}dx - \frac{1}{\rho}\frac{\partial p}{\partial y}dy - \frac{1}{\rho}\frac{\partial p}{\partial z}dz - \frac{\partial}{\partial x}\left(\frac{v^2}{2}\right)dx - \frac{\partial}{\partial y}\left(\frac{v^2}{2}\right)dy$$

$$- \frac{\partial}{\partial z}\left(\frac{v^2}{2}\right)dz = \frac{\partial v_x}{\partial t}dx + \frac{\partial v_y}{\partial t}dy + \frac{\partial v_z}{\partial t}dz$$

以质量力有势 $f_x = \partial M/\partial x$，$f_y = \partial M/\partial y$，$f_z = \partial M/\partial z$；不可压缩流体 $\rho =$ 常数，代入上式，

整理得

$$\frac{\partial}{\partial x}\left(M - \frac{p}{\rho} - \frac{v^2}{2}\right)dx + \frac{\partial}{\partial y}\left(M - \frac{p}{\rho} - \frac{v^2}{2}\right)dy + \frac{\partial}{\partial z}\left(M - \frac{p}{\rho} - \frac{v^2}{2}\right)dz$$

$$= \frac{\partial v_x}{\partial t}dx + \frac{\partial v_y}{\partial t}dy + \frac{\partial v_z}{\partial t}dz$$

改写上式

$$\frac{\partial}{\partial s}\left(M - \frac{p}{\rho} - \frac{v^2}{2}\right)ds = \frac{\partial v}{\partial t}ds \tag{4-32}$$

重力场中 $M = -gz$，代入式（4-32），沿流线由 1 点至 2 点积分，得

$$z_1 + \frac{p_1}{\rho g} + \frac{v_1^2}{2g} = z_2 + \frac{p_2}{\rho g} + \frac{v_2^2}{2g} + \frac{1}{g}\int_1^2 \frac{\partial v}{\partial t}ds \tag{4-33}$$

式（4-33）就是无黏性不可压缩流体非定常流沿流线的伯努利方程式。与定常流伯努利方程式（4-18）相比较，右边多出惯性水头项 $\frac{1}{g}\int_1^2 \frac{\partial v}{\partial t}ds$。

黏性不可压缩流体非定常流沿流线的伯努利方程为

$$z_1 + \frac{p_1}{\rho g} + \frac{v_1^2}{2g} = z_2 + \frac{p_2}{\rho g} + \frac{v_2^2}{2g} + h'_f + \frac{1}{g}\int_1^2 \frac{\partial v}{\partial t}ds \tag{4-34}$$

式中，h'_f 为非定常流的水头损失。

非定常总流的伯努利方程，仍采用前述推导定常总流伯努利方程的方法，以重量流量 $\rho g dq_v = \rho g v_1 dA_1 = \rho g v_2 dA_2$ 乘以式（4-34），再对总流过流断面积分，不再重述。这里只讨论惯性水头的积分，积分式中引入修正系数 β，以新断面平均速度 $\bar{v}$ 代替点速度 v，刚性壁面过流断面积 A 不随时间变化，于是

$$\int_A \left(\frac{1}{g}\int_1^2 \frac{\partial v}{\partial t}ds\right)\rho g v dA = \int_1^2 \frac{\partial}{\partial t}\left(\int_A \frac{1}{2}\rho \, \bar{v}^2 dA\right)ds = \int_1^2 \beta\rho\bar{v}A\frac{\partial \bar{v}}{\partial t}ds = \rho q_v \int_1^2 \beta\frac{\partial \bar{v}}{\partial t}ds$$

用 $\rho g q_v$ 除此项积分，得单位重量流体的惯性水头，以 h_w 表示，即

$$h_w = \frac{1}{g}\int_1^2 \beta\frac{\partial \bar{v}}{\partial t}ds \tag{4-35}$$

式中，β 为动量修正系数，$\beta = \dfrac{\int_A v^2 dA}{\bar{v}^2 A}$，通常取 $\beta = 1.0$。

黏性流体非定常总流的伯努利方程为

$$z_1 + \frac{p_1}{\rho g} + \frac{\alpha_1 \bar{v}_1^2}{2g} = z_2 + \frac{p_2}{\rho g} + \frac{\alpha_2 \bar{v}_2^2}{2g} + h_f + h_w \tag{4-36}$$

式中，h_f 为非定常总流的水头损失，可近似按定常均匀流计算，速度随时间变化越大，其结果越不准确；h_w 为单位重量流体的惯性水头。$h_w = \frac{1}{g}\int_1^2 \beta\frac{\partial \bar{v}}{\partial t}ds$，当 $\frac{\partial \bar{v}}{\partial t} > 0$ 时，$h_w > 0$ 可视为特殊的水头损失，即惯性水头损失；当 $\frac{\partial \bar{v}}{\partial t} < 0$ 时，$h_w < 0$ 可视为一种附加能量，称为附加惯性水头。

可以用伯努利方程解释飞机产生升力的原理。飞机起飞时,向上的浮力 F_L 必须大于重量 W,定常航行时重量与浮力平衡,如图 4-14a 所示。飞机以速度 v 航行,根据相对性原理,气流以大小相等方向相反的速度 U 绕机翼流动,如图 4-14b 所示。机翼一般设计成下表面扁平、上表面凸缘的形状,造成机翼上、下表面两个点不在同一条流线上,一般不能只用一个伯努利方程来评价。但是,对于通过两点的不同的流线,在其上游具有相同的流速 U,并且有相同的压力作为基准,所以两者的总能量相同。因此,即使在不同流线上,也可以比较式(4-19)中各项的变化。机翼上、下表面的气流高度差很小,可忽略,伯努利方程可以简化为

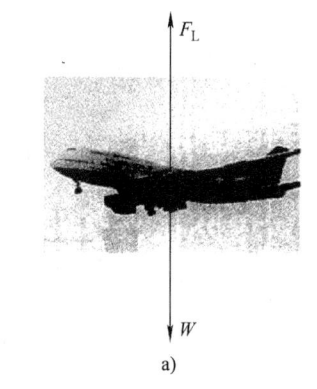

$$p_1 - p_2 = \left(\frac{\rho U_2^2}{2} - \frac{\rho U_1^2}{2} \right) = \frac{1}{2} \rho U_1^2 \left(\frac{U_2^2}{U_1^2} - 1 \right)$$

由于在同一时间间隔 Δt,气流通过机翼上表面的位移 L_u 大于下表面的位移 L_d,故 $U_2 > U_1$,继

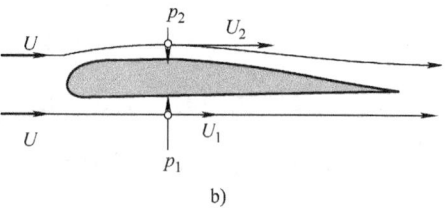

图 4-14 飞机的升力原理
a)飞机升力与重力平衡 b)飞机机翼绕流

而 $p_1 > p_2$。机翼上、下表面在水平面的受压面积相同,均为 A。浮力 F_L 可简单地认为是机翼下表面和上表面的压力差 $(p_1 - p_2)$ 乘以机翼面积 A。飞机定常航行时有

$$F_L = (p_1 - p_2)A = W$$

对于重量为 290t 的喷气式客机,主机翼面积可达 485m^2,$U_2 = 2.02U_1$,可产生压强差 $p_1 - p_2 = 5.86 \times 10^3 \text{ Pa}$。

例 4-7 如图 4-15 所示,水箱水位恒定,输水管长 $L = 30\text{m}$,水头 $H = 4\text{m}$,水头损失为管内速度水头的 15 倍,管道末端阀门瞬时开启,试求出口速度随时间的变化。

解: 水箱水位恒定,管道末端阀门突然开启,管内的水由静止开始流动,最后达到定常流,其间短暂的过渡过程属非定常流。

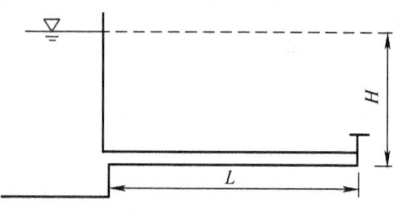

图 4-15 例 4-7 附图(1)

选水箱水面与管道出口断面为计算断面,列非定常总流伯努利方程,由图 4-15 可知:$z_1 = H$,$z_2 = 0$,$p_1 = p_2 = 0$,$v_1 \approx 0$,得

$$H = \frac{v_2^2}{2g} + 15 \frac{v^2}{2g} + \frac{1}{g} \int_{l_1}^{l_2} \frac{\partial v}{\partial t} \mathrm{d}s$$

等直径管道的出口断面速度和管内速度相等,$v_2 = v$,且 v 及其对时间的偏导数沿流程不变,只是时间 t 的函数,可将 $\partial v / \partial t$ 改写为 $\mathrm{d}v/\mathrm{d}t$,并从积分号内提出,于是

$$H = 16 \frac{v^2}{2g} + \frac{\mathrm{d}v}{\mathrm{d}t} \frac{L}{g}$$

分离变量

$$\frac{\mathrm{d}v}{\left(\sqrt{\frac{gH}{8}} \right)^2 - v^2} = 8 \frac{\mathrm{d}t}{L}$$

积分上式，积分上下限为 $t=0$，$v=0$；$t=t$，$v=v_2(t)$，得

$$\ln\frac{\sqrt{\frac{gH}{8}}-v_2}{\sqrt{\frac{gH}{8}}+v_2} = -16\frac{gH}{8}\frac{t}{L}$$

代入已知数有

$$\ln\frac{2.21-v_2}{2.21+v_2} = -1.18t$$

得

$$v_2 = 2.21\frac{\exp 1.18t-1}{\exp 1.18t+1}$$

算出第 $1\sim5$s 的 v_2 值，v_2 随时间变化见表 4-1，可知阀门瞬间开启至第 5s，管道出口流速已很接近定常值（$t=\infty$，$v_2=2.21$m/s），过渡过程曲线 $v_2(t)$ 如图 4-16 所示。

表　4-1

t/s	1	2	3	4	5
$v_2/(m/s)$	1.17	1.83	2.08	2.17	2.20

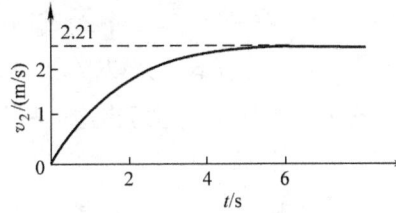

图 4-16　例 4-7 附图（2）

例 4-8　如图 4-17 所示，虹吸管直径 $d_1=10$cm，管路末端喷嘴直径 $d_2=5$cm，$a=3$m，$b=4.5$m，管中充满水流并由喷嘴射入大气，忽略摩擦，试求 1、2、3、4 点的计示压强。

解：将伯努利方程一端选在大水池水面上，则 $v_1=0$，$p_1=0$，$z_1=0$；伯努利方程的另一端依次选在 1、2、3、4 出口各端面，管流速为 v，得

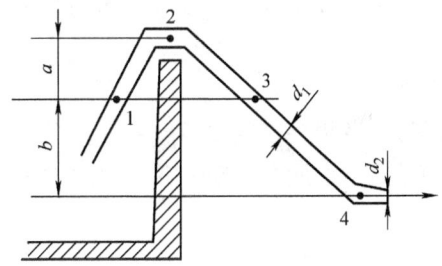

图 4-17　例 4-8 附图

$$\frac{p_1}{\rho g}+\frac{v^2}{2g}=0; \quad \frac{p_2}{pg}+a+\frac{v^2}{2g}=0; \quad \frac{p_3}{\rho g}+\frac{v^2}{2g}=0; \quad \frac{p_4}{\rho g}-b+\frac{v^2}{2g}=0; \quad \frac{v_{嘴}^2}{2g}-b=0$$

则

$$v_{嘴}=\sqrt{2gb}=9.396\text{m/s}$$

从 4 点到喷嘴列连续方程

$$\frac{\pi}{4}d_1^2v=\frac{\pi}{4}d_2^2v_{嘴}$$

$$v=\left(\frac{d_2}{d_1}\right)^2v_{嘴}=\left(\left(\frac{0.05}{0.10}\right)^2\times9.396\right)\text{m/s}=2.349\text{m/s}$$

则得

$$p_1=p_3=-\frac{\rho v^2}{2}=-2.759\text{kPa}$$

$$p_4=\rho gb-\frac{\rho v^2}{2}=41.386\text{kPa}$$

$$p_2=-\rho ga-\frac{\rho v^2}{2}=-32.189\text{kPa}$$

4.3 动量方程和动量矩方程

流体动量方程是自然界动量守恒定律在流体运动中的具体表达式，反映了流体动量变化与作用力之间的关系。其优点在于不必知道流动范围内部的流动过程，而只需要知道其边界上的流动情况即可，因此它可用来方便地解决急变流动中流体与边界面之间的相互作用力问题。总流的动量方程是继连续性方程、伯努利方程之后，第三个积分形式的基本方程。

动量方程式反映了流体动量变化与作用力之间的关系，工程中许多流体力学问题，如求流水作用于闸门上的动水总压力，求流体作用于管道弯头上的总作用力，以及计算射流冲击力等，都需要应用动量方程。下面由动量定理推导总流的动量方程。

4.3.1 动量方程

1. 积分形式动量方程

在推导总流的动量方程之前，简单复习一下已学习过的动量定理。将牛顿第二定律 $\sum F = ma$ 用于流体质点所得到的 N-S 方程式，是以微分形式表示的质点运动方程，对它进行积分应该得到流场中压强和速度分布规律，但可惜这种积分只在种种特殊条件下才能得到，这就大大限制了 N-S 方程式的应用范围。

如果将牛顿第二定律改写为动量定理，$\sum F \mathrm{d}t = m\mathrm{d}\boldsymbol{v} = \mathrm{d}(m\boldsymbol{v})$，并用之于具有一定质量的流体质点系，由于各个质点的速度不尽相同，所以质点系的动量定理为

$$\sum F = \frac{\mathrm{d}(\sum m\boldsymbol{v})}{\mathrm{d}t} \tag{4-37}$$

这样可以设想，作用在质点系上的总外力（已知或未知待求）就不必通过分布压强的积分，而是通过求质点系动量变化率的方法计算出来，开辟了求解流体动力学问题的又一条途径。

质点系占据一定的空间，取这个空间为控制体，只要控制表面有一部分与固体壁面重合，则按照作用力与反作用力大小相等方向相反的原则，也就求出了流体质点系对固体壁面的作用力。用这种方法虽然得不到流场中速度和压强等参数变化的细节，但是所得到的流体与固体的相互作用力却也是许多实际领域中需要解决的一个主要问题。因此下面将要建立的动量方程式也是流体动力学中最重要的基本方程式之一。

首先需要将式（4-37）右端质点系的动量变化率改为用欧拉变数 (x,y,z,t) 表示。在流场中针对具体问题，有目的地选择一个控制体如图 4-18 中虚线所示。使它的一部分控制面与要计算作用力的固体边界重合，其余控制面则视取值方便而定。如前所述，控制体一经选定，它的形状、体积和位置相对于坐标系是不变的。

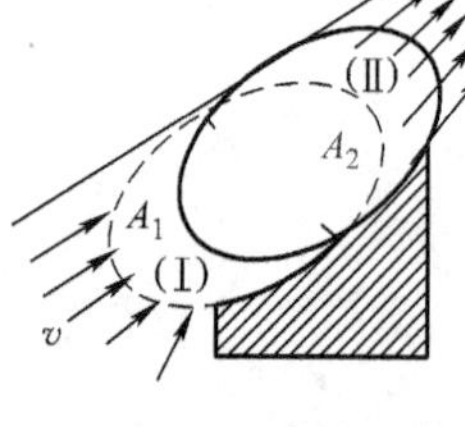

某一瞬时 t，控制体内所包含的流体就是要讨论的质点系，设 t 瞬时控制体 V 内任意位置上的质点速度为 v、密度为 ρ，则整个质点系在 t 瞬时的初动量为 $\left[\iiint_V \rho \boldsymbol{v} \mathrm{d}V\right]_t$。经过 Δt 时间，质点系运动到实

图 4-18　控制体动量守恒原理

线所示位置，这个质点系在 $t + \Delta t$ 瞬时的末动量可用下面三部分动量相加减表示出来。即 $t + \Delta t$ 瞬时控制体中所有质点〔包括原来质点系尚留在控制体中的部分及新流入控制体中的（Ⅰ）部分〕总的动量 $\left[\iiint\limits_{V} \rho \boldsymbol{v} \mathrm{d}V \right]_{t + \Delta t}$ 减去（Ⅰ）部分非原质点系的流入动量 $\Delta t \iint\limits_{A_1} \rho \boldsymbol{v}(\boldsymbol{v} \cdot \mathrm{d}\boldsymbol{A})$，再加上原质点系（Ⅱ）部分流出的动量 $\Delta t \iint\limits_{A_2} \rho \boldsymbol{v}(\boldsymbol{v} \cdot \mathrm{d}\boldsymbol{A})$。也就是说质点系在 $t + \Delta t$ 瞬时的末动量为

$$\left[\iiint\limits_{V} \rho \boldsymbol{v} \mathrm{d}V \right]_{t + \Delta t} - \Delta t \iint\limits_{A_1} \rho \boldsymbol{v}(\boldsymbol{v} \cdot \mathrm{d}\boldsymbol{A}) + \Delta t \iint\limits_{A_2} \rho \boldsymbol{v}(\boldsymbol{v} \cdot \mathrm{d}\boldsymbol{A}) = \left[\iiint\limits_{V} \rho \boldsymbol{v} \mathrm{d}V \right]_{t + \Delta t} + \Delta t \oiint\limits_{A} \rho \boldsymbol{v}(\boldsymbol{v} \cdot \mathrm{d}\boldsymbol{A})$$

式中，A_1 为控制体的流入表面，A_2 为控制体的流出表面，A 为控制体的全部控制面，于是

$$\sum \boldsymbol{F} = \frac{\mathrm{d}(\sum m\boldsymbol{v})}{\mathrm{d}t} = \lim_{\Delta t \to 0} \frac{1}{\Delta t} \left\{ \left[\iiint\limits_{V} \rho \boldsymbol{v} \mathrm{d}V \right]_{t + \Delta t} - \left[\iiint\limits_{V} \rho \boldsymbol{v} \mathrm{d}V \right]_{t} + \Delta t \oiint\limits_{A} \rho \boldsymbol{v}(\boldsymbol{v} \cdot \mathrm{d}\boldsymbol{A}) \right\}$$

即

$$\sum \boldsymbol{F} = \frac{\partial}{\partial t} \iiint\limits_{V} \rho \boldsymbol{v} \mathrm{d}V + \oiint\limits_{A} \rho \boldsymbol{v}(\boldsymbol{v} \cdot \mathrm{d}\boldsymbol{A}) \tag{4-38}$$

这就是用欧拉方法表示的动量方程式，控制体中任意空间点上的质点流动参数 ρ、$\boldsymbol{v}$ 都是欧拉变数的函数。这个方程式既适用于控制体固定的情况，也适用于控制体运动的情况。在后种情况下，我们只要将 $\boldsymbol{v}$ 换成流体的相对速度，并在外力中考虑到控制体运动时应该加到流体上的虚构惯性力即可。

下面再对式（4-38）中的三项含义分别做些说明。

$\sum \boldsymbol{F}$ 是作用在控制体内质点系上的所有外力的矢量和，它既包括控制体外部流体及固体对控制体内流体的作用力（这种力可能是压力也可能是摩擦力），也包括控制体内流体的重力或惯性力（因为这种质量力也是外力）。这些力中有些可能是已知量，有些则是未知量，有些是流体固有的，有些则是由于动量变化而产生的。

$\frac{\partial}{\partial t} \iiint\limits_{V} \rho \boldsymbol{v} \mathrm{d}V$ 是控制体内流体动量对时间的变化率，当控制体固定而且是定常流动时，这一项必然为零，它反映流体运动的非定常性，它的量纲 MLT^{-2} 也就是力的量纲。这是由于控制体内流体动量随时间变化而产生的一种力。

$\oiint\limits_{A} \rho \boldsymbol{v}(\boldsymbol{v} \cdot \mathrm{d}\boldsymbol{A})$ 是单位时间内通过所有控制表面的动量和，因为从控制体流出的动量为正，流入控制体的动量为负，所以这一项也可以说是单位时间内控制体流出动量与流入动量之差，它的量纲也是 MLT^{-2}。这是由于通过控制体流出动量与流入动量不等而产生的一种力。

2. 一维流动动量方程

动量方程式（4-38）从表面上看起来好像是一种比较复杂的矢量积分方程式，但是明确了它的每一项及每一个符号的含义后，应用起来并不困难，特别是在常见的定常、不可压缩、一维流的情况下，方程式可以化得非常简单。

定常不可压缩一维流的流管如图 4-19 所示，把流线方向取为自然坐标 s 的正向，取如

图中虚线所示的流管为控制体，则总控制表面中只有 A_1、A_2 两个过流断面上有动量交换。令这两个过流断面上的平均速度为 v_1、v_2，则在定常不可压缩的情况下，式（4-38）可简化为

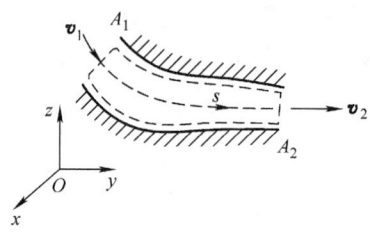

$$\sum \boldsymbol{F}_s = \oiint_A \rho \boldsymbol{v}(\boldsymbol{v} \cdot \mathrm{d}\boldsymbol{A}) = \int_{A_2} \rho \boldsymbol{v}_2 \boldsymbol{v}_2 \mathrm{d}A - \int_{A_1} \rho \boldsymbol{v}_1 \boldsymbol{v}_1 \mathrm{d}A$$

$$= \beta \rho q_v (\boldsymbol{v}_2 - \boldsymbol{v}_1) \approx \rho q_v (\boldsymbol{v}_2 - \boldsymbol{v}_1) \qquad (4\text{-}39)$$

图 4-19　一维流动

它在三个坐标轴上的投影式为

$$\left. \begin{aligned} \sum F_x &= \beta \rho q_v (v_{2x} - v_{1x}) \approx \rho q_v (v_{2x} - v_{1x}) \\ \sum F_y &= \beta \rho q_v (v_{2y} - v_{1y}) \approx \rho q_v (v_{2y} - v_{1y}) \\ \sum F_z &= \beta \rho q_v (v_{2z} - v_{1z}) \approx \rho q_v (v_{2z} - v_{1z}) \end{aligned} \right\} \qquad (4\text{-}40)$$

式中，β 为平均速度计算动量而引起的动量修正系数，在常见的湍流情况下 $\beta \approx 1$。

以下是对动量方程应用的几点说明：（1）在计算过程中只涉及控制面上的运动要素，而不必考虑控制体内部的流动状态；（2）作用力与流速都是矢量，动量也是矢量，因此动量方程是一个矢量方程，因此应用投影方程比较方便。分析问题时要标清流速和作用力的具体方向，要注意各投影分量的正负号。式（4-40）中的 $\sum F_x$、$\sum F_y$、$\sum F_z$ 是作用在流体上的力，如果实际问题要求流体对固体的反作用力，则应相应冠以负号；（3）使用时应注意：适当地选择控制面，完整地表达出作用在控制体和控制面上的一切外力，一般包括两端压力、重力、四周边界约束力；（4）外力和速度的方向问题，当各个矢量不在同一方向时，应先选取坐标轴方向，以有利于分析为原则，并在图上标出。它们与坐标方向相同时为正，与坐标方向相反时为负。而式（4-40）右边所固有的" $-$ "号与速度的正负无关，因为不论速度方向如何，流入速度矢量 v 与控制体流入表面外法线方向矢量 n 的方向总是相反的，这个" $-$ "号只表示"流入"，而并不表示流入速度方向。在坐标轴及控制体确定之后，不论流入控制体的速度是正是负，这个代表"流入"控制体动量的" $-$ "号都是不可缺少的；（5）对于未知的边界约束力可先假定一个方向，如解出结果得正值，则作用力方向与假定的相符合；解出结果得负值，则作用力方向与假定的方向相反，求的力为外界对流体的作用力；（6）动量方程只能求解一个未知数。实际工程问题中，常常未知量比较多。当有两个以上未知数时，常需与连续方程及能量方程联合求解。应注意能量方程中的各项为压强量纲，动量方程中的各项为压力量纲，两者不可混淆。

3. 动量方程的应用

（1）流体作用于弯管的力

如图 4-20 所示，一水平转弯的管路，由于液流在弯道改变了流动方向，也就改变了动量，于是就会产生压力作用于管壁。因此在设计管道时，在管路拐弯处必须考虑这个作用力，并设法平衡之，以防管道破裂。下面进行受力分析。

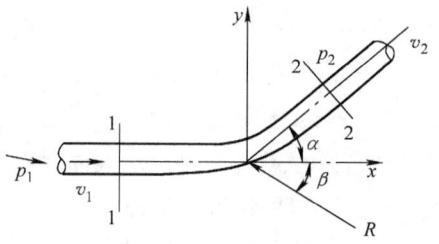

图 4-20　作用于弯管的力

沿 x 轴方向的作用力总和为　　$p_1 A - p_2 A\cos\alpha - R_x$

沿 x 轴方向的动量变化为　　　$\rho q_v(v\cos\alpha - v)$

代入方程得　　　　　　　　$p_1 A - p_2 A\cos\alpha - R_x = \rho q_v(v\cos\alpha - v)$

$$R_x = (p_1 - p_2\cos\alpha)A + \rho q_v v(1 - \cos\alpha)$$

同理可得

$$R_y = p_2 A\sin\alpha + \rho q_v v\sin\alpha$$

因此有

$$R = \sqrt{R_x^2 + R_y^2} \qquad \beta = \arctan\frac{R_y}{R_x}$$

（2）射流的背压（反推力）

如图 4-21 所示，容器在液面下深度等于 h 处有一比液面面积微小得多的出流孔，其面积为 A。在出流孔微小的前提下，假使只就一段很短的时间来看，该出流过程就可以当作近似的稳定流动。理想流体的出流速度 $v = \sqrt{2gh}$。

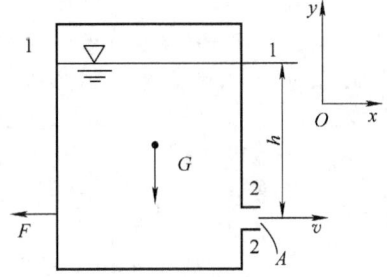

图 4-21　孔口出流反推力

考虑在这一很短时间内容器内的流体，它在水平方向的动量变化将取决于单位时间容器流出来的动量 $\rho q_v v = \rho A v^2$。这一动量变化当然在大小、方向、位置恰好等于器壁在水平方向施加在流体上的压力合力。流动流体则反过来对容器壁上作用一个方向与出流速度相反的水平反推力，即为

$$F = \rho A v^2 = 2A\rho gh$$

（3）自由射流的冲击力

从有压喷管或孔口射入大气的一股流束叫作自由射流，自由射流的特点是流束上的流体压强到处均为大气压。自由射流的速度和射程可按伯努利方程计算，射流对挡板或叶片的冲击力则可按动量方程式计算。

如图 4-22a 所示，假定速度为 v、流量为 q_v 的自由射流冲击到固定的二向曲面后，左右对称地分为两股，两股流量均为原流量的一半。假定自由射流在同一水平面上，且到处均为大气压，按伯努利方程式可知射流速度的大小处处保持恒定。假定动量修正系数 $\beta \approx 1$，取如图中虚线所示的控制体，按照动量方程式（4-40）可得曲面作用在流体上的力为

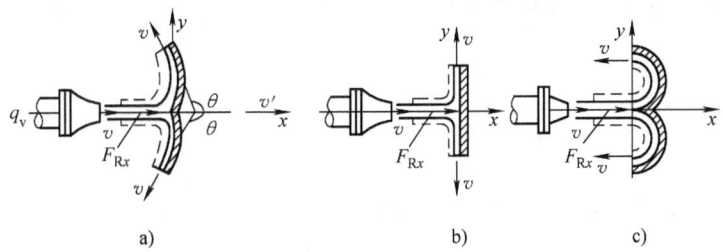

图 4-22　自由射流的冲击力

$$F_x = \rho\left(2\frac{q_v}{2}v\cos\theta - q_v v\right) = \rho q_v v(\cos\theta - 1)$$

于是射流对曲面的冲击力为

$$F_{Rx} = -F_x = \rho q_v v(1 - \cos\theta)$$

① 若 $\theta = 90°$，如图 4-22b 所示，即得射流对平面挡板的冲击力为

$$F_{Rx} = \rho q_v v$$

这种挡板是实际中最常见的。

② 若 $\theta = 180°$，如图 4-22c 所示，可得

$$F_{Rx} = 2\rho q_v v$$

这种反向曲面所受到的冲击力是平面挡板的两倍。为了充分发挥射流的动力性能，在冲击式水轮机上就是采用这种反向曲面作为其叶片形状的。

例 4-9 如图 4-23 所示，水流过一段转弯变径管，已知小管径 $d_1 = 200\text{mm}$，截面压力 $p_1 = 70\text{kPa}$，大管径 $d_2 = 400\text{mm}$，压力 $p_2 = 40\text{kPa}$，流速 $v_2 = 1\text{m/s}$。两截面中心高度差 $z = 1\text{m}$，求管中流量及水流方向。

解： 由题意可知

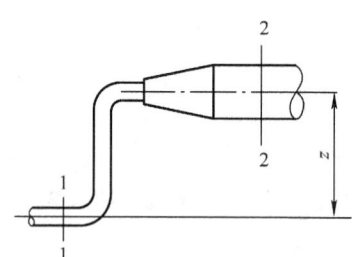

$$q_v = v_2 A_2 = v_2 \times \frac{1}{4}\pi d_2^2 = \left(1 \times \frac{1}{4} \times 3.14 \times 0.4^2\right)\text{m}^3/\text{s} = 0.1256\text{m}^3/\text{s}$$

$$v_1 = \frac{4q_v}{\pi d_1^2} = \frac{4 \times 0.1256}{3.14 \times 0.2^2}\text{m/s} = 3.998\text{m/s}$$

图 4-23 例 4-9 附图

取截面 1－1 为基准面，则截面 1 机械能为

$$E_1 = \frac{p_1}{\rho g} + \frac{v_1}{2g} = \frac{70 \times 10^3}{1000 \times 9.81}\text{m} + \frac{3.998^2}{2 \times 9.81}\text{m} = 7.95\text{m}$$

截面 2－2 机械能为

$$E_2 = \frac{p_2}{\rho g} + \frac{v_2}{2g} + z = \left(\frac{40 \times 10^3}{1000 \times 9.81} + \frac{1^2}{2 \times 9.81} + 1\right)\text{m} = 5.13\text{m}$$

因为 $E_1 > E_2$，所以水流方向为由 1 截面到 2 截面。

例 4-10 如图 4-24 所示，边长 $b = 30\text{cm}$ 的正方形铁板闸门，上边铰链连接于 O，其重力为 $W = 117.7\text{N}$，水射流直径 $d = 2\text{cm}$ 的中心线通过闸板中心 C，射流速度 $v = 15\text{m/s}$。求：

（1）为使闸门保持垂直位置，在其下边应加多大的 F 力？

（2）撤销 F 力后，闸门倾斜角是多少？忽略铰链摩擦。

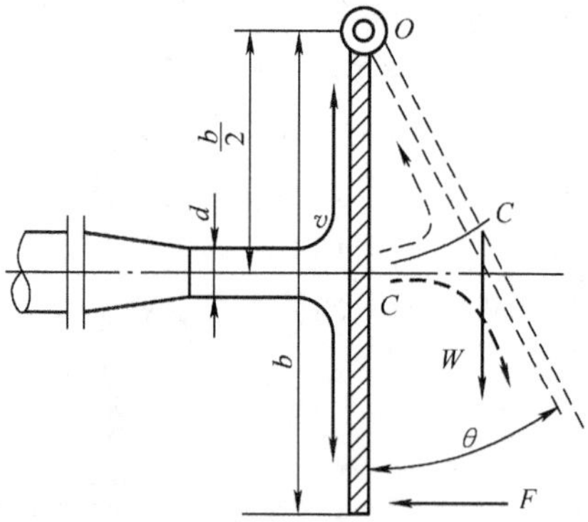

解：（1）射流对闸门作用力

$$F' = \rho q_v v = \rho \cdot \frac{\pi}{4} d^2 v^2 = \left(10^3 \times \frac{\pi}{4} \times 0.02^2 \times 15^2\right)\text{N} = 70.686\text{N}$$

闸门在垂直位置平衡时，$F'\frac{b}{2} = Fb$，则

$$F = \frac{1}{2}F' = 35.343\text{N}$$

图 4-24 例 4-10 附图

（2）闸门在倾斜位置平衡时，$F'\frac{b}{2} = W\frac{b}{2}\sin\theta$ 则

$$\theta = \arcsin\frac{F'}{W} = \arcsin\frac{70.686\text{N}}{117.7\text{N}} = 36.91°$$

例 4-11 如图 4-25 所示，从固定喷嘴流出一股射流，其直径为 d，速度为 V。此射流冲击一个运动叶片，在叶片上流速方向转角为 θ，如果叶片运动的速度为 v，试求：（1）叶片所受的冲击力；（2）水流对叶片所做的功率；（3）当 v 取什么值时，水流做功最大？

解：（1）射流离开喷嘴时，速度为 V，截面积为 $A = \pi d^2/4$，当射流冲入叶片时，水流相对于叶片的速度为 $V-v$，显然，水流离开叶片的相对速度也是 $V-v$。而射流截面积仍为 A。采用固结在叶片上的动坐标，在此动坐标上观察到的水流运动是定常的，设叶片给水流的力如图 4-25 所示，由动量方程得

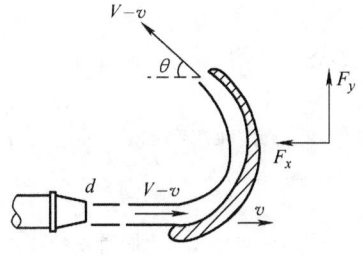

$$F_x = \rho(V-v)^2 A(1+\cos\theta)$$

$$F_y = \rho(V-v)^2 A\sin\theta$$

图 4-25　例 4-11 附图

叶片所受冲击力大小为

$$F = \sqrt{F_x^2 + F_y^2} = \rho(V-v)^2 A \sqrt{(1+\cos\theta)^2 + \sin^2\theta}$$

$$= \rho(V-v)^2 A \sqrt{2(1+\cos\theta)}$$

方向为

$$\tan\varphi = \frac{F_y}{F_x} = \frac{\sin\theta}{1+\cos\theta}$$

（2）叶片仅在水平方向有位移，水流对叶片所做功率为

$$P = vF_x = \rho(V-v)^2 Av(1+\cos\theta)$$

（3）当 V 固定时，功率 P 是 v 的函数。令 $\partial P/\partial v = 0$ 则

$$(V-v)^2 - 2(V-v)v = 0$$

因此，当 $v = V/3$ 时，水流对叶片所做的功率达到极大值。

例 4-12　如图 4-26 所示，从固定的狭缝喷出的二维高速水射流冲击一块倾斜放置的平板，已知射流的截面积 A_0，射流速度 V_0，平板倾角 θ，试求下列两种情况下平板所受的冲击力：（1）平板静止不动；（2）平板以速度 v 向右运动。

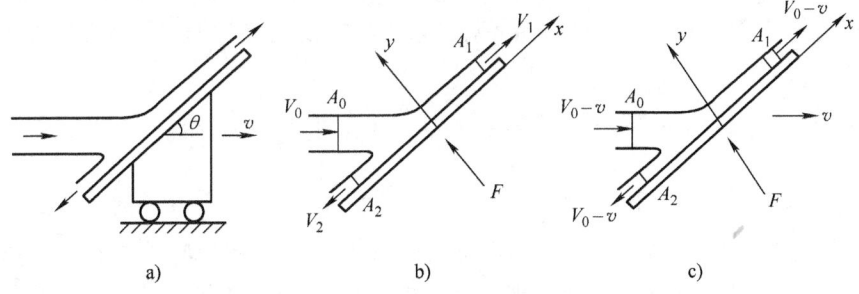

图 4-26　例 4-12 附图

解：平板静止不动以及平板以速度 v 向右运动的控制体，坐标系及截面上的流动参数分别如图 4-26b、c 所示。平板受力方向总是与板的法线同向。计算中我们不计重力和黏性影响。

（1）平板静止不动如图 4-26a 所示，不计重力影响的伯努利方程为

$$p + \frac{1}{2}\rho V^2 = 常数$$

控制体的过流截面的压强都等于当地大气压 p_a，因此，$V_0 = V_1 = V_2$，再由连续性方程得

$$V_0 A_0 = V_1 A_1 + V_2 A_2,\ A_0 = A_1 + A_2$$

考虑总流的动量方程

$$F = (\rho q_v V)_{流出} - (\rho q_v V)_{流入}$$

在 x 和 y 方向的投影式为

x 方向：$0 = \rho V_1 A_1 V_1 + \rho V_2 A_2(-V_2) - \rho V_0 A_0 V_0\cos\theta$

y 方向：$F = 0 - \rho V_0 A_0(-V_0 \sin\theta)$

这样得到平板所受的冲击力为

$$F = \rho V_0^2 A_0 \sin\theta$$

同时还得到过流面积 A_1、A_2 与 A_0 关系为

$$A_1 = \frac{1 + \cos\theta}{2} A_0, \quad A_2 = \frac{1 - \cos\theta}{2} A_0$$

（2）平板以速度 v 向右运动如图 4-26c 所示，图中的坐标实际是一个动坐标，在动坐标上观察到的流动是定常的。

观察图 4-26c 的控制体，射流截面积仍为 A_0，但截面上的速度为 $V_0 - v$，显然截面 A_1 和 A_2 上的速度也是 $V_0 - v$，y 方向的动量方程是

$$F = \rho(V_0 - v)^2 A_0 \sin\theta$$

4.3.2 动量矩方程式

动量矩方程式是动量矩定律应用于运动流体的一种数学表达式。根据矢量运算法则，用一个矢量 a 对矢量等式 $b = c + d$ 两端同时进行矢性积计算，所得结果仍然相等，即

$$a \times b = a \times (c + d) = a \times c + a \times d$$

动量方程式（4-38）也是一个矢量方程式，公式左端 $\sum F$ 是作用在控制体上的合外力矢量，公式右端第一项 $\frac{\partial}{\partial t}\iiint\limits_V \rho v \mathrm{d}V$ 是控制体中动量矢量对时间的变化率，公式右端第二项 $\oiint\limits_A \rho v v \mathrm{d}A$ 是通过控制面的净动量矢量。式中，v 是控制体中任意点的速度矢量，如果用 r 表示该点的在坐标系中的矢径，则用此矢量 r 对动量方程式两端进行矢性积运算，可得动量矩方程式为

$$r \times \sum F = \frac{\partial}{\partial t}\iiint\limits_V \rho(r \times v)\mathrm{d}V + \oiint\limits_A \rho(r \times v)v\mathrm{d}A \tag{4-41}$$

等式左端是控制体上合外力对于坐标原点的合力矩，可用 $\sum T$ 表示。等式右端第一项是控制体内动量矩对时间的变化率，在定常流动（例如定转速的叶轮机）中，这一项等于零。等式右端第二项是通过控制面流出与流入的流体动量矩之差，或通过控制面的净动量矩。动量矩方程式的含义是：作用在一定体积运动流体上的全部外力对任一参考点 O 的力矩矢量和 $\sum T$，等于该流体在单位时间内对参考点 O 的动量矩变化。

应用动量矩方程可以推导涡轮机械的基本方程式。如图 4-27 所示，在定转速的叶轮机中取叶轮进、出口的圆柱面与叶轮侧壁之间的整个叶轮流动区域为控制体。不论是泵等被动机叶轮还是水轮机等原动机转轮，统一用下标 1 表示入口，下标 2 表示出口。用 u 表示牵连速度，w 表示流体在叶轮内的相对速度，用 v 表示流体的绝对速度。假定叶轮叶片数为无穷多，每个叶片的厚度均为无限薄的骨线，则流体在叶片间的相对速度 w 必沿叶片型线的切线方向。于是将动量矩方程式用于叶轮机，需用绝对速度 v 代替式（4-41）中的质点速度，由定常运动，故得

$$\sum T = \oiint\limits_A \rho(r \times v)v\mathrm{d}A = \iint\limits_{A_2} \rho(r \times v)v\mathrm{d}A - \iint\limits_{A_1} \rho(r \times v)v\mathrm{d}A \tag{4-42}$$

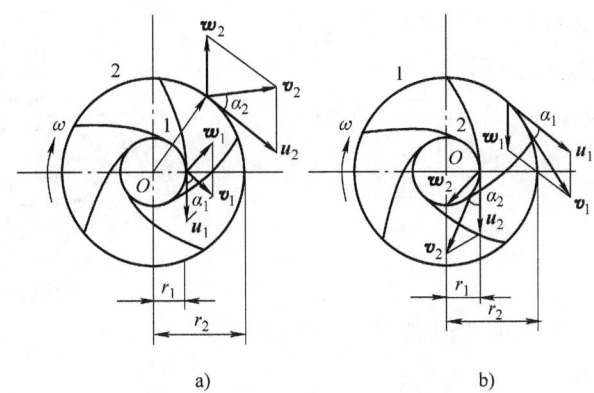

图4-27 叶轮进、出口速度三角形

a) 泵轮 b) 涡轮

这就是常用于叶轮机中的定常流动的动量矩方程式。

作用在叶轮外周和内周上的压力，他们的作用线都是通过轮轴 O 的，所以这两部分压力不形成力矩。只有叶片和流体之间的相互作用力构成一个力矩。由图4-27所示的速度三角形可以看到

$$\left| \boldsymbol{r} \times \boldsymbol{v} \right| = rv\sin(\boldsymbol{r} \cdot \boldsymbol{v}) = rv\cos\alpha$$

因而式（4-42）可以写成

$$\sum T = \rho q_{\mathrm{v}}(r_2 v_2 \cos\alpha_2 - r_1 v_1 \cos\alpha_1)$$

因为叶轮机的角速度为

$$\boldsymbol{\omega} = \frac{u}{r} = \frac{u_1}{r_1} = \frac{u_2}{r_2}$$

故叶轮机的功率

$$P = \sum T\omega = \rho q_{\mathrm{v}}(v_2 u_2 \cos\alpha_2 - v_1 u_1 \cos\alpha_1) \tag{4-43}$$

或

$$\frac{P}{\rho g q_{\mathrm{v}}} = \frac{1}{g}(v_2 u_2 \cos\alpha_2 - v_1 u_1 \cos\alpha_1) = H \tag{4-44}$$

式（4-43）及式（4-44）既适用于泵类被动机械，也适用于水轮机涡轮类原动机械，公式是统一的，但实质却不同。

对泵类机械来说，叶轮出口处的流体能量大于入口处的流体能量。P 代表机械对流体做功，H 称为泵产生的扬程。对水轮机涡轮类机械来说，叶轮出口处的流体能量小于入口处的流体能量。P 代表流体对机械做功，H 称为作用于转轮上的水头。

在涡轮增压器中，废气推动涡轮带动压气机将空气增压后再送入发动机气缸。在燃气轮机中，空气经压力机增压燃烧后再去推动涡轮增大动力。在水轮泵中，一般把泵叶轮与水轮机涡轮同轴串联起来，水推动涡轮从而带动泵叶轮旋转，将低位的水压送至高处。

例4-13 如图4-28所示，水流经180°弯管自喷嘴流出，如管径 $D = 75\mathrm{mm}$，喷嘴直径 $d = 25\mathrm{mm}$，管端前端的测压表读数 $p_{\mathrm{M}} = 60\mathrm{kN/m^2}$，求法兰上、中、下螺栓的受力情况。法兰上、中、下前后共四个螺栓，中心距离为150mm，弯管喷嘴和其内水重共100N，作用位置如图。

解：（1）此题是以动量方程式为主，连续性方程、能量方程、动量矩方程等综合应用问题。首先由动

量方程，弯管对流体的作用力 F_x、F_y 分别为

$$F_x = (p_2 + \rho v_2^2) A_2 \sin\alpha_2 - (p_1 + \rho v_1^2) A_1 \cos\alpha_1$$

$$F_y = (p_1 + \rho v_1^2) A_1 \sin\alpha_1 - (p_2 + \rho v_2^2) A_2 \cos\alpha_2$$

式中，$\alpha_2 = 90°$，$\alpha_1 = 180°$，$p_2 = 0$，所以有

$$F_x = (0 + \rho v_2^2) A_2 - (p_1 + \rho v_1^2)(-A_1) = \rho v_2^2 A_2 + (p_1 + \rho v_1^2) A_1$$

$$F_y = 0$$

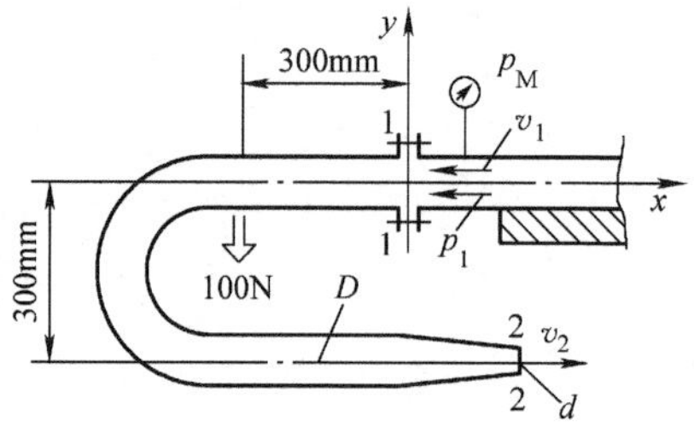

图 4-28 例 4-13 附图

(1)

由能量方程和连续性方程求 v_1、v_2。列 1—1、2—2 断面能量方程（以喷嘴轴线为基准）

$$z_1 + \frac{p_1}{\rho g} + \frac{v_1^2}{2g} = z_2 + \frac{p_2}{\rho g} + \frac{v_2^2}{2g}$$

(2)

$$\frac{v_2^2 - v_1^2}{2g} = z_1 + \frac{p_1}{\rho g}$$

由连续性方程

$$v_1 A_1 = v_2 A_2 \Rightarrow v_1 = v_2 \left(\frac{d}{D}\right)^2$$

代入式（2）得

$$\frac{v_2^2}{2g}\left[1 - \left(\frac{d}{D}\right)^4\right] = z_1 + \frac{p_1}{\rho g}$$

(3)

代入已知数据解得

$$v_2 = 11.29\,\mathrm{m/s}, \quad v_1 = v_2 \left(\frac{d}{D}\right)^2 = 1.255\,\mathrm{m/s}$$

代入式（1）有

$$F_x = \left\{1000 \times (11.29)^2 \times \frac{\pi}{4}(0.025)^2 + [60 \times 10^3 + 1000 \times (1.255)^2] \times \frac{\pi}{4} \times (0.075)^2\right\}\mathrm{N} = 334.43\,\mathrm{N}$$

流体对法兰螺栓的作用力 $F_x' = -F_x = -334.43\mathrm{N}$ 方向向左，对螺栓来说是拉力，故每个螺栓受拉力为

$$F = \frac{F_x'}{4} = \frac{334.43}{4}\mathrm{N} = 83.60\,\mathrm{N}$$

（2）求动量矩变化对螺栓受力影响。因为弯管喷嘴及水的重量 W 和动量推力所产生的力矩也要由螺栓来承担，现以过法兰螺栓断面 1—1 垂直纸面的轴心 z 轴为轴，列出动量矩方程为

$$\sum T_z = \rho q_v \left[(v_{2x} y_2 - v_{2y} x_2) - (v_{1x} y_1 - v_{1y} x_1)\right]$$

式中，$v_{2y} x_2 = 0$；v_{1x} 通过中心，所以 $v_{1x} y_1 = 0$，$v_{1y} x_1 = 0$。又 $\sum T_z = T + W \cdot x_2$，故有

$$T + W x_2 = \rho v_{2x}^2 A_2 \cdot y_2$$

$$T = \rho v_{2x}^2 A_2 \cdot y_2 - W x_2 = \left[1000 \times (11.29)^2 \times \frac{\pi}{4} \times (0.025^2) \times 0.3 - 100 \times 0.3\right]\mathrm{N \cdot m} = -11.24\,\mathrm{N \cdot m}$$

$T = -11.24\mathrm{N \cdot m}$ 是顺时针的力矩，对中心矩为 0.150m 的上、中、下螺栓来说相当于顺时针的力偶矩，对上螺栓起压力作用，对下螺栓起拉的作用，对中间螺栓无影响。由力偶矩产生的力为

$$F'l = T \Rightarrow F' = \frac{T}{l} = \frac{-11.24}{0.15}\mathrm{N} = -74.93\,\mathrm{N}$$

所以，对上、中、下螺栓有

$$F_{上} = F + F' = (83.6 - 74.93)\,\text{N} = 8.67\,\text{N}$$

$$F_{中} = F = 83.6\,\text{N}$$

$$F_{下} = F - F' = (83.6 + 74.93)\,\text{N} = 158.53\,\text{N}$$

　　结论：从此例题的计算结果可以看出，应用动量方程、动量矩方程解决工程系统结构强度计算时，应确定承受流体作用力最大的位置或部件，来设计系统的结构强度才是安全的。这类问题在实际工程中常常遇到，应引起重视。

　　例 4-14　如图 4-29a 所示，水流从有压喷嘴中水平射向一相距不远的静止铅垂挡板，水流随即在挡板向四周散开，试求射流对挡板的冲击力 F。

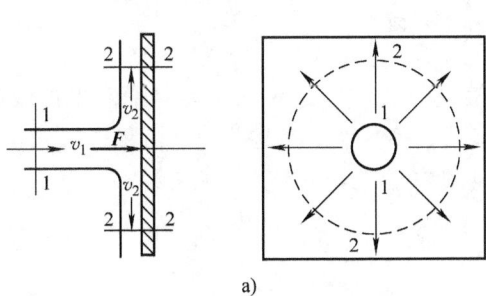

a)

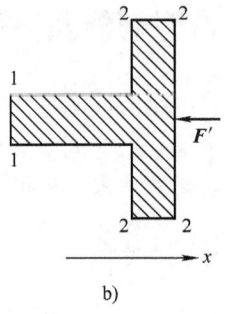

b)

图 4-29　例 4-14 附图

　　解：从有压喷嘴或孔口射入大气的一股流束称为自由射流，其特点是流束上的流体均为大气压。自由射流的流速可按伯努利方程计算，射流对挡板的冲击力可按动量方程计算。

　　取射流转向前的断面为 1-1 和射流完全转向后的断面 2-2（注意 2-2 断面是一个圆柱面，它应截取全部散射水流）以及液流边界所包围的封闭曲面为控制体，如图 4-29b 所示。

　　流入与流出控制体的流速以及作用在控制体上的外力分别如图 4-29a、b 所示，其中 F' 是挡板对射流的作用力，即为所求射流对挡板的冲击力的反作用力。控制体四周大气压强的作用相互抵消，同时，射流方向水平，重力可以不考虑。

　　若略去液流运动的机械能损失，则由定常总流的伯努利方程可得 $v_1 = v_2$。

　　取 x 方向如图 4-29b 所示，则定常总流的动量方程在 x 方向的投影为

$$-F' = \rho q_{\text{v}}(0 - v_1)$$

故

$$F' = \rho q_{\text{v}} v_1$$

式中，q_{v} 为射流流量。射流对挡板的冲击力 F 和 F' 大小相等，方向相反。

　　例 4-15　如图 4-30 所示，旋转式喷水器由三个均布在水平平面上的旋转喷嘴组成。总供水量为 q_{v}，喷嘴出口截面积为 A，旋臂长为 R，喷嘴出口速度方向与旋臂的夹角为 θ。求：（1）不计一切摩擦，旋臂的旋转角速度 ω；（2）如果使已经有 ω 角速度的旋臂停止，需要施加多大的外力矩 T。

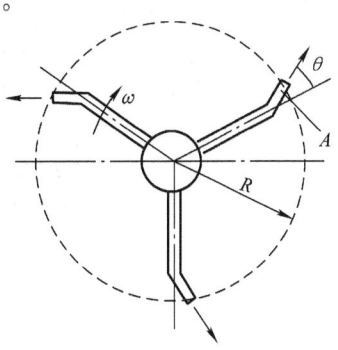

图 4-30　例 4-15 附图

　　解：（1）每个喷嘴的出口速度为 $v = q_{\text{v}}/3A$。这一速度的切向分量也就是旋臂的切向圆周速度，故

$$v\sin\theta = \omega R$$

将 $v = \dfrac{q_{\text{v}}}{3A}$ 代入上式，则

$$\omega = \frac{q_{\text{v}}}{3AR}\sin\theta$$

（2）由动量矩方程 $T = \rho q_{\mathrm{v}} \left(r_2 v_2 \cos\alpha_2 - r_1 v_1 \cos\alpha_1 \right)$ 可知，现在入口处速度方向与切线方向的夹角 $\alpha_1 = 90°$，$\cos\alpha_1 = 0$；出口处速度方向与切线方向的夹角 $\alpha_2 = \dfrac{\pi}{2} - \theta$，于是 $\cos\alpha_2 = \sin\theta$。

力矩

$$T = \rho q_{\mathrm{v}} \left(Rv\sin\theta - 0 \right)$$

以 $v = \dfrac{q_{\mathrm{v}}}{3A}$ 代入上式，则

$$T = \frac{\rho R q_{\mathrm{v}}^2}{3A} \sin\theta$$

附录4 伯努利能量方程式验证实验

通过实验可以验证流体定常总流的能量方程。经过对动水力学诸多水力现象的实验分析，进一步掌握有压管流中动水力学的能量转换特性。掌握流速、流量、压强等动水力学水力要素的实验量测技术，根据测试数据绘制测压管水头线和总水头线。

附录4.1 实验装置

如图4-31所示伯努利能量方程式验证实验台。装置采用可变速动力水泵形成循环水流，在稳水箱内由溢流板形成定常水头。试验管道内布置19个测压探头，通过毛细管与测压板液柱式测压管连接，并一一对应。试验管道内实验流量用阀13调节，流量由体积法（量筒、秒表另备）或称重法（电子秤另备）测量。图4-32和表4-2为试验管道测压探头分布及管径尺度，测压探头分为皮托管测压管（表4-2中标 * 的测压管）和普通测压管两种。皮托管测压探头测口与来流垂直，用于测定管道总水头，满足

$$H^* = z + \frac{p}{\rho g} + \frac{v^2}{2g} \tag{4-45}$$

普通测压管布置在与中心线水平平行的管壁上，用于测定管道中心水平面静压强，满足

$$H = z + \frac{p}{\rho g} \tag{4-46}$$

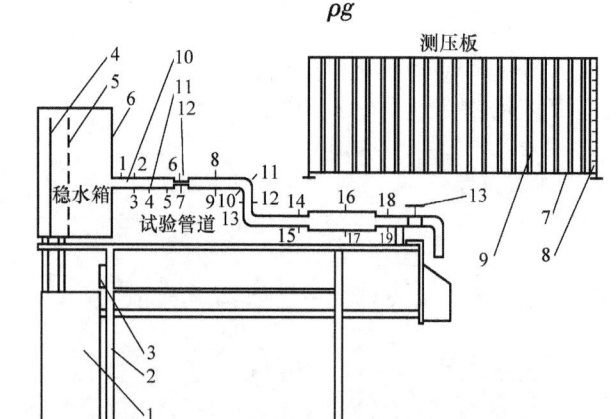

图4-31　伯努利能量方程式验证实验台

1—自循环供水器　2—实验台　3—可控硅无级调速器　4—溢流板　5—稳水孔板　6—恒压水箱
7—测压计　8—滑动测量尺　9—测压管　10—试验管道　11—测压点　12—皮托管　13—实验流量调节阀

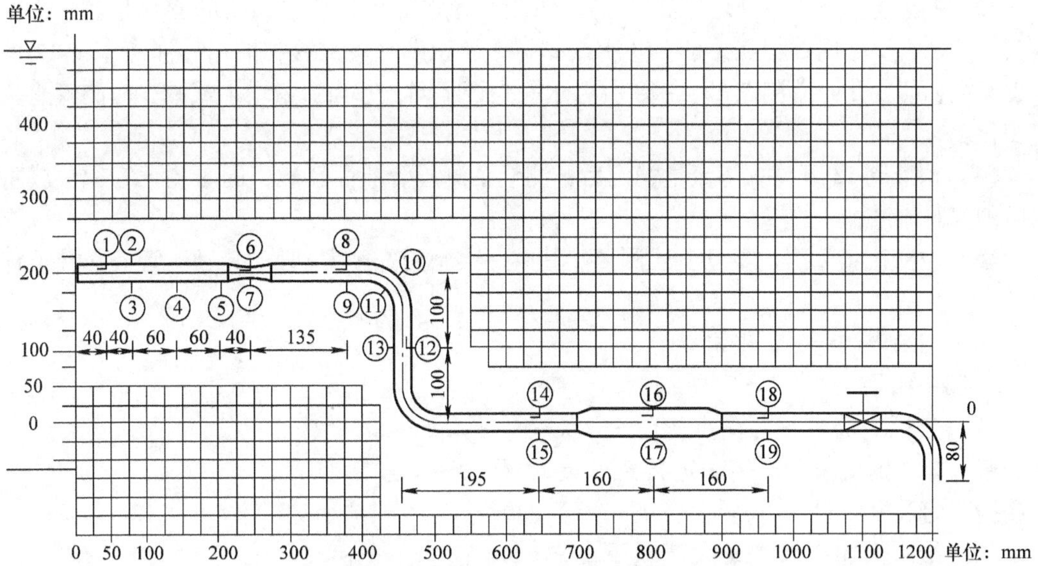

图 4-32　测压探头分布及管道长度

表 4-2　试验管道测压探头分布及管径尺度

测点编号	1*	2 3	4	5	6* 7	8* 9	10 11	12* 13	14* 15	16* 17	18* 19
管径 cm	1.37	1.37	1.37	1.37	1.00	1.37	1.37	1.37	1.37	2.00	1.37

注：水箱液面高程$\nabla_0 = 50\text{cm}$；上管道轴线高程$\nabla_2 = 20\text{cm}$。

附录 4.2　实验原理

在实验管路中沿管内水流方向取 n 个过水断面。可以列出进口断面（1）至另一断面（i）的能量方程式($i=2,3,\cdots,n$)

$$z_1 + \frac{p_1}{\rho g} + \frac{\alpha_1 \bar{v}_1^2}{2g} = z_i + \frac{p_i}{\rho g} + \frac{\alpha_i \bar{v}_i^2}{2g} + h_{\mathrm{w}1-i} \tag{4-47}$$

式中，取 $\alpha_1 = \alpha_2 = \cdots = \alpha_i = 1$，选好基准面，从已设置的各断面的测压管中读出 $z_i + \dfrac{p_i}{\rho g}$值，测出通过管路的流量，即可计算出断面平均流速 $\bar{v}_i$ 及$\dfrac{\alpha_i \bar{v}_i^2}{2g}$，从而得到各断面测压管静水头和总水头。

附录 4.3　实验步骤与测量结果

1. 实验步骤

（1）辨别普通测压管和皮托管测压管，以及两者功能区别。

（2）打开电源开关供水，使水箱充水，待恒压水箱溢流后，检查调节阀关闭后所有测压管水面是否齐平。如不平则需查明故障原因（例如连通管受阻、漏气或夹气泡等）并加以排除，直至调平。

（3）打开流量调节阀 13，观察思考：①测压管水头线和总水头线的变化趋势；②位置水头、压强水头之间的相互关系；③测点 2 与 3 测压管水头是否相同；④测点 10、11 的测压管读数如何变化；⑤测点 12 与 13 测管水头是否不同；⑥当流量增加或减少时测管水头如何变化。

（4）调节阀 13 开度，待流量稳定后，测记各测压管液面读数，同时测记容积法或重量法所测实验流量。

（5）改变流量 2 次，重复上述测量。其中一次阀门开度大到使 19 号测管液面接近标尺零点。

（6）切断电源开关，停机。

2. 实验结果

（1）分析实验数据，测点 10、11、13 位于弯管非均匀流段，产生非定常急变流，故数据不能采用。

（2）绘制上述成果中最大流量下的总水头线 $E-E$ 和测压管水头线 $p-p$，如图 4-33 所示。

（3）从曲线图上可以推出：测压管水头线 $p-p$ 沿程可升可降。在测点 7 降为真空度（负压强），此时将测点 7 毛细管拔掉，水不会外流，空气会吸进。在测点 17

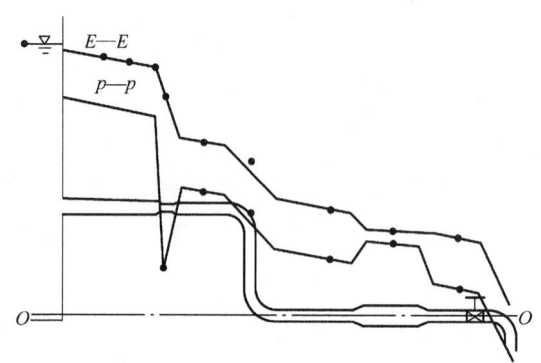

图 4-33 实验管路静压、总水头线

段管径增大，速度降低，压强增大。在测点 19 段管径减小，速度增大，压强降低。

（4）总水头线 $E-E$ 沿程只降不升。在测点 1 段、8 段、14 段、16 段、18 段经历了管路沿程阻力损失，总能头下降，但坡度不大。在测点 6 段经历管径逐渐收缩和逐渐扩散，总能头急剧下降。在测点 10、11 段经历了弯管急变流，故总能头下降。在测点 16 段经历了管径突然扩大，故总能头有所下降。在测点 18 段经历了管径突然缩小，但总能头下降不大，从中说明在管径缩放比相同的情况下，管径突然扩大比管径突然缩小局部水头损失大。

思考题 4

4-1. 理想不可压缩流体在重力场中定常流动，则伯努利方程 $\dfrac{p}{\rho g} + z + \dfrac{v^2}{2g} = C$ 在整个流场中都成立的条件是（ ）。

A. 无旋流动；　　　　B. 有旋流动；　　　　C. 缓变流动；　　　　D. 即变流动

4-2. 定常总流的能量方程 $z_1 + \dfrac{p_1}{\rho g} + \dfrac{v_1^2}{2g} = z_2 + \dfrac{p_2}{\rho g} + \dfrac{v_2^2}{2g} + h_{w1-2}$，式中各项代表（ ）。

A. 单位体积液体所具有的能量；　　　　　B. 单位质量液体所具有的能量；

C. 单位重量液体所具有的能量；　　　　　D. 以上答案都不对

4-3. 测压管水头在（ ）为常数。

A. 渐变流过流断面上；　B. 在同一流线上；　　C. 急变流过流断面上；　　D. 均匀流过流断面上

4-4. 有压管道的总水头线与测压管水头线的基本规律是（ ）。

A. 总水头线是沿程下降的；　　　　　　　　B. 测压管水头线是沿程下降的；

C. 总水头线和测压管水头线沿程可升可将；　D. 测压管水头线沿程上升的

4-5. 均匀流的总水头线与测压管水头线的关系是（　　　）。

A. 互相平行的直线；　　B. 互相平行的曲线；　　C. 互不平行的直线；　　D. 互不平行的曲线

4-6. 层流与湍流的本质区别是（　　　）。

A. 湍流速度＞层流速度；　　　　　　　　　B. 流道截面大的为湍流，截面小的为层流；

C. 层流的雷诺数＜湍流的雷诺数；　　　　　D. 层流无脉动，湍流有脉动

4-7. 当等直径管道的管轴线高程沿流向下降时，管轴线的动水压强沿流向（　　　）。

A. 增大；　　　　　　　B. 减小；　　　　　　C. 不变；　　　　　　　D. 不定

4-8. 伯努利方程前三项之和表示（　　　）。

A. 单位质量流体具有的机械能；　　　　　　B. 单位重量流体具有的机械能；

C. 单位体积流体具有的机械能；　　　　　　D. 通过过流断面流体的总机械能

4-9. 黏性流体测压管水头线沿程（　　　）。

A. 上升；　　　　　　　B. 下降；　　　　　　C. 水平；　　　　　　　D. A 和 B

4-10. 有压管道的测管水头线（　　　）。

A. 只能沿流上升；　　　　　　　　　　　　B. 只能沿流下降；

C. 可以沿流上升，也可以沿流下降；　　　　D. 只能沿流不变

4-11. 管径不变，通过的流量不变，管轴线沿流向逐渐增高的有压管流，其测压管水头线沿流向应（　　　）。

A. 与管轴线平行；　　　B. 逐渐升高；　　　　C. 逐渐降低；　　　　　D. 无法确定

4-12. 伯努利方程的适用条件是（　　　）。

A. 定常流；　　　　　　B. 非定常流；　　　　C. 不可压缩液体；　　　D. 可压缩液体

4-13. 毕托管可以用来测（　　　）。

A. 瞬时流速；　　　　　B. 时均流速；　　　　C. 脉动流速；　　　　　D. 脉动压强

4-14. 下列论述正确的为（　　　）。

A. 液体的黏度随温度的减小而减小；

B. 静水压力等于质量力；

C. 相对平衡液体中的等压面可以是倾斜平面或曲面；

D. 急变流过水断面上的测压管水头相等

4-15. 流量为 q_v、速度为 v 的射流，冲击一块与流向垂直的平板，平板受到的水流冲击力为（　　　）。

A. $q_v v$；　　　　　　　B. $g q_v v$；　　　　　　C. $\rho q_v v$；　　　　　　D. $\rho g q_v v$

4-16. 判断题：水流过流断面上平均压强的大小和正负与基准面的选择无关。

4-17. 判断题：水流总是从断面压强大的地方流到压强小的地方。

4-18. 判断题：均匀流是过水断面流速均匀分布的水流。

4-19. 判断题：有压管道中水流作均匀流动时，总水头线、测压管水头线和管轴线三者必定平行。

4-20. 判断题：在直径不变的有压管流中，总水头线和测压管水头线是相互平行的直线。

4-21. 判断题：在实验时，对空气压差计进行排气的目的是保证压差计液面上的气压为当地大气压强。

4-22. 判断题：用能量方程推导文丘里流量计的流量公式 $q_v = \mu K \sqrt{\Delta h_p}$ 时，管道水平放置与倾斜放置其结果不同。

4-23. 判断题：实际流体内各点的总水头等于常数。

4-24. 填空题：在流束中与＿＿＿＿＿＿＿＿＿正交的横断面称为过流断面。

4-25. 填空题：用能量方程求解水力学问题时，两个过水断面选择在渐变断面上是因为渐变流断面上＿＿＿＿＿＿＿＿＿＿＿＿＿＿＿＿＿。

4-26. 填空题：某输水安装的文丘里管流量计，当其汞－水压差计上读数 $\Delta h = 4\text{cm}$ 时，通过的流量为 2L/s，分析当汞－水压差计读数 $\Delta h = 9\text{cm}$ 时，通过流量为 _____ L/s。

4-27. 填空题：水流总是从 _____ 流向 _____。

4-28. 填空题：只要比较总流中两个渐变流断面上单位重量流体的 _____ 大小，就能判别出流动方向。

4-29. 填空题：动能修正系数的物理意义为 _____。

4-30. 水流在等径斜管中流动，高处为 A 点，低处为 B 点，讨论压强出现以下三种情况时的流动方向（水头损失忽略不计）：（1）$p_A > p_B$；（2）$p_A = p_B$；（3）$p_A < p_B$。

4-31. 在伯努利方程中 $\dfrac{p}{\rho g}$ 为什么说是一种能量？$\dfrac{p}{\rho g}$ 的单位如何？

4-32. 何谓渐变流？渐变流过流断面具有哪些重要性质？

4-33. 如思考题 4-33 图所示为某装置即时的水流状态，若闸门开度减小，阀门前后两根测压管中的水面将如何变化？为什么？

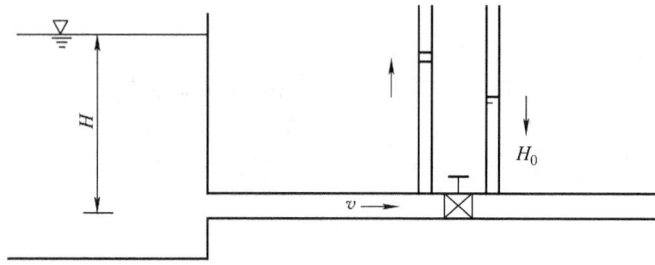

思考题 4-33 图

4-34. 渐变流断面上各点的测压管高度等于常数，此说法对否？为什么？

4-35. 定常总流能量的限制条件有哪些？如何选取其基准面、计算断面、计算点、压强？

4-36. 试简述总流伯努利方程 $z_1 + \dfrac{p_1}{\rho g} + \dfrac{\alpha_1 v_1^2}{2g} = z_2 + \dfrac{p_2}{\rho g} + \dfrac{\alpha_2 v_2^2}{2g} + h_{1-2}$ 的使用条件。

4-37. 拿两张薄纸，平行提在手中，当用嘴顺纸间缝隙吹气时，问薄纸是不动、靠拢、还是张开？为什么？

4-38. 总流能量与元流能量方程有什么不同点？

4-39. 在应用定常总流动量方程时，为什么不必考虑水头损失？

4-40. 由动量方程求得的力若为负值时说明什么问题？待求未知力的大小与分离体的大小有无关系？应用中如何选取分离体？

习题4

4-1. 如习题 4-1 图所示，直径 $d = 0.3\text{m}$ 的管道出口设置一个锥形阀，圆锥顶角 $2\theta = 120°$，锥体自重 $W = 1500\text{N}$。当水流量 q_v 为多少时，管道出口的射流可将锥体托起？

答案：$q_v = 0.461\text{m}^3/\text{s}$

4-2. 如习题 4-2 图所示某气体引射装置，d_1、d_2、h 为已知，问气罐压强 p_0 多大才能将 B 池水抽出。

答案：$p_0 = \dfrac{\rho v_2^2}{2} = \dfrac{\rho g h}{\left(\dfrac{d_2}{d_1}\right)^4 - 1}$

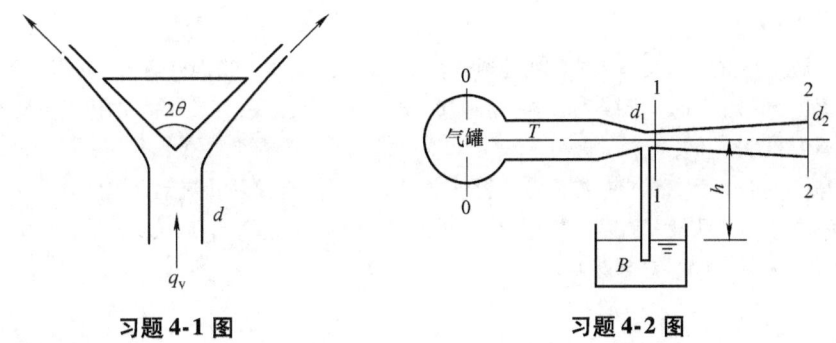

习题 4-1 图   习题 4-2 图

4-3. 如习题 4-3 图所示，空气由炉口 a 处流入，经过燃烧后，废气经 b、c、d 由烟囱流出。烟气 $\rho = 0.6\text{kg/m}^3$，空气 $\rho = 1.2\text{kg/m}^3$，由 $a \to c$ 及 $c \to d$ 的压强损失分别为 $9 \times \rho v^2 / 2$ 和 $20 \times \rho v^2 / 2$。求：（1）出口速度 v；（2）c 处静压 p_c（假设烟道为等截面通道）。

答案：（1）$v = 5.7\text{m/s}$；（2）$p_c = -68.6\text{Pa}$

4-4. 如习题 4-4 图所示，在水轮机的垂直锥形尾水管中，已知 $1-1$ 断面的直径为 0.6m，断面平均流速 $v_1 = 6\text{m/s}$，出口断面 $2-2$ 的直径为 0.9m，两断面间的水头损失 $h_f = 0.03 \dfrac{v_1^2}{2g}$，试求当 $z = 5\text{m}$ 时 $1-1$ 断面的真空度。

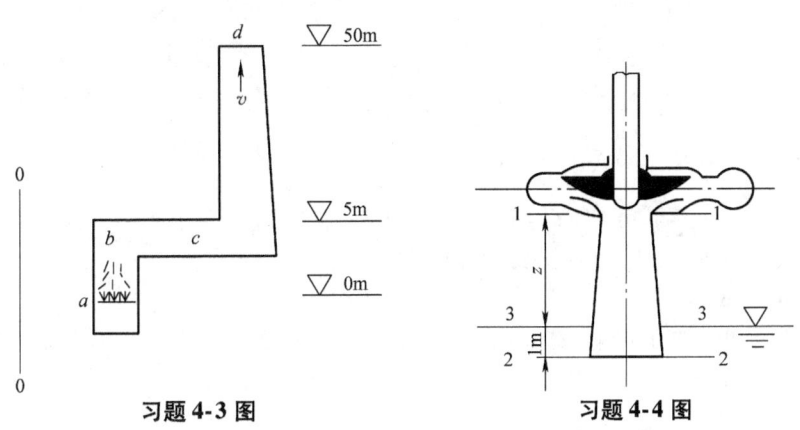

习题 4-3 图   习题 4-4 图

答案：真空度 $H = 6.89\text{m}$ 水柱

4-5. 如习题 4-5 图所示，用一根直径 $d = 200\text{mm}$ 的管道从水箱中引水。若水箱中的水位保持恒定，所需流量 $q_v = 50\text{L/s}$，水流的总水头损失 $h_w = 3.5\text{m}$ 水柱。试求水箱中液面与管道出口断面中心高度差 H。

答案：$H = 3.63\text{m}$

4-6. 如习题 4-6 图所示物体绕流，上游无穷远处流速 $v_\infty = 1.2\text{m/s}$，压强 $p_\infty = 0$ 的水流受到迎面物体的障碍后，在物体表面上的顶冲点 S 处的流速减至零，压强升高，称 S 点为滞留点或驻点。求滞留点 S 处的压强。

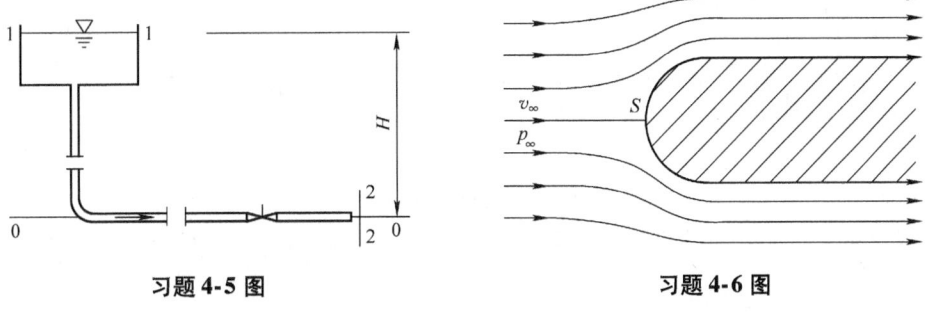

习题 4-5 图   习题 4-6 图

答案：$p_S = 0.716\text{kPa}$

4-7. 如习题 4-7 图所示，足够大的贮水池通过直径为 $d = 15\text{cm}$ 的管道向外输水。阀门关闭时压强表的读数 $p_e = 300\text{kPa}$，阀门全开时，压强表的读数 $p_e' = 60\text{kPa}$。若不计损失，试求输水的体积流量 q_v。

答案：$q_v = 0.3872\text{m}^3/\text{s}$

4-8. 如习题 4-8 图所示，试求二维固定平行壁之间不可压缩定常黏性流动（略去质量力）的下列参数：（1）速度 v 的表达式和最大流速 $v_{x\max}$；（2）一段长度 L 上的压强降 Δp 的表达式；（3）断面平均流速 $\bar{v}_x$；（4）壁面切应力 τ_0；（5）总摩擦力 F。

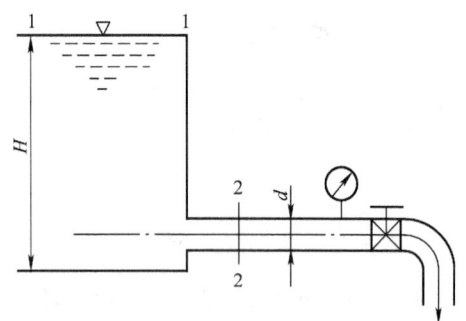

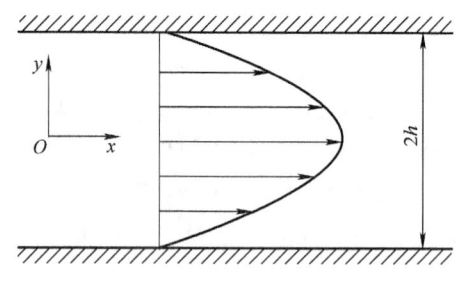

习题 4-7 图 　　　　　　　　习题 4-8 图

答案：（1）$v_x = -\dfrac{1}{2\mu}\dfrac{\partial p}{\partial x}(h^2 - y^2)$，$v_{x\max} = -\dfrac{1}{2\mu}\dfrac{\partial p}{\partial x}h^2$；（2）$\Delta p = -2\mu v_{x\max}L/h^2$；（3）$\bar{v}_x = \dfrac{2}{3}v_{x\max}$；

（4）$\tau_0 = -\dfrac{\partial p}{\partial x}h$；（5）$F = 2\left(-\dfrac{\partial p}{\partial x}\right)hL$

4-9. 如习题 4-9 图所示，用直径 $d = 100\text{mm}$ 的水管从水箱引水，水箱水面与管道出口断面中心的高差 $H = 4m$，保持恒定，水头损失 $h_f = 3\text{m}$ 水柱，试求管道的流量。

答案：$q_v = 0.035\text{m}^3/\text{s}$

4-10. 如习题 4-10 图所示，引水管道从水塔中引水，水塔的截面积很大，水位恒定。已知管道直径 $d = 200\text{mm}$，水头 $H = 4.5\text{m}$，引水流量 $q_v = 100\text{L/s}$。求水流的总水头损失。

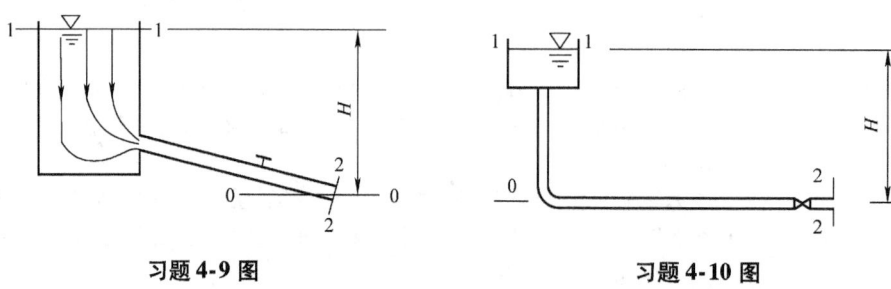

习题 4-9 图 　　　　　　　　习题 4-10 图

答案：$h_w = 3.97\text{m}$

4-11. 水平放置的水管，直径由 $d_1 = 15\text{cm}$ 收缩到 $d_2 = 7.5\text{cm}$，已知 $p_1 = 4g\,\text{N/cm}^2$，$p_2 = 1.5g\,\text{N/cm}^2$（$g$ 为重力加速度），不计损失，试求管中流量。

答案：$q_v = 0.101\text{m}^3/\text{s}$

4-12. 如习题 4-12 图所示一文丘里管推动控制机构的活塞 A 上升。已知活塞直径为 D，自重为 N，文丘里管直径为 D_1，喉部管直径为 D_2，试求文丘里管中流体体积流量为多大时，可将活塞托起？（忽略流体自重）

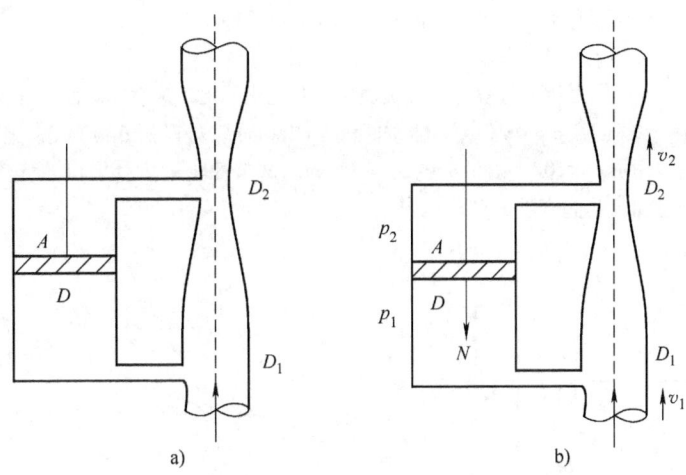

习题 **4-12** 图

答案：$q_v = \dfrac{D_1^2 D_2^2}{D \sqrt{D_1^4 - D_2^4}} \sqrt{\dfrac{\pi N}{2\rho}}$

4-13. 如习题 4-13 图所示一吸水装置，水池 N 的水位不变，已知水位 h_1、h_2、h_3 的值，若不计水头损失，问喉部断面面积 A_1 和喷嘴断面面积 A_2 满足什么关系才能使水从水池 M 引入管流中。

答案：$\dfrac{A_1}{A_2} \leqslant \sqrt{\dfrac{h_1 + h_2}{h_1 + h_3}}$

4-14. 如习题 4-14 图所示，虹吸管从水池引水至 B 点，基准面过虹吸管进口断面的中心 A 点。C 点为虹吸管中最高点，$z_C = 9.5\mathrm{m}$。B 点为虹吸管出口断面的中心，$z_B = 6\mathrm{m}$。若不计水头损失，求 C 点的压能和动能。

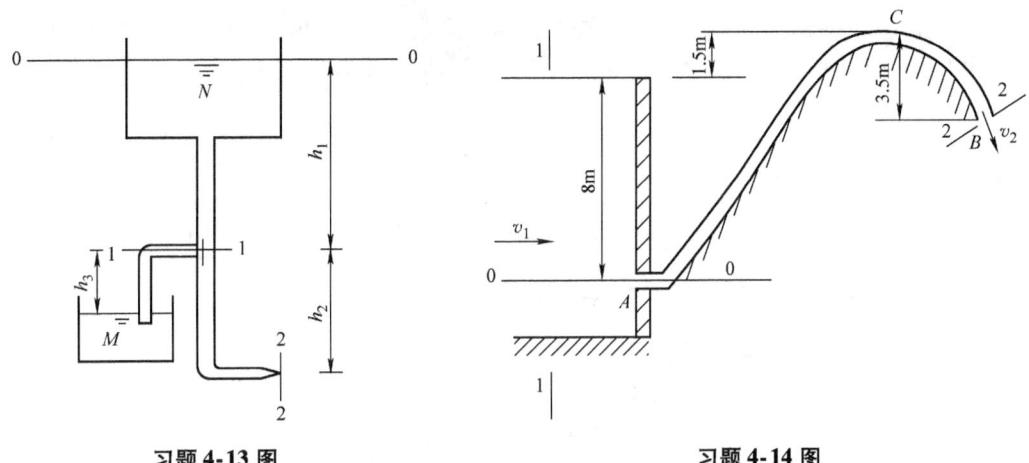

习题 **4-13** 图　　　　　　　习题 **4-14** 图

答案：$\dfrac{p_C}{\rho g} = -3.5\mathrm{m}$；$\dfrac{v_C^2}{2g} = 2\mathrm{m}$

4-15. 如习题 4-15 图所示，空气从炉膛入口进入，在炉膛内与燃料燃烧后变成烟气，烟气通过烟道经烟囱排放到大气中，如果烟气密度为 $0.6\mathrm{kg/m^3}$，烟道内压力损失为 $8\rho v^2/2$，烟囱内压力损失为 $26\rho v^2/2$，求烟囱出口处的烟气速度 v 和烟道与烟囱底部接头处的烟气静压 p。其中，炉膛入口标高为 $0\mathrm{m}$，烟道与烟囱接头处标高为5m，烟囱出口标高为40m，空气密度为$\rho = 1.2\text{kg/m}^3$。

答案：$v = 4.735\text{m/s}$；$p = -31.1\text{Pa}$

4-16. 如习题4-16图所示为叶片前弯的离心式通风机叶轮进、出口速度图。已知叶轮转速$n = 1500\text{r/min}$，流量$q_v = 12000\text{m}^3/\text{h}$，空气密度$\rho = 1.20\text{kg/m}^3$；内径$d_1 = 480\text{mm}$，进口角$\beta_1 = 60°$，进口宽度$b_1 = 105\text{mm}$；外径$d_2 = 600\text{mm}$，出口角$\beta_2 = 120°$，出口宽度$b_2 = 84\text{mm}$。试求叶轮进口及出口的气流速度、经过叶轮单位重量空气获得的能量和叶轮能产生的理论压强。

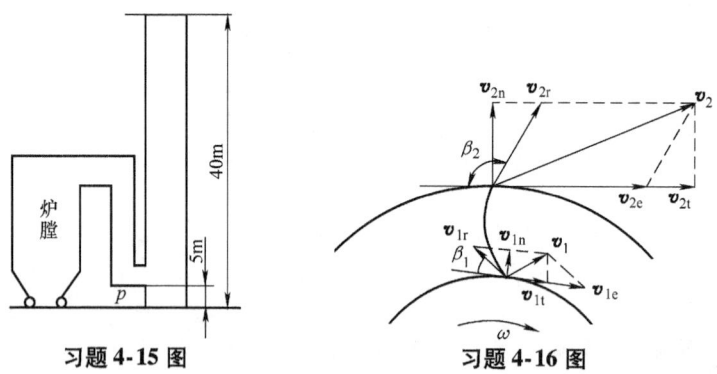

习题4-15图　　　　　习题4-16图

答案：$v_1 = 33.10\text{m/s}$；$v_2 = 62.91\text{m/s}$；$H = 186.6\text{m}$；$\rho gH = 2196\text{Pa}$

4-17. 现有一不可压缩流场，速度分布为$\boldsymbol{v} = Ax^2y^2\boldsymbol{i} - Bxy^3\boldsymbol{j}$（m/s），其中$A = 3\text{L/}(\text{m}^3 \cdot \text{s})$，$B = 2\text{L/}(\text{m}^3 \cdot \text{s})$。试：（1）判别流动能否实现；（2）求流体微团的旋转角速度ω；（3）若不计质量力，能否求出点（0，0，0）和点（1，1，1）的压强差？如能，请求出；如不能，说明原因。

答案：（1）流动能够实现；（2）$\boldsymbol{\omega} = -(3x^2y + y^3)\boldsymbol{k}$；（3）不能求出两点压强差

4-18. 如习题4-18图所示，皮托静压管与汞差压计相连，借以测定水管中的最大轴向速度v_{max}，已知$h = 400\text{mm}$，$d = 200\text{mm}$，$v_{max} = 1.2\bar{v}$，试求管中的流量。

答案：$q_v = 260.3\text{L/s}$

4-19. 如习题4-19图所示，水箱中的水通过一垂直渐扩管满流向下泄出。$z_1 = 0.7\text{m}$，$z_2 = 0.4\text{m}$，$z_3 = 0$，$d_2 = 50\text{mm}$，$d_3 = 80\text{mm}$。不计损失，求：（1）断面2处的真空计读数；（2）若使真空计读数为零，d_2应为多大？

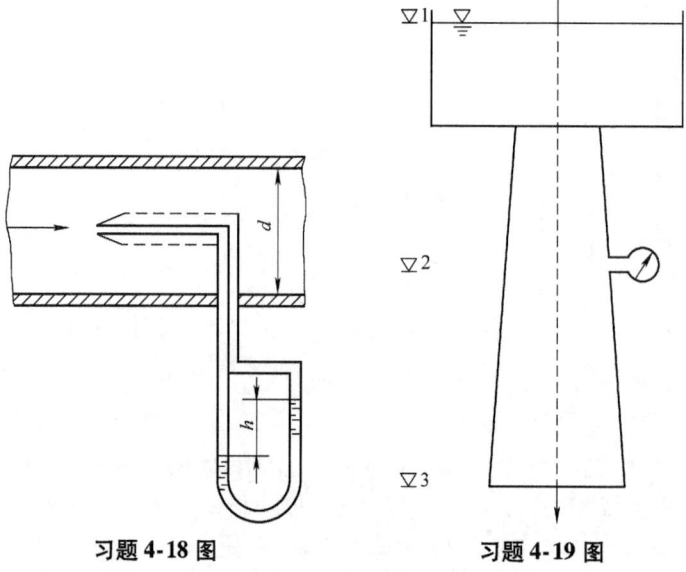

习题4-18图　　　　　习题4-19图

答案：（1）$p_2 = -42.2\text{kPa}$；（2）$d_2 = 0.099\text{m}$

4-20. 如习题 4-20 图所示分流水管，各断面参数如图所示。已知：1-1 断面至 2-2 断面的水头损失为 3m，1-1 断面至 3-3 断面的水头损失为 5m，试求：2-2 断面、3-3 断面的平均流速，以及 2-2 断面的压强。

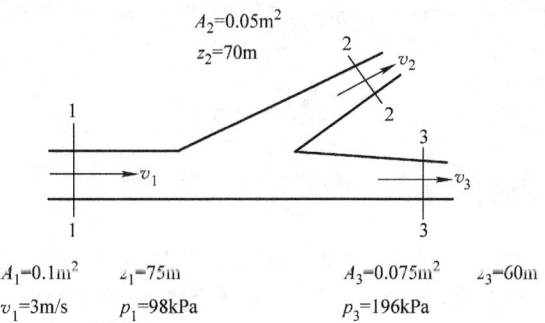

$A_2 = 0.05\text{m}^2$
$z_2 = 70\text{m}$

$A_1 = 0.1\text{m}^2$ $z_1 = 75\text{m}$ $A_3 = 0.075\text{m}^2$ $z_3 = 60\text{m}$
$v_1 = 3\text{m/s}$ $p_1 = 98\text{kPa}$ $p_3 = 196\text{kPa}$

习题 **4-20** 图

答案：$v_2 = 1.5\text{m/s}$，$v_3 = 3\text{m/s}$；$p_2 = 121\text{kPa}$

4-21. 如习题 4-21 图所示，水泵从水面为大气压的水池中吸水，送到密闭高位容器中。已知密闭容器液面压强 $p = 3 \times 10^5 \text{Pa}$（表压），两液面高差 $z = 20\text{m}$，整个管路中的水头损失为 10m。试求水泵的理论扬程。

答案：$H_\text{i} = 60.6\text{m}$

4-22. 如习题 4-22 图所示，水自下而上流动，已知 $d_1 = 30\text{cm}$，$d_2 = 15\text{cm}$。U 形管中装有汞，$a = 80\text{cm}$，$b = 10\text{cm}$，试求流量。

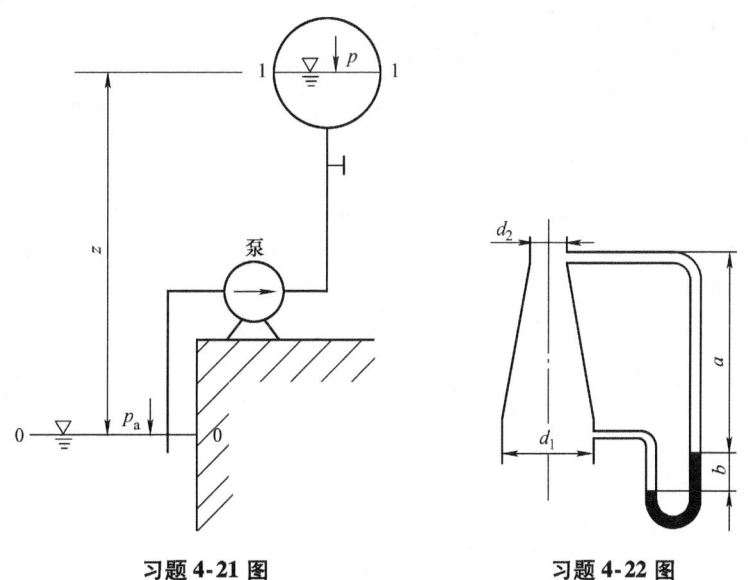

习题 **4-21** 图   习题 **4-22** 图

答案：$q_\text{v} = 0.091\text{m}^3/\text{s}$

4-23. 如习题 4-23 图所示虹吸装置，管径均为 $d = 200\text{mm}$，管长 $l_{AC} = 10\text{m}$，$l_{CE} = 15\text{m}$，$\xi_A = 0.5$，$\xi_B = \xi_D = 0.9$，$\xi_E = 1.8$，$\lambda = 0.03$。求：（1）通过虹吸管的恒定流量 q_v；（2）上下游水位差 z。

答案：（1）$q_\text{v} = 0.099\text{m}^3/\text{s}$；（2）$z = 3.97\text{m}$

4-24. 如习题 4-24 图所示为水塔供水管道系统，$h_1 = 9\text{m}$，$h_2 = 0.7\text{m}$。当阀门打开时，管道中水的平均

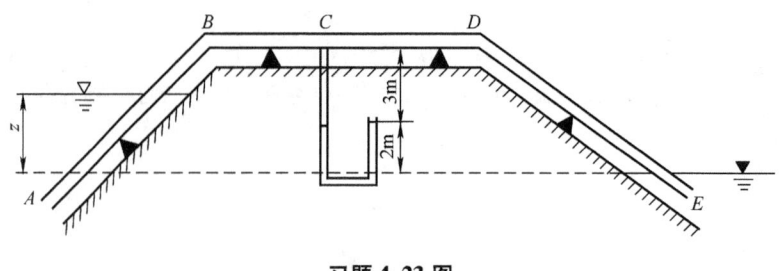

习题 4-23 图

流速 $v = 4\text{m/s}$，总能量损失 $h_\text{w} = 13\text{m}$ 水柱。试确定水塔的水面高度 H。

答案：$H = 5.52\text{m}$

4-25. 如习题4-25图所示，一个高度 h 可变的虹吸管插入水池。已知当地大气压 $p_\text{a} = 10^5\text{Pa}$，虹吸管直径 $d = 0.1\text{m}$，水位 $h_1 = 5\text{m}$。（1）当 h 较小时，管内不会出现气泡，求出口流量；（2）水的汽化压强（绝对）$p = 2 \times 10^3\text{Pa}$，求管内不出现气泡的最大 h 值。

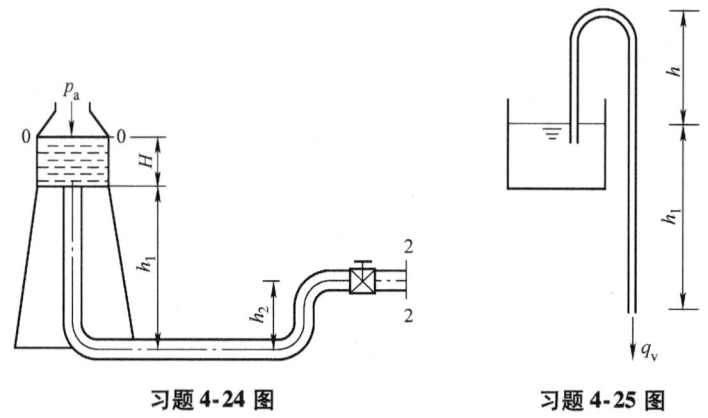

习题 4-24 图　　　　　习题 4-25 图

答案：（1）$q_\text{v} = 0.078\text{m}^3/\text{s}$；（2）$h = 4.994\text{m}$

4-26. 如习题4-26图所示，直角形管突然放水，等截面直角形管道 ABC 垂直段管长 AB，水平段管长 BC，$AB = BC = L$，管中盛满水，C 处有阀门，管口接大气，大气压强为 p_a，质量力只有重力。试问：当阀门突然打开，管中压强分布如何？

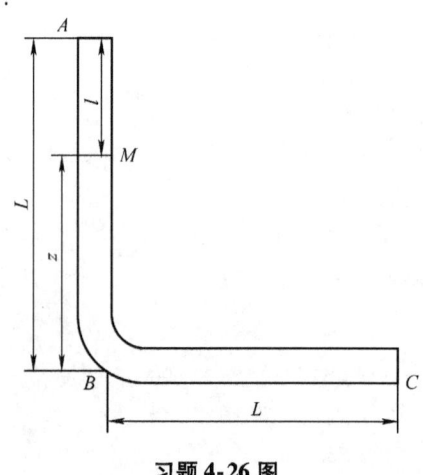

习题 4-26 图

答案：在垂直管段中 $p_M = p_a + \dfrac{g}{2}(L-z)$；在水平管段中 $p_M = p_a + \rho g L - \dfrac{\rho g l}{2}$

4-27. 如习题 4-27 图所示，水从水位为 h_1 的大容器经过管嘴流出，并射向一块无重的平板，该平板盖住另一个密封的盛水容器的管嘴，两个管嘴的直径相等。已知密封容器液面的表压强为 $p - p_a = 19612\text{Pa}$，水深 $h_2 = 4\text{m}$，如果射流对平板的冲击力恰好等于平板受到的静水压力，求 h_1 的值。

答案：$h_1 = 3\text{m}$

4-28. 如习题 4-28 图所示，在离心水泵的实验装置上测得吸水管上的计示压强 $p_1 = -0.4g \times 10^4\text{Pa}$，压力管上的计示压强 $p_2 = 2.8g \times 10^4\text{Pa}$（$g$ 为重力加速度），$d_1 = 30\text{cm}$，$d_2 = 25\text{cm}$，$a = 1.5\text{m}$，$q_v = 0.1\text{m}^3/\text{s}$。试求水泵的输出功率。

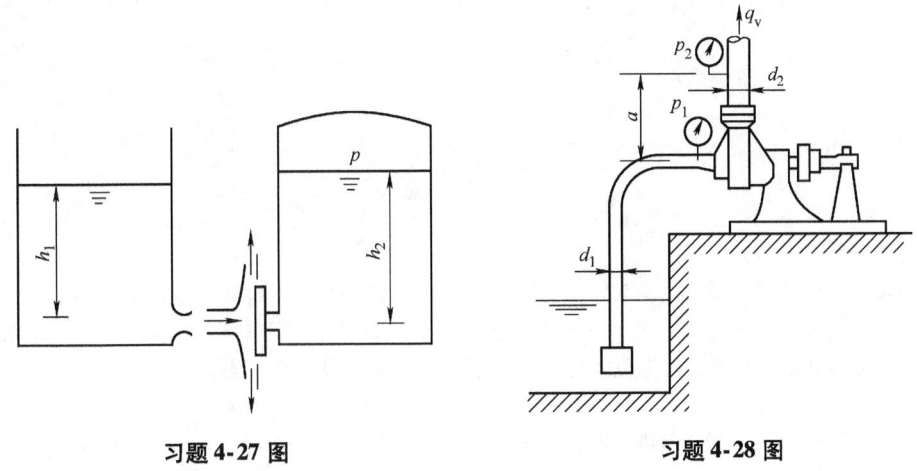

习题 4-27 图　　　　　　　　　习题 4-28 图

答案：$P = 32.96\text{kW}$

4-29. 如习题 4-29 图所示，用密闭水罐向 $h = 2\text{m}$ 高处供水，要求供水量为 $q_v = 15\text{L/s}$，管道直径 $d = 5\text{cm}$，水头损失为 50cm 水柱，试求水罐所需的压强 p 是多少？

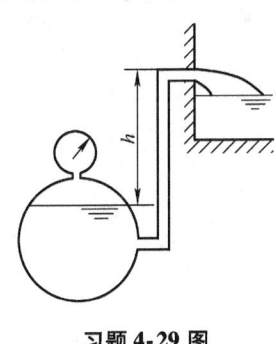

习题 4-29 图

答案：53.66kPa

4-30. 如习题 4-30 图所示，文丘里流量计是一种测量有压管道流量的仪器，它由光滑的收缩段、喉道和扩散段三部分组成。管道过流时，因喉道断面缩小，流速增大，动能增加，势能减小，这样通过在收缩段进口断面和喉道断面安装测压管或差压计，实测两断面的测压管水头差，便可由定常总流的伯努利方程得到管道的流量。若已知文丘里管进口直径 $d_1 = 100\text{mm}$，喉道直径 $d_2 = 50\text{mm}$，流量系数（实际流量与不计能量损失的理论流量之比）$\mu = 0.98$，实测测压管水头差 $\Delta h = 0.5\text{m}$（或水银压差计的水银面高差 $h_p = 3.97\text{cm}$），试求管道的实际流量 q_v。

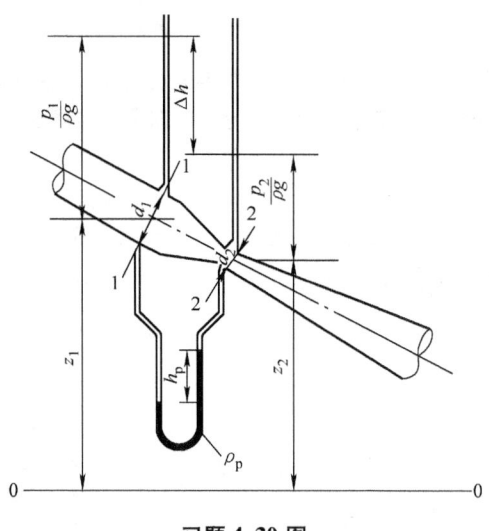

习题 4-30 图

答案：$q_v = 6.22 \text{L/s}$

4-31. 如习题 4-31 图所示，倾斜放置的一等直径圆管，在断面 1-1 和 2-2 之间接一压差计，工作液体为油，其密度为 $\rho_{\text{oil}} = 920 \text{kg/m}^3$，管中水的密度为 $\rho = 1000 \text{kg/m}^3$，已知 $h = 120 \text{mm}$，$z = 0.2 \text{m}$。求：（1）试判断管中水是静止还是流动？若流动，其流向如何？（2）A、B 两点的压强差。

答案：（1）管中水是流动的，其流动方向由 B 向 A；（2）$\Delta p_{AB} = 1.87 \text{kPa}$

4-32. 如习题 4-32 图所示，设将蒙古包做成一个半径为 R 的半圆柱体，因受正面来的速度为 v_∞ 的大风袭击，屋顶有被掀起的危险，其原因是屋顶内外有压差。试问：通气窗口的角度 β 为多少时，可以使屋顶受到的升力为零？

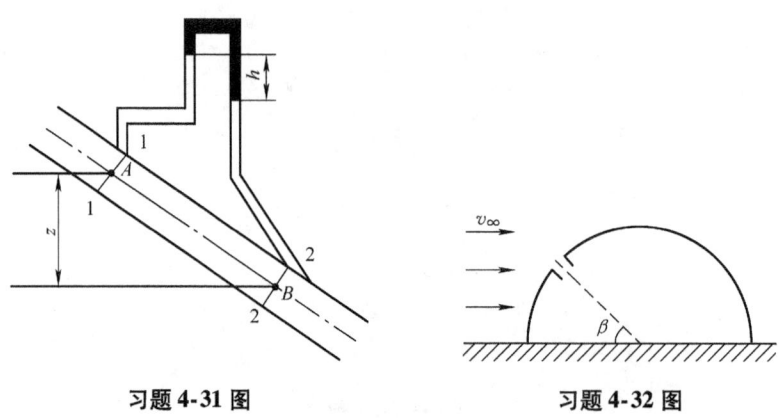

习题 4-31 图　　　　　　　习题 4-32 图

答案：$\beta = 54.74°$

4-33. 如习题 4-33 图所示，水在一个水平放置的弯管内流动。已知弯管的转角为 $45°$，直径 $d = 20 \text{cm}$，在流量 $q_v = 0.2 \text{m}^3/\text{s}$ 时，弯管前端 1-1 断面的压强 $p_1 = 22 \text{kPa}$，弯管后端 2-2 断面的压强 $p_2 = 20 \text{kPa}$，求水流对弯管的作用力。

答案：$R = 1480.8 \text{N}$，$\alpha = 24.8°$

4-34. 如习题 4-34 图所示水平设置的输水弯管，转角 $\theta = 60°$，直径由 $d_1 = 200 \text{mm}$ 变为 $d_2 = 150 \text{mm}$。已知转弯前断面压强 $p_1 = 18 \text{kN/m}^2$（相对压强），输水流量 $q_v = 0.1 \text{m}^3/\text{s}$，不计水头损失，试求水流对弯管作用力的大小。

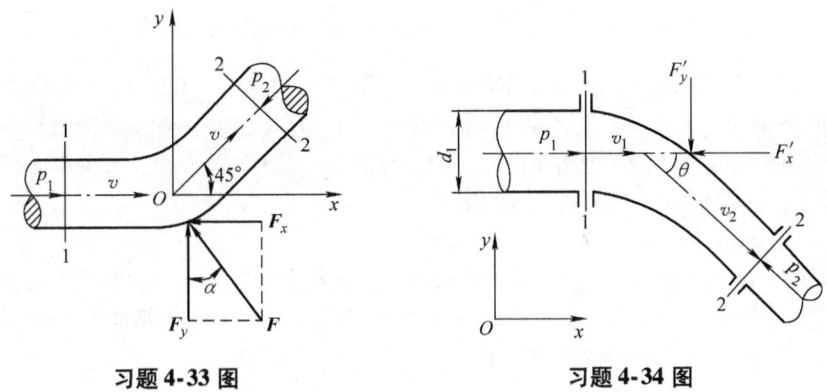

习题 4-33 图

习题 4-34 图

答案：$F_x = 0.538\text{kN}$，$F_y = 0.597\text{kN}$

4-35. 如习题 4-35 图所示，宽度 $B = 1\text{m}$ 的平板闸门开启时，上游水位 $h_1 = 2\text{m}$，下游水位 $h_2 = 0.8\text{m}$，试求固定闸门所需的水平力 F。

答案：$F = 3025.8\text{N}$

4-36. 如习题 4-36 图所示，喷嘴直径 $d = 75\text{mm}$，水管直径 $D = 150\text{mm}$，水枪倾斜角 $\theta = 30°$，压强表读数 $h = 3\text{m}$ 水柱。试求水枪的出口速度 v、最高射程 H，以及最高点处的射流直径 d'。

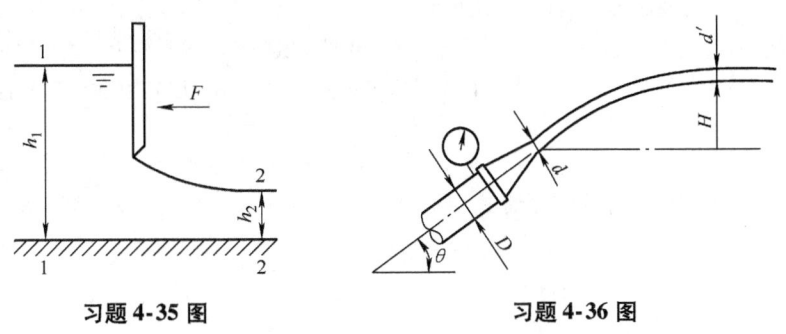

习题 4-35 图

习题 4-36 图

答案：$v = 7.92\text{m/s}$；$H = 0.8\text{m}$；$d' = 81\text{mm}$

4-37. 如习题 4-37 图所示，水平方向的水射流，流量 q_v，出口流速 v_1，在大气中冲击在前方斜置的光滑平板上，射流轴线与平板成 θ 角，不计水流在平板上的阻力。试求：（1）沿平板的流量 q_{v2}、q_{v3}；（2）射流对平板的作用力。

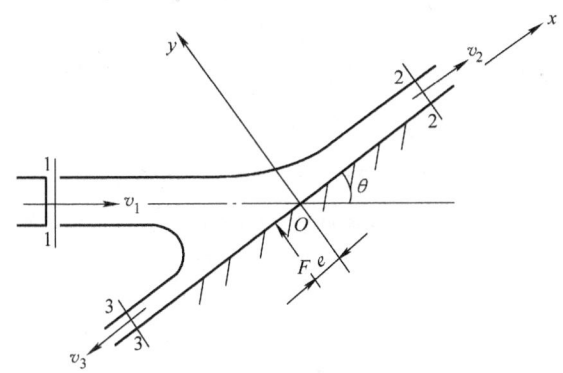

习题 4-37 图

答案：（1）$q_{v2}=\dfrac{q_{v1}}{2}(1+\cos\theta)$，$q_{v3}=\dfrac{q_{v1}}{2}(1-\cos\theta)$；（2）$F'=\rho q_{v1}v_1\sin\theta$

4-38. 如习题4-38图所示流动装置（其轴线水平放置）中，水从左向右流动，从管道流出后射在90°弯板上，已知弯板在水平方向受力 F 为20N，$d_1=10\text{cm}$，$d_2=7\text{cm}$，$d_3=15\text{cm}$，活塞直径 $D=20\text{cm}$。求：（1）水流的体积流量；（2）作用在活塞上的力。（水的密度 $\rho=1000\text{kg/m}^3$，重力加速度 $g=9.81\text{m/s}^2$，设流动为定常流动，忽略摩擦力、重力和连杆面积）

答案：（1）$q_v=0.0188\text{m}^3/\text{s}$；（2）$F'=284.97\text{N}$

4-39. 如习题4-39图所示，装有水泵机动喷水的船逆水航行水速为2.0m/s，相对河岸的船速为9.5m/s，水泵从船首进水，从船尾用泵及直径为 $d=15\text{cm}$ 的排水管从后舱排向水中，当推进力 $F=2.2\text{kN}$ 时，试求：（1）水泵的排水量 q_v；（2）推进装置的效率 η。

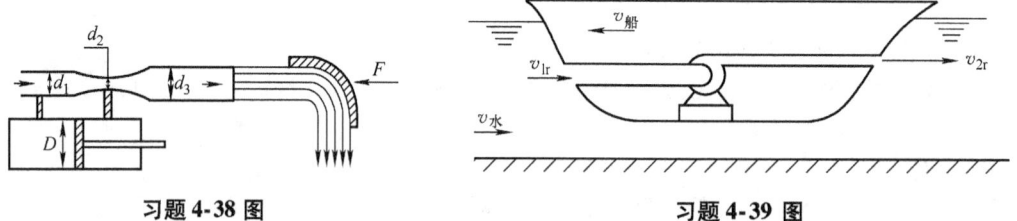

习题 4-38 图　　　　　　　　　　习题 4-39 图

答案：（1）$q_v=0.3233\text{m}^3/\text{s}$；（2）$\eta=77.2\%$

4-40. 如习题4-40图所示为一喷嘴水平射出一束水流，冲击到直立的平板上。由于射流速度高，重力的影响甚微，可视冲击到平板上的射流将平行于平板向四周均匀射出。已知喷嘴出口的直径 $d=100\text{mm}$，喷嘴出口的射流速度 $v_0=20\text{m/s}$，试求射流对平板的冲击力。

答案：$F_z=3142\text{N}$

4-41. 如习题4-41图所示，喷嘴推进船航行速度 $v_1=54\text{km/h}$，推进力 $F=4000\text{N}$，出口面积 $A=0.02\text{m}^2$，试求射流出口的速度 v_2 及推进装置的效率 η。

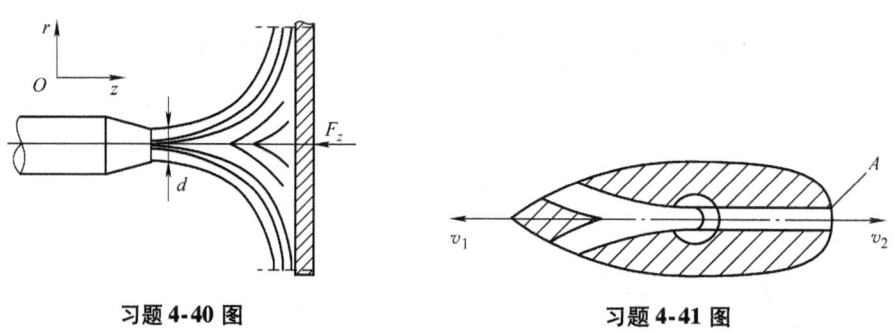

习题 4-40 图　　　　　　　　　　习题 4-41 图

答案：$v_2=23.5\text{m/s}$；$\eta=0.46$

4-42. 如习题4-42图所示，一水平喷射的消防水龙头。已知喷嘴进口截面直径 $d_1=10\text{cm}$，计示压强 $p_{1e}=7\times10^5\text{Pa}$，出口截面直径 $d_2=4\text{cm}$，体积流量 $q_v=186\text{m}^3/\text{h}$。设进、出口截面流动参数分布均匀，试求作用于喷嘴的水平力。

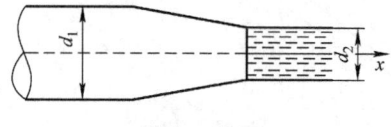

习题 4-42 图

答案：$F'_x = 3713\text{N}$

4-43. 如习题4-43图所示，设将一固定平板放在水平射流中，并垂直于射流的轴线，该平板截取射流流量的一部分为q_{v1}，并引起射流的剩余部分偏转一角度θ。已知$v = 30\text{m/s}$，$q_v = 36\text{L/s}$，$q_{v1} = 12\text{L/s}$。若不计流量损失（摩擦阻力）和液体重量的影响，试求作用在固定平板上的冲击力F。

答案：$F = 4565\text{N}$

4-44. 如习题4-44图所示为水平放置的90°渐缩弯管，已知入口处管径$d_1 = 15\text{cm}$，水流平均流速$v_{1x} = 2.5\text{m/s}$，计示压强$p_{1e} = 6.86 \times 10^4\ \text{Pa}$，出口处管径$d_2 = 7.5\text{cm}$，计示压强$p_{2e} = 2.17 \times 10^4\ \text{Pa}$。试求支撑弯管所需的水平力。

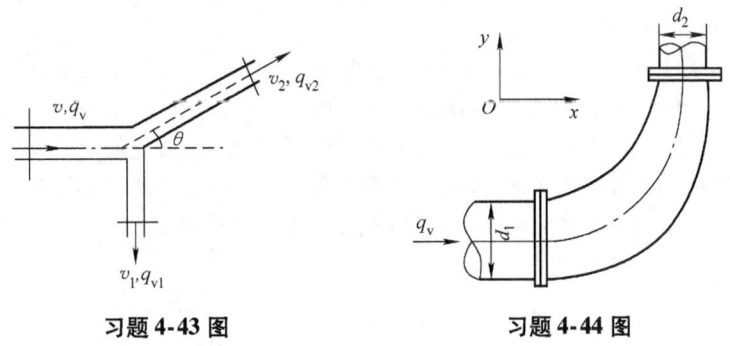

习题 4-43 图　　　　习题 4-44 图

答案：$F = 1428\text{N}$

4-45. 如习题4-45图所示，固定喷嘴射出直径为d，流量为q_v的水流冲击一个轴对称的叶片，叶片的转角为θ，如果叶片以速度v远离射流而去，求（1）射流对叶片所做的功率；（2）当v等于多少时，功率P最大？

答案：（1）$P = \rho v(V-v)^2 A(1 + \cos\theta)$；（2）当$v = V/3$时，$P_{\max} = \dfrac{4}{27}\rho V^3 A(1 + \cos\theta)$

4-46. 如习题4-46图所示，水射流直径$d = 4\text{cm}$，速度$v = 20\text{m/s}$，平板法线与射流方向的夹角$\theta = 30°$，平板沿其法线方向运动速度$v' = 8\text{m/s}$，试求作用在平板法线方向上的力F。

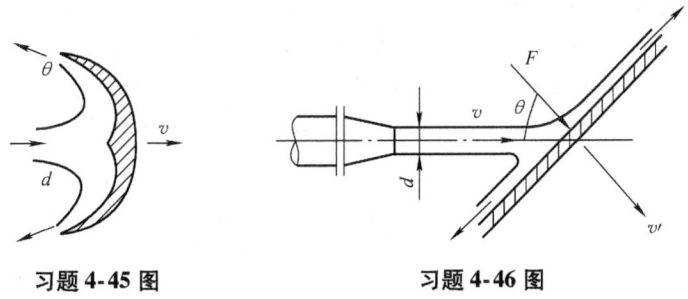

习题 4-45 图　　　　习题 4-46 图

答案：$F = 125.96\text{N}$

4-47. 如习题4-47图所示，有一水平喷嘴，$D_1 = 200\text{mm}$和$D_2 = 100\text{mm}$，喷嘴进口水的绝对压强为345kPa，出口为大气，$p_a = 103.4\text{kPa}$，出口水速为22m/s。求固定喷嘴法兰螺栓上所受的力为多少？假定为不可压缩定常流动，忽略摩擦损失。

答案：$F = -7171.76\text{N}$

4-48. 如习题4-48图所示，换向阀直径$d = 30\text{mm}$，开口量$x = 2\text{mm}$，液流方向角$\theta = 69°$，油液密度$\rho = 900\text{kg/m}^3$，流量$q_v = 100\text{L/min}$，试求作用在换向阀上的轴向力。

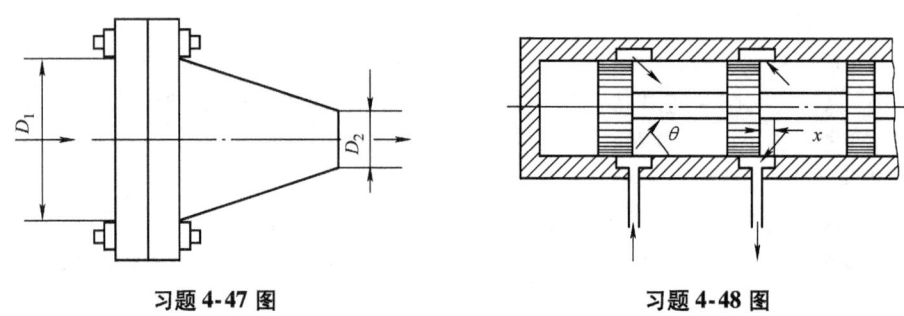

习题 4-47 图   习题 4-48 图

答案：$F = 10.18N$，方向向左

4-49. 如习题 4-49 图所示，离心式鼓风机叶轮内径 $d_1 = 12.5cm$，外径 $d_2 = 30cm$，叶轮流道宽度 $B = 2.5cm$，叶轮转速 $n = 1725r/min$，流量 $q_v = 372m^3/h$，入口温度 $t_1 = 20℃$，入口绝对压强 $p_1 = 97000Pa$。用 α_1、α_2 表示气流的入口与出口的气流方向角（即绝对速度 v 与牵连速度 u 之间的夹角），用 β_1、β_2 表示入口与出口的叶片安装角（即相对速度 w 与切线之间的锐角）。已知：$\alpha_1 = 90°$，$\beta_2 = 30°$，气流按不可压缩流体计算。试求：（1）入口气流速度 v_1 与入口安装角 β_1；（2）出口气流速度 v_2 与出口气流角 α_2；（3）叶轮机的扭矩和功率。

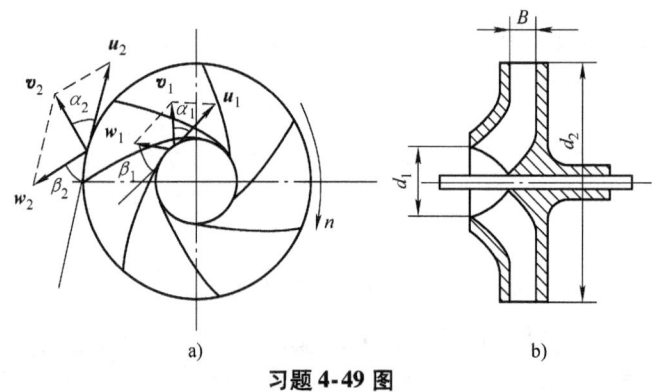

a)   b)

习题 4-49 图

答案：（1）$v_1 = 10.5m/s$，$\beta_1 = 43°$；（2）$v_2 = 20m/s$，$\alpha_2 = 14°$；（3）$T = 0.346N·m$，$P = 62.5W$

4-50. 如习题 4-50 图所示，斜板与自由射流方向间的夹角为 α，二维来流宽度为 a，方向水平速度为 v_0，冲击到斜板上分成两股，沿板面流去，一股宽为 a_1，另一股为 a_2。设平板在水平面内，当分股后流动恢复均匀时，不考虑损失。试求：（1）流量 q_{v1} 和 q_{v2} 与 q_{v0} 的关系；（2）射流对平板作用力 F 及其作用点。

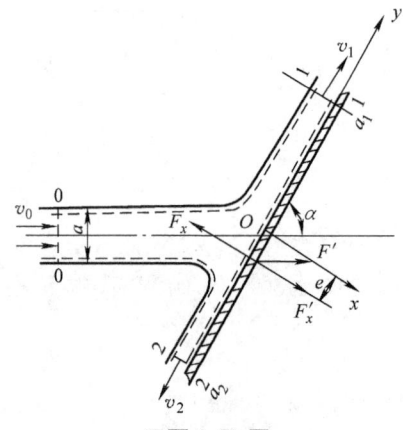

习题 4-50 图

答案：（1）$\dfrac{q_{v1}}{q_{v2}} = \dfrac{a_1}{a_2} = \dfrac{1 + \cos\alpha}{1 - \cos\alpha}$；（2）$F = \rho v_0^2 a \sin^2\alpha$，$e = \dfrac{a}{2}\cot\alpha$

4-51. 如习题 4-51 图所示为水平放置的双臂式洒水器，水自转轴处的竖管流进，经左、右臂由短喷嘴 a、b 流出。已知喷嘴的出口截面面积 $A_a = A_b = A = 1\mathrm{cm}^2$，体积流量 $q_{va} = q_{vb} = q_v = 2.8 \times 10^{-4}\mathrm{m}^3/\mathrm{s}$，臂长 $r_a = 0.3\mathrm{m}$，$r_b = 0.2\mathrm{m}$。若忽略损失，试求洒水器的转速和喷嘴出口水流的绝对速度。

答案：$\omega = 10.77\mathrm{rad/s}$；$v_a = -0.431\mathrm{m/s}$，$v_b = 0.646\mathrm{m/s}$

4-52. 如习题 4-52 图所示，气体混合室进口高度为 $2B$，出口高度为 $2b$，进、出口气压都等于大气压，进口的速度 v_0 和 $2v_0$ 各占高度为 B，出口速度分布为

$$v = v_{\mathrm{m}}\left(1 - \frac{|y|}{b}\right)^{0.2}$$

气体密度为 ρ，试求气流给混合室壁面的作用力。

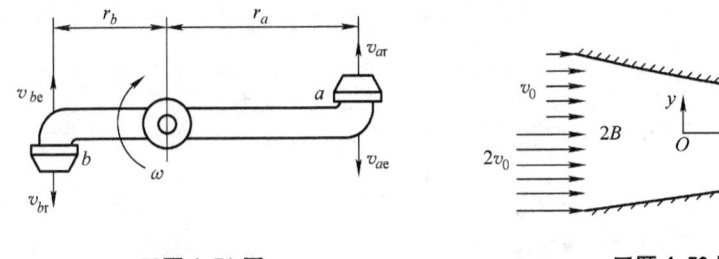

习题 4-51 图　　　　　　　习题 4-52 图

答案：$F = \left(5 - 4.629\dfrac{B}{b}\right)\rho v_0^2 B$

4-53. 如习题 4-53 图所示，水射流以 $20\mathrm{m/s}$ 的速度从直径 $d = 100\mathrm{mm}$ 的喷口射出，冲击一对称叶片，叶片角度 $\theta = 45°$，求：（1）当叶片不动时射流对叶片的冲击力；（2）当叶片以 $12\mathrm{m/s}$ 的速度后退而喷口固定不动时，射流对叶片的冲击力。

答案：（1）$F = 5.36\mathrm{kN}$；（2）$F' = 0.86\mathrm{kN}$

4-54. 如习题 4-54 图所示为一气体引射器，利用一股小流量的高速气流带动大流量的低速气流。$1-1$ 截面中心的高速气流 A 引射出低速气流 B，经过平直段混合后到达 $2-2$ 截面时参数均匀，不计壁面摩擦。已知介质为空气，气体常数 $R_g = 287\mathrm{J}/(\mathrm{kg \cdot K})$，绝热指数 $\gamma = 1.4$，$p_1 = 9 \times 10^4\mathrm{N/m}^2$，$T_{1A} = 250\mathrm{K}$，$A_2 = 1\mathrm{m}^2$，$T_{1B} = 280\mathrm{K}$，$v_{1B} = 10\mathrm{m/s}$，$v_{1A} = 200\mathrm{m/s}$，$A_{1A} = 0.15\mathrm{m}^2$，$A_{1B} = 0.85\mathrm{m}^2$，试求混合室出口截面 $2-2$ 上的参数 v_2、p_2、ρ_2、T_2。

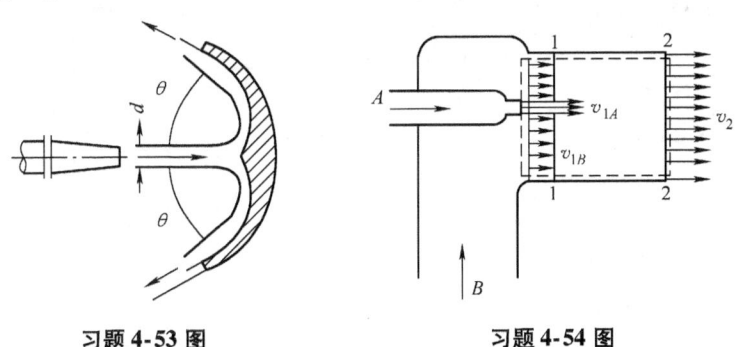

习题 4-53 图　　　　　　　习题 4-54 图

答案：$v_2 = 38.3\mathrm{m/s}$；$p_2 = 9.58 \times 10^4\mathrm{N/m}^2$；$\rho_2 = 1.23\mathrm{kg/m}^3$；$T_2 = 271\mathrm{K}$

4-55. 如习题 4-55 图所示水平分岔管路，干管直径 $d_1 = 600\mathrm{mm}$，支管直径 $d_2 = d_3 = 400\mathrm{mm}$，分岔角

$\alpha = 30°$。已知分岔前断面的压力表读值 $p_M = 70\text{kN/m}^2$，干管流量 $q_v = 0.6\text{m}^3/\text{s}$，不计水头损失，试求水流对分岔管的作用力。

答案：$F_x = 4.72\text{kN}$，方向与 Ox 方向相同

4-56. 如习题4-56图所示，旋转式洒水器两臂长度不等，$l_1 = 1.2\text{m}$，$l_2 = 1.5\text{m}$，若喷口直径 $d = 25\text{mm}$，每个喷口的水流量为 $q_v = 3 \times 10^{-3}\text{m}^3/\text{s}$，不计摩擦力矩，求洒水器转速。

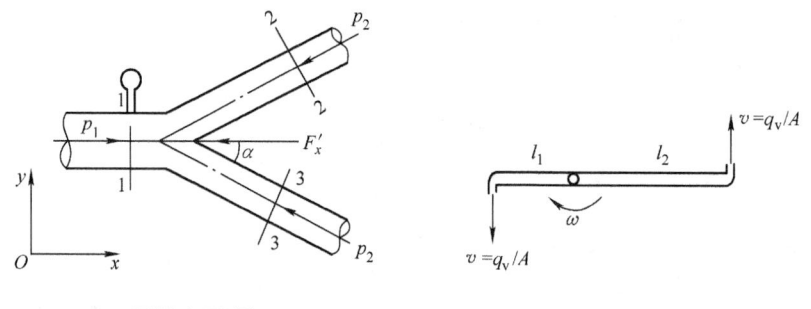

习题 4-55 图　　　　　　习题 4-56 图

答案：$\omega = 4.472\text{rad/s}$

4-57. 如习题4-57图所示，一个水箱的侧面开有一个孔口。当孔口封闭时，水箱的两个支座的约束力 F_1 和 F_2 是相同的，都等于水和水箱的总重量的一半。当孔口开启时，水从孔口射出，此时，两个支座约束力不相等。如果保持水箱水面的高程 H 不变，试问当孔口深度 h 为多少时，约束力 F_1 达到极小值（此时 F_2 达极大值）？

答案：$h = \dfrac{1}{2}H$

4-58. 如习题4-58图所示，一块单位宽度（垂直于纸面）的平板放在气流中，平板上游的气流速度均匀分布，下游的速度分布为

$$v = \begin{cases} v(y), & |y| \leqslant h \\ v_0, & |y| > h \end{cases}$$

如果上、下游的气体压强相同，试证明：平板受到的气流作用力为 $F = 2\displaystyle\int_0^h \rho v(v_0 - v)\,\text{d}y$。

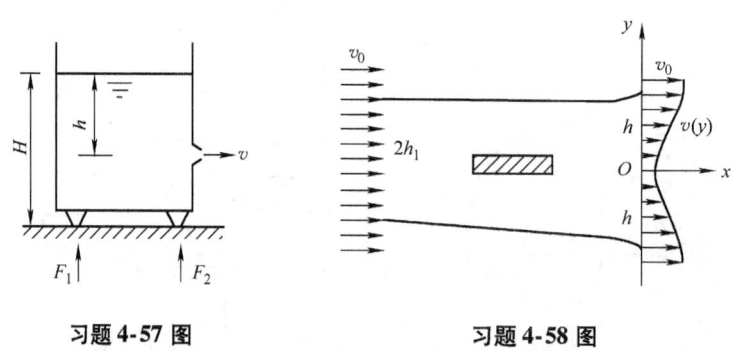

习题 4-57 图　　　　　　习题 4-58 图

答案：$F = 2\rho v_0^2 h_1 - 2\displaystyle\int_0^h \rho v^2\,\text{d}y = 2\int_0^h \rho v_0 v\,\text{d}y - 2\int_0^h \rho v^2\,\text{d}y = 2\int_0^h \rho v(v_0 - v)\,\text{d}y$

4-59. 如习题4-59图所示，洒水器的旋转半径 $R = 200\text{mm}$，喷口直径 $d = 10\text{mm}$，喷射方向 $\theta = 45°$，每个喷口的水流量 $q_v = 0.3 \times 10^{-3}\text{m}^3/\text{s}$，已知旋转时摩擦阻力矩为 $0.2\text{N}\cdot\text{m}$，试求：（1）洒水器转速；（2）若在喷水时不让它旋转，需施加多大的力矩？

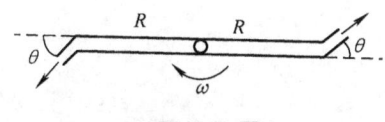

习题 4-59 图

答案：（1）$\omega = 5.171\text{rad/s}$；（2）当 $\omega = 0$ 时，$T' = 0.324\text{N}\cdot\text{m}$，需施加力矩 $T'' = 0.124\text{N}\cdot\text{m}$

第4章内容提要、
思考题解答及习
题详解

第 5 章

量纲分析和相似理论

工程上的许多流体力学问题，若单用分析方法求解，很少能得到完善的答案。往往需要实验的辅助，方能充分地表明各物理量之间的关系。这种情况，在研究黏性流体的一维流时，已屡见不鲜。

运用量纲分析法处理流体力学问题，虽不能对问题给出完整的分析式解答，但能对问题中各变量如何组成数学关系式做出说明。

为了弥补关系式的不完整部分，往往需要运用和设计中与原型相似的模型进行实验，对某些变量进行测定。这时，自然会产生：应在什么条件下进行实验，测定哪些物理量，如何能使实验的次数化为最少等一系列问题。为了解决这些问题，量纲分析法和相似理论指出了正确的途径。实验既是理论发展的依据，又是检验理论的准绳，解决科技问题往往离不开实验手段的配合。

5.1 量纲分析

5.1.1 量纲和谐原理

我们经常遇到许多物理量，如长度、时间、质量、力、速度、密度及动量等，它们的名称、记号和量纲如表 5-1 所示。

表 5-1 流体力学中常见物理量的量纲

名称	记号	量纲	名称	记号	量纲
长度	l	L	压力、切应力	p、τ	$ML^{-1}T^{-2}$
时间	t	T	重力加速度	g	LT^{-2}
质量	m	M	密度	ρ	ML^{-3}
力	F	LMT^{-2}	动力黏度	μ	$ML^{-1}T^{-1}$
速度	v	LT^{-1}	运动黏度	ν	L^2T^{-1}
加速度	a	LT^{-2}	动量	p	MLT^{-1}
流量	q_v	L^3T^{-1}	面积	A	L^2

速度 v 表示单位时间内所经历的距离，它的单位是米/秒。距离是长度 l，它的量纲是 [L]，而时间 t 的量纲是 [T]，故速度 v 的量纲是 [LT^{-1}]。

动量是质量 m 和速度 v 之积。质量的量纲是 [M]，故动量的量纲是 $[MLT^{-1}]$。

如果我们选定三个相对独立的量纲，例如长度 l 的量纲 [L]、时间 t 的量纲 [T]、质量 m 的量纲 [M] 为基本量纲，那么其他物理量的量纲都可用这三个基本量纲来表示，见表 5-1。例如，加速度 a 的量纲可表示为 $[LT^{-2}]$，力 F 的量纲可表示为 $[LMT^{-2}]$。当我们把一些物理量进行组合、分析或做比较时，用量纲表示就比较便利。

如果我们要写出一个流体微团的运动方程

$$\sum F = ma$$

等式左边是作用在微团的各力和，它可以包括：重力 W、压力 P、黏滞力 τ、弹性力 E 等；等式右边是微团的惯性力 ma。于是得到

$$W + P + \tau + E = ma \tag{5-1}$$

式（5-1）中的每项都是力，所以各项的量纲都是 $[LMT^{-2}]$。又如，关于理想流体的伯努利方程

$$\frac{p}{\rho g} + z + \frac{v^2}{2g} = H$$

表示流管中三项能头之和保持常数，即等于总能头 H。每项的单位都是米，故它们的量纲都是 [L]。不仅如此，在力学上任何有物理意义的方程或关系式，每一项的量纲必定相同。这称为力学方程的量纲和谐原理，又称为"量纲齐次性规律"。量纲和谐原理是由傅里叶在 1822 年提出来的，它是量纲分析法中具有基本重要性的一个概念，也是量纲分析法的理论基础，并可具体表达成：只有相同类型的物理量才能相加减，也就是相同量纲的物理量才可以相加减或比较大小；不同类型的物理量相加减没有任何意义。例如，速度可以和速度相加减，但绝不可以加上黏度或压力。当然，相同量纲、不同单位的物理量之间是可以相互加减和比较大小的，因为只要将其单位稍加换算即可完成。

一个量纲齐次性的方程，可以化为无量纲方程，只要用方程中的任意一项除其他各项即可。例如，在式（5-1）中，用惯性力项遍除其他各项，于是各项都变成无量纲量，而各无量纲量之和等于 1，即

$$\frac{W}{ma} + \frac{P}{ma} + \frac{\tau}{ma} + \frac{E}{ma} = 1$$

由以上讨论可见，运用量纲可以更明显地指出物理量的性质。

不同量纲的物理量不能相加减，但它们可以根据某种需要进行乘除，从而导出另一量纲的物理量。

量纲和谐原理可以用来检验新建方程或经验公式的正确性和完整性，也可以用来确定公式中物理量的未知指数，还可以用来建立有关方程式。对于量纲齐次的方程，只要用方程的任一项量纲去除其余各项，就可以使方程的每一项都变成无量纲量，方程变为无量纲方程。量纲分析就是基于物理方程具有和谐原理，通过量纲分析和计算，将原来含有较多物理量的方程转化为含有比原物理量少的无量纲方程，使得为研究这些变量关系而进行的实验大大简化。

5.1.2 量纲分析法原理

在量纲和谐原理基础上发展起来的量纲分析法分为瑞利法和 π 定理白金汉定理法。

为了简单地说明量纲分析法，我们先来讨论理论力学中熟悉的单摆周期，其关系式为

$$t = 2\pi\sqrt{\frac{l}{g}} \tag{5-2}$$

假设，我们先前只见过单摆的物理现象，而还不知这个表明单摆周期的关系式，则可以根据与摆动有关的物理量，用量纲法进行如下探索。

现把有关物理量和它们的量纲列出，如表 5-2 所示。

表 5-2 单摆摆动相关的物理量及其量纲

物理量	符号	量纲	物理量	符号	量纲
长度	l	L	质量	m	M
时间	t	T	重力加速度	g	LT^{-2}

从实验中观察到，只要摆动的幅度足够小，周期 t 是随着 l 和 g 变化的。按照瑞利的方法，假设 t 和其余变量之间的关系可以写成下面的函数形式，即

$$t = 常量 \times l^{\alpha} m^{\beta} g^{\gamma} \tag{5-3}$$

其中的指数 α、β 和 γ 是待定的未知数。式中的变量用它们的量纲代替后，得到量纲关系式

$$T = L^{\alpha} M^{\beta} (LT^{-2})^{\gamma} = L^{\alpha+\gamma} M^{\beta} T^{-2\gamma}$$

由于上式的左边可以写成 $L^0 M^0 T^1$，故有

$$L^0 M^0 T^1 = L^{\alpha+\gamma} M^{\beta} T^{-2\gamma}$$

对一个具有物理意义的关系式，其各项的基本量纲必然相同，或者说，是满足量纲的齐次性条件的。于是，上式两边的每个量纲的指数必然相同，即

$$L: \alpha + \gamma = 0$$
$$M: \beta = 0$$
$$T: -2\gamma = 1$$

解这些方程后得

$$\alpha = \frac{1}{2}$$
$$\beta = 0$$
$$\gamma = -\frac{1}{2}$$

代入式（5-3），即得出

$$t = 常量 \times l^{1/2} g^{-1/2}$$

或

$$t\sqrt{\frac{g}{l}} = 常量$$

在解中没有说明这个无量纲常量之值，故还得由实验来决定。

在实验中，用摆长不同的摆，测量它们摆动的时间。我们发现，只要摆幅足够小，若测得摆动的时间分别为 t_1，t_2，t_3，$\cdots$，杆的长度各为 l_1，l_2，l_3，$\cdots$，将得出不变的结果，即

$$t_1\sqrt{\frac{g}{l_1}} = t_2\sqrt{\frac{g}{l_2}} = t_3\sqrt{\frac{g}{l_3}} = \cdots = 2\pi$$

以此代入上式得到

$$t\sqrt{\frac{g}{l}} = 2\pi \tag{5-4}$$

可见，上式和按运动基本原理导出的式（5-2）完全一样。

求解式（5-4）的过程说明，量纲分析法是个通过分析工程问题中各有关量的量纲，利用量纲齐次性条件，探索描述问题方程的有效方法。

在流体力学的许多问题中，所求得的常数是要随着几何变量以及其他变量而变化的。借助量纲分析，把一些变量集合起来，组成的一个无量纲，就不可再看为常数了。这种无量纲的组合称为参量。我们在第 3 章中已经见到的雷诺数 Re，就是一个无量纲参量。

现在，我们再利用瑞利法，解物体在不可压缩黏性流体中运动时的阻力问题。或者让物体静止，流体以相同的速度流向物体。根据相对性原理，物体在这两种情形下所经受的力作用是相同的。

设流体的动力黏度为 μ，密度为 ρ；物体的特征长度为 l，速度为 v。阻力 F_R 显然和这些量有关，即

$$F_R \propto \rho^\alpha v^\beta l^\gamma \mu^\delta$$

或

$$F_R = k\rho^\alpha v^\beta l^\gamma \mu^\delta \tag{5-5}$$

其中 k 是比例常数。由上式得出的量纲关系式为

$$MLT^{-2} = (ML^{-3})^\alpha (LT^{-1})^\beta L^\gamma (ML^{-1}T^{-1})^\delta$$

故指数方程为

$$1 = \alpha + \delta$$
$$1 = -3\alpha + \beta + \gamma - \delta$$
$$-2 = -\beta - \delta$$

它们的解是不定的。为了便于求解，我们设已知 $\delta = -n$。于是，剩下的未知数为

$$\alpha = 1 + n$$
$$\beta = 2 + n$$
$$\gamma = 2 + n$$

根据这些值，式（5-5）变为

$$F_R = \rho v^2 l^2 k \left(\frac{\rho v l}{\mu}\right)^n \tag{5-6}$$

不论常数 k 和 n 取什么值，上式两边的量纲总是相同的。

如果物体的形状是连续而圆顺地变化的，例如圆球或椭圆体，则计算阻力时，应考虑物体在流速方向的投影面积 A。对圆球而言，$A = \pi d^2 / 4$。同时，式中的特征长度 l 可取为直径 d。其次，通常在试验中直接测得的不是速度 v，而是动压 $\rho v^2 / 2$。再则，既然改变 k 和 n 的值不影响上式的齐次性条件，从而括号部分就可用一个任意函数来表示。根据这些考虑，以及运动黏度 $\nu = \mu/\rho$，式（5-6）可写成

$$\frac{F_R}{\frac{\rho v^2}{2} A} = f\left(\frac{vd}{\nu}\right) \tag{5-7}$$

按照空气动力学中的习惯，式（5-7）左边正好是阻力系数 C_R 的定义，而右边显然是 Re 数

的函数，故有

$$C_R = f(Re)$$

所以，计算物体阻力的关系式（5-5）最后成为

$$F_R = C_R \frac{\rho v^2}{2} A \tag{5-8}$$

式中的阻力系数 C_R，可通过实验测定。

由以上分析可知，与问题有关的物理量虽有 ρ、v、l、μ 四个，而指数方程只有三个，故不得不做出 $\delta = -n$ 这样一个假定。其次，在分析的结果中出现了一个由物理量组成的无量量纲 (vd/ν)。同时在式（5-7）中所出现的物理量数目比原来的减少了一个，这有助于实验过程的简化。

例 5-1 如图 5-1 所示，已知矩形堰流的流量 q_v 主要与堰顶水头 H、堰宽 b 和重力加速度 g 有关，试用瑞利法导出矩形堰流流量的表达式。

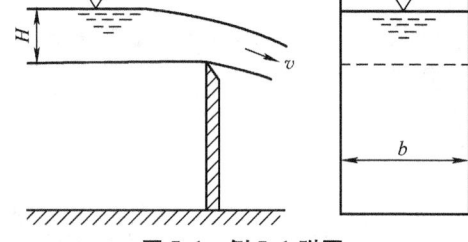

解：按照瑞利法可以写出体积流量

$$q_v = k b^{a_1} g^{a_2} H^{a_3} \tag{$*$}$$

如果用基本量纲表示方程中各物理量的量纲，则有

$$L^3 T^{-1} = L^{a_1} (LT^{-2})^{a_2} L^{a_3}$$

图 5-1 例 5-1 附图

根据物理方程量纲一致性原则有

对 L：$3 = a_1 + a_2 + a_3$

对 T：$-1 = -2a_2$

联立求解，可得 $a_2 = 1/2$；$a_1 + a_3 = 5/2$。由实验已知，流量与堰宽成正比，故 $a_1 = 1$，于是 $a_3 = 3/2$。将它们代入式（$*$），并令 $C_q = k(g)^{1/2}$ 得

$$q_v = C_q b H^{3/2}$$

式中，C_q 为堰流流量系数，由实验确定。

例 5-2 求水泵输出功率和输入功率的表达式，其中水泵效率为 η。

解：水泵输出功率是指单位时间水泵输出的能量。

（1）找出与水泵输出功率 P 有关的物理量，包括单位体积水的重量 $\gamma = \rho g$、流量 q_v、扬程 H，即

$$f(P, \gamma, q_v, H) = 0$$

（2）写出指数乘积关系式

$$P = K \gamma^a q_v^b H^c$$

（3）写出量纲式

$$\dim P = \dim(\gamma^a q_v^b H^c)$$

（4）以基本量纲（M、L、T）表示各物理量量纲

$$ML^2 T^{-3} = (ML^{-2} T^{-2})^a (L^3 T^{-1})^b (L)^c$$

（5）根据量纲和谐原理求量纲指数

M：$1 = a$

L：$2 = -2a + 3b + c$

T：$-3 = -2a - b$

得 $a = 1$，$b = 1$，$c = 1$。

（6）整理方程式，水泵输出功率

$$P = K \gamma q_v H = K \rho g q_v H$$

K 为由实验确定的系数，一般情况 $K = 1$。故水泵输入功率的表达式为

$$P' = \frac{\rho g q_v H}{\eta}$$

例 5-3　研究自由落体在时间 t 内经过的距离 s，实验观察后认为与下列因素有关：落体重量 W、重力加速度 g 及时间 t。试用量纲分析法确定 $s = f(W, g, t)$ 的关系式。

解：首先将关系式写成幂乘积形式

$$s = K W^a g^b t^c$$

式中，K 为一系数；各变量的量纲分别为：$\dim s = L$，$\dim W = MLT^{-2}$，$\dim g = LT^{-2}$，$\dim t = T$。

将上式写成量纲方程

$$L = (MLT^{-2})^a (LT^{-2})^b (T)^c$$

根据物理方程量纲一致性原则得到

$$M: 0 = a$$
$$L: 1 = a + b$$
$$T: 0 = -2a - 2b + c$$

解得 $a = 0$，$b = 1$，$c = 2$，代入量纲方程式，得

$$s = K W^0 g t^2 = K g t^2$$

5.2 π 定理及其应用

上节中，我们说明了量纲分析法的基本原理，并举例演示了其方法和运算过程。从所举的例子中可见，只要问题中有关物理量的数目不超过基本量纲的数目，应用瑞利法对问题做量纲分析是毫无困难的。然而，如果一个问题中的物理量数目 p，大于选定的基本量纲数目 r，分析问题时就必须任意地选定 $(p-r)$ 个指数。例如，当讨论物体在流体中运动的阻力时，曾任意选定指数 $\delta = -n$。倘若物理量很多，需要任意选定的指数数目将随着增加。显然，这个方法将使我们对 $p-r$ 个指数的选取发生困难。

白金汉所提出的 π 定理，是解决这个问题的另一种方法。述之如下：设一个问题中包含 x_1，x_2，x_3，$\cdots$，x_p 共 p 个物理量，每个量的量纲是由所选定的 r 个基本量纲所组成的。这些量之间必然存在着某些函数关系，假设可以表示为

$$f(x_1, x_2, x_3, \cdots, x_p) = 0 \tag{5-9}$$

式中任何一项的量纲都应该相同，故式 (5-9) 是满足量纲齐次性条件的，若用 π_1、π_2、π_3 等表示由量 x_1、x_2、x_3 等组成的无量纲参量，于是式 (5-9) 就可化为无量纲参量之间的关系式

$$F(\pi_1, \pi_2, \pi_3, \cdots, \pi_{p-r}) = 0 \tag{5-10}$$

这就是量纲分析中的 π 定理。

决定各个 π 参量时，我们可在 p 个量中选定 r 个量作为基本量，并配合为一组。组中各量的量纲各有不同，但在各量之中包含着 r 个量纲。若把这个组每次和余下的 $(p-r)$ 个量中的一个配合，组成一个独立的无量纲参量 π_1，又和 $(p-r)$ 中的另一个可组成 π_2，最后可得 π_3，$\cdots$，π_{p-r}。

在流体力学中，通常基本量纲的数目不超过 3 个，而基本量的数目则和基本量纲相同。例如，我们取 x_1、x_2、x_3 三个量配合为一组。无须组中的每一个量都包含基本量纲 M、L、T，但组的集体应当包含它们。于是，第一个 π 参量组成如下：

$$\pi_1 = x_1^{\alpha_1} x_2^{\beta_1} x_3^{\gamma_1} x_4$$

第二个如

$$\pi_2 = x_1^{\alpha_2} x_2^{\beta_2} x_3^{\gamma_2} x_5$$

等等，直到

$$\pi_{p-r} = x_1^{\alpha_{p-r}} x_2^{\beta_{p-r}} x_3^{\gamma_{p-r}} x_p$$

这些方程中的指数是需要决定的，从而就使每个 π 成为无量纲量。把各 x 量的量纲代入，并使 M、L 和 T 的指数分别等于零。对于每个 π 参量，这些指数式产生了包含三个未知数的三个方程。从而就可决定指数 α、β 和 γ，得出 π 参量。

现借用下一方法证明 π 定理。为了便于推演，我们取 x_1、x_2、x_3、x_4、x_5 五个变量，设这些量之间的物理关系式可表示为

$$f(x_1, x_2, x_3, x_4, x_5) = 0 \tag{5-11}$$

式中各项的量纲相同，是一个量纲齐次性方程。我们取 x_1、x_2、x_3 三量作为基本量，把它们和余下的量各个配合，以便组成独立的无量纲参量 π。在此情形下，可能得到的配合不外乎以下三种形式：

$$x_1^{\alpha} x_2^{\beta} x_3^{\gamma} x_4^{a} x_5^{b} \tag{5-12}$$

$$x_1^{\alpha_1} x_2^{\beta_1} x_3^{\gamma_1} x_4^{a_1} \tag{5-13}$$

$$x_1^{\alpha_2} x_2^{\beta_2} x_3^{\gamma_2} x_5^{b_2} \tag{5-14}$$

如果能证明这三种配合中只有两种是独立的，另一种配合只是那两种的函数，那么 π 定理也就证明了。因为在目前情况下，$p=5$，$r=3$，故根据 π 定理，只可能得到两个独立的无量纲参量 π。

设 x_1、x_2、x_3、x_4、x_5 的量纲为

$$x_1 : L^{m_1} M^{m_2} T^{m_3}$$

$$x_2 : L^{n_1} M^{n_2} T^{n_3}$$

$$x_3 : L^{p_1} M^{p_2} T^{p_3}$$

$$x_4 : L^{q_1} M^{q_2} T^{q_3}$$

$$x_5 : L^{r_1} M^{r_2} T^{r_3}$$

以此代入式（5-12），得

$$L^{m_1\alpha + n_1\beta + p_1\gamma + q_1 a + r_1 b} M^{m_2\alpha + n_2\beta + p_2\gamma + q_2 a + r_2 b} T^{m_3\alpha + n_3\beta + p_3\gamma + q_3 a + r_3 b}$$

因为式（5-12）是个无量纲参量，故上式的指数项为零，于是可得

$$\left.\begin{array}{l} m_1\alpha + n_1\beta + p_1\gamma = -(q_1 a + r_1 b) \\ m_2\alpha + n_2\beta + p_2\gamma = -(q_2 a + r_2 b) \\ m_3\alpha + n_3\beta + p_3\gamma = -(q_3 a + r_3 b) \end{array}\right\} \tag{5-15}$$

同理，由式（5-13）和式（5-14）分别可得

$$\left.\begin{array}{l} m_1\alpha_1 + n_1\beta_1 + p_1\gamma_1 = -q_1 a_1 \\ m_2\alpha_1 + n_2\beta_1 + p_2\gamma_1 = -q_2 a_1 \\ m_3\alpha_1 + n_3\beta_1 + p_3\gamma_1 = -q_3 a_1 \end{array}\right\} \tag{5-16}$$

$$
\left.\begin{array}{l}
m_1\alpha_2 + n_1\beta_2 + p_1\gamma_2 = -q_1 b_2 \\
m_2\alpha_2 + n_2\beta_2 + p_2\gamma_2 = -q_2 b_2 \\
m_3\alpha_2 + n_3\beta_2 + p_3\gamma_2 = -q_3 b_2
\end{array}\right\} \tag{5-17}
$$

假定式（5-15）、式（5-16）、式（5-17）中的 a、b、a_1、b_2 都是已知的参数，解这些联立方程后，就可求得 α、β、γ、α_1、β_1、γ_1、α_2、β_2、γ_2 各值。

为了说明（5-15）、式（5-16）、式（5-17）三式之间存在的关系，把式（5-13）、式（5-14）各乘以 a/a_1 和 b/b_2 次方后相乘，并写成如下形式：

$$
\left(x_1^{\alpha_1} x_2^{\beta_1} x_3^{\gamma_1} x_4^{a_1} \right)^{a/a_1} \left(x_1^{\alpha_2} x_2^{\beta_2} x_3^{\gamma_2} x_5^{b_2} \right)^{b/b_2} = x_1^u x_2^v x_3^w x_4^a x_5^b \tag{5-18}
$$

现求上式右边各量的指数 u、v、w。由于式（5-13）、式（5-14）是无量纲式，因而式（5-18）必然也是无量纲式。把各量的量纲代入式（5-18）右边后，再从各基本量纲的指数项可得

$$
\left.\begin{array}{l}
m_1 u + n_1 v + p_1 w = -(q_1 a + r_1 b) \\
m_2 u + n_2 v + p_2 w = -(q_2 a + r_2 b) \\
m_3 u + n_3 v + p_3 w = -(q_3 a + r_3 b)
\end{array}\right\} \tag{5-19}
$$

比较式（5-19）、式（5-15）可见

$$
u = \alpha, \ v = \beta, \ w = \gamma \tag{5-20}
$$

现在，再比较式（5-18）等号两边各量的指数可得

$$
\left.\begin{array}{l}
u = \alpha_1 \dfrac{a}{a_1} + \alpha_2 \dfrac{b}{b_2} \\[2mm]
v = \beta_1 \dfrac{a}{a_1} + \beta_2 \dfrac{b}{b_2} \\[2mm]
w = \gamma_1 \dfrac{a}{a_1} + \gamma_2 \dfrac{b}{b_2}
\end{array}\right\} \tag{5-21}
$$

因此，最后得到

$$
\left.\begin{array}{l}
\alpha = \alpha_1 \dfrac{a}{a_1} + \alpha_2 \dfrac{b}{b_2} \\[2mm]
\beta = \beta_1 \dfrac{a}{a_1} + \beta_2 \dfrac{b}{b_2} \\[2mm]
\gamma = \gamma_1 \dfrac{a}{a_1} + \gamma_2 \dfrac{b}{b_2}
\end{array}\right\} \tag{5-22}
$$

上式中各指数间的关系说明，式（5-12）、式（5-13）、式（5-14）所示三种可能的配合中，后两种配合是独立的，而前一种配合是后两种配合的函数。

将式（5-13）和式（5-14）所示的无量纲参量表示为

$$
\left.\begin{array}{l}
\pi_1 = \left(x_1^{\alpha_1} x_2^{\beta_1} x_3^{\gamma_1} x_4^{a_1} \right) \\
\pi_2 = \left(x_1^{\alpha_2} x_2^{\beta_2} x_3^{\gamma_2} x_5^{b_2} \right)
\end{array}\right\} \tag{5-23}
$$

据此，再按式（5-18）和式（5-20）的结果，式（5-12）可写成

$$
x_1^{\alpha} x_2^{\beta} x_3^{\gamma} x_4^a x_5^b = \pi_1^{a/a_1} \cdot \pi_2^{b/b_2} \tag{5-24}
$$

由于式（5-11）中的各量不外乎可作式（5-12）、式（5-13）、式（5-14）所示的三种配合，而这三种配合又能写成 π_1、π_2 和 $\left(\pi_1^{a/a_1} \cdot \pi_2^{b/b_2} \right)$，故式（5-11）可写为 π_1 和 π_2 的

函数，即

$$F(\pi_1, \pi_2) = 0 \tag{5-25}$$

以上的讨论说明，若在 5 个量中，选定 3 个包含基本量纲 L、M、T 的量作为基本量，并对它们和其他两个量逐个配合，只能得到 $5-3=2$ 个无量纲的配合量 π_1、π_2。这就是对式（5-9）和式（5-10）所示的 π 定理的证明。

例 5-4 光滑管湍流的量纲分析。

解： 湍流通过光滑管时，单位管长的压头损失 $\Delta h/l$ 应和速度 v、直径 d、重力 g、密度 ρ 及动力黏度 μ 有关。现用量纲分析法决定其方程

$$F\left(\frac{\Delta h}{l}, \ v, \ d, \ g, \ \rho, \ \mu\right) = 0$$

的一般形式。

显然，$\Delta h/l$ 是由物理量组成的无量纲配合，它是一个 π 参量，即 $\pi_1 = \Delta h/l$。

如果选取 v、d 和 ρ 作为重复出现的基本量，现把这些量和 μ 组成第二个无量纲配合，即

$$\pi_2 = v^{\alpha_2} d^{\beta_2} \rho^{\gamma_2} \mu$$

把各量的量纲代入，得量纲方程为

$$(LT^{-1})^{\alpha_2} L^{\beta_2} (ML^{-3})^{\gamma_2} ML^{-1} T^{-1} = L^0 T^0 M^0$$

上式两边每个量纲的指数必须相同。先看 L，有

$$\alpha_2 + \beta_2 - 3\gamma_2 - 1 = 0$$

类似的对于 T 和 M 有

$$-\alpha_2 - 1 = 0$$
$$\gamma_2 + 1 = 0$$

解以上三指数方程得

$$\alpha_2 = -1, \ \beta_2 = -1, \ \gamma_2 = -1$$

故得

$$\pi_2 = v^{-1} d^{-1} \rho^{-1} \mu$$

现把三个基本量和 g 配合成无量纲参量

$$\pi_3 = v^{\alpha_3} d^{\beta_3} \rho^{\gamma_3} g = (LT^{-1})^{\alpha_3} L^{\beta_3} (ML^{-3})^{\gamma_3} LT^{-2}$$

同上法，写出 L、T、M 的指数方程为

$$\alpha_3 + \beta_3 - 3\gamma_3 + 1 = 0$$
$$-\alpha_3 - 2 = 0$$
$$\gamma_3 = 0$$

解这些指数方程，得

$$\alpha_3 = -2, \ \beta_3 = 1, \ \gamma_3 = 0$$
$$\pi_3 = v^{-2} d^1 \rho^0 g$$

于是三个无量纲参量为

$$\pi_1 = \frac{\Delta h}{l}, \ \pi_2 = \frac{\mu}{vd\rho}, \ \pi_3 = \frac{gd}{v^2}$$

或

$$F\left(\frac{\Delta h}{l}, \ \frac{vd\rho}{\mu}, \ \frac{v^2}{gd}\right) = 0$$

如果有需要，为了更明确地显示 π 参量的物理意义，可以把这些 π 参量的分式倒转过来。这并不影响

方程的量纲齐次性条件，因为各 π 都是无量纲量。上式中的第二个参量，显然就是雷诺数 $Re = vd/\nu$，而第二个参量的现有形式则很接近于动压头的写法。解出单位管长的压头损失

$$\frac{\Delta h}{l} = f_1\left(Re, \frac{v^2}{gd}\right)$$

通常使用的公式是

$$\frac{\Delta h}{l} = f(Re) \cdot \frac{1}{d} \cdot \frac{v^2}{2g}$$

或

$$\Delta h = f(Re) \cdot \frac{l}{d} \cdot \frac{v^2}{2g}$$

其中的 $f(Re)$ 可以通过实验决定。实际上就是通过雷诺数变化的沿程阻力系数 λ。同时可见，由于上式中所出现的变量数目减少，将使实验过程大为简化。

例 5-5　机翼升力的量纲分析。

解：计算飞机机翼的升力 F_L 时，需要考虑的一些物理量有

单位翼展的升力	L_0	MT^{-2}
平均弦长	b	L
机翼面积	A	L^2
飞行速度	v	LT^{-1}
密度	ρ	ML^{-3}
动力黏度	μ	$ML^{-1}T^{-1}$
声速	c	LT^{-1}

故可写出

$$f(L_0, \ b, \ A, \ v, \ \rho, \ \mu, \ c) = 0 \qquad\qquad (*)$$

今选取 ρ、b、v 作为重复出现的基本量。把它们和 L_0 配合得

$$\pi_1 = \rho^{\alpha_1} b^{\beta_1} v^{\gamma_1} L_0$$

其量纲方程为

$$(ML^{-3})^{\alpha_1} L^{\beta_1} (LT^{-1})^{\gamma_1} (MT^{-2}) = L^0 M^0 T^0$$

指数方程为

$$\left.\begin{array}{ll} L: & -3\alpha_1 + \beta_1 + \gamma_1 = 0 \\ M: & \alpha_1 + 1 = 0 \\ T: & -\gamma_1 - 2 = 0 \end{array}\right\}$$

解上式得

$$\alpha_1 = -1, \ \beta_1 = -1, \ \gamma_1 = -2$$

故得

$$\pi_1 = \frac{L_0}{\rho b v^2}$$

今取定

$$\pi_2 = \rho^{\alpha_2} b^{\beta_2} v^{\gamma_2} A$$

从它的量纲方程可得

$$\left.\begin{array}{l} -3\alpha_2 + \beta_2 + \gamma_2 + 2 = 0 \\ \alpha_2 = 0 \\ \gamma_2 = 0 \end{array}\right\}$$

解上式，得出

$$\alpha_2 = 0, \ \beta_2 = -2, \ \gamma_2 = 0$$

故

$$\pi_2 = \frac{A}{b^2}$$

今取定

$$\pi_3 = \rho^{\alpha_3} b^{\beta_3} v^{\gamma_3} \mu$$

其量纲式的指数方程为

$$\left.\begin{array}{r} -3\alpha_3 + \beta_3 + \gamma_3 - 1 = 0 \\ \alpha_3 + 1 = 0 \\ -\gamma_3 - 1 = 0 \end{array}\right\}$$

解得

$$\alpha_3 = -1, \ \beta_3 = -1, \ \gamma_3 = -1$$

故

$$\pi_3 = \frac{\mu}{\rho b v}$$

设取

$$\pi_4 = \rho^{\alpha_4} b^{\beta_4} v^{\gamma_4} c$$

从它的量纲方程可得

$$\left.\begin{array}{r} -3\alpha_4 + \beta_4 + \gamma_4 + 1 = 0 \\ \alpha_4 = 0 \\ -\gamma_4 - 1 = 0 \end{array}\right\}$$

解上式得

$$\alpha_4 = 0, \ \beta_4 = 0, \ \gamma_4 = -1$$

故

$$\pi_4 = \frac{c}{v}$$

于是式（ * ）可以写成

$$f_1\left(\frac{L_0}{\rho b v^2}, \frac{A}{b^2}, \frac{\mu}{\rho b v}, \frac{c}{v}\right) = 0$$

从上式中解出 $L_0 = \rho b v^2$ 后，可改写为

$$L_0 = \rho b v^2 f_1\left(\frac{A}{b^2}, \frac{\rho b v}{\mu}, \frac{v}{c}\right)$$

我们把函数 f_1 中后两个无量纲参量倒转写，这并不影响它们的无量纲性质，但能使它们的物理意义更为明确。设机翼的翼展为 s，故机翼的升力 F_L 为

$$F_L = L_0 s = \rho b s v^2 f_1\left(\frac{A}{b^2}, \frac{\rho b v}{\mu}, \frac{v}{c}\right)$$

于是升力系数 C_L 为

$$C_L = \frac{F_L}{\dfrac{\rho v^2}{2} A} = 2 f_1\left(\frac{A}{b^2}, Re, Ma\right)$$

式中，$A = bs$ 是机翼面积；$A/b^2 = \dfrac{bs}{b^2} = s/b$ 为展弦比；$\rho b v / \mu = Re$ 是雷诺数；$v/c = Ma$ 是马赫数。所以，升力系数是展弦比、雷诺数和马赫数的函数。如果所考虑的是低速飞行机翼，则由于空气的压缩性效应，马赫数就可以略去。故对于 $A/b^2 =$ 常数的机翼，或升力系数就变为

$$C_L = 2 f_1(Re)$$

例 5-6　为了实验研究水流对光滑球形潜体的作用力，试根据量纲分析预先做出实验的方案。

解： 水流对光滑球形潜体的作用力 F 与水流速度 v、潜体直径 d、水的密度 ρ、水的动力黏度 μ 诸物理量有关，即 $F = f(v,\ d,\ \rho,\ \mu)$。如何进行实验求得作用力 F 与各物理量的关系？应用量纲分析方法组织实验，首先找出有关量 $f(F,\ v,\ d,\ \rho,\ \mu) = 0$。由 π 定理，选 v、d、ρ 为基本量，组成各 π 项：

$$\pi_1 = \frac{F}{v^{a_1} d^{b_1} \rho^{c_1}}$$

$$\pi_2 = \frac{\mu}{v^{a_2} d^{b_2} \rho^{c_2}}$$

按 π 项无量纲，决定基本量指数

$$a_1 = 2,\ b_1 = 2,\ c_1 = 1$$
$$a_2 = 1,\ b_2 = 1,\ c_2 = 1$$

整理方程式

$$f\left(\frac{F}{v^2 d^2 \rho},\ \frac{\mu}{v d \rho}\right) = 0$$

$$\frac{F}{v^2 d^2 \rho} = f_1\left(\frac{\mu}{v d \rho}\right)$$

$$F = f_2\left(\frac{v d \rho}{\mu}\right) \rho v^2 d^2 = f_2(Re)\frac{8}{\pi}\,\frac{\pi d^2}{4}\,\frac{\rho v^2}{2} = C_d A \frac{\rho v^2}{2} \qquad (*)$$

式中，无量纲项 $C_d = f_2(Re)\dfrac{8}{\pi} = f'(Re)$ 为阻力系数；

$Re = \dfrac{v d \rho}{\mu} = \dfrac{v d}{\nu}$ 为雷诺数。

由上面分析可知，实验研究水流对光滑球形潜体的作用力，归结为实验测定阻力系数 C_d 与雷诺数 Re 的关系。这样一来，实施这项实验研究只需要用一个球，在一个温度的水流中实验，通过改变水流速度，整理成不同 Re 和 C_d 的实验曲线，如图 5-2 所示。各种情况下，流体对球形潜体的作用力，只需计算出 $Re = \dfrac{v d}{\nu}$，由图 5-2 查得 C_d 值，按式 $(*)$ 计算 F 即可。

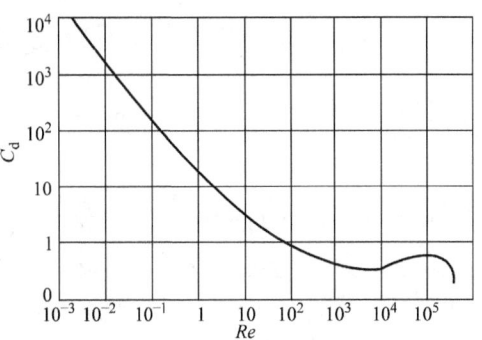

图 5-2　阻力系数实验曲线

5.3　相似原理

工程流体力学中的实验主要有两种：一种是工程性的模型实验，目的在于预测即将建造的大型机械或水工结构的流动情况；另一种是探索性的观察实验，目的在于寻找未知的流动规律。指导这些实验的理论基础就是相似原理和量纲分析。

根据基本原理，对一个科技问题进行研究，如果已经获得完善的理论及其有关方程，仍然需要用实验加以证明。若是理论研究所得的结果不完整，就像通过量纲分析法所得的关系式中，包含未定常量或由变量组成的未知无量纲量那样，也往往需要依靠实验结果来完善理论分析的不足。

流体力学研究的进展及其在工程技术问题上应用的相当大一部分，是从模型实验取得的。现今的飞机制造，总是先用小模型在风洞中经过透彻研究之后，才着手进行；对一艘船的性能和所需功率进行估算之后，事先就应有船模在船池中拖拽实验的结果。其他如透平、

泵、螺旋桨等机械的性能研究，也都需要运用较小的模型。如何把模型实验的结果运用到实物上去？如何选定模型尺寸及其实验用的流速？要解决这些问题，就必须运用相似定律。也就是说，必须使涉及实物的原型和模型的两组条件之间保持相似。

5.3.1 力学相似的基本概念

为了能够在模型流动上表现出实物流动的主要现象和性能，也为了能够从模型流动上预测实物流动的结果，必须使模型流动和与其相似的实物流动保持力学相似关系，所谓力学相似是指实物流动与模型流动在对应点上所对应物理量都应该有一定的比例关系，具体地说，力学相似应该包括以下三个方面。

1. 几何相似

几何相似就是模型流动与实物流动有相似的边界形状，一切对应的线性尺寸成比例。如果用无上标的物理量符号表示实物流动，用有上标"′"的物理量符号表示模型流动。则

长度比例尺

$$\delta_l = \frac{l}{l'} \tag{5-26}$$

面积比例尺

$$\delta_A = \frac{A}{A'} = \frac{l^2}{l'^2} = \delta_l^2 \tag{5-27}$$

体积比例尺

$$\delta_V = \frac{V}{V'} = \frac{l^3}{l'^3} = \delta_l^3 \tag{5-28}$$

因为线性尺寸 l 的量纲是 L，面积 A 的量纲是 L^2，体积 V 的量纲是 L^3，可见导出比例尺 (δ_A, δ_V) 与基本比例尺 (δ_l) 的关系就是导出物理量 (A, V) 的量纲与基本物理量 (l) 的量纲之间的关系。满足几何相似就必须模型是原型的一个完善的复制品，意味着一个系统中的任何长度和另一系统中的对应长度的比值处处相同。例如，直径不同的两个圆球是几何相似的物体。绕两圆球的流场中，几何相似不但要求两球形状相似，而且还要求两球周围的流线也要相似。完善的几何相似要求粗糙度等也要相似，这在实际中往往是难以实现的。

2. 运动相似

运动相似即实物流动与模型流动的流线应该几何相似，而且对应点上的速度成比例。因此速度基本比例尺

$$\delta_v = \frac{v}{v'} \tag{5-29}$$

其他运动学的比例尺可以按照物理量的定义或量纲由 δ_l 及 δ_v 确定出来，即

时间比例尺

$$\delta_t = \frac{t}{t'} = \frac{l/v}{l'/v'} = \frac{\delta_l}{\delta_v} \tag{5-30}$$

加速度比例尺

$$\delta_a = \frac{a}{a'} = \frac{v/t}{v'/t'} = \frac{\delta_v}{\delta_t} = \frac{\delta_v^2}{\delta_l} \tag{5-31}$$

流量比例尺

$$\delta_q = \frac{q_v}{q_v'} = \frac{l^3/t}{l^3/t'} = \frac{\delta_l^3}{\delta_t} = \delta_l^2 \delta_v \tag{5-32}$$

运动黏度比例尺

$$\delta_\nu = \frac{\nu}{\nu'} = \frac{l^2/t}{l'^2/t'} = \frac{\delta_l^2}{\delta_t} = \delta_l \delta_v \tag{5-33}$$

角速度比例尺

$$\delta_\omega = \frac{\omega}{\omega'} = \frac{v/l}{v'/l'} = \frac{\delta_v}{\delta_l} \tag{5-34}$$

由这些公式可以看出，只要确定了基本比例尺 δ_l 和 δ_v，则一切运动学比例尺都可以确定。由于流线是流体不能穿过的一条线，故这就可以把所有的固体边界看作是由流线所组成的。因此，几何相似亦应涉及边界。若是两流动运动相似时，由流线形成的流动图应几何相似。所以，运动相似的流动，只可能经过几何相似的边界。

3. 动力相似

动力相似是实物流动与模型流动应该受同种外力作用，而且对应点上的对应力成比例。

密度比例尺

$$\delta_\rho = \frac{\rho}{\rho'} \tag{5-35}$$

是应该确定的第三个基本比例尺，其他动力学的比例尺均可按照物理量的定义或量纲由 δ_ρ、δ_l 及 δ_v 确定出来，即

质量比例尺

$$\delta_m = \frac{m}{m'} = \frac{\rho V}{\rho' V'} = \delta_\rho \delta_l^3 \tag{5-36}$$

力的比例尺

$$\delta_F = \frac{F}{F'} = \frac{ma}{m'a'} = \delta_m \delta_a = \delta_\rho \delta_l^2 \delta_v^2 \tag{5-37}$$

力矩（功、能）比例尺

$$\delta_T = \frac{Fl}{F'l'} = \delta_F \delta_l = \delta_\rho \delta_l^3 \delta_v^2 \tag{5-38}$$

压强（应力）比例尺

$$\delta_p = \frac{F/A}{F'/A'} = \frac{\delta_F}{\delta_A} = \delta_\rho \delta_v^2 \tag{5-39}$$

动力黏度比例尺

$$\delta_\mu = \frac{\mu}{\mu'} = \frac{\rho \nu}{\rho' \nu'} = \delta_\rho \delta_\nu = \delta_\rho \delta_l \delta_v \tag{5-40}$$

功率比例尺

$$\delta_P = \frac{P}{P'} = \frac{\delta_\rho \delta_l^3 \delta_v^2}{\delta_t} = \delta_\rho \delta_l^2 \delta_v^3 \tag{5-41}$$

值得注意的是，无量纲系数的比例尺

$$\delta_C = 1 \tag{5-42}$$

即在相似的实物流动与模型流动之间存在着一切无量纲系数皆对应相等的关系，这提供了在

模型流动上测定实物流动中的流速系数、流量系数、阻力系数等的可能性。

此外，由于模型和实物大多数是处于同样的地心引力范围，故单位质量重力（或重力加速度）g 的比例尺 δ_g 一般都是等于 1 的，即单位质量力比例尺或重力加速度的比例尺

$$\delta_g = \frac{g}{g'} = 1 \tag{5-43}$$

动力相似的前提是几何相似和运动相似。物理相似的特征在于所考察两系统同类量的某些比数是个固定值。几何相似要求一个长度的固定比数，运动相似要求一个速度的固定比数，动力相似要求一个力的固定比数。这些比数都是无量纲量。

5.3.2 相似准则数

模型流动与实物流动如果动力学相似，则必然存在着许许多多的比例尺，但我们却不可能也不必要用一一检查比例尺的方法去判断两个流动是否力学相似，因为这样是不胜其烦的，判断相似的标准是相似准则数。

设模型流动符合不可压缩流体的运动微分方程式，其 x 方向的投影为

$$f_x - \frac{1}{\rho}\frac{\partial p}{\partial x} + \nu\nabla^2 v_x = \frac{\mathrm{d}v_x}{\mathrm{d}t} \tag{5-44}$$

则与其力学相似的实物流动中，各物理量必与模型流动中各物理量存在一定的比例尺关系，故实物流动的运动方程式可以表示为

$$\delta_g f_x - \frac{\delta_p}{\delta_\rho \delta_l}\frac{1}{\rho}\frac{\partial p}{\partial x} + \frac{\delta_\nu \delta_v}{\delta_l^2}\nu\nabla^2 v_x = \frac{\delta_v^2}{\delta_l}\frac{\mathrm{d}v_x}{\mathrm{d}t} \tag{5-45}$$

我们知道，N-S方程式中的所有项都具有加速度的量纲LT^{-2}，故式（5-45）每一项前面的比例尺都是加速度的比例尺，它们应该是相等的，即

$$\delta_g = \frac{\delta_p}{\delta_\rho \delta_l} = \frac{\delta_\nu \delta_v}{\delta_l^2} = \frac{\delta_v^2}{\delta_l} \tag{5-46}$$

由式（5-44）及式（5-45）可以看出，式（5-46）中的 4 项都有确定的物理意义，它们分别代表实物流动与模型流动中，作用在单位质量流体上的质量力之比、压力之比、黏性力之比与惯性力之比。

用式（5-46）中的前三项分别去除第四项，则可写出下列三个等式。

1. 弗劳德数

$$\frac{\delta_v^2}{\delta_g \delta_l} = 1 \tag{5-47}$$

或

$$\frac{v^2}{gl} = \frac{v'^2}{g'l'} \tag{5-48}$$

式中，$\frac{v^2}{gl} = Fr$ 称为弗劳德数，它代表惯性力与重力之比。重力对于任何有自由面的流动是重要的。由于自由面上的压力（通常是大气压）是个常量，所以在稳定的情况下，只有重力能引起流动。其次，自由面的任何扰动（例如波浪运动）总包含有重力，因为液体对抗它的重量而上升时，必须做功。这种运动类型可以在以下一些情形中找到：从小孔进入大气

的射流；船舰通过河海引起的波浪运动；明渠中的流动和堰口出流等流动。弗劳德模型法在水利工程上应用甚广，大型水利工程设计必须首先经过模型实验的论证而后方可投入施工。

2. 欧拉数

$$\frac{\delta_\rho \delta_v^2}{\delta_p} = 1 \quad 或 \quad \frac{\delta_p}{\delta_\rho \delta_v^2} = 1 \tag{5-49}$$

即

$$\frac{p}{\rho v^2} = \frac{p'}{\rho' v'^2} \tag{5-50}$$

式中，$\frac{p}{\rho v^2} = Eu$ 称为欧拉数，它代表压力与惯性力之比。惯性力通常是最重要的，所以常用它与其他力构成相似比数或准则数。压力总是存在的，一般出现在描述流动的任一完整的方程里。欧拉模型法用于自动模型区的管中流动、风洞实验及气体绕流等情况。

3. 雷诺数

$$\frac{\delta_v \delta_l}{\delta_\nu} = 1 \tag{5-51}$$

或

$$\frac{vl}{\nu} = \frac{v'l'}{\nu'} \tag{5-52}$$

或中，$\frac{vl}{\nu} = Re$ 称为雷诺数，它代表惯性力与黏性力之比。仅受着黏性力、压力和惯性力作用的流动例子较多。在充满液体而完全封闭的管道中，重力不能影响流动的图形。由于没有自由面，表面张力也不起作用；如果流速远低于声速，则流体的压缩性就无足轻重了。空气对低速飞机的绕流，水流绕深水潜艇而并不使水面产生波动这两个例子中，也会遇到上述情况。雷诺模型法的应用范围也很广泛，管道流动、液压技术、水力机械等方面的模型实验多数采用雷诺模型法。

总结以上可见，如果两个流动为力学相似，则它们的弗劳德数、欧拉数、雷诺数必须各自相等。于是

$$\left.\begin{array}{l} Fr = Fr' \\ Eu = Eu' \\ Re = Re' \end{array}\right\} \tag{5-53}$$

称为不可压缩流体定常流动的力学相似准则。据此判断两个流动是否相似，显然比一一检查比例尺要方便得多。

相似准则不但是判别相似的标准，而且也是设计模型的准则，因为满足相似准则实质上意味着相似比例尺之间要保持下列三个互相制约的关系：

$$\left.\begin{array}{l} \delta_v^2 = \delta_g \delta_l \\ \delta_p = \delta_\rho \delta_v^2 \\ \delta_\nu = \delta_l \delta_v \end{array}\right\} \tag{5-54}$$

设计模型时，所选择的三个基本比例尺 δ_l、δ_v、δ_ρ 如果能满足这三个制约关系，当然模型流动与实物流动是完全力学相似的。但这是有困难的，因为如前所述，一般单位质量力的

比例尺 $\delta_g = 1$，于是从式（5-54）的第一式中可得

$$\delta_v = \delta_l^{\frac{1}{2}} \tag{5-55}$$

从式（5-54）的第三式中可得

$$\delta_v = \frac{\delta_\nu}{\delta_l} \tag{5-56}$$

因此

$$\delta_\nu = \delta_l^{\frac{3}{2}} \tag{5-57}$$

模型可大可小，即线性比例尺是可以任意选择的，但流体运动黏度的比例尺 δ_ν 要保持 $\delta_l^{\frac{3}{2}}$ 的数值这就不容易了。工程上固然有办法配置各种运动黏度的流体（如用不同百分比的甘油水溶液等），但用这种化学性质不稳定而又昂贵的流体作为模型流体是并不合适的。模型实验一般用水和空气作为工作介质者居多，如水洞、水工实验池、风洞等。模型流体的黏度通常不能满足式（5-57）的要求。

一般情况下，模型与实物流动中的流体往往就是同一种介质（例如，航空器械往往在风洞中实验，水工模型往往用水做实验，液压元件往往就用工作油液实验），此时 $\delta_\nu = 1$，于是由式（5-54）第一式可得

$$\delta_v = \delta_l^{\frac{1}{2}}$$

由式（5-54）第三式可得

$$\delta_v = \frac{1}{\delta_l} \tag{5-58}$$

显然速度比例尺绝对不可能使这两者同时满足，除非 $\delta_l = 1$，但这又不是模型而是原型实验了。

由于比例尺制约关系的限制，同时满足弗劳德和雷诺准则是困难的，因而一般模型实验难于实现全面的力学相似。欧拉准则与上述两个准则并无矛盾，因此如果放弃弗劳德和雷诺准则，或者放弃其一，那么选择基本比例尺就不会遇到困难。这种不能保证全面力学相似的模型设计方法叫作近似模型法。

例 5-7　如图 5-3 所示，原型号的溢流阀直径 $D' = 25\text{mm}$，最大开度 $x' = 2\text{mm}$ 时压强差 $\Delta p' = 10^3\text{kPa}$，流量 $q'_v = 5\text{L/s}$，轴向作用力 $F' = 150\text{N}$。用同样液体为工质，准备研制一种新型号溢流阀，使其流量增大四倍而其压强差只增大两倍，并保证二者力学相似。试问新型号溢流阀的直径 D 是多大？最大开度多少？在最大开度时的轴向力是多少？

解：已知比例尺是 $\delta_\rho = 1$；流量比例尺 $\delta_q = \dfrac{q'_v}{q_v} = \dfrac{1}{4} = 0.25$；压强比例尺 $\delta_p = \dfrac{\Delta p'}{\Delta p} = \dfrac{1}{2} = 0.5$。

现在需要根据力学相似去求长度比例尺和力的比例尺。

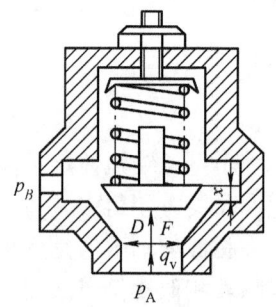

图 5-3　例 5-7 附图

因为 $\delta_p = \delta_v^{\,2}\delta_\rho$，所以

$$\delta_v = \sqrt{\frac{\delta_p}{\delta_\rho}} = \sqrt{\frac{0.5}{1}} = 0.707$$

同理 $\delta_q = \delta_l^{\,2}\delta_v$，所以

$$\delta_l = \sqrt{\frac{\delta_q}{\delta_v}} = \sqrt{\frac{0.25}{0.707}} = 0.5946$$

力比例尺
$$\delta_F = \delta_\rho \delta_l^2 \delta_v^2 = 1 \times 0.5946^2 \times 0.707^2 = 0.17678$$

于是可以得到新型号溢流阀的技术参数：

直径
$$D = \frac{D'}{\delta_l} = \frac{25}{0.5946}\text{mm} = 42\text{mm}$$

开度
$$x = \frac{x'}{\delta_l} = \frac{2}{0.5946}\text{mm} = 3.364\text{mm}$$

轴向力
$$F = \frac{F'}{\delta_F} = \frac{150}{0.17678}\text{N} = 848.5\text{N}$$

例 5-8　如图 5-4 所示为弧形闸门放水时的情形。已知水深 $h = 6\text{m}$。模型闸门是按长度比尺 $k_l = 1/20$ 制作的，实验时的开度与原型的相同。试求流动相似时模型闸门前的水深。若在模型上测得收缩截面的平均流速 $v' = 2.0\text{m/s}$，流量 $q_v' = 0.03\text{m}^3/\text{s}$，水作用在闸门上的力 $F' = 92\text{N}$，绕闸门轴的力矩 $T' = 110\text{N·m}$，试求原型上收缩截面的平均流速、流量以及作用在闸门上的力和力矩。

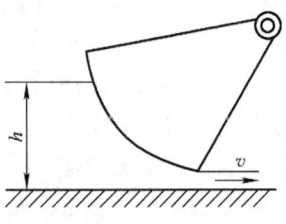

图 5-4　例 5-8 附图

解：按长度比例尺，模型栅门前的水深
$$h' = k_l h = 6/20 = 0.3\text{m}$$

在重力作用下水由闸门下出流，要是流动相似，弗劳德数必须相等，由此可得 $k_v = k_l^{1/2}$。于是，原型上的待求量可按有关比尺计算如下：

收缩截面的平均流速　$v = v'/k_v = v'/k_l^{1/2} = 2.0 \times 20^{1/2}\text{m/s} = 8.944\text{m/s}$

流量　$q_v = q_v'/k_{q_v} = q_v'/k_l^{5/2} = 0.03 \times 20^{5/2}\text{m}^3/\text{s} = 53.67\text{m}^3/\text{s}$

作用在闸门上的力　$F = F'/k_F = F'/k_l^3 = 92 \times 20^3\text{N} = 7.360 \times 10^5\text{N}$

作用在闸门上的力矩 $T = T'/k_T = T'/k_l^4 = 110\text{N·m} \times 20^4 = 1.760 \times 10^7\text{N·m}$

5.3.3　力学相似在风洞试验中的应用

如前所述，解决许多流体力学问题的过程中，需要实验工作的配合。这种工作通常是在原型的模型上进行的。例如一家飞机设计的进展，需要飞机模型在风洞中获得实验数据。但实验数据的准确与否，则取决于绕模型流动和绕原型流动之间，是否已经达到了动力相似。风洞实验首先应遵守流体力学相对性原理和相似性原理。

相对性原理即在初始条件、物性条件和边界条件相同的情况下，物体在流体中运动所受的力与物体不动而流体以相同速度（大小和方向）相对物体运动时物体所受的力相同，则可以在风洞中，用静止的模型在人工生成的均匀气流场中进行试验。

相似性原理即对于流体动力学实验来说，只要几何相似、运动相似、动力相似、热相似，则两个流场相似。或者说，只要单值条件相同，同名相似准则相等，则两个流场相似。

现考察两个系统，例如一个原型和它的模型。它们的绕流情形可用同一个方程描述。应用量纲分析法来处理，又可把运动方程写为
$$F(\pi_1, \pi_2, \pi_3, \cdots) = 0$$

其中，$\pi_1, \pi_2, \pi_3, \cdots$ 表示由变量组成的一些无量纲配合。在两个动力相似的系统中，那些对应的 π 必然相同。

如果要求需与 $\pi_2, \pi_3, \pi_4 \cdots$ 等量相对应的 π_1 值，即
$$\pi_1 = F(\pi_2, \pi_3, \pi_4, \cdots)$$

可以在模型上进行一次实验。若是这些独立的乘积 $\pi_2,\pi_3,\pi_4,\cdots$ 中的每一个，不论对于模型或者对于原型都具有相同之值，这模型的实验结果就可等同地应用到原型上。

模型和原型之间很少会达到完全相似。因为在每种情形中既要 π_2 相同，又要 π_3 相同，是会发生抵触的。幸而，在许多问题中，并不是和所有的力比数都有关系。而且可以看出，有些力比数的效应是容许忽略的。例如，低速飞机模型在风洞里进行试验，以便于求出原型上的阻力 F。在这一个问题中，有关的流体是密度很小的空气，故可以不考虑重力；由于这里没有液体和另一种流体之间的分界面，则表面张力可以不予考虑；又因为是低速飞机，压缩效应又可略去。于是，除了不可避免的压力之外，仅包括黏性力和惯性力。因此，作为独立变量而出现的无量纲参量只是一个雷诺数。

现在，我们运用量纲分析法处理这个阻力问题，并探讨如何选定模型尺寸和风洞中气流的速度，如何把模型试验结果换算到原型上去。

实验应按照相似定律的要求来安排，可以研究被绕流物体与气流之间产生的空气动力作用和流动状态。飞机模型在风洞中进行试验时，模型经受到风的作用力 F（这相当于飞机在静止空气中运动时的阻力）和以下一些物理量有关：空气的密度 ρ 和黏度 μ；离开飞机（原型或模型）一段距离处的空气和飞机之间的相对速度 v；某特征长度 l，例如翼展等。这些物理量之间的关系可表为

$$f(F,\rho,l,v,\mu)=0$$

根据 π 定理，必可求得 π_1、π_2 两个无量纲配合。现取 $\rho l v$ 为基本量，则

$$\pi_1=\rho^{\alpha_1}l^{\beta_1}v^{\gamma_1}F$$

其量纲方程式为

$$(ML^{-3})^{\alpha_1}L^{\beta_1}(LT^{-1})^{\gamma_1}(MLT^{-2})=L^0M^0T^0$$

则指数方程有

$$\left.\begin{array}{ll} \text{L：} & -3\alpha_1+\beta_1+\gamma_1+1=0 \\ \text{M：} & \alpha_1+1=0 \\ \text{T：} & -\gamma_1-2=0 \end{array}\right\}$$

解之可得 $\quad\alpha_1=-1,\ \beta_1=-2,\ \gamma_1=-2$
故

$$\pi_1=\rho^{-1}l^{-2}v^{-2}F=\frac{F}{\rho v^2 l^2}$$

令

$$\pi_2=\rho^{\alpha_2}l^{\beta_2}v^{\gamma_2}\mu$$

其量纲关系式为

$$(ML^{-3})^{\alpha_2}L^{\beta_2}(LT^{-1})^{\gamma_2}(ML^{-1}T^{-1})=L^0M^0T^0$$

得指数方程

$$\left.\begin{array}{ll} \text{L：} & -3\alpha_2+\beta_2+\gamma_2-1=0 \\ \text{M：} & \alpha_2+1=0 \\ \text{T：} & -\gamma_2-1=0 \end{array}\right\}$$

解之可得 $\quad\alpha_2=-1,\ \beta_2=-1,\ \gamma_2=-1$

故

$$\pi_2 = \rho^{-1} l^{-1} v^{-1} \mu = \frac{\rho v l}{\mu} = \frac{vl}{\nu}$$

所以，通过量纲分析法所得的结果为

$$f\left(\frac{F}{\rho v^2 l^2}, \frac{vl}{\nu}\right) = 0$$

或解出有关阻力那一项后，有

$$\frac{F}{\rho v^2 l^2} = f\left(\frac{vl}{\nu}\right) = f(Re)$$

上式对于模型和原型两者都是准确的。然而，模型与原型之间要确实达到动力相似，必须两者对应点上力的比数相同，在此情形下，就是要雷诺数 Re 数相同。因此，函数 $f(Re)$ 对于模型和原型两者的值相同，从而 $F/\rho v^2 l^2$ 对两者也相同。用下标 m 表示模型，用下标 p 表示原型，就可写出

$$\frac{F_p}{\rho_p v_p^2 l_p^2} = \frac{F_m}{\rho_m v_m^2 l_m^2} \tag{5-59}$$

在设计中和原型有关的参数 ρ_p、v_p、l_p 以及和模型试验中有关的参数 ρ_m、v_m、l_m 都是已知的。所以，只要在风洞试验中测得模型经受的力 F_m，就可按上式换算出飞机的阻力

$$F_p = F_m \frac{\rho_p v_p^2 l_p^2}{\rho_m v_m^2 l_m^2}$$

由于 $Re_m = Re_p$，即

$$\frac{v_m l_m \rho_m}{\mu_m} = \frac{v_p l_p \rho_p}{\mu_p}$$

因而

$$v_m = v_p \left(\frac{l_p}{l_m}\right)\left(\frac{\rho_p}{\rho_m}\right)\left(\frac{\mu_m}{\mu_p}\right) \tag{5-60}$$

这就是模型在风洞中进行试验时应有的风速。只有用这一速度试验时，才能确实使原型和模型两者的流动图形保持相似。

通常，模型的尺寸小于原型，亦即 $l_p/l_m > 1$，如果在模型试验中运用的流体（空气）和流经原型相同，则应有 $\rho_m = \rho_p$，$\mu_m = \mu_p$。所以，从式（5-60）当有 $v_m = v_p(l_p/l_m)$。由于 $l_p/l_m > 1$，故 $v_m > v_p$。

由此可见，即使仅打算进行速度为 300km/h 的飞行，并取定模型的尺寸是原型的 1/5，则做试验的空气速度将达到 300km/h × 5 = 1500km/h。在这样的高速度之下，虽然 Re 数仍保持相同，但空气的压缩性却变得非常重要，模型的绕流图形和原型的绕流图形因而就大不相同。随着现代高速飞机的发展，这种困难在模型试验中当然是一个需要着重探讨的问题。

在高雷诺数情况下进行模型试验，一个避免用高速度的方法是采用大密度的空气。例如，在以上讨论的情况下若把空气加以压缩，使其密度大于大气的 5 倍，则

$$v_m = v_p(5)\left(\frac{1}{5}\right)\left(\frac{1}{1}\right) = v_p$$

于是就能够在变密度风洞中，用原型的飞行速度进行模型试验。

例 5-9　直径 20cm 的模型螺旋桨在 $v' = 75\text{m/s}$，$t' = 30℃$ 的风洞中试验，如图 5-5 所示。获得实验数

据如下：

空气流量 $\qquad q_v' = 6.7\mathrm{m}^3/\mathrm{s}$

螺旋桨叶片前后压强差 $\quad \Delta p' = 2000\mathrm{N/m}^2$

螺旋桨的推力 $\qquad F' = 160\mathrm{N}$

螺旋桨的功率 $\qquad P' = 12\mathrm{kW}$

试问直径 2m 的航空螺旋桨在 0℃ 空气中飞行速度为 405km/h 时的各项性能参数（q_v、Δp、F、P）是多少？

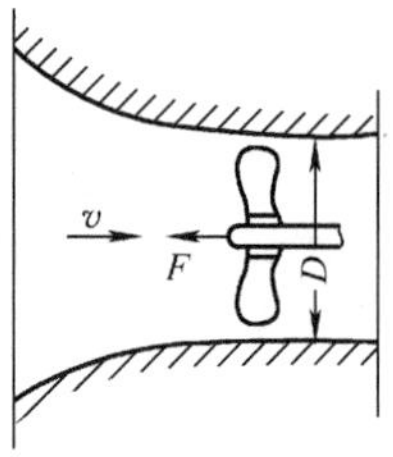

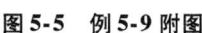

图 5-5　例 5-9 附图

解： $t = 30$℃ 时，空气密度 $\rho' = 1.165~\mathrm{kg/m}^3$，运动黏度 $\nu' = 16.6 \times 10^{-6}$ m^2/s；$t = 0$℃ 时，空气密度 $\rho = 1.293~\mathrm{kg/m}^3$，运动黏度 $\nu' = 13.7 \times 10^{-6}\mathrm{m}^2/\mathrm{s}$。

实物螺旋桨的飞行速度为

$$v = \frac{405 \times 1000}{3600}\mathrm{m/s} = 112.5\mathrm{m/s}$$

实物螺旋桨的雷诺数为

$$Re = \frac{vD}{\nu} = \frac{112.5 \times 2}{13.7 \times 10^{-6}} = 1.64 \times 10^6$$

这样高的雷诺数通常已经进入自动模型区，雷诺准则已经自动失去作用，模型的雷诺数与实物的雷诺数不一定相等，事实上经过下面演算也可以得出这一结论。

模型螺旋桨的雷诺数为

$$Re' = \frac{v'D'}{\nu} = \frac{75 \times 0.20}{16.6 \times 10^{-6}} = 0.9 \times 10^6 \neq Re \quad \text{（与实物螺旋桨的雷诺数并不相等）}$$

这种自动模型化的问题自然是按照欧拉模型法设计模型的。它的三个基本比例尺为

$$\delta_l = \frac{D}{D'} = \frac{2}{0.2} = 10$$

$$\delta_\rho = \frac{\rho}{\rho'} = \frac{1.293}{1.165} = 1.11$$

$$\delta_v = \frac{v}{v'} = \frac{112.5}{75} = 1.5$$

进一步可以算出各项比例尺。因而实物螺旋桨的各项性能参数为

流量 $\qquad q_v = \delta_q q_v' = \delta_l^2 \delta_v q_v' = 100 \times 1.5 \times 6.7\mathrm{m}^3/\mathrm{s} = 1005\mathrm{m}^3/\mathrm{s}$

压强差 $\qquad \Delta p = \delta_p \Delta p' = \delta_\rho \delta_v^2 \Delta p' = 1.11 \times 1.5^2 \times 2000\mathrm{N/m}^3 = 4995\mathrm{N/m}^2$

推力 $\qquad F = \delta_F F' = \delta_\rho \delta_l^2 \delta_v^2 F' = 1.11 \times 100 \times 1.5^2 \times 160\mathrm{N} = 39960\mathrm{N}$

功率 $\qquad P = \delta_P P' = \delta_\rho \delta_l^2 \delta_v^3 P' = 1.11 \times 100 \times 1.5^3 \times 12\mathrm{kW} = 4496\mathrm{kW}$

附录5　水泵性能测量

水泵属于通用流体机械范畴。通过本实验可以深入了解水泵的性能，熟悉选用泵时必须提供的技术数据。掌握水泵性能实验方法。

附录5.1　实验与测量原理

由于流体机械内部流动的复杂性，无法精确地计算出各种损失，故用计算方法得到的泵工作性能曲线，最终还需真实实验进行验证。因此，泵和风机等流体机械精确的性能曲线一般都是通过实验得到的。对于离心泵来说，单位重量流体通过泵后所增加的能量 H 称为扬程。离心泵的性能曲线除流量－扬程（$q_v - H$）曲线之外，还有流量－效率（$q_v - \eta$）和流

量 – 功率（$q_v - P$）曲线，特殊需要还要补充流量 – 汽蚀余量（$q_v - NPSH$）曲线。为了作出这些性能曲线，必须测量泵的流量 q_v、扬程 H、轴功率 P、转速 n 并计算出泵的效率 η。

（1）工业现场多用孔板流量计、涡轮流量计测量水泵流量，而在泵的实验台上除用孔板和涡轮流量计外，还可以使用量水堰、容积法和重量法等。用涡轮流量计测流量时，要知道仪表常数 ξ，读出频率 f 后则可知道流量

$$q_v = \frac{f}{\xi} \tag{5-61}$$

式中，q_v 为所测流量，视流量计的口径和量程，单位为 L/s 或 $10^{-3}\,\mathrm{m^3/s}$。

（2）当进口压力为真空情况时，泵的扬程用下式计算：

$$H = \frac{p_2 + p_v}{\rho g} + \frac{V_2^2 - V_1^2}{2g} + \Delta Z \tag{5-62}$$

式中，H 为泵扬程，单位是 m；p_2 为泵出口压力，单位是 Pa；p_v 为泵入口真空度，即负压强的绝对值，单位是 Pa；V_2 为泵出口流速，单位是 m/s；V_1 为泵入口流速，单位是 m/s；ΔZ 为泵出口压力表芯到泵入口压力表芯的距离，单位是 m，若两压力表布置在同一水平面，则 $\Delta Z = 0$；ρ 为试验液体密度，一般为水的密度，单位是 $\mathrm{kg/m^3}$。

（3）测量转速可以使用定时转速计、频闪测速仪和转速记录器，也可采用扭矩传感器测量仪直接数显。测量误差（即仪器误差和读数误差之和）不得超过 1%。

（4）测定水泵轴功率时，应当用测量水泵轴扭转力矩的方法，或借助测量驱动电动机所需能量的方法。

① 使用天平式测功机（天平马达）测量时，其扭转力矩

$$T = GL \tag{5-63}$$

式中，T 为力矩，单位是 N·m；G 为天平力臂端所加砝码或天平称示数，单位是 N；L 为天平力臂长度，单位是 m。

水泵轴功率

$$P = T\omega = \frac{GL}{1000} \times \frac{2\pi n}{60} = \frac{GLn}{9549} \tag{5-64}$$

式中，P 为水泵轴功率，单位是 kW；n 为水泵转速，单位是 r/min。

② 用扭矩传感器测量仪直接数显水泵轴功率 P 和输入力矩 T。

（5）水泵效率 η 是水泵有效功率与水泵轴功率之比。水泵有效功率

$$P' = \frac{\rho g q_v H}{1000} \tag{5-65}$$

式中，P' 为水泵有效功率，单位是 kW；q_v 为流量，单位是 $\mathrm{m^3/s}$；H 为扬程，单位是 m；ρ 为水的密度，单位是 $\mathrm{kg/m^3}$。

所以水泵效率

$$\eta = \frac{P'}{P} \times 100\% \tag{5-66}$$

附录 5.2　实验设备和仪器

水泵性能试验一般都在专用实验台上完成。按试验装置连接状况及试验泵的结构大致分为开式实验台和闭式实验台。开式实验台最大特征是装置中有一部分（一般为试验水池）

与大气相通，如图 5-6 所示；闭式实验台是一个与外界大气相隔绝的封闭装置系统，如图 5-7 所示。

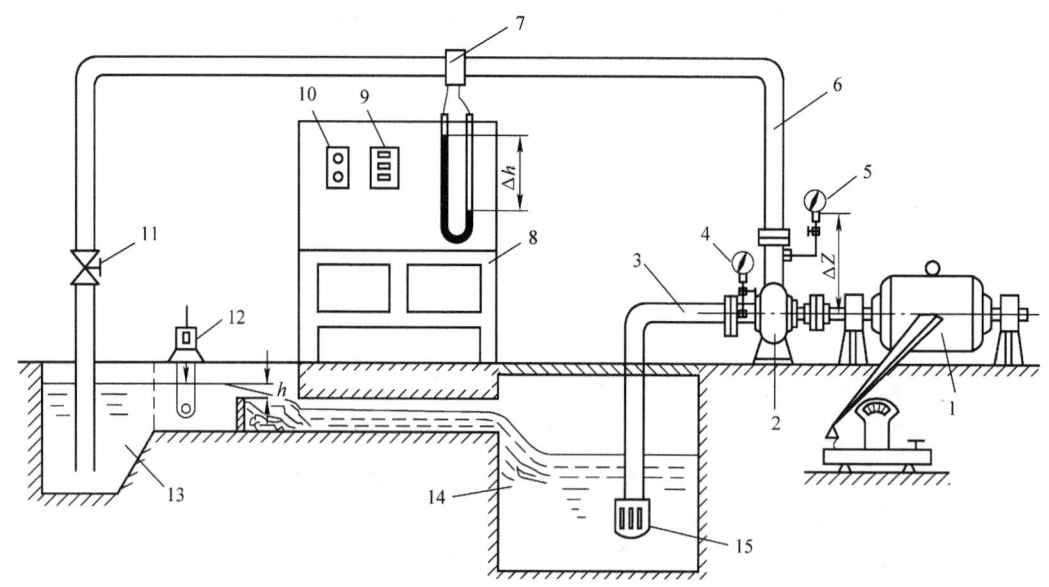

图 5-6　开式水泵试验装置

1—天平式测功机　2—水泵　3—进水管　4—真空表　5—压力表　6—出水管　7—孔板流量计　8—控制台

9—功率表插口　10—按钮　11—出水阀　12—测针　13—量水堰　14—水池　15—底阀

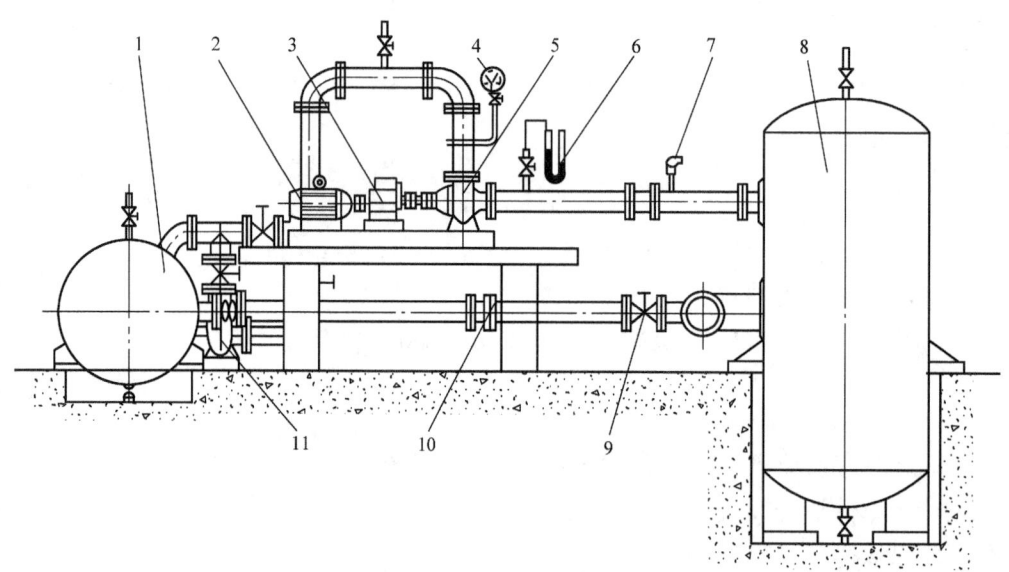

图 5-7　闭式水泵试验装置

1—稳流罐　2—电动机　3—扭矩传感器　4—压力表　5—被试泵　6—真空计　7—温度传感器

8—汽蚀罐　9—流量调节阀　10—流量计　11—辅助泵

在图 5-6 离心水泵性能试验台装置中，驱动水泵的是天平式测功机（马达天平）1 或电动机。测流量装置用了两种型式：孔板流量计和量水堰，根据条件选用一种。如用涡轮流量计则更方便。为测量水泵的扬程，在泵入口装真空表 4，出口装压力表 5，真空测点和压力

表盘之间的距离 ΔZ 可直接测量。水泵流量用出水管上的出水阀 11 来调节。

附录5.3 实验步骤与测量结果

1. 实验步骤

（1）水泵性能试验应在其运转试验良好之后进行。水泵启动之前，应先全关出水阀、盘车、灌水、准备测量仪表，然后启动水泵。

（2）接通压力表和真空表，待压力表示数上升之后，逐渐开启出水阀，流量逐渐增加，每开大一次出水阀门，就相应地记录流量、扬程、功率、转速等有关数据。试验点应均匀地分布在整个性能曲线上。

（3）完成试验后，停机。

2. 实验结果

根据实验数据作出如图 5-8 所示离心水泵性能曲线。

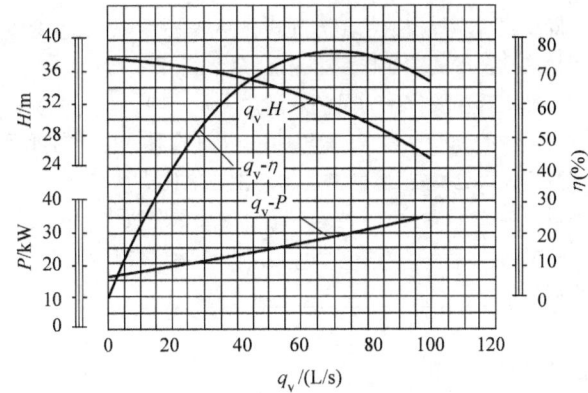

图5-8　离心水泵性能曲线

思考题 5

5-1. 在工程流体力学中，常取的基本量纲为（　　）。

A. 质量量纲 M、长度量纲 L、时间量纲 T；　　　B. 流量量纲 Q、长度量纲 L、时间量纲 T；

C. 压强量纲 P、长度量纲 L、时间量纲 T；　　　D. 压力量纲 F、长度量纲 L、温度量纲 T

5-2. 液流重力相似准则要求（　　）。

A. 原型与模型水流的雷诺数相等；　　　B. 原型与模型水流的弗劳德数相等；

C. 原型与模型水流的牛顿数相等；　　　D. 原型与模型水流的重量相等

5-3. 力学相似准则的条件是（　　）。

A. 几何相似、动力相似、物性相似；　　　B. 几何相似、运动相似、物性相似；

C. 几何相似、运动相似、动力相似；　　　D. 运动相似、动力相似、物性相似

5-4. 密度、速度、长度和动力黏度的无量纲组合是（　　）。

A. $\dfrac{\rho v l^2}{\mu}$；　　　B. $\dfrac{\rho v^2 l}{\mu}$；　　　C. $\dfrac{\rho v^2 l^2}{\mu}$；　　　D. $\dfrac{\rho v l}{\mu}$

5-5. 弗劳德数 Fr 的物理意义是（　　）之比。

A. 惯性力与黏性力；　　　B. 黏性力与压力；

C. 惯性力与重力；　　　D. 黏性力与重力

5-6. 雷诺数表示（　　）之比。

A. 黏滞力与重力；　　　　　　　　　　　　　B. 重力与惯性力；

C. 惯性力与黏滞力；　　　　　　　　　　　　D. 压力与黏滞力

5-7. 速度 v、长度 l、重力加速度 g 的无量纲组合是（　　　）。

A. $\dfrac{lv}{g}$；　　　　　　B. $\dfrac{v}{gl}$；　　　　　　C. $\dfrac{v^2}{gl}$；　　　　　　D. $\dfrac{l}{gv}$

5-8. 已知水流绕过桥墩时所产生的绕流阻力 F 与水流速度 v、水的密度 ρ、水的动力黏度 μ、重力加速度 g，以及圆柱形桥墩的直径 R 有关。则采用 π 定理确定绕流阻力表达式时，无量纲个数为（　　　）。

A. 2 个；　　　　　B. 3 个；　　　　　C. 4 个；　　　　　D. 5 个

5-9. 通过模型实验研究船体的绕流兴波阻力特性，模型设计应采用（　　　）。

A. 雷诺相似准则；　　B. 弗劳德相似准则；　　C. 欧拉相似准则；　　D. 马赫相似准则

5-10. 在长度比尺 $\lambda_l = 25$ 的溢流坝模型中，测得溢流坝坝顶的流速 $v_m = 1\mathrm{m/s}$，则原型溢流坝中对应点的流速为（　　　）。

A. 25m/s；　　　　　B. 0.2m/s；　　　　　C. 5m/s；　　　　　D. 0.04m/s

5-11. 判断题：凡是正确反映客观规律的物理方程式，必然是一个齐次量纲式。

5-12. 判断题：雷诺相似准则考虑的主要作用力是黏滞阻力。

5-13. 判断题：雷诺相似准则其主要作用力是湍动阻力。

5-14. 判断题：物理方程量纲的和谐性是指方程中每一物理量具有相同的量纲。

5-15. 判断题：弗劳德数 Fr 可以反映液体的惯性力与重力之比。

5-16. 判断题：将物理量压强 Δp、密度 ρ、流速 v 组成的无量纲数为 $\Delta p/\rho v$。

5-17. 填空题：压强 p 的量纲是_____ 。（按国际单位制）

5-18. 填空题：力学相似是指_____。具体地说，力学相似包括_____ 、_____ 、_____ 。

5-19. 填空题：雷诺数的物理意义是_____ ，其表达为_____ 。

5-20. 填空题：雷诺数的物理意义是表示惯性力和_____ 力之比；而弗劳德数的物理意义是表示惯性力和_____ 力之比。

5-21. 填空题：黏性流体运动的雷诺数 $Re = $ _____ ，雷诺数的物理意义是 _____ 。

5-22. 填空题：角速度 ω、长度 l、重力加速度 g 的无量纲组合是_____ 。

5-23. 填空题：某水工模型按照重力相似准则设计模型，模型长度比尺 $\lambda_l = 60$，如原型流量 $q_{vp} = 1500\mathrm{m^3/s}$，则模型流量 $q_{vm} = $ _____ 。

5-24. 填空题：石油输送管路的模型试验，要实现动力相似，应选的相似准则是 _____ 。

5-25. 填空题：由重力相似准则所得的流速比尺与长度比尺的关系是_____ 。

5-26. 进行堰流模型试验，要使模型水流与原型水流相似，必须满足的条件是_____，若模型长度比尺选用 $\lambda_l = 100$，当原型流量 $q_{vp} = 1000\mathrm{m^3/s}$，则模型流量 $q_{vm} = $ _____ 。

5-27. 名词解释：量纲

5-28. 名词解释：无量纲方程。

5-29. 量纲分析有何作用？

5-30. 瑞利法和白金汉 π 定理各适用于何种情况？

5-31. 流体力学的相似包括哪几个方面？

5-32. 经验公式是否满足量纲和谐原理？

5-33. 为什么每个相似准则都要表征惯性力？

5-34. 试述模型流动与原型流动的力学相似条件。

5-35. 原型和模型能否同时满足重力相似准则和黏滞力相似准则？为什么？

5-36. 不可压缩流体流动的相似准则数有哪几个？它们的表达式是什么？

5-37. 要研究在大气中飞行的真实飞机的受力情况，通常会在实验室里通过测量飞机模型在风洞中的受力进行比拟。请问，要使实验具有说服性，必须满足哪些相似条件？

5-38. 分别举例说明由重力、黏滞力起主要作用的水流。

5-39. 比较相似判据和特征相似判据的异同之处。

习题 5

5-1. 已知平直圆管的沿程流动阻力 h_f 与圆管的直径 d、圆管内壁绝对粗糙度 ε 及管内流体的密度 ρ、动力黏度 μ、平均速度 v 有关，试用量纲分析法推出其流动阻力计算公式。如用直径 $d_m = 10\text{cm}$ 的圆直管做试验，在平均速度 $v_m = 2\text{m/s}$ 时，测得润滑油流过 $l_m = 10\text{m}$ 后的压力降 $\Delta p_m = 60\text{cm}$，则该润滑油在直径 $d_p = 50\text{cm}$ 平直管中流过 $L = 1000\text{m}$ 后的压力降 Δp 为多少？与试验所对应的实际平均流速 v_p 为多少？

答案：$\Delta p = k\dfrac{L}{d}\lambda\rho v^2$；$\Delta p = 0.12\text{cm}$；$v_p = 0.02\text{m/s}$

5-2. 如习题 5-2 图所示，经过孔口出流的流量 q_v 与孔口直径 d、流体压强 p、流体密度 ρ 有关，试用量纲（因次）分析法确定流量 q_v 的函数式。

答案：$q_v = Kd^2\sqrt{\dfrac{p}{\rho}}$

5-3. 求圆管层流的流量关系式。

答案：$q_v = \dfrac{\pi}{8}\dfrac{\Delta p r_0^4}{l\mu} = \dfrac{\rho g J}{8\mu}\pi r_0^4$，其中 $J = \dfrac{\Delta p/\rho g}{l}$

5-4. 如习题 5-4 图所示，三角形水堰的流量 q_v 与堰上水头 H 及重力加速度 g 有关，试用量纲分析法确定流量 $q_v = f(H,g)$ 的关系式。

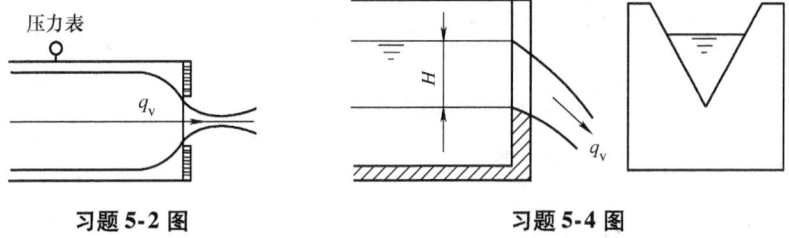

习题 5-2 图   习题 5-4 图

答案：$q_v = kH^2\sqrt{Hg}$

5-5. 经过孔口出流的流量 q_v 与孔口直径 d、流体密度 ρ 及压强差 Δp 有关，试用瑞利法确定流量的表达式。

答案：$q_v = Kd^2\rho^{-\frac{1}{2}}\Delta p^{\frac{1}{2}}$

5-6. 如习题 5-6 图所示矩形堰单位长度上的流量 $q_v/B = kH^\alpha g^\beta$，其中 k 为常数，H 为堰顶水头，g 为重力加速度，试用量纲分析法确定待定指数 α、β。

答案：$\beta = \dfrac{1}{2}$；$\alpha = \dfrac{3}{2}$；$\dfrac{q_v}{B} = kH^{\frac{3}{2}}g^{\frac{1}{2}} = kH\sqrt{Hg}$

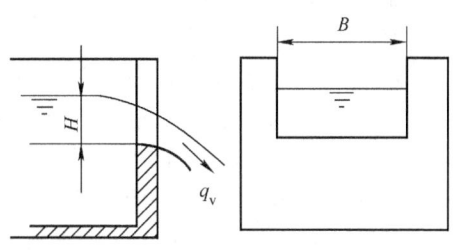

习题 5-6 图

5-7. 在层流情况下，流过一小等边三角形截面之孔

（边长为 b，长度为 L）的体积流量 q_v 为动力黏度 μ、单位长度上之压强降 $\Delta p/L$ 及 b 的函数。试采用瑞利法，将此关系改写成无因次式。若三角形边长 b 加倍，体积流量会如何变化？

答案：$q_v = k_q \mu^{-1} \left(\dfrac{\Delta p}{L}\right) b^4$；当 b 增加 1 倍时，$q_v = 16 k_q \mu^{-1} \left(\dfrac{\Delta p}{L}\right) b^4$

5-8. 通过汽轮机叶片的气流产生噪音，假设产生噪音的功率为 P，它与旋转速度 ω、叶轮直径 D、空气密度 ρ、声速 c 有关，试证明汽轮机噪音功率满足 $P = \rho \omega^3 D^5 f(\omega D/c)$。

答案：证明略

5-9. 长度与直径之比为一定的圆柱以恒定的转速 n 旋转于均匀来流流速为 v 的流体中。假设维持旋转的功率 P 仅取决于流体密度 ρ、运动黏度 ν、圆柱直径 D 及流速 v 和转速 n，试用 π 定理证明：$P = (\rho \nu^3/D)$ $f(vD/\nu, nD^2/\nu)$

答案：证明略

5-10. 试用 π 定理推导圆柱绕流阻力 F 的表达式。已知圆柱直径为 d，来流流速为 v_0，流体的密度为 ρ，流体的动力黏度为 μ。

答案：$F = d^2 v_0{}^2 \rho f_1 \left(\dfrac{\mu}{d v_0 \rho}\right)$

5-11. 管径 $d = 50\text{mm}$ 的输油管，装有弯头、开关等局部阻力装置，安装前需要测量压强损失，在实验室用空气进行实验。已知 20℃ 时油的密度 $\rho_{\text{油}} = 889.6\text{kg/m}^3$；油的黏度 $\nu_{\text{油}} = 10^{-6}\text{m}^2/\text{s}$；空气的密度 $\rho_{\text{气}} = 1.2\text{kg/m}^3$；空气的黏度 $\nu_{\text{气}} = 15.7 \times 10^{-6}\text{m}^2/\text{s}$。试确定：（1）当实际输油管道中油的流速 $v_{\text{油}} = 2\text{m/s}$ 时，实验中空气在管内的流速 $v_{\text{气}}$ 为多少？（2）通过空气实验测得的管道压强损失 $\Delta p_{\text{气}} = 7747\text{N/m}^2$ 时，油液通过输油管道时的压强损失 $\Delta p_{\text{油}}$ 为多少？

答案：（1）$v_{\text{气}} = 31.4\text{m/s}$；（2）$\Delta p_{\text{油}} = 23300\text{N/m}^2$

5-12 翼型的阻力 F_D 与翼型的翼弦 b、翼展 L、冲角 α_a、翼型及空气的相对速度 v、空气的密度 ρ、动力黏度 μ 和体积模量 K 有关。试用 π 定理导出翼型阻力的表达式。

答案：$F_D = C_D A \dfrac{\rho v^2}{2}$

5-13. 如习题 5-13 图所示，水电站闸板阀在静水头 $H = 100\text{m}$ 下工作，管道直径 $d = 2\text{m}$。用 $\nu' = 1.3 \times 10^{-6}\text{m}^2/\text{s}$ 的水进行模型试验，模型尺寸为 $d' = 0.2\text{m}$，模型内水流动的雷诺数 $Re' = 10^6$。求：（1）模型内的流量 q_v'；（2）如果在 $q_v = C_q \dfrac{\pi d^2}{4}\sqrt{2gH}$ 式中的流量系数 $C_q = 0.6$，模型阀应该在多大的静水头下工作？（3）测得模型阀受力为 $F' = 600\text{N}$，实物阀应受多大力 F？

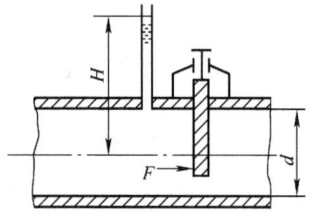

习题 5-13 图

答案：（1）$q_v' = 0.2042\text{m}^3/\text{s}$；（2）$H' = 5.98\text{m}$；（3）$F = 10^6\text{N}$

5-14. 长 1.5m、宽 0.3m 的平板，在温度为 20℃ 的水内拖曳。当速度为 3m/s 时，阻力为 14N。计算相似板的尺寸，它在速度为 18m/s、绝对压强 101.4 kPa、温度为 15℃ 的空气气流中形成动力相似条件，它的阻力估计为多少？

答案：$F_m = 3.92\text{N}$

5-15. 如习题 5-15 图所示，图 a 是用于水管的孔板流量计，孔板前后的压强差用水银差压计测量。实验得知其流量系数保持不变时的最小流量为 $q_v' = 16\text{L/s}$，此时差压计中水银柱的高度差为 $h' = 45\text{mm}$。图 b 是准备用于空气管道的孔板流量计的设计方案，其尺寸 $D = 200\text{mm}$，$d = 100\text{mm}$ 与图 a 相同，只是测量压强改用水柱差压计。试推算此流量计当流量系数保持不变时的最小流量 q_v 及水柱差

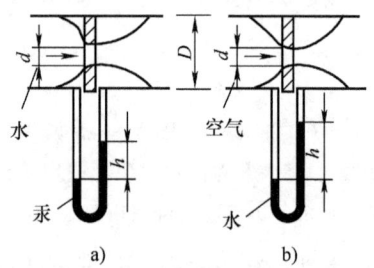

习题 5-15 图

压计中的读数 h。（水的运动黏度 $\nu = 10^{-6}\,\mathrm{m^2/s}$；空气的运动黏度 $\nu = 15.6 \times 10^{-6}\,\mathrm{m^2/s}$，空气密度 $\rho = 1.166\,\mathrm{kg/m^3}$。）

答案：$q_\mathrm{v} = 250\mathrm{L/s}$；$h = 161\mathrm{mm}$ 水柱

5-16. 采用风洞中的模型试验来模拟测定汽车行驶时的阻力，已知汽车高为 $h_\mathrm{p} = 1.2\mathrm{m}$，行驶速度 $v_\mathrm{p} = 28\mathrm{km/h}$。在风洞中风速 $v_\mathrm{m} = 42\mathrm{km/h}$ 时测得模型汽车阻力 $F_\mathrm{m} = 15\mathrm{kN}$，试求模型汽车高度及汽车受到的阻力。（假设风洞中空气和汽车行驶时周围环境空气状态相同）

答案：$h_\mathrm{m} = 0.8\mathrm{m}$；$F_\mathrm{p} = F_\mathrm{m} = 15\mathrm{kN}$

5-17. 两种密度和动力黏度相等的液体从几何相似的喷嘴中喷出。一种液体的表面张力为 $0.04409\mathrm{N/m}$，出口流束直径为 $7.5\mathrm{cm}$，流速为 $12.5\mathrm{m/s}$，在离喷嘴 $12\mathrm{m}$ 处破裂成雾滴；另一液体的表面张力为 $0.07348\mathrm{N/m}$。如果两流动相似，另一液体的出口流束直径、流速、破裂成雾滴的距离应多大？

答案：$d' = 4.5\mathrm{cm}$；$v' = 20.83\mathrm{m/s}$；$l' = 7.2\mathrm{m}$

5-18. 为了研究在油液中水平运动的几何尺寸较小的固体颗粒运动特性，用放大 8 倍的模型在 15℃ 水中进行实验。物体在油液中运动速度为 $13.72\mathrm{m/s}$，油的密度 $\rho_油 = 864\mathrm{kg/m^3}$，黏度 $\mu = 0.0258\mathrm{N \cdot s/m^2}$。求：（1）为保证模型与原型流动相似，模型运动物体的速度应取多大？（2）实验测定出模型运动物体的阻力为 $3.56\mathrm{N}$，原型固体颗粒所受阻力为多少？

答案：（1）$v_\mathrm{m} = \dfrac{\rho_\mathrm{p} D_\mathrm{p} \mu_\mathrm{m}}{\rho_\mathrm{m} D_\mathrm{m} \mu_\mathrm{p}} v_\mathrm{p} = 0.0654\mathrm{m/s}$；（2）$F_\mathrm{p} = 594.1 \times F_\mathrm{m} = 2115.0\mathrm{N}$

5-19. 如习题 5-19 图所示，为了求得水管中蝶形阀的特征，预先在空气中做模型实验。两种阀的 α 角相同。空气密度 $\rho' = 1.25\mathrm{kg/m^3}$，空气流量 $q'_\mathrm{v} = 1.6\mathrm{m^3/s}$，实验模型的直径 $D' = 250\mathrm{mm}$，实验结果得出阀的压强损失 $\Delta p' = 275\mathrm{kPa}$，作用力 $F' = 140\mathrm{N}$，作用力矩 $T' = 3\mathrm{Nm}$，实物蝶阀直径 $D = 2.5\mathrm{m}$，实物流量 $q_\mathrm{v} = 8\mathrm{m^3/s}$。实验是根据力学相似设计的。求：（1）速度比例尺 δ_v、长度比例尺 δ_l、密度比例尺 δ_ρ；（2）实物蝶阀上的压强损失、作用力与作用力矩。

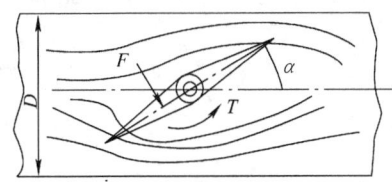

习题 5-19 图

答案：（1）$\delta_v = 0.05$，$\delta_l = 10$，$\delta_\rho = 800$；（2）$\Delta p = 5.50\mathrm{kPa}$，$F = 28000\mathrm{N}$，$T = 6000\mathrm{Nm}$

5-20. 为研究热风炉中烟气的流动特性，采用长度比尺为 10 的水流做模型实验。已知热风炉内烟气流速为 $8\mathrm{m/s}$，烟气温度为 $600℃$，密度为 $0.4\mathrm{kg/m^3}$，运动黏度为 $0.9\mathrm{cm^2/s}$。模型中水温 $10℃$，密度为 $1000\mathrm{kg/m^3}$，运动黏度 $0.0131\mathrm{cm^2/s}$。试求：（1）为保证流动相似，模型中水的流速是多少？（2）实测模型的降压为 $6307.5\mathrm{N/m^2}$，原型热风炉运行时，烟气的压降是多少？

答案：（1）$v_\mathrm{m} = 1.16\mathrm{m/s}$；（2）$\Delta p_\mathrm{p} = 120\mathrm{N/m^2}$

5-21. 如习题 5-21 图所示的溢流阀，直径 $D = 30\mathrm{mm}$，开度 $h = 3\mathrm{mm}$，油的流量 $q_\mathrm{v} = 0.9\mathrm{L/s}$。求：（1）假如模型与实物所用油的密度相同，但模型油的运动黏度为实物油运动黏度之半，模型上的流量为 $0.3\mathrm{L/s}$，模型阀的直径与开度各为多少？（2）如果测得模型阀前后的压强差 $\Delta p' = 5 \times 10^5\mathrm{Pa}$，阀芯上的作用力 $F' = 157\mathrm{N}$，阀的消耗功率为 $P' = 0.15\mathrm{kW}$。实物阀的压强差、阀芯上的作用力及消耗功率各为多少？

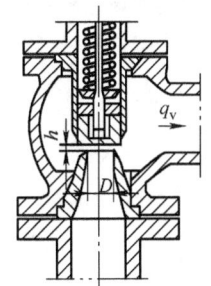

答案：（1）$D' = \dfrac{D}{\delta_l} = 20\mathrm{mm}$，$h' = \dfrac{h}{\delta_l} = 2\mathrm{mm}$；（2）$\Delta p = 8.89 \times 10^5\mathrm{Pa}$，$F = \delta_F F' = 628\mathrm{N}$，$P = \delta_P P' = 0.8\mathrm{kW}$

习题 5-21 图

5-22. 如习题 5-22 图所示，一桥墩长 $l_\mathrm{p} = 24\mathrm{m}$，宽 $b_\mathrm{p} = 4.3\mathrm{m}$，水深 $h_\mathrm{p} = 8.2\mathrm{m}$，河中水流平均流速 $v_\mathrm{p} = 2.3\mathrm{m/s}$，两桥台间的距离 $B_\mathrm{p} = 90\mathrm{m}$。取模型长度比 k 来设计水工模型试验，试确定模型的几何尺寸和模型试验流量。

答案：桥墩长 $l_\mathrm{m} = 0.48\mathrm{m}$，桥墩宽 $b_\mathrm{m} = 0.086\mathrm{m}$，桥墩台间距 $B_\mathrm{m} = 1.80\mathrm{m}$，水深 $h_\mathrm{m} = 0.164\mathrm{m}$；模型试

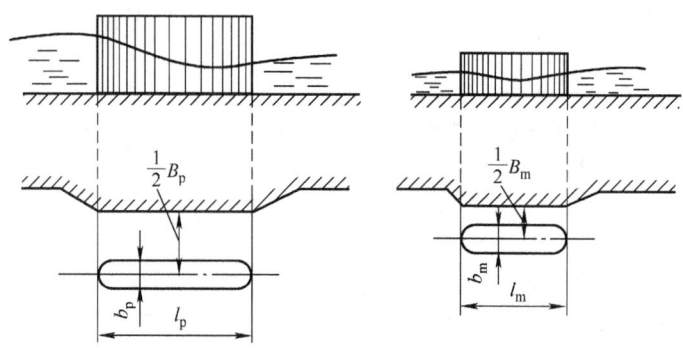

习题 5-22 图

验流量 $q_{vm} = 0.0914 m^3/s$。

5-23. 如习题 5-23 图所示，当通过油池底部的管道向外输油时，如果池内油深太小，会形成位于油面的旋涡，并将空气吸入输油管内。为了防止这种情况的发生，需要通过模型实验去确定油面开始出现旋涡的最小油深 h_{min}。已知输油管内径 $d = 250 mm$，油的流量 $q_v = 0.14 m^3/s$，运动黏度 $\nu = 7.5 \times 10^{-5} m^2/s$。若选取的长度比尺 $k_l = 1/5$，为了保证流动相似，模型输出管的内径、模型内液体的流量和运动黏度应等于多少？在模型上测得 $h'_{min} = 60 mm$，油池的最小油深 h_{min} 应等于多少？

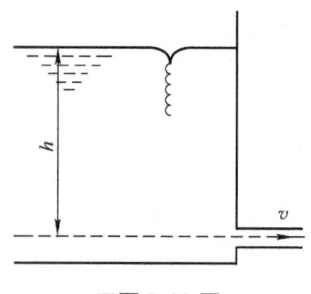

习题 5-23 图

答案：$d' = 50 mm$，$q'_v = 0.0025 m^3/s$，$\nu' = 6.708 \times 10^{-6} m^2/s$；$h_{min} = 300 mm$

5-24. 为了探索用输油管道上一段弯管的压强降去计量油的流量，进行了水模拟实验。选取的长度比尺 $k_l = 1/5$。已知输油管内径 $d = 100 mm$，油的流量 $q_v = 0.02 m^3/s$，运动黏度 $\nu = 0.625 \times 10^{-6} m^2/s$，密度 $\rho = 720 kg/m^3$，水的运动黏度 $\nu' = 10^{-6} m^2/s$，密度 $\rho' = 998 kg/m^3$。为了保证流动相似，试求水的流量；如果测得在该流量下模型弯管的压强降 $\Delta p' = 1.177 \times 10^4 Pa$，试求原型弯管在对应流量下的压强降。

答案：$q'_v = 0.0064 m^3/s$；$\Delta p = 132.7 Pa$

第 5 章内容提要、
思考题解答及习
题详解

第6章

Chapter **6**

管中流动

实际流体具有黏性。在运动流体中，因黏性而产生切应力，从而消耗能量，形成流动的摩擦阻力。在流动过程中，黏性的影响相当复杂。故研究实际流体的运动时，除了做理论分析外，尚需借助实验的配合。

按流体与固体壁面相对位置，可将流动分为内部流动和外部流动。流体充满不同横截面的管道或通道的流动称为内部流动，或有压管流；而将绕过固体外表面的流动称为外部流动，或绕流。按流体与固体接触情况划分，流体运动主要有下列四种形式。一是流体在固体内部的管中流动和缝隙中流动；二是流体在固体外部绕流；三是流体在固体一侧的明渠流动；四是流体与固体不相接触的孔口出流和射流。除此之外也还有一些更复杂的形式。这些广泛的流体运动形式与航空、水利等多种学科有关。就机械类专业来说，以第一种形式的圆形管中流动最为常见。工厂生产车间中管道比比皆是，机床、汽车、拖拉机、轮船等中也往往有错综复杂的润滑、冷却、液压或燃料管道，甚至叶轮机械的透平、进液（气）流道、排液（气）流道及其他许多机械构件的通道也不妨看作是一种疏导流体的异形管道。

本章主要讨论管中内部流动的求解和阻力计算问题，尽管各种管道内部流动不尽相同，但控制流动的流体力学基本原理是相同的。能量损失的影响因素及其计算问题与层流和湍流两种状态密切相关，因此本章将从层流和湍流的基本特性入手展开讨论。

6.1 平直圆管中的层流

第3章中介绍了雷诺实验和雷诺数的概念，雷诺数代表惯性力和黏性力之比。雷诺数不同，这两种力的比值也不同，由此产生内部结构和运动性质完全不同的两种流动状态，即层流和湍流。

6.1.1 层流与湍流的形成原因

层流和湍流两种流动状态不仅存在于管流中，在自然界及其他技术环境中也普遍存在。它们的形成原因，特别是层流如何变成湍流，至今仍然是层流稳定性理论及湍流内部机理两项研究中需要深入探讨的问题。

这里仅从雷诺数的物理意义方面做些表象说明。雷诺数代表惯性力与黏性力之比，当

Re 较小而不超过其临界值时，支配流动的主要因素是黏性力。黏性力的方向与流体运动方向可能相反、可能相同，流体质点受到这种黏性力的作用，只可能沿运动方向降低或是加快速度而不会偏离其原来的运动方向，因而流体呈现层流状态，质点不发生各向混杂。

当 Re 增大甚至超过其临界值时，惯性力逐渐取代黏性力而成为支配流动的主要因素。沿流动方向的黏性力对质点的束缚作用降低，质点向其他方向运动的自由度增大，因而容易偏离其原来的运动方向，形成无规则的脉动混杂甚至产生可见尺度的旋涡，这就是湍流。

如果 Re 介于上下临界值之间，虽然有可能是湍流也有可能是层流，但实践证明这种情况下的层流往往也是不稳定的。在遇到外界干扰和振动时，原来的流线有微许起伏波动，如图 6-1a 所示，左面形成波峰、右面形成波谷形状。按照伯努利方程式分析知，波峰上侧流道断面变窄，速度增大，压强降低；波峰下侧流道断面变宽，速度减小，压强增大。于是流线两侧的压强差会使波峰更加凸起，同理使波谷更加凹陷，如图 6-1b 所示。与此同时，在流线的上方右面压强大于左面压强，下方则正好相反。这样流线的每一侧也会产生从高压部位流向低压部位的所谓二次流，其流动方如图 6-1b、c 中的箭头所示。结果流线会被扭曲成图 6-1d 所示的形状，继续发展下去，流线终将被冲断，形成如图 6-1e 所示的脉动旋涡，这样原来不稳定的层流就转变成湍流。这也就是雷诺数介于上下临界值之间时，出

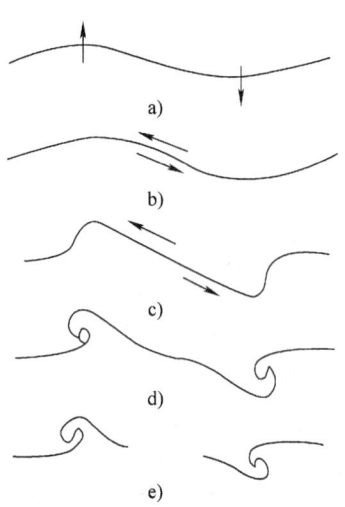

图 6-1　旋涡形成过程

现湍流的机会比出现层流的机会更多的一种原因，事实上也就是对层流如何变成湍流的一种粗浅形象性的解释。

因此，一般可认为层流湍流的判别标准就是下临界雷诺数 $Re_c = 2320$，即：当 $Re \leqslant 2320$ 时，管中是层流运动；当 $Re > 2320$ 时，管中是湍流运动。

在雷诺实验装置上读出一段玻璃管前后的水柱差，即可得到其水头损失 $h_f = (p_1 - p_2)/\rho g$。逐次改变管中流体速度并测量层流和湍流两种情况下的速度 v 和水头损失 h_f 值。将测量数值在对数坐标中连成曲线，其结果如图 6-2 所示。

层流时实验点是一条与横轴成 45°的直线，因而 $\lg h_{f1} = \lg k_1 v$，即

$$h_{f1} = k_1 v \tag{6-1}$$

湍流时实验点是一条与横轴成 φ（$\varphi > 45°$）角的直线，因而 $\lg h_{f2} = \lg k_2 v^n$，即

$$h_{f2} = k_2 v^n \tag{6-2}$$

因为 $\varphi > 45°$，所以一般 $n > 1$。

这说明层流、湍流的水头损失（或单位重力流体的能量损失）变化规律是不同的。上述实验中的 k_1、k_2 及 n 值究竟受什么因素影响，尚未详

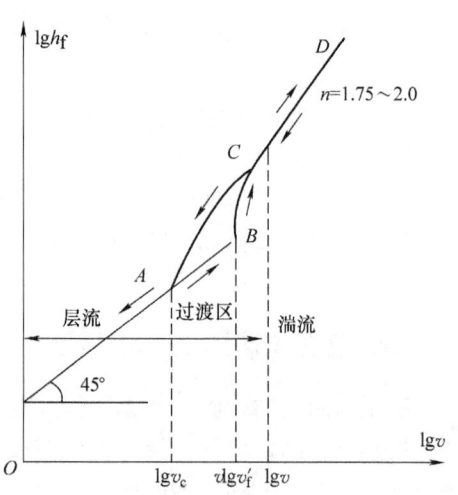

图 6-2　层流与湍流的水头损失规律

细讨论，为此有必要对层流和湍流进行更深入的研究。

6.1.2 层流运动微分方程

雷诺数 Re 较小，也就是速度、直径较小而黏度较大时出现层流。工程上层流情况很多，如石油输运、化工管道、地下水渗流甚至轻工、建筑、生理等许多领域都有。层流在机械工程上尤其重要，液压传动、机械润滑、燃料供给、机床静压支承、滑动轴承等许多技术问题中都会遇到液体的层流运动。

首先从纳维-斯托克斯（N-S）方程出发，结合层流的数学特点建立层流运动常微分方程。通常不可压缩管中定常层流具有下列五方面的特点：

（1）只有轴向运动。取 $Oxyz$ 坐标系，使 y 轴与管轴线重合，如图6-3所示，因层流中没有横向流动，所以有 $v_x = v_z = 0$，$v_y \neq 0$。故 N-S 方程式变成

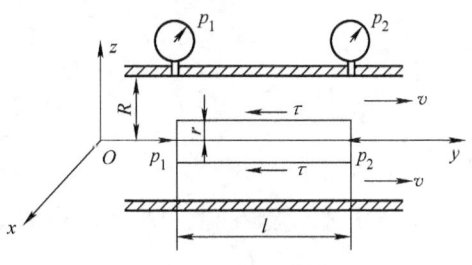

图6-3 圆管层流运动

$$f_y - \frac{1}{\rho}\frac{\partial p}{\partial y} + \nu\left(\frac{\partial^2 v_y}{\partial x^2} + \frac{\partial^2 v_y}{\partial y^2} + \frac{\partial^2 v_y}{\partial z^2}\right) = \frac{\partial v_y}{\partial t} + v_y\frac{\partial v_y}{\partial y}$$

$$\left. \begin{array}{l} f_x - \dfrac{1}{\rho}\dfrac{\partial p}{\partial x} = 0 \\[2mm] f_z - \dfrac{1}{\rho}\dfrac{\partial p}{\partial z} = 0 \end{array} \right\} \tag{6-3}$$

（2）定常流动有：$\frac{\partial v_y}{\partial t} = 0$。由不可压缩流体连续方程式 $\frac{\partial v_x}{\partial x} + \frac{\partial v_y}{\partial y} + \frac{\partial v_z}{\partial z} = 0$，得 $\frac{\partial v_y}{\partial y} = 0$，于是

$$\frac{\partial^2 v_y}{\partial y^2} = 0$$

（3）速度分布的轴对称性。由于壁面的摩擦，在 xOz 坐标面，即管中的过流断面上各点速度是不同的，但圆管流动是轴对称的，因而速度 v_y 沿 x 方向和 z 方向以及任意半径方向的变化规律应该相同，而且 v_y 只随半径 r 变化。于是

$$\frac{\partial^2 v_y}{\partial x^2} = \frac{\partial^2 v_y}{\partial z^2} = \frac{\partial^2 v_y}{\partial r^2} = \frac{\mathrm{d}^2 v_y}{\mathrm{d} r^2}$$

（4）等径管路压强变化的均匀性。由于壁面摩擦及流体内部的摩擦，压强沿流动方向是逐渐下降的，但在等径管路上这种下降应是均匀的，单位长度上的压强变化率 $\frac{\partial p}{\partial y}$ 可以用任何长度 l 上的压强变化的平均值表示。即

$$\frac{\partial p}{\partial y} = \frac{\mathrm{d}p}{\mathrm{d}y} = -\frac{p_1 - p_2}{l} = -\frac{\Delta p}{l}$$

式中，"－"号说明压强变化率 $\frac{\mathrm{d}p}{\mathrm{d}y}$ 是负值，压强沿流动方向下降。

（5）管道中质量力不影响其流动性能。如果管路是水平的，则有

$$f_x = f_y = 0, \quad f_z = -g$$

从式（6-3）的第二、三式可以看到，在 xOz 断面，也就是过流断面上，流体压强是按照流体静力学的规律分布的，而在第一个方程式中，质量力的投影 $f_y = 0$，质量力对水平管道的流动特性是没有影响的。非水平管道中质量力只影响位能，也与流动特性无关。

根据上述五个特点，式（6-3）就可以化简为

$$\frac{\Delta p}{\rho l} + 2\nu \frac{\mathrm{d}^2 v_y}{\mathrm{d}r^2} = 0 \quad 或 \quad \frac{\mathrm{d}^2 v_y}{\mathrm{d}r^2} = -\frac{\Delta p}{2\mu l}$$

积分得

$$\frac{\mathrm{d}v_y}{\mathrm{d}r} = -\frac{\Delta p}{2\mu l}r + C$$

当 $r = 0$ 时，管轴线上的速度有最大值，故 $\frac{\mathrm{d}v_y}{\mathrm{d}r} = 0$，于是积分常数 $C = 0$，则得层流运动一阶常微分方程为

$$\frac{\mathrm{d}v_y}{\mathrm{d}r} = -\frac{\Delta p}{2\mu l}r \tag{6-4}$$

6.1.3 圆管层流流动的流量

不可压缩黏性流体在平直圆管中做稳定流动时，由于流体的黏性，圆管截面上的速度分布是不均匀的。在层流中，各个流体质点的迹线不相交叉，因而可把流动图形想象为许多同心圆的薄层，每层的速度有一定值，一层从另一层上面流过去。这种方法是在圆管中取任意一个圆柱体分析它的受力平衡状态，而后再引用层流的牛顿内摩擦定律进行推演。如图6-3所示，取半径为 r、长度为 l 的一个圆柱体，在定常流动中这个圆柱体处于平衡状态，因而作用在圆柱体上的外力在 y 方向的矢量和为零。此种外力有二：一为两端面上的压力 $(p_1 - p_2)\pi r^2$；一为圆柱面上的摩擦力 $2\pi r l\tau$。于是，由 $\sum F_y = 0$，可得

$$(p_1 - p_2)\pi r^2 - 2\pi r l\tau = 0$$

化简并引用牛顿内摩擦定律 $\tau = -\mu \dfrac{\mathrm{d}v_y}{\mathrm{d}r}$，可得

$$\frac{\mathrm{d}v_y}{\mathrm{d}r} = -\frac{p_1 - p_2}{2\mu l}r = -\frac{\Delta p}{2\mu l}r$$

这样就得出与式（6-4）相同的结果。对（6-4）式进行积分则得

$$v_y = -\frac{\Delta p}{4\mu l}r^2 + C$$

圆管边界条件 $r = R$ 时，$v_y = 0$，于是 $C = \dfrac{\Delta p}{4\mu l}R^2$，所以

$$v_y = \frac{\Delta p}{4\mu l}(R^2 - r^2) \tag{6-5}$$

这就是圆管层流的速度分布规律。式（6-5）说明，过流断面上的速度 v_y 与半径 r 成二次旋转抛物面关系，如图6-4所示。

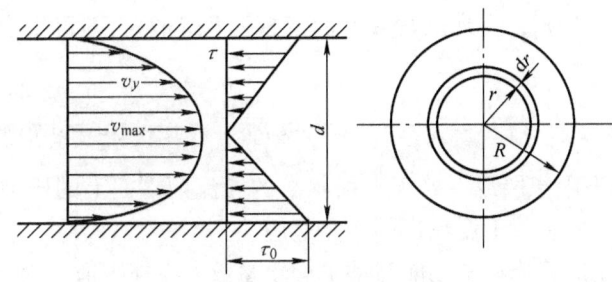

图 6-4　圆管层流的速度分布与切应力分布

取半径 r 处宽度为 dr 的微小环形面积，则可得流量为

$$q_v = \int_A v_y dA = \int_0^R \frac{\Delta p}{4\mu l}(R^2 - r^2)2\pi r dr = \frac{\pi\Delta p R^4}{8\mu l} = \frac{\pi\Delta p d^4}{128\mu l} \tag{6-6}$$

式（6-6）称为哈根－伯肃叶（Hagen – Poiseuille）定律，它与精密实验的测定结果完全一致，是充分地被实验所证明的一个规律，它说明了层流中的压降直接和平均速度成正比。所谓 N－S 方程的准确解主要是通过这一公式而得到确认的。这一定律验证了层流理论和实践的完美的一致性。

6.1.4　速度与切应力分布

首先讨论管中层流平均速度的计算方法。管中平均速度可由式（6-6）求得

$$v = \frac{q_v}{A} = \frac{\pi\Delta p R^4}{8\mu l \pi R^2} = \frac{\Delta p}{8\mu l}R^2 \tag{6-7}$$

管中最大速度在轴心 $r = 0$ 处，由式（6-5）得

$$v_{max} = \frac{\Delta p R^2}{4\mu l} = 2v$$

由此可见，如果用皮托管测出管中层流在轴心处的速度，则可以直接算出流量

$$q_v = vA = \frac{v_{max}}{2}\pi R^2$$

管中层流和湍流的速度分布特点如图 6-5 所示。

再来分析圆管流动中层流切应力分布规律。根据牛顿内摩擦定律，在圆管流动中可得

$$\tau = \pm\mu\frac{dv_y}{dz} = -\mu\frac{dv_y}{dr} = \frac{\Delta p r}{2l} \tag{6-8}$$

式（6-8）说明，在层流的过流断面上，切应力与半径成正比，呈 $\tau = \tau(r)$ 的分布规律，如图 6-4 所示，称为切应力的 K 字形分布。图中箭头表示慢速流层作用在快速流层上的切应力的方向。当 $r = R$ 时，可得管壁处的最大切应力为

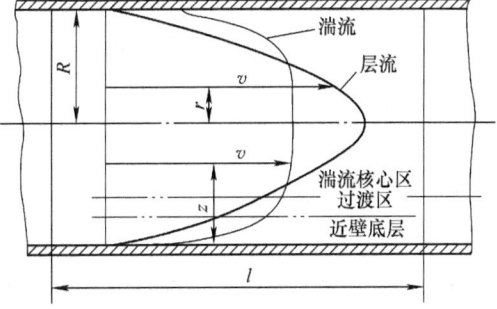

图 6-5　圆管层流和湍流的速度分布

$$\tau_0 = \frac{\Delta p R}{2l} \tag{6-9}$$

有了管壁处的切应力 τ_0，再乘以管壁上的摩擦面积 $2\pi Rl$，则可得出作用在管壁上的总摩擦力

$$F_f = \tau_0 \cdot 2\pi Rl = \frac{\Delta p R}{2l} \cdot 2\pi Rl = \Delta p \pi R^2 = \frac{8\mu lv}{R^2}\pi R^2 = 8\pi\mu lv \qquad (6-10)$$

式中的 $F_f = \Delta p \pi R^2$ 也不限于层流。处于平衡状态的管流两端面上的压力差与作用在管壁上的摩擦力相平衡，这一原则对于湍流也同样是适用的。

借此机会再来确定层流流动中动能与动量修正系数的具体数值。根据先前的内容可得管中层流的动能修正系数 α 与动量修正系数 β 分别为

$$\alpha = \frac{\int_A v_y^3 \mathrm{d}A}{v^3 A} = \frac{\int_0^R \left[\frac{\Delta p}{4\mu l}(R^2 - r^2)\right]^3 2\pi r\mathrm{d}r}{\left(\frac{\Delta p R^2}{8\mu l}\right)^3 \pi R^2} = \frac{16\int_0^R (R^2 - r^2)^3 r\mathrm{d}r}{R^8} = 2$$

$$\beta = \frac{\int_A v_y^2 \mathrm{d}A}{v^2 A} = \frac{\int_0^R \left[\frac{\Delta p}{4\mu l}(R^2 - r^2)\right]^2 2\pi r\mathrm{d}r}{\left(\frac{\Delta p R^2}{8\mu l}\right)^2 \pi R^2} = \frac{8\int_0^R (R^2 - r^2)^2 r\mathrm{d}r}{R^6} = \frac{4}{3}$$

例 6-1 水在内径 $d = 100\mathrm{mm}$ 的管中流动，流速 $v = 0.5\mathrm{m/s}$，水的运动黏度 $\nu = 1 \times 10^{-6}\mathrm{m^2/s}$。试问水在管中呈何种流动状态？倘若管中的流体是油，流速不变，但运动黏度 $\nu' = 31 \times 10^{-6}\mathrm{m^2/s}$。试问油在管中又呈何种流动状态？

解： 水的雷诺数

$$Re = \frac{vd}{\nu} = \frac{0.5 \times 0.1}{1 \times 10^{-6}} = 5 \times 10^4 > 2320$$

水在管中成湍流状态。

油的雷诺数

$$Re = \frac{vd}{\nu'} = \frac{0.5 \times 0.1}{31 \times 10^{-6}} = 1610 < 2320$$

油在管中成层流状态。

例 6-2 设黏性流体在圆管中做层流运动，已知管道直径 $d = 0.12\mathrm{m}$，流量 $q_v = 0.01\mathrm{m^3/s}$，求管轴线上的流体速度 v_{max}，以及点速度等于断面平均速度的点位置。

解：

$$\bar{v} = \frac{4q_v}{\pi d^2} = 0.8842\mathrm{m/s}$$

$$v_{max} = 2\bar{v} = 1.7684\mathrm{m/s}$$

由于

$$v_x = 2\bar{v}\left(1 - \frac{r^2}{r_0^2}\right)$$

当 $v = \bar{v}$ 时，有

$$1 = 2\left(1 - \frac{r^2}{r_0^2}\right), \text{ 解得 } r = r_0/\sqrt{2} = 0.0424\mathrm{m}$$

例 6-3 设有长 $l = 1200\mathrm{m}$、直径 $d = 150\mathrm{mm}$ 的水平管道，出口的压强为大气压，入口压强为 $0.965 \times 10^6\mathrm{Pa}$，管内石油的密度 $\rho = 920\mathrm{kg/m^3}$，运动黏度 $\nu = 4 \times 10^{-4}\mathrm{m^2/s}$，试求：（1）油的体积流量；（2）流过管道时的损失。

解：（1）假设管内为层流运动。当不可压缩黏性流体通过水平管道，取直径为 d、长为 L 圆柱体进行研究。由于流动是等速的，故重力、黏性力和总压力平衡，进而可得

$$\tau = \frac{r}{2}\frac{\Delta p}{L}$$

取 $\tau = -\mu \dfrac{\mathrm{d}v_L}{\mathrm{d}r}$，则 $\dfrac{r}{2}\dfrac{\Delta p}{L} = -\mu \dfrac{\mathrm{d}v_L}{\mathrm{d}r}$，因此

$$v_L = -\frac{1}{4}r^2 \frac{\Delta p}{L\mu} + C$$

当 $r = r_0$ 时，$v_L = 0$，$C = \dfrac{1}{4}r_0^2 \dfrac{\Delta p}{L\mu}$，所以

$$v_L = -\frac{1}{4}r^2 \frac{\Delta p}{L\mu} + \frac{1}{4}r_0^2 \frac{\Delta p}{L\mu}$$

由于旋转抛物体的体积恰好等于它的外切圆柱体积的一半，因此平均流速等于最大流速的一半，即

$v = \dfrac{1}{2}v_{\max} = \dfrac{r_0^2 \Delta p}{8L\mu}$，则油的体积流量为

$$q_v = \int_0^{r_0} 2\pi r v_L \mathrm{d}r = \frac{\pi d^4 \Delta p}{128 L\mu}$$

其中，$\Delta p = 0.965 \times 10^6 \mathrm{Pa}$，则 $q_v = 0.027 \mathrm{m}^3$。

（2）流过管道时的沿程水头损失为

$$h_f = \frac{\Delta p}{\rho g} = \frac{0.965 \times 10^6}{920 \times 9.81}\mathrm{m} = 106.928\mathrm{m}$$

验证流态雷诺数

$$Re = \frac{vd}{\nu} = \frac{4q_v}{\pi d\nu} = 572.958 < 2320$$

故原假设正确。

6.2　平直圆管中的湍流

雷诺实验表明，当雷诺数 $Re > 2320$ 时，管中颜色水不再维持直线形状而是开始波动起来，再加大流量，颜色水杂乱无章地紊乱以致扩散在全管流动之中，这就进入了湍流运动。

6.2.1　流动参数时均值与混合长度

湍流质点的脉动实际上是三维运动。它使流场中一点上的流动参数，如 v、p、τ 等，不停顿地做不规则的变化。湍流中的流体质点速度不仅具有三个方向的分量，而且这些分速度的大小又随时在发生变化，这种瞬息变化的现象称为脉动。湍流中不但速度有脉动，压强等参数都存在类似的脉动现象。脉动造成湍流中形成许多大小和方向不同的旋涡，要找出流动参数的脉动规律却是极其困难的，为此可采用统计时均法。就是不着眼于瞬态状态，而是以适当时间段内的时间平均参数作为基础去研究这段时间内湍流时均特性。时间段的大小可依湍流的脉动情况而定，一般并不太长，有时两三秒也就足够了。运用电测仪器和示波仪，可把一点上流动参数随时间的变化连续地记录下来，如图 6-6 所示为湍流中一点上的速度脉动测量结果。

可以看出，在相对较长的时间间隔 T 内，各参数始终围绕着一个固定不变的平均值脉动。可以把这个平均值代表空间点上流动参数的平均值，并称为时间平均值。一点上的时间平均速度为

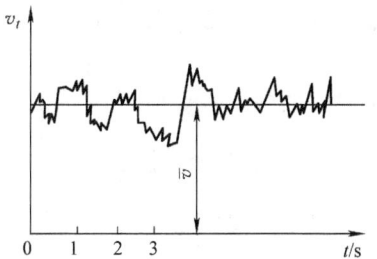

图6-6　湍流中一点上的速度脉动

$$\bar{v} = \frac{\int_0^T v \mathrm{d}t}{T} \qquad (6\text{-}11)$$

同理可得 $\bar{p}$、$\bar{\tau}$ 等时间平均值。有了时间平均值这个概念，前面已建立的流线、稳定流动等概念，都可以在湍流中应用了。

湍流中的切应力，包括由黏性所形成的切应力 τ 和由流体质点脉动而引起的切应力 τ'。为了讨论湍流附切应力 τ'，取壁面为 x 轴，画出湍流时均速度分布曲线 $\bar{v} = f(y)$，如图 6-7 所示。

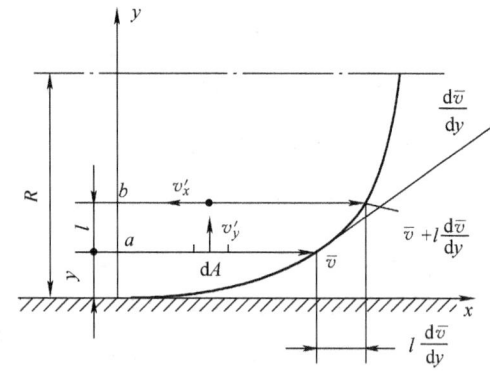

图 6-7　混合长度

流体中的一个分子和其他分子撞击之前，所经历路程的平均值称为这种流体的平均自由行程。以此作为类比，普朗特假设一个流体质点从一层跳进另一层时，当质点本身的动量未被改变之前所经历的路程 l，称为混合长度。

原来在 a 层的一个流体质点的时均速度是 $\bar{v}$，它因横向脉动以速度 v_y' 而移动了 l 路程到达 b 层，这层的时均速度是 $\bar{v} + l\dfrac{\mathrm{d}\bar{v}}{\mathrm{d}y}$。这两层的速度之差是

$$\bar{v} + l\frac{\mathrm{d}\bar{v}}{\mathrm{d}y} - \bar{v} = \Delta\bar{v}$$

而 x 向脉动速度 v_x' 可看为与 $l\dfrac{\mathrm{d}\bar{v}}{\mathrm{d}y}$ 具有相同的数量级，即

$$v_x' \propto l\frac{\mathrm{d}\bar{v}}{\mathrm{d}y}$$

显然 a 层的质点经 l 距离进入 b 层时，将使该层的流动减速；当 b 层的质点经 l 路程而进入 a 层时，将使这层的流动加速。其结果使两层流体的接触面上产生由湍流脉动而引起的切应力 τ'。只要知道横向脉动速度 v_x'，就能对 τ' 进行计算。

为了说明质点的横向脉动，我们把 a 层和 b 层中的流体质点放大，如图 6-8 所示。假定质点 1 从 b 层跳进 a 层，它将带着相对速度 $l\dfrac{\mathrm{d}\bar{v}}{\mathrm{d}y}$ 和另外一个质点（例如和质点 3 同一层的）接近。但由于连续性，这只有当质点 2 被排挤而以近乎相等的速度，从横向进入 b 层中的由质点 1 空出的位置时方为可能。由此可知，横向脉动速度 v_x' 必然具有和 $l\dfrac{\mathrm{d}\bar{v}}{\mathrm{d}y}$ 相同的数量级。因而可认为 $v_x' \approx l\dfrac{\mathrm{d}\bar{v}}{\mathrm{d}y}$。

现在根据动量定律计算切应力 τ'。设每秒通过单位面积流层的质量为 $\rho l\dfrac{\mathrm{d}\bar{v}}{\mathrm{d}y}$，而在主流方向的速度降低则为 $l\dfrac{\mathrm{d}\bar{v}}{\mathrm{d}y}$。因此，单位面积

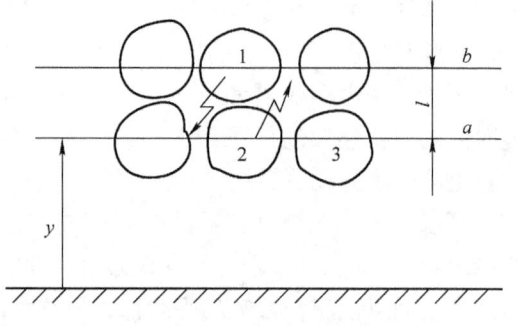

图 6-8　湍流质点脉动示意图

所通过的动量为 $\rho\left(l\dfrac{\mathrm{d}\bar{v}}{\mathrm{d}y}\right)^2$，而这必须等于外力，也就是流层之间脉动切应力

$$\tau'=\rho\left(l\frac{\mathrm{d}\bar{v}}{\mathrm{d}y}\right)^2 \tag{6-12}$$

所以，湍流中的切应力由 $\tau+\tau'$ 两部分组成，即

$$\tau+\tau'=\mu\frac{\mathrm{d}\bar{v}}{\mathrm{d}y}+\rho l^2\left(\frac{\mathrm{d}\bar{v}}{\mathrm{d}y}\right)^2 \tag{6-13}$$

在图6-7中可发现，由 $l\dfrac{\mathrm{d}\bar{v}}{\mathrm{d}y}$ 与 l 及 v'_y 在 y 轴线段组成的两个直角三角形相似。所以有

$$l\frac{\mathrm{d}\bar{v}}{\mathrm{d}y}\propto\bar{v}$$

以此代入式（6-12），于是有

$$\tau'\propto\rho\,\bar{v}^2 \tag{6-14}$$

由此可见，湍流运动中的脉动切应力和流动速度的平方成比例，脉动切应力也称为雷诺切应力。式（6-14）表明，脉动切应力确实存在且具有与时间无关性。

6.2.2　管流沿程损失计算式

层流中的流动质点沿管轴线做平直运动，因而可以把它设想为许多同心圆薄层流体层次分明的运动。根据先前的分析，平直圆管中层流的压头损失可以用式（6-6）来计算。在湍流管流中，流体质点所经历的是沿轴向主流和纵横向脉动所合成的运动。所以，对这种比较复杂的运动，就不便直接用分析方法来建立压头损失计算式。

湍流虽然复杂，但可以对它的流动模型做适当的简化。目前已对湍流各参数建立了时间平均值的概念，若再利用一些实验结果和适当的假设，湍流管流的速度分布规律 $\bar{v}=f(r)$ 是可以推出的。湍流质点既做横向脉动，使横向离管轴远近不同的质点之间互相发生动量交换。因此可以想象，湍流速度分布曲线必然比层流来得平坦，如图6-5所示。这样如图6-9所示，可在平直圆管湍流中，取出流体微元小圆柱体，分析它的受力情况，从而建立压强损失的主要计算式。在等速流动中，作用在小圆柱体上的各力保持平衡，即

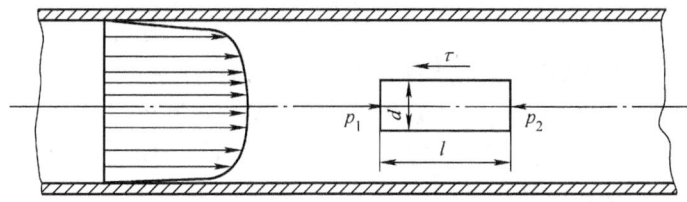

图6-9　流体微元圆柱体受力情况

$$(p_1-p_2)\frac{\pi d^2}{4}=\tau\pi dl \quad 或 \quad \Delta p=\frac{l}{d}4\tau \tag{6-15}$$

这里，仍着重考虑作用在流体微元圆柱体上的切应力 τ。但在湍流管流中的这个切应力 τ 不仅和速度梯度成正比，根据实验结果和混合长度理论分析说明，它还和流速的平方成比例。为简单方便起见，把时均速度和平均速度都用 v 表示。引入比例系数 η，流动中的切应力统一

由 τ 表示，根据式（6-13）、式（6-14）等，则切应力 $\tau = \eta \rho v^2$，代入式（6-15），于是有

$$\Delta p = \frac{4\eta l}{d} \rho v^2 \tag{6-16}$$

通常，为了便于用测压管液柱高度估计压头损失，且和伯努利方程形式一致，上式改写成

$$h_f = \frac{\Delta p}{\rho g} = \frac{8\eta l}{d} \frac{v^2}{2g}$$

引入一个被称作为摩擦阻力系数的无量纲量 λ，且令 $\lambda = 8\eta$，则沿程摩擦阻力水头损失

$$h_f = \lambda \frac{l}{d} \frac{v^2}{2g} \tag{6-17}$$

式（6-17）称为达西公式。式中，摩擦阻力系数 λ 是个随着不同雷诺数 Re 和管内壁粗糙度而变化的量。如何计算和用实验来确定 λ 之值的问题将在下节着重讨论。

6.2.3 管中湍流切应力分布和速度分布

管中为层流时，全管中都是层流状态，因而它的分布规律适用于整个过流断面。管中出现湍流时，并非全管中都是同样的湍流状态，仔细观察，在靠近管壁处还有些值得注意的现象。本节中讨论的流动光滑管和流动粗糙管，都是相对于流动状态而言的。

1. 近壁底层、流动光滑管与流动粗糙管

由于管壁的摩擦以及分子附着力的作用，管壁上有流体黏附，此处流体运动速度为零。这当然包括时均速度和脉动速度都同时为零。这种黏性作用必然影响壁面附近的流动，使湍流的脉动与质点的混杂在靠近管壁处受到抑制。由于管壁微观的凸凹不平，有时这里也能产生一些旋涡和脉动因素，但这种现象往往并不持久。这里有时是旋涡湍动的发源地，但由于黏性影响较大，湍流现象受到限制。此处所产生的旋涡在离开管壁适当距离处才可能得到发展，而在靠近管壁的一定范围内大都是以层流为主。这种紧靠管壁的薄层流动区叫近壁底层，也有被称为黏性底层或层流底层。

近壁底层的厚度 δ_n 并不是固定的，它与流体的运动黏度 ν 成正比，与流体运动速度 v 成反比，而且与反映壁面凹凸不平及摩擦应力大小的沿程阻力系数 λ 有关。通过理论与实验计算，可得到一个近似公式

$$\delta_n = \frac{14\nu}{v\sqrt{\lambda}} = \frac{14d}{Re\sqrt{\lambda}} \tag{6-18}$$

按此近壁底层厚度的近似公式估算，通常条件下的 δ_n 值并不大，多数不足 1mm，它的数量级不会再大。黏性影响在远离管壁的地方逐渐减弱，管中大部分区域是湍流的活动区，这里成为湍流核心。在近壁底层与湍流核心之间有一个界限不很分明的过渡层，有时也可将它算在湍流核心的范围内，管中湍流实质上包括如图 6-10 所示的三层结构。

尽管近壁底层的厚度较小，但是它在湍流中的作用却是不可忽视的。由于管子的材料、加工方法、使用条件以及使用年限等因素影响，使得管壁会出现各种不同程度的凹凸不平，它们的平均尺寸 Δ 称

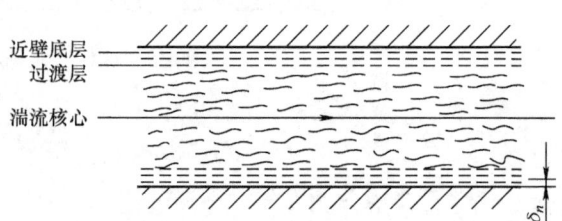

图 6-10　湍流结构

为绝对粗糙度，如图 6-11 所示。

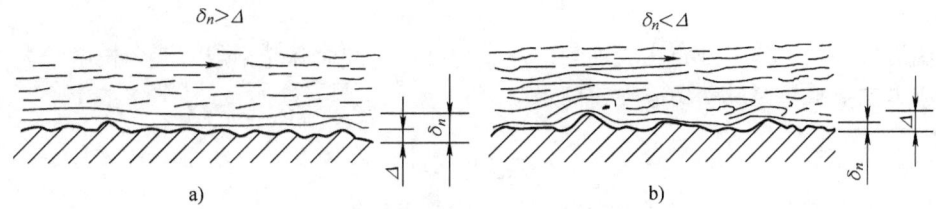

$\delta_n > \Delta$　　　　　　　　　　　　　$\delta_n < \Delta$

a)　　　　　　　　　　　　　　b)

图6-11　流动光滑管与流动粗糙管

当 $\delta_n > 1.25\Delta$ 时，管壁的凹凸不平部分完全被近壁底层覆盖，粗糙度对湍流核心几乎没有影响，这种情况称为流动光滑管；当 $\delta_n < 1.25\Delta$ 时，管壁的凹凸不平部分暴露在近壁底层之外，湍流核心的运动流体冲击在凸起部分，不断产生新的旋涡，加剧湍乱程度，增大能量损失。粗糙度的大小对湍流特性产生直接影响，这种情况称为流动粗糙管；当 δ_n 与 1.25Δ 近似相等时，凹凸不平部分开始显露影响，但还未对湍流性质产生决定性作用。这是介于上述两种情况之间的过渡状态，有时也把它归入流动粗糙管的范围。

流动光滑与流动粗糙跟几何上的光滑与粗糙有联系，但并不能等同。几何光滑管出现流动光滑的可能性大些，几何粗糙管出现流动粗糙的可能性大些。几何光滑与粗糙是管道固定的，而流动光滑与流动粗糙却是可变的。例如一定的管路，当 Re 较小时是流动光滑的，但当 Re 增大时可能是流动粗糙的。因为确定流动光滑和流动粗糙的两个因素 δ_n 与 Δ 都不是不变的数值，特别是近壁底层厚度 δ_n 随 Re 的变化更为明显。

2. 切应力分布

对时均化的湍流来说，流体的每一点在管中只有一个轴向时均速度 v_x，对于这种管流式 (6-15) 已得出其管壁上的切应力为

$$\tau_0 = \frac{(p_1 - p_2)R}{2l} = \frac{\Delta p}{l} \frac{R}{2} \qquad (6-19)$$

式中，R 为管道半径；Δp 为轴向距离为 l 的两断面上的压强差。如果在此两断面之间取出半径为 $r(r < R)$ 的微元管流，如图 6-9 所示，则同样可得流管表面上的切应力为

$$\tau = \frac{\Delta p}{l} \frac{r}{2} \qquad (6-20)$$

由式 (6-19) 与式 (6-20) 可得

$$\tau = \tau_0 \frac{r}{R} \qquad (6-21)$$

这就是过流断面上切应力的 K 字形分布规律，它既适用于层流也适用于时均湍流，不过二者的 τ_0 不同，K 字的斜率不同，如图 6-12 所示。

根据式 (6-13) 可知，湍流中的切应力应该包括黏性切应力 τ 与脉动切应力 τ' 两部分，但是这两种切应力在近壁底层和湍流核心中所占的比例是不同的。在近壁底层中，脉动切应力很小，切应力的主要成分是黏性切应力，满足

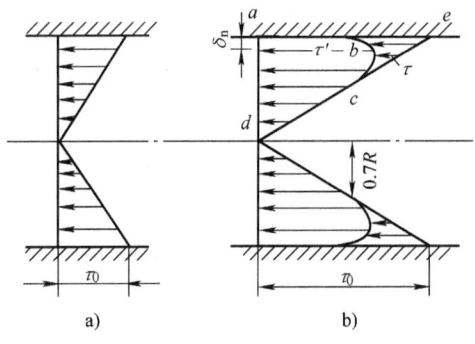

a)　　　　　　　　b)

图6-12　层流与湍流切应力分布
a）层流　b）湍流

$$\tau = \mu \frac{\mathrm{d}v_x}{\mathrm{d}y} = \mu \frac{\mathrm{d}v_x}{\mathrm{d}r}$$

在湍流核心由于速度分布比较均匀，速度梯度很小，而脉动剧烈，混合长度较大，因而它的切应力主要成分是脉动切应力，满足

$$\tau' = \rho l^2 \left(\frac{\mathrm{d}v_x}{\mathrm{d}y} \right)^2$$

在管道轴心处速度最大，速度梯度为零，因而切应力为零。

根据对流动光滑管湍流脉动速度的测定，从而得出脉动切应力的分布如图 6-12b 的 abcd 所示，K 字形的其余部分 abce 则为黏性切应力。大约在 $r < 0.7R$ 的范围之内，黏性切应力几乎不起作用，这就是以脉动为主的湍流核心。大约在 $r = 0.95R$，即 $y = 0.05\,R$ 处脉动切应力最大。接近管壁则脉动切应力迅速降为零，这就是以黏性切应力为主的近壁底层了。在过渡层中两种切应力都存在，它们的比例在不断地变化。此处既有一定的混合长度又有较大的速度梯度，因此脉动切应力的最大值一般是出现在湍流核心的边缘地带而不是靠近管道轴心。

3. 速度分布

在近壁底层中

$$\tau = \mu \frac{\mathrm{d}v_x}{\mathrm{d}y} \quad \text{或} \quad \mathrm{d}v_x = \frac{\tau}{\mu} \mathrm{d}y$$

因为近壁底层很薄，τ 可近似用壁面上的切应力 τ_0 表示，于是积分可得

$$v_x = \frac{\tau_0}{\mu} y \tag{6-22}$$

如图 6-13 所示，在近壁底层中速度分布是直线规律，这显然是层流速度抛物线规律在近壁底层中的近似结果。

在湍流核心中，$\tau = \rho l^2 \left(\dfrac{\mathrm{d}v_x}{\mathrm{d}y} \right)^2$，为了积分求出速度，必须首先确定 τ、l 和 y 的关系。由式 (6-21) 可得 τ 与 y 的函数关系为

$$\tau = \tau_0 \frac{r}{R} = \tau_0 \left(1 - \frac{y}{R} \right) \tag{6-23}$$

根据卡门（Karman）实验，混合长度的分布规律如图 6-14 所示，l 与 y 的函数关系可以近似表示为

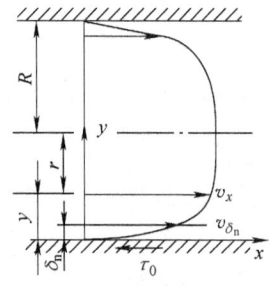

图 6-13　湍流速度分布

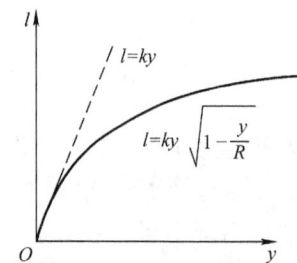

图 6-14　混合长度分布

$$l = ky \sqrt{1 - \frac{y}{R}} \tag{6-24}$$

当 $y \ll R$，即在壁面附近时有

$$l = ky \tag{6-25}$$

卡门实验和尼古拉兹（Nikuradse）实验都得出混合长度系数 $k = 0.4$，将式（6-23）、式（6-24）代入脉动切应力的表达式 $\tau' = \rho l^2 \left(\dfrac{\mathrm{d}v_x}{\mathrm{d}y}\right)^2$，则得

$$\tau_0 \left(1 - \frac{y}{R}\right) = \rho k^2 y^2 \left(1 - \frac{y}{R}\right) \left(\frac{\mathrm{d}v_x}{\mathrm{d}y}\right)^2$$

化简得

$$\mathrm{d}v_x = \sqrt{\frac{\tau_0}{\rho}} \frac{\mathrm{d}y}{ky}$$

积分得

$$v_x = \sqrt{\frac{\tau_0}{\rho}} \frac{1}{k} \ln y + C \tag{6-26}$$

这说明湍流核心中速度 v_x 和 y 成对数关系，如图 6-13 所示，这种 $v_x = v_x(y)$ 的关系常称为湍流速度的对数分布规律。规律的特点就是速度比较均匀，速度梯度比较小。这自然是由于脉动混杂动量交换所造成的结果。

式（6-26）中的混合长度细系数 $k = 0.4$，式中的积分常数 C 可以根据管道轴心处的最大速度 $v_{\max}$ 来确定，也可以根据湍流边界条件来确定。假定流动光滑管湍流核心的边界就是它与近壁底层的交界面，根据式（6-22）可得：$y = \delta_n$ 时，$v_x = \dfrac{\tau_0}{\mu} \delta_n$，于是积分常数

$$C = \frac{\tau_0}{\mu} \delta_n - \sqrt{\frac{\tau_0}{\rho}} \frac{1}{k} \ln \delta_n$$

代回式（6-26）得

$$v_x = \sqrt{\frac{\tau_0}{\rho}} \frac{1}{k} \ln \frac{y}{\delta_n} + \frac{\tau_0}{\mu} \delta_n$$

式中，近壁底层厚度 δ_n 由式（6-18）计算；管壁面上的切应力为

$$\tau_0 = \frac{\Delta p d}{4l} = \frac{\Delta p}{\rho g} \frac{\rho g d}{4l} = \lambda \frac{l}{d} \frac{v^2}{2g} \frac{\rho g d}{4l} = \frac{1}{8} \lambda \rho v^2 \tag{6-27}$$

由此可见，对数规律的速度分布公式（6-26），实质上是包含 λ、v、ν、d、Δ 及实验常数 M 在内的一个关系式 $f(\lambda, v, \nu, d, \Delta, M) = 0$，由此经过适当变化可以解出湍流沿程阻力系数 λ 与雷诺数 Re、相对粗糙度 Δ/d 及实验常数 M 之间的半经验公式。速度分布公式的一个主要功用在于提取沿程阻力系数的半经验公式 $\lambda = F(Re, \Delta/d, M)$。但其推演过程比较复杂，这里不再详细叙述。

湍流速度的对数分布规律比较准确，但公式复杂不便使用。根据光滑管湍流的实验曲线，如图 6-15 所示，湍流的速度分布也可以近似地用比较简单的指数公式表达为

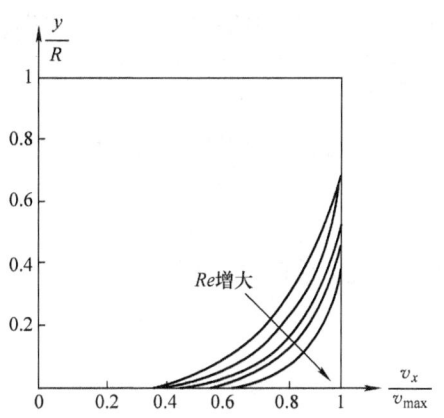

图 6-15　光滑管湍流速度分布

$$\frac{v_x}{v_{max}} = \left(\frac{y}{R}\right)^n \tag{6-28}$$

当雷诺数 Re 数不同时，对应的指数 n 亦不同，n 可通过表6-1查取。

表6-1　圆管湍流核心区速度指数分布律的指数 n

雷诺数 Re	4.0×10^3	2.3×10^4	1.1×10^5	1.1×10^6	2.0×10^6	3.2×10^6
指数 n	1/6	1/6.6	1/7	1/8.8	1/10	1/10

粗糙管湍流的实验曲线如图6-16所示，这是不同相对粗糙度的管子在同样雷诺数（$Re = 10^6$）之下的情况。相对粗糙度减小与光滑管中雷诺数增大的效果相同，只是粗糙管的指数 n 比光滑管中的更小一些。

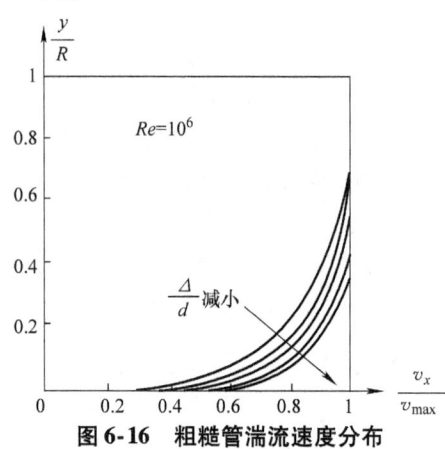

图6-16　粗糙管湍流速度分布

6.3　管路中的沿程损失

6.3.1　沿程损失

1. 层流沿程损失

在等径管路中，由于流体与管壁以及流体本身的内部摩擦，使得流体能量沿流动方向逐渐降低，这种引起能量损失的原因叫作沿程阻力。沿程能量损失可以用压强损失、水头损失或功率损失三种形式表示。

（1）压强损失

由哈根－伯肃叶定律可得用流量计算的压强损失为

$$\Delta p = \frac{8\mu l q_v}{\pi R^4} = \frac{128\mu l q_v}{\pi d^4} \tag{6-29}$$

用平均速度计算的压强损失为

$$\Delta p = \frac{8\mu l v}{R^2} = \frac{32\mu l v}{d^2} \tag{6-30}$$

以压强差表示损失在液压技术中普遍使用。

（2）水头损失

根据伯努利方程式知道，等径管路的水头损失就是管路两端压强水头之差，即

$$h_f = \frac{\Delta p}{\rho g} = \frac{8\nu l q_v}{\pi g R^4} = \frac{128\nu l q_v}{\pi g d^4} \tag{6-31}$$

或

$$h_f = \frac{\Delta p}{\rho g} = \frac{8\nu l v}{g R^2} = \frac{32\nu l v}{g d^2} \tag{6-32}$$

在雷诺实验中曾经指出，层流沿程水头损失与速度 v 的一次方成比例，现在可以知道式（6-1）中的比例常数 k_1 就是 $\frac{8\nu l}{g R^2}$ 或 $\frac{32\nu l}{g d^2}$。

根据达西公式，不论层流、湍流，圆管中的沿程水头损失一概用 $h_f = \lambda \frac{l}{d} \frac{v^2}{2g}$ 表示，以此与式（6-32）比较可得层流的沿程阻力系数为

$$\lambda = \frac{64\nu}{v d} = \frac{64}{Re} \tag{6-33}$$

于是达西公式在层流中可以写成

$$h_f = \lambda \frac{l}{d} \frac{v^2}{2g} = \frac{64}{Re} \frac{l}{d} \frac{v^2}{2g} \tag{6-34}$$

此式所表示的沿程水头损失是最基本的一种形式。

（3）功率损失

用泵或风机在管道中输送流体，常常要求计算用来克服沿程阻力所消耗的功率，这种所谓的功率损失往往就是液压传动或远程输送中选择泵功率大小的主要依据。功率损失 P 可以用水头损失乘以流量再乘 ρg 来计算，即 $\rho g h_f q_v$；也可以用压差损失乘以流量来计算，即 $\Delta p q_v$；甚至也可以用管壁摩擦力乘以液体运动速度来计算，即 Fv。从下面式子可以看到这几种结果都是一样的，即

$$P = h_f \rho g q_v = \frac{\Delta p}{\rho g} \rho g q_v = \Delta p q_v = \Delta p A v = Fv \tag{6-35}$$

按哈根－伯肃叶定律，可得层流功率损失为

$$P = \Delta p q_v = \frac{8\mu l q_v^2}{\pi R^4} = \frac{128\mu l q_v^2}{\pi d^4} \tag{6-36}$$

从公式可知，为输送一定流量的流体，适当降低黏度或者适当加大管径都可以降低功率损耗，不过应以 $Re < 2320$ 为界，否则变成湍流就出现另外的情况了。

2. 流动起始段

如图 6-17 所示，层流的速度呈抛物线规律，并不是刚入管口就能立刻形成，而是要经过一段距离，这段距离叫作层流起始段。由于湍流质点互相混杂，因而流体进入管口后用不到很长距离就可以完成其在断面上的湍流速度分布规律，通常湍流起始段比层流起始段要短些。由实验得下述流动起始段长度 l_s 的计算式。

光滑圆管层流起始段长度为

$$l_s = 0.06d \cdot Re \tag{6-37}$$

式中，d 为圆管内径；Re 为圆管流动雷诺数。

光滑平板缝隙层流起始段长度为

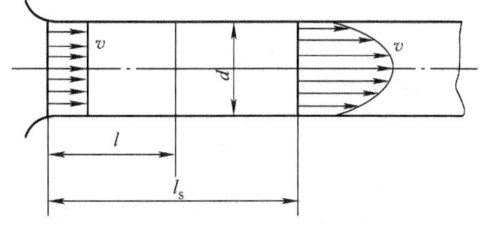

图 6-17 层流起始段

$$l_s = 0.0156\delta \cdot Re \tag{6-38}$$

式中，δ 为缝隙宽度；Re 为缝隙流动雷诺数，$Re = 2v\delta/\nu$。

光滑圆管湍流起始段长度为

$$l_s = 0.625d \cdot Re^{0.25} \tag{6-39}$$

光滑平板缝隙湍流起始段长度为

$$l_s = 0.33\delta \cdot Re^{0.25} \tag{6-40}$$

在起始段内，过流断面面上的均匀速度不断向抛物面分布规律转化，因而在起始段内流体的内摩擦力大于完全扩展了的层流和湍流中的流体内摩擦力。起始段内的流动损失比流动状态充分发展时要大，这增大部分所引起的水头损失称为起始段的附加水头损失 h_{sa}，其可表示为

$$h_{sa} = \xi_{sa}\frac{v^2}{2g} \tag{6-41}$$

式中，v 为管中或缝隙中平均流速；ξ_{sa} 为起始段附加水头损失系数。光滑圆管和缝隙层流起始段附加水头损失系数可由图 6-18 查

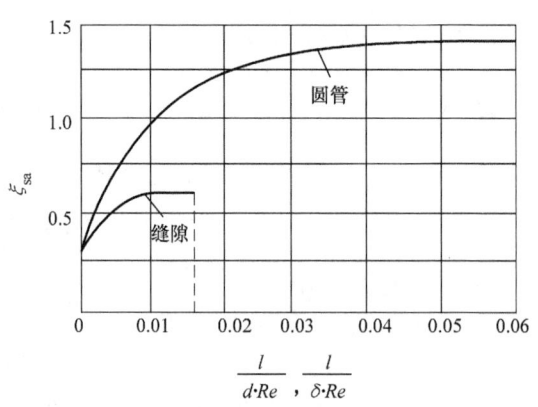

图 6-18　光滑圆管和缝隙层流附加水头损失系数

取；光滑圆管和缝隙湍流起始段附加水头损失系数由图 6-19 查取。其中，d 表示管径；δ 表示缝隙宽度；Re 为圆管流动或缝隙流动雷诺数；l 表示湍流起始段长度，层流 $l \leq l_s$，或取 $l = l_s/2$。

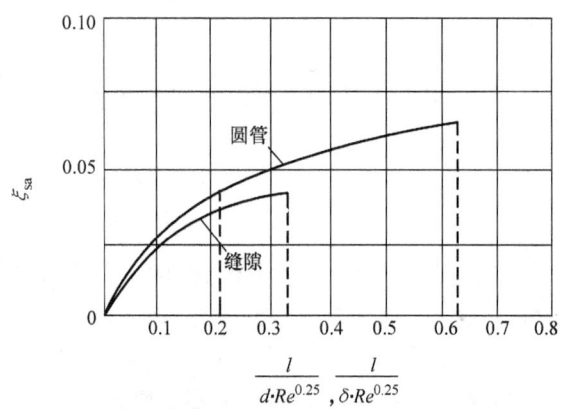

图 6-19　光滑圆管和缝隙湍流附加水头损失系数

粗糙圆管湍流起始段内的沿程损失比起始段后的沿程损失要大，其沿程阻力系数 λ_s 大于正常管路沿程阻力系数 λ，即 $\lambda_s/\lambda \geq 1$，λ_s/λ 的比值可由图 6-20 查取。通常，当 $l/d > 15$ 时，$\lambda_s = \lambda$，即流动状态还没有充分发展为湍流时，λ_s 就不变化了。

如果管路长度 $L \gg l_s$，则起始段的影响可以忽略；如果管路长度 $L \ll l_s$，则起始段的沿程水头损失应当考虑。液压传动中许多油管均不甚长，即使管中出现层流也往往是处于起始段之内，因而总水头损失应当包括起始段沿程水头损失，液压传动中通常用 $\lambda = 75/Re$。

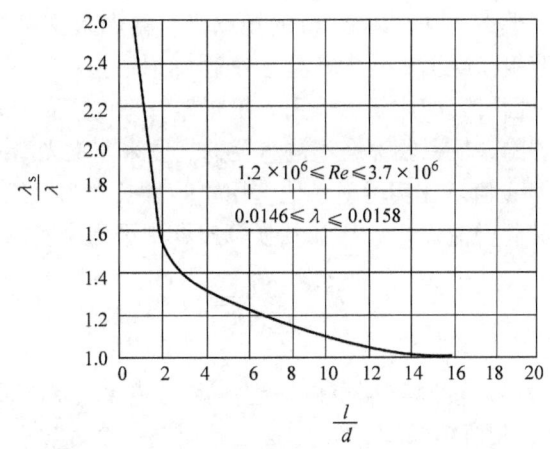

图 6-20　粗糙圆管湍流起始段沿程阻力系数 λ_s

例 6-4　黏性流体在两块无限大平板之间做定常运动，上板移动速度为 U_1，下板移动速度为 U_2，试求流体速度分布式。

解：流体做定常运动，速度与时间无关。建立如图 6-21 所示坐标系，坐标原点位于两平板中心，不妨设两板距离为 $2h$。运动方程为

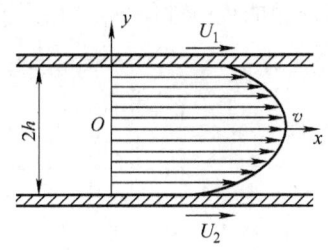

$$0 = -\frac{1}{\rho}\frac{\partial p}{\partial x} + \nu\frac{d^2 v}{dy^2}$$

$$0 = -g - \frac{1}{\rho}\frac{\partial p}{\partial y}$$

图 6-21　例 6-4 附图

由第二个方程积分得

$$p = -\rho g y + f(x)$$

由此式看出，p 对 x 的偏导数与 y 无关。x 方向的运动方程可改为

$$\frac{d^2 v}{dy^2} = \frac{1}{\mu}\frac{\partial p}{\partial x}$$

容易看出，上式右边仅与 x 有关，左边仅与 y 有关，而 x、y 是独立变量，上式两边都应等于同一个常数，即压强梯度是一个常数。积分上式得

$$v = \frac{1}{\mu}\frac{\partial p}{\partial x}\frac{y^2}{2} + C_1 y + C_2$$

边界条件为

$$y = h : v = U_1$$

$$y = -h : v = U_2$$

于是积分常数为

$$C_1 = \frac{U_1 - U_2}{2h}$$

$$C_2 = \frac{U_1 + U_2}{2} - \frac{1}{2\mu}\frac{\partial p}{\partial x}h^2$$

速度分布式为

$$v = -\frac{h^2}{2\mu}\frac{\partial p}{\partial x}\left[1 - \left(\frac{y}{h}\right)^2\right] + \frac{U_1 - U_2}{2}\left(\frac{y}{h}\right) + \frac{U_1 + U_2}{2}$$

6.3.2　尼古拉兹实验

沿程阻力是造成沿程水头（或压强、能量）损失的原因，计算沿程损失的公式是达西

公式，但式中沿程阻力系数 $\lambda = f(Re, \Delta/d)$ 的规律尚有待深入探讨。由于管壁表面粗糙的不规则性，用数量来说明粗糙度困难极大。德国工程师尼古拉兹于 1933 年发表了用实验方法对管中沿程阻力做了全面研究的成果，他用人工粗糙管完成了测定阻力系数 λ 的实验。

尼古拉兹用大小均匀的砂粒，胶涂在不同直径的、原来非常光滑的圆管壁上，根据砂粒的直径，定出绝对粗糙度 Δ 值。在实验中，他选用了 6 种长度为 l、直径为 d 的管路，测定了管路沿程水头损失 h_f 和管中流量 q_v，用流量换算出管中平均流速 v，然后按式

$$\lambda = \frac{h_f}{\dfrac{l}{d} \cdot \dfrac{v^2}{2g}}$$

反算出沿程阻力系数 λ 值。通过调节 q_v 可以得到一系列的 λ，在记录图线中，以 λ 为纵坐标、雷诺数 Re 为横坐标，相对粗糙度 Δ/d 为参数。而同一个 Δ/d 值的圆管，对不同 Re 数测得的那些 λ 值，都落在一条曲线上。随着 Δ/d 值大小的不同，在图上得出了一系列位置高低的曲线，如图 6-22 所示。

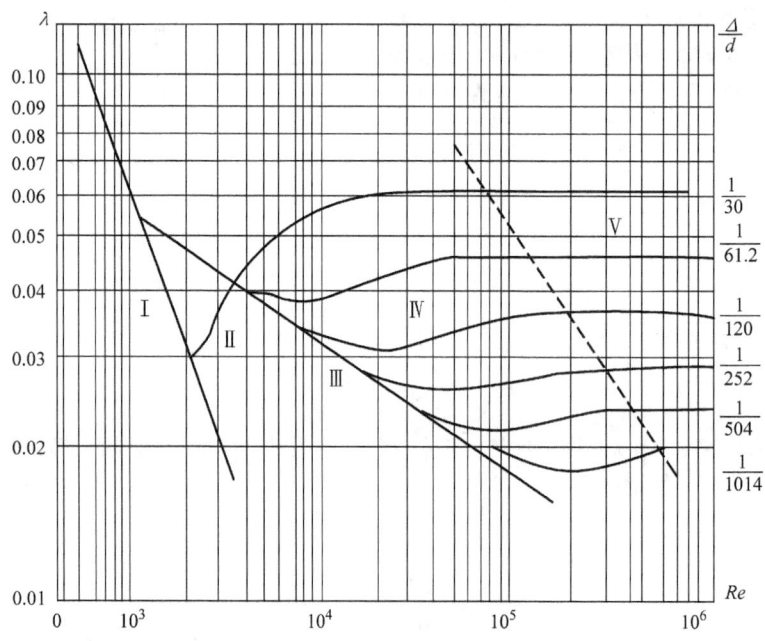

图 6-22　尼古拉兹实验曲线

随着 Δ/d 值的不同和 Re 数的变化，全图大致可以分为几个区域。

在 $Re < 2320$ 范围内，不论相对粗糙 Δ/d 值是多少，圆管的 λ 值都重合在一条直线 Ⅰ 上。这是层流区，压头损失遵循式（6-17）达西公式的规律，摩擦阻力系数可按 $\lambda = 64/Re$ 进行计算。

当 $2320 < Re < 4000$ 时，层流逐渐转变成湍流，相当于上下临界雷诺数之间的过渡区，所以也说成是临界区。实验点都分散在曲线 Ⅱ 附近，总趋势是 Re 增大，λ 也增大。此区可参考扎依钦科经验公式，即

$$\lambda = 0.0025 Re^{\frac{1}{3}} \tag{6-42}$$

当 $Re > 4000$ 以后，相对粗糙度 Δ/d 值较小的几种管道的实验点都分布在直线 Ⅲ 上，只

不过 Δ/d 值稍大者离开直线时的 Re 稍小，而 Δ/d 值越小，离开直线时的 Re 越大，Δ/d 值很小的管道当 Re 值较大时，直线稍有弯曲。所以这些曲线是不同长度地重合在一条曲线上，通常称这条曲线为光滑曲线，其"光滑"的成因今分析如下。

一旦流动的 $Re > 4000$ 以后，流动成为稳定的湍流。当 Re 升高时，湍流中垂直管轴向的扰混运动将更加剧烈，更接近壁面，使近壁底层变得更薄。那些比较粗糙的管道，在比较低的 Re 时，其粗糙表面就伸出近壁底层之外而影响主流，此时 $\Delta > \delta_n$。那些比较光滑的管道，其近壁底层的厚度 δ_n 足以把壁面上参差不齐的粗糙度完全盖没，对主流形成了水力光滑作用，所以此区亦称光滑管湍流区。

因此流动进入这一区域后，各条不同 Δ/d 的实验曲线最初都重合在一起。随着 Re 的升高，各条曲线便按着 Δ/d 值的大小先后分开，各条曲线的水力光滑部则重合在一条线上，形成图 6-22 中的光滑管曲线。这条曲线上 λ 值的计算可用布拉休斯公式

$$\lambda = \frac{0.3164}{Re^{1/4}} \tag{6-43}$$

上式在 $4000 < Re < 10^5$ 范围内和实验结果密切符合。如光滑管流的 $Re > 10^5$，则可用下式计算：

$$\lambda = \frac{1}{(1.8 \lg Re - 1.5)^2} \tag{6-44}$$

上式适用于整个光滑管区。

当 Re 继续升高时，各条不同 Δ/d 值的曲线，先后离开光滑管区曲线而各自向前伸展。终于每根曲线都被拉平，成为和 Re 轴线相平行的直线。曲线变为水平线的那部分，表明 λ 已和 Re 的变化无关，称为流动的完全粗糙区。光滑管区和完全粗糙区之间的地带则称为粗糙过渡区Ⅳ。

该过渡区中曲线的 λ 值，既随 Re 变化，又和 Δ/d 有关，情况比较复杂。在过渡区Ⅳ，当 $Re > 22.2\left(\dfrac{d}{\Delta}\right)^{8/7}$ 后，计算可用阿里特苏里公式

$$\lambda = 0.11\left(\frac{\Delta}{d} + \frac{68}{Re}\right)^{0.25} \tag{6-45}$$

流动在完全粗糙区中，近壁底层的厚度和表面粗糙度相比已是微不足道。当湍流绕过粗糙表面的每个凸出部分时，在下游产生带旋涡的尾流而引起形状阻力。连续产生旋涡要消耗能量。旋涡的动能和它们速度的平方成正比，而这些速度又和主流的速度成正比。可见形状阻力应和流动的平均速度平方成正比。因此，我们又把完全粗糙区称为平方阻力区。

所以，在完全粗糙区Ⅴ中，δ_n 的影响已可忽略去，$h_f \propto v^2$，各 Δ/d 曲线的 λ 值都可看为常数而不受 Re 变化的影响。此时 Δ/d 值不仅对 λ 有直接影响，而且是决定 λ 值的唯一因素。通常用下一公式计算 λ 值：

$$\lambda = \frac{1}{\left[2\lg\left(3.7\,\dfrac{d}{\Delta}\right)\right]^2} \tag{6-46}$$

当 $Re > 10^5$ 时，另一个常用经验公式是

$$\lambda = 0.11\left(\frac{\Delta}{d}\right)^{1/4} \tag{6-47}$$

尼古拉兹用人工粗糙度管所做的实验，使我们清楚地看到了，$\lambda = f(Re, \Delta/d)$ 的变化

规律及流动性质不同的各个区域。然而，工业上常用的管道，其壁面的粗糙度情况毕竟不同于人工粗糙管。通常，粗糙度参差不齐的不规则性，使得各凸起部分的平均高度的测定难以着手。然而，在 Re 足够大的区域里，许多常用管道的 λ 值变为与 Re 无关。在此条件下，参考尼古拉兹实验的成果，常用管道的当量绝对粗糙度是能够确定的。

先对常用管道在较大 Re 的流动下进行沿程损失试验，计算出 λ，再按式（6-46）求出 Δ 值。该 Δ 值就是阻力效果上与人工粗糙度颗粒尺寸相当的、用作常用管道的当量绝对粗糙度。常用管道当量绝对粗糙度可由表6-2查取。

表6-2　常用管道管壁当量绝对粗糙度

管道材料	Δ/mm	管道材料	Δ/mm	管道材料	Δ/mm
黄铜、铝、铜管	<0.01	镀锌铸铁、白铁管	0.15	普通铸铁管	0.25
无缝钢管	0.05	涂沥青铸铁管	0.13	混凝土管	0.3 ~ 3.0
冷拔无缝钢管	0.02	木板	0.2 ~ 0.9	玻璃、塑料管	0.001

6.3.3 莫迪图

为了解决尼古拉兹图使用的不便，1940 年美国工程师莫迪对工业用管做了大量实验，绘制出了 λ 与 Re 及 Δ/d 的关系图，称之为莫迪图，如图6-23 所示。该图简便、准确，并经过许多实践验证，与实际情况相吻合，因而目前在工程上得到广泛应用。莫迪图按照流动特性同样可分为层流区、临界区、湍流光滑区、过渡区和湍流粗糙管区5 个区域。

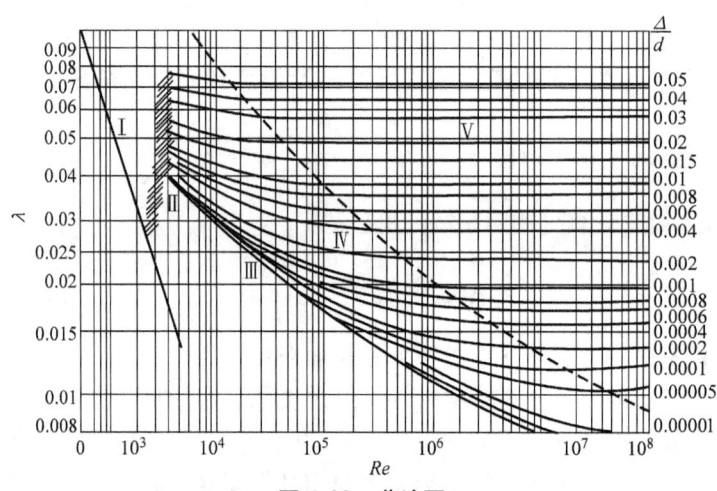

图6-23　莫迪图

莫迪运用当量绝对粗糙度这个概念，对许多金属管和非金属管进行了阻力试验，改进了阻力系数曲线图，从而制作了通用普通管道的阻力系数曲线图。粗略估算时，可取 $\lambda = 0.03 \sim 0.04$。用迭代法求 λ 时，初值可用 0.03 代入。此外，他还提出了一个适用于 $4000 < Re < 10^7$ 范围及 Δ/d 值直到 0.01 范围内计算 λ 的近似公式

$$\lambda = 0.001375\left[1 + \left(20000\frac{\Delta}{d} + \frac{10^6}{Re}\right)^{1/3}\right] \tag{6-48}$$

尼古拉兹的试验结果是用人工粗糙度求得的，其过渡区的曲线和实际管道的曲线出入很大，不适用于实际工程上常用的管道。目前解决实际问题时，往往先从经验公式计算或从莫迪图中查取 λ 值，然后达西公式决定能头损失 h_f。

例 6-5 相对密度为 0.85，$\nu = 0.125\text{cm}^2/\text{s}$ 的油在粗糙度 $\Delta = 0.04\text{mm}$ 的无缝钢管中流动，管径 $d = 30\text{cm}$，流量 $q_v = 0.1\text{m}^3/\text{s}$，试判断流动状态并求：（1）沿程阻力系数 λ；（2）黏性底层厚度 δ_n；（3）管壁上的切应力 τ_0。

解：（1）$Re = \dfrac{vd}{\nu} = \dfrac{4q_v}{\pi d\nu} = \dfrac{4 \times 0.1}{\pi \times 0.3 \times 0.125 \times 10^{-4}} = 33953 > 2320$，为湍流流动。光滑管上限 $22.2\left(\dfrac{d}{\Delta}\right)^{\frac{8}{7}} = 22.2 \times \left(\dfrac{300}{0.04}\right)^{\frac{8}{7}} = 595654 > Re$，管中为光滑管湍流状态，由布拉休斯公式计算得

$$\lambda = \frac{0.3164}{Re^{0.25}} = 0.0233$$

（2）黏性底层厚度

$$\delta_n = \frac{14\nu}{v\sqrt{\lambda}} = \frac{14d}{Re\sqrt{\lambda}} = \frac{14 \times 0.3}{33953 \times \sqrt{0.0233}}\text{m} = 0.811 \times 10^{-3}\text{m} = 0.811\text{mm}$$

（3）管壁上的切应力

$$\tau_0 = \frac{\lambda}{8}\rho v^2 = \left[\frac{1}{8} \times 0.0233 \times 850 \times \left(\frac{0.1 \times 4}{\pi \times 0.3^2}\right)^2\right]\text{Pa} = 4.955\text{Pa}$$

例 6-6 流经长度 $l = 300\text{m}$、直径 $d = 150\text{mm}$ 的镀锌钢管的水，其流量 $q_v = 50\text{L/s}$。试决定摩擦损失水头 h_f。

解：对于温度为 15°，水的运动黏度 $\nu = 1.14\text{mm}^2/\text{s}$。管流平均速度为

$$v = \frac{50 \times 10^{-3}}{\dfrac{\pi}{4} \times 0.15^2} = \text{m/s} = 2.830\text{m/s}$$

$$Re = \frac{vd}{\nu} = \frac{2.83 \times 0.15}{1.14 \times 10^{-6}} = 3.72 \times 10^5$$

镀锌钢管的管壁当量绝对粗糙度为 $\Delta = 0.15\text{mm}$。则 $\Delta/d = 0.001$，则摩阻系数 $\lambda = 0.0206$。可得水头损失

$$h_f = \lambda \frac{l}{d}\frac{v^2}{2g} = \left(0.0206 \times \frac{300}{0.15} \times \frac{2.83^2}{19.62}\right)\text{m} = 16.81\text{m}$$

例 6-7 如图 6-24 所示，在汽油机气化器中，进气管吸入空气在喉部产生真空，故将汽油从浮子室中吸出，经混合后进入气缸。已知喷嘴直径 $d_1 = 1\text{mm}$，喷嘴长度 $l_1 = 10\text{mm}$，喉部直径 $D = 16\text{mm}$，喷嘴出口高出液面 $h = 3\text{mm}$，汽油密度 $\rho = 750\text{kg/m}^3$，汽油运动黏度 $\nu = 0.008\text{cm}^2/\text{s}$，空气密度 $\rho_a = 1.2\text{kg/m}^3$，汽油管直径 $d_2 = 10\text{mm}$，汽油管长度 $l_2 = 100\text{mm}$，进气管中相对于喉部气流速度 v_a 的总阻力系数为 $\zeta = 0.3$，汽油质量流为 $q_m = 1\text{g/s}$。试求：（1）喉部的真空度 $p_a - p$；（2）喉部的空气流速 v_a；（3）空气与汽油的混合比 $k = q_{ma}/q_m$。

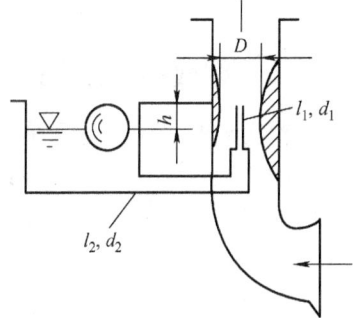

图 6-24 例 6-7 附图

解：（1）喷嘴中的速度

$$v_1 = \frac{4q_v}{\pi d_1^2} = \frac{4q_w}{\rho g \pi d_1^2} = \frac{4q_m}{\rho \pi d_1^2} = \frac{4 \times 0.001}{750 \times \pi \times 0.001^2}\text{m/s} = 1.6977\text{m/s}$$

汽油管中的速度

$$v_2 = \frac{4q_m}{\rho \pi d_2^2} = \frac{4 \times 0.001}{750 \times \pi \times 0.01^2}\text{m/s} = 0.016977\text{m/s}$$

$$Re_1 = \frac{v_1 d_1}{\nu} = \frac{1.6977 \times 0.001}{0.008 \times 10^{-4}} = 2122 < 2320$$

$$Re_2 = \frac{v_2 d_2}{\nu} = \frac{0.016977 \times 0.01}{0.008 \times 10^{-4}} = 212.2 < 2320$$

可知喷嘴和汽油管中都是层流。于是

$$\lambda_1 = \frac{64}{Re_1} = 0.0302$$

$$\lambda_2 = \frac{64}{Re_2} = 0.302$$

列浮子室液面和喷嘴出口断面的伯努利方程

$$\frac{p_a - p}{\rho g} = h + \left(\zeta_1 + \zeta_2 + \lambda_2 \frac{l_2}{d_2} \right) \frac{v_2^2}{2g} + \left(1 + \zeta_4 + \lambda_1 \frac{l_1}{d_1} \right) \frac{v_1^2}{2g}$$

$$= h + \left[\left(\zeta_1 + \zeta_2 + \lambda_2 \frac{l_2}{d_2} \right) \left(\frac{d_1}{d_2} \right)^4 + \left(1 + \zeta_4 + \lambda_1 \frac{l_1}{d_1} \right) \right] \frac{v_1^2}{2g}$$

$$= 0.003\text{m} + \left[\left(0.5 + 0.1 + 0.302 \times \frac{0.1}{0.01} \right) \left(\frac{0.001}{0.01} \right)^4 + \left(1 + 0.5 + 0.0302 \times \frac{0.01}{0.001} \right) \right] \times \frac{1.6977^2}{2 \times 9.81}\text{m}$$

$$= 0.269\text{m}$$

$$p_a - p = (750 \times 9.81 \times 0.269)\text{Pa} = 1978\text{Pa}(真空度)$$

（2）对进气管外及进气管喉部列伯努利方程

$$\frac{p_a}{\rho_a g} = \frac{p}{\rho_a g} + \frac{v_a^2}{2g} + \zeta \frac{v_a^2}{2g}$$

$$v_a = \sqrt{\frac{2g(p_a - p)}{\rho_a g (1 + \zeta)}} = \sqrt{\frac{2 \times 9.81 \times 1978}{1.2 \times 9.81 \times (1 + 0.3)}}\text{m/s} = 50.36\text{m/s}$$

（3）空气重量流量

$$q_{wa} = \rho_a g v_a \frac{\pi}{4} D^2 = \left(1.2 \times 9.81 \times 50.36 \times \frac{\pi}{4} \times 0.016^2 \right)\text{N/s} = 0.1192\text{N/s}$$

汽油重量流量

$$q_w = q_m \times 9.81 = (0.001 \times 9.81)\text{N/s} = 0.00981\text{N/s}$$

重量混合比

$$k = \frac{q_{wa}}{q_w} = 12.2$$

6.3.4 非圆截面直管中的流动

工程实践中，往往会遇到一些椭圆形和矩形等非圆截面的管子。实验证明，只要用非圆截面管的"当量直径"来代替圆管的直径 d，那么非圆截面管道中的沿程阻损 h_f 就可用圆管湍流的有关公式来计算。

先来介绍湿周的概念。如图 6-25 所示，将过流断面 A 上被流体湿润的固壁周线，称为湿周 χ。

今在任意形状截面管道的稳定流动中，取一长度为 l 的流体柱，如图 6-26 所示。设柱体横截面面积为 A，其湿周长度为 χ，侧壁面上的切应力 τ 暂取为常量，则柱体的平衡方程为

$$p_1 A - p_2 A = \tau \chi l$$

或

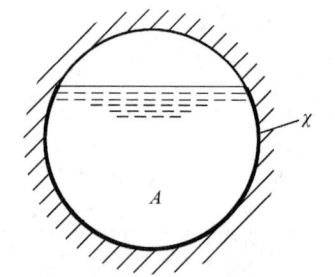

图 6-25　过流断面的湿周

$$\Delta p = \tau \frac{l}{A/\chi} \quad (6\text{-}49)$$

其中 A/χ 的量纲是长度，通常称它为水力半径，并用 R 表示。

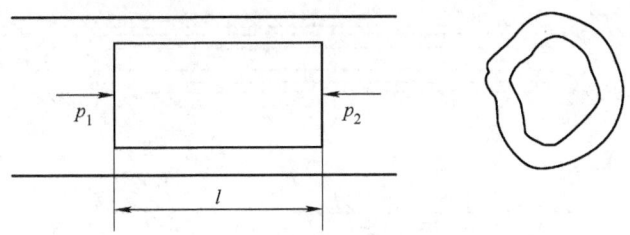

图 6-26　非圆截面管微元流柱

从圆截面管道中取流体圆柱体，用同法可算得

$$\Delta p = \tau \frac{l}{\dfrac{\pi d^2}{4}\bigg/ \pi d} = \tau \frac{l}{d/4} \quad (6\text{-}50)$$

比较式（6-49）和式（6-50）可见，若引入"水力半径" A/χ 这个概念，并以当量直径 $d_H = 4R = 4A/\chi$ 代替 d，两式就相符一致。所以非圆截面管道的当量直径等于 $4R$。

实践表明，只要以 $4R$ 代替 d，从关于圆管湍流中得来的摩擦系数等关系式

$$\lambda = \frac{h_f}{\dfrac{l}{d} \cdot \dfrac{v^2}{2g}}$$

对许多非圆截面管道有同样的效用。

于是，计算非圆截面管道的能量水头损失可用

$$h_f = \lambda \frac{l}{d_H} \cdot \frac{v^2}{2g} \quad (6\text{-}51)$$

相应的雷诺数则为

$$Re = \frac{v d_H}{\nu} = \frac{v \cdot 4R}{\nu} \quad (6\text{-}52)$$

空调等工程中，常用矩形风道输送空气。若采用水力半径 $R = A/\chi$ 这个概念，求出当量直径 d_H，就可运用圆管的沿程损失公式，来计算空气流在矩形管中的损失了。令矩形风道界面的两边长各为 a 和 b，则它的水力半径为

$$R = \frac{A}{\chi} = \frac{ab}{2(a+b)}$$

它的当量直径为

$$d_H = 4R = \frac{2ab}{a+b}$$

在前面推导水力半径 R 时，我们曾暂假定湿周界表面上的切应力 τ 是个常量。但只有圆截面湿周界上的速度相等而对称，沿周界表面的 τ 才是常量。非圆截面周界上的 τ 是不均匀的。例如，在矩形截面中，如图 6-27 所示，最大的速度梯度在一条边线的中点，最小的则在那些转角之处。故切应力 τ 的大小随着不同的地点做相应的变化。因此，可以预料，非圆

截面的形状和圆形的偏差越小，则运用当量直径的可靠性就越大。这个设想对于奇异形状的截面可能几乎无效，但对椭圆形、三角形以及矩形等的截面（如果矩形的长边不大于短边8倍）具有合理的效果。

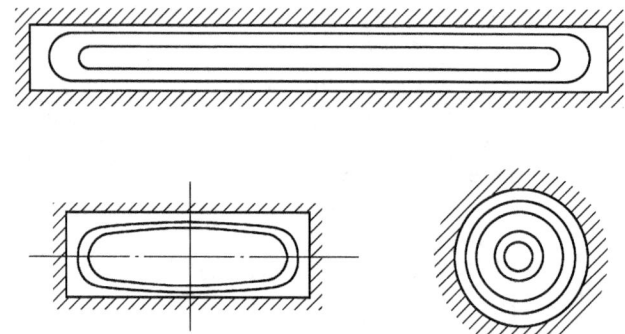

图 6-27　速度相等的湿周界

不同形状过流断面水力直径 d_H、雷诺数计算和临界雷诺数可由表 6-3 查取。

表 6-3　不同形状过流断面水力直径 d_H

管道断面形状	正方形	正三角形	同心缝隙	偏心缝隙
$Re = \dfrac{v}{\nu} d_H$	$\dfrac{v}{\nu} a$	$\dfrac{v}{\nu} \dfrac{a}{\sqrt{3}}$	$\dfrac{v}{\nu} 2\delta$	$\dfrac{v}{\nu}(D-d)$
Re_c	2070	1930	1100	1000

异形管道的雷诺数为 $Re = vd_H/\nu$，与圆形管道的雷诺数是一致的。根据实验，水力直径为 d_H 的任意断面形状的管内流动下临界雷诺数为 $Re_c \approx 2000$；缝隙宽度为 δ 的环形缝隙内流动 $Re_c = v\delta/\nu \approx 1100$；缝隙宽度为 δ 的平板缝隙内流动 $Re_c = v\delta/\nu \approx 1000$。

例 6-8　薄钢板制矩形风管，断面尺寸为 $350\text{mm} \times 200\text{mm}$，长为 60m，设计风量为 $4500\text{m}^3/\text{h}$，送风温度 $t = 20℃$，试求该段风管的压强损失。

解：本题是非圆管，用当量直径计算。

（1）计算当量直径

$$d_H \approx 4R = 2 \times \frac{0.35 \times 0.2}{0.35 + 0.2}\text{m} = 0.255\text{m}$$

（2）计算 Re、Δ/d_H

$$v = \frac{q_v}{A} = \frac{4500/3600}{0.35 \times 0.2}\text{m/s} = 17.857\text{m/s}$$

经查表，$t = 20℃$，空气的运动黏度 $\nu = 1.5 \times 10^{-5}\text{m}^2/\text{s}$，$Re = vd_H/\nu = 3.03 \times 10^5$。

经查表，普通钢板 $\Delta = 0.15\text{mm}$，$\Delta/d_H = 0.0006$。

（3）由 Re、Δ/d_H，查莫迪图，得 $\lambda = 0.019$。

（4）计算 p_f。经查表，$t = 20℃$，空气的密度 $\rho = 1.2kg/m^3$，故

$$p_f = \lambda \frac{l}{d_H} \frac{\rho v^2}{2} = 855.3Pa$$

例 6-9　图 6-28 为内燃机冷却系统的散热器，热水在散热片间的扁平缝隙中流动，冷却空气将散热片的热量带走。为提高散热效果，要求水的流动状态为湍流，试确定水在缝隙中的最小平均速度。已知缝隙宽度 $h = 2cm$，水温 100℃。

解： 查表得 100℃时水的运动黏度为

$$\nu = 0.296 \times 10^{-6} m^2/s$$

缝隙流道的水力直径为

$$d_H = \frac{4A}{S} = \frac{4Bh}{2B} = 2h = 4cm$$

据临界雷诺数 $Re_c = 2320$，确定水的最小平均流速为

$$v = \frac{2320\nu}{d_H} = \frac{2320 \times 0.296 \times 10^{-6}}{0.04}m/s = 0.017m/s$$

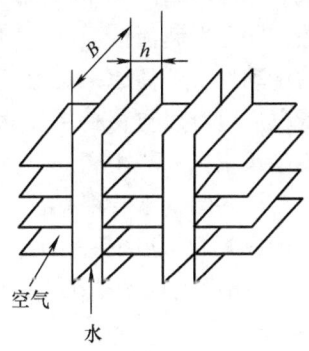

图 6-28　例 6-9 附图

6.4 管路的局部损失

6.4.1 局部阻力

在一根均匀的长管中，不仅因摩擦而引起沿程能头损失，而且在横断面有变化之处、弯头、阀门以及各种配件处，都可以产生附加的损失，通常称之为局部损失。在长管路中，这些额外的损失和沿程摩擦损失相比，可略去而不会带来严重误差。然而在短管路中，局部损失就比沿程损失来得重要。

管路的功能是输送流体，为了保证流体输送中可能遇到的转向、调节、加速、升压、过滤、测量等需要，在管路上必须要安装种种的管路附件。例如常见的弯头、三通、水表、变径段、进出口、过滤器、溢流阀、节流阀、换向阀等。经过这些装置时，流体运动会受到扰乱，必然产生压强（或水头、能量）损失，这种在管路局部范围内产生的损失就是由于局部阻力所引起的。

局部损失一定在速度突然改变之处发生。不论是速度大小或方向的改变，都能产生大量涡流，消耗流动中的能量而形成损失。形成这种局部损失的配件长度，往往非常短小，但所产生的涡流，可以影响到下游相当可观距离中的流动。因此，下游管道中沿程摩擦的过程，不可避免地会受到这种涡流传播下来的影响。

为了便于分析，假设沿程摩擦影响和附加的大量涡流是能够分开的，局部损失则集中在产生这些损失的装置之处。于是一根管道的总能头损失，可用沿程摩擦损失与局部损失之和来计算，即

$$H_f = \sum h_w + \sum h_f \tag{6-53}$$

局部装置的类型繁多，情况各异，但产生损失的物理现象却有类似之处。如图 6-29 所示，在局部装置经常出现涡流区和速度的重新分布。涡流区中，流体不规则地旋转、碰撞、

回流，往往给主流运动造成巨大的阻碍，消耗主流运动的能量，导致压强、水头、能量的降低，这种涡流区的存在是局部阻力的普遍现象。速度的重新分布不仅加剧主流中的内部摩擦，而且引起流体微团的前后撞击增加主流中的湍动性，即使原来是层流，经过局部阻力装置以后也难以再保持层流状态，这种影响有时会延续很长一段距离。

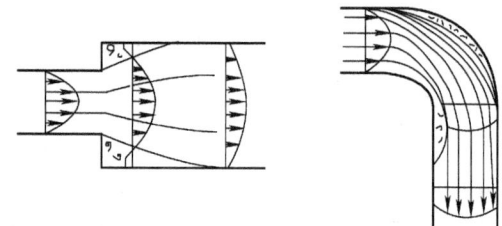

图 6-29 局部阻力流态

许多装置本身都有各自的流动规律需要深入探讨，但是从管路流动来说，他们的共性就是造成局部的水头损失。这种局部水头损失 h_w 根据前面管路起始段附加水头损失式（6-41）的讨论结果可以表示为

$$h_w = \xi \frac{v^2}{2g} \tag{6-54}$$

式中，ξ 称为局部阻力系数。式（6-54）的含义就是将局部水头损失折合成管中平均速度水头的若干倍，这个倍数就是局部阻力系数。

如果局部装置是装在等径管路中间，当然局部阻力系数只有一个。如果局部装置是装在两种直径的管路中间，例如像突然扩大管那样，则会出现两个局部阻力系数，即

$$h_w = \xi_1 \frac{v_1^2}{2g} = \xi_2 \frac{v_2^2}{2g} \tag{6-55}$$

式中，ξ_1 和 ξ_2 分别代表与局部装置前后速度水头相配合的阻力系数，他们的关系是

$$\xi_1 = \xi_2 \left(\frac{v_2}{v_1}\right)^2 = \xi_2 \left(\frac{A_1}{A_2}\right)^2 \tag{6-56}$$

取局部阻力系数往往是与主要管路上的速度水头相配合，主管在局部阻力装置前，则用其 ξ_1，主管在局部阻力装置后则用其 ξ_2。如果不加说明，变径段的局部阻力系数则是与局部阻力装置后速度水头相配合的 ξ_2。

局部阻力处的流动现象比较复杂，下面分别介绍几种常见的局部阻力实验资料，可供计算时参考。

6.4.2 突然扩大与突然缩小能头损失

1. 突然扩大

截面突然扩大处的能头损失，是属于能分析的局部损失，如图 6-30a 所示。假设管道中充满流体，并且流动是稳定的。小管道中的流体，由于其惯性，不可能跟随着突然偏转的边界运动，因而在死角处形成湍动旋涡区，旋涡消耗能量并转化为热量。若通过一些假设使情形简化，就可对此能头损失进行分析。

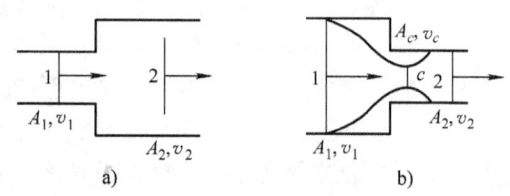

图 6-30 突然扩大与突然缩小

实际使用中经常碰到的大雷诺数，小直径管段横截面上的速度是可以假设为均匀的。截面 1 上的流线既然是平行的直线，因此这里的静压力是均匀的。在扩大截面的下游，由旋涡

引起的强烈掺混，使速度渐趋均一。故可假设，在离突然扩大足够远处的截面2上，其速度（静压力也一样）又会重归均匀。

为简便计，设管轴为水平位置。由于流动的连续性，故速度 $v_1 > v_2$。相应的动量变化将使截面1和2之间的控制流体经受一作用力，即控制面内的流体受到向右作用的力，表示为

$$F = p_1 A_1 + p'(A_2 - A_1) - p_2 A_2$$

式中，p' 表示环形突扩面上旋涡流体的平均压力。由于突扩面上的径向加速度非常小，并根据实验结果的证明，我们可以假设 $p' = p_1$。于是作用力 $F = (p_1 - p_2)A_2$。截面1和2之间，较短边界上的切应力可予略去。根据动量方程，此作用力等于这个方向中动量的增加率，即

$$(p_1 - p_2)A_2 = \rho q_v (v_2 - v_1)$$

式中，ρ 表示密度；q_v 是体积流量率。所以

$$p_1 - p_2 = \rho \frac{q_v}{A_2}(v_2 - v_1) = \rho v_2 (v_2 - v_1) \tag{6-57}$$

从不可压缩流体的能量方程得到

$$\frac{p_1}{\rho g} + \frac{v_1^2}{2g} + z_1 = \frac{p_2}{\rho g} + \frac{v_2^2}{2g} + z_2 + h_w$$

式中，h_w 表示截面1和2之间的总能头的损失。于是

$$h_w = \frac{p_1 - p_2}{\rho g} + \frac{v_1^2 - v_2^2}{2g}$$

以式（6-57）代入上式后，得出

$$h_w = \frac{v_2(v_2 - v_1)}{g} + \frac{v_1^2 - v_2^2}{2g} = \frac{(v_1 - v_2)^2}{2g} \tag{6-58}$$

由连续方程 $A_1 v_1 = A_2 v_2$，则（6-58）可以写成

$$h_w = \frac{v_1^2}{2g}\left(1 - \frac{A_1}{A_2}\right)^2 = \frac{v_2^2}{2g}\left(\frac{A_2}{A_1} - 1\right)^2 \tag{6-59}$$

式（6-58）称为包达定理。由于前面做了一些假设，式（6-58）和式（6-59）的准确性受些影响，但实验表明，对于两管同轴的情形，仅有百分之几的误差。下面进一步获得

$$\xi_1 = \left(1 - \frac{A_1}{A_2}\right)^2 \tag{6-60}$$

$$\xi_2 = \left(\frac{A_2}{A_1} - 1\right)^2 \tag{6-61}$$

水下排水管的能头损失，可看作为突然扩大的一种特例。由式（6-59）可见，若 $A_2 \to \infty$，于是突然扩大处的能头损失约为 $v_1^2/2g$。水从淹没的排水管流入大容器，就发生这种情形，如图6-31所示。排水管中的速度水头，也就是单位重量流体的动能，常化为水池中的涡流损失。

2. 突然缩小

虽然从几何上说，突然缩小倒转就是突然扩大，如图6-30b所示。但不可能对截面1、2之间的控制体应用

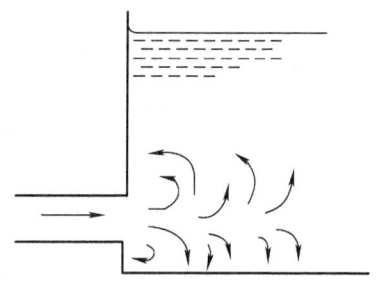

图6-31　排水管能头损失

动量方程。这是因为紧靠接合处存在流体流线曲率和加速度，使得无法知道环形突缩面积上的压力如何变化。但是，在紧靠接合处的下游，流动先形成收缩，然后再次放宽而充满管道。其结果是在管壁和流体的收缩段之间形成了旋涡，引起能量消耗。收缩段和下游截面2之间的流动形式，和突然扩大之后的相似。因此，其能头损失可以采用式（6-59）来给定：

$$h_{\mathrm{w}} = \frac{v_2^2}{2g}\left(\frac{A_2}{A_0} - 1\right)^2 = \frac{v_2^2}{2g}\left(\frac{1}{C_0} - 1\right)^2 \tag{6-62}$$

式中，A_0 表示收缩段最细处的横截面积；而 $C_0 = A_0/A_2$ 是收缩系数。虽然面积 A_1 没有出现在式（6-62）中，但 C_0 值随 A_2/A_1 而定。式（6-62）通常写成下一形式：

$$h_{\mathrm{w}} = \xi \frac{v_2^2}{2g} \tag{6-63}$$

式中，ξ 为局部阻力系数。对于同轴而直径不同的圆管的接合，表6-4中给出了一些有代表性的 ξ 值。

表6-4　突然缩小局部阻力系数 ξ

d_2/d_1	0	0.2	0.4	0.6	0.8	1.0
ξ	0.50	0.45	0.38	0.28	0.14	0

由容器进入管口的损失，可看为突然缩小的一个特例。当 $A_1 \rightarrow \infty$ 时，式（6-63）中 ξ 值趋向0.5。这个极限情形，相当于流动从一个大容器进入一根毛边缘的管子，且管子的一端不伸进容器。如果管口圆顺，流体就沿着界面流动而不分离，入口损失就大为降低。一个锥形入口的损失，亦比急转弯入口的低得多。

6.4.3　其他常用管件局部损失

1. 弯管与折管中的损失

弯管与折管中的损失是流动改变方向时所发生的损失。今考察管道弯头，如图6-32所示。流体在任何一个弯曲通道中流动时，必然在流体上作用着一个向内的径向力，它提供向内的加速度。因此，在弯头的外壁上压力增大，在内壁面上有压降。由于流动惯性，在弯管和折管内侧往往产生流线分离形成旋涡区。在外侧，流体冲击壁面增加流动的混乱。由于外侧压强大于内侧压强，高压部位的流体沿管壁向低压部位挤压，于是在断面上产生回流，最后流体往往以螺旋运动方式离开转弯处。弯管和折管的内部流动相当复杂，目前还无法从理论上推导阻力的计算公式。魏斯巴赫通过实验总结出了弯管和折管经验公式，弯管局部阻力系数 ξ 为

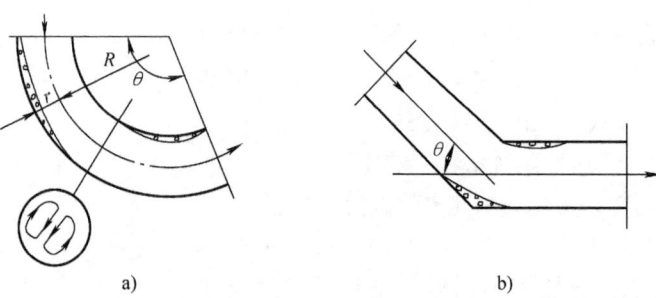

a)　　　　　　　　　　b)

图6-32　弯管和折管

$$\xi = \left[0.131 + 1.847\left(\frac{r}{R}\right)^{3.5}\right]\frac{\theta}{90°} \tag{6-64}$$

当 $\theta = 90°$ 时，可得常用弯管的阻力系数，见表 6-5。

表 6-5　90°弯管局部阻力系数 ξ

r/R	0.1	0.2	0.3	0.4	0.5	0.6	0.7	0.8	0.9	1.0
ξ	0.132	0.138	0.158	0.206	0.294	0.440	0.661	0.977	1.408	1.978

一般铸铁管弯头 $r/R = 0.75$，其阻力系数 $\xi = 0.9$。

折管局部阻力系数 ξ 为

$$\xi = 0.946\sin^2\left(\frac{\theta}{2}\right) + 2.407\sin^4\left(\frac{\theta}{2}\right) \tag{6-65}$$

折管的局部阻力系数见表 6-6。

表 6-6　折管局部阻力系数 ξ

θ	20°	40°	60°	80°	90°	100°	110°	120°	130°	160°
ξ	0.046	0.139	0.354	0.741	0.985	1.260	1.560	1.861	2.150	2.431

2. 逐渐扩大与逐渐缩小

逐渐扩大与逐渐缩小如图 6-33 所示。逐渐扩大仍用包达定理的形式表示水头损失，即

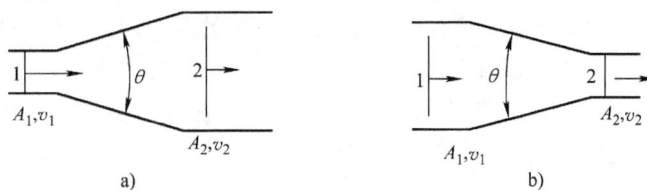

a)

b)

图 6-33　逐渐扩大与逐渐缩小示意图

a）逐渐扩大　b）逐渐缩小

$$h_f = k\frac{(v_1 - v_2)^2}{2g} \tag{6-66}$$

式中，k 为经验系数。据吉布松（Gibson）实验，系数 k 由图 6-34 查取。

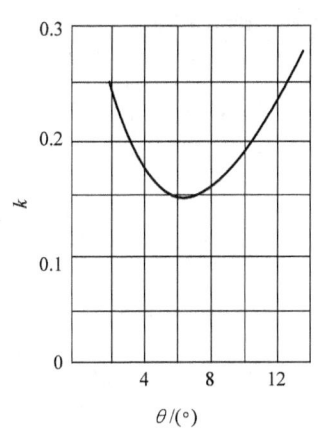

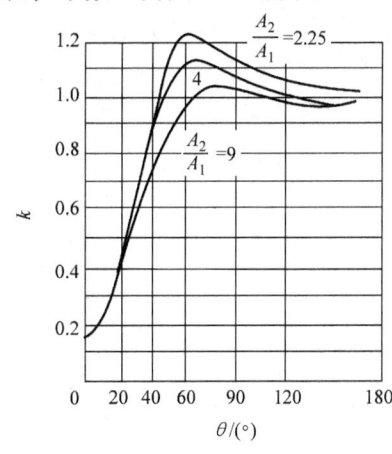

a)

b)

图 6-34　吉布松实验系数

从图6-34a可以看到，当扩散角 θ = 5° ~ 7°时，阻力最小。5° ~ 7°扩散角广泛用于文丘里流量计、泵进液口、水轮机尾水管、简易风洞设备上，被称为是最优扩散角。扩散角继续增大，阻力明显上升，这是由于流线脱离管壁造成旋涡区的结果。这也提醒在进行流体机械与工程设计时，喇叭形扩散流道扩散角最好不超过7°，否则不但会造成边壁脱流，还会附带引起振动和噪声。

逐渐缩小的局部阻力仍采用式（6-63）计算，其阻力系数 ξ 由图6-35查取。这种管道不会出现流线脱离管壁面的问题，因此其阻力的主要成分是沿程摩擦。一般消防管出口、水力采煤器的出口和喷灌喷头等均采用 10° ~ 20° 的收缩角，其阻力系数常取 0.04。

工程实际中局部阻力管件的种类比较多，在使用时阻力系数 ξ 可查阅有关手册。

3. 局部损失相互影响与水头叠加

上述局部阻力系数多是在不受其他阻力干扰的孤立条件下测定的，如果几个局部阻力互相靠近、彼此干扰，则每个阻力系数与孤立的

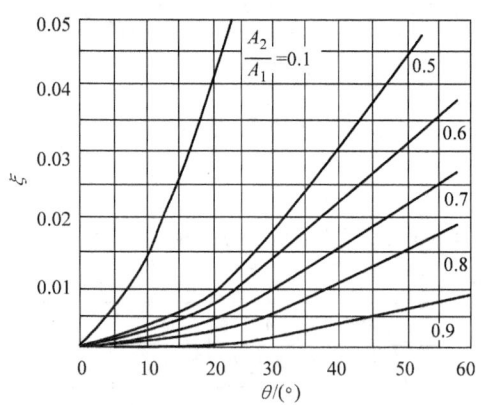

图6-35 逐渐缩小阻力系数

测定值又会有些不同。流体流经局部管件后，在相当长的距离内对下游发生影响，这一长度称为影响段。如果管道和几个局部阻力管件安装的距离都超过了影响段，在计算管道上的总水头（压强、能量）损失时，只要将管道上的所有沿程损失与局部损失按算术加法求和计算。这就是所谓的水头损失的叠加原则。据此用

$$H_\mathrm{f} = \sum h_\mathrm{w} + \sum h_\mathrm{f} = \Big(\sum \lambda \frac{l}{d} + \sum \xi \Big)\frac{v^2}{2g} \tag{6-67}$$

表示一条管道上的总水头损失。虽然它有时比实际值略大，也有时比实际值略小，但一般情况下这种叠加原则还是可信可行的。

但若多个管件的相隔距离小于相应的影响段，简单相加的结果会造成误差相当大，这时就需对式（6-67）的计算结果进行修正。如图6-36所示两个45°弯头组合成90°弯头，当 $l/d = 0$ 时，$\xi = 1.1$，远大于两个单独45°弯头的 ξ 之和；$l/d \approx 2$ 时，ξ 为最小值；$l/d \geqslant 5$ 时，$\xi = 0.472$，大约为单独45°弯头 ξ 的2倍。

但实际安装情况千变万化，不可能一一测量影响段，也不能预先测知不同安装情况下的组合影响。因为一个局部阻力不仅影响它后面的另一个局部阻力，而且也影响它后面一个适当长度上的沿程阻力。两个局部阻

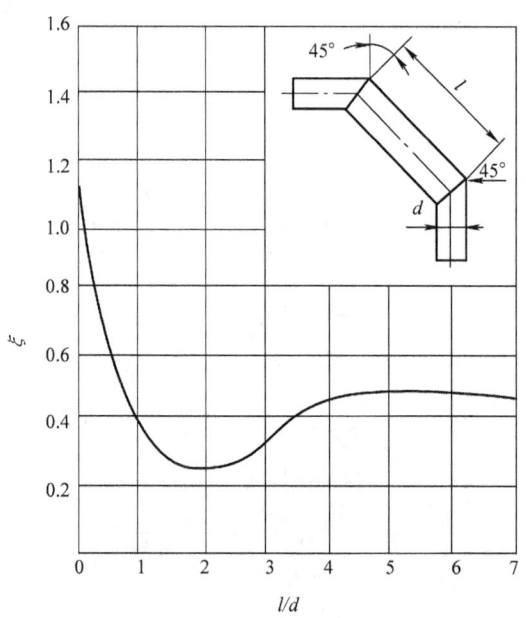

图6-36 45°组合弯头的局部阻力系数

力靠近时，虽然后一个局部阻力损失略有增大，但取消了前一个局部阻力的影响长度也会使整体沿程阻力损失略有下降。事实上，这两种效果起互相抵消作用，用所有孤立的测定值的总和代表互有影响的实际总和，虽然在某些情况下与实际有些出入，但由于计算方法简单便利，至今仍不失为工程科技上的一种有效方法。

6.5 管路计算

管路计算是流体力学工程应用的一个重要方面，无论在机械、土建、石油、化工、矿冶、水利等任何工程领域都会遇到管路计算问题。通过管路计算，可以对流体输配管网进行流量分配，求得管路特性曲线，合理选择管网辅助构件，进而确定泵、风机等动力设备的型式和配套动力。

6.5.1 管路设计计算及特性

管路按结构特点分，有等径管路、串联管路、并联管路、分支管路等几种。但按计算特点分却只有两种：一种是水头损失中绝大部分为沿程损失，其局部损失相对可以忽略的称为长管；一种是水头损失中沿程损失、局部损失各占一定比例，这种称为短管。这里的长管和短管并不完全是个几何长短概念，而是一个阻力计算上的概念。

1. 管径和允许流速

管路的设计计算主要有以下 4 类问题：（1）已知流量 q_v，确定管径 d；（2）已知流量 q_v、管径 d、管长 l 及管路布置，确定所需总水头 H_0 或总压降 Δp_0；（3）已知总水头 H_0 或总压降 Δp_0、管长 l、管径 d 及管路布置，确定流量 q_v；（4）已知流量 q_v、总水头 H_0 或总压降 Δp_0 和管长 l，确定管径 d。

上述 4 类问题，除问题（1）外，都要计算水头损失 H_f。对于问题（2），按已知条件可算得水头损失 H_f，从而可确定总水头 H_0 或总压降 Δp_0。对于问题（3），因流速 v 未知，从而雷诺数 Re 未知，除阻力平方区外，不能算得沿程阻力系数 λ 和局部阻力系数 ξ 及水头损失 h_f 和 h_w。在这种情况下，可用迭代法逐渐逼近需求值。可先按已知管道的允许流速，查得 λ 和 ξ 值，然后由式（6-67）计算出速度 v。若算得的 v 与原假设的 v 不符，可再由算得的 v 重复上述计算，直至速度 v 达到误差要求。对于问题（4），与（3）相仿计算水头损失时需要知道管径，而现未知。可先按流量 q_v 及允许流速假定一个管径 d 值，以后再用迭代法逐渐逼近，最后按产品规格确定管径 d。

管径 d 计算公式为

$$d = \sqrt{\frac{4q_v}{\pi v}} \tag{6-68}$$

式中，q_v 为通过管道的体积流量；v 管道内流体平均速度。

由已知流量确定管径时，平均流速 v 值可按允许流速 v_a 选取。管内允许流速是根据流动时不易产生水击和振动，噪声低，以及经济等因素综合考虑后确定的。几种情况下的允许流速推荐值可见表6-7。管径较小、压力较低或黏度较大时可取较小的 v_a 值。

表 6-7　允许流速推荐值（v_a: m/s; d: mm）

流体种类	应用场合	管道种类	允许流速 v_a	流体种类	应用场合	管道种类	允许流速 v_a
水	一般给水	主压力管	2.0～3.0	压缩空气	压缩机	压缩机进气管	≈10.0
		低压管	0.5～1.0			压缩机输气管	≈20.0
	工业用水	离心泵压力管	3.0～4.0		一般情况	$d \leqslant 50.0$	≤8.0
		离心泵吸水管	1.0～2.5			$d \geqslant 70.0$	≥15.0
		往复泵压力管	1.5～2.0	矿物油	液压传动	吸油管	1.0～2.0
		往复泵吸水管	≤1.0			压油管（高压）	2.5～5.0
		给水总管	1.5～3.0			短管	≤10.0
		排水管	0.5～1.0			总回油管	1.5～2.5
	冷却	冷水管	1.5～2.5	饱和蒸汽	锅炉汽轮机	$d < 100.0$	15.0～30.0
		热水管	1.0～1.5			$d \geqslant 100.0$	25.0～40.0
	凝结	凝结水泵吸水管	0.5～1.0	过热蒸汽	锅炉汽轮机	$d < 100.0$	20.0～40.0
		凝结水泵出水管	1.0～2.0			$d = 100.0 \sim 200.0$	30.0～50.0
		自流凝结水管	0.1～0.3			$d > 200.0$	40.0～60.0

2. 管路特性

管路特性是指一条管路中流体的流动阻力水头 H 与其中流量 q_v 之间的函数关系，用曲线表示则称为管路特性曲线。管路特性曲线在流体机械的使用中有重要的作用，因实际测量既烦琐又困难，所以管路特性曲线一般都是计算所得。

如图 6-37 所示的管路，根据能量方程，流体从管路进口位置 1 流至出口位置 2 所需的能量水头（也是消耗的能量水头）可用下式表示：

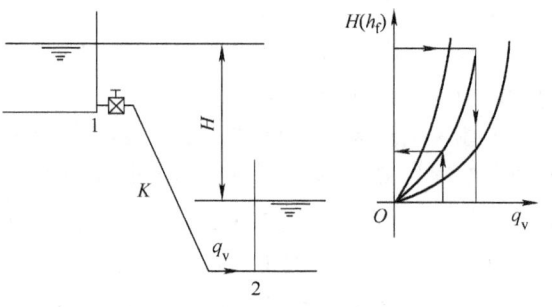

图 6-37　管路及其特性曲线

$$H = \sum h_w + \sum h_f = \left(\lambda \frac{l}{d} + \xi \right) \frac{v^2}{2g} \tag{6-69}$$

如果用 $v = \dfrac{q_v}{A}$ 代入，则

$$H = \left(\frac{8\lambda l}{\pi^2 g d^5} + \frac{8\xi}{\pi^2 g d^4} \right) q_v^2 = K q_v^2 \tag{6-70}$$

式中，K 为综合阻力系数，即

$$K = \frac{8\lambda l}{\pi^2 g d^5} + \frac{8\xi}{\pi^2 g d^4} \tag{6-71}$$

对于固定的管路系统 K 为定值，由此可知式（6-70）所表示的管路特性曲线为一抛物线，如图 6-37 所示。随着流量的增大，管路所消耗的阻力水头上升，即所需要的能源动力

也要加大。

6.5.2 串联、并联及分支管路

若把两根或数根长度和直径都不同的管道前后端顺次相接，此种管路称为串联管路，如图6-38所示的3根管的串联。当管路上配件较多时，一般串联管路按短管计算。设管路由 n 根圆管串联而成，根据连续性方程，管路中的流量不变。管路的总沿程压头损失 H_f 等于各分管段沿程损失之和，即

$$q = q_1 = q_2 = q_3 = \cdots = q_n \tag{6-72}$$

$$H_f = h_{f1} + h_{f2} + \cdots + h_{fn} = \sum_{i=1}^{n} h_{fi} \tag{6-73}$$

若两根或数根管段平行联结，此种管路称为并联管路。如图6-39所示的3根简单管路组成的并联管路，分支点为 A，汇合点为 B。并联管路的特点是各分路阻力损失相等，总流量等于各分路流量之和。即

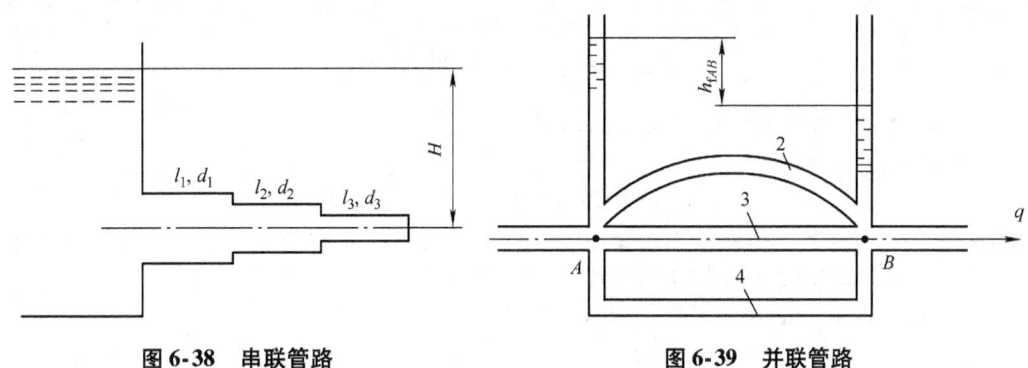

图6-38 串联管路　　　　　　图6-39 并联管路

$$h_{f2} = h_{f3} = h_{f4} = h_{fAB} \tag{6-74}$$

$$q = q_2 + q_3 + q_4 \tag{6-75}$$

需要注意并联管路各段上的水头损失相等，并不意味着它们的能量损失也相等。因为各段阻力不同，流量也就不同，以同样的水头损失乘以不同的质量流量所得到的单位时间各段上的能量损失也就不同了。一般并联管路也按短管计算。

许多根管子和一个通路接头相连接的管路系统，称为分支管路，如图6-40所示为一分支管路的示意图。分支管路是工程中又一种常用的管路形式，它将流体自主干路引向不同的使用地点，在供水系统中被广泛采用。

对于分支管路，任意点上的能头只可能有一个数值，这样分支点与支管端点之间可以建立能量方程，按各段计算沿程损失；对各分支点可建立连续

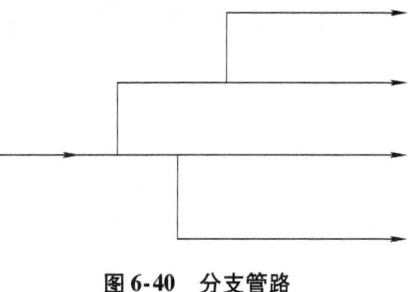

图6-40 分支管路

方程，即对于任何一个接头，流进和流出的总质量相等；每条管路都必须服从达西公式等摩擦方程，可利用能量损失叠加原理进行计算。

例6-10 设有长 $l = 1200\text{m}$、直径 $d = 150\text{mm}$ 的水平管道，出口的压强为大气压，入口压强为 $0.965 \times$

10^6Pa，管内石油的密度 $\rho = 920\text{kg/m}^3$，运动黏度 $\nu = 4 \times 10^{-4}\text{m}^2/\text{s}$，试求：（1）油的体积流量；（2）流过管道时功率的损失。

解：（1）当不可压缩黏性流体通过水平管道，取直径为 d、长为 L 圆柱体进行研究。由于流动是等速的，故重力、黏滞力和总压力平衡，进而可得

$$\tau = \frac{r}{2}\frac{\Delta p}{L}$$

取 $\tau = -\mu\dfrac{\mathrm{d}v_L}{\mathrm{d}r}$，则 $\dfrac{r}{2}\dfrac{\Delta p}{L} = -\mu\dfrac{\mathrm{d}v_L}{\mathrm{d}r}$，因此

$$v_L = -\frac{1}{4}r^2 + \frac{\Delta p}{L\mu} + C$$

当 $r = r_0$ 时，$v_L = 0$，$C = \dfrac{1}{4}r_0^2\dfrac{\Delta p}{\mu L}$，所以

$$v_r = -\frac{1}{4}r^2\frac{\Delta p}{L\mu}r^2 + \frac{1}{4}r_0^2\frac{\Delta p}{\mu L}$$

由于旋转抛物体的体积恰好等于它的外切圆柱体积的一半，因此平均流速等于最大流速的一半，即 $v = \dfrac{1}{2}v_{\max} = \dfrac{r_0^2\Delta p}{8\mu L}$，所以

$$q_v = \int_0^{r_0} 2\pi r v_L \mathrm{d}r = \frac{\pi d^4}{128\mu L}\Delta p$$

其中，$\Delta p = 0.965 \times 10^6\text{Pa}$，则体积流量 $p_v = 0.027\text{m}^3/\text{s}$。

（2）流过管道时功率的损失为

$$P = q_v\Delta p = (0.027 \times 0.965 \times 10^6)\text{W} = 26.055\text{kW}$$

例 6-11 不可压缩黏性流体在圆管中做定常流动，圆管过流断面上的速度分布为 $v = 10(1 - r^2/R^2)$，圆管半径 $R = 2\text{cm}$，试求通过过流截面的体积流量 q_v 和平均流速 v。

解：已知速度分布，在过流断面对速度积分可得到流量为

$$q_v = \int_A v\mathrm{d}A = \int_0^R 10\left(1 - \frac{r^2}{R^2}\right)2\pi r\mathrm{d}r = 20\pi\left(\frac{r^2}{2}\bigg|_0^R - \frac{1}{R^2}\frac{r^4}{4}\bigg|_0^R\right)$$

$$= 5\pi R^2 = 6.28 \times 10^{-3}\text{m}^3/\text{s}$$

可得平均流速为

$$v = \frac{q_v}{A} = \frac{6.28 \times 10^{-3}}{\frac{1}{4} \times 3.14 \times 0.04^2}\text{m/s} = 5\text{m/s}$$

6.6 泵与风机特性及管网联合运行工况

流体能在管网中形成连续稳定的流动，并按要求达到输送的目的地，这是由于管路中安装并运行了提供动力的设备、泵或风机。泵、风机、压缩机、水轮机、汽轮机等均属于流体机械。所谓流体机械，是指在流体具有的机械能和机械所做的功之间进行能量转换的机械。泵或风机是一类将原动机所做的功转换成被输送流体的压力势能和动能的流体机械。输送液体的称为泵，输送水介质的泵称为水泵；输送气体的则称为风机，风机也称为"气泵"。目前常用的原动机主要是电动机和内燃机。与水泵逆向的机械是水轮机，将水体的流动能转变为机械能。

6.6.1 泵与风机性能曲线

泵或风机一般是装在管路系统中，与管路共同工作。当泵或风机运转时，泵或风机性能

曲线上的每一点都表征一个工况点，即表现出一组特定的流动参数，同时，管路内也呈现如流量、压力等参数组成一个工况。泵或风机的运行工况点不仅取决于泵或风机本身，还和它们所连接的管路系统情况有关。两者的特性曲线共同决定了整个系统的联合统一工况点。前面已讨论过管路特性曲线，现来讨论泵与风机的性能曲线。

相关手册、教科书及产品样本给出的某种类型、规格的泵或风机的性能曲线，一般均是在某种标准条件下测试得到的。由于泵、风机内部流动的复杂性，目前还无法从理论上精确计算出泵或风机的性能曲线。计算机模拟技术的发展有望开辟一条快速简便的新途径。

泵与风机的性能主要是指在一定转速下，扬程或压强、轴功率、效率等与流量之间的关系，而用图表示的性能的曲线，则称为其性能曲线。目前还只能在实验室的试验装置上用试验的方法求得机器的全面性能。

本书在第 2 章的附录 2 已介绍过风机性能测量，在第 5 章的附录 5 已介绍过水泵性能测量。如图 6-41 所示为泵开式试验台，装置系统的进口、出口均是敞开的，即与大气相连通。泵性能试验主要测定的基本参数有：流量、扬程、轴功率、转速和临界汽蚀余量等。(1) 流量 q_v，可用涡轮流量计、文丘里流量计等测得；(2) 扬程 H，可用连接泵进、出口的差压计测得，也可独立测定进、出口处的压强，再由其差值计算；(3) 轴功率 P，可用扭矩仪、电动机天平等测定轴上的力矩；(4) 转速 n，采用数字转速表、扭矩仪等测得；(5) 临界汽蚀余量 $NPSH_c$，可用真空泵降低泵进口压力，综合利用流量、扬程和转速测量系统，最后确定临界状态工况；(6) 泵效率，由下式计算：

$$\eta = \frac{\rho g q_v H}{P} \tag{6-76}$$

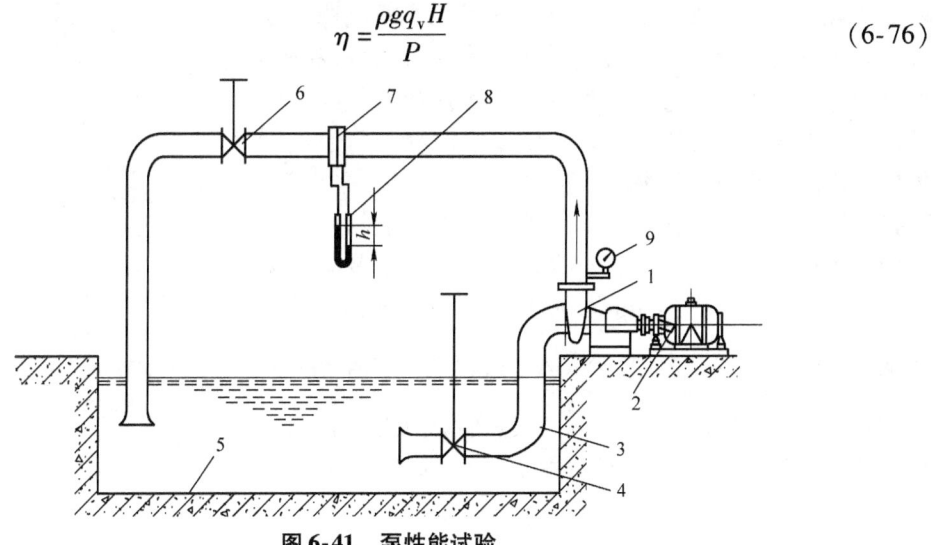

图 6-41　泵性能试验

1—试泵　2—测功电动机　3—吸入管　4—吸入调节阀　5—水池　6—出口调节阀　7—流量计　8—差压计　9—压力表

试验主要步骤：(1) 用出口调节阀调节 15 次左右的流量。离心泵一般第一次为 0 流量（关闭阀门），最后一次为最大流量（全开阀门）；(2) 分别测定每次流量下的物理参数；(3) 根据测定与计算得出数据绘制曲线，曲线应该圆滑。在坐标系中一般以流量 q_v 为横坐标，扬程 H、轴功率 P 和泵效率 η 等为纵坐标。将 15 组数据分别拟合或连接绘制成曲线，即为泵性能曲线，如图 6-42 所示为离心泵特性曲线。

离心泵随着流量 q_v 的增大扬程 H 一般呈减小趋势，轴功率 P 和临界汽蚀余量 $NPSH_c$ 为

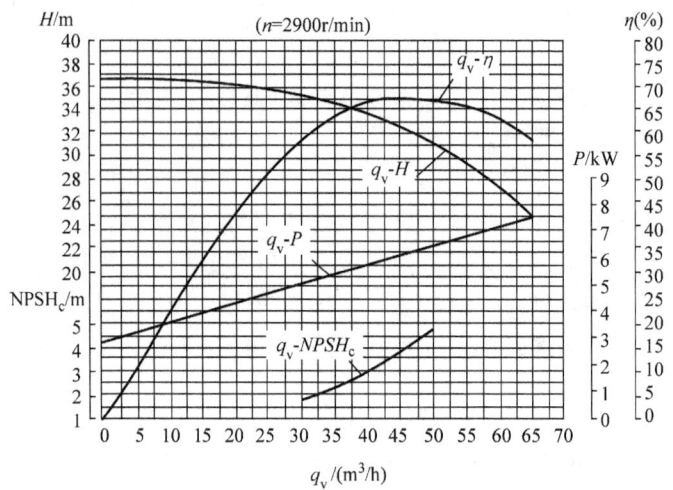

图 6-42　离心泵性能曲线

增大趋势，泵效率 η 一般是上凸抛物线形，有一个极大值。

6.6.2　联合运行工况

　　泵或风机和管路系统联合组成一个完整的运行系统，才能实现特定的功能，如图 6-43 所示的泵和管路联合系统。管路系统是指泵与风机整装置中除泵与风机以外的所有附件、吸入管路、压出管路及吸入容器和压出容器的总和。管路系统性能曲线是指管路系统能头与通过管路中流体流量的关系曲线。而管路系统能头（以泵为例）是指：把单位重力流体自吸入容器表面输送至压出容器表面所需做的功，用 H_c 表示，单位为 m。H_c 应等于下列几项之和：（1）流体位能的增加值 H_z；（2）流体压能的增加值 $\dfrac{p'' - p'}{\rho g}$；（3）流体自吸入容器表面至压出容器表面途中各项能量损失的总和 Σh_w。它包括管路的进口损失、管路中流动摩擦损失和局部损失、管路附件（各种阀门等）中的损失以及管路出口损失，即

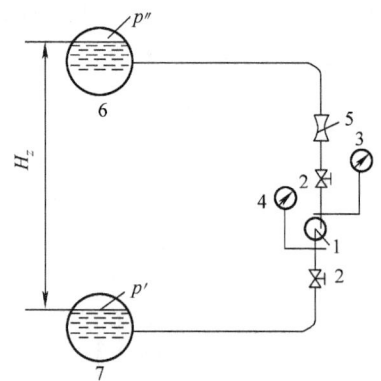

图 6-43　泵与管路
1—泵　2—阀门　3—压力表
4—真空计或压力表　5—流量计
6—压出容器　7—吸入容器

$$\sum h_w = \sum_{i=1}^n \lambda_i \frac{l_i}{d_i} \frac{v_i^2}{2g} + \sum_{j=1}^m \xi_j \frac{v_j^2}{2g} \qquad (6\text{-}77)$$

所以

$$H_c = H_z + \frac{p'' - p'}{\rho g} + \sum h_w \qquad (6\text{-}78)$$

吸入容器和压出容器中的压强有时是随流量而变的，为了阐明管路系统性能的一般规律，这里仅讨论吸入容器和压出容器中压强不变的情况（大多数工业场合是这样的）。这样，对给定的系统，$H_z + \dfrac{p'' - p'}{\rho g}$ 是一个定值且不随流量改变而变化，我们称此为静能头，并用 H_{st} 表

示。而总的流动损失通常情况下与流量的平方成正比，即 $\sum h_{\mathrm{w}} = \varphi q_{\mathrm{v}}^2$，这样管路系统的能头可表示为

$$H_{\mathrm{c}} = H_{\mathrm{st}} + \varphi q_{\mathrm{v}}^2 \tag{6-79}$$

式中，φ 为综合阻力系数，它与管路沿程阻力系数、局部阻力系数、阀门开度及管道的几何形状有关，对某一管道阻力系统，当阀门等的局部阻力不变时，φ 为常数。由式（6-77）不难验证

$$\varphi = \frac{1}{2g}\Big(\sum_{i=1}^{n} \lambda_i \frac{l_i}{d_i A_i^2} + \sum_{j=1}^{m} \xi_j \frac{1}{A_i^2} \Big) \tag{6-80}$$

式（6-79）描述了管路系统能头和流量的关系，所以又称为管路系统性能曲线方程，简称管路性能方程。由此不难看出，泵管路性能曲线是一条二次抛物线，如图 6-44 所示泵与风机管路性能曲线。

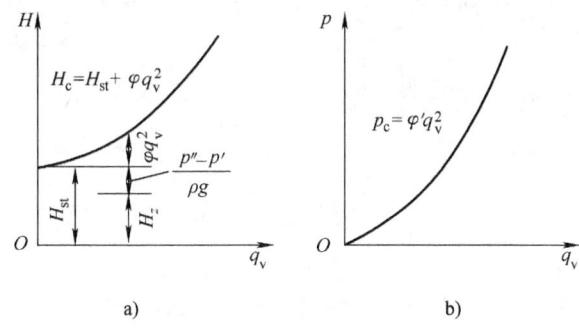

图 6-44　泵与风机管路性能曲线

a）泵管路性能曲线　b）风机管路性能曲线

将管路性能曲线和泵或风机本身的性能曲线用同样的比例尺画在同一张图上，两条曲线的交点即为泵或风机和管路系统联合运行的工况点，亦称工作点，如图 6-45 中的 M 点。

泵的运动工况点在稳定运行时只能是 M 点，这是因为在 M 点，泵的扬程等于管路系统的扬程，即这时单位重力流体流经泵时，从泵中获得的能量 H 正好等于把单位重力流体自吸入容器表面输送到压出容器表面所需要的能量 H_{c}，于是能量供求平衡。如果泵的运行工况不是 M 点，而是 A 点，那么很明显，这时管路系统扬程 H_{c} 大于泵的扬程 H。这说明，把流体从吸入容器输送到压出容器所需要的能量大于液体从泵

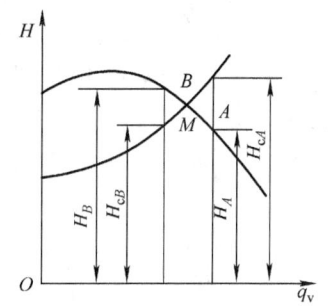

图 6-45　泵或风机联合运行工况点

中获得的能量，从而求大于供，这时流体因能量不足而减速，流量减小，工况点也沿泵的性能曲线向 M 点靠近，直至和 M 点重合为止。反之，如果泵的运行工况点不是 M 点，而是 B 点，则管路系统扬程小于泵的扬程，液体从泵中获得的能量除用于满足流体自吸入容器被输送到压出容器所需要的能量外，还有剩余，即供大于求。这时，多余的能量迫使液体加速，流量增大，B 点沿泵的性能曲线向 M 点靠近，直至重合为止。因此，泵稳定的运行工况点只能是两条曲线的交点 M。

应当指出，泵与风机的性能和管路性能是完全不同的两个概念。前者表征了泵与风机本

身的性能，而后者则是表征了管路系统的性能。它们之间的关系为供求关系，只有当两条曲线相交时，在交点上两者的数值才相同。

例 6-12 如图 6-46 所示一抽水系统，体积流量 $q_v = 0.1\,\mathrm{m^3/s}$，吸水管长度 $l_1 = 30\mathrm{m}$，压水管长度 $l_2 = 500\mathrm{m}$，管径 $d_1 = d_2 = 300\mathrm{mm}$，各管道沿程阻力损失系数 $\lambda = 0.025$，吸水管局部阻力损失系数 $\xi_{滤网} = 6.0$，$\xi_{弯头} = 0.4$，压水管局部损失可忽略不计。已知水泵进水口的最大允许真空压强为 6m 水柱，若水泵的提水高度 $H = 100\mathrm{m}$，求：（1）水泵的最大安装高度 $Z_{\max}$；（2）水泵的输出功率。（$\nu_水 = 1.0 \times 10^{-6}\,\mathrm{m^2/s}$，$\rho = 1000\mathrm{kg/m^3}$，$g = 9.81\mathrm{m/s^2}$）

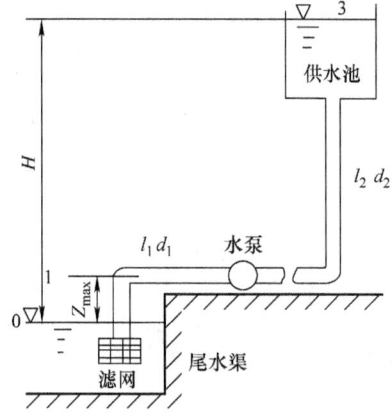

图 6-46 例 6-12 附图

解：（1）由题意可知，管道截面上平均速度为

$$v_1 = v_2 = \frac{q_v}{A} = 1.415\mathrm{m/s}$$

以尾水渠自由液面 0 和水泵进水口截面 1 作为两个过流断面，列总伯努利方程为

$$Z_0 + \frac{p_{0m}}{\rho g} + \frac{v_0^2}{2g} = Z_1 + \frac{p_{1m}}{\rho g} + \frac{v_1^2}{2g} + h_{LT}$$

式中，$Z_1 - Z_0 = Z_{\max}$；$p_{0m} = 0$；$v_0 = 0$，代入上述伯努利方程，得

$$-Z_{\max} = \frac{p_{1m}}{\rho g} + \frac{v_1^2}{2g} + h_{LT} \tag{1}$$

水泵进口的最大允许真空压强为

$$p_{1m} = -\rho g h = -58860\mathrm{Pa} \tag{2}$$

又该段的水头损失为

$$h_{LT} = h_L + h_i = \lambda \frac{l_1}{d_1}\frac{v_1^2}{2g} + \sum \xi \frac{v_1^2}{2g} = 8.9 \times \frac{v_1^2}{2g} = 0.908\mathrm{m} \tag{3}$$

将式（2）、式（3）代入式（1），即可求得水泵的最大安装高度为

$$Z_{\max} = 4.99\mathrm{m}$$

（2）以尾水渠自由液面 0 和供水池自由液面 3 作为两个过流断面，列出总流伯努利方程为

$$Z_0 + \frac{p_{0m}}{\rho g} + \frac{v_0^2}{2g} = Z_3 + \frac{p_{3m}}{\rho g} + \frac{v_3^2}{2g} + h'_{LT} + h_{输}$$

则可得

$$H + h'_{LT} + h_{输} = 0$$

又因为整段管道的总水头损失为

$$h'_{LT} = \lambda \frac{l_1}{d_1}\frac{v_1^2}{2g} + \lambda \frac{l_2}{d_2}\frac{v_2^2}{2g} + \sum \xi \frac{v_1^2}{2g} = 5.16\mathrm{m}$$

则可得

$$h_{输} = -H - h'_{LT} = -105.16\mathrm{m}$$

于是可得水泵的输出功率为

$$P = \rho g q_v \,|h_{输}| = 103.16\mathrm{kW}$$

例 6-13 如图 6-47a 所示为某水泵输水装置。已知管路的综合阻力系数 $\varphi = 24000\mathrm{s^2/m^5}$，提水高度 $H_z = 7\mathrm{m}$。水泵在 $n = 1450\mathrm{r/min}$ 时的 $q_v - H$ 和 $q_v - \eta$ 性能曲线如图 6-47b 所示。求：（1）泵装置的运行参数；（2）如采用阀门节流方法将流量减小 40%，相应的工作参数是多少？（3）如采用改变转速方法将流量减少 40%，泵的转速为多少？相应的其他工作参数是多少？

解：（1）管路特性方程 $H = 7 + 24000q_v^2$。据此，可在图 6-47c 中绘出管路特性曲线 CE。管路性能曲线

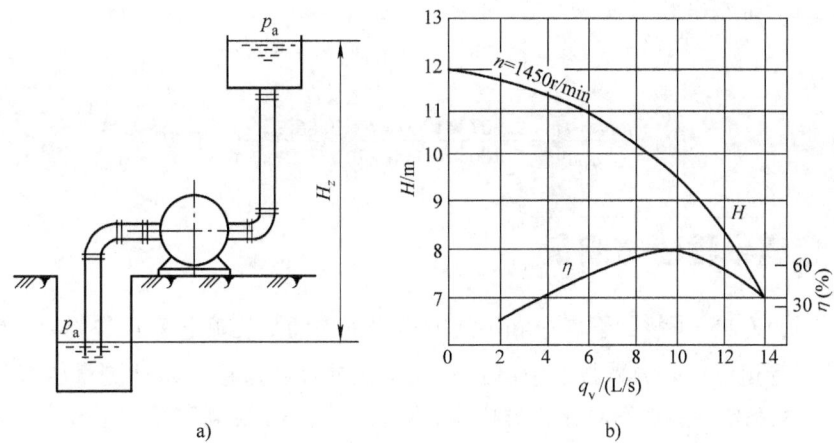

a)   b)

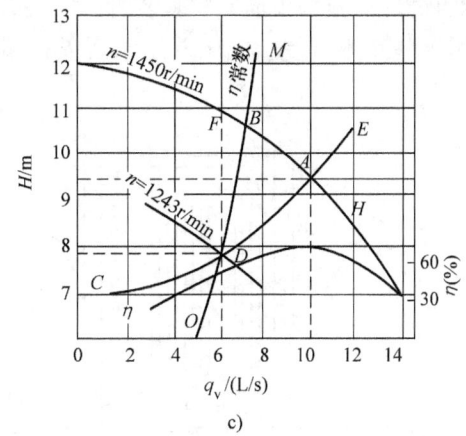

c)

图 6-47　例 6-13 附图

与泵的 $q_v - H$ 曲线交点 A 即为泵的工作点，该点参数为泵的运行参数，即

$$q_{vA} = 10\text{L/s}, \quad H_A = 9.4\text{m}, \quad \eta_A = 68\%$$

$$P_A = \frac{\rho g q_{vA} H_A}{\eta_A} = \frac{9.807 \times 1000 \times 10 \times 9.4}{1000 \times 1000 \times 0.68}\text{kW} = 1.35\text{kW}$$

（2）将流量减小 40%，即调整后流量为 $q_v = 6\text{L/s}$，采用节流阀调节，泵性能曲线不变，工作点应位于 F 点，如图 6-47c 所示。由此，可得此时工作参数为

$$q_{vF} = 6\text{L/s}, \quad H_F = 11\text{m}, \quad \eta_F = 50\%$$

$$P_F = \frac{\rho g q_{vF} H_F}{\eta_F} = \frac{9.807 \times 1000 \times 6 \times 11}{1000 \times 1000 \times 0.5}\text{kW} = 1.29\text{kW}$$

（3）采用变速调节，管路性能曲线不变，根据调整后流量 $q_v = 6\text{L/s}$，得调整后工作点为 D，$H_D = 7.86\text{m}$。为确定调整后转速，根据 $\dfrac{H}{q_v^2} = \dfrac{H_D}{q_{vD}^2} = \dfrac{7.86}{6^2} = 0.218$，在图 6-47c 中绘出过 D 点的相似抛物线 OM，OM 与 $n = 1450\text{r/min}$ 时的 $H - q_v$ 曲线相交于 B 点，由图 6-47c 得 $q_{vB} = 7\text{L/s}$。根据相似定律，调整后泵的转速为

$$n' = n \frac{q_{vD}}{q_{vB}} = \left(1450 \times \frac{6}{7}\right)\text{r/min} = 1243\text{r/min}$$

根据相似工况点的效率相同,查图 6-47c 可得

$$\eta_D = \eta_B = 57\%$$

因此,轴功率为

$$P_D = \frac{\rho g q_{vD} H_D}{\eta_D} = \frac{9.807 \times 1000 \times 6 \times 7.86}{1000 \times 1000 \times 0.57} \text{kW} = 0.81 \text{kW}$$

附录6 管道沿程阻力测量

通过实验可以加深了解圆管层流和湍流的沿程损失随平均流速变化的规律,绘制 $\lg h_f - \lg v$ 曲线;掌握管道沿程阻力系数的量测技术和水压差计及水银压差计测量压差的方法;将测得的 $Re - \lambda$ 关系值与莫迪图对比,分析其合理性,进一步提高实验成果分析能力。

附录6.1 实验装置

如图 6-48 所示自循环沿程水头损失实验装置,实验管道圆管直径 $d = 0.675 \text{cm}$,量测段长度 $L = 85 \text{cm}$。采用压差计测压差。低压差用水压差计量测;高压差用水银多管式压差计量测。

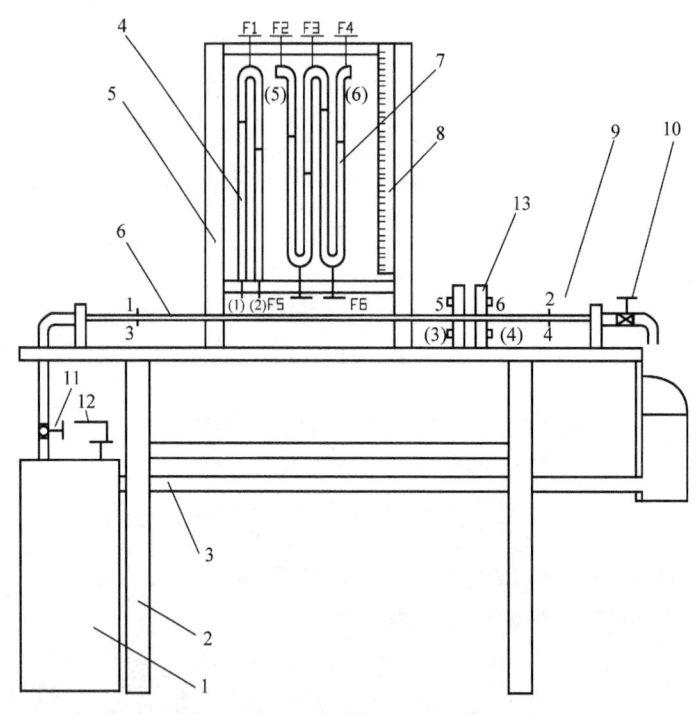

图 6-48 自循环沿程水头损失实验台

1—自循环高压恒定全自动供水器 2—实验台 3—回水管 4—水压差计 5—测压计 6—实验管道 7—水银压差计 8—滑动测量尺 9—测压点 10—实验流量调节阀 11—供水管与供水阀 12—旁通管与旁通阀 13—稳压筒

本实验装置配备有

(1) 自动水泵与稳压器。

自循环高压恒定全自动供水器由旋涡泵、自动压力开关、气-水压力罐式稳压器等组

成。压力超高时能自动停机，过低时能自动开机。为避免因水泵直接向实验管道供水而造成的压力波动等影响，旋涡泵的输水是先进入稳压器的压力罐，经稳压后再送向实验管道。

（2）旁通管与旁通阀。

由于本实验装置所采用水泵的特性，在供小流量时有可能时开时停，从而造成供水压力的较大波动。为了避免这种情况出现，供水器设有与蓄水箱直通的旁通管（图6-48中未标出），通过分流可使水泵持续稳定运行。旁通管中设有调节分流量至蓄水箱的阀门，即旁通阀，实验流量随旁通阀开度减小（分流量减小）而增大。实际上旁通阀又是本装置用以调节流量的重要阀门之一。

（3）测压计。

水压计和水银压差计为并联支路，分别在实验管道量测段两端布点取压。小流量时采用水压计测量压差，大流量时采用水银压差计测量压差。当旁通阀12全关，供水阀11和调节阀10全开时，实验管道6中达最大流速（最大流量）。

附录6.2 实验原理

由达西公式 $h_f = \lambda \dfrac{L}{d} \dfrac{v^2}{2g}$，得

$$\lambda = \frac{2gdh_f}{L}\frac{1}{v^2} = \frac{2gdh_f}{L}\left(\frac{\pi}{4}d^2/q_v\right)^2 = K\frac{h_f}{q_v^2}$$

$$(6-81)$$

式中，$K = \pi^2 g d^5/8L$。

由能量方程对水平等直径圆管可得

$$h_f = \frac{p_1 - p_2}{\rho g} \qquad (6-82)$$

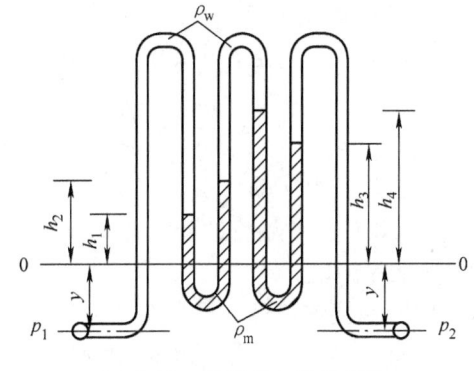

压差可用水压差计或水银多管式压差计测定。多管式水银压差计如图6-49所示。根据静力学基本方程及等压面原理有

图6-49 多管式水银压差计

$$p_1 - \rho_w g(y + h_1) + \rho_m g(h_1 - h_2) + \rho_w g(h_2 - h_3) + \rho_m g(h_3 - h_4) + \rho_w g(h_4 + y) = p_2$$

$$h_f = \frac{p_1 - p_2}{\rho_w g} = \left(\frac{\rho_m}{\rho_w} - 1\right)(h_2 - h_1 + h_4 - h_3) = 12.6\Delta h_m \qquad (6-83)$$

式中，Δh_m 为汞（水银）柱总差，$\Delta h_m = h_2 - h_1 + h_4 - h_3$；$\rho_m$、$\rho_w$ 分别为水银和水的密度。

附录6.3 实验步骤与测量结果

1. 实验步骤

（1）接通电源，启动水泵。全开阀12，打开供水阀11，水泵自动开启供水。

（2）夹紧水压计和水银压差计止水夹，打开阀门10和11，关闭旁通阀12，启动水泵排除管道中的气体。

（3）全开阀12，关闭阀10，松开水压计止水夹，并旋松水压计上端的旋塞，排除水压计中的气体。随后，关阀11，开阀10，使水压计的液面降至标尺零指示附近，即旋紧旋塞。再次开启阀11并立即关闭阀10，稍候片刻检查水压计是否齐平，如不平则需重调。

（4）与步骤（3）同步完成水银压差计通水、排气。在阀11全开、阀10全关和阀12

微关状态下，各管水银液面应当齐平。

（5）实验装置通水排气后，即可进行实验测量。在阀12、阀11全开的前提下，逐次开大出水阀10，每次调节流量时，均需稳定 2 ~ 3min，流量越小，稳定时间越长；测流时间不小于8 ~ 10s；测流量的同时，需测记水压计（水银压差计）、温度计（水箱中）等读数。

层流段：应在水压计 Δh 在 30 ~ 40mmH$_2$O 量程范围内，测记3 ~ 5组数据。

湍流段：夹紧水压计止水夹，开大流量，用水银压差计记录 h_f 值，每次增量应在水银压差计 Δh 在 5 ~ 7mmHg 量程范围内，测记5 ~ 8 组数据。直至测出最大的 h_f 值。阀的操作次序是当阀11、阀10开至最大后，逐渐关阀12，直至 h_f 显示最大值。

（6）由于水泵运转过程中水温有变化，要求每次实验均需测水温一次。

（7）实验结束前，应全开阀12，关闭调节阀10，检查水压计和水银压差计是否回零，然后关闭阀门11，并切断电源。

（8）据水温公式求运动黏度

$$\nu = \frac{0.01775}{1 + 0.0337t + 0.000221t^2} \tag{6-84}$$

计算运动黏度 ν 值或查表。式中，t 为水温，以℃计；ν 以 cm^2/s 计。

2. 实验结果

（1）绘图分析：绘制（$\lg v - \lg h_f$）曲线，如图6-50所示。指数关系值 m 即为直线的斜率

$$m = \frac{\lg h_{f2} - \lg h_{f1}}{\lg v_2 - \lg v_1}$$

本实验表明流动为层流（$m = 1.0$）、湍流光滑区（$m = 1.75$）和湍流过渡区（$1.75 < m < 2.0$），未达到阻力平方区。

（2）在层流范围，沿程阻力系数基本符合计算公式 $\lambda = 64/Re$，数据的最大绝对误差为 1.25%。该公式的正确性得到充分验证。

（3）单位流程上的水头损失系数称为水力坡度。

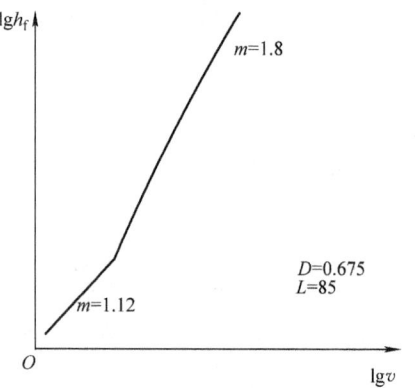

图 6-50 $\lg v - \lg h_f$ 实验曲线

水力坡度 $J = h_f/L$，其中 h_f 为沿程水头损失，单位是 m；L 为管路长度，单位是 m。在定直径定长管道中，流量变化，沿程水头损失变化，水力坡度也发生相应变化。

思考题6

6-1. 圆管内定常充分发展层流流动，过流断面上的速度和切应力分布为（　　）。

A. 线性分布，抛物线分布；　　　　　B. 线性分布，对数分布；

C. 抛物线分布，线性分布；　　　　　D. 对数分布，线性分布

6-2. 黏性底层厚度 δ_n 随 Re 的增大而（　　）。

A. 不定；　　　　B. 不变；　　　　C. 增大；　　　　D. 减小

6-3. 流量一定，管径沿程减小时，测压管水头线（　　）。

A. 可能沿程上升也可能沿程下降的；　　B. 总是与总水头线平行；

C. 只能沿程下降；　　　　　　　　　　D. 不可能低于管轴线

6-4. 圆管流动过流断面上切应力为（   ）。

A. 管轴处为零，且管壁处为最大；　　　　B. 沿径向不变；

C. 管壁处为零，且管轴处为最大；　　　　D. 管轴处为零，管壁处也为零

6-5. 对管径沿程变化管道（   ）。

A. 测压管水头线不可能低于管轴线；　　　　B. 测压管水头线总是与总水头线相平行；

C. 总水头线沿流可能会上升也可能会下降；　　D. 以上说法都不对

6-6. 层流的沿程阻力系数（   ）。

A. 仅与雷诺数有关；　　　　　　　　　B. 仅与相对粗糙度有关；

C. 与雷诺数及相对粗糙度有关；　　　　　D. 是常数

6-7. 并联管道 A、B，两管材料、直径相同，长度 $l_B = 2l_A$，两管的水头损失关系为（   ）。

A. $h_{lB} = h_{lA}$；　　　B. $h_{lB} = 2h_{lA}$；　　　C. $h_{lB} = 1.41h_{lA}$；　　　D. $h_{lB} = 4h_{lA}$

6-8. 水力润滑油湍流是指黏滞底层厚度 δ_n 与管壁绝对粗糙度 Δ 有下列关系（   ）。

A. $\delta_n < \Delta$；　　　B. $\delta_n > \Delta$；　　　C. δ_n 与 Δ 同数量级；　　D. 以上答案均不对

6-9. 对管径沿程变化的管道（   ）。

A. 测压管水头线不可能低于管轴线；　　　　B. 测压管水头线总是与总水头线平行；

C. 总水头线沿程可能会上升也可能会下降；　　D. 测压管水头线沿程可能会上升也可能会下降

6-10. 圆管层流运动的动能修正系数 $\alpha =$（   ）。

A. 1；　　　　　　B. 2；　　　　　　C. 3；　　　　　　D. 4

6-11. 一管径从大到小渐缩的管道中，雷诺数沿水流方向（   ）。

A. 增大；　　　　B. 减小；　　　　C. 不变；　　　　D. 不一定

6-12. 若两管道的管长 L、管径 d、流量 q_v 及水温 t 均相同，但在相同长度管段上的糙率 $n_1 > n_2$，则两管测压管水面差 Δh_1 与 Δh_2 的关系为（   ）。

A. $\Delta h_1 > \Delta h_2$；　　　B. $\Delta h_1 < \Delta h_2$；　　　C. $\Delta h_1 = \Delta h_2$；　　　D. 无法确定

6-13. 若两管道的管长 L、直径 D、流量 q_v 及水温均相同，但在相同长度管段上的测压管水面差 $\Delta h_1 > \Delta h_2$，则两管糙率 n_1 与 n_2 的关系为（   ）。

A. $n_1 = n_2$；　　　B. $n_1 < n_2$；　　　C. $n_1 > n_2$；　　　D. 无法确定

6-14. 圆管层流运动流体的最大流速与断面平均流速之比为（   ）。

A. 2；　　　　　　B. 3；　　　　　　C. 4；　　　　　　D. 5

6-15. 其他条件不变，层流内摩擦力随管壁粗糙度的增大而（   ）。

A. 不变；　　　　B. 减小；　　　　C. 增大；　　　　D. 不定

6-16. 内、外直径分别为 D_1、D_2 的充满运动流体的圆环形截面管道，其水力直径为（   ）。

A. $D_2 + D_1$；　　　B. $D_2 - D_1$；　　　C. $0.5(D_2 + D_1)$；　　　D. $0.5(D_2 - D_1)$

6-17. 根据尼古拉兹实验成果知，（   ）。

A. 层流区 $\lambda = f(Re)$；　　　　　　B. 层、湍过渡区 $\lambda = f(Re)$；

C. 湍流光滑区 $\lambda = f(\Delta/d)$；　　　　D. 湍流过渡区 $\lambda = f(Re, \Delta/d)$；

E. 湍流粗糙区 $\lambda = f(Re)$

6-18. 黏性底层厚度 δ_n 随流体运动速度 v 的增大而（   ）。

A. 增大；　　　　B. 减小；　　　　C. 不变；　　　　D. 不定

6-19. 阻力平方区湍流的沿程阻力系数（   ）。

A. 仅与雷诺数有关；　　　　　　　　　B. 仅与相对粗糙度有关；

C. 与雷诺数及相对粗糙度有关；　　　　　D. 是常数

6-20. 已知管内水流流动处于湍流粗糙管自模化区，则管道的沿程阻力损失系数 λ 将（   ）。

A. 随着雷诺数增大而减少；　　　　　　B. 随着管壁相对粗糙度增大而不变；

C. 随着雷诺数增大而增大；　　　　　　　D. 随着管壁相对粗糙度的增大而增大

6-21. 两沿程阻力系数相同且长度相同的并联圆形管道，已知 $d_1 = 2d_2$，则流量之比 $q_{v1} : q_{v2}$ 为（　　　）。

A. 1:2;　　　　　　B. $2^{2.5}:1$;　　　　　　C. $1:2^{1/3}$;　　　　　　D. $1:2^{16/3}$

6-22. 产生局部阻力损失的主要原因（　　　）。

A. 流体的惯性；　　　　　　　　　　　　B. 流体之间的摩擦力；

C. 流体的压缩性；　　　　　　　　　　　D. 流体中产生旋涡

6-23. 断面面积相同的圆形和正方形有压管道，圆形和方形管道的水力半径之比为（　　　）。

A. $\sqrt{\pi/2}$;　　　　　　B. $2/\sqrt{\pi}$;　　　　　　C. $\pi/2$;　　　　　　D. 1

6-24. 水力光滑区具有（　　　）的性质。

A. 沿程水头损失与平均流速的二次方成正比；

B. 沿程阻力系数与平均流速的平方成正比；

C. 绝对粗糙度对湍流不起作用；

D. 绝对粗糙度对湍流起作用

6-25. 下列关于长管水力计算的说法中，不正确的有（　　　）。

A. 串联管路的总水头损失等于各支路的水头损失之和；

B. 串联管路的总流量等于各支路的流量之和；

C. 并联管路两节点间的总水头损失等于各支路的水头损失；

D. 并联管路各支路的水头损失相等；

E. 并联管路两节点间的总流量等于各支路的流量之和

6-26. 并联管路的并联段的总水头损失等于（　　　）。

A. 各管的水头损失之和；　B. 较长管的水头损失；　C. 各管的水头损失；　D. 较短管的水头损失

6-27. 下列情况中，总水头线与测压管水头线重合的是（　　　）。

A. 实际液体；　　　B. 理想液体；　　　C. 长管；　　　D. 短管

6-28. 沿程水头损失与流速一次方成正比的水流为（　　　）。

A. 层流；　　　B. 湍流光滑区；　　　C. 湍流过渡区；　　　D. 湍流粗糙区

6-29. 工业管道的沿程摩阻系数在湍流过渡区随雷诺数的增加而（　　　）。

A. 增加；　　　B. 减小；　　　C. 不变；　　　D. 不定

6-30. 按普朗特动量传递原理，湍流的断面流速分布规律符合（　　　）。

A. 抛物线分布；　　　B. 指数分布；　　　C. 对数分布；　　　D. 直线分布

6-31. 圆管湍流的断面流速分布符合（　　　）。

A. 均匀分布；　　　B. 直线分布；　　　C. 抛物线分布；　　　D. 对数分布

6-32. 已知突然扩大管道突扩前后管段的直径之比 $d_1/d_2 = 0.5$，则相应的断面平均流速之比 $v_1/v_2 =$（　　　）。

A. 8;　　　　　　B. 4;　　　　　　C. 2;　　　　　　D. 1

6-33. 判断题：在定常均匀层流中，沿程水头损失与速度的一次方成正比。

6-34. 判断题：等直径90°弯管中的水流是均匀流。

6-35. 判断题：管壁粗糙的管子一定是水力粗糙管。

6-36. 判断题：层流可以是渐变流也可以是急变流。

6-37. 判断题：湍流可以是均匀流，也可以是非均匀流。

6-38. 判断题：在黏性流体的流动中，测压管水头（即单位重量流体所具有的势能）只能沿程减小。

6-39. 判断题：内表面几何光滑的管道一定是水力光滑管。

6-40. 判断题：因为并联管路中各并联支路的水力损失相等，所以其能量损失也一定相等。

6-41. 判断题：在定常均匀流中，沿程水头损失与流速的平方成正比。

6-42. 判断题：同一种管径和粗糙度的管道，雷诺数不同时，可以在管中形成湍流光滑区、粗糙区或过度粗糙区。

6-43. 判断题：在并联管道中，若按长管考虑，则支管长的沿程水头损失较大，支管短的沿程水头损失较小。

6-44. 判断题：管道中湍流时过水断面上的流速分布比层流时流速分布均匀。

6-45. 判断题：流体在水平圆管内流动，如果流量增大一倍而其他条件不变的话，沿程阻力也将增大一倍。

6-46. 判断题：当雷诺数 Re 很大时，在湍流核心区中，切应力中的黏滞切应力可以忽略。

6-47. 判断题：输水圆管由直径为 d_1 和 d_2 的两段管路串联而成，且 $d_1 > d_2$，流量为 q_v 时相应雷诺数为 Re_1 和 Re_2，则 $Re_1 > Re_2$。

6-48. 判断题：其他条件相同情况下扩散管道中的水头损失比收缩管道中的水头损失小。

6-49. 判断题：沿程阻力系数 λ 的大小只取决于流体的流动状态。

6-50. 判断题：湍流光滑区的沿程水头损失系数 λ 随雷诺数的增大而增大。

6-51. 判断题：尺寸相同的收缩管中，总流的方向改变后，水头损失的大小并不改变。

6-52. 判断题：沿程水头损失表示的是单位长度流程上的水头损失的大小。

6-53. 判断题：湍流粗糙区就是阻力平方区。

6-54. 判断题：短管是指管路的几何长度较短。

6-55. 判断题：并联管路中各支管的水力坡度有可能相等，也有可能不相等。

6-56. 判断题：长管是指其线性长度长的管道。

6-57. 判断题：在湍流粗糙区中，管径相同、材料和加工方式相同的管道，流量越小则沿程水头损失系数 λ 越大。

6-58. 填空题：圆管层流过水断面上的流速分布符合＿＿＿＿＿＿＿＿规律，其最大流速为断面平均流速的＿＿＿＿＿＿＿＿倍。

6-59. 填空题：当水平放置的管道中水流为定常均匀流时，其断面平均流速沿程＿＿＿＿＿＿，动水压强沿程＿＿＿＿＿＿。

6-60. 填空题：圆管层流断面上的动能修正系数为 α = ＿＿＿＿＿＿＿＿＿＿＿，沿程水头损失系数 λ = ＿＿＿＿＿＿＿＿＿＿＿＿＿。

6-61. 填空题：单位流程上的水头损失系数称为＿＿＿＿＿＿＿＿＿＿＿。

6-62. 填空题：在湍流光滑区，沿程水头损失系数 λ 与相对粗糙度无关的原因是＿＿＿＿＿＿＿＿＿＿＿＿＿＿＿＿＿＿＿＿＿＿＿＿＿＿＿＿＿＿＿＿＿＿＿＿＿。

6-63. 填空题：在管道断面突然缩小处，测压管水头线沿流程必然会有＿＿＿＿＿＿＿＿＿＿。

6-64. 填空题：将圆管有压流的管轴处与管壁处相比，＿＿＿＿＿＿＿＿ 的流速大，＿＿＿＿＿＿＿＿ 的流速梯度大，＿＿＿＿＿＿＿＿＿ 的黏性切应力大。

6-65. 填空题：在＿＿＿＿＿＿＿＿＿＿＿流中只有沿程阻力系数。

6-66. 填空题：定常总流的能量方程中，包含有动能修正系数 α，这是因为＿＿＿＿＿＿＿＿＿＿＿＿＿＿＿＿＿＿＿＿＿＿＿，层流的 α 值比湍流的 α 值要＿＿＿＿＿＿＿＿＿。

6-67. 填空题：一般来说，有压管道的水头损失分为＿＿＿＿＿＿＿＿ 和＿＿＿＿＿＿＿＿ 两类。对于长管，可以忽略＿＿＿＿＿＿＿＿＿＿。

6-68. 填空题：均匀流动中沿程水头损失与切应力成＿＿＿＿＿＿＿＿＿关系。

6-69. 填空题：水力损失可分为＿＿＿＿＿＿＿＿＿＿＿＿、＿＿＿＿＿＿＿＿＿＿＿＿＿＿。

6-70. 填空题：在管道直径一定的输水管道系统中，水流处于层流时，随着雷诺数的增大，沿程阻力系数＿＿＿＿＿＿＿＿，沿程水头损失＿＿＿＿＿＿＿＿；水流处于湍流光滑区时，随着雷诺数的增大，沿程阻力系数

_____；水流处于湍流粗糙区时，随着雷诺数的增大，沿程阻力系数_____，沿程水头损失____
_____。

6-71. 填空题：湍流切应力由_____和_____组成（写出名称和表达式）。

6-72. 填空题：特征 Re 数的表示式是_____，其物理含义是_____。

6-73. 填空题：有一等长直管道中产生均匀管流，其管长 100m，管道直径 $d=100$mm，若沿程水头损失为 1.2m，沿程水头损失系数 $\lambda=0.021$，则水力坡度 $J=$ _____，管中流量 $q_v=$ _____ m^3/s。

6-74. 填空题：在并联管路中，各并联管段的_____相等。

6-75. 填空题：湍流光滑区的沿程水头损失系数 λ 与_____有关，湍流粗糙区的沿程水头损失系数 λ 与_____有关。

6-76. 填空题：长管是_____。

6-77. 填空题：湍流粗糙区的沿程水头损失 h_f 与断面平均流速的_____次方成正比，其沿程水头损失系数 λ 与_____有关。

6-78. 填空题：湍流时的切应力有_____作用在_____处和_____作用在_____处。

6-79. 填空题：湍流粗糙区的沿程水头损失系数 λ 仅与_____有关，而与_____无关。

6-80. 名词解释：管流。

6-81. 名词解释：黏性底层。

6-82. 名词解释：时均流速。

6-83. 名词解释：沿程阻力与局部阻力。

6-84. 名词解释：湍动附加应力。

6-85. 形成层流和湍流切应力的主要原因各是什么？

6-86. 简述液体从层流转变为湍流的两个必要条件。

6-87. 圆管层流的切应力、流速如何分布？

6-88. 什么叫作水力光滑和水力粗糙？

6-89. 圆管中层流与湍流，其流速分布有何不同？为什么有此区别？

6-90. 湍流中为什么存在黏性底层？其厚度与哪些因素有关？其厚度对湍流分析有何意义？

6-91. 试述断面平均流速与时间平均流速。

6-92. 湍流研究中为什么要引入时均概念？湍流时，定常流与非定常流如何定义？

6-93. 湍流时断面上流层的分区和流态分区有何区别？

6-94. 湍流时的切应力有哪两种形式？它们各与哪些因素有关？各主要作用在哪些部位？

6-95. 从以下四个方面分析层流和湍流的区别：（1）水流现象；（2）流速分布特征；（3）切应力特性；（4）沿程水头损失规律。

6-96. 圆管湍流的流速如何分布？

6-97. 如何计算圆管层流的沿程阻力系数？该式对于圆管的进口段是否适用？为什么？

6-98. 试简述尼古拉兹实验的成果并说明其对流体力学理论的影响和作用。

6-99. 造成局部水头损失的原因是什么？

6-100. 为什么圆管进口段靠近管壁的流速逐渐减小，而中心点的流速是逐渐增大的？

6-101. 简述压力管路的主要特点。

6-102. 如何减小局部水头损失？

6-103. 简述串联、并联管路的主要特点。

6-104. 管径突变的管道，当其他条件相同时，若改变流向，在突变处所产生的局部水头损失是否相等？为什么？

6-105. 其他条件一样，但长度不等的并联管道，其沿程水头损失是否相等？为什么？

6-106. 局部阻力系数与哪些因素有关？选用时应注意什么？

6-107. 用工程单位制表示流体的速度、管径、运动黏度时，管流的雷诺数 $Re = 10^4$，问采用国际单位制时，该条件下的雷诺数是多少？为什么？

6-108. 如思考题 6-108 图所示等径并联管路，若 3 个分支管道中沿程阻力系数 $\lambda_1 > \lambda_3 > \lambda_2$（不考虑局部阻力），试问 3 分支管道中沿程阻力水头 h_{f1}、h_{f2}、h_{f3} 之间呈怎样的关系？3 分支管道中流量 q_{v1}、q_{v2}、q_{v3} 之间呈怎样的关系？3 分支管道中消耗功率 P_1、P_2、P_3 之间呈怎样的关系？

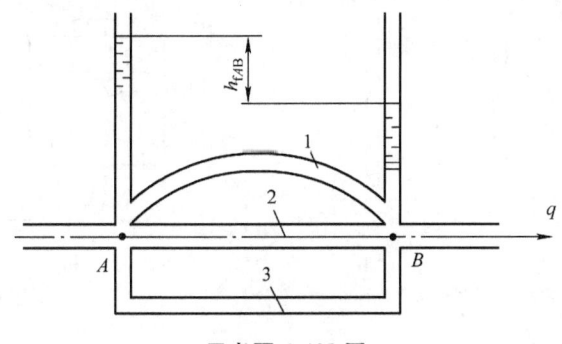

思考题 6-108 图

习题6

6-1. 如习题 6-1 图所示，管径 $d = 5cm$、管长 $l = 6m$ 的水平管中有相对密度为 0.9 的油液流动，汞差压计读数为 $h = 14.2cm$，3min 内流出的油重为 5000N，试求油的动力黏度 μ。

答案：$\mu = 0.144Pa \cdot s$

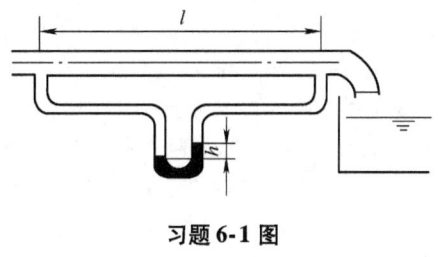

习题 6-1 图

6-2. 有一条油管，长 $l = 3m$，直径 $d = 0.02m$，油的运动黏度 $\nu = 35 \times 10^{-6}m^2/s$，流量 $q_v = 2.5 \times 10^{-4}m^3/s$，求此管段的沿程损失。

答案：$h_f = 0.6816m$

6-3. 如习题 6-3 图所示为列管式换热器壳体内换热管的布置，已知壳体的直径为 D，内有 14 根直径为 d 的换热管，求壳体与换热管间形成的通道的湿周、水力半径和当量直径。

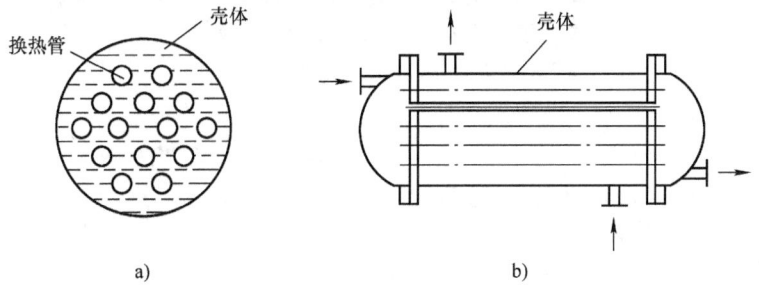

习题 6-3 图

答案：$\chi = \pi(D + 14d)$；$R = \dfrac{D^2 - 14d^2}{4(D + 14d)}$；$d_H = \dfrac{D^2 - 14d^2}{D + 14d}$

6-4. 如习题 6-4 图所示装置用来测量油的动力黏度。已知管段长度 $l = 3.6m$，管径 $d = 0.015m$，油的

密度为 $\rho = 850 \mathrm{kg/m^3}$，当流量保持为 $q_v = 3.5 \times 10^{-5} \mathrm{m^3/s}$ 时，测压管液面高差 $\Delta h = 27 \mathrm{mm}$，通过观察可以确定管中流动为层流，试求油的动力黏度 μ。

答案：$\mu = 2.2199 \times 10^{-3} \mathrm{Pa \cdot s}$

6-5. 如习题 6-5 图所示，润滑系统的油泵在温度 $t = 20^\circ\mathrm{C}$ 时，供给 $q_v = 60 \mathrm{L/min}$ 的机油，机油运动黏度 $\nu = 2 \mathrm{cm^2/s}$，相对密度为 0.9，机油管直径 $d = 35 \mathrm{mm}$，长度 $l = 5 \mathrm{m}$，泵入口断面在液面下 $h = 1 \mathrm{m}$，问泵入口断面上的压强是多少？如果油温升高为 $80^\circ\mathrm{C}$ 时，$\nu = 0.2 \mathrm{cm^2/s}$，相对密度为 0.85，泵入口断面压强又是多少？

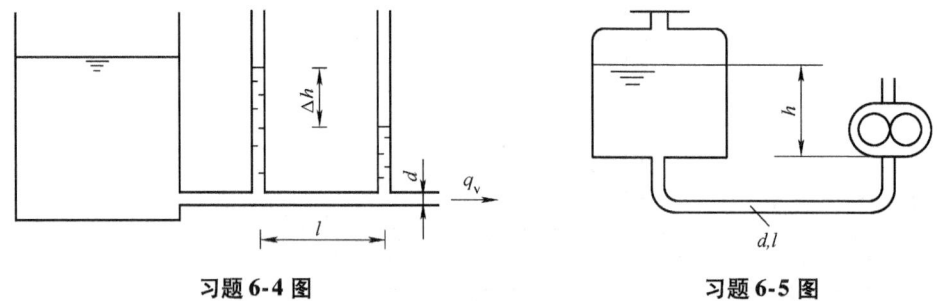

习题 6-4 图　　　　　　习题 6-5 图

答案：$t = 20^\circ\mathrm{C}$ 时，$p = -16 \mathrm{kPa}$；$t = 80^\circ\mathrm{C}$ 时，$p = 5.7 \mathrm{kPa}$

6-6. 水平放置的毛细管黏度计，内径 $d = 0.50 \mathrm{mm}$，两测点间的管长 $L = 1.0 \mathrm{m}$，液体的密度 $\rho = 999 \mathrm{kg/m^3}$，当液体流量 $q_v = 880 \mathrm{mm^3/s}$ 时，两测点间的压降 $\Delta p = 1.0 \mathrm{MPa}$。试求该液体的黏度。

答案：$\mu = 1.743 \times 10^{-3} \mathrm{Pa \cdot s}$

6-7. 用一条长 $l = 12 \mathrm{m}$ 的管道将油箱内的油送至车间。油的运动黏度为 $\nu = 4 \times 10^{-5} \mathrm{m^2/s}$，设计流量为 $q_v = 2 \times 10^{-5} \mathrm{m^3/s}$，油箱的液面与管道出口的高差为 $h = 1.5 \mathrm{m}$，试求管径 d。

答案：$d = 0.01413 \mathrm{m}$

6-8. 如习题 6-8 图所示，两水池水位定常，已知管道直径 $d = 10 \mathrm{cm}$，管长 $l = 20 \mathrm{m}$，沿程阻力系数 $\lambda = 0.042$，局部阻力系数 $\xi_{弯1} = 0.80$，$\xi_{弯2} = 0.26$，通过的流量为 $q_v = 0.065 \mathrm{m^3/s}$。试求：（1）若水从高水池流到低水池，这两水池面的高度差为多少？（2）若将水从上述高度差的低水池打到高水池，需要的增压泵的扬程为多大？

答案：（1）$h = 43.9 \mathrm{m}$；（2）$H = 87.8 \mathrm{m}$

6-9. 如习题 6-9 图所示为收集大量浮在海面上的污染油液而用的带输液装置，带运动速度为 $v_0 = 5 \mathrm{m/s}$，由摩擦力而输送的油层厚度为 $\delta = 2 \mathrm{mm}$，带倾斜度 $\alpha = 20^\circ$，油液黏度 $\mu = 0.02 \mathrm{Pa \cdot s}$，相对密度为 0.8，油层压强均为大气压，试求 0.7 m 宽度带所能输送的流量是多少？

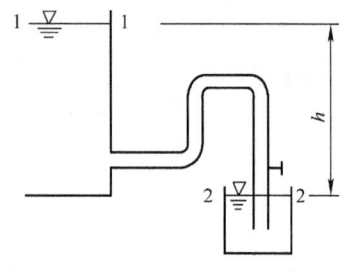

习题 6-8 图

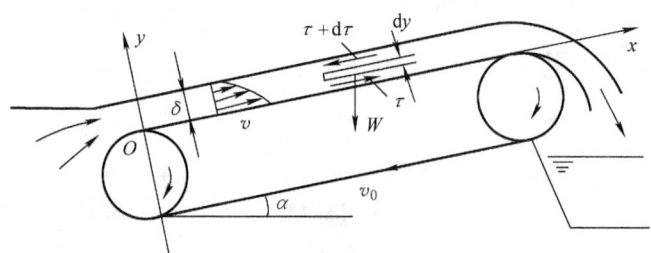

习题 6-9 图

答案：$q_v = 6.75\text{L/s}$

6-10. 给水管长 30m，直径 $d = 75\text{mm}$，新铸铁管，流量 $q_v = 7.25\text{L/s}$，水温 $t = 10℃$，试求该给水管段的沿程水头损失。

答案：$h_f = 1.54\text{m}$

6-11. 如习题 6-11 图所示，流量为 $q_v = 0.3\text{L/s}$ 的油泵与 $l = 0.7\text{m}$ 的细管组成一个循环油路，借以保持直径为 $D = 30\text{mm}$ 的调速阀位置保持恒定。已知油的动力黏度 $\mu = 0.03\text{Pa·s}$，密度 $\rho = 900\text{kg/m}^3$，调速阀上的弹簧预压缩量 $s = 6\text{mm}$，弹簧刚度系数为 $k = 8\text{N/mm}$，为使调速阀恒定，细管直径 d 应为多少？管路中其他阻力忽略不计，只计细管中的沿程阻力。

答案：$d = 7.8\text{mm}$

6-12. 如习题 6-12 图所示为内径 20mm 倾斜放置的圆管，其中流过密度 $\rho = 815.7\text{kg/m}^3$、黏度 $\mu = 0.04\text{Pa·s}$ 的流体，已知截面 1 处的压强 $p = 9.807 \times 10^4\text{Pa}$，截面 2 处的压强 $p = 19.61 \times 10^4\text{Pa}$。试确定流体在管中的流动方向，并计算流量和雷诺数（假定管中流动为层流）。

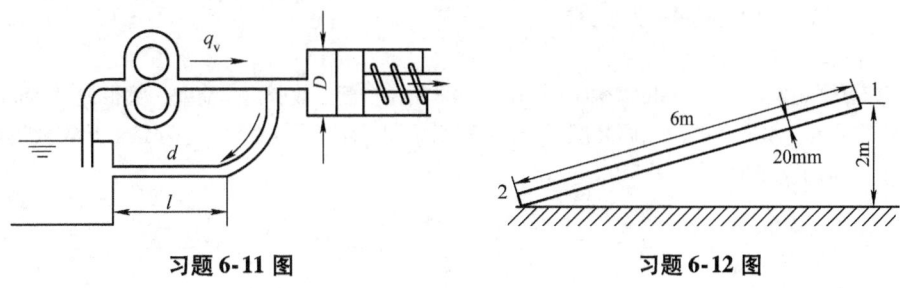

习题 6-11 图   习题 6-12 图

答案：流体自截面 2 流向截面 1；$q_v = 0.001342\text{m}^3/\text{s}$；$Re = 1742$

6-13. 有一段直径 $d = 100\text{mm}$ 的管路长 10m。其中有两个 90° 的弯管，$d/R = 1.0$。管段的沿程水头损失系数 $\lambda = 0.037$。如拆除这两个弯管而管段长度不变，作用于管段两端的总水头也维持不变，问管段中的流量能增加百分之几？

答案：$q_{v2} = 1.077q_{v1}$，即流量增加 7.7%

6-14. 如习题 6-14 图所示，某供水系统从清水池向水塔供水。清水池最高水位标高为 108.00m，最低水位标高为 106.00m；水塔地面标高为 115.00m，最高水位标高为 148.00m。水塔容积为 45m^3，要求 2h 内充满水。已知管路的总水头损失为 3.5m，试计算水泵流量、扬程及有效功率。

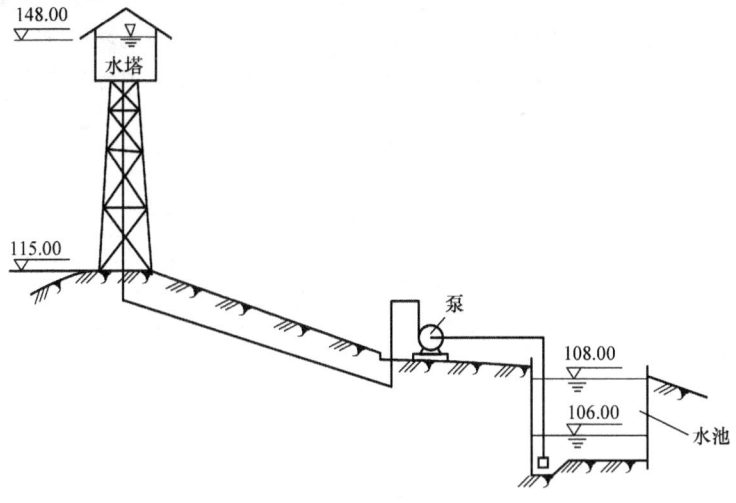

习题 6-14 图

答案：$q_v = 6.25 \times 10^{-3} \text{m}^3/\text{s}$；$H = 45.5\text{m}$；$P = 2.789\text{kW}$

6-15. 长度 $l = 1000\text{m}$、内径 $d = 200\text{mm}$ 的普通镀锌钢管，用来输送运动黏度 $\nu = 0.355 \times 10^{-4} \text{m}^2/\text{s}$ 的重油，已经测得其流量 $q_v = 0.038\text{m}^3/\text{s}$。问其沿程损失为多少？

答案：$h_f = 12.99\text{m}$ 油柱

6-16. 如习题 6-16 图所示，用效率 $\eta = 0.8$、流量 $q_v = 10\text{L/s}$ 的油泵，将密度 $\rho = 900\text{kg/m}^3$ 的油液从开口油池输送到计示压强 $p = 200\text{kPa}$ 的密封容器中。已知 $h = 20\text{m}$，油管中总能量损失为 $h_f = 7.35\text{m}$，试求油泵功率。

答案：$P = 5.52\text{kW}$

6-17. 试计算确定新的低碳钢管道的直径 d。已知通过该管道的油的体积流量 $q_v = 1000\text{m}^3/\text{h}$，运动黏度 $\nu = 1 \times 10^{-5} \text{m}^2/\text{s}$，管道长度 $L = 200\text{m}$，绝对粗糙度 $\Delta = 0.046\text{mm}$，允许的最大沿程损失 $h_f = 20\text{m}$。

答案：$d = 0.258\text{m}$

6-18. 有一涂锌铁管，已知 $d = 0.2\text{m}$，$l = 40\text{m}$，$\Delta = 0.15\text{mm}$，管内输送干空气，温度 $t = 20℃$，风量 $q_v = 1700\text{m}^3/\text{h}$，求气流的沿程损失为多少？

答案：$\Delta p = 540\text{Pa}$

6-19. 如习题 6-19 图所示，由水塔向工厂供水，采用铸铁管。管长为 2500m，管径为 400mm。水塔处地形标高∇_1为 61m，水塔水面距地面高度 $H_1 = 18\text{m}$，工厂地形标高∇_2为 45m，管路末端需要的自由水头 $H_2 = 25\text{m}$，求通过管路的流量。

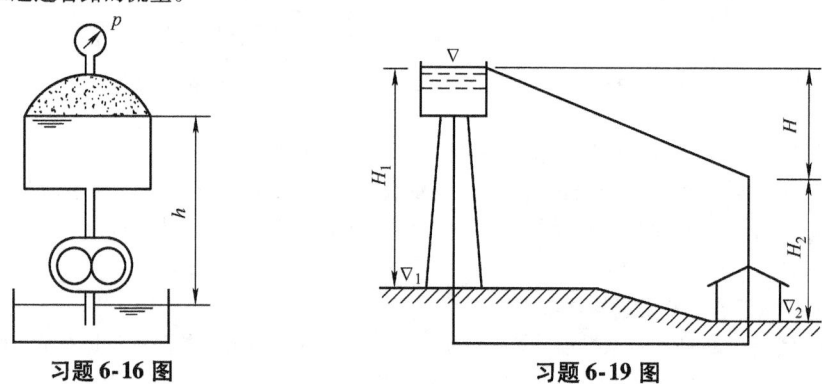

习题 6-16 图　　　　　　　　　习题 6-19 图

答案：$q_v = 0.125\text{m}^3/\text{s}$

6-20. 如习题 6-20 图所示，水泵将水自水池抽至水塔，已知：水泵的功率 $P_p = 25\text{kW}$，流量 $q_v = 0.06\text{m}^3/\text{s}$，水泵效率 $\eta_p = 75\%$，吸水管长度 $l_1 = 8\text{m}$，压水管长度 $l_2 = 50\text{m}$，吸水管直径 $d_1 = 250\text{mm}$，压水

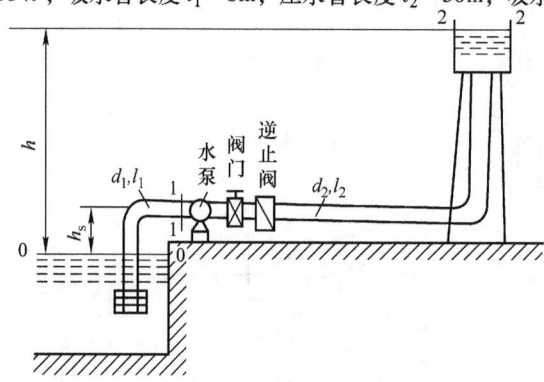

习题 6-20 图

管直径 $d_2 = 200\text{mm}$，沿程阻力系数 $\lambda = 0.025$，带底阀滤水网的局部阻力系数 $\xi_{\text{fv}} = 4.4$，弯头阻力系数 $\xi_{\text{b}} = 0.2$（一个），阀门 $\xi_{\text{v}} = 0.5$，止回阀 $\xi_{\text{sv}} = 5.5$，水泵的允许真空度 $h_{\text{v}} = 6\text{m}$，试求：（1）水泵的安装高度 h_{s}；（2）水泵的提水高度 h。

答案：（1）$h_{\text{s}} = 5.51\text{m}$；（2）$h = 28.98\text{m}$

6-21. 某水管长 $l = 500\text{m}$，直径 $d = 200\text{mm}$，管壁粗糙突起高度 $\Delta = 0.10\text{mm}$，如输送流量 $q_{\text{v}} = 10\text{L/s}$，水温 $t = 10\text{℃}$，计算沿程水头损失为多少？

答案：$h_{\text{f}} = 0.297\text{mH}_2\text{O}$

6-22. 长 $L = 30\text{m}$、截面面积 $A = 0.3\text{m} \times 0.5\text{m}$、用镀锌钢板制成的矩形风道，内部风速 $v = 14\text{m/s}$，风温 $= 34\text{℃}$，试求沿程损失 h_{f}。风道入口截面 1 处的风压 $p_1 = 980.7\text{Pa}$，风道出口截面 2 比截面 1 的位置高 10m，试求截面 2 处的风压 p_2。

答案：$p_2 = 711\text{Pa}$

6-23. 如习题 6-23 图所示为水轮机工作轮与蜗壳间密封装置的纵剖面示意图。密封装置中线处的直径 $d = 4\text{m}$，径向间隙 $b = 2\text{mm}$，缝隙的纵长均为 $l_2 = 50\text{mm}$，各缝隙之间有等长的扩大沟槽。假设密封装置入口与出口的压差 $p_1 - p_2 = 294.2\text{kPa}$，取进口局部阻力系数 $\zeta_{\text{i}} = 0.5$，出口局部损失系数 $\zeta_{\text{o}} = 1$，沿程阻力系数 $\lambda = 0.03$，试求密封装置的漏损流量。如果密封装置的扩大沟槽也改成同样的缝隙，其漏损流量又为多少？

答案：$q_{\text{v}} = 0.223\text{m}^3/\text{s}$；$q'_{\text{v}} = 0.302\text{m}^3/\text{s}$

可见，有扩大沟槽装置比无扩大沟槽装置的漏损流量小，即利用局部阻力减小了漏损。

6-24. 15℃ 的水流过一直径 $d = 300\text{mm}$ 的铆接钢管，已知绝对粗糙度 $\Delta = 3\text{mm}$，在长 $L = 300\text{m}$ 的管道上沿程损失 $h_{\text{f}} = 6\text{m}$。试求水的流量 q_{v}。

答案：$q_{\text{v}} = 0.1244\text{m}^3/\text{s}$

6-25. 如习题 6-25 图所示，水平管路直径由 $d_1 = 24\text{cm}$ 突然扩大为 $d_2 = 48\text{cm}$，在突然扩大的前后各安装一侧压管，读得局部阻力后的测压管比局部阻力前的测压管水柱高出 $h = 1\text{cm}$。试求管中流量 q_{v}。

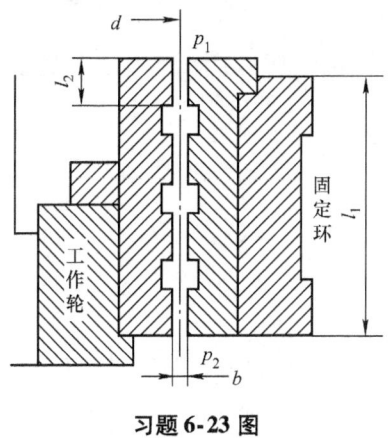
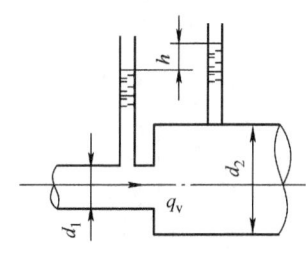

习题 6-23 图　　　　　　习题 6-25 图

答案：$q_{\text{v}} = 0.0327\text{m}^3/\text{s}$

6-26. 如习题 6-26 图所示，消防水龙带直径 $d_1 = 20\text{mm}$，长 $l = 20\text{m}$，末端喷嘴直径 $d_2 = 10\text{mm}$，入口损失 $\zeta_1 = 0.5$，阀门损失 $\zeta_2 = 3.5$，喷嘴 $\zeta_3 = 0.1$（相对于喷嘴出口速度），沿程阻力系数 $\lambda = 0.03$，水箱计示压强 $p_0 = 4 \times 10^5\text{Pa}$，$h_0 = 3\text{m}$，$h = 1\text{m}$。试求喷嘴出口速度 v_2。

答案：$v_2 = 16.132\text{m/s}$

6-27. 如习题 6-27 图所示风冷式四缸发动机的冷却气流，$0 \sim 1$ 为进口段，$1 \sim 2$ 为进气管段，$2 \sim 3$ 为风扇增压段，$3 \sim 4$ 为机前段，$4 \sim 5$ 为冷却段，$5 \sim 6$ 为机后段。整个气流的压强水头 $p/\rho g$ 的变化如下部折

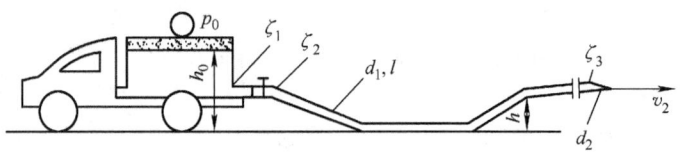

习题 6-26 图

线所示。进口和出口处的气流速度相等。已知空气密度 $\rho = 1.2\text{kg/m}^3$，空气运动黏度 $\nu = 1.5\text{cm}^2/\text{s}$，空气流量 $q_v = 1.944\text{m}^3/\text{s}$，发动机功率 $P = 73.5\text{kW}$。

（1）如果进气管段 $1 \sim 2$ 的直径为 $D = 35\text{cm}$，长度 $l = 1\text{m}$。绝对粗糙度 $\Delta = 0.2\text{mm}$，试确定进气管段中的气流速度 v，并确定其流动状态，求沿程损失 $\dfrac{\Delta p_{12}}{\rho g}$。

（2）如果各段的阻力系数分别为 $\xi_{01} = 0.5$，$\xi_{34} = 1.5$，$\xi_{45} = 6.5$，$\xi_{56} = 1.5$，试求风扇应提高的压强水头 $\dfrac{\Delta p_{23}}{\rho g}$。

（3）如果风扇效率为 $\eta = 0.8$，试求风扇的消耗功率 P_{23}。

答案：（1）$v = 20.2\text{m/s}$，光滑管湍流，$\dfrac{\Delta p_{12}}{\rho g} = 1.28\text{m}$；（2）$\dfrac{\Delta p_{23}}{\rho g} = 209.3\text{m}$；（3）$P_{23} = 5.975\text{kW}$

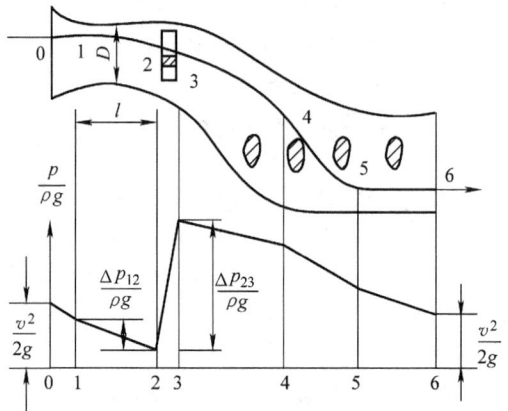

习题 6-27 图

6-28. 如习题 6-28 图所示，密闭水箱 A 中的水通过管路流入敞口水箱 B 中。已知水箱液面 A 的相对压强为 $p_0 = 10\text{kPa}$，$d_1 = 100\text{mm}$，$l_1 = 50\text{m}$，$d_2 = 200\text{mm}$，$l_2 = 20\text{m}$，管道上装 $e/d = 0.9$ 的板式阀门一个和 $d/R = 1$ 的 $90°$ 弯头 3 个。若已知管路的沿程阻力系数 $\lambda = 0.021/d^{0.3}$（d 的单位为 m），流量 $q_v = 8.6\text{L/s}$。求两水箱液面的高度差。

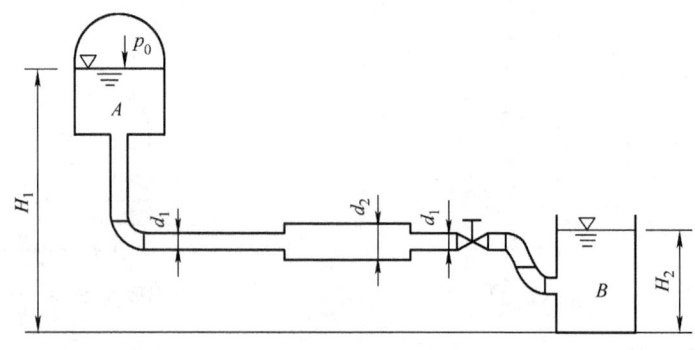

习题 6-28 图

答案：$H_1 - H_2 = 0.5\text{m}$

6-29. 如习题 6-29 图所示，水从一水箱经过两段水管流入另一水箱：$d_1 = 15\text{cm}$，$l_1 = 30\text{m}$，$\lambda_1 = 0.03$，$H_1 = 5\text{m}$，$d_2 = 25\text{cm}$，$l_2 = 50\text{m}$，$\lambda_2 = 0.025$，$H_2 = 3\text{m}$。水箱尺寸很大，视为箱内水面保持恒定，沿程损失与局部损失均考虑，试求其流量。

答案：$q_v = 40\text{L/s}$

6-30. 如习题 6-30 图所示，齿轮泵 1 从油箱 6 中吸油，然后经过逆止阀 2、换向阀 3 进入油缸 4。再从油缸经换向阀 3 及滤油器 5 返回油箱。

已知油缸上的载荷 $F = 5000N$，活塞向左移动时速度为 $v_0 = 0.15m/s$，$D_1 = 50mm$，$D_2 = 20mm$，油液密度 $\rho = 1210kg/m^3$，油液黏度 $\nu = 1.2cm^2/s$，管路总长度 $l = 11m$，管径 $d = 10mm$，逆止阀、换向阀和滤油器的局部损失用管当量长度表示，则分别为 $l_e/d = 50$、40、60，试求齿轮泵的功率。若活塞反向，负载 $F = 1000N$，管路损失不变，问齿轮泵功率又是多少？

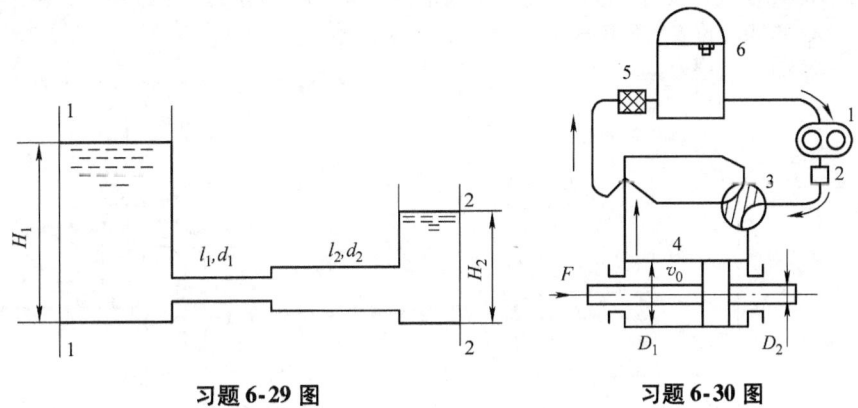

习题 6-29 图   习题 6-30 图

答案：正向 $P = 1.2kW$，反向 $P = 0.6kW$

6-31. 如习题 6-31 图所示，用一个 U 形压差计测量一个垂直放置弯管的局部阻力系数 ξ，已知弯管的管径为 $d = 0.25m$，水流量 $q_v = 0.04m^3/s$，U 形压差计的工作液体是四氯化碳，其密度为 $\rho_1 = 1600kg/m^3$，测得 U 形管左右两侧管内的液面高度差为 $\Delta h = 70mm$，求局部阻力系数 ξ（不计沿程损失）。

答案：$\xi = 3.3$

6-32. 如习题 6-32 图所示，用虹吸管自钻井输水至集水池。虹吸管长 $l = l_{AB} + l_{BC} = 30m + 40m = 70m$，直径 $d = 200mm$。钻井至集水池间的恒定水位高差 $H = 1.60m$。又已知沿程阻力系数 $\lambda = 0.03$，管路进口、120°弯头、90°弯头及出口处的局部阻力系数分别为 $\xi_1 = 0.5$，$\xi_2 = 0.2$，$\zeta_3 = 0.5$，$\zeta_4 = 1$。试求：（1）流经虹吸管的流量 q_v；（2）如虹吸管顶部 B 点安装高度 $h_B = 4.5m$，校核其真空度。

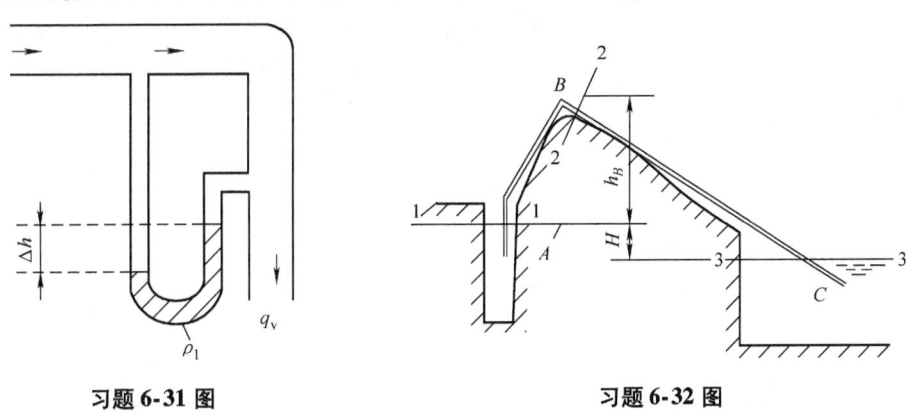

习题 6-31 图   习题 6-32 图

答案：（1）$q_v = 49.3L/s$；（2）真空度 $h_v = 5.37m < [h_v] = 7m$，虹吸管高度 $h_B = 4.5m$ 时，虹吸管可以正常工作

6-33. 如习题 6-33 图所示，管路直径 $d = 25mm$，$l_1 = 8m$，$l_2 = 1m$，$H = 5m$，喷嘴直径为 $d_0 = 10mm$，弯头 $\zeta_2 = 0.1$，喷嘴 $\zeta_3 = 0.1$，$\lambda = 0.03$。试求喷水高度 h。

答案：$h = 3.59m$

6-34. 已知并联管路管径相同两支路的比阻之比 $h_{f1}/h_{f2} = 1$，管长之比 $l_1/l_2 = 2$，求其相应的流量之比 q_{v1}/q_{v2}。

答案：$\dfrac{q_{v1}}{q_{v2}} = \sqrt{\dfrac{1}{2}} = 0.707$

6-35. 如习题 6-35 图所示，离心泵实际抽水量 $q_v = 8.1L/s$，吸水管长度 $l = 7.5m$，直径 $d = 100mm$，沿程阻力系数 $\lambda = 0.045$，局部阻力系数：带底阀的滤水管 $\xi_1 = 7.0$，弯管 $\xi_2 = 0.25$。如允许吸水真空高度 $[h_v] = 5.7m$，试决定其允许安装高度 H_s。

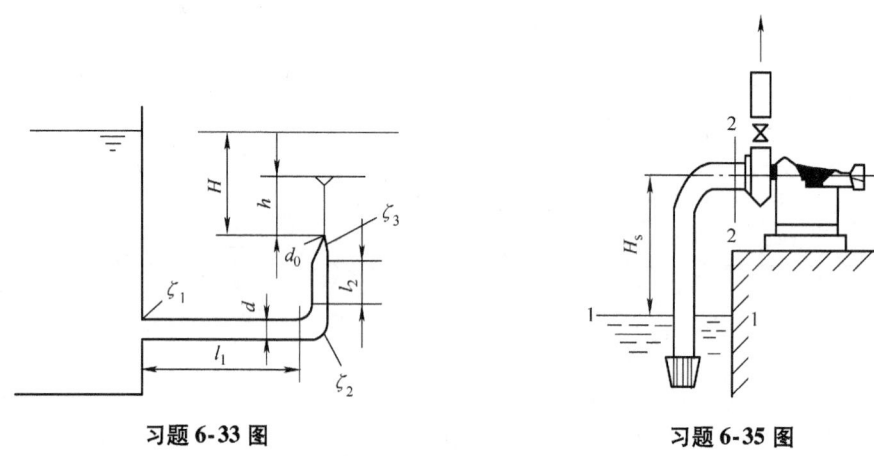

习题 6-33 图　　　　　　　习题 6-35 图

答案：$H_s = 5.07m$

6-36. 如习题 6-36 图所示，通过直径 $d_2 = 50mm$、高 $h = 400mm$ 且阻力系数 $\zeta_1 = 0.25$ 的漏斗，向油箱中充灌汽油。汽油从上部蓄油池经短管阀门弯头而流入漏斗。短管直径 $d_1 = 30mm$，阀门阻力系数 $\zeta_2 = 8.5$，弯头阻力系数 $\zeta_3 = 0.8$，短管入口阻力系数 $\zeta_4 = 0.5$，不计沿程阻力。试求油池中液面的高度 H，以保证漏斗不向外溢流，并求此时进入油箱的流量 q_v。

答案：$H = 26.6m$；$q_v = 4.9L/s$

6-37. 如习题 6-37 图所示，由高位水箱向低位水箱输水，已知两水箱水面的高差 $H = 3m$，输水管段的直径和长度分别为 $d_1 = 40mm$，$l_1 = 25m$；$d_2 = 70mm$，$l_2 = 15m$，沿程摩阻系数 $\lambda_1 = 0.025$，$\lambda_2 = 0.02$，阀门的局部水头阻力系数 $\xi_v = 3.5$。试求：（1）输水流量；（2）绘总水头线和测压管水头线。

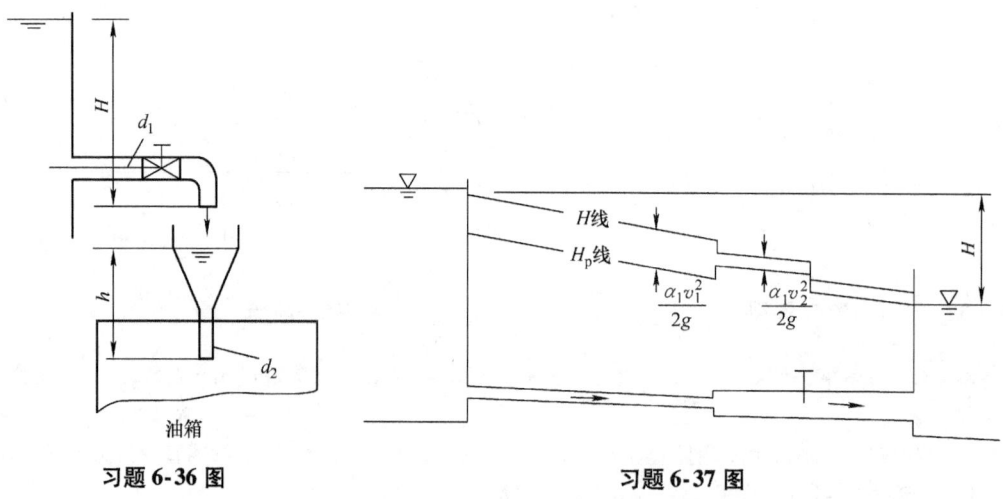

习题 6-36 图　　　　　　　习题 6-37 图

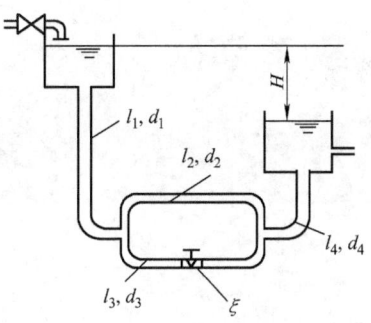

答案：（1）$q_v = 2.23\text{L/s}$；（2）总水头线和测压管水头线如习题 6-37 图所示

6-38. 水泵站用一根管径为 60cm 的输水管时，沿程损失水头为 27m。为了降低水头损失，取另一根同长度的管道与之并联，并联后水头损失降为 9.6m，假定两管的沿程阻力系数相同，两种情况下的总流量不变，试求新加的管道的直径是多少？

答案：$d = 51.3\text{cm}$

6-39. 如习题 6-39 图所示，两水池的水位差 $H = 24\text{m}$，$l_1 = l_2 = l_3 = l_4 = 100\text{m}$，$d_1 = d_2 = d_4 = 100\text{mm}$，$d_3 = 200\text{mm}$，沿程阻力系数 $\lambda_1 = \lambda_2 = \lambda_4 = 0.025$，$\lambda_3 = 0.02$，除阀门外，其他局部阻力忽略。（1）阀门局部阻力系数 $\xi = 30$，试求管路中的流量；（2）如果阀门关闭，求管路流量。

答案：（1）$q_v = 23.8\text{L/s}$；（2）$q_v = 19.6\text{L/s}$

习题 6-39 图

第 6 章内容提要、思考题解答及习题详解

第 7 章

Chapter **7**

边界层、绕流和缝隙流

　　纳维－斯托克斯方程在两个极端情况——极大黏性和极小黏性的流动问题中可获得大大简化。前者主要研究极缓慢流动的问题，例如轴承润滑理论。后者主要研究边界层（亦称附面层）理论。对这类问题进行研究并获得巨大成就，只有在德国物理学家普朗特于 1904 年提出边界层理论之后才成为可能。普朗特从理论和实验上都证明了小黏度流体在大雷诺数下绕流物体的流动中，存在着黏性起主导作用的一层极薄的边界层（附面层）。这是黏性流体流动理论中的最重要的成就，它把黏性流动和无黏性流动的概念密切地协调起来，把整个流场划分为无黏（无旋）流动的势流区域和有黏（有旋）流动的附面层区域——两个计算方法不同又有密切联系的区域，产生了黏性和无黏性的匹配方法，所以普朗特的边界层理论是流体力学发展划时代的里程碑。正如霍威尔（Howarth）所说：普朗特边界层概念能使人们明智地思考真实（实际）流体流动中的几乎任何一个问题，尽管常常是不定量的。可以说，边界层理论是联系理想流体的势流理论和黏性流体的涡流理论的纽带。

　　小黏度流体（牛顿流体）在大雷诺数下绕流物体的外流问题，所得结论有些对内流也是适用的。外流是指流体绕过静止物体的流动，或物体以一定的速度在流体中的运动。若把坐标固结在物体上，物体相对静止，则流体以速度 U 绕物体流动概括了所有的绕流运动。例如在实际工程中，河水流过桥墩、风绕建筑物流动、船舶在水中航行、飞行器在大气中飞行、炮弹在大气中飞行、火箭穿出大气层直至粉尘或泥沙在空气或水中的沉降等，都是绕流运动。

　　工程中，凡有相对运动的两个元件（零件）或部件之间，必然存在一定的缝隙（或称间隙）。缝隙的大小不仅要影响泄漏量，而且也影响其他性能，因此探讨缝隙中油液运动的规律，对流体元件的设计和分析有一定的帮助。在机械中存在着充满油液的各种形式的配合间隙，如发动机活塞与缸筒间的环形间隙、轴和轴承间的环形间隙、工作台与导轨间的平面间隙、圆柱与支承面间的端面间隙等。滑动轴承、静压支承是依靠缝隙流动的支承力得以工作的，相对运动机件间的摩擦力是靠缝隙流动得以减轻的。但是缝隙流动的流量有时就是液体机械中的液体泄漏，这会导致容积效率的降低。所以要研究和改善机械性能，就必须了解缝隙流动的特性。

　　本章的中心内容是：边界层概念及其重要意义，描述边界层的基本方程及其各项的物理意义，边界层基本方程的应用，绕流运动和绕流阻力的计算。缝隙流动重点讨论平行平面缝隙、环形缝隙和平行圆盘缝隙等。

7.1 边界层概念

7.1.1 边界层的概念及其结构

1. 边界层概念

边界层是指牛顿流体在大雷诺数下绕流物体时，紧靠近物体表面，速度梯度很大，黏性力和惯性力对流体运动起同等重要作用，流体做黏性有旋流动的一薄层，或者说为靠近物面的一薄层黏力不能忽略的流体层，叫作边界层或附面层。

边界层概念之所以具有如此重要的意义，是因为雷诺数是惯性力和黏性力之比值，当一个流场的流动雷诺数（按绕流物体的某个特征长度——绕流无限长圆柱体时，将其直径作为特征尺度；绕流平板时，将平板长度作为特征尺寸计算的雷诺数）十分巨大时，例如 Re 在 10^5 或 10^6 的数量级上，流场上绝大多数流体微团的运动是由惯性力决定的，黏性力小得可以忽略不计。但在紧靠物体表面的一薄层流体内，黏性力和惯性力对它的运动起着同样作用，由于流体的黏性，直接和物面接触的流体质点（流体微团）的速度为零（假定物体不动），而稍稍离开物面流速就很大，这样在固体边界邻近的区域为了满足无滑移条件，该区域必有相当大的速度梯度，因而黏性力的影响就不可忽略，在这一薄层内流体做黏性有旋流动。这样，就可以把整个流场划分为两个性质不同又有密切联系的流动区域：把黏性的作用限制在薄层内，在这一薄层里按黏性流处理。于是大大简化了用 N-S 方程求解边界层内黏性流的计算式，比通常应用 N-S 方程解黏流问题方便得多；另外，把边界层以外的主流区域（黏性小得可以忽略）当作无黏流动处理，这充分说明了理想流体的势流理论确实是有用的。势流理论可以用来处理边界层以外的主流流场，薄薄的边界层的存在相当于将绕流物体的轮廓略略放大了一点，并不会改变主流的基本面貌，只要对按势流理论计算的结果略加修正就可以了。

例如观察如图 7-1 所示的任意钝体形物体绕流的流场情况，图中虚线表示边界层的外边界。前驻点速度为 0，流线在这里分岔，边界层沿物体上下表面向下游发展，厚度逐渐增加。离开物体表面一小段距离以外的流动已近乎势流，但是在物体表面上因速度等于零，速度从势流中的数值降为零这一异常急速的降落一般是在极狭窄的边界层内实现的。因而边界层内必有较大的切应力存在，不能不考虑

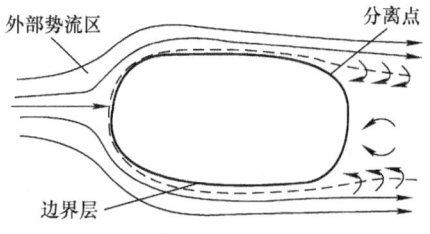

图 7-1　任意钝形物体绕流情况

黏性的影响。边界层向物体表面尾部流动时会遇到逆压梯度，即流道面积变大而速度降低，沿流动方向压强升高，这可能引起流体从物体表面分离并在钝形体下游形成尾迹区（或尾流），尾迹区速度梯度不是很高，因此黏性影响对于尾迹区并不十分重要。在壁面产生的涡量都被携带流入尾迹区，因此尾迹区是相当复杂的有旋运动。在物体的远下游区域速度才会重新变得均匀。如何处理边界层内部的流动是本节将要讨论的问题。

边界层的概念是联系理想流体和黏性流体的纽带。因为边界层极薄，在求解边界层以外

的主流场时，可把边界层的外边界当成物面，即全部黏流所占的通道比理想流体所占的通道只多了边界层的厚度。忽略边界层的存在，根据势流理论求出边界层外边界上的速度和压强，而得到了边界层的外边界条件，根据黏性流体的无滑移特征和横跨边界层压强不变的特性，就得到边界层的内边界条件。这样把纳维－斯托克斯方程应用于边界层的黏性流动，由于黏性作用仅限于这一薄层，使 N－S 方程大大简化，从而就找到了求黏性流体绕流的方法，也就找到了对按势流理论所得到的结果进行修正的依据。边界层概念把势流理论和黏流理论有机地联系起来，有了它，势流理论和对黏性作用的估算（修正）方法都有了长足的发展，为解决实际流体的绕流问题开辟了广阔的途径，使许多复杂的流动现象得到了合乎实际的解释，在解决诸如飞行器等的实际气体动力学问题方面获得了丰硕的成果。

2. 边界层厚度

普朗特边界层的概念可以通过机翼周围流场测量实验得到验证，经过速度分布分析可以发现边界层确实存在。如图 7-2 所示为机翼流场分布情况，整个流场分为边界层区域（Ⅰ）、尾流区域（Ⅱ）和外部势流区域（Ⅲ）。

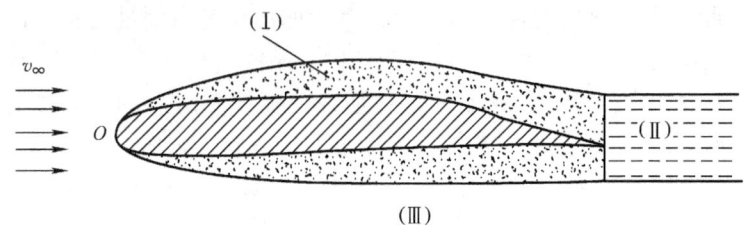

图7-2 机翼绕流边界层

下面我们来估计边界层厚度的大小。如图 7-3 所示平板层流边界层内的情况，在边界层内，作用在流体微团 $\mathrm{d}x\mathrm{d}y$ 上的惯性力与黏性力应是旗鼓相当的，即数量级相同。其中惯性力为

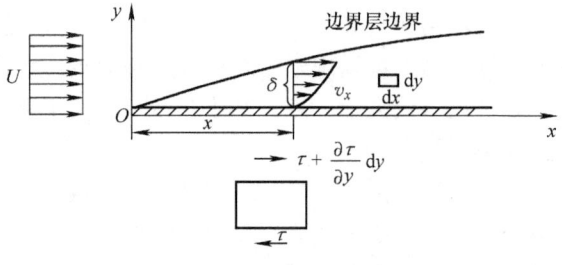

图7-3 平板绕流边界层

$$\rho\mathrm{d}x\mathrm{d}y\frac{\mathrm{d}v_x}{\mathrm{d}t}=\rho\mathrm{d}x\mathrm{d}yv_x\frac{\partial v_x}{\partial x}$$

黏性力为

$$\left(\tau+\frac{\partial \tau}{\partial y}\mathrm{d}y\right)\mathrm{d}x-\tau\mathrm{d}x=\frac{\partial \tau}{\partial y}\mathrm{d}x\mathrm{d}y=\mu\frac{\partial^2 v_x}{\partial y^2}\mathrm{d}x\mathrm{d}y$$

所以

$$\rho\mathrm{d}x\mathrm{d}yv_x\frac{\partial v_x}{\partial x}\curvearrowright\mu\frac{\partial^2 v_x}{\partial y^2}\mathrm{d}x\mathrm{d}y$$

即

$$\rho v_x\frac{\partial v_x}{\partial x}\curvearrowright\mu\frac{\partial^2 v_x}{\partial y^2}$$

式中，$\curvearrowright$ 表示量级相同。

设：边界层厚度 δ 为边界层内 y 尺度的量级；边界层边界处势流速度 U 为边界层内 x 方

向流速的量级；平板尺寸 L 为 x 方向尺度的量级。

所以就有

$$v \frac{\partial v_x}{\partial x} \sim \frac{U^2}{L}, \quad \frac{\partial^2 v_x}{\partial y^2} \sim \frac{U}{\delta^2}$$

因此

$$\rho \frac{U^2}{L} \sim \mu \frac{U}{\delta^2}$$

即

$$\frac{\delta}{L} \sim \sqrt{\frac{\mu L}{\rho U}} = \sqrt{\frac{1}{Re}} \tag{7-1}$$

式中，$Re = \dfrac{UL}{\nu}$。

式（7-1）说明：边界层厚度与物体特征尺度 L 的比值与雷诺数 Re 平方根的倒数成比例。例如 $Re = 10^4$ 时，$\dfrac{\delta}{L}$ 约为百分之一。可见边界层厚度确是很薄。以上说明了第一个结果的合理性。

图 7-3 表示了无穷远均匀来绕流薄平板的情况，边界层的厚度在前缘处等于零，然后逐渐向下游增加。从理论上讲，由边界层向外部势流的过渡应是渐进的，不会有明显的界线。为了区分边界层区和理想流体势流区，提出了边界层厚度的概念，用得最多的是名义边界层厚度，简称边界层厚度，记作 δ，它通常定义为当层内流速沿法线方向达到流体来流速度 U 的 99% 处到物面的距离。边界层的厚度沿程增大，即 δ 是 x 的函数，记作 $\delta(x)$。

7.1.2 普朗特平板层流边界层方程

下面利用边界层厚度极薄的特点，推导控制边界层内流动的基本方程，讨论仅限于二维定常流情况。

N-S 方程描述流场中流体所受到的惯性力、压力、黏性力和质量力之间的关系，在这四种力中，如果一种力与其他力相比为极小量，则这种力即可忽略不计，这种分析方法称为量级分析法，即通过比较方程式中各项数量级的相对大小，把数量级较大的项保留下来，而舍去数量级较小的项，起到简化方程式的作用。

如果不计质量力，边界层内的 N-S 方程为

$$
\begin{array}{cccccc}
1 & 1 & \varepsilon & 1/\varepsilon & 1 & 1/\varepsilon^2 \\
\end{array}
$$

$$\left.
\begin{array}{l}
v_x \dfrac{\partial v_x}{\partial x} + v_y \dfrac{\partial v_x}{\partial y} = -\dfrac{1}{\rho} \dfrac{\partial p}{\partial x} + \nu \left(\dfrac{\partial^2 v_x}{\partial x^2} + \dfrac{\partial^2 v_x}{\partial y^2} \right) \\[4mm]
v_x \dfrac{\partial v_y}{\partial x} + v_y \dfrac{\partial v_y}{\partial y} = -\dfrac{1}{\rho} \dfrac{\partial p}{\partial y} + \nu \left(\dfrac{\partial^2 v_y}{\partial x^2} + \dfrac{\partial^2 v_y}{\partial y^2} \right)
\end{array}
\right\} \tag{7-2}$$

$$
\begin{array}{cccccc}
1 & \varepsilon & \varepsilon & 1 & \varepsilon & 1/\varepsilon \\
\end{array}
$$

连续方程为

$$\frac{\partial v_x}{\partial x} + \frac{\partial v_y}{\partial y} = 0$$

因边界层厚 δ 的数量级比物体特征尺寸要小（除了前缘邻近处外），故有 $\delta(x) \ll x$。因为 $y \sim \delta$，所以 $\mathrm{d}y \sim \mathrm{d}\delta$，$\mathrm{d}y \ll \mathrm{d}x$。令 $\varepsilon \ll 1$，表示 δ 的量级，又令 x 和 v_x 的量级为 1，则 $\dfrac{\partial^2 v_x}{\partial x^2}$ 和 $\dfrac{\partial v_x}{\partial x}$ 的量级也是 1，而 $\dfrac{\partial v_x}{\partial y} \sim 1/\varepsilon$，$\dfrac{\partial^2 v_x}{\partial y^2} \sim 1/\varepsilon^2$。由连续方程得知 $\dfrac{\partial v_y}{\partial y} \sim \dfrac{\partial v_x}{\partial x}$，所以 $v_y \sim \varepsilon$，$\dfrac{\partial^2 v_y}{\partial x^2} \sim$

$\varepsilon, \dfrac{\partial^2 v_y}{\partial y^2} \sim 1/\varepsilon$。在式（7-2）中已注明了各项的量级。另外，为了使黏性项与惯性项的量级相

同，从式（7-2）可知，必须 $\nu \sim \varepsilon^2$ 才能使 $\nu \dfrac{\partial^2 v_x}{\partial y^2} \sim 1$。式（7-2）的第二个方程中，$\dfrac{\partial p}{\partial y} \sim \varepsilon$，

可见在边界层内部 p 近似地与 y 无关，在整个切面上都相同，等于边界层边界上势流的值。
综上所述，在略去高阶小量后，边界层内的微分方程组可归纳为

$$\left. \begin{aligned} v_x \frac{\partial v_x}{\partial x} + v_y \frac{\partial v_x}{\partial y} &= -\frac{1}{\rho}\frac{\partial p}{\partial x} + \nu \frac{\partial^2 v_x}{\partial y^2} \\ \frac{\partial p}{\partial y} &= 0 \\ \frac{\partial v_x}{\partial x} + \frac{\partial v_y}{\partial y} &= 0 \end{aligned} \right\} \tag{7-3}$$

式（7-3）称为普朗特边界层微分方程式，边界条件为

$$y = 0, \ v_x = v_y = 0; \ y = \delta, \ v_x = U$$

显然式（7-3）已比式（7-2）大为简化。式（7-3）是从考察薄平板得到的，不过也能
应用于平面曲壁的情况。可以以曲壁壁面的弧长作为 x 轴，令 y 轴垂直于界壁面。详细研
究了在这样的曲线坐标系中的边界层方程后，发现只要边界层厚度比曲面界壁的曲率半径远
为小的话，那么式（7-3）仍能继续适用。

在进行边界层方程式的积分以前，让我们做些必要的说明。对平面问题，可引进流函数
ψ，它和速度分量的关系为：$v_x = \dfrac{\partial \psi}{\partial y}$，$v_y = -\dfrac{\partial \psi}{\partial x}$。这样，连续方程可自动满足。把 ψ 引入边
界层方程，得到以 ψ 为变量的三阶非线性偏微分方程

$$\frac{\partial \psi}{\partial y}\frac{\partial^2 \psi}{\partial x \partial y} - \frac{\partial \psi}{\partial x}\frac{\partial^2 \psi}{\partial y^2} = \nu \frac{\partial^3 \psi}{\partial y^3} - \frac{1}{\rho}\frac{\mathrm{d}p}{\mathrm{d}x} \tag{7-4}$$

由势流理论的伯努利方程 $\qquad p + \dfrac{1}{2}\rho U^2 = C$，故

$$-\frac{1}{\rho}\frac{\mathrm{d}p}{\mathrm{d}x} = U\frac{\mathrm{d}U}{\mathrm{d}x}$$

则 $\qquad \dfrac{\partial \psi}{\partial y}\dfrac{\partial^2 \psi}{\partial x \partial y} - \dfrac{\partial \psi}{\partial x}\dfrac{\partial^2 \psi}{\partial y^2} = \nu \dfrac{\partial^3 \psi}{\partial y^3} + U\dfrac{\mathrm{d}U}{\mathrm{d}x} \tag{7-5}$

边界条件为

$$\left. \begin{aligned} \left(\frac{\partial \psi}{\partial y}\right)_{y=0} &= 0, \left(\frac{\partial \psi}{\partial x}\right)_{y=0} = 0 \\ y \to \infty, \ \frac{\partial \psi}{\partial y} &= U(x) \end{aligned} \right\} \tag{7-6}$$

对于这样一个三阶的非线性偏微分方程，除了数值解外，一般性问题及封闭形式的分析
解难以实现。理论上可以证明，只要外部势流速度函数 $U(x)$ 呈指数函数 x^m 的形式，相似解
总是存在的。

最后应当指出，普朗特边界层方程在前驻点邻近区域是不成立的，因为该处的 δ 与 x 的
量级相同。另外，当局部雷诺数 $Re = \dfrac{Ux}{\nu}$ 达到约 10^6 量级后，边界层内流动已出现湍流，上述
方程也不适用。

7.1.3 边界层问题的近似解法

1. 边界层动量积分方程式

边界层方程的精确解既困难又烦琐，迫切要求一种近似计算方法，以满足工程上的需要。近代边界层问题的近似解法已获得相当充分的发展。本节介绍最为常用的动量积分法。这一方法首先为卡门提出。

下面推导一个有压强梯度的、适用于层流及湍流一般形式的动量积分方程。

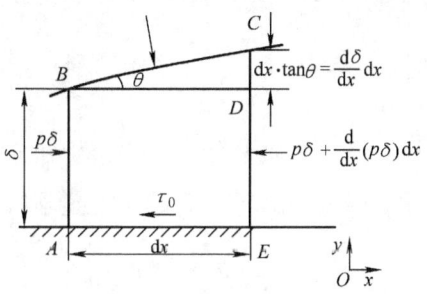

图7-4 边界层微元流动形式

如图7-4表示二维边界层中长为 dx 的一小段。边界层厚度 δ 是 x 的函数。现以 x、$(x+dx)$ 两截面，固体边界和边界层边界 $ABCEA$ 所构成的面为控制面，对它应用动量定理。设外流的速度分布为 $U(x)$。作用在控制面上 x 方向的外力和 $\sum F_x$ 为

$$\sum F_x = p\delta - \left(p\delta + \frac{d}{dx}(p\delta)dx\right) - \tau_0 dx + \left(p + \frac{1}{2}\frac{dp}{dx}dx\right)dx\sin\theta$$

$$= -d(p\delta) - \tau_0 dx + \left(p + \frac{1}{2}dp\right)d\delta = -\left(\tau_0 + \delta\frac{dp}{dx}\right)dx$$

这里认为 θ 为微量，所以 $\sin\theta \approx \tan\theta$，并已忽略了高阶小量 $dpd\delta$ 项。

控制面内的动量变化率为　$\dfrac{d}{dt}\int_A v_x\rho dA = \dfrac{d}{dt}\left(\int_0^\delta \rho v_x dy\right)dx$

控制面各边界上的动量

$$AB:\int_0^\delta \rho v_x^2 dy \, ; CE:\int_0^\delta \rho v_x^2 dy + \frac{d}{dx}(\int_0^\delta \rho v_x^2 dy)dx \, ; BC:\frac{d}{dx}(\int_0^\delta \rho v_x dy)dx \cdot U(x)$$

其中 $\dfrac{d}{dx}(\int_0^\delta \rho v_x^2 dy)dx$ 表示单位时间从 AB 及 CE 边界面流进和流出的质量差，即为通过 BC 边界上的质量。

根据动量定理

$$-\left(\tau_0 + \delta\frac{dp}{dx}\right)dx = \frac{d}{dt}(\int_0^\delta \rho v_x dy)dx + \left[\int_0^\delta \rho v_x^2 dy + \frac{d}{dx}(\int_0^\delta \rho v_x^2 dy)dx\right]$$

$$-\int_0^\delta \rho v_x^2 dy - U\frac{d}{dx}(\int_0^\delta \rho v_x dy)dx \tag{7-7}$$

式（7-7）为适用于非定常可压缩流的二维边界层积分方程式。

对于定常不可压缩流体则

$$\tau_0 = -\delta\frac{dp}{dx} - \rho\frac{d}{dx}\int_0^\delta v_x^2 dy + \rho U\frac{d}{dx}\int_0^\delta v_x dy \tag{7-8}$$

式中，$p(x)$、$U(x)$ 是已知量；$\tau_0(x)$、$\delta(x)$ 及 $v_x(x,y)$ 为未知量。

式（7-8）中含有 $\int_0^\delta v_x^2 dy$ 及 $\int_0^\delta v_x dy$ 形式的积分，其中 δ 前面已提到是指某处速度已达外部势流速度的99%时的厚度。这一规定就实测来讲是足够充分的。但是对数学的计算而言是极不严格的。因为 δ 定义的细小变化可能带来积分值的显著改变。为了避免这一缺陷，我

们的想法是用 $(U - v_x)$ 作为变量来替代 v_x，这样不论厚度 δ 如何定义总要满足 $y = \delta$ 时，$(U - v_x) = 0$，也就是说以 $(U - v_x)$ 为变量的积分值不会受 δ 定义的影响。为此把式 (7-8) 做如下改造：

由伯努利方程得

$$\frac{dp}{dx} = -\rho U \frac{dU}{dx}$$

所以

$$\frac{dp}{dx}\delta = -\rho U \frac{dU}{dx}\int_0^\delta dy$$

而

$$\rho U \frac{d}{dx}\int_0^\delta v_x dy = \rho\Big[\frac{d}{dx}\Big(U\int_0^\delta v_x dy\Big) - \frac{dU}{dx}\int_0^\delta v_x dy\Big] = \rho\frac{d}{dx}\int_0^\delta U v_x dy - \rho\frac{dU}{dx}\int_0^\delta v_x dy$$

将以上各式代入式 (7-8)，经整理后得

$$\tau_0 = \rho\Big[\frac{d}{dx}\int_0^\delta v_x(U - v_x)dy + \frac{dU}{dx}\int_0^\delta (U - v_x)dy\Big] \tag{7-9}$$

式 (7-9) 中右边的两个积分有很有趣的物理意义。其中第二个积分 $\int_0^\delta (U - v_x)dy$ 表示因边界层的存在所减少的流量，如图 7-5 阴影部分的面积所示。此流量减少的效果好比是由于固体边界向上增厚了某一厚度 δ^* 一样，即

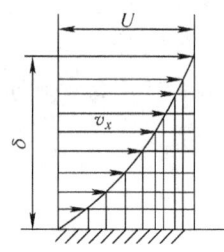

$$\int_0^\delta (U - v_x)dy = U\delta^*$$

所以

$$\delta^* = \int_0^\delta \Big(1 - \frac{v_x}{U}\Big)dy \tag{7-10}$$

图 7-5　边界层微元流动形式

δ^* 称为排挤厚度。显然排挤厚度不受 δ 人为定义的影响。式 (7-9) 中的第一个积分 $\int_0^\delta v_x(U - v_x)dy$ 表示边界层中流体因黏性阻滞而损失的动量，类似地也可引入所谓动量损失厚度 θ，即

$$\theta = \int_0^\delta \frac{v_x}{U}\Big(1 - \frac{v_x}{U}\Big)dy \tag{7-11}$$

这样，式 (7-9) 可写成更简洁的形式

$$\tau_0 = \rho\Big[\frac{d}{dx}(U^2\theta) + U\frac{dU}{dx}\delta^*\Big] \tag{7-12}$$

式 (7-12) 是一个适用于定常不可压有压强梯度的二维问题的边界层积分方程。其中，$U(x)$ 由势流理论解决，未知函数为 τ_0、θ 及 δ^*。问题的关键在于如果能给出边界层的速度分布 $v_x(x,y)$，即可按式 (7-10)、(7-11) 算出 θ 及 δ^*，再依式 (7-12) 就可求出 τ_0。

应当指出，在边界层动量积分方程的推导过程中，对固壁处的切应力 τ_0 并未加任何条件限制。因此，式 (7-12) 应是既适用于层流也适用于湍流的。另外，式 (7-12) 本身没有丝毫近似之处。问题是当对它进行求解时，必须假定某种速度分布 $v_x(x,y)$，这种假定的速度分布在边界层内的两个积分值 δ^* 及 θ 必须满足式 (7-12)。虽然所假想的 $v_x(x,y)$ 在边界层内各点上并不满足边界层微分方程，因此它是近似地（甚至也许是很差的近似），但是只要它的两个积分值满足式 (7-12)，对感兴趣的固壁切应力 τ_0 来讲，就达到了足够的精确。当然，所假想的表面速度分布 $v_x(x,y)$ 不是完全任意的，至少它必须满足在固壁处及边界层与外部势流交界处的边界条件。下面我们来讨论它的求解过程。

2. 平板层流边界层

平板层流边界层外部势流速度 $U(x) = U$，所以 $\dfrac{\mathrm{d}U}{\mathrm{d}x} = 0$。式（7-12）化为

$$\tau_0 = \rho U^2 \frac{\mathrm{d}\theta}{\mathrm{d}x} \tag{7-13}$$

现假定 $v_x(x,y)$ 为三次多项式，即

$$v(x,y) = a + by + cy^2 + dy^3 \tag{7-14}$$

由边界条件［参阅式（7-3）］，$(v_x)_{y=0} = 0$，$(v_x)_{y=\delta} = U$，

$$\tau = \mu \frac{\partial v_x}{\partial y}\bigg|_{y=\delta} = 0, \quad \frac{\partial^2 v_x}{\partial y^2}\bigg|_{y=0} = 0$$

可决定多项式系数 a、b、c 及 d，结果 $v_x(x,y)$ 为

$$v_x(x,y) = \frac{U}{2}\left(3\,\frac{y}{\delta} - \frac{y^3}{\delta^3}\right) \tag{7-15}$$

所以

$$\theta = \int_0^\delta \frac{v_x}{U}\left(1 - \frac{v_x}{U}\right)\mathrm{d}y = \frac{5}{8}\delta - \frac{17}{35}\delta$$

$$\tau_0 = \mu\left(\frac{\partial v_x}{\partial y}\right)_{y=0} = \frac{3}{2}\frac{\mu U}{\delta}$$

将 θ、τ_0 代入式（7-13）中得

$$\frac{3}{2}\frac{\mu U}{\delta} = \rho U^2\,\frac{5}{8}\frac{\mathrm{d}\delta}{\mathrm{d}x} - \frac{17}{35}\rho U^2\frac{\mathrm{d}\delta}{\mathrm{d}x}$$

简化后有

$$\frac{13}{140}\rho U\delta\mathrm{d}\delta = \mu\mathrm{d}x$$

积分后得

$$\frac{13}{280}\rho U\delta^2 = \mu x + c$$

令 $x = 0$，$\delta = 0$，则 $c = 0$，因此边界层厚度

$$\delta = \sqrt{\frac{280}{13}\frac{\mu x}{\rho U}} = 4.64\sqrt{\frac{\nu x}{U}} \tag{7-16}$$

单位宽度平板阻力

$$F_\mathrm{r} = \int_A \tau_0\mathrm{d}A = \int_0^L \tau_0\mathrm{d}x = \int_0^L \frac{3}{2}\mu U\delta^{-1}\mathrm{d}x = \frac{1.3}{2}\sqrt{\mu\rho U^3 L} \tag{7-17}$$

平板阻力系数

$$C_\mathrm{r} = \frac{F_\mathrm{r}}{\frac{1}{2}\rho U^2 A} = \frac{1.3}{\sqrt{Re}} \tag{7-18}$$

其中

$$Re = \frac{UL}{\nu}$$

动量积分方程应用于平板边界层取得了良好成果，考虑把它应用于更复杂的流动情况，例如在湍流边界层中的应用。对于平板湍流边界层和平板混合边界层只给出最后的结果，具体推导过程不再赘述，可参考相关文献。

（1）平板湍流边界层

讨论该问题的前提是假定整个平板从前缘点开始全为湍流边界层。实际上在前缘邻近一

段，因 Re 数较小应为层流边界层，而后经过一小段的层流与湍流的不稳定过渡区才全部进入湍流区，如图 7-6 所示。通常把流动状态由层流过渡到湍流的过程称为转捩。当过渡区不大时，可简化为过渡点 A，称其为转捩点。

边界层厚度
$$\delta = 0.37\left(\frac{\nu}{Ux}\right)^{1/5}x \tag{7-19}$$

由此可见湍流边界层的厚度比层流边界层增长得更为迅速。

单位宽度平板的摩擦阻力为

$$F_r = \frac{7}{72}\rho U^2 \delta(L)$$

其中
$$\delta(L) = 0.37\left(\frac{\nu}{UL}\right)^{1/5}L$$

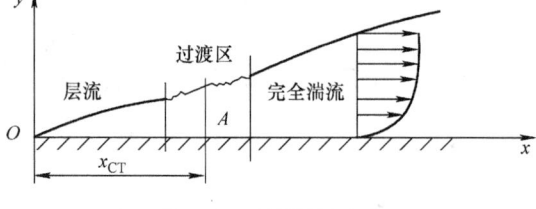

图 7-6　边界层的流态

平板阻力系数

$$C_r = \frac{F_r}{\frac{1}{2}\rho U^2 A} = 0.072/Re^{0.2} \tag{7-20}$$

式中，$Re = \dfrac{UL}{\nu}$。

实验证明，精确的平板阻力系数值为
$$C_r = 0.074/Re^{0.2} \tag{7-21}$$

如果 $Re > 10^5$，指数速度分布的定律就不是很适宜了，可用所谓对数速度分布求解。在 $10^6 \leqslant Re \leqslant 10^9$ 范围内，通常用下列公式计算：

$$C_r = \frac{0.455}{(\log Re)^{2.58}} \tag{7-22}$$

式（7-22）称为 Prandtl – Schlichting 公式。

（2）平板混合边界层

混合边界层是指边界层内同时存在着层流和湍流两种状态。平板上的边界层前缘起始段是层流边界层，以后有一很窄的不稳定的过渡区，然后为充分发展的湍流边界层，这种流态即为混合边界层，如图 7-6 所示。混合边界层内的流动非常复杂，在对平板混合边界层做近似计算时，为了使问题简化，普朗特提出了以下两点假定：一是边界层内不存在过渡区，层流边界层在临界转换点 A 处突然全部转换为湍流边界层，距离 OA 以 x_{CT} 表示，相应的 $Re_{CT} = \dfrac{Ux_{CT}}{\nu}$ 称为临界雷诺数；二是湍流边界层厚度、速度分布及切应力分布等的变化不是从转捩点起始，而是从平板前端点开始。

最后推得二维平板摩擦阻力系数计算公式为

$$C_r = \frac{0.455}{(\log Re)^{2.58}} - \frac{A^*}{Re} \tag{7-23}$$

式中，A^* 取决于由层流边界层转变为湍流边界层的临界雷诺数 Re_c，一般通过实验确定。表 7-1 给出了不同 Re_c 下的 A^*。

由式（7-23）可见，层流边界层起始段越长，平板阻力则越小。物体在流体中运动时，如能保持较长的层流边界层段对减小摩擦阻力是有利的。

表 7-1　混合边界层的 A^*

Re_c	3×10^5	5×10^5	10^6	3×10^6
A^*	1050	1700	3300	8700

应当指出，二维平板阻力的研究具有很重要的实用价值。它是流体工程中许多物体机身摩阻计算的基础，也是流体机械透平叶片及旋转压缩机叶片摩阻计算的基础。

例 7-1　一长 6m、宽 2m 的光滑平板在空气中以 3.2m/s 的速度沿其长度方向掠过，已知空气密度为 $1.24 \mathrm{kg/m^3}$，运动黏度 $\nu = 1.42 \times 10^{-5} \mathrm{m^2/s}$，试求距离平板前缘分别为 1m 和 4.5m 处的边界层厚度和平板所受的摩擦阻力。

解：首先判别边界层的流态。取

$$Re_c = \frac{Ux_c}{\nu} = 5 \times 10^5$$

则有

$$x_c = \frac{Re_c \nu}{U} = \frac{5 \times 10^5 \times 1.42 \times 10^{-5}}{3.2} \mathrm{m} = 2.2 \mathrm{m}$$

可见，距离平板前缘 1m 处为层流，4.5m 处为湍流。

利用层流边界层公式（7-16），距离平板前缘 1m 处的层流边界层厚度

$$\delta = \sqrt{\frac{280}{13} \frac{\mu x}{\rho U}} = 4.64 \sqrt{\frac{\nu x}{U}} = 0.098 \mathrm{m}$$

利用湍流边界层公式（7-19），距离平板前缘 4.5m 处的湍流边界层厚度

$$\delta = 0.37 \left(\frac{\nu}{Ux}\right)^{1/5} x = 0.37 \times \left(\frac{1.42 \times 10^{-5}}{3.2 \times 4.5}\right)^{1/5} \times 4.5 \mathrm{m} = 0.105 \mathrm{m}$$

平板摩擦阻力按混合边界层计算

$$Re_L = \frac{UL}{\nu} = \frac{3.2 \times 6}{1.42 \times 10^{-5}} = 1.352 \times 10^6$$

利用式（7-23）计算得

$$C_r = \frac{0.455}{(\log Re)^{2.58}} - \frac{A^*}{Re} = \frac{0.455}{(\log 1.352 \times 10^6)^{2.58}} - \frac{1700}{1.352 \times 10^6} = 0.00297$$

则

$$F_r = \int_A \tau_0 \mathrm{d}A = \frac{1}{2} C_r \rho U^2 A = 2 C_r bL \frac{\rho U^2}{2} = 2 \times \left(0.00297 \times 2 \times 6 \times \frac{1.24 \times 3.2^2}{2}\right) \mathrm{N} = 0.453 \mathrm{N}$$

例 7-2　矩形平板宽度为 $b = 0.6 \mathrm{m}$，长度为 50m，以速度 $V_\infty = 10 \mathrm{m/s}$ 在石油中滑动，转捩雷诺数为 $Re_{cr} = 5 \times 10^5$，试确定：（1）层流边界层长度 x_{cr}；（2）平板阻力 F_{Df}。已知石油的 $\mu = 0.0128 \mathrm{N \cdot s/m^2}$，$\rho = 850 \mathrm{kg/m^3}$。

解：（1）确定转捩位置

$$x_{cr} = \frac{\mu}{\rho V_\infty} Re_{cr} = \frac{0.0128 \times 5 \times 10^5}{850 \times 10} \mathrm{m} = 0.75 \mathrm{m}$$

（2）宽度 $b = 0.6 \mathrm{m}$ 的平板阻力为

$$F_{Df} = 2 \left(\frac{1.328}{Re_{cr}^{0.5}} \frac{x_{cr}}{L} + \frac{0.074}{Re_L^{0.2}} - \frac{0.074}{Re_{cr}^{0.2}}\right) bL \frac{\rho v_e^2}{2}$$

又

$$Re_L = \frac{\rho v_e L}{\mu} = \frac{850 \times 10 \times 50}{0.0128} = 3.32 \times 10^7$$

$$\frac{\rho v_e^2}{2} = \frac{1}{2} \times 850 \times 10^2 = 4.25 \times 10^4$$

所以

$$F_{Df} = 2\left(\left[\frac{1.328}{(5\times10^5)^{0.5}}\frac{0.75}{50} + \frac{0.074}{(3.32\times10^7)^{0.2}} - \frac{0.074}{(5\times10^5)^{0.5}}\right]\times0.6\times$$

$$50\times4.25\times10^4\right)kN = 5.71kN$$

7.2 流体绕流物体的阻力

前面的讨论局限在不可压缩黏性流体绕流平板的流动，主要特点是边界层外势流的流速 U 保持不变，整个势流区和边界层区内的压强处处相同。如果边界层外的压力沿流动方向发生变化的话，流体的流动状态可能会有极大的不同，黏性流体沿曲面的边界层正是这种情况。这是由于此时边界层外势流的流速沿曲面发生变化，使势流区和边界层区内的压强也沿曲面发生变化，最终导致一种新的物理现象——边界层分离。

7.2.1 边界层分离

边界层流动脱离物体表面的现象，称为边界层分离。流体开始离开物体表面的点，称为分离点。在分离后的区域内会出现回流，产生旋涡，并在物体的后面形成尾迹。

如图 7-7 所示为黏性流体绕圆柱体流动，图 7-8 示意了沿曲面的流动状态。通过圆柱体和曲面边界层内压强及速度变化的分析，可以展现边界层的分离过程。由普朗特边界层理论，绕流圆柱体的流体可分为边界层区和势流区两部分，对势流区内的流动，可将其视为理想流体的流动。当流体由 N 点流至 A 点时，流速增加，压强下降，即降压增速。由于边界层内的压强分布与边界层外势流区相同，此时设 A 点处边界层外的势流速度达最大值 U_{max}，压力达最小值 p_{min}，则 $dp/dx < 0$。这种上游压强高于下游压强的分布，有利于流动的进行，称为顺压强梯度流动；超过 A 点后，压力沿流动方向不断增加，流速降低，即升压减速，此时 $dp/dx > 0$，这种上游压强低于下游压强的分布不利于流动的进行，称为逆压强梯度流动。但由于边界层的流动存在能量损耗，层内流体质点的动能因克服黏性阻力而不断消耗，故点 C 的压强低于点 A 的压强，点 M 的压强低于点 N 的压强。

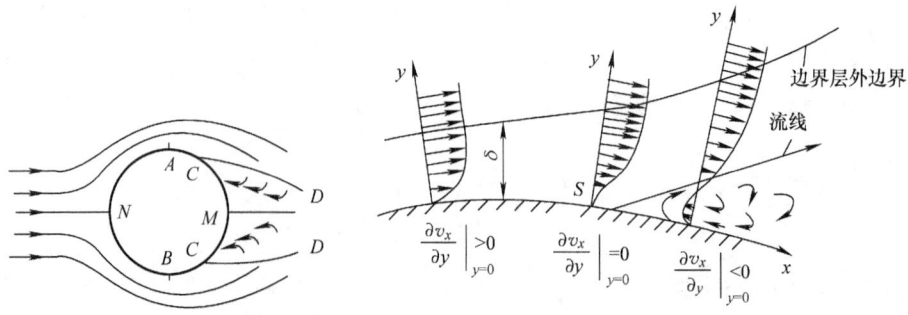

图 7-7　流体绕圆柱体流动　　　　图 7-8　边界层的分离

如图 7-8 所示，在边界层内的流体，在顺压梯度这一段，虽然因受黏性的影响有减速的趋势，但是在顺压梯度的帮助下仍能顺利地流动。而在逆压梯度这一段情形就不同了，流体受到黏性及逆压梯度的双重减速影响，动能损失加剧。当流体质点具有的动能不能克服黏性阻力和逆压梯度时，则紧邻固壁的流体质点在某处 S（相当于圆柱体绕流的 C 点）就可能首

先速度降为零，这时该处的速度梯度$\frac{\partial v_x}{\partial y}\Big|_{y=0}=0$。在 S 点以后，下游的流体质点在逆压梯度的作用下产生倒流现象，但离壁面相对较远的边界层内的流体质点，仍具有一定的动能而继续向前流动。由于这种方向相反的流动，形成了回流，从而使流体质点在 S 点（相当于圆柱体绕流的 C 点）从物面上分离出去。

显然，边界层的分离现象只能在逆压梯度存在的条件下产生，平板边界层因压力梯度等于零，故不论平板如何长，也不会有分离现象。至于在逆压梯度区内是否一定能发生分离，还取决于逆压梯度的大小及边界层的流态（层流或湍流）。下面就边界层分离讨论几点具体事项。

1. 边界层分离点位置确定

定常流动中，在分离 S 点前 $\frac{\partial v_x}{\partial y}\Big|_{y=0}>0$；在分离 S 点后 $\frac{\partial v_x}{\partial y}\Big|_{y=0}<0$；在分离点 S 处法向速度梯度为零，即 $\frac{\partial v_x}{\partial y}\Big|_{y=0}=0$，可由此确定边界层分离点位置。

2. 影响边界层分离的主要因素

影响边界层分离的主要因素是：（1）逆压梯度越大，越容易分离；反之，可以延缓分离，或不分离；（2）来流雷诺数越大，越不容易分离；（3）湍流较层流不容易分离，在混合边界层中，当层流段发生分离时，在一定条件下，在湍流段上可使刚刚分离的流体再附于壁面；（4）壁面曲率半径沿流向增大，不容易出现分离。

3. 边界层分离的后果

边界层分离的主要后果是：（1）分离后边界层方程失效，不能用理想流体流动来计算壁面压力分布；（2）使物体阻力大增，升力显著下降。边界层发生分离后，物体后部形成许多无规则的涡，其中涡的能量以热的形式耗散掉。分离点下游的压力已不再能升高，差不多保持与分离点处的压力同样的数值。这样，物体后部的平均压力远较物体前部的小，结果就形成所谓"压差阻力"（又叫形状阻力）。

压差阻力的大小极大地取决于分离点的位置。如果物体的形状做成使分离点的位置尽可能地后移，这时涡区（又叫物体的尾流）很小，因而压差阻力也小，物体阻力的主要成分为摩擦阻力，习惯上把这类形状的物体叫"流线型体"。另外，如果物体阻力成分主要为压差阻力，这样形状的物体则通常叫"钝体"。如图7-9所示分别为流线型体、柱体和钝体周围的流动情况。

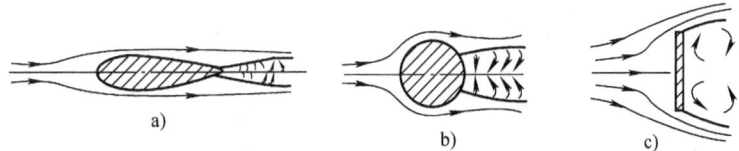

图 7-9　流线型体、柱体与钝体

a）流线型体　b）柱体　c）钝体

4. 延缓或防止边界层分离的措施

延缓或防止边界层分离的主要措施是：（1）使层流转换为湍流的转捩点向上游移动，

以提前转变为湍流；（2）尽量避免有较大的逆压梯度，如使流道扩张角小一些，物体细长一些；（3）设置辅助装置，如安装导流片（见图7-10a），壁面开设抽吸孔（见图7-10b），流体吹除（向边界层中正在减速的流体质点添加能量，见图7-10c）。

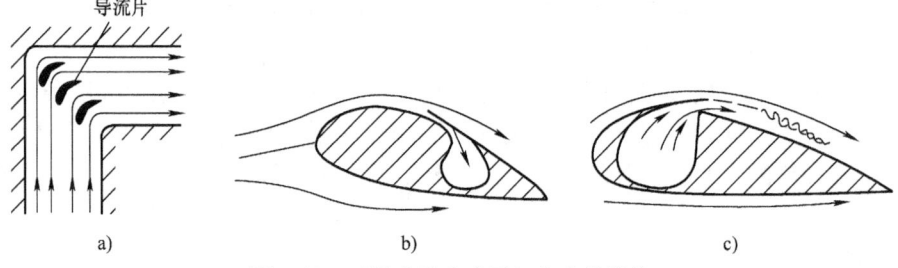

图7-10 延缓或防止边界层分离的措施

5. 卡门涡街

边界层分离后将产生旋涡，而一般形状物体后部的尾流图谱取决于流动的雷诺数 Re。下面以黏性流体二维圆柱体绕流为例分析其流动，大致情况如下：圆柱体绕流雷诺数为 $Re = \dfrac{Ud}{\nu}$，在雷诺数极低时，$Re < 0.5$，惯性力已可忽略，作为"蠕动"处理，其流谱如图7-11a所示；雷诺数增至 $Re = 2 \sim 30$，边界层对称地在 S 处分离，并形成两个转向相反的驻涡，涡后部的主流流线仍能会合，如图7-11b、c所示；雷诺数 Re 再升高，这时涡的位置已不稳定，至于雷诺数 $Re = 40 \sim 70$ 时，可观察到尾流中有周期性的振荡，如图7-11d所示；待到 $Re = 90$ 左右，柱体后部的涡交替地从柱体上释放下来，并被主流带到下游，以后在相当宽广的雷诺数 Re 范围内持续地保持以柱体上下两边交替地释放涡，涡的排列形状如图7-12所示。这样形式排列的涡系像街道，称为卡门涡街。当然，离开柱体一定距离后因受黏性的耗散影响，如此规则的涡系就变得模糊不清了。

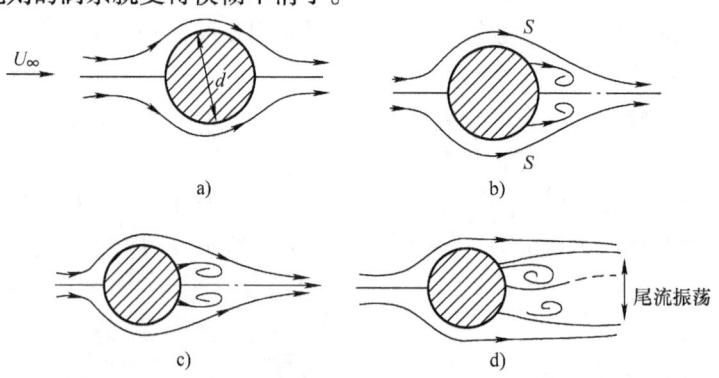

图7-11 圆柱体绕流

由于柱体上的涡以一定的频率交替释放下来，因而柱体表面上的压力分布、切应力分布也必以一定的频率发生有规则的变化，也就是柱体受到周期性变化力的作用。其频率应当与涡的释放频率相同。在 $250 < Re < 2 \times$

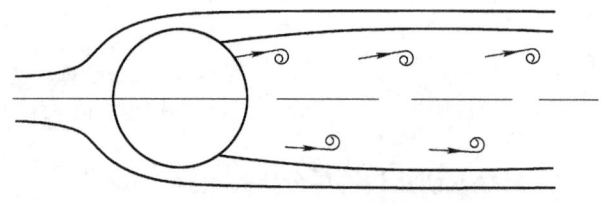

图7-12 卡门涡街流态

10^5 范围内，Strouhal 提出如下计算频率的经验公式：

$$\frac{fd}{U} = 0.198\left(1 - \frac{19.7}{Re}\right) \tag{7-24}$$

式中，f 为涡的释放频率；d 为圆柱直径；U 为来流速度。

　　工程上的许多振动问题均与卡门涡街现象有关，如烟囱、悬桥、潜水艇潜望镜及船舶尾部的振动现象等。再如，野外的输电线在一定风速下发出的啸叫声就是由于卡门旋涡脱落造成的。若绕流物体的自振频率与卡门涡街脱落频率相近时，则会诱发声波谐振（共振），产生严重的噪声，甚至会产生破坏性的后果。历史上曾出现吊桥被风吹翻的毁灭性灾难。当然卡门涡街也有有利的一面，卡门涡街流量计就是一例。

　　另外，冯·卡门证明，当涡街以速度 $v_x(v_x < U)$ 向下游运动时，单位长度的圆柱体上所受的阻力可用下式计算：

$$F_r = \rho U^2 h\left[2.83\frac{v_x}{U} - 1.12\left(\frac{v_x}{U}\right)^2\right] \tag{7-25}$$

式中，h 为两行涡列间的距离。

7.2.2 黏性流体绕流物体的阻力

　　游泳的时候，大家可能会有这样的经验，手和胳膊都会受到妨碍舒展的水力，这就是绕流物体的阻力。在流体中运动的物体或是被放置在流动中的物体都会受到来自流体的力。更严密地讲，流体中的物体和流体之间存在相对速度时，物体就会受到来自流体的力的作用。在这些力当中，与相对速度方向平行的力的分量被称为阻力，与相对速度方向垂直的力的分量被称为升力，如图 7-13 所示。根据阻力产生的原因不同，可将阻力分为 5 种类型，即摩擦阻力、压差阻力（或称形状阻力）、诱导阻力、波动阻力和干涉阻力。

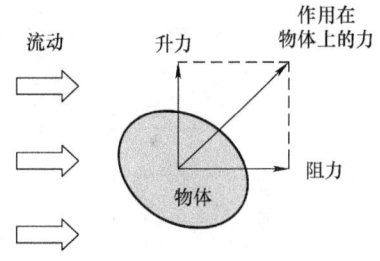

图 7-13　作用在物体上的力

　　前面介绍流线型体和钝体时已提到过摩擦阻力和压差阻力。摩擦阻力是黏性直接作用的结果，当黏性流体绕流物体时，流体对物体表面有切向应力作用，由切向应力产生摩擦力。摩擦力可以将壁面切应力沿物体表面积分得到，如果边界层分离在某处发生，则该计算只能在分离点前进行。如果边界层从某处由层流转变为湍流，则应分为层流段和湍流段分别计算，然后再相加。压差阻力是黏性间接作用的结果，由于边界层在逆压强梯度流动区域发生分离，形成旋涡而消耗能量。主要原因是边界层分离造成绕流物体前后形成压强差，产生了压差阻力，而旋涡所携带的动能则在尾涡区中由旋涡内部的摩擦变成热量而耗散掉。压差阻力受边界层分离的影响很大，阻力的大小与物体的形状密切相关。摩擦阻力和压差阻力之和即为黏性流体绕流物体的阻力，简称绕流阻力。

　　摩擦阻力和压差阻力可表示为绕流物体从前缘点 A 到后缘点 B 切应力和压力的积分，也可表示为单位体积来流的动能 $\rho U^2/2$ 与某一面积的乘积，再乘上一个阻力系数的形式，即

$$F_f = \int_A^B \tau_0 \sin\theta\, \mathrm{d}x = C_f\frac{\rho U^2}{2}A_f \tag{7-26}$$

$$F_p = \int_A^B p\cos\theta\, \mathrm{d}x = C_p\frac{\rho U^2}{2}A_p \tag{7-27}$$

式中，C_f 和 C_p 分别为摩擦阻力系数和压差阻力系数；A_f 为切应力作用面积；A_p 为物体与流速方向垂直的绕流投影面积；θ 为面矢法线与流动方向所成角度。

绕流物体阻力是摩擦阻力和压差阻力之和，则绕流阻力为

$$F_D = (C_f A_f + C_p A_p)\frac{\rho U^2}{2} \quad \text{或} \quad F_D = C_D \frac{\rho U^2}{2} A \tag{7-28}$$

式中，A 与 A_p 一致；C_D 称为绕流系数，主要取决于雷诺数，也与物体表面的粗糙程度、来流的湍流强度及绕流物体的形状有关，一般由实验确定。

如图 7-14 和图 7-15 所示分别是二维物体和三维物体绕流阻力系数实验曲线。

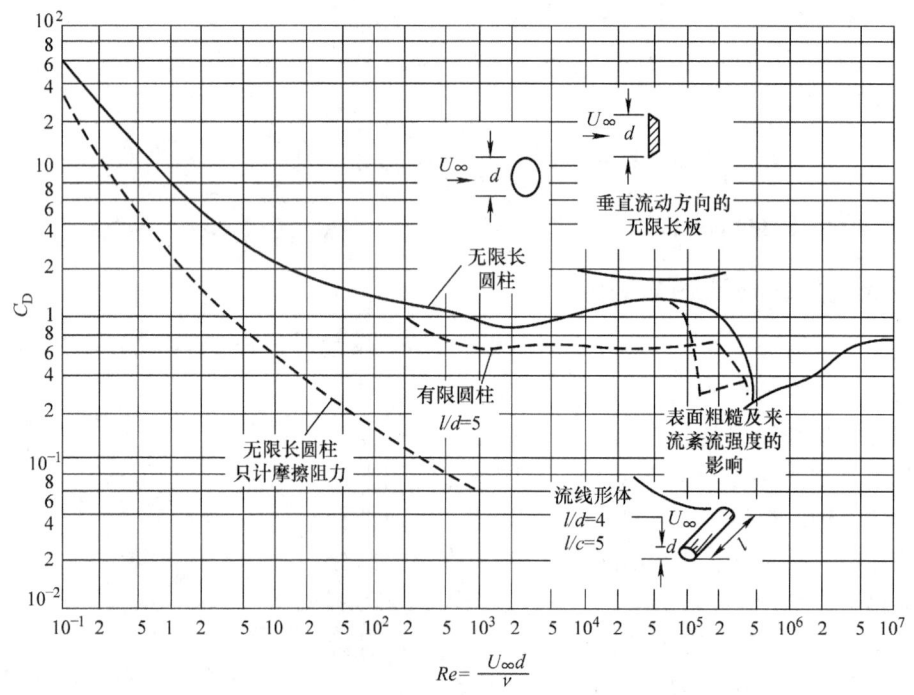

图 7-14 二维物体绕流阻力系数实验曲线

随着边界层理论的发展，绕流阻力的形成机理已变得清楚，但从理论上计算一个任意形状物体的阻力，至今仍非常困难，故绕流阻力目前大多通过实验的方法测定。当摩擦阻力和压差阻力这两种阻力同时存在时，首先要分清哪种阻力起主导作用，从而抓住主要矛盾，做到有的放矢，重点设法减少起主要作用的阻力，从而取得事半功倍的效果。

黏性流体绕流物体时，还要在垂直于流体运动方向上产生升力 F_L。升力的计算式为

$$F_L = C_L \frac{\rho U^2}{2} A \tag{7-29}$$

式中，C_L 为升力系数，升力系数主要依赖于冲角和物体的横截面形状，一般由实验确定；A 为物体或升力矢量体的投影面，一般为来流平行横截面面积。

在乒乓球、棒球、足球、排球和网球等运动中，当给球施加了旋转后球的运动轨迹就会有拐弯。为什么旋转的球在飞行时会拐弯呢？其原因在于作用在球上的升力。如图 7-16 所示的踢足球运动，伴随着球的旋转，根据球表面的旋转速度可以将球表面分成与来流方向相

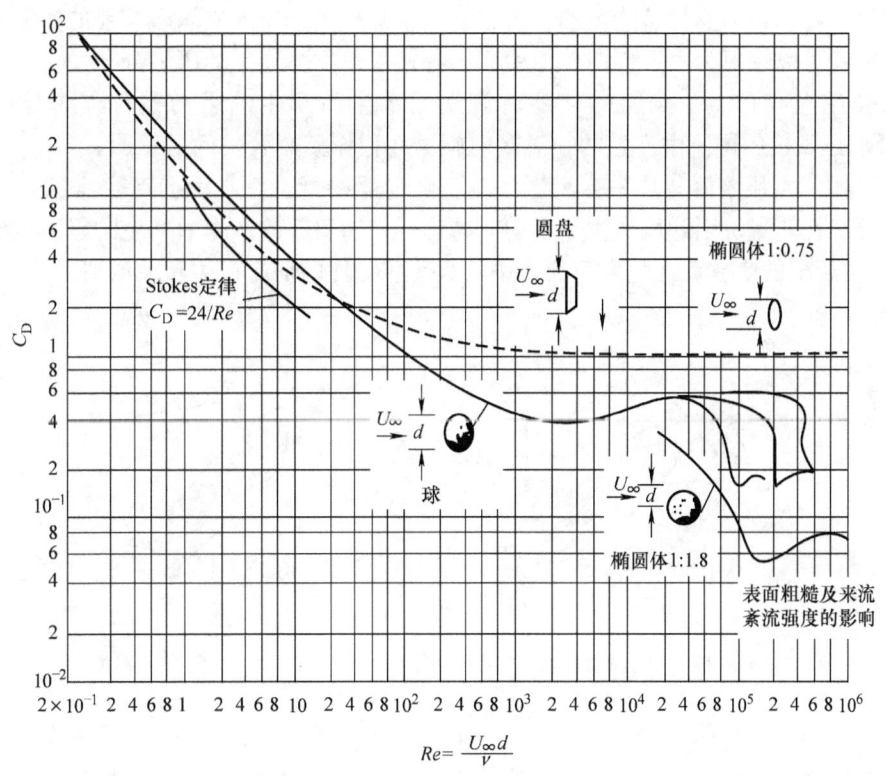

图7-15 三维物体绕流阻力系数实验曲线

同的区域以及与来流方向相反的区域。球旋转速度与来流同向的区域中,气流被加速,根据伯努利方程可知,其压力会下降。另一方面,与来流反向的区域气流被减速,压力上升。两者的压力差垂直于流动方向而作用在球上。根据相对性原理,气流运动速度大小和方向正好与球的运动速度大小相等,方向相反。也就是说,以升力的形式对球产生作用,于是球会向该方向偏转。像这样旋转物体中升力的产生机制被称作马格纳斯效应。

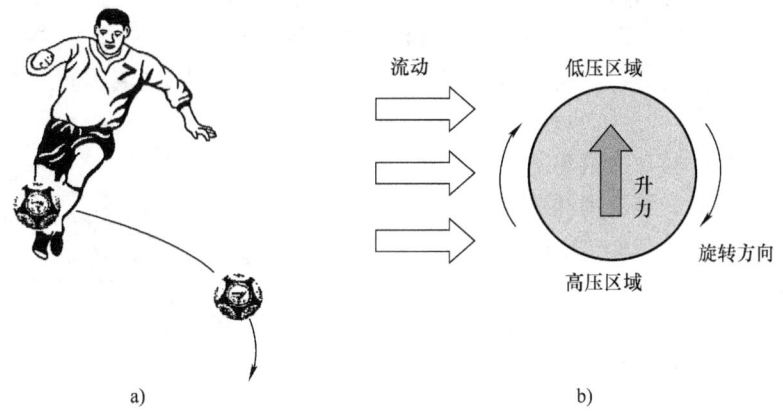

图7-16 作用在旋转球上的升力

此外,在三维物体中,常常会在物体两端产生强烈的横向旋涡(例如机翼、汽车等)。

产生这些横向旋涡是需要耗费能量的，这也就会带来损失。形成旋涡所需要的能量可以被看作阻力，或者可以理解为由于横向旋涡引起诱导速度，物体周围的压力分布发生了变化，并作为阻力作用在物体上。像这样伴随着旋涡的产生而产生的阻力被称作诱导阻力。如图 7-17 所示是飞机的尾流中产生的一对横向旋涡（称作翼端涡）的示意图。

高速流体（可压缩流体）中会产生激波，随着船的行进，水面会产生水波，这些波的形成都需要消耗能量，因此就产生了阻力。像这样伴随着波的产生而产生的阻力被称作波阻力。图 7-18 给出的是放置在超声速流体中的火箭状物体的前端产生激波的情形。

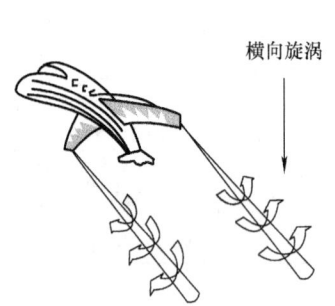

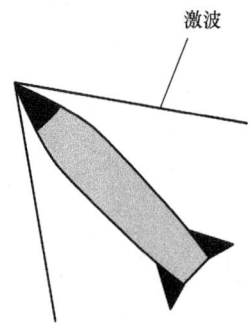

图 7-17　飞机诱导阻力　　　　　图 7-18　火箭激波阻力

流体中单独放置物体 1、2 时的阻力记为 F_{f1}、F_{f2}。将两物体靠近并同时放置在流体中时，两个物体受到的阻力记为 F_{f12}，一般来说，它会比 F_{f1} 和 F_{f2} 之和大。两者的差为

$$F_c = F_{f12} - (F_{f1} + F_{f2}) \tag{7-30}$$

式中，F_c 来自于两个物体相互作用而产生的阻力，该阻力被称作干涉阻力。

物体的阻力，一般是由这 5 种阻力之中的几种共同作用而形成的。其中摩擦阻力和压差阻力是黏性流体绕流物体阻力的普通存在形式，也是绕流物体阻力的主要成分。

作用在汽车上的流体总阻力就是由几种阻力共同作用而形成的。一般的汽车在时速 100km 行驶时，在受到的总阻力中，摩擦阻力占 6%，形状阻力（压差阻力）占 48%，诱导阻力占 6%，波动阻力约为 0，干涉阻力约占 12%。剩余的阻力，分别来自轮胎转动的摩擦和轴承的摩擦等。所以，最有效的减少汽车阻力的途径是改善车体的形状来减少形状阻力。实际上，为了尽量不让流体产生分离，汽车的形状常常被设计成流线形，并将棱角做得圆滑。

形状阻力即压差阻力为汽车空气阻力的主要成分，主要由车首和车尾及周边气流压强差形成的。如图 7-19 所示以 100km/h 速度行驶的小轿车，其车首压强达 101775Pa，比周围环境大气压 101300Pa 高出 475Pa。这相当于 $1m^2$ 的平板上站着重约 48kg 的人所产生的压力。

图 7-19　汽车周围的流动

例 7-3　在一花车巡游的队列中，有一辆花车前部正面图标的形状近似为一直径 $d = 2.0m$ 的圆盘，花车在 2.5m/s 的逆风中以 14.4km/h 的速度行进，当地的大气温度 $t = 20℃$，试求气流绕流图标雷诺数和作用在该图标上的阻力及为克服该阻力而消耗的功率。（温度 $t = 20℃$ 时空气密度 $\rho = 1.2kg/m^3$，运动黏度 $\nu = 1.5 \times 10^{-5} m^2/s$）

解：首先判别边界层的流态

花车车速　$v_1 = \dfrac{14.4 \times 10^3}{3600} = 4.0\text{m/s}$；风速　$v_2 = 2.5\text{m/s}$

气流绝对速度　$v = (4.0 + 2.5)\text{m/s} = 6.5\text{m/s}$

气流绕流图标的雷诺数　$Re = \dfrac{vd}{\nu} = \dfrac{6.5 \times 2.0}{1.5 \times 10^{-5}} = 8.667 \times 10^5$

查图 7-15，当 $Re = 8.667 \times 10^5$ 时，圆盘阻力系数 $C_D = 1.20$，则花车行进时图标所受阻力

$$F_D = C_D A \frac{\rho v^2}{2} = \left(1.2 \times \frac{\pi \times 2.0^2}{4} \times \frac{1.2}{2} \times 6.5^2 \right)\text{N} = 95.567\text{N}$$

消耗的功率

$$P = F_D v_1 = (95.567 \times 4.0)\text{W} = 382.268\text{W}$$

例 7-4　水平风速随高度 z 的分布为 $\dfrac{v}{v_0} = \left(\dfrac{z}{h_0} \right)^{0.18}$。在一次人风中，气象台在高度为 $h_0 = 10\text{m}$ 的观察点测得的风速为 $v_0 = 12\text{m/s}$，空气的密度为 $\rho = 1.24\text{kg/m}^3$。有一条工业烟囱，高度 $h = 60\text{m}$，截面半径 $R = 3\text{m}$。试计算在这次大风中，烟囱底端受到的剪力以及弯矩。

解：烟囱受到的剪力和弯矩都是由风荷载引起的，风荷载就是圆柱绕流的阻力，阻力系数查得 $C_D = 1.2$，风速随高度变化，风载荷也随高度而变。设烟囱的一个微段 $\text{d}z$ 距离地面的高度为 z，则该微段烟囱受到的阻力为

$$\text{d}F = C_D \frac{1}{2}\rho v^2 \cdot 2R\text{d}z$$

合力及力矩用积分求出，得

$$F = \int_0^h C_D \frac{1}{2}\rho v^2 \cdot 2R\text{d}z = C_D \rho v_0^2 R h_0 \int_0^h \left(\frac{v}{v_0} \right)^2 \text{d}\left(\frac{z}{h_0} \right)$$

$$T = \int_0^h C_D \frac{1}{2}\rho v^2 \cdot 2Rz\text{d}z = C_D \rho v_0^2 R h_0^2 \int_0^h \left(\frac{v}{v_0} \right)^2 \left(\frac{z}{h_0} \right) \text{d}\left(\frac{z}{h_0} \right)$$

代入 v/v_0 的表达式，积分得

$$F = C_D \rho v_0^2 R h_0 \frac{(h/h_0)^{1.36}}{1.36} = 54403\text{N}$$

$$T = C_D \rho v_0^2 R h_0^2 \frac{(h/h_0)^{2.36}}{2.36} = 1881068\text{N} \cdot \text{m}$$

例 7-5　翼型的面积为 15m^2，自重为 400kg 的滑翔机以时速 80km 的速度飞行。空气的密度为 1.2kg/m^3，升力的作用点与机体重心重合，机体和尾翼的升力可以忽略。在某攻角下飞行时翼型的升力系数为 1.2，计算滑翔机会上升还是会下降。

解：由式（7-28）可知，升力值为

$$F_L = \frac{1}{2} C_L \rho U^2 A = \frac{1}{2} \times \left[1.2 \times 1.2 \times \left(\frac{80.0 \times 10^3}{3600.0} \right)^2 \times 15.0 \right]\text{N}$$

$$= 5.33 \times 10^3\text{N} > W = mg = (400 \times 9.81)\text{N} = 3.924 \times 10^3\text{N}$$

因此，该滑翔机将会上升。

例 7-6　一次沙尘暴把平均直径 $d = 10^{-4}\text{m}$ 的沙粒吹到 $H = 1000\text{m}$ 的高空，当地的水平风速为 $U_0 = 10\text{m/s}$，已知沙粒密度 $\rho' = 2000\text{kg/m}^3$，当地空气密度 $\rho = 1.25\text{kg/m}^3$，试求沙尘落地时所漂移的水平距离。设气温为 20℃，空气的动力黏度 $\mu = 15 \times 10^{-5}\text{N} \cdot \text{s/m}^2$。沙粒视作圆球。

解：当沙粒受到的重力与气流作用力及浮力平衡时，沙粒将被气流漂移。气流作用于沙粒的力就是阻力 F_D，满足

$$F_D = \frac{1}{2}\rho v^2 C_D A$$

式中，A 为沙粒沉降迎风面积，沙粒视作圆球，迎风面积就是圆面积。根据圆球阻力的计算式，不同雷诺数 Re 的计算式是不同的。计算时要假定一个 Re 数的范围，计算后再验算。

设 $Re = vd/\nu < 1$，则 $C_D = 24/Re$，有

$$F_D = \frac{1}{2}\rho v^2 \times 24 \left(\frac{\mu}{\rho vd}\right) A = 3\mu\pi vd$$

沙粒的重量为

$$W = \frac{1}{6}\pi d^3 \rho' g$$

沙粒的浮力为

$$F_B = \frac{1}{6}\pi d^3 \rho g$$

因此 $F_D + F_B > W$，则有

$$\frac{1}{6}\pi d^3 (\rho' - \rho) g < 3\mu\pi vd$$

沙粒沉降速度为

$$v = \frac{1}{18\mu} d^2 (\rho' - \rho) g = 0.075259 \text{m/s}$$

如果没有垂直风速，则沙粒往下飘落的时间为

$$t = \frac{H}{v} = 13.776 \times 10^3 \text{s}$$

漂移的水平距离为

$$L = U_0 t = 137.76 \text{km}$$

代入数据验算雷诺数，得 $Re = \rho vd/\mu = 0.061 < 1$，经验算前假设正确。

例 7-7 有 45kN 的重物从飞机上投下，要求落地速度不超过 10m/s，重物挂在一张阻力系数 $C_D = 2$ 的降落伞下面，不计伞重，设空气密度为 $\rho = 1.2 \text{kg/m}^3$，求降落伞应有的直径。

解：物体重量 $W = 45$kN，降落时，空气阻力为

$$F_D = \frac{1}{2}\rho v_\infty^2 C_D \frac{\pi d^2}{4}$$

不计浮力，则阻力 F_D 应大于重力 W，即

$$\frac{1}{2}\rho v_\infty^2 C_D \frac{\pi d^2}{4} \geq W$$

代入数据，得 $d \geq 21.85$m。

例 7-8 列车上的无线电天线总长 3m，由三节组成，每节长度均为 1m，它们的直径分别为 $d_1 = 1.50$cm，$d_2 = 1.0$cm，$d_3 = 0.5$cm。列车速度为 60km/h，空气密度 $\rho = 1.296 \text{kg/m}^3$，圆柱体的阻力系数 $C_D = 1.2$，试计算空气阻力对天线根部产生的力矩。

解：天线根部的直径最大，为 $d_1 = 0.015$m，长为 $l_1 = 1$m；中间段直径为 $d_2 = 0.01$m，长 $l_2 = 1$m；上段直径为 $d_3 = 0.005$m，长 $l_3 = 1$m。各段阻力计算式为

$$F = \frac{1}{2}\rho v_\infty^2 C_D ld$$

已知 $\rho = 1.293 \text{kg/m}^3$，$v_\infty = 50/3 \text{m/s}$，因此

$$F_1 = 3.2325\text{N}, \quad F_2 = 2.1550\text{N}, \quad F_3 = 1.0775\text{N}$$

各力对根部的力矩之和为

$$T = \frac{1}{2}l_1 F_1 + \frac{3}{2}l_2 F_2 + \frac{5}{2}l_3 F_3 = 7.5425 \text{N·m}$$

例 7-9 沸腾炉是在炉排上加一层劣质细煤颗粒，从炉排下部鼓风，使炉排上的细煤颗粒在悬浮下燃烧。假设细煤粒是直径为 $d = 1.2$mm 的球体，密度 $\rho_s = 2250 \text{kg/m}^3$。沸腾燃烧层的温度 $t = 1000℃$，此时烟

气的运动黏度 $\nu = 1.67 \times 10^{-6} \mathrm{m^2/s}$。而烟气在 0℃时密度为 $\rho_0 = 1.34 \mathrm{kg/m^3}$。试问烟气速度应为多少才能使颗粒处于悬浮状态？

解： 根据状态方程，计算在 $t = 1000$℃时的烟气密度

$$\rho = \frac{\rho_0 T_0}{T} = \frac{1.34 \times (273 + 0)}{273 + 1000} \mathrm{kg/m^3} = 0.287 \mathrm{kg/m^3}$$

要使细煤处在悬浮状态，则应使烟气速度 V 恰好与煤粒的自由沉降速度 V_f 相等。

假定 $Re \leqslant 1$，$C_f = \dfrac{24}{Re}$，得

$$V_f = \frac{1}{18} \frac{g}{\nu} \frac{\rho_s - \rho}{\rho} d^2 = \left[\frac{9.8 \times (2250 - 0.287)}{18 \times 1.67 \times 10^{-6} \times 0.287} \times (1.2 \times 10^{-3})^2 \right] \mathrm{m/s} = 3680 \mathrm{m/s}$$

校验 $Re = \dfrac{V_f d}{\nu} = \dfrac{3680 \times 1.2 \times 10^{-3}}{1.67 \times 10^{-6}} = 2.64 \times 10^6$

可见所选 Re 数范围不对，重新假定 $1000 \leqslant Re \leqslant 2 \times 10^5$，$C_f = 0.48$，得

$$V_f = \sqrt{\frac{2.8 g d (\rho_s - \rho)}{\rho}} = \sqrt{\frac{2.8 \times 9.8 \times 1.2 \times 10^{-3} \times (2250 - 0.287)}{0.287}} \mathrm{m/s} = 1.61 \mathrm{m/s}$$

校验 $\qquad Re = \dfrac{V_f d}{\nu} = \dfrac{1.61 \times 1.2 \times 10^{-3}}{1.67 \times 10^{-6}} = 1.16 \times 10^3$

与假定相符，故应使烟气速度为 $1.61 \mathrm{m/s}$ 才能使细煤颗粒悬浮。

7.3 缝隙流动

缝隙流动是液压传动中的一个重要流态。液压泵、液动机、换向阀等液压元件均存在着缝隙流动问题。由于缝隙的水力直径较小，而工作油液都有一定的黏度，因此缝隙流动时雷诺数 Re 一般都较小，往往属于层流范畴。缝隙中的液体产生运动的原因有二：一是由于存在压差而产生流动，这种流动称为压差流或 Poiseuille 流；另一种是由于组成缝隙的壁面具有相对运动而使缝隙中液体流动，称为剪切流或 Couette 流，两者的叠加则称为 Couette - Poiseuille 流。缝隙尺寸过大或过小都不好，缝隙过小则增大了摩擦，缝隙过大又增加了泄漏，如何选择所谓最优缝隙是设计流体元件的一个重要问题。缝隙流动的解法与圆管层流的解法十分类似。

7.3.1 缝隙中的流速分布和压强分布

流道厚度比宽度和长度小得多的流动称为缝隙流动。缝隙流动通常是层流，且雷诺数较小，从而可以忽略惯性力和质量力的作用。流体黏度通常为常数，若缝隙中压强和温度变化较大，此时流体黏度的变化则不可忽略。因间隙高度很小，一般情况缝隙流动可近似看作一维流动。

相对速度为 U 的两个壁面形成间距为 δ 的缝隙，缝隙中充满油液。如果两壁面相互平行，则 δ 为常数；如果两壁面不平行，则 δ 为变数。不管两壁面是否平行，只要 δ 是小量，则它的不平行度也是十分微小的，缝隙中油液基本上呈平行层流运动，液流受到黏性力的控制，流动则比较稳定。

下面来讨论如图 7-20 所示平行平板间的液体流动。设平板长 l，宽为 B，缝隙高度为 δ。建立如图 7-21 所示坐标轴。当缝隙两端具有压强差 $\Delta p = p_1 - p_2$，且上面平板以匀速度 U 运

动情况下，讨论平板间液体的流速和压强分布问题。

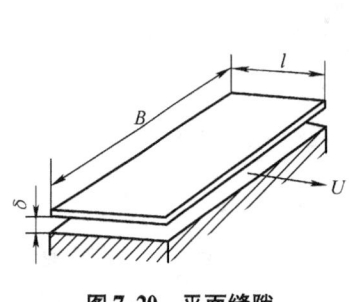

图 7-20　平面缝隙

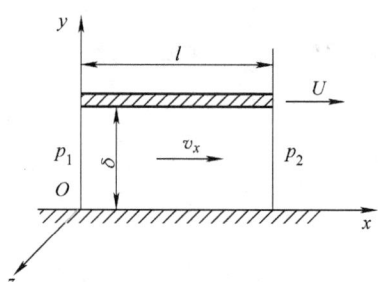

图 7-21　平行平板间的缝隙流动

两板间层流运动时，流体运动速度 $v_x = v_x(y)$，$v_y = v_z = 0$。在重力场作用下，质量力 $f_x = f_z = 0$，$f_y = -g$。再考虑到流动定常、连续且不可压缩，则 N - S 方程可以简化为

$$-\frac{1}{\rho}\frac{\partial p}{\partial x} + \nu\frac{\partial^2 v_x}{\partial y^2} = 0 \left.\begin{array}{r} \\ \end{array}\right\}$$
$$-g - \frac{1}{\rho}\frac{\partial p}{\partial y} = 0 \right\}$$
$$-\frac{1}{\rho}\frac{\partial p}{\partial z} = 0$$

$$(7-31)$$

式（7-31）第三式说明，压强 p 不沿 z 方向变化。又因为平板缝隙大小沿 x 方向是不变的，因而 p 在 x 方向的变化率应当是均匀下降的。式（7-31）第二式积分得压强 p 为

$$p = -\rho g y + f(x)$$

因为缝隙 y 轴尺度很小，所以上式中的 $\rho g y$ 与 $f(x)$ 相比较可忽略不计，即 $p \approx f(x)$，由此可得 $\frac{\mathrm{d}p}{\mathrm{d}x} = \frac{\partial p}{\partial x} = f'(x)$，即 $\frac{\mathrm{d}p}{\mathrm{d}x}$ 与 y 无关。于是可得

$$\frac{\partial p}{\partial x} = \frac{\mathrm{d}p}{\mathrm{d}x} = -\frac{\Delta p}{l} \qquad (7-32)$$

速度 v_x 只是 y 的函数，因而 $\frac{\partial^2 v_x}{\partial y^2}$ 可以写成 $\frac{\mathrm{d}^2 v_x}{\mathrm{d}y^2}$，于是式（7-31）变成

$$\frac{\mathrm{d}^2 v_x}{\mathrm{d}y^2} = \frac{1}{\mu}\frac{\mathrm{d}p}{\mathrm{d}x} = -\frac{\Delta p}{\mu l} \qquad (7-33)$$

这就是平板缝隙中层流运动的常微分方程式，对 y 积分两次得

$$v_x = -\frac{\Delta p}{2\mu l}y^2 + C_1 y + C_2 \qquad (7-34)$$

使用边界条件：$y = \delta$ 时，$v_x = U$；$y = 0$ 时，$v_x = 0$。可以确定出积分常数：

$$C_1 = \frac{\Delta p}{2\mu l}\delta + \frac{U}{\delta}, C_2 = 0$$

于是式（7-34）变成

$$v_x = \frac{\Delta p}{2\mu l}(\delta y - y^2) + \frac{Uy}{\delta} \qquad (7-35)$$

这就是平行平板间的速度分布规律，其流态如图 7-22 所示。这种流态可以看成是两种流态

的合成。第一种流态是由压强差造成的流动，即上、下板固定，流体通过缝隙，其速度分布为

$$v_x = \frac{\Delta p}{2\mu l}(\delta y - y^2) \qquad (7\text{-}36)$$

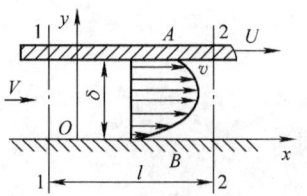

v_x 与 y 的关系是二次抛物线规律，如图 7-23 所示。这种流动称为压差流，也称为哈根－伯肃叶流；第二种流态是由上平板运动造成的流动，即上板等速平移，下板固定，缝隙内原充满静止流体，其速度分布为

图 7-22　上板等速平移、下板固定，流体通过缝隙

$$v_x = \frac{Uy}{\delta} \qquad (7\text{-}37)$$

v_x 与 y 的关系是一次直线规律，如图 7-24 所示。这种流动称为剪切流，也称为库埃特（Couette）流。

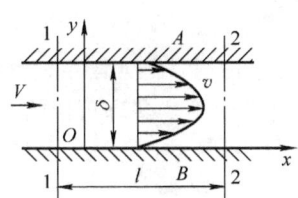

图 7-23　上、下板固定，流体通过缝隙

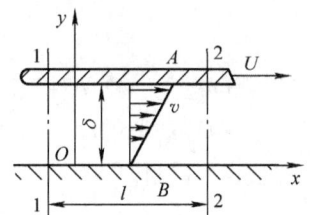

图 7-24　上板等速平移，下板固定，缝隙内原充满静止流体

式（7-35）是由这两种简单流动合成的结果，但实际情况下 Δp 有正有负，U 亦有正有负。还有一种流态是 Δp 与 U 的方向相反，即上板反向等速平移、下板固定，流体通过缝隙，其流态如图 7-25 所示，其速度分布为

$$v_x = \frac{\Delta p}{2\mu l}(\delta y - y^2) - \frac{Uy}{\delta} \qquad (7\text{-}38)$$

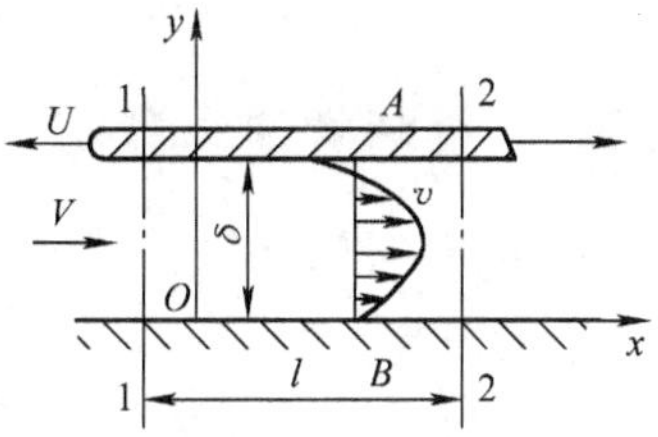

7.3.2　缝隙中的切应力与摩擦力

图 7-25　上板反向等速平移、下板固定，流体通过缝隙

在液压技术领域中滑阀的阀芯和阀套，油缸和柱塞等均为圆柱滑动副，这些滑动副之间有一定的间隙，在充满油液的条件下，滑动摩擦力应该是很小的，但往往要出现卡住的现象。为了搞清这个问题的本质，我们对缝隙内流体的作用力进行研究。

将式（7-35）代入牛顿内摩擦定律中，即可得切应力 $\tau = \tau(y)$ 的分布规律

$$\tau = \mu\frac{\mathrm{d}v_x}{\mathrm{d}y} = \mu\frac{\mathrm{d}}{\mathrm{d}y}\left[\frac{\Delta p}{2\mu l}(\delta y - y^2) + \frac{Uy}{\delta}\right] = \frac{\Delta p}{2l}(\delta - 2y) + \frac{\mu U}{\delta} \qquad (7\text{-}39)$$

当 $y = \delta$ 时，可得上平板边界处流体中的切应力为

$$\tau = \frac{\mu U}{\delta} - \frac{\Delta p \delta}{2l} \qquad (7\text{-}40)$$

τ 乘以平板面积 Bl，即得到作用在边界流体上的摩擦力为

$$F = \left(\frac{\mu U}{\delta} - \frac{\Delta p \delta}{2l}\right)Bl = \left(\frac{\mu Ul}{\delta} - \frac{\Delta p \delta}{2}\right)B \qquad (7-41)$$

将式（7-40）、式（7-41）改变符号，即为流体作用在运动平板上的切应力和摩擦力，分别为

$$\tau_0 = \frac{\Delta p \delta}{2l} - \frac{\mu U}{\delta} \qquad (7-42)$$

$$F_0 = \left(\frac{\Delta p \delta}{2} - \frac{\mu Ul}{\delta}\right)B \qquad (7-43)$$

可以看出，对运动平板的摩擦力也是由两种运动造成的。压差流所产生的摩擦力与压差 Δp 的方向相同，而剪切流所产生的摩擦力与 U 的方向相反，这是图 7-22 所示的流态。在液压泵和液压马达等内部流动中，压差流和剪切流是同时存在的。同理可推出图 7-25 所示流态上平板边界处流体中的切应力为

$$\tau = -\left(\frac{\mu U}{\delta} + \frac{\Delta p \delta}{2l}\right) \qquad (7-44)$$

但在许多工程问题上，这两种流动有时又是单独存在的，例如固定柱塞缝隙与静压支承是纯压差流动，高速轻载荷的同心滑动轴承是纯剪切流动等。同理可以推出图 7-23 所示纯压差流动上平板边界处流体中的切应力为

$$\tau = -\frac{\Delta p \delta}{2l} \qquad (7-45)$$

图 7-24 所示流态纯剪切流动上平板边界处流体中的切应力表达式

$$\tau = \frac{\mu U}{\delta} \qquad (7-46)$$

7.3.3 缝隙的泄漏量

在机械中设计缝隙只是为了实现机件间所要求的相对运动。经过缝隙的流量往往并不是工作上的需要，而是无法避免的液体泄漏。这里讨论流量问题与管路输送的目的不同，计算流量只是为了找出减少泄漏的依据。

在图 7-21 上截取微圆面积 $B\mathrm{d}y$，乘以 v_x 则 $v_x B\mathrm{d}y$ 为微元流量，从 $y=0$ 到 $y=\delta$ 积分，则得

$$q_v = \int_0^{\delta} v_x B\mathrm{d}y = B\int_0^{\delta}\left[\frac{\Delta p}{2\mu l}(\delta y - y^2) + \frac{Uy}{\delta}\right]\mathrm{d}y = B\left(\frac{\Delta p \delta^3}{12\mu l} + \frac{U\delta}{2}\right) = \frac{B\delta}{2}\left(\frac{\Delta p \delta^2}{6\mu l} + U\right)$$

$$(7-47)$$

其流态如图 7-22 所示。用式（7-47）的流量 q_v 除以过流断面面积 $B\delta$，可得平板中的平均速度为

$$v = \frac{q_v}{B\delta} = \frac{\Delta p \delta^2}{12\mu l} + \frac{U}{2} \qquad (7-48)$$

泄露流量显然也是由压差流和剪切流两种运动造成的。单纯压差流其流态如图 7-23 所示，造成的泄露流量为

$$q_v = \frac{\Delta p B \delta^3}{12\mu l} \qquad (7-49)$$

单剪切流其流态如图 7-24 所示，造成的泄露流量为

$$q_{\mathrm{v}} = \frac{BU\delta}{2} \tag{7-50}$$

当 Δp 与 U 符号相反时，流态如图 7-25 所示，压流差的流量应与剪切流的流量异号相加。其泄露流量为

$$q_{\mathrm{v}} = \frac{\Delta p B \delta^3}{12\mu l} - \frac{B\delta U}{2} \tag{7-51}$$

如果令式（7-51）的 $q_{\mathrm{v}} = 0$，可解出

$$\delta = \delta_0 = \sqrt{\frac{6\mu U l}{\Delta p}} \tag{7-52}$$

这种缝隙 δ_0 称为无泄漏缝隙。

无泄漏缝隙的几何原因从图 7-25 中可以看出。在确定的 Δp、U、μ、l 条件下，压差流的抛物线图形与剪切流的三角形图形面积刚好相等时，总速度 $v = 0$，自然总泄漏流量为零。此时靠近运动平板处的速度梯度较大，因而作用在运动平板上的摩擦力也必然很大。无泄漏缝隙对于直线往复运动的机构来说，只在 U 与 Δp 的方向相反的行程上是有效的，当 U 与 Δp 的方向相同时，仍然是有泄漏的。

从式（7-51）和式（7-52）看，如果缝隙 δ 一定，而 Δp 或 U 可以调整，也可以令 $q_{\mathrm{v}} = 0$。从而也解出无泄漏的压强差 Δp，或无泄漏的平板直线速度 U。

无泄漏缝隙用在单程加载的油压机、水压机等机械上是有利的，在往复运动的油泵或液压马达上有时并不选用无泄漏缝隙而是选用下面叙述的、使功率损失最小的所谓最优缝隙。

缝隙的泄漏流量一般视为容积损失，是能量损失的一种。平行平板缝隙流动的功率损失也由两部分组成。一部分是压差流的泄漏损失功率 $P_{\mathrm{q}} = \Delta p q_{\mathrm{v}}$，一部分是剪切流的摩擦损失功率 $P_{\mathrm{F}} = FU$。由式（7-41）与式（7-47）可得总的功率损失为

$$
\begin{aligned}
P &= P_{\mathrm{q}} + P_{\mathrm{F}} = \Delta p q_{\mathrm{v}} + FU = \left(\frac{\Delta p B \delta^3}{12\mu l} + \frac{FU\delta}{2} \right)\Delta p + \left(\frac{\mu BUl}{\delta} - \frac{\Delta p B\delta}{2} \right)U \\
&= \frac{\Delta p^2 B \delta^3}{12\mu l} + \frac{\mu BU^2 l}{\delta} \tag{7-53}
\end{aligned}
$$

其中包含 ΔpU 的两项互相消掉了。式（7-53）中右端的第一项是由纯压差决定的泄漏功率损失，它与缝隙 δ 的三次方成正比，如图 7-26 中的 P_{q} 曲线所示；第二项是由纯剪切流决定的摩擦功率损失，它与缝隙 δ 成反比，如图 7-26 中的 P_{F} 曲线所示。总的功率损失曲线是这两条曲线的叠加，如图 7-26 中的 P 曲线。

由此可以看出，δ 过小则摩擦损失增大，δ 过大则泄露损失增大，总的功率损失有一个由缝隙 δ_{b} 所决定的最小值 $P_{\min}$。

令 $\dfrac{\mathrm{d}P}{\mathrm{d}\delta} = 0$，则 $\dfrac{\mathrm{d}P}{\mathrm{d}\delta} = \left(\dfrac{\Delta p^2 \delta^2}{4\mu l} - \dfrac{\mu U^2 l}{\delta^2} \right)B = 0$，所以功率损失最小的最优缝隙 δ_{b} 为

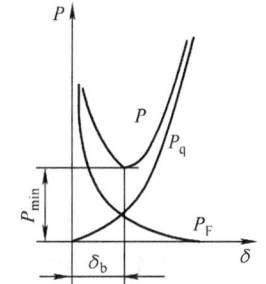

图 7-26　泄漏功率损失与最优缝隙

$$\delta = \delta_{\mathrm{b}} = \sqrt{\frac{2\mu U l}{\Delta p}} = \frac{1}{\sqrt{3}}\delta_0 = 0.577\delta_0 \tag{7-54}$$

在流体机械的设计中应该优先选用最优缝隙 δ_b，它比无泄漏缝隙 δ_0 更小。

7.3.4 倾斜板间的缝隙流动

机械工程中滑动轴承两相对运动零件之间要形成液体动压润滑油膜，两板就不能做成平行的间隙，而要设计成沿运动方向由大到小呈收敛楔形缝隙结构。常用于飞机和船舶螺旋桨或大型水轮机轴上的端面止推轴承，可以平衡较大的轴向推力，也是倾斜平面缝隙。油泵的柱塞与套筒之间出现锥度缝隙时，将其展开，也成为倾斜平面缝隙。

两个平面倾斜成一个微小的 α 角，平面间的油液在平面两端具有压强差 $\Delta p = p_1 - p_2$，或平面具有相对运动时均会出现倾斜平面间的缝隙流动，这种流动就是倾斜板间的缝隙流动。首先建立如图 7-27 所示坐标系。

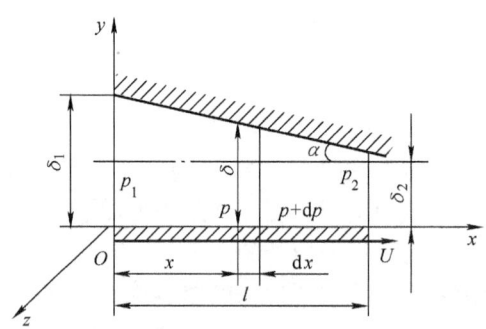

图 7-27　倾斜平面缝隙

倾斜平面缝隙流动也分为剪切流动和压差流动两种情况，滑动轴承和端面止推轴承都是属于剪切流的问题，这种问题统称为动压支承。锥度柱塞运动既有压差流又有剪切流，但其移动速度不大时，通常柱塞两端的压强差起主要作用，特别是对于启动中的锥度柱塞则完全可以看作是纯压差流。

实际问题中的倾斜角 α 都是比较小的，其中一个平板以速度 U 运动。对照图 7-27 可知

$$\left.\begin{array}{l} v_z \approx 0,\ v_x = v = v(y),\ v_y = 0 \\[2mm] \dfrac{\partial p}{\partial z} = 0,\ \dfrac{\partial p}{\partial y} \approx 0,\ \dfrac{\partial p}{\partial x} = \dfrac{\mathrm{d}p}{\mathrm{d}x} \end{array}\right\} \tag{7-55}$$

倾斜平面缝隙与平行平面缝隙主要不同之处在于沿流动方向的压强变化率 $\dfrac{\mathrm{d}p}{\mathrm{d}x}$ 不是常数，因此 $\dfrac{\mathrm{d}p}{\mathrm{d}x}$ 不能用 $-\dfrac{\Delta p}{l}$ 代表，而且 $p = p(x)$ 的压强分布规律对于倾斜平面缝隙来说是一个十分重要的问题。

在式（7-55）的条件下，倾斜平面缝隙的 N-S 方程可以简化为

$$\frac{\mathrm{d}^2 v_x}{\mathrm{d}y^2} = \frac{1}{\mu}\frac{\mathrm{d}p}{\mathrm{d}x} \tag{7-56}$$

对 y 积分两次，可得

$$v_x = \frac{1}{2\mu}\frac{\mathrm{d}p}{\mathrm{d}x}y^2 + C_1 y + C_2 \tag{7-57}$$

使用边界条件：$y=0$ 时，$v_x = U$；$y=\delta$ 时，$v_x = 0$。可以求出积分常数

$$C_1 = -\frac{1}{2\mu}\frac{\mathrm{d}p}{\mathrm{d}x}\delta - \frac{U}{\delta},\ C_2 = U$$

代回式（7-57），得

$$v_x = \frac{y^2 - y\delta}{2\mu}\frac{\mathrm{d}p}{\mathrm{d}x} + U\left(1 - \frac{y}{\delta}\right) \tag{7-58}$$

这就是倾斜平面缝隙中的速度分布规律。

将通过 Bdy 微元断面的流量 $v_x Bdy$，从 $y=0$ 到 $y=\delta$ 积分即可得到流过任意断面的流量

$$q_v = \int_0^\delta v_x Bdy = \frac{B}{2\mu}\int_0^\delta \frac{dp}{dx}(y^2 - y\delta)dy + BU\int_0^\delta\left(1 - \frac{y}{\delta}\right)dy = B\left(\frac{\delta U}{2} - \frac{dp}{dx}\frac{\delta^3}{12\mu}\right) \quad (7\text{-}59)$$

式中 $\frac{dp}{dx}$ 尚未知，因此此式还不是最后的结果，下面利用此式首先解出压强分布规律，然后才有可能得到有实用价值的流量表达式。

从（7-59）式得出

$$dp = \left(\frac{6\mu U}{\delta^2} - \frac{12\mu q_v}{B\delta^3}\right)dx$$

将 $\delta = \delta_1 - x\tan\alpha$ 代入，则

$$dp = \left[\frac{6\mu U}{(\delta_1 - x\tan\alpha)^2} - \frac{12\mu q_v}{B(\delta_1 - x\tan\alpha)^3}\right]dx$$

积分，得

$$p = \frac{6\mu U}{\tan\alpha(\delta_1 - x\tan\alpha)} - \frac{12\mu q_v}{2B\tan\alpha(\delta_1 - x\tan\alpha)^2} + C \quad 或 \quad p = \frac{6\mu}{\tan\alpha}\left(\frac{U}{\delta} - \frac{q_v}{B\delta^2}\right) + C$$

利用边界条件 $\delta = \delta_1$ 时，$p = p_1$ 可得积分常数

$$C = p_1 - \frac{6\mu}{\tan\alpha}\left(\frac{U}{\delta_1} - \frac{q_v}{B\delta_1^2}\right)$$

代回，则

$$p = p_1 + \frac{6\mu}{\tan\alpha}\left[U\left(\frac{1}{\delta} - \frac{1}{\delta_1}\right) - \frac{q_v}{B}\left(\frac{1}{\delta^2} - \frac{1}{\delta_1^2}\right)\right] \quad (7\text{-}60)$$

这就是倾斜缝隙的压强分布规律，如图7-28所示。其中下板向缝隙窄端平移，F 为支持力，其使倾斜平板离开运动平板；下板向缝隙宽端平移，F 为压紧力，其使倾斜平板紧靠运动平板。如果令 $\delta_a = \delta_1/\delta_2$，其他条件相同的情况下，当 $\delta_a = 2.2$ 时得到最大总压力 F_{max}。此时 $x_{Fmax} = 0.57l$，$F_{max} = 0.16\mu Bl^2 U\frac{1}{\delta_2^2}$。

如果令 $\delta = \delta_2$ 时，$p = p_2$，则可得出倾斜缝隙两端的压强差

$$\Delta p = p_1 - p_2 = \frac{6\mu}{\tan\alpha}\left[\frac{q_v}{B}\left(\frac{1}{\delta_2^2} - \frac{1}{\delta_1^2}\right) - U\left(\frac{1}{\delta_2} - \frac{1}{\delta_1}\right)\right]$$

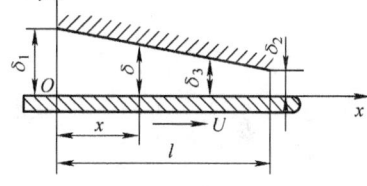

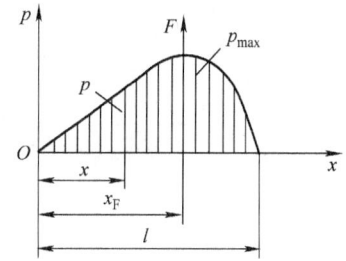

图7-28　倾斜平面缝隙压强分布

利用 $\delta_2 = \delta_1 - l\tan\alpha$ 或 $\tan\alpha = \frac{\delta_1 - \delta_2}{l}$ 化简得

$$\Delta p = \frac{6\mu l}{\delta_1 - \delta_2}\left[\frac{q_v}{B}\left(\frac{\delta_1^2 - \delta_2^2}{\delta_1^2\delta_2^2}\right) - U\left(\frac{\delta_1 - \delta_2}{\delta_1\delta_2}\right)\right] = \frac{6\mu l}{\delta_1\delta_2}\left(\frac{q_v}{B}\frac{\delta_1 + \delta_2}{\delta_1\delta_2} - U\right) \quad (7\text{-}61)$$

这就是由流量求压强差的公式。从中解出 q_v，则

$$q_v = \frac{\Delta p B}{6\mu l}\frac{\delta_1^2\delta_2^2}{\delta_1 + \delta_2} + BU\frac{\delta_1\delta_2}{\delta_1 + \delta_2} = \frac{\delta_1\delta_2 B}{\delta_1 + \delta_2}\left(\frac{\Delta p\delta_1\delta_2}{6\mu l} + U\right) \quad (7\text{-}62)$$

这就是由压强差求流量的公式。事实上这也就是带有锥度的柱塞两端有压强差而且柱塞运动时的泄露流量公式。公式有两种特例：

（1）$U=0$ 时的纯压差流，其流量和压差为

$$q_v = \frac{\Delta p B}{6\mu l} \frac{\delta_1^2 \delta_2^2}{\delta_1 + \delta_2}, \Delta p = \frac{6\mu l q_v}{B} \frac{\delta_1 + \delta_2}{\delta_1^2 \delta_2^2} \tag{7-63}$$

（2）$\Delta p = 0$ 时的纯剪切流，其流量为

$$q_v = BU \frac{\delta_1 \delta_2}{\delta_1 + \delta_2} \tag{7-64}$$

7.4 环形缝隙与平行圆盘缝隙流动

7.4.1 圆柱环形缝隙流动

液压技术中滑阀的阀芯和阀套，液压缸和柱塞等圆柱形滑动副的间隙均为环形缝隙，如果它们处于同心状态，则缝隙为同心环形缝隙，如果它们不处于同心状态，两机件中心之间存在偏心距 e，则缝隙为偏心环形缝隙。

如图 7-29 所示圆柱直径为 d 的环形缝隙结构，由于轴向尺寸 $l > d$，而缝隙尺寸 $\delta \ll d$，液体在缝隙中沿轴向流动。这种情况可以简单地按板宽 $B = \pi d$ 的平行平板缝隙流动来处理，即将圆柱环形缝隙展开成平行平面缝隙。平行平面缝隙流动在上一节已进行了细致的讨论，这里给出如图 7-30 所示同心环形缝隙流动流量 q_v 计算式：

$$q_v = \frac{\Delta p \pi d_1 \delta^3}{12\mu l} \tag{7-65}$$

式中，$\delta = 0.5(d_1 - d_2)$；Δp 为轴向长度 l 两端的压强差，$\Delta p = p_1 - p_2$；内柱和外孔在轴向无相对运动。

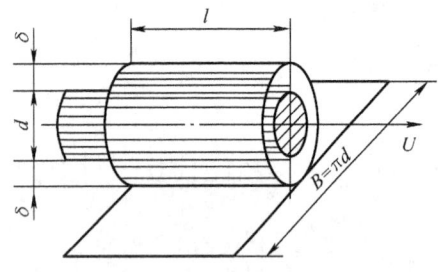

图 7-29　环形缝隙结构

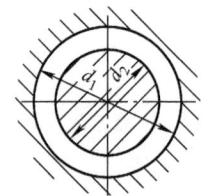

图 7-30　同心环形缝隙

实际上在工程问题中同心缝隙的情况是较少的，在液压技术领域内，例如液压缸与柱塞间所形成的缝隙，由于柱塞受力不均匀，往往都是偏心的。

如图 7-31 所示，设柱塞半径为 r，套筒半径为 R，$R - r = \delta$ 为同心时的缝隙。如果偏心距 $OO' = e$，则 $\kappa = \dfrac{e}{\delta}$ 称为相对偏心距。现来分析偏心环形缝隙中的泄漏流量问题。从 O' 点作任意射线 $O'ab$，令 $\angle bO'O = \theta$，$ab = \Delta$。为了找出偏心缝隙 Δ 与 θ 的关系式，再连 Ob 线，并作 $O'cd \parallel Ob$，作 $On \perp O'b$，因 $R > r \gg e$，故

$$\angle ObO' = \angle bO'd = \mathrm{d}\theta \approx 0$$

由图可见 $\qquad ab = O'n + nb - O'a$

即 $\qquad \Delta = e\cos\theta + R\cos\mathrm{d}\theta - r$

因为 $\cos\mathrm{d}\theta \approx 1$，故可得近似等式

$$\Delta = R - r + e\cos\theta = \delta + e\cos\theta = \delta(1 + \kappa\cos\theta) \qquad (7\text{-}66)$$

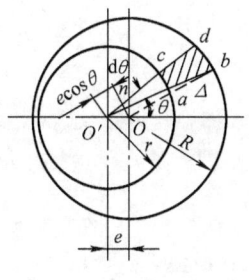

图 7-31　偏心环形缝隙

偏心缝隙展开以后本来不是平行平板，但是在相对偏心距较小的情况下，由微元角度 $\mathrm{d}\theta$ 所夹的两个微元弧段可以近似地看作是平行平板，它的微元宽度是 $\mathrm{d}B = r\mathrm{d}\theta$。

当柱塞具有直线速度 U，且在 l 长柱塞两端存在压强差 Δp 时，经过这一微元面积 $\Delta\mathrm{d}B$ 的泄露流量 $\mathrm{d}q_v$ 可根据式（7-47）写成

$$\mathrm{d}q_v = \left(\frac{\Delta p\Delta^3}{12\mu l} + \frac{U\Delta}{2}\right) r\mathrm{d}\theta$$

将式（7-66）代入，则

$$\mathrm{d}q_v = \frac{\Delta p\delta^3}{12\mu l}(1 + \kappa\cos\theta)^3 r\mathrm{d}\theta + \frac{U\delta}{2}(1 + \kappa\cos\theta) r\mathrm{d}\theta$$

从 $\theta = 0$ 到 $\theta = 2\pi$ 积分，即可得经过整个偏心缝隙的流量

$$\begin{aligned}
q_v &= \frac{\Delta p\delta^3}{12\mu l}\int_0^{2\pi}(1 + \kappa\cos\theta)^3 r\mathrm{d}\theta + \frac{U\delta}{2}\int_0^{2\pi}(1 + \kappa\cos\theta) r\mathrm{d}\theta \\
&= \frac{\Delta p\delta^3 r}{12\mu l}\int_0^{2\pi}(1 + 3\kappa\cos\theta + 3\kappa^2\cos^2\theta + \kappa^3\cos^3\theta)\mathrm{d}\theta + \frac{U\delta r}{2}\int_0^{2\pi}(1 + \kappa\cos\theta)\mathrm{d}\theta \\
&= \frac{\Delta p\delta^3 r}{12\mu l}[2\pi(1 + 1.5\kappa^2)] + \frac{U\delta r}{2}(2\pi) = \left[\frac{\Delta p\delta^3}{12\mu l}(1 + 1.5\kappa^2) + \frac{U\delta}{2}\right]\pi d \qquad (7\text{-}67)
\end{aligned}$$

与式（7-47）的同心缝隙泄漏流量相比，可见这二者的剪切流量相等，而压差流的流量不同。偏心比同心的压差流流量大 $\left(1 + \dfrac{3}{2}\kappa^2\right)$ 倍，相对偏心距 κ 越大，则偏心泄漏量越大，在极限情况下相对偏心距 $\kappa = 1$，即 $e = \delta$ 时，由压差流引起的偏心泄漏等于同心泄漏量的 2.5 倍。由此可见，防止偏心也是减小泄漏的有力措施。如图 7-32 所示，在发动机的活塞或油泵的柱塞上开设平行

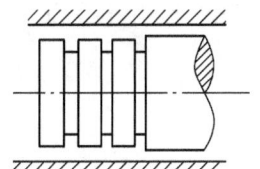

图 7-32　平衡槽结构

槽，这种做法既可均衡缝隙中的压强，又可防止偏心造成多级的局部阻力，使高压腔的压强逐级降低。这种简易方法对防止柱塞油泵、马达及换向阀的泄漏是非常有效的。平衡槽的结构不但用于液压元件，也用于内燃机、空气压缩机及机械轴颈上。平衡槽是减少轴向泄露的一种有效措施。

例 7-10　如图 7-33 所示，直径为 5cm 的轴在内径为 5.004cm 的轴承内同心旋转，转速为 $n = 110\mathrm{r/min}$，间隙中充满 $\mu = 0.08\mathrm{Pa\cdot s}$ 的油液，轴承长度 $l = 20\mathrm{cm}$，两端的压强差为 $392.4\times10^4\mathrm{Pa}$，试求：（1）沿轴向的泄漏量；（2）作用在轴上的摩擦力矩。

解：（1）根据压差流的流量公式，将宽度 B 用 πd 代替即得沿轴向的泄漏量

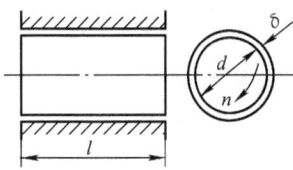

图 7-33　例 7-10 附图

$$q_v = \frac{\Delta p \pi d \delta^3}{12 \mu l} = \frac{392.4 \times 10^4 \times \pi \times 0.05 \times (0.002 \times 10^{-2})^3}{12 \times 0.8 \times 0.1 \times 0.2} \mathrm{m^3/s}$$

$$= 2.57 \times 10^{-8} \mathrm{m^3/s} = 0.0257 \mathrm{cm^3/s}$$

（2）作用在轴上的摩擦力矩

$$T = \frac{\mu \pi^2 n d^3 l}{120 \delta} = \frac{0.8 \times 0.1 \pi^2 \times 110 \times 0.05^3 \times 0.2}{120 \times 0.002 \times 10^{-2}} \mathrm{N \cdot m} = 0.904 \mathrm{N \cdot m}$$

例 7-11 如图 7-34 所示柱塞式油泵的排油压强为 $p_1 = 10^6 \mathrm{Pa}$，吸油压强 $p_2 = -5 \times 10^4 \mathrm{Pa}$，动力黏度 $\mu = 0.01 \mathrm{Pa \cdot s}$。曲柄 $R = 2\mathrm{cm}$，曲柄转数 $n = 600\mathrm{r/min}$。油缸的同心环形缝隙 $\delta = 0.1\mathrm{mm}$，柱塞长度 $l = 20\mathrm{cm}$，柱塞直径 $d = 2\mathrm{cm}$。试求曲柄每转一圈时，油泵的平均漏油流量及平均摩擦功率。

解： 曲柄转角 $\theta = \omega t$。

在 $\theta = 0 \sim \pi$ 的半圈内，油泵排油。压强差 $\Delta p = p_1 > 0$，造成泄漏，而柱塞运动又使泄漏量减少。但是柱塞运动速度是变化的，因而每瞬时的泄漏量均不相同。

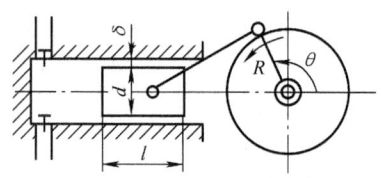

图 7-34　例 7-11 附图

在 $\theta = \pi \sim 2\pi$ 的半圈内，油泵吸油。压强差 $\Delta p = p_2 < 0$，减少泄漏，但柱塞运动造成泄漏，泄漏量也是瞬时变化的。

首先需求出柱塞速度的表达式，因为

曲柄角速度　　　　$\omega = 2\pi n/60 = 20\pi \ \mathrm{s^{-1}}$

连杆的切速度　　　$v = \omega R = 20\pi R$

由于 $R \ll l$，所以柱塞的直线运动速度近似为

$$v_0 = v\sin\theta = \omega R \sin\theta$$

其次再写出瞬时流量的表达式，因为 $B = \pi d$，而且无论吸油还是排油，柱塞运动的方向与压强差的方向总是相反，故可得瞬时泄漏流量为

$$q_{v_i} = \frac{\Delta p \pi d \delta^3}{12 \mu l} - \frac{\pi d \delta}{2} \omega R \sin\theta$$

每圈的平均泄漏流量为

$$q_v = \frac{1}{2\pi} \int_0^{2\pi} q_{v_i} \mathrm{d}\theta = \frac{1}{2\pi} \int_0^{2\pi} \left[\frac{\Delta p \pi d \delta^3}{12 \mu l} - \frac{\pi d \delta}{2} \omega R \sin\theta \right] \mathrm{d}\theta$$

$$= \frac{1}{2\pi} \left[\int_0^{\pi} \frac{p_1 \pi d \delta^3}{12 \mu l} \mathrm{d}\theta + \int_{\pi}^{2\pi} \frac{p_2 \pi d \delta^3}{12 \mu l} \mathrm{d}\theta - \int_0^{2\pi} \frac{\pi d \delta \omega R}{2} \sin\theta \mathrm{d}\theta \right]$$

$$= \frac{1}{2\pi} \left[\frac{p_1 \pi^2 d \delta^3}{12 \mu l} + \frac{p_2 \pi^2 d \delta^3}{12 \mu l} - 0 \right] = \frac{\pi d \delta^3}{24 \mu l} (p_1 + p_2)$$

$$= \left[\frac{\pi \times 0.02 \times 0.0001^3}{24 \times 0.01 \times 0.2} \times (10 - 0.5) \times 10^5 \right] \mathrm{m^3/s} = 1.24 \times 10^{-6} \mathrm{m^3/s} = 1.24 \mathrm{cm^3/s}$$

从积分中可以看到，柱塞运动中由剪切流造成的泄漏在曲柄回转一圈时的总和是零，前半圈它减少泄漏，后半圈它增加泄漏，总的结果是相互抵消的。

最后再求摩擦损失功率，因为 v_0 的方向与 Δp 的方向相反，故切应力是同号相加。所以

$$\tau = \frac{\Delta p \delta}{2l} + \frac{\mu}{\delta} \omega R \sin\theta$$

瞬时摩擦功率为

$$P_i = F v_0 = \tau \pi d l \omega R \sin\theta = \frac{\Delta p \pi \delta d \omega R}{2} \sin\theta + \frac{\mu \omega^2 R^2 \pi d l}{\delta} \sin^2\theta$$

每圈的平均摩擦功率为

$$P = \frac{1}{2\pi} \int_0^{2\pi} P_i \mathrm{d}\theta$$

于是

$$P = \frac{1}{2\pi}\int_0^{2\pi}\Big[\frac{\Delta p\pi\delta d\omega R}{2}\sin\theta + \frac{\mu\omega^2 R^2\pi dl}{\delta}\sin^2\theta\Big]d\theta$$

$$= \frac{1}{2\pi}\Big[\int_0^\pi\frac{p_1\pi\delta d\omega R}{2}\sin\theta d\theta + \int_\pi^{2\pi}\frac{p_2\pi\delta d\omega R}{2}\sin\theta d\theta + \int_0^{2\pi}\frac{\mu\omega^2\pi dlR^2}{\delta}\sin^2\theta d\theta\Big]$$

$$= \frac{1}{2\pi}\Big[\pi\delta d\omega R(p_1 - p_2) + \frac{\mu\omega^2 R^2\pi^2 dl}{\delta}\Big]$$

其中，$\int_0^\pi\sin\theta d\theta = 2$，$\int_\pi^{2\pi}\sin\theta d\theta = -2$，$\int_0^{2\pi}\sin^2\theta d\theta = \pi$。代入数值，并注意到 $p_2 = -5\times10^4 \mathrm{Pa}$，则得

$$P = 2.31\mathrm{N}\cdot\mathrm{m/s} = 2.31\mathrm{W}$$

从积分中可以发现，柱塞运动所造成的摩擦功率损失，在一圈以内是不能互相抵消的，这与流量在一圈内互相抵消是不一样的。

例 7-12 如图 7-35 所示，油液减震器由图示的柱塞和油缸所组成，柱塞直径为 $d = 7.5\mathrm{cm}$，长度为 $l = 10\mathrm{cm}$，同心间隙为 $\delta = 0.12\mathrm{cm}$，受载荷后柱塞匀速下降。如果在载荷 W 作用下，下降 5cm 的时间为 100s；在载荷 $W + W'$ 的作用下，下降 5cm 的时间为 86s。已知 $W' = 1.334\mathrm{N}$，试求载荷 W 的大小及油液的动力黏度 μ。

解： 这是一个压差–剪切联合流动问题，压差流向上，剪切流向下，其基本公式是

$$q_v = \frac{\pi d\delta^3 p}{12\mu l} - \frac{\pi d\delta U}{2} \tag{1}$$

活塞下面的流体压强 p 与载荷有关，活塞下降速度 U 与缝隙流量有关。

（1）当载荷为 W 时，则

$$p_1 = \frac{4W}{\pi d^2}, \ U_1 = \frac{h_1}{t_1} = \frac{5}{100}\mathrm{cm/s} = 0.05\mathrm{cm/s}$$

缝隙流量 $q_{v1} = \frac{\pi d^2}{4}U_1$，代入式（1）可得

$$\frac{\pi d^2}{4}U_1 = \frac{\pi d\delta^3 p_1}{12\mu l} - \frac{\pi d\delta U_1}{2} = \frac{W\delta^3}{3d\mu l} - \frac{\pi d\delta U_1}{2}$$

由此解出

$$\mu = \frac{4W\delta^3}{3\pi d^2 l(d + 2\delta)U_1} \tag{2}$$

式中，载荷 W、动力黏度 μ 仍然是待求未知数。

（2）当载荷为 $W + W'$ 时，则

$$p_2 = \frac{4(W + W')}{\pi d^2}, U_2 = \frac{h_2}{t_2} = \frac{5}{86}\mathrm{cm/s} = 0.058\mathrm{cm/s}$$

缝隙流量 $q_{v2} = \frac{\pi d^2}{4}U_2$，由式（1）又可得

$$\frac{\pi d^2}{4}U_2 = \frac{\pi d\delta^3 p_2}{12\mu l} - \frac{\pi d\delta U_2}{2} = \frac{(W + W')\delta^3}{3d\mu l} - \frac{\pi d\delta U_2}{2}$$

由此解出

$$\frac{W + W'}{\mu} = \frac{3\pi d^2 l(d + 2\delta)U_2}{4W\delta^3} \tag{3}$$

将式（2）代入式（3），消去 μ，则

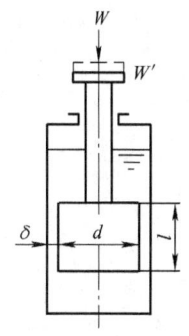

图 7-35　例 7-12 附图

$$\frac{W + W'}{W} = \frac{U_2}{U_1} \tag{4}$$

于是

$$W = W' \frac{U_1}{U_2 - U_1} = \left(1.334 \times \frac{0.05}{0.058 - 0.050}\right) \text{N} = 8.34 \text{N}$$

再将 W 代回式（2），即有

$$\mu = \frac{4 \times 8.34 \times (0.0012)^3}{3\pi \times 0.075^2 \times 0.1 \times (0.075 - 0.0024) \times 0.0005} \text{Pa} \cdot \text{s} = 0.281 \text{Pa} \cdot \text{s}$$

7.4.2 平行圆盘缝隙流动

平行圆盘端面缝隙中的径向流动也是工程上常见的一种实际问题，例如端面推力静压轴承，静压圆盘支承，液压泵和马达中的配流盘、倾斜盘等处都有这种缝隙形式。平行圆盘缝隙流动分两种基本情况：一是流体在表压力 p_1 作用下，由圆盘中心导管经缝隙向四周外流。如图 7-36 所示；二是上圆盘在外力 F_1 作用下，以等速度 U 向下移动，原充满着的静止流体受挤压向四周外流，如图 7-37 所示。工程中以第一种流态居多，故也着重讨论第一种情况。圆盘缝隙中要需解决的主要问题常有如下两种：一是已知缝隙和圆盘尺寸，由流量求圆盘内外的压强差，或由压强差求缝隙流量；二是已知缝隙和圆盘尺寸，由流量和压强差求对上下圆盘的流体作用力。

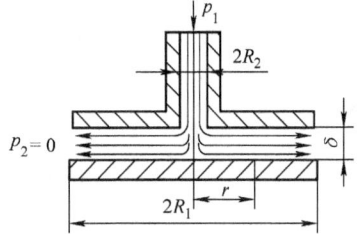

图 7-36　有导管平行圆盘缝隙

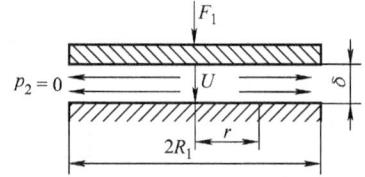

图 7-37　挤压平行圆盘缝隙

如图 7-36 所示，设圆盘导管半径为 R_2 和圆盘半径为 R_1，内外压强分别为 p_1 和 p_2，缝隙高度为 δ，缝隙流量为 q_v。

将任意半径 r 处的一个微元环形缝隙展开成长度为 $\mathrm{d}r$、宽度为 $2\pi r$、高度为 δ 的平行平板缝隙。于是平行平板压差流公式 $q_v = \frac{\Delta p \delta^3 B}{12\mu l}$ 中的压强平均下降率 $\frac{\Delta p}{l}$ 可改换为 $-\frac{\mathrm{d}p}{\mathrm{d}r}$，即可得

$$q_v = -\frac{2\pi r \delta^3}{12\mu} \frac{\mathrm{d}p}{\mathrm{d}r} \quad 或 \quad \mathrm{d}p = -\frac{6\mu q_v}{\pi \delta^3} \frac{\mathrm{d}r}{r} \tag{7-68}$$

积分得

$$p = -\frac{6\mu q_v}{\pi \delta^3} \ln r + C$$

当 $r = R_1$ 时，$p = p_2$，于是求出积分常数 $C = p_2 + \frac{6\mu q_v}{\pi \delta^3} \ln R_1$。最后得圆盘中压强分布的对数规律为

$$p = p_2 + \frac{6\mu q_v}{\pi \delta^3} \ln\left(\frac{R_1}{r}\right) \tag{7-69}$$

式中，$R_2 < r < R_1$。

当 $r = R_2$ 时，液体压强 $p = p_1$。上、下圆盘中的压强分布如图 7-38 所示；图 7-38a 是 $p_2 \neq 0$ 时的情况；图 7-38b 是 $p_2 = 0$ 时的情况。

在 $r = R_2$ 处，把 $p = p_1$ 代入式（7-69）即可得出圆盘内外的压强差公式

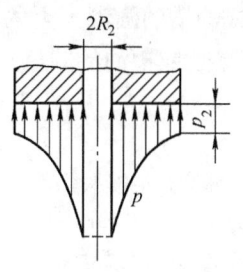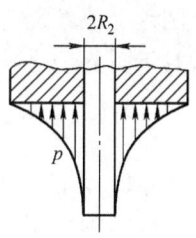

$$\Delta p = p_1 - p_2 = \frac{6\mu q_v}{\pi \delta^3}\ln\left(\frac{R_1}{R_2}\right) \quad (7\text{-}70)$$

由此可解出圆盘缝隙的流量为

$$q_v = \frac{\pi \delta^3 (p_1 - p_2)}{6\mu \ln\left(\dfrac{R_1}{R_2}\right)} \quad (7\text{-}71)$$

当缝隙出口为大气压时，把 $p_2 = 0$ 代入上述计算公式即可。对于图 7-37 所示流态，圆盘内外的压强差为

$$\Delta p = p_1 - p_2 = \frac{3\mu U}{\delta^3}(R_1^2 - r^2) \quad (7\text{-}72)$$

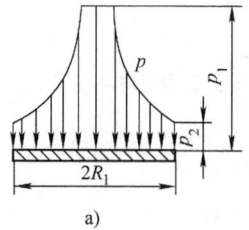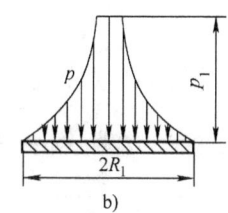

图 7-38　圆盘缝隙中的压强分布
a) $p \neq 0$　b) $p = 0$

根据图 7-38 及式（7-69），通过微元面积 $2\pi r dr$ 上的积分，可以求出作用于下圆盘的总作用力为

$$F = p_1 \pi R_2^2 + \int_{R_2}^{R_1}\left[p_2 + \frac{6\mu q_v}{\pi \delta^3}\ln\left(\frac{R_1}{r}\right)\right]2\pi r dr$$

$$= p_1 \pi R_2^2 + p_2 \pi (R_1^2 - R_2^2) + \frac{12\mu q_v}{\delta^3}\left(\int_{R_2}^{R_1}\ln R_1 r dr - \int_{R_2}^{R_1}\ln r \cdot r dr\right)$$

最后一个积分式采用分部积分法，可得

$$F = (p_1 - p_2)\pi R_2^2 + p_2 \pi R_1^2 + \frac{12\mu q_v}{\delta^3}\left(\frac{R_1^2 - R_2^2}{4} - \frac{2R_2^2}{4}\ln \frac{R_1}{R_2}\right)$$

$$= p_2 \pi R_1^2 + \frac{3\mu q_v}{\delta^3}(R_1^2 - R_2^2) \quad (7\text{-}73)$$

最后一步是用式（7-70）化简得来的。如果将式（7-71）代入式（7-73）中，亦可得

$$F = p_2 \pi R_1^2 + \frac{\pi(p_1 - p_2)}{2\ln \dfrac{R_1}{R_2}}(R_1^2 - R_2^2) \quad (7\text{-}74)$$

如果圆盘外的压强 $p_2 = 0$，则式（7-73）、式（7-74）分别简化为

$$F = \frac{3\mu q_v}{\delta^3}(R_1^2 - R_2^2) \quad (7\text{-}75)$$

$$F = \frac{\pi p_1}{2\ln \dfrac{R_1}{R_2}}(R_1^2 - R_2^2) \quad (7\text{-}76)$$

这就是已知 q_v 或 p_1，求圆盘总作用力的两个公式。

因为图 7-36 的上部圆盘中间有一个导管或进油槽，于是作用在上圆盘上的力应比作用在下圆盘上的力小 $p_1\pi R_2^2$ 这样一项，从式（7-73）~式（7-76）中减去 $p_1\pi R_2^2$，即可得作用在上圆盘（或者说有导管或油槽的圆盘）上的流体作用力。

对于图 7-37 所示没有导管或槽油的圆盘，作用于圆盘的总作用力为

$$F = \frac{3\pi\mu U R_1^4}{2\delta^3} \tag{7-77}$$

例 7-13　如图 7-39 所示，水力止推轴承承受 400N 的轴向负载，$d_1 = 12\text{mm}$，$d_2 = 45\text{mm}$，流体动力黏度 $\mu = 0.063\text{Pa} \cdot \text{s}$，$\delta = 0.2\text{mm}$，忽略轴承转动影响，试求圆盘中心处的压强 p_1 及经过缝隙的流量 q_v。

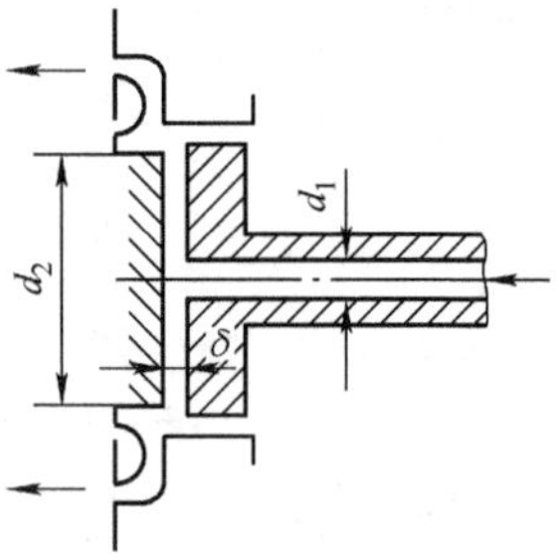

解：

$$F = \frac{\pi p_1}{2\ln\left(\dfrac{r_2}{r_1}\right)}(r_2^2 - r_1^2) - \pi p_1 r_1^2$$

由此解出圆盘中心处表压强是

$$p_1 = \frac{F}{\dfrac{\pi}{2\ln\left(\dfrac{r_2}{r_1}\right)}(r_2^2 - r_1^2) - \pi r_1^2} = \frac{400}{\dfrac{\pi}{2\ln\left(\dfrac{22.5}{6}\right)}(0.0225^2 - 0.006^2) - \pi \times 0.006^2}\text{Pa}$$

图 7-39　例 7-13 附图

$$= 8.97 \times 10^5\text{Pa}$$

经缝隙的流量为

$$q_v = \frac{\pi\delta^3 p_1}{6\mu\ln\left(\dfrac{r_2}{r_1}\right)} = \frac{\pi \times 0.0002^2 \times 8.97 \times 10^5}{6 \times 0.063 \times \ln\left(\dfrac{22.5}{6}\right)}\text{m}^3/\text{s} = 0.045 \times 10^{-3}\text{m}^3/\text{s} = 0.045\text{L/s}$$

例 7-14　如图 7-40 所示，汽车发动机上的片式滤油器是由一组环形平板所组成的，缝隙数目 $i = 21$，缝隙高度 $\delta = 0.2\text{mm}$，$d_2 = 75\text{mm}$，$d_1 = 30\text{mm}$，$q_v = 0.05\text{L/s}$，$\rho = 900\text{kg/m}^3$，油的恩氏度 $r = 5°\text{E}$。试求经过滤油器时的压强损失。

解：油的运动黏度

$$\nu = 0.0731r - \frac{0.0631}{r} = 0.353\text{cm}^2/\text{s}$$

油的动力黏度

$$\mu = \nu\rho = 0.032\text{Pa} \cdot \text{s}$$

每个缝隙的流量为 q_v/i。由公式 $p_1 - p_2 = \dfrac{6\mu q_v}{\pi\delta^3}\ln\left(\dfrac{r_2}{r_1}\right)$ 可得

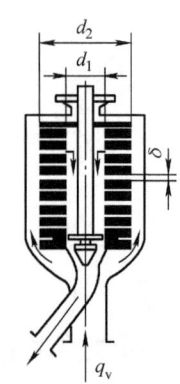

图 7-40　例 7-14 附图

$$\Delta p = \left[\frac{6 \times 0.032 \times 0.05 \times 10^{-3}}{\pi \times (0.2 \times 10^{-3})^3 \times 21}\ln\left(\frac{0.0375}{0.015}\right)\right]\text{Pa} = 16700\text{Pa}$$

附录7　边界层对被绕流物体阻力影响测量

通过实验加深对实际流体绕过物体流动时必产生阻力的概念，明确阻力与物体形状有很大关系。被绕流圆柱体下游产生的尾涡区是由边界层分离造成的，通过实验了解改变边界层的性质使其分离点后移，从而减少阻力的重要性。研究圆柱体尾涡区中的速度分布，并根据动量定理确定圆柱体的阻力系数，掌握测定阻力的一种方法。

附录 7.1 实验与测量原理

气流绕过圆柱体流动时，由于黏性作用，在圆柱体表面上形成边界层，边界层分离后在圆柱体后面形成尾涡区。根据动量定理，可以确定气流流过圆柱体时单位长度圆柱体受到的阻力。

在图 7-41 所示的定常流场中，画出一个单位宽度的控制体，它的投影面 $ABCD$ 是由远离圆柱体处与来流方向相垂直的高为 h 的直线 AB 和 CD、与来流方向平行的直线 BC 和 AD 以及圆柱体截面的周线所围成。AB 截面上的气流参数为未被扰动的来流参数 p_0、p_∞、V_∞、ρ。CD 截面的气流参数是尾涡区中的参数 p_{01}、p_1、ρ 和 v_1。因为尾涡区中气流速度比来流的低，因此必有一部分流体通过 BC 和 AD 截面流出，于是：

通过 AB 截面流入控制体的质量流量为 $\rho V_\infty h$，单位时间在 x 方向流入的动量为 $\rho V_\infty^2 h$；

通过 CD 截面流出控制体的质量流量为 $\displaystyle\int_{-h/2}^{+h/2} \rho v_1 \mathrm{d}y_1$，单位时间在 x 方向流出的动量为

$$\int_{-h/2}^{+h/2} \rho v_1^2 \mathrm{d}y_1 \text{。}$$

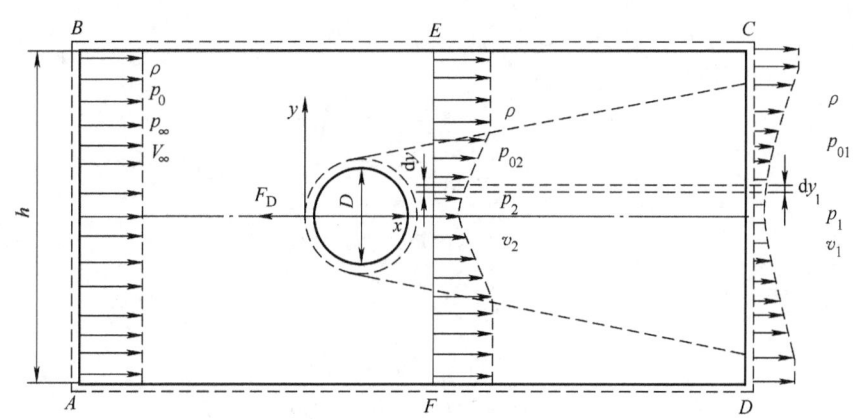

图 7-41　绕流圆柱体的速度剖面

由于连续性条件，通过 BC 和 AD 截面流出的质量流量为 $\left(\rho V_\infty h - \displaystyle\int_{-h/2}^{+h/2} \rho v_1 \mathrm{d}y_1\right)$，单位时间在 x 方向流出的动量为 $\left(\rho V_\infty h - \displaystyle\int_{-h/2}^{+h/2} \rho v_1 \mathrm{d}y_1\right) V_\infty$。

根据动量定理，控制体内单位时间里动量的变化等于作用在控制面上外力的矢量和，因此在 x 方向动量的变化是流出控制体的动量减去流入控制体的动量，外力在 x 方向的矢量和是 $(p_\infty - p_1)h - F_\mathrm{D}$，于是得到下式：

$$-\int_{-h/2}^{+h/2} \rho v_1 (V_\infty - v_1) \mathrm{d}y_1 = (p_\infty - p_1)h - F_\mathrm{D} \tag{7-78}$$

因为 CD 截面离圆柱体足够远，p_1 很接近 p_∞，可以认为 $p_\infty = p_1$，则圆柱体在 x 方向上对流动产生的阻力

$$F_D = \int_{-h/2}^{+h/2} \rho v_1 (V_\infty - v_1) \mathrm{d}y_1 \qquad (7\text{-}79)$$

为了测量方便，一般不取 CD 截面而取靠近圆柱体的 EF 面，而 EF 截面上的气流参数是 ρ、p_{02}、p_2 和 v_2。在 EF 截面和 CD 截面之间取流束，应用连续方程则有

$$\rho v_2 \mathrm{d}y = \rho v_1 \mathrm{d}y_1 \qquad (7\text{-}80)$$

假设气流从靠近圆柱体的截面 EF 向远离圆柱体的截面 CD 的流动没有损失，则在 EF 和 CD 截面之间沿每条流束的总压保持不变，即

$$p_{02} = p_{01} \qquad (7\text{-}81)$$

引进总压的表达式为

$$p_{02} = p_2 + \frac{1}{2}\rho v_2^2 = p_{01} = p_1 + \frac{1}{2}\rho v_1^2 = p_\infty + \frac{1}{2}\rho v_1^2$$

这样，由

$$\frac{1}{2}\rho v_1^2 = p_{02} - p_\infty$$

得

$$v_1 = \sqrt{\frac{2}{\rho}(p_{02} - p_\infty)} \qquad (7\text{-}82)$$

由

$$\frac{1}{2}\rho v_2^2 = p_{02} - p_2$$

得

$$v_2 = \sqrt{\frac{2}{\rho}(p_{02} - p_2)} \qquad (7\text{-}83)$$

在 AB 截面有

$$\frac{1}{2}\rho V_\infty^2 = p_0 - p_\infty$$

故得

$$V_\infty = \sqrt{\frac{2}{\rho}(p_0 - p_\infty)} \qquad (7\text{-}84)$$

将以式（7-79）~式（7-84）代入阻力系数表达式，即可得

$$C_D = \frac{F_D}{\frac{1}{2}\rho V_\infty^2 A} = \frac{F_D}{\frac{1}{2}\rho V_\infty^2 D \times 1} = \frac{2}{D}\int_{-h/2}^{+h/2}\sqrt{\frac{p_{02} - p_2}{p_0 - p_\infty}}\left(1 - \sqrt{\frac{p_{02} - p_\infty}{p_0 - p_\infty}}\right)\mathrm{d}y \qquad (7\text{-}85)$$

为了使测量更简单些，可将式（7-85）简化。将式中的一项写成如下形式：

$$\sqrt{\frac{p_{02} - p_2}{p_0 - p_\infty}} = \sqrt{\frac{p_{02} + p_0 - p_0 + p_\infty - p_\infty - p_2}{p_0 - p_\infty}} = \sqrt{1 - \frac{p_0 - p_{02}}{p_0 - p_\infty} + \frac{p_\infty - p_2}{p_0 - p_\infty}}$$

而这里的 $(p_\infty - p_2)$ 是来流与尾涡中的静压之差，实验表明这项差值之很小，可以忽略不计，这样

$$\sqrt{\frac{p_{02} - p_2}{p_0 - p_\infty}} = \sqrt{1 - \frac{p_0 - p_{02}}{p_0 - p_\infty}}$$

式（7-85）中的另一项可以写成以下形式：

$$\sqrt{\frac{p_{02} - p_\infty}{p_0 - p_\infty}} = \sqrt{\frac{p_{02} - p_0 + p_0 - p_\infty}{p_0 - p_\infty}} = \sqrt{1 - \frac{p_0 - p_{02}}{p_0 - p_\infty}}$$

于是式（7-85）简化为

$$C_D = \frac{2}{D} \int_{-h/2}^{+h/2} \sqrt{1 - \frac{p_0 - p_{02}}{p_0 - p_\infty}} \left(1 - \sqrt{1 - \frac{p_0 - p_{02}}{p_0 - p_\infty}}\right) dy \tag{7-86}$$

令

$$Y = \sqrt{1 - \frac{p_0 - p_{02}}{p_0 - p_\infty}} \left(1 - \sqrt{1 - \frac{p_0 - p_{02}}{p_0 - p_\infty}}\right)$$

则

$$C_D = \frac{2}{D} \int_{-h/2}^{+h/2} Y \, dy \tag{7-87}$$

由此可知，只要测出某风速下来流的动压（$p_0 - p_\infty$）以及该风速下来流总压与尾涡区内总压之差（$p_0 - p_{02}$）在 EF 截面上的分布，即得出 $Y = f(y)$ 曲线，使 Y 在 EF 截面的尾涡区上所包络的面积乘以 $2/D$，就可以得到单位长度上圆柱体的阻力系数 C_D。

附录 7.2 **实验设备和仪器**

图 7-42 是实验设备和仪器简图。圆柱体水平地安装在风洞的试验段中，其轴线应垂直于试验段的轴线；圆柱体可以绕自身轴转动；平行圆柱体轴线的两根细的金属丝（绊丝）相隔 90°，贴在圆柱体的表面上。在离圆柱体较远的上游处，（$p_0 - p_\infty$）值由皮托管和壁面静压孔测量，并引入 No. 1 微压计。靠近圆柱体尾涡区内的 p_{02} 由 No. 2 坐标仪上的皮托管测量，并由 No. 2 微压计指示（$p_0 - p_{02}$）的值。

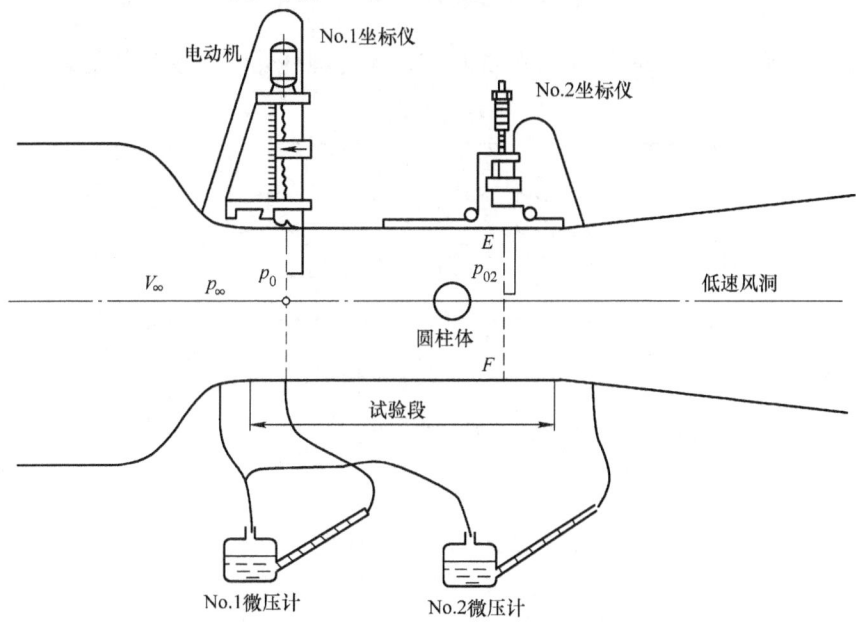

图 7-42　绕流圆柱体阻力测量设备和仪器

附录 7.3 **实验步骤与测量结果**

1. 实验步骤

（1）熟悉实验设备和仪器。转动圆柱体使绊丝位于圆柱体背风面的上、下对称位置。

把倾斜微压计调好水平位置。

（2）启动风洞。启动 No.1 坐标仪的电动机，使圆柱体上游的皮托管处于风洞试验段中心位置，由 No.1 倾斜微压计上读取 Δl_1，$(p_0 - p_\infty)$ 的值 $\Delta h_\infty = K_1 \Delta l_1$ $[\mathrm{mmH_2O}]$，其中 K_1 为仪表常数。

（3）将 No.2 坐标仪沿风洞轴向移动，使皮托管尖端距圆柱体后缘点 $(0.5 \sim 1.0)D$ 处，把这里作为测量面 EF。横向移动皮托管，使皮托管尖端对准圆柱体后缘点，测量第一个 $(p_0 - p_{02})$ 的值，得 $\Delta h_2 = K_2 \Delta l_2$ $[\mathrm{mmH_2O}]$。然后使皮托管离开尾涡区中心，每隔 2mm 记录一次，直到 $\Delta h_{2i} = 0$ 为止。再把皮托管退回原位（即皮托管尖端对准圆柱体后缘点），离开中心向另一方向移动皮托管，每隔 2mm 记录一次，直到 $\Delta h_{2j} = 0$ 为止。尾涡宽度 $y = 2(i+j)\,\mathrm{mm}$。

（4）将圆柱体转动 180°，使绊丝与来流成 ±45°。重复步骤（2）和（3）的操作。

（5）停机。

2. 实验结果

（1）在方格纸上画出 $Y = f(y)$ 曲线，数出曲线下面的方格数，得曲线所包络的面积 $\displaystyle\int_{-h/2}^{+h/2} Y \mathrm{d}y$。也可用面积仪，量出曲线所包络的面积。为了求得精确面积数，可把 Y 和 y 值放大 5 倍或 10 倍作图。

按式 $\displaystyle C_{\mathrm{D}} = \frac{2}{D} \int_{-h/2}^{+h/2} Y \mathrm{d}y$ 计算圆柱体阻力系数。

（2）将所得到的光滑圆柱体阻力系数和带绊丝的圆柱体阻力系数数值点在图 7-43 上，进行比较和分析。

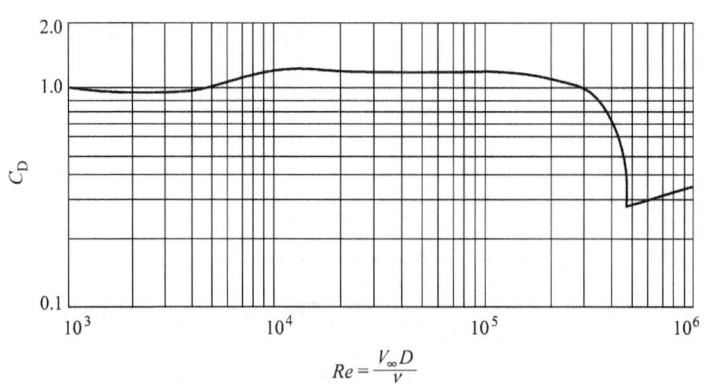

图 7-43　圆柱体的阻力系数与雷诺数的关系曲线

思考题 7

7-1. 绕流物体边界层中，（　　）。

A. 惯性力可以忽略；　　　　　　　　B. 黏性力可以忽略；

C. 惯性力和黏性力都可以忽略；　　　D. 惯性力和黏性力都不可以忽略

7-2. 采用边界层积分方程求解边界层流动的方法被称为近似方法，原因是（　　）。

A. 需补充方程，补充方程是近似的；　　B. 方程仅适用层流，近似适用湍流；

C. 方程仅适用湍流；　　D. 方程本身是近似的

7-3. 下列流动中可能发生流动分离的流动是（　　）。

A. 理想流体顺流平板流动；　　B. 黏性流体顺流平板流动；

C. 理想流体绕曲面物体流动；　　D. 黏性流体绕曲面物体流动

7-4. 在平板湍流边界层内，流动（　　）。

A. 都是层流；　　B. 都是湍流；　　C. 有层流，也有湍流；　　D. 没有层流，也没有湍流

7-5. 在大雷诺数流动中，曲面边界层的流动分离发生于（　　）。

A. 驻点；　　B. 奇点；　　C. 顺压梯度区；　　D. 逆压梯度区

7-6. 判断题：长平板的边界层不会发生分离。

7-7. 填空题：边界层分离只可能发生在＿＿＿＿＿＿＿＿＿＿＿＿＿＿＿＿＿＿＿的区域。

7-8. 湍流过渡区向阻力平方区过渡时，黏性底层厚度将发生什么变化？两种切应力发生什么变化？

7-9. 叙述流体运动的边界条件中"静止固壁边界条件"是如何表示的？

7-10. 为什么在雷诺数很大时，在 N－S 方程组中不能完全忽略黏性项，而要引入边界层近似？边界层理论的基本假设是什么？

7-11. 边界层内是否一定是层流？影响边界层内流态的主要因素有哪些？

7-12. 边界层分离是如何形成的？如何减小尾流的区域？

7-13. 简述黏性流体绕流物体时产生阻力的原因。如何减少阻力？

7-14. 钝头物体在黏性流体中运动时，作用在其上的阻力有哪几种？各是怎样形成的？

习题 7

7-1. 边长为 1m 的正方形平板放在速度 $V_\infty = 1\mathrm{m/s}$ 的水流中，求边界层的最大厚度及摩擦阻力，分别按全板都是层流或者都是湍流两种情况进行计算，水的运动黏度 $\nu = 10^{-6}\mathrm{m^2/s}$。

答案：层流 $\delta(l) = 0.005\mathrm{m}$，$F_\mathrm{D} = 1.328\mathrm{N}$；湍流 $\delta(l) = 0.02405\mathrm{m}$，$F_\mathrm{D} = 4.5429\mathrm{N}$

7-2. 设平板湍流边界层的速度分布和壁面切应力的表达式为

$$\frac{v}{U} = \left(\frac{y}{\delta}\right)^{1/7} \, ; \quad \tau_0 = 0.0233\left(\frac{\mu}{\rho U\delta}\right)^{1/4}\rho U^2$$

试用边界层动量积分关系式计算边界层厚度 $\delta(x)$ 和平板单面的阻力系数 C_f。

答案：$\delta = 0.3812\left(\dfrac{\mu}{\rho U}\right)^{1/5}x^{4/5}$；$C_\mathrm{f} = \dfrac{0.07413}{(Re_l)^{1/5}}$

7-3. 潜水艇形似长、短轴之比为 8:1 的椭球体，其阻力系数为 $C_\mathrm{D} = 0.14$，航速为 $V_\infty = 10\mathrm{m/s}$，迎流面积 $A = 12\mathrm{m^2}$，试求潜水艇克服阻力所需功率。

答案：$P = 840\mathrm{kW}$

7-4. 如习题 7-4 图所示的烟囱高 $H = 20\mathrm{m}$，烟道面积 $A = 0.5\mathrm{m^2}$，烟道内烟气密度 $\rho_\mathrm{s} = 0.94\mathrm{kg/m^3}$，外界空气密度 $\rho_\mathrm{a} = 1.29\mathrm{kg/m^3}$，试求烟囱在热压的作用下自然通风的通风量。烟道沿程阻力系数 $\lambda = 0.045$，炉口局部损失为 $2.5\rho_\mathrm{s}\dfrac{v^2}{2}$，其中 v 为烟道内烟气速度。

答案：$q_\mathrm{v} = 2.765\mathrm{m^3/s}$

7-5. 如习题 7-5 图所示，有一可用来测定流速方向的圆柱形测速管，它有三个径向钻孔，当两边孔的压强相等时，中间孔的方向就是流速方向。设绕圆柱体为不可压缩流体无旋流动，试求：（1）欲使两边孔测得的是测速管放入前该点的压强，边孔应放置的角度 α 为多少？（2）在水流中测得中间孔与边孔的压差

为490Pa时的流速；（3）此测速管的灵敏度$\dfrac{\partial p}{\partial \theta}$。

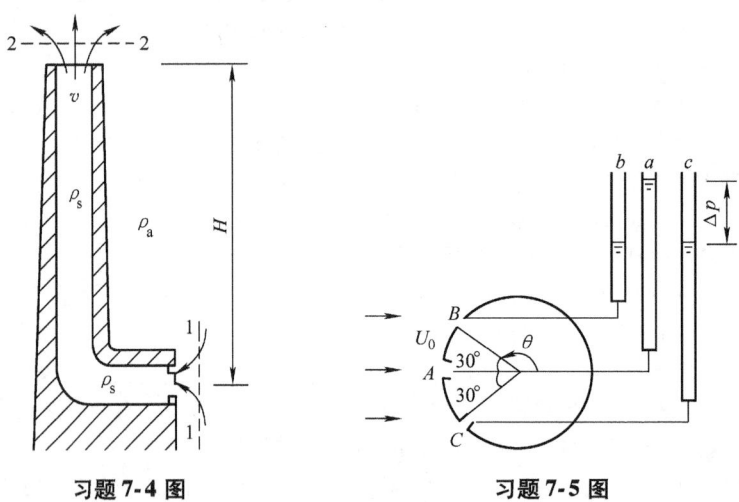

习题 7-4 图	习题 7-5 图

答案：（1）$\alpha = 30°$；（2）$U_0 = 0.99\text{m/s}$；（3）$\dfrac{\partial p}{\partial \theta} = \sqrt{3}\rho U_0^2$

7-6. 水的来流速度 $V_\infty = 0.2\text{m/s}$，纵向绕过一块平板。已知水的运动黏度 $\nu = 1.145 \times 10^{-6}\text{m}^2/\text{s}$，试求距平板前缘5m处的边界层厚度，以及在该处与平板面垂直距离为10mm的点的水流速度。

答案：$\delta(x) = 0.1236\text{m}$，$v = 0.1397\text{m/s}$

7-7. 如习题7-7图所示，输水渠道穿越高速公路，采用钢筋混凝土倒虹吸管，沿程阻力系数 $\lambda = 0.025$，进口局部阻力系数 $\xi_e = 0.6$，弯道局部阻力系数 $\xi_b = 0.30$，出口局部阻力系数 $\xi_{出} = 1.0$（对应倒虹吸管中流速），管长 $L = 70\text{m}$，倒虹吸管进、出口渠道中水流流速近似相等，设为 v_0。为避免倒虹吸管中泥沙沉积，管中流速应大于 1.8m/s。若倒虹吸管设计流量 $q_v = 0.40\text{m}^3/\text{s}$，试确定倒虹吸管的直径以及倒虹吸管上下游水位差 H。

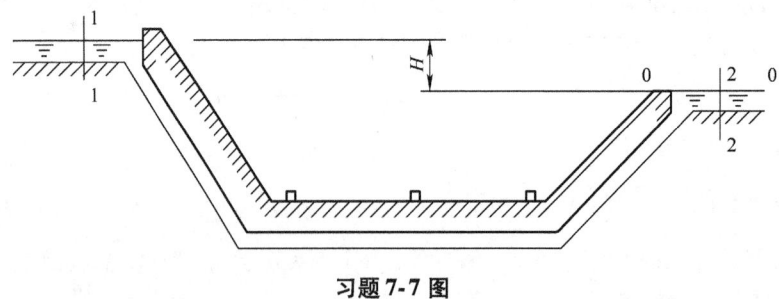

习题 7-7 图

答案：$d = 0.53\text{m}$，取标准管径 $D = 500\text{mm}$；$H = 1.21\text{m}$

7-8. 直径 $D = 1.2\text{m}$、长 $l = 50\text{m}$ 的圆柱体，以转速 $n = 90\text{r/min}$ 绕轴逆时针旋转，等速均匀来流的流速 $U_0 = 80\text{km/h}$，流体的密度为 1.205kg/m^3，求速度环量、升力和圆柱表面上的驻点位置。

答案：$\Gamma = 21.32\text{m}^2/\text{s}$；$F = 28.55\text{kN}$；$\theta_{s1} = 7.3°$，$\theta_{s2} = 172.7°$

7-9. 设平板湍流边界层内的速度分布为 $v/V_\infty = (y/\delta)^{1/9}$，并有 $\lambda = 0.185\ (Re_\delta)^{-0.2}$，其中 V_∞ 为来流速度，δ 为边界层厚度，λ 为沿程阻力系数，$Re_\delta = V_\infty \delta/\nu$。试推导边界层厚度的计算公式。

答案：$\delta = 0.4061x(Re_x)^{-\frac{1}{6}}$

7-10. 设平板层流边界层的速度分布为

$$\frac{v}{V_\infty} = 1 - e^{-y/\delta}$$

式中，$\delta = \delta(x)$是边界层厚度；V_∞是无穷远来流速度。试用边界层动量积分关系式推导边界层厚度和平板阻力系数的计算式。

答案：$\delta = 3.164x(Re_x)^{-1/2}$；$C_D = \dfrac{F_D}{\frac{1}{2}\rho V_\infty^2 l} = \dfrac{1.2642}{\sqrt{Re_l}}$

7-11. 有一块$1.5m \times 4.5m$的矩形薄板在空气中以$3m/s$的速度沿板面方向拖动，已知空气的运动黏度为$\nu = 1.5 \times 10^{-5} m^2/s$，密度为$\rho = 1.2 kg/m^3$。试求薄板沿短边方向和长边方向运动时，各自的摩擦阻力。

答案：$F_{t1} = 0.176N$；$F_{t2} = 0.21N$

7-12. 流体以速度$V_\infty = 0.6m/s$绕一块长$l = 2m$的平板流动，如果流体分别是水（$\nu_1 = 10^{-6} m^2/s$）和油（$\nu_2 = 8 \times 10^{-5} m^2/s$），试求平板末端的边界层厚度。

答案：水边界层属湍流，$\delta(l) = 0.04638m$；油边界层属层流，$\delta(l) = 0.08165m$

7-13. 一块长$l = 1.5m$、宽$b = 1m$的平板放在速度为$V_\infty = 50m/s$的气流中，气体的运动黏度$\nu = 18 \times 10^{-6} m^2/s$，试求下列两种情况下板端的边界层厚度及平板两侧面所受的总阻力：（1）设为层流边界层；（2）设为湍流边界层。

答案：（1）层流边界层$\delta(l) = 3.67mm$，$F_D = 1.4638N$；（2）湍流边界层$\delta(l) = 27.12mm$，$F_D = 7.8969N$

7-14. 如习题7-14图所示，有一水塔，下部为$30m$高、$2.5m$直径圆柱体，上部为$12m$直径的球体。如果当地最大风速为$100km/h$（气温按$0℃$计算），求水塔底部受到的最大弯矩。忽略圆柱体与球体之间的相互影响。

答案：$T = 602.94 kN \cdot m$

7-15. 如习题7-15图所示，一块高$h = 15m$、长$l = 60m$的巨大广告牌（视作平板）竖立在大风中，风速随高度y变化的关系可表示为

$$v(y) = v_{max}\left(\frac{y}{h}\right)^{1/7}$$

式中，$v_{max} = 20m/s$。已知空气密度$\rho = 1.205 kg/m^3$，运动黏度$\nu = 15 \times 10^{-6} m^2/s$，平板边界层转捩临界雷诺数为$Re_{x_c} = 6 \times 10^6$，试求广告牌两侧面的气流边界层的阻力。

答案：$2F_D = 593.28N$

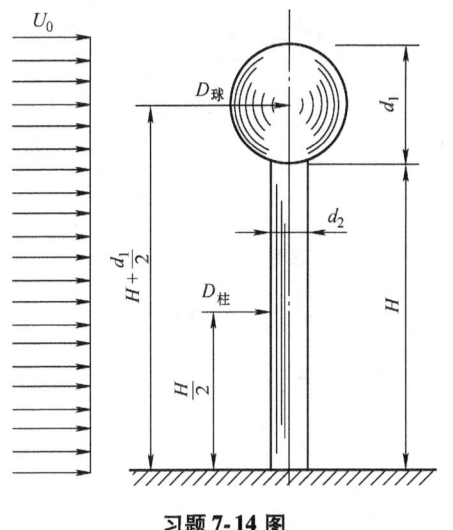

习题7-14图　　　　　　习题7-15图

7-16. 空气以速度 $V_\infty = 30\mathrm{m/s}$ 吹向一块平板，空气的运动黏度 $\nu = 15 \times 10^{-6}\mathrm{m^2/s}$，边界层转捩临界雷诺数 $Re_{x_c} = 10^6$，试求离平板前缘距离为 $x = 0.4\mathrm{m}$ 及 $1.2\mathrm{m}$ 的边界层厚度 δ。空气密度 $\rho = 1.2\mathrm{kg/m^3}$。

答案：$\delta(x_1) = 2.24\mathrm{mm}$；$\delta(x_2) = 24.2\mathrm{mm}$

7-17. 汽车以 $80\mathrm{km/h}$ 的时速行驶，其迎风面积为 $A = 2\mathrm{m^2}$，阻力系数为 $C_D = 0.4$，空气的密度为 $\rho = 1.25\mathrm{kg/m^3}$，试求汽车克服空气阻力所消耗的功率。

答案：$P = 5.487\mathrm{kW}$

7-18. 某气力输送管路要求风速 U_0 为砂粒悬浮速度的 5 倍，已知砂粒的粒径 $d = 0.3\mathrm{mm}$，密度 $\rho_m = 2650\mathrm{kg/m^3}$，空气的温度为 $20^\circ\mathrm{C}$。试求 U_0。

答案：$U_0 = 10.17\mathrm{m/s}$

7-19. 如习题 7-19 图所示，不可压缩流体沿铅垂壁面呈液膜状向下流动，液膜厚度 δ 不变，流动是定常层流流动，求液膜内的速度分布。

答案：$v = \dfrac{\rho g}{\mu}\delta^2\left[\dfrac{y}{\delta} - \dfrac{1}{2}\left(\dfrac{y}{\delta}\right)^2\right]$

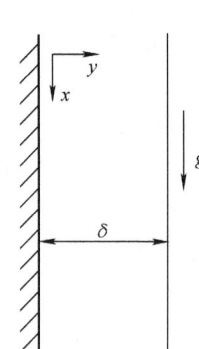

7-20. 如习题 7-20 图所示一条输水管路，管道总长度为 $5l$，其流量设为 q_{v0}。在 A、B 之间并联一条长度为 x 的同种管道，A、B 之间直线长度为 l。并联的输水流量为 q_v，试求 q_{v0}/q_v 和 x 的关系。

答案：$5(q_{v0}/q_v)^2 = 4 + (1 + \sqrt{l/x})^{-2}$

7-21. 一块宽 $b = 2\mathrm{m}$、长 $l = 5\mathrm{m}$ 的平板放在水流中，水的密度 $\rho = 1000\mathrm{kg/m^3}$，运动黏度 $\nu = 10^{-6}\mathrm{m^2/s}$，测得平板双面的摩擦阻力 $F_D = 100\mathrm{N}$，试求水流速度以及平板末端的边界层厚度。

答案：$V_\infty = 1.8916\mathrm{m/s}$；$\delta(l) = 0.07673\mathrm{m}$

习题 7-19 图

7-22. 如习题 7-22 图所示，一半径 $a = 1\mathrm{m}$ 的圆柱置于水流中，中心位于原点 $(0, 0)$，在无穷远处有一平行于 x 轴的均匀流，方向沿 x 轴正方向，$v_\infty = 3\mathrm{m/s}$。试求 $x = -2\mathrm{m}$，$y = 1.5\mathrm{m}$ 点处的速度分量。

答案：$\begin{cases} v_x = 2.87\mathrm{m/s} \\ v_y = 0.46\mathrm{m/s} \end{cases}$

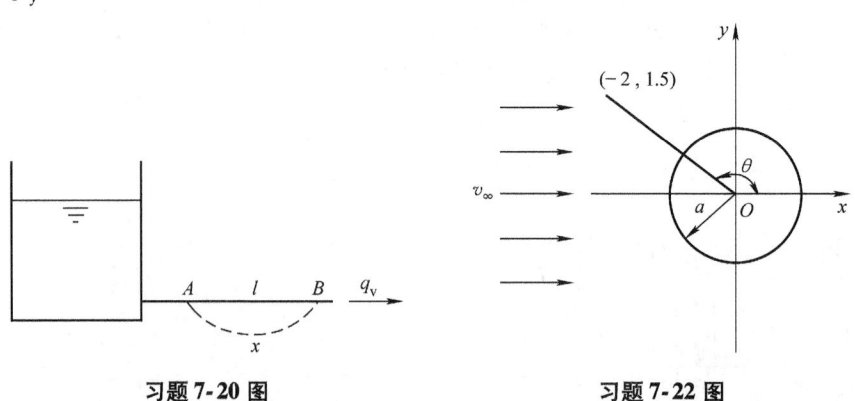

习题 7-20 图　　　　　　　　**习题 7-22 图**

7-23. 一块面积为 $2\mathrm{m} \times 8\mathrm{m}$ 的矩形平板放在速度 $V_\infty = 3\mathrm{m/s}$ 的水流中，水的运动黏度 $\nu = 10^{-6}\mathrm{m^2/s}$，平板放置的方法有两种：以长边顺着流速方向，摩擦阻力为 F_1；以短边顺着流速方向，摩擦阻力为 F_2。试求比值 F_1/F_2。

答案：$\dfrac{F_1}{F_2} = \dfrac{b_1 l_1 \times 0.2556}{b_2 l_2 \times 0.2815} = 0.9080$

7-24. 一块平板长 $l = 5\mathrm{m}$、宽 $b = 2\mathrm{m}$，此平板放入流速为 V_∞ 的水中，水的运动黏度为 $\nu = 10^{-6}\mathrm{m^2/s}$，

测得平板两个侧面的边界层阻力为48N，试求平板末端处的边界层厚度$\delta(l)$。

答案：$\delta(l) = 0.08302\text{m}$

7-25. 平底船的底面可视为宽$b = 10\text{m}$、长$l = 50\text{m}$的平板，船速$V_\infty = 4\text{m/s}$，水的运动黏度$\nu = 10^{-6}\text{m}^2/\text{s}$，如果平板边界层转捩临界雷诺数$Re_{x_c} = 5 \times 10^5$，试求克服边界层阻力所需的功率。

答案：$P = 30.82\text{kW}$

7-26. 由六块宽度为$b = 20\text{mm}$、长度为$L = 150\text{mm}$的平板组成六角形蜂窝结构形通道。通道中有水流通过，水的运动黏度为$10^{-6}\text{m}^2/\text{s}$，进口流速为$V_1 = 2\text{m/s}$，试确定此通道进出口压差。

答案：$p_1 - p_2 = 0.226 \times 10^3\text{Pa}$

7-27. 高速列车以200km/h速度行驶，空气的运动黏度$\nu = 15 \times 10^{-6}\text{m}^2/\text{s}$。每节车厢可视为长25m、宽3.4m、高4.5m的立方体。试计算为了克服10节车厢的顶部和两侧面的边界层阻力所需的功率。设$Re_{x_c} = 5.5 \times 10^5$，$\rho = 1.205\text{kg/m}^3$。

答案：$P = 507.3\text{kW}$

7-28. 如习题7-28图所示，两固定平行平板间隔为$\delta = 8\text{cm}$，动力黏度$\mu = 1.96\text{Pa} \cdot \text{s}$的油在其中做层流运动。最大速度为$v_{\max} = 1.5\text{m/s}$，试求：(1) 单位宽度上的流量；(2) 平板上的切应力和速度梯度；(3) $l = 25\text{m}$前后的压强差及$z = 2\text{cm}$处的流体速度。

答案：(1) $q_v = 0.08\text{m}^3/\text{s}$；(2) $\tau_0 = 147\text{Pa}$，$\dfrac{\mathrm{d}v}{\mathrm{d}z}\Big|_{z=0} = 75\text{s}^{-1}$；(3) $\Delta p = 91880\text{Pa}$，$v = 1.125\text{m/s}$

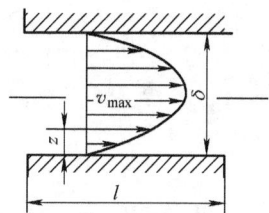

习题7-28 图

7-29. 宽度为10m、高度为2.5m的栅栏，它是由直径为25mm的杆所组成的，杆与杆的中心距为0.1m。若来流水速为2m/s，试计算此栅栏所承受的阻力。已知水的$\nu = 1.2 \times 10^{-6}\text{m}^2/\text{s}$，$\rho = 1000\text{kg/m}^3$。

答案：$F = 33.75\text{kN}$

7-30. 如习题7-30图所示，已知同心轴承的长度l、缝隙δ、轴颈的d、每分转数n、流体黏度μ，试求作用在轴颈上的力矩和功率。

答案：$T = \dfrac{\mu\pi^2 n d^3 l}{120\delta}$；$P = \dfrac{\mu\pi^3 n^2 d^3 l}{3600\delta}$

7-31. 炉膛的烟气以速度$\nu = 0.5\text{m/s}$向上腾升，气体的密度为$\rho = 0.25\text{kg/m}^3$，动力黏度$\mu = 5 \times 10^{-5}\text{N} \cdot \text{s/m}^2$，粉尘的密度$\rho' = 1200\text{kg/m}^3$，试估算此烟气能带走多大直径的粉尘？

答案：$d \leqslant 1.9556 \times 10^{-4}\text{m}$

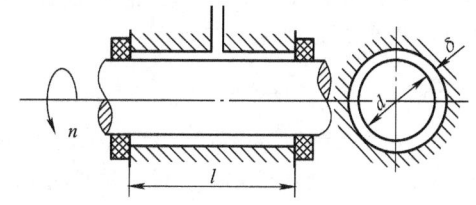

习题7-30 图

7-32. 如习题7-32图所示，柱塞直径$d = 38\text{mm}$，长度$l = 80\text{mm}$，在$D = 40\text{mm}$的油缸中处于平衡状态，油液动力黏度$\mu = 0.12\text{Pa} \cdot \text{s}$。试求下列两种情况下缝隙的液体流量：(1) 柱塞与油缸同心，两端压强差为10^5Pa；(2) 柱塞在油缸中偏心，偏心距$e = 1\text{mm}$，柱塞两端压强差为40kPa。

答案：$q_{v1} = q_{v2} = 0.1036\text{L/s}$

7-33. 如习题7-33图所示，有一黏度为μ、密度为ρ的流体在两块平行平板内做充分发展的层流流动，平板宽度为b，两块平板之间的距离为δ，在L长度上的压降为Δp，上下两块平板均静止。求：(1) 流体的速度分布；(2) 流速等于平均流速的位置。

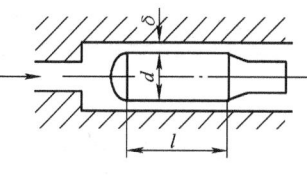

习题7-32 图

答案：(1) $v = \dfrac{\Delta p}{2\mu L}\left[\left(\dfrac{\delta}{2}\right)^2 - y^2\right]$；(2) $q_v = \dfrac{\Delta p b \delta^3}{12\mu L}$，$v_{平均} = \dfrac{\Delta p \delta^2}{12\mu L}$，

$$y = \pm \frac{\sqrt{3}\delta}{6}$$

7-34. 如习题 7-34 图所示，用一条管路将水从高水池输入低水池，两池面高差 $H = 8\text{m}$。管路是一个并联、串联管路，各管的长度为 $l_4 = 800\text{m}$，$l_5 = 400\text{m}$，$l_1 = 300\text{m}$，$l_2 = 100\text{m}$，$l_3 = 250\text{m}$，管 4 和管 5 的直径均为 $d = 0.3\text{m}$，管 1、2、3 的管径均为 $d_1 = 0.2\text{m}$。各管的沿程阻力系数为 $\lambda = 0.03$，不计局部水头损失，试求输水量 q_v。

答案：$q_v = 0.0806\text{m}^3/\text{s}$

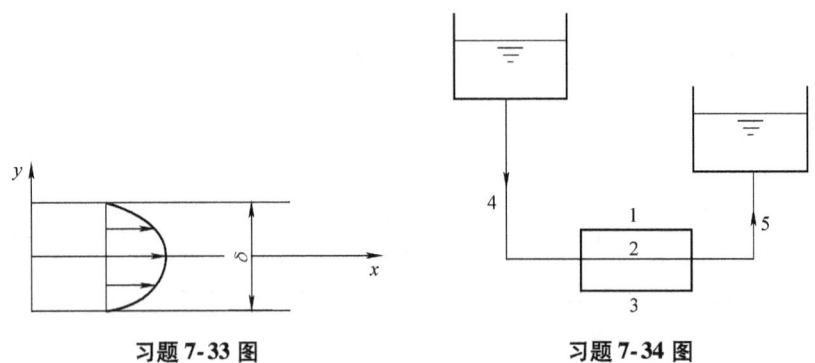

习题 7-33 图　　　　　　　习题 7-34 图

7-35. 如习题 7-35 图所示，直径 $d = 100\text{mm}$ 的轴，以 $n = 60\text{r/min}$ 在长为 $l = 200\text{mm}$ 的滑动轴承中旋转，同心间隙 $\delta = 0.5\text{mm}$，油的动力黏度为 $\mu = 0.004\text{Pa·s}$。试求轴承的摩擦功率。

答案：$P = 4.95 \times 10^{-2}\text{W}$

7-36. 使小钢球在油中自由沉降以测定油的黏度。已知油的密度 $\rho = 900\text{kg/m}^3$，小钢球直径 $d = 3\text{mm}$，密度 $\rho' = 7788\text{kg/m}^3$，若测得钢球的最终沉降速度为 $v = 12\text{cm/s}$，试求油的动力黏度 μ。

答案：$\mu = 0.2814\text{Pa·s}$

7-37. 如习题 7-37 图所示，活塞直径为 d，长度为 l，同心缝隙为 δ，活塞位移 y 与时间 t 的函数关系是 $y = a\sin\omega t$，式中，a 为常数；ω 为活塞曲柄角速度。假定活塞两端压强相等，油液动力黏度为 μ，不计惯性力，试求活塞运动所需的功率。

答案：$P = \dfrac{1}{\delta}\pi dl\mu\omega^2 a^2 \cos^2\omega t$

7-38. 如习题 7-38 图所示，在圆环式止推轴承中，轴的半径 $r_1 = 7.5\text{cm}$，环形座半径为 $r_2 = 10\text{cm}$，止推轴承的油膜厚度 $\delta = 0.05\text{cm}$，油的动力黏度 $\mu = 0.15\text{Pa·s}$，轴的转速为 $n = 300\text{r/min}$，圆环缝隙中速度分布可近似认为是直线规律，试求圆环上的摩擦功率。

答案：$P = 31.8\text{W}$

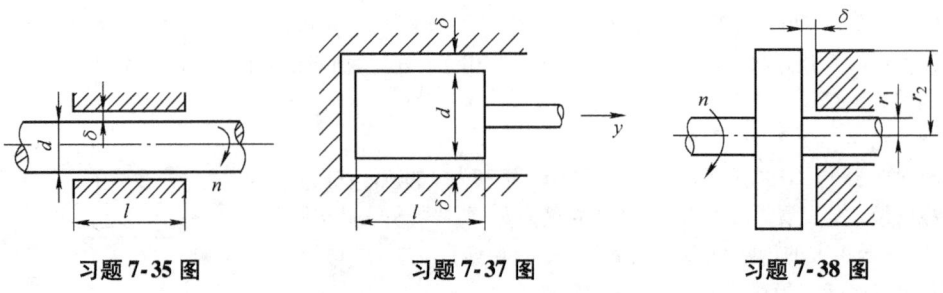

习题 7-35 图　　　　　习题 7-37 图　　　　　习题 7-38 图

7-39. 如习题 7-39 图所示，气球质量为 0.82kg，直径为 2m，以 10m/s 的速度在静止大气中上升，试确定它的阻力系数。又若用绳子固定此气球在空中，气流水平速度为 20m/s，试确定绳子的张力和斜角。

已知空气的 $\mu = 1.8 \times 10^{-5} Pa \cdot s$, $\rho = 1.25 kg/m^3$。

答案：$F_t = 178N$; $\theta = 14.1°$

7-40. 如习题 7-40 图所示，一船舶向北航行，西面吹来的风，其风速 $V = 15m/s$，船上装有两个圆柱体，直径 $d = 3m$，高 $h = 10m$，以 30r/min 的转速顺时针方向旋转，设空气密度 $\rho = 1.25kg/m^3$，求圆柱体旋转给船舶的推进力。

答案：$F = 15989N$

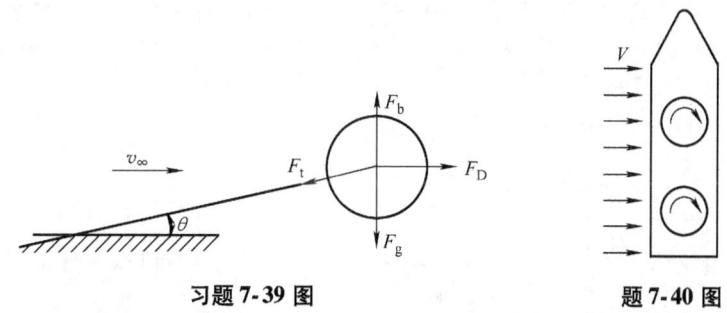

| 习题 7-39 图 | 题 7-40 图 |

7-41. 如习题 7-41 图所示，圆柱体长 $l = 5m$，直径 $D = 1m$，垂直立于平板车上。平板车以 $V_1 = 20m/s$ 的速度匀速前进。若此圆柱体以 5r/s 的速度绕垂直轴顺时针方向旋转，并受到垂直于平板车行驶方向的侧向风作用，风速 $V_2 = 15m/s$。求圆柱体所受流体作用力的大小。（空气密度取 $1.2kg/m^3$，风速忽略圆柱体两端三维效应）

答案：$F = 7402N$

7-42. 如习题 7-42 图所示，作用在轴上的力为 $F = 10^4 N$，轴承上的油槽直径 $d_1 = 4cm$，轴直径 $d_2 = 12cm$，油液动力黏度为 $\mu = 0.1Pa \cdot s$，流量 $q_v = 10^{-4} m^3/s$。忽略油管中损失，试求油泵功率及圆盘缝隙。

答案：$P = 0.22kW$; $\delta = 0.213mm$

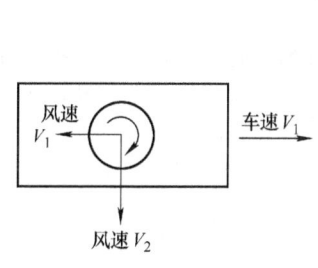

习题 7-41 图

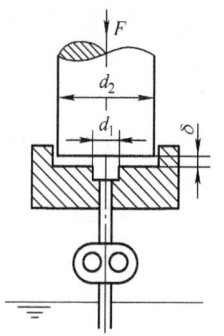

习题 7-42 图

7-43. 如习题 7-43 图所示，一直径为 50mm 的柱塞在力 F 的作用下维持不动，已知腔内绝对压力 $p = 251325Pa$，液体动力黏度 $\mu = 0.1Pa \cdot s$，柱塞与孔的配合间隙 $a = 0.05mm$，配合长度 $l = 150mm$。已知配合间隙不存在偏心，间隙内的液流速度分布表达式为 $v = -\dfrac{1}{2\mu}\dfrac{dp}{dl}(ay - y^2)$，当地大气压 $p_a = 101325Pa$。试求：（1）力 F 的大小；（2）泄露流量。

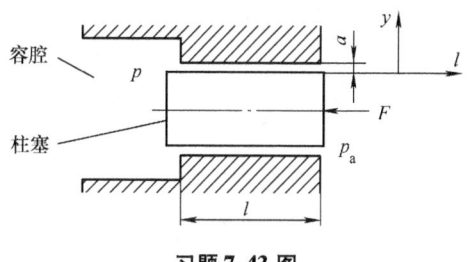

习题 7-43 图

答案：（1）$F = 293.93$N；（2）$q_v = 163.6 \times 10^{-6}$m³/s

7-44. 习题7-44 图为滑动轴承示意图，动力黏度为 $\mu = 0.14$Pa·s 的润滑油，从计示压强 $p_0 = 160$kPa 的干管经 $l_0 = 0.8$m，$d_0 = 6$mm 的输油管流向轴承中部的环形油槽，油槽宽度 $b = 10$mm，轴承长度 $l = 120$mm，轴径 $d = 90$mm，轴承内径 $D = 90.2$mm。假设输油管及缝隙中均为层流，忽略轴的转动影响，试确定下述两种情况下的泄漏流量：（1）轴承与轴颈同心；（2）相对偏心距 $\kappa = 0.5$。

答案：（1）轴承与轴颈同心，$q_v = 0.96$cm³/s；（2）相对偏心距 $\kappa = 0.5$，$q_v = 1.3$cm³/s

7-45. 如题7-45 图所示，动力黏度 $\mu = 0.147$Pa·s 的油液从直径 $d_1 = 10$mm 的小管进入圆盘缝隙，然后经缝隙 $\delta = 2$mm 从 $d_2 = 40$mm 的圆盘外缘流入大气，流量 $q_v = 4$L/s，试求小管与圆盘交界处的压强 p_1 及流体作用在上圆盘上的力 F。

答案：$p_1 = 194.6$kPa；$F = 67.4$N

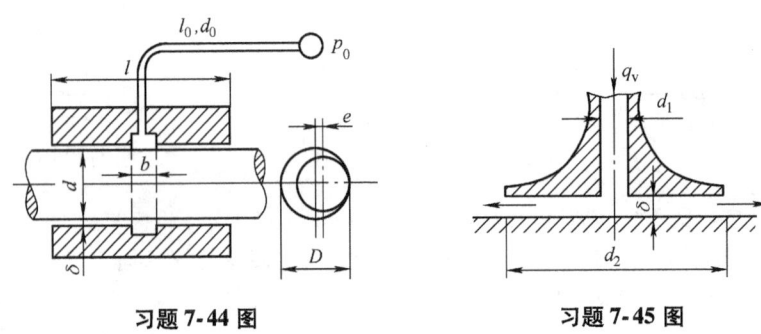

习题 7-44 图　　　　习题 7-45 图

7-46. 如习题7-46 图所示，齿轮泵向具有端面缝隙 $b = 0.3$mm 和同心环形缝隙 $a = 0.4$mm 的柱塞和套筒供油，借以平衡柱塞上的轴向力 F。已知泵入口在液面之上 $h = 0.7$m，吸油管 $l = 1$m，$d = 15$mm，压油管长为 $5l$。柱塞直径 $D = 50$mm，柱塞长度 $L = 100$mm，油的密度为 $\rho = 900$kg/m³，动力黏度 $\mu = 0.065$Pa·s，流量 $q_v = 0.4$ L/s。试求：（1）泵入口压强 p_1、泵出口压强 p_2、压油管终端压强 p_3 及圆盘外缘压强 p_4，假定柱塞右端压强 $p_5 = 0$；（2）柱塞的轴向力 F 和泵的功率。

答案：（1）$p_1 = 0.25 \times 10^5$Pa（真空度），$p_2 = 5450$kPa，$p_3 = 5350$kPa，$p_4 = 3100$kPa，以上三项均系计示压强；（2）$F = 7835$N，$P = 2.19$kW

7-47. 如习题7-47 图所示，油泵将油输入立轴下面的贮油池后，再经毛细管（$d_0 = 2$mm，$l = 150$mm）及立轴的端面缝隙（$d_1 = 40$mm，$d_2 = 120$mm，$\delta = 0.1$mm）而后流回油箱，已知轴上的载荷是 $F = 5000$N，油的动力黏度是 $\mu = 0.04$Pa·s。试求油的流量和油池中的压强 p_0。

答案：$q_v = 0.013$L/s；$p_0 = 1290$kPa

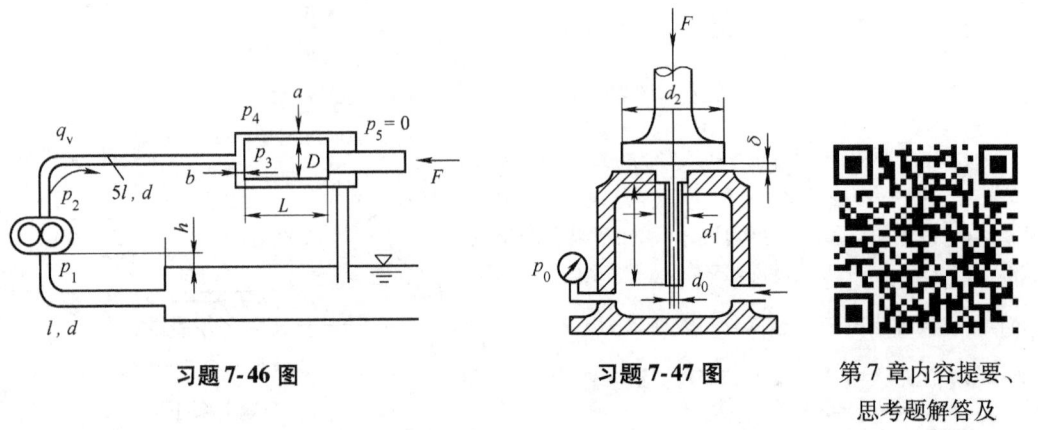

习题 7-46 图　　　　习题 7-47 图　　第7章内容提要、
思考题解答及
习题详解

第8章

孔口出流、射流和水击

Chapter 8

流体经过孔口出流是一个有广泛应用的实际问题。大到水利工程上的闸孔，小到黏度计上的针孔，孔口出流在许多领域中都可见到，如水力采煤用的水枪、消防用的龙头、汽油机中的汽化器、柴油机中的喷嘴、火炮中的驻退机、车辆中的减振器等。机械工程液压技术中的换向阀、减压阀、节流阀、溢流阀等内部结构中都有孔口出流，就是在自动控制的喷嘴挡板、阻尼器等处也同样会遇到孔口出流的问题。

本章讨论液体孔口与管嘴出流中的主要概念，分析影响孔口与管嘴出流性能的各种系数，然后介绍射流，最后介绍水击现象与流体流量测量。

8.1 孔口出流

在容器侧壁或底壁上开一孔，容器中的液体自孔口出流到大气中，称为孔口自由出流。如出流到充满液体的空间，则称为淹没出流。由于出流空间不同，导致这两种出流规律有所不同，下面分别介绍。

如图 8-1 所示为孔口自由出流，容器中液体从四面八方流向孔口。由于质点的惯性，当绕过孔口边缘时，流线不能成直角突然地改变方向，只能以圆滑曲线逐渐弯曲。在孔口断面上仍然继续弯曲且向中心收缩，造成孔口断面上的急变流。直至出流流股距孔口 $d_0/2$ 处，断面收缩达到最小，流线趋于平直，成为渐变流。该断面称为收缩断面，或称为缩脉，即如图8-1所示的 $C-C$ 断面。

孔口线性当量尺寸 $d_H < 0.1\left(H + \dfrac{p_1 - p_2}{\rho g}\right)$、边缘锐薄的孔口，称为薄壁小孔。容器壁面对出流性质不发生影响时的收缩，称为完善收缩；反之，为不完善

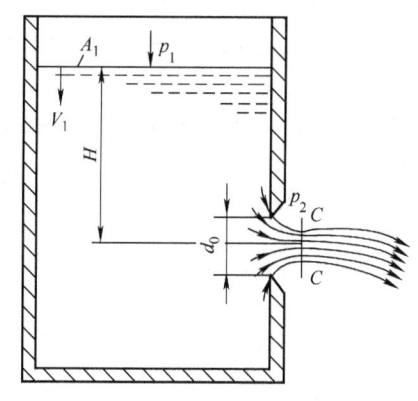

图8-1　薄壁孔口自由出流

收缩。如图 8-2 所示，发生完善收缩的条件为：对于圆孔口，$l \geqslant 3d$；对于矩形孔口，$l_1 \geqslant 3b$ 且 $l_2 \geqslant 3h$。

取收缩断面形心的水平线为基准线 $0-0$，列出 A_1 至 $C-C$ 两断面的伯努利能量方程

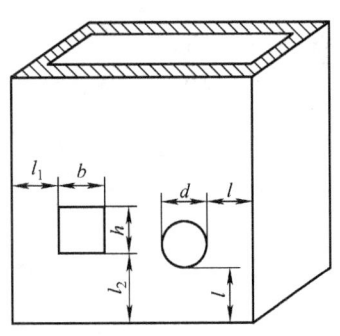

$$Z_{A_1} + \frac{p_{A_1}}{\rho g} + \frac{\alpha_{A_1} V_1^2}{2g} = Z_C + \frac{p_C}{\rho g} + \frac{\alpha_C v_C^2}{2g} + h_e$$

式中，h_e 为孔口出流的水头损失。由于液体在容器中流动的沿程水头损失很小，故仅在孔口处发生能量损失。图 8-1 所示为具有锐缘的孔口，出流流股与孔口壁接触仅是一条周线，这种条件的孔口称为薄壁孔口。若孔壁厚度或形状促使流股收缩后又扩开，流股与孔壁接触不是线，而是孔内壁面，这种孔口称为厚壁孔口或管嘴。

图 8-2　孔口位置

无论薄壁孔口，还是管嘴，能量损失都仅仅发生在孔口的局部，故为局部水头损失，这就是孔口出流的特点。对于薄壁孔口来说 $h_e = h_m = \xi_1 \dfrac{v_C^2}{2g}$，代入上式，经移项整理得

$$(a_C + \xi_1)\frac{v_C^2}{2g} = (Z_{A_1} - Z_C) + \frac{p_{A_1} - p_C}{\rho g} + \frac{\alpha_{A_1} V_1^2}{2g}$$

令

$$H_0 = (a_C + \xi_1)\frac{v_C^2}{2g} = (Z_{A_1} - Z_C) + \frac{p_{A_1} - p_C}{\rho g} + \frac{\alpha_{A_1} V_1^2}{2g} \tag{8-1}$$

则求解得

$$v_C = \frac{1}{\sqrt{\alpha_C + \xi_1}}\sqrt{2gH_0} \tag{8-2}$$

H_0 称为作用水头，是促使出流的全部能量。从式（8-1）可知，H_0 包括孔口上游对孔口收缩断面 $C-C$ 位差、压差及上游来流的速度水头。H_0 中一部分用来克服阻力而损失，一部分变成 $C-C$ 断面上的动能使之出流。

孔口自由出流时（见图 8-1），H_0 中位差 $Z_{A_1} - Z_C = H$，即液面至孔口中心的高度差。对小孔口来说（孔径 $d < 0.1H$），可忽略孔中心与上下边缘高差的影响，认为孔口面上所有各点均受同一 H 作用，其出流速度相同。H 为实际水头。

H_0 中的压差，因自由出流 $p_C = p_a$，且具有自由液面 $p_{A_1} = p_a$，故该项为零。H_0 中的来流速度水头，因自由液面速度 V_1 可忽略不计，于是得出具有自由液面的自由出流，即 $H_0 = H$ 的结论。对于其他条件下孔口出流 H_0 的确定，应视其具体条件，从 H_0 的定义式（8-1）出发来表述作用水头。

式（8-2）给出了薄壁孔口自由出流收缩断面 $C-C$ 上速度的公式，现令

$$\varphi = \frac{1}{\sqrt{\alpha_C + \xi_1}} \tag{8-3}$$

式中，φ 称为速度系数，φ 的意义可以从下面讨论得知。若 $\alpha_C = 1$ 且无水头损失情况下，$\xi_1 = 0$，则 $\varphi = 1$，这是理想流体的流动，其速度为 $v'_C = 1 \times \sqrt{2gH_0}$。与式（8-2）相比，得

$$\frac{v_C}{v'_C} = \frac{\varphi\sqrt{2gH_0}}{1 \times \sqrt{2gH_0}} = \varphi \tag{8-4}$$

由此可知，φ 为实际流体的速度与理想流体的速度的比值。阻力系数越大，则实际流速越

小，其速度系数也就越小。φ 值一般通过实验测得，对圆形薄壁小孔口速度系数 $\varphi = 0.97 \sim 0.98$。速度系数可以用下述方法测定。

如图 8-3 所示，孔口出流射入大气后即成为平抛运动，将 Oxy 坐标原点取在收缩断面上，则据平抛运动公式可得

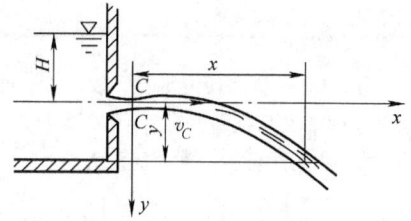

$$\left.\begin{array}{l} x = v_C t \\ y = \dfrac{1}{2} g t^2 \end{array}\right\} \tag{8-5}$$

消去 t，可得

图 8-3　速度系数的测定

$$v_C = x \sqrt{\frac{g}{2y}} \tag{8-6}$$

将式（8-6）代入式（8-4），其中 $v'_C = \sqrt{2gH}$，则

$$\varphi = \frac{x}{2} \sqrt{\frac{1}{Hy}} \tag{8-7}$$

通过对 H、x、y 的测定，即可得出出口速度实验数值，继而得出流速系数的实验数值。

通过孔口出流的流量为

$$q_v = v_C A_C \tag{8-8}$$

式中，A_C 是收缩断面的面积。由于 A_C 不易测量，而孔口面积 A_0 易获得，故引入

$$\varepsilon = A_C / A_0 \tag{8-9}$$

称 ε 为断面收缩系数。实验得知，圆形薄壁小孔口的 $\varepsilon = 0.62 \sim 0.64$。现用 $A_C = \varepsilon A_0$ 代入流量公式，即

$$q_v = v_C \varepsilon A_0 = \varepsilon \varphi A_0 \sqrt{2gH_0} \tag{8-10}$$

令 $\mu = \varepsilon \varphi$，称 μ 为流量系数。完善收缩时的收缩系数 ε 小于不完善收缩时的 ε。对于圆形薄壁小孔口，其值为 $\mu = 0.62 \times 0.97 \sim 0.64 \times 0.97 \approx 0.60 \sim 0.62$。则

$$q_v = \mu A_0 \sqrt{2gH_0} \tag{8-11}$$

若容器横断面积 $A_1 \gg A_0$（或 $\dfrac{V_1^2}{2g} \ll H$），并且 p_1、p_2 都是大气压，则有

$$q_v = \mu A_0 \sqrt{2gH} \tag{8-12}$$

孔口出流系数 ε、φ 和 μ 随具体的孔口形状、孔口边缘情况及雷诺数而变。当雷诺数 $Re = d_0 \sqrt{2gH}/\nu \geqslant 10^5$ 时，μ 与 Re 无关。薄壁锐缘小圆孔口出流完善收缩时，ε、φ 和 μ 随 Re 变化情况如图 8-4 所示。流量系数 μ 值见表 8-1。

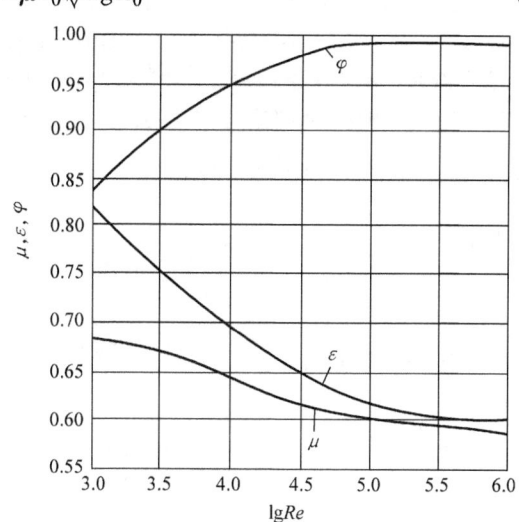

图 8-4　小圆孔口出流完善收缩时的 ε、φ 和 μ

表 8-1　薄壁锐缘小圆孔口出流流量系数 μ

雷诺数 Re	1.5×10^4	2.5×10^4	5×10^4	10^5	2.5×10^5	5×10^5	10^6
流量系数 μ	0.638	0.623	0.610	0.603	0.597	0.594	0.593

例 8-1　一供水压力水管，管壁有一直径 $d = 1\text{mm}$ 的泄漏孔。当管内压力 $p = 1.2\text{MPa}$、液体密度 $\rho = 1000\text{kg/m}^3$、孔口流量系数 $\mu = 0.625$ 时，试求泄漏流量 q_v。

解：由题意可得，泄漏流量为

$$q_v = \mu \frac{\pi}{4} d^2 \sqrt{\frac{2(p-0)}{\rho}} = \left[0.625 \times \frac{\pi}{4} \times (1 \times 10^{-3})^2 \sqrt{\frac{2 \times 1.2 \times 10^6}{1000}} \right] \text{m}^3/\text{s} = 24.048 \times 10^{-6} \text{m}^3/\text{s}$$

例 8-2　如图 8-5 所示，贮水罐底面尺寸为 $3\text{m} \times 2\text{m}$，贮水深 $H_1 = 4\text{m}$，由于锈蚀，距罐底 0.2m 处形成一个直径 $d = 5\text{mm}$ 的孔洞，试求：（1）若水位恒定，一昼夜的漏水量；（2）因漏水水位下降，一昼夜的漏水量。

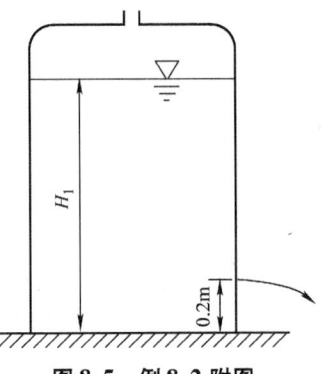

解：（1）水位恒定，一昼夜的漏水量按薄壁小孔口定常出流计算：

$$q_v = \mu A_0 \sqrt{2gH_0} \tag{1}$$

式中，$\mu = 0.62$；$A_0 = \dfrac{\pi d^2}{4} = 19.63 \times 10^{-6} \text{m}^2$；$H_0 = H = H_1 - 0.2\text{m} = 3.8\text{m}$。代入式（1）得

$$q_v = 105.03 \times 10^{-6} \text{ m}^3/\text{s}$$

图 8-5　例 8-2 附图

一昼夜的漏水量　　　　$V = q_v t = 9.07\text{m}^3$

（2）水位下降，一昼夜的漏水量按孔口变水头出流计算，由连续性方程等可以推出变水头孔口出流微分方程

$$-A\text{d}h = \mu A_0 \sqrt{2gh}\,\text{d}t; \quad \text{d}t = \frac{-A}{\mu A_0 \sqrt{2gh}}\text{d}h$$

积分得出流时间

$$t = \frac{2A}{\mu A_0 \sqrt{2g}} \left(\sqrt{H_1} - \sqrt{H_2} \right)$$

得 $H_2 = 2.44\text{m}$。一昼夜的漏水量 $V = (H_1 - H_2)A = 8.16\text{m}^3$。

例 8-3　如图 8-6 所示，密度为 900kg/m^3 的油从直径 2cm 的孔射出，孔口前的计示压强为 45000Pa，射流对挡板的冲击力为 20N，出流流量为 2.29L/s，试求孔口的出流系数。

解：由 $q_v = \mu \dfrac{\pi}{4} d^2 \sqrt{\dfrac{2\Delta p}{\rho}}$ 可得流量系数

$$\mu = \frac{4q_v}{\pi d^2 \sqrt{\dfrac{2p}{\rho}}} = \frac{4 \times 2.29 \times 10^{-3}}{\pi \times 0.02^2 \times \sqrt{\dfrac{2 \times 45000}{900}}} = 0.729$$

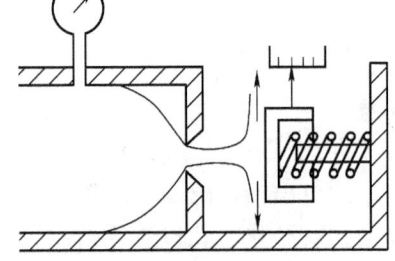

图 8-6　例 8-3 附图

由冲击力 $F = \rho q_v v = \rho q_v \varphi \sqrt{\dfrac{2p}{\rho}}$，可得流速系数

$$\varphi = \frac{F}{\rho q_v \sqrt{\dfrac{2p}{\rho}}} = \frac{20}{900 \times 2.29 \times 10^{-3} \times \sqrt{\dfrac{2 \times 45000}{900}}} = 0.970$$

收缩系数

$$\varepsilon = \frac{\mu}{\varphi} = \frac{0.729}{0.970} = 0.752$$

例 8-4　如图 8-7 所示，直径 $D = 60\text{mm}$ 的活塞受力 $F = 3000\text{N}$ 后，将密度 $\rho = 917\text{kg/m}^3$ 的油从 $d = 20\text{mm}$ 的薄壁孔口挤出，孔口流速系数 $\varphi = 0.97$，流量系数 $\mu = 0.63$，试求孔口流量及作用在液压缸上的力。

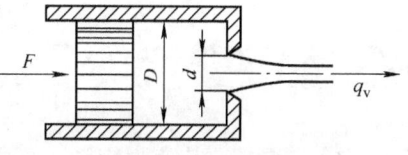

图 8-7　例 8-4 附图

解：首先利用题给的流速系数 φ 和流量系数 μ 求出孔口的收缩系数 ε 和阻力系数 ξ，以备下面解题之用。

收缩系数
$$\varepsilon = \frac{\mu}{\varphi} = \frac{0.63}{0.97} = 0.65$$

阻力系数
$$\xi = \frac{1}{\varphi^2} - 1 = \frac{1}{0.97^2} - 1 = 0.628$$

再用负载 F 求出液压缸中的流体压强

$$p = \frac{4F}{\pi D^2} = \frac{4 \times 3000}{\pi \times 0.06^2}\text{Pa} = 10.61 \times 10^5 \text{Pa}$$

设液压缸中液体运动速度（也就是活塞移动速度）为 v_1，孔口收缩断面上的速度为 v_2，则由连续方程可得

$$v_1 \frac{\pi}{4} D_1^2 = v_2 \varepsilon \frac{\pi d^2}{4} \quad 或 \quad v_1^2 = v_2^2 \varepsilon^2 \left(\frac{d}{D}\right)^4 \tag{1}$$

有了以上准备，就可以列液压缸与孔口收缩断面的伯努利方程，借以解出 v_1、v_2，进而求流量 q_v 及作用在液压缸上的力 F' 了。伯努利方程为

$$\frac{p}{\rho g} + \frac{v_1^2}{2g} = (1 + \xi) \frac{v_2^2}{2g}$$

以式（1）代入，则

$$\frac{p}{\rho g} = \left[1 + \xi - \varepsilon^2 \left(\frac{d}{D}\right)^4\right] \frac{v_2^2}{2g}$$

消去 g，解出

$$v_2 = \sqrt{\frac{2p}{\rho \left[1 + \xi - \varepsilon^2 \left(\frac{d}{D}\right)^4\right]}}$$

代入数值得

$$v_2 = \sqrt{\frac{2 \times 10.61 \times 10^5}{917 \times \left[1 + 0.0628 - 0.65^2 \times \left(\frac{0.02}{0.06}\right)^4\right]}}\text{m/s} = 46.77\text{m/s}$$

由式（1）可得

$$v_1 = v_2 \varepsilon \left(\frac{d}{D}\right)^2 = \left[46.77 \times 0.65 \times \left(\frac{0.02}{0.06}\right)^2\right]\text{m/s} = 3.38\text{m/s}$$

于是孔口出流流量

$$q_v = \mu \frac{\pi d^2}{4} v_2 = \left(0.63 \times \frac{\pi}{4} \times 0.02^2 \times 46.77\right)\text{m}^3/\text{s} = 0.00926\text{m}^3/\text{s} = 9.26\text{L/s}$$

取液压缸中液体为控制体，液压缸作用在控制体上的力为 $-F'$，则由动量方程可得

$$F - F' = p q_v (v_2 - v_1)$$

于是对液压缸的作用力

$$F' = F - \rho q_v (v_2 - v_1) = [3000 - 917 \times 0.00926 \times (46.77 - 3.38)]\text{N} = 2631\text{N}$$

方向向右。

8.2 管嘴出流

8.2.1 圆柱形外管嘴出流

若圆孔壁厚 δ 等于 $(3 \sim 4)d$，或者在孔口处外接一段长 $l = (3 \sim 4)d$ 的圆管，则此时的出流称为圆柱形外管嘴出流，外接短管称为管嘴，如图 8-8 所示。

流体流经管嘴如同流体流经孔口一样，流股同样发生收缩，形成缩脉，存在收缩断面 $C - C$。而后流股逐渐扩张，至出口断面时已完全充满管嘴断面。

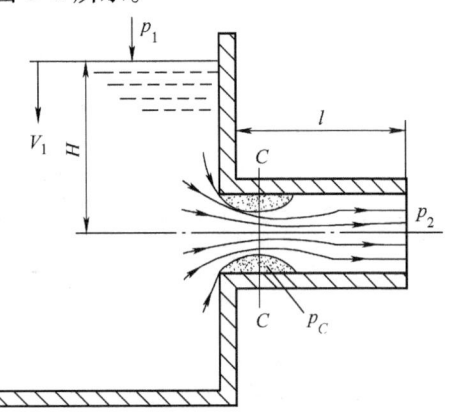

在收缩断面 $C - C$ 前后的一定区段内，流股与管壁分离，中间形成旋涡区，产生负压，出现了管嘴的真空现象。前节讨论孔口出流的作用水头 H_0，其中压差项为 $\dfrac{p_1 - p_C}{\rho g}$，在管嘴出流中，由于 p_C（绝对压强）小于大气压，从而使 H_0 增大，则出流流量亦增大。由于管嘴出流出现真空现象，促使出流流量增

图 8-8 管嘴出流

大，这是管嘴出流不同于孔口出流的基本特点。下面讨论管嘴出流的速度，流量计算公式。

列出自由水面 1 至管嘴出口断面 2 的伯努利能量方程，并以管嘴中心线为基准线。

$$Z_1 + \frac{p_1}{\rho g} + \frac{\alpha_1 V_1^2}{2g} = Z_2 + \frac{p_2}{\rho g} + \frac{\alpha_2 v_2^2}{2g} + \xi \frac{v_2^2}{2g}$$

$$Z_1 - Z_2 + \frac{p_1 - p_2}{\rho g} + \frac{\alpha_1 V_1^2}{2g} = (\alpha_2 + \xi) \frac{v_2^2}{2g}$$

与孔口出流一样，令

$$H_0 = (Z_1 - Z_2) + \frac{p_1 - p_2}{\rho g} + \frac{\alpha_1 V_1^2}{2g} \tag{8-13}$$

则由上式可得

$$H_0 = (\alpha_2 + \xi) \frac{v_2^2}{2g}$$

所以

$$v_2 = \frac{1}{\sqrt{\alpha_2 + \xi}} \sqrt{2gH_0} = \varphi \sqrt{2gH_0} \tag{8-14}$$

$$q_v = v_2 A = \varphi A \sqrt{2gH_0} = \mu A \sqrt{2gH_0} \tag{8-15}$$

由于出口断面 2 被流股完全充满，$\varepsilon = 1$，则 $\varphi = \mu = \dfrac{1}{\sqrt{\alpha_2 + \xi}}$，取 $\alpha_2 = 1$，则 $\varphi = \mu = \dfrac{1}{\sqrt{1 + \xi}}$。当雷诺数 $Re = d \sqrt{2gH}/\nu \geqslant 10^5$ 时，μ 和 φ 与比值 l/d 相关，取值可参考表 8-2。

表 8-2 圆柱形外管嘴出流流量系数 μ

l/d	$2 \sim 3$	12	24	36	48	60
$\mu = \varphi$	0.82	0.77	0.73	0.68	0.63	0.60

管嘴出流的水头损失主要是进口的局部损失，沿程水头损失很小，可忽略。于是，从局部阻力系数图中查得锐缘进口管嘴的阻力系数 $\xi = 0.5$，这样 $\varphi = \mu = \dfrac{1}{\sqrt{1+0.5}} = 0.82$。

式（8-14）和式（8-15）中，H_0 为管嘴出流的作用水头。在图8-8所给的具体条件下，$Z_1 - Z_2 = H$，$p_1 = p_2 = p_a$，V_1 对比 v_2 可忽略不计，于是 $H_0 = H$。流量则为

$$q_v = \mu A \sqrt{2gH} \tag{8-16}$$

式（8-14）及式（8-16）就是管嘴自由出流的速度 v_2 与流量 q_v 计算公式。圆柱形外管嘴出流最大流量为薄壁小孔口出流的4/3左右，出流速度比薄壁小孔口要小，若进口为流线形 μ 值可高达0.98。

管嘴出流的真空（负压）现象及真空度值，可通过收缩断面 $C-C$ 与出口断面2建立能量方程得到证明。

$$\frac{p_C}{\rho g} + \frac{\alpha_C v_C^2}{2g} = \frac{p_2}{\rho g} + \frac{\alpha_2 v_2^2}{2g} + h_l$$

$h_l =$ 突扩损失 + 沿程损失 $= \left(\xi_m + \lambda \dfrac{l}{d}\right)\dfrac{v_2^2}{2g}$。取 $\alpha_C = \alpha_2 = 1$；$v_C = \dfrac{A}{A_C}v_2 = \dfrac{1}{\varepsilon}v_2$；$p_2 = p_a$。

则上式变为

$$\frac{p_C}{\rho g} = \frac{p_a}{\rho g} - \left(\frac{1}{\varepsilon^2} - 1 - \xi_m - \lambda \frac{l}{d}\right)\frac{v_2^2}{2g}$$

从式（8-14）可得 $\dfrac{v_2^2}{2g} = \varphi^2 H_0$，从突扩阻力系数计算式求得 $\xi_m = \left(\dfrac{1}{\varepsilon} - 1\right)^2$，因此

$$\frac{p_C}{\rho g} = \frac{p_2}{\rho g} - \left[\frac{1}{\varepsilon^2} - 1 - \left(\frac{1}{\varepsilon} - 1\right)^2 - \lambda \frac{l}{d}\right]\varphi^2 H_0$$

当 $\varepsilon = 0.64$，$\lambda = 0.02$，$l/d = 3$，$\varphi = 0.82$ 时，有

$$\frac{p_C}{\rho g} = \frac{p_a}{\rho g} - 0.75 H_0$$

则圆柱形管嘴在收缩断面 $C-C$ 上的真空度为

$$\frac{p_a - p_C}{\rho g} = 0.75 H_0 \tag{8-17}$$

可见 H_0 越大，收缩断面上的真空度越大。和文丘里管在缩脉处形成一定的真空状态一样，如果所形成的真空度过大，就会导致空化现象，从而破坏流动的连续性。同时空气在较大压差作用下，经2断面吸入真空区，破坏了真空。此时流股不再充满断面，于是成为孔口出流。因此一般来说，为保证管嘴正常出流，真空度应控制在68.6kPa（7m水头）以下，从而决定了作用水头 H_0 的极限值 $[H_0] = 9.3\text{m}$。这是外管嘴出流的正常工作条件之一。用实际水头 H 表示的保证管嘴满管出流的条件是 $H \leqslant H_{\lim}$（极限水头）。对于锐缘进口的外伸圆柱形管嘴 $H_{\lim} \approx 9\text{m}$（水柱）；内伸圆柱形管嘴 $H_{\lim} \approx 8\text{m}$；收缩管嘴的 $H_{\lim}$ 可以大一些；而扩散管嘴的 $H_{\lim}$ 要小一些。

其次，管嘴长度也有一定限制，太长阻力大，使流量减少；太短则流股收缩后来不及扩大到整个断面而呈非满流流出，无真空出现。一般直管嘴的合适长度为 $[l] = (3 \sim 4d)$。当管嘴长度为极限长度时，若再增加长度，则流量减小到孔口出流流量以下。直管嘴极限长度 $l_{\lim}$ 为 $l_{\lim} \approx \dfrac{2(1-\varepsilon)d}{\lambda \varepsilon}$，其中 d 为管嘴内径，ε 为管嘴内收缩系数，λ 为管嘴沿程阻力系数。

8.2.2 其他类型管嘴出流

对于其他类型的管嘴出流，速度、流量计算公式与圆柱形外管嘴公式形式相同。但速度系数、流量系数各有不同。下面汇集了工程上常用的其他类型几种管嘴。

1. 锐缘进口内伸圆柱形管嘴

锐缘进口内伸圆柱形管嘴出流如图 8-9 所示。当雷诺数 $Re = d\sqrt{2gH}/\nu \geqslant 10^5$，$l = （2 \sim 3）$ d 时，$\mu \approx 0.71$。

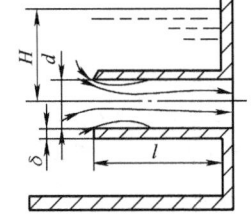

图 8-9　锐缘进口内伸
圆柱形管嘴出流

在水头 H 和进口直径 d 相同情况下，内伸圆柱形管嘴出流流量和出流速度均较外伸圆柱形管嘴要小，当壁厚 $\delta \geqslant 0.05d$ 时则和外伸圆柱形管嘴相同。

2. 圆锥形收缩管嘴

圆锥形收缩管嘴出流如图 8-10 所示。当雷诺数 $Re = d\sqrt{2gH}/\nu \geqslant 10^5$，$l = 2.7d$ 时，出流流量系数 μ 和 φ 值与收缩角度 θ 有关，参照图 8-11 取值。

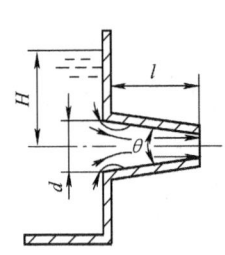

图 8-10　圆锥形收缩管嘴出流

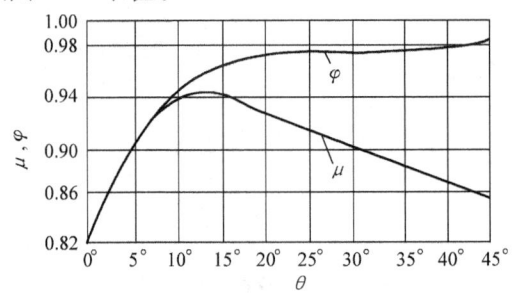

图 8-11　出流系数 μ 和 φ

在水头 H 和进口直径 d 相同的情况下，圆锥形收缩管嘴与圆柱形管嘴相比较，最大出流流量较小，最大出流速度较大，管嘴内的收缩较小，适用于加大喷射速度的场合，如消防水枪等。

3. 圆锥形扩散管嘴

圆锥形扩散管嘴出流如图 8-12 所示。当雷诺数 $Re = d\sqrt{2gH}/\nu \geqslant 10^5$ 时，流量系数 μ 和扩散 θ 与比值 l/d 相关，可参照表 8-3 取值。

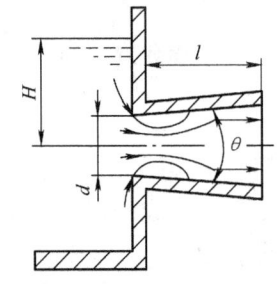

图 8-12　圆锥形扩散管嘴出流

表 8-3　圆锥形扩散管嘴出流流量系数 μ

l/d	θ					
	3°	5°	7.5°	10°	12.5°	15°
4.9	0.86	0.83	0.71	0.57	0.45	0.32
9.8	0.73	0.61	0.44	0.32	0.22	0.15

在水头 H 和进口直径 d 相同情况下，圆锥形扩散管嘴与圆柱形管嘴相比较，最大出流流量较大，最大出流速度较小，管嘴内真空度（负压）较大。适用于将部分动能恢复为压能的情况，如引射器的扩压管。

例8-5　如图8-13所示，薄壁容器侧壁上有一直径 $d = 20\text{mm}$ 的孔口，孔口中心线以上水深 $H = 5\text{m}$，试求孔口的出流流速 v_C 和流量 q_v。倘若在孔口上外接一长 $l = 8d$ 的短管成为管嘴出流，取短管进口阻力系数 $\xi = 0.5$，沿程阻力系数 $\lambda = 0.02$，试求短管的出流流速 v' 和流量 q'_v。

解： 对于薄壁小孔口，$\varphi = 0.97$，$\mu = 0.61$，得

$$v_C = \varphi \sqrt{2gH} = (0.97 \times \sqrt{2 \times 9.807 \times 5})\ \text{m/s} = 9.6\text{m/s}$$

$$q_v = \mu A \sqrt{2gH} = (0.61 \times \frac{\pi}{4} \times 0.02^2 \times \sqrt{2 \times 9.807 \times 5})\ \text{m}^3/\text{s}$$

$$= 0.0019\text{m}^3/\text{s}$$

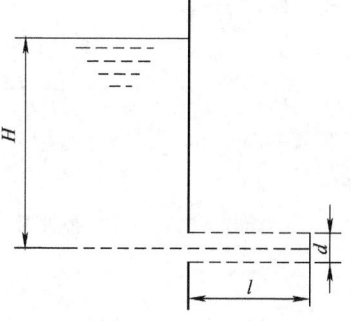

图 8-13　例 8-5 附图

对于管嘴

$$\varphi' = \frac{1}{\sqrt{1 + \xi + \lambda \dfrac{l}{d}}} = \frac{1}{\sqrt{1 + 0.5 + 0.02 \times 8}} = 0.776$$

故有

$$v' = \varphi' \sqrt{2gH} = (0.776 \times \sqrt{2 \times 9.807 \times 5})\ \text{m/s} = 7.7\text{m/s}$$

$$q'_v = \mu' A \sqrt{2gH} = (0.776 \times \frac{\pi}{4} \times 0.02^2 \times \sqrt{2 \times 9.807 \times 5})\ \text{m}^3/\text{s} = 0.0024\text{m}^3/\text{s}$$

可见，装短管的管嘴出流流量是孔口出流流量的 1.27 倍。

例8-6　如图8-14所示，在水位 $H = 2.75\text{mm}$ 的水箱侧壁装一个收缩－扩张管嘴，其喉部直径为 $d_1 = 5\text{cm}$。收缩段的损失甚小可忽略不计。（1）如果喉部产生空化时的真空度为 $p_1/\rho g = 8.5\text{m}$ 水柱。试求未产生空化时的最大流量。（2）如果扩张段的损失为同样面积比的突然扩大管的损失的 1/4，试求不发生空化时出口直径 d_2 的最大值。

解： 因为收缩段没有损失，列水面与 1－1 断面的伯努利方程式

$$H = \frac{v_1^2}{2g} - \frac{p_1}{\rho g} \quad \text{（因真空度为负）}$$

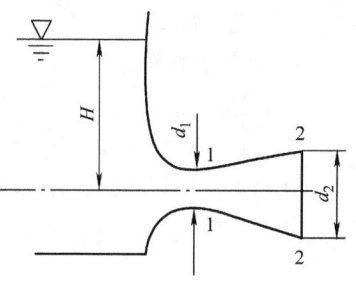

图 8-14　例 8-6 附图

即可得出不发生空化的喉部最大流速为

$$v_1 = \sqrt{2g\left(H + \frac{p_1}{\rho g}\right)} \tag{1}$$

于是可得最大流量为

$$q_v = \frac{\pi}{4} d_1^2 \sqrt{2g\left(H + \frac{p_1}{\rho g}\right)} = \left[\frac{\pi}{4} \times 0.05^2 \times \sqrt{2 \times 9.81 \times (2.75 + 8.5)}\right]\text{m}^3/\text{s} = 0.029\text{m}^3/\text{s} = 29\text{L/s}$$

其次列水面与 2－2 断面的伯努利方程式

$$H = \frac{v_1^2}{2g} + \frac{1}{4}\frac{(v_1 - v_2)^2}{2g} = \frac{v_2^2}{2g}\left[1 + \frac{1}{4}\left(\frac{v_1 - v_2}{v_2}\right)^2\right] = \frac{v_2^2}{2g}\left[1 + \frac{1}{4}(K - 1)^2\right]$$

式中

$$K = \frac{v_1}{v_2} = \left(\frac{d_2}{d_1}\right)^2$$

由此解出

$$v_2^2 = \frac{2gH}{1 + \dfrac{1}{4}(K - 1)^2} \tag{2}$$

由式（1）及式（2）可得

$$K^2 = \dfrac{H + \dfrac{p_1}{\rho g}}{H}\left[1 + \dfrac{1}{4}(K-1)^2\right] = 4.1\left[1 + 0.25(K-1)^2\right]$$

由此解出

$$K = 2.58$$

所以

$$d_2 = \sqrt{K}d_1 = (\sqrt{2.58}\times5)\ \text{cm} = 8\text{cm}$$

可以看出，如果不加扩张管嘴，则最大流量为

$$q_v = \dfrac{\pi}{4}d_1^2\sqrt{2gH} = 14.5\text{L/s}$$

可见，加管嘴后流量够能增加一倍。如果 d_2 再加大，将产生空化，流量也不会超过29L/s。

8.3 射流

射流与孔口管嘴出流研究对象有所不同，射流着重讨论出流后的速度场、温度场以及浓度场，而孔口管嘴出流主要讨论出口断面的流速和流量。

8.3.1 射流结构与轨迹

从管口、孔口、狭缝射出，或靠机械推动，并同周围流体掺混的一股流体的流动，称为射流。射流一般具有湍流特性。

1. 射流分类及结构

常见射流大致分为：自由射流和有限射流；淹没射流和非淹没射流；等温射流和非等温射流；圆形射流、矩形射流和条缝射流；机械射流和对流射流；旋转射流和撞击射流。

射流流体与周围静止流体相同的为淹没射流，其结构特性如图8-15所示，流体以较高的流速 v_0 从半径为 r_0（直径 $d_0 = 2r_0$）的圆形断面喷嘴喷出。淹没射流几何特征为

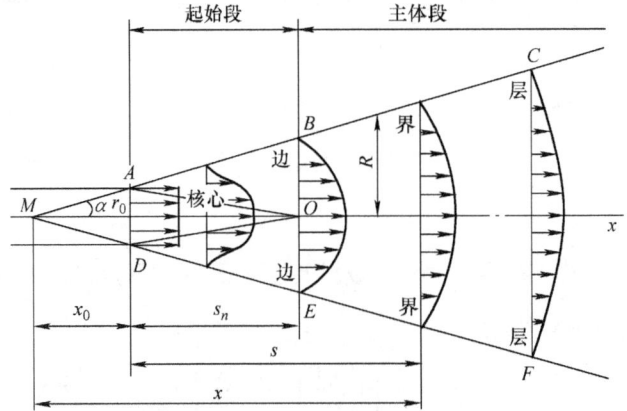

图8-15 射流结构特性

$$\tan\alpha = a\varphi \tag{8-18}$$

$$\tan\alpha = \dfrac{R}{x_0 + s} \tag{8-19}$$

$$\dfrac{R}{r_0} = 3.4\left(\dfrac{as}{r_0} + 0.294\right) \tag{8-20}$$

式中，α 为射流极角或扩散角，即射流边界延长线的半顶角；a 为湍流系数，参照表 8-4 取值；φ 为射流出口形状系数，圆形喷口 $\varphi = 3.4$，条形喷口 $\varphi = 2.44$；R 为射流扩散断面半径（平面射流为半高 h）；s 为射程，即射流断面与出口断面之间距离；x_0 为极点 M（坐标原点）到射流出口断面中心距离；r_0 为射流出口断面半径。

表 8-4　常用喷口湍流系数 a 和扩散角 α

喷口形状	扩散全角 2α	湍流系数 a	喷口形状	扩散全角 2α	湍流系数 a
带有收缩口喷口	25°20′	0.066	带金属网格的轴流风机	78°40′	0.240
	27°10′	0.071			
圆柱形管	29°00′	0.076	收缩极好的平面喷口	29°30′	0.108
		0.080			
带有导流板的轴流式通风机	44°30′	0.120	平面壁上锐缘狭缝	32°10′	0.119
带有导流板的直角弯管	68°30′	0.200	具有导叶且加工磨圆边口的风道上纵向缝	41°20′	0.155

淹没射流速度特征为

$$\frac{v}{v_\mathrm{m}} = \left[1 - \left(\frac{y}{R} \right)^{1.5} \right]^2 \tag{8-21}$$

式（8-21）用于主体段时，式中，y 为断面上任意一点与主轴心的距离；R 为该断面的射流半径；v 为 y 点的流速；v_m 为该断面的轴心流速，如图 8-16 所示。

式（8-21）用于起始段时，只表示边界层中流速分布。式中，y 为断面上边界层内任意一点至内边界的距离；R 为该断面上边界层厚度；v 为 y 点的流速；v_m 为核心流速 v_0，如图 8-16 所示。

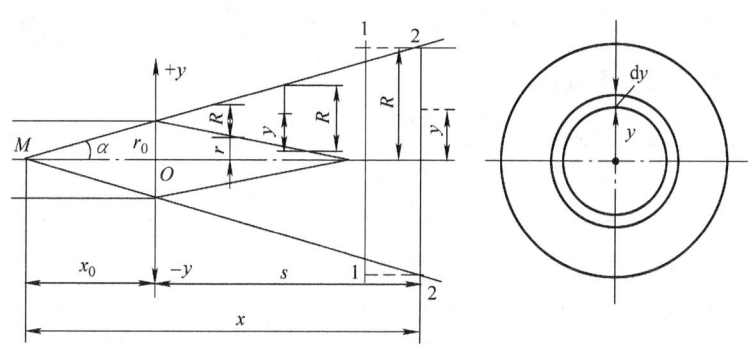

图 8-16　射流运动特征

射流主体段核心速度与出口速度比值为

$$\frac{v_\mathrm{m}}{v_0} = \frac{0.965}{\dfrac{as}{r_0} + 0.294} \tag{8-22}$$

射流任意断面流量与出口断面流量比值为

$$\frac{q_\mathrm{v}}{q_{v0}} = 2.2 \left(\frac{as}{r_0} + 0.294 \right) \tag{8-23}$$

2. 液体自由射流

静止大气中的液体射流由紧密部分、破裂部分和分散部分组成，如图 8-17 所示。

铅直液体自由射流分散部分的高度 H_d 一定小于射流出口处的速度头 $H = \dfrac{v^2}{2g}$ ，如图 8-18 所示。分散部分和紧密部分高度计算式为

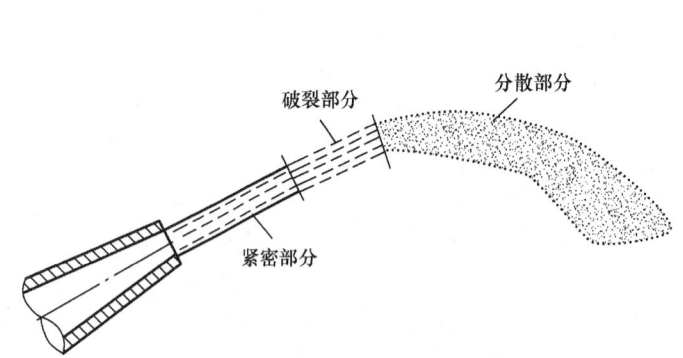

图 8-17　大气中的液体自由射流结构　　　图 8-18　铅直液体自由射流

$$H_d = \frac{H}{1 + K_1 H} \tag{8-24}$$

$$H_c = K_2 H_d \tag{8-25}$$

式中，d 为射流出口处直径，单位是 m；分散部分高度系数 $K_1 = \dfrac{25 \times 10^{-5}}{d + (10d)^3}$，单位是 1/m；紧密高度系数 K_2 参照表 8-5 取值。

表 8-5　铅直液体自由射流紧密高度系数 K_2

分散高度 H_d/m	7	12	20	25	30
K_2	0.84	0.83	0.80	0.78	0.72

将铅直液体自由射流逐渐倾斜，紧密部分和分散部分的末端轨迹分别为 $ABCD$ 和 $A'B'C'$，如图 8-19 所示。不同倾斜角 θ 下的射程约为

$$R_c \approx H_c \tag{8-26}$$

$$R_d \approx K_3 H_d \tag{8-27}$$

式中，K_3 与射流倾斜角有关，称为射流分散射程系数，参照表 8-6 取值。

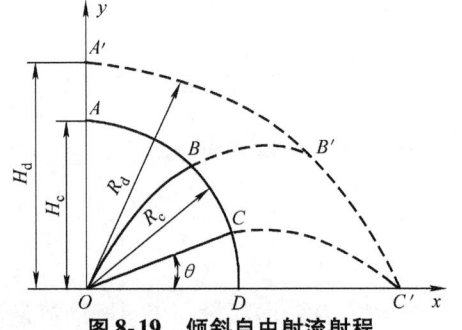

图 8-19　倾斜自由射流射程

表 8-6　倾斜液体自由射流分散射程系数 K_3

θ	0°	15°	30°	45°	60°	75°	90°
K_3	1.40	1.30	1.20	1.12	1.07	1.03	1.00

3. 液体射流轨迹

液体的一股自由射流在重力作用下会在空中划出一条轨迹或轨道，其垂直分速是连续变化的。这个轨迹是一条流线，因而，如果略去空气的摩擦，可以将伯努利定理应用于此轨迹，所有的压强项都是零。因此，高度头和速度头之和对于此曲线上所有各点都是一样的。能量坡度线是一条位于喷管上方距离为 $V_0^2/2g$ 的水平线，此处 V_0 是射流离开喷管时的初速度，如图8-20所示。

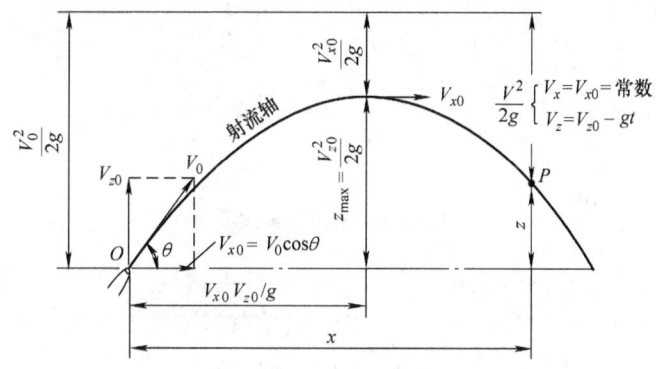

图8-20　射流轨迹

将均匀加速运动的牛顿公式应用于经过时间 t 从喷口运动到坐标为 (x, z) 的点 P 处的液体微团，即可得到这个轨迹的方程

$$\left. \begin{array}{l} x = V_{x0}t \\ z = V_{z0}t - \dfrac{1}{2}gt^2 \end{array} \right\} \tag{8-28}$$

从前一方程解出 t，再代入后一个方程，得

$$z = \frac{V_{z0}}{V_{x0}}x - \frac{g}{2V_{x0}^2}x^2 \tag{8-29}$$

令 $z' = \mathrm{d}z/\mathrm{d}x = 0$，可以求得与 $z_{\max}$ 相对应的 $x = V_{x0}V_{z0}/g$。将这个值代入式（8-29），即可求得 $z_{\max} = V_{z0}^2/2g$。式（8-29）就是一个倒抛物线方程，其顶点位于 $x = V_{x0}V_{z0}/g$，$z = V_{z0}^2/2g$。又因轨迹顶部的速度方向是水平的，大小为 V_{x0}，所以从这一点到能量线的距离显然是 $V_{x0}^2/2g$。还可以用另一种方法得出这个关系，只要虑到 $V_0^2 = V_{x0}^2 + V_{z0}^2$ 即可。用 $2g$ 通除每一项，即得图8-20所示的关系。

如果射流的初始方向是水平的，就像从一个垂直的孔口流出一样，那么，$V_{x0} = V_0$，$V_{z0} = 0$。于是，式（8-29）简化为射流初速的一个表达式，此式由从颈缩处（见图8-3）到射流轨迹上任何一点的坐标来表示，不过现在的 z 坐标用 y 表示，方向向下为正，即成为8.1节孔口出流的式（8-6）。

8.3.2　射流附壁现象与全射流喷头

1. 射流的附壁现象

如图8-21a、b所示，射流两侧足够近处有离喷口距离不等的两挡板时，或者一侧有挡板，另一侧无挡板，射流会靠向近侧挡板，或射流会偏向有挡板的一侧，称其为射流附壁现象或附壁效应。

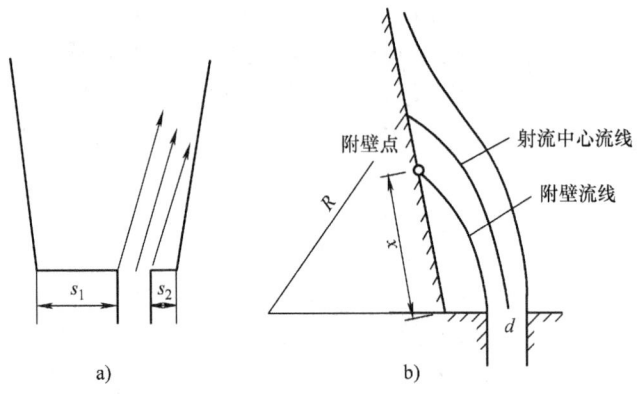

图 8-21　射流附壁现象

从圆形截面的喷嘴喷出的射流是三维自由射流。高速射出的流体和周围的空气之间有较大的速度梯度，由于这个速度梯度的影响，周围的空气被卷吸到射流中去，又由于周围空气的被卷吸，喷射的水束就逐渐扩散和减速，如图 8-22 所示。在喷射水束内，流速等于出口流速的区域叫作速核区，有速核区存在的部分叫过渡区域。过渡区域以后叫作扩展区域，这时中心线上的流速 v_m 都小于出口流速 v_0，如图 8-23 所示。随着射流的继续运动，掺气量不断增加，流速变慢，逐渐与运动阻力平衡，从空中自由落下。上面讲的是喷射水束在大气中自由射流的情况，如果在射流的一侧设置侧壁，破坏了水束四周压力相等的条件，侧壁一侧因射流的卷吸作用，压力低于无壁的部分，水束会被推向该侧面附壁，如图 8-21b 所示。射流附壁于压力低的一侧现象就是附壁效应。同样，图 8-21a 所示射流的两侧都有侧壁，但距离不同，射流的卷吸作用也不同，近壁侧的压力低于远壁侧的部分，水束同样会被推向近壁。

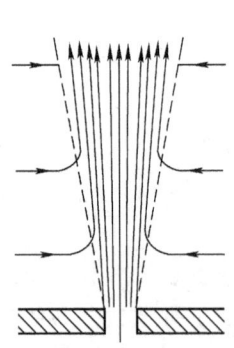

图 8-22　喷射水束对周围气体的卷吸

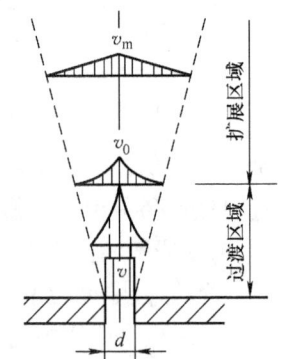

图 8-23　喷射水束的流速分布

2. 全射流喷头

喷头是形成射流的直接元件，广泛应用于农田喷灌、煤场消尘和消防灭火等，如图8-24所示为步进式全射流喷头结构。全射流喷头的射流元件就是利用射流的附壁效应造成的水流反作用力来推动喷头转动的。如果水束一直附壁于一侧不脱开，则喷头必然连续转动；如果是水束间断的附壁，则喷头必然间断步进转动，这就是全射流喷头的基本工作原理。

如图 8-25 所示为水流自控步进式全射流喷头元件结构；如图 8-26 所示为水流自控步进式全射流喷头工作状态示意。当开始喷射时，元件 A、B 两侧的控制孔通大气，主射流呈直射状态，如图 8-26a 所示。同时信号流从元件进口端的控制流道进入容室，由于主射流的卷吸作用，信号流的一部分流量从抽负孔进入相互作用区随主射流喷洒出去，信号流的另一部分则逐渐充满容室，并最后封住控制孔 A，元件的 A 侧产生负压，而 B 侧仍然通大气，两侧产生压力差，使主射流附壁于 A 侧，并在元件出口偏向左方喷洒出去。水流对喷头产生一个向右的转动力矩，喷头向右移动，如图 8-26b 所示。

当主射流向 A 侧附壁的瞬间，由于 A 孔被水封住，无法补充大气，使主射流与 A 侧壁所形成的空腔内产生较大的真空度，也就是射流的卷吸能力显著增加，使信号流及容室中的水全部从抽负孔进入相互作用区，随主射流喷洒出去。这时，A 孔又通大气，使主射流回到直射状态，如此循环，使喷头向右做步进转动。

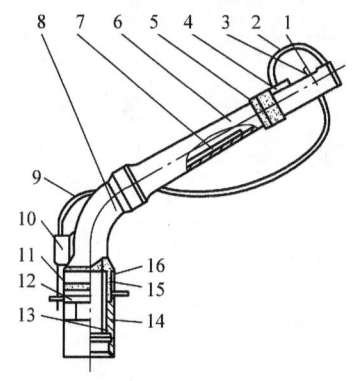

图 8-24　步进式全射流喷头结构

1—主喷嘴（主元件）　2—回水管　3—水斗
4—副喷嘴（副元件）　5—喷嘴拼帽　6—喷管
7—稳流器　8—喷体　9—反转管　10—换向开关
11—限位环拼帽　12—限位环　13—减磨密封圈
14—空心轴套　15—防沙弹簧　16—空心轴

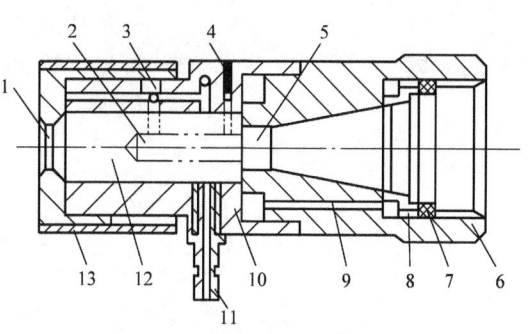

图 8-25　水流自控步进式全射流喷头元件结构

1—出口　2—容室　3—补气孔　4—抽负孔
5—喷嘴　6—元件接头　7—O 形密封圈　8—防砂圈
9—信号源孔　10—附壁件　11—接嘴　12—相互作用区
13—防砂罩

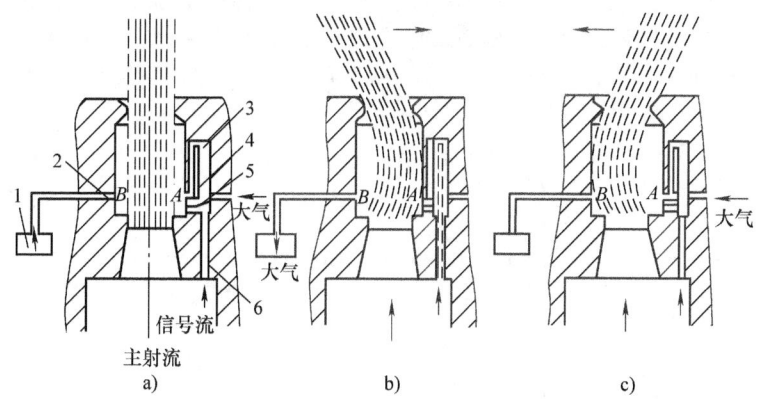

图 8-26　自控步进式全射流喷头工作状态示意图

1—换向开关　2—控制孔 1　3—容室　4—控制孔 2　5—抽负孔　6—控制流道
a）直射喷洒（不动）　b）正转步进喷洒　c）连续反转喷洒

当转到一定位置时，由于限位环的作用，使换向开关动作，通气口关闭，B 孔不通大气，从而使主射流向 B 侧附壁，并在元件出口偏向右方喷洒出去，使喷头向左连续旋转，如图 8-26c 所示。反转到一定位置，由于限位环作用，打开换向开关的通气口，B 孔又通大气，使主射流呈直射状态，喷头重新进入步进转动的工况。

由于喷洒和步进转动两方面只由一个射流元件完成的，不需要附加的开关或其他射流元件，所以该喷头称为自控式全射流喷头。

例 8-7　如图 8-27 所示，有一股水的射流向上倾斜 30° 射出。要能到达水平距离为 20m、高度为 3m 的一面墙，问最小的初速度是多大？忽略摩擦。

解：速度量为

$$V_{x0} = V_0 \cos 30° = 0.866 V_0$$
$$V_{z0} = V_0 \sin 30° = 0.5 V_0$$

由牛顿定律得

$$x = 0.866 V_0 t = 20\text{m} \tag{1}$$
$$z = 0.5 V_0 t - 0.5 g t^2 = 3\text{m} \tag{2}$$

由式（1）得，$t = 23.095/V_0$。将此 t 值代入式（2），得

$$0.5 V_0 \frac{23.095}{V_0} - 0.5 \times 9.81 \times \left(\frac{23.095}{V_0}\right)^2 = 3$$

由此解得

$$V_0^2 = 306.063\text{m}^2/\text{s}^2 ; \quad V_0 = 17.495\text{m/s}$$

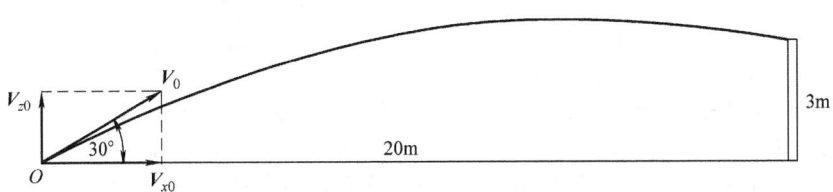

图 8-27　例 8-7 附图

例 8-8　某厂房通过向下的风口进行岗位送风。已知风口距地面 4m，工作区在距地面 1.5m 高的范围。若要求射流在工作区造成直径为 1.5m 的射流截面，限定轴心流速为 2m/s，求喷口直径和出口流量。

解：由已知条件可得 $D = 1.5\text{m}$，$s = (4 - 1.5)\text{m} = 2.5\text{m}$，圆形喷口湍流系数 $a = 0.08$，将其代入射流几何特征计算式

$$\frac{D}{d_0} = 6.8\left(\frac{as}{d_0} + 0.147\right)$$

得 $d_0 = 0.14\text{m}$。

又由已知条件得 $v_\text{m} = 2\text{m/s}$，将其和 $d_0 = 0.14\text{m}$ 代入圆断面射流计算公式

$$\frac{v_\text{m}}{v_0} = \frac{0.48}{\dfrac{as}{d_0} + 0.147}$$

得 $v_0 = 6.565\text{m/s}$。所以流量为

$$q_{v0} = \frac{\pi}{4} d_0^2 v_0 = \left(\frac{3.14 \times 0.14^2}{4} \times 6.565\right)\text{m}^3/\text{s} = 0.1\text{m}^3/\text{s}$$

8.4 水击

　　在有压管中的流动中，由于液体流动速度的急剧变化而会引起一种物理现象，这就是水击问题，也称为水锤现象。本节将着重说明水击的发生、发展和消失过程。

8.4.1 有压管中的水击现象与水击波的传播

1. 水击现象

　　在有压管中，由于某种外界原因，如阀门突然关闭、水泵机组突然停机、换向阀突然变换工位、水轮机或液压油缸突然变化负载等，使得管中液流速度突然变化，从而引起压强急剧升高和降低的交替变化，这种现象称为水击，或称水锤，犹如用重锤锤击管路一样。速度变化过程越快，则瞬时升降的压强就越大。水击现象中所产生的瞬时压强叫水击压强，它的大小与速度变化过程的快慢及流动质量和动量的大小有关。有时所引起的压强升高可达管道正常工作压强的几十倍甚至几百倍，这种大幅度的压强波动，并有较高的频率，往往引起管道强烈振动、阀门破坏、管道接头断裂，甚至管道爆裂等造成重大事故。水击现象在水力机械和液压传动中是难以完全避免的，但可以研究它的规律，降低其危害。

　　发生水击的前提条件是流动管路要达到一定长度，一般 $l/d_i \geq 80$。下面来分析发生水击的原因，用简单管道阀门突然关闭来说明。如图 8-28 所示水击发生流动管路，管道末端有一阀门 K，管径为 d_i，管道壁厚为 δ，管道长度为 l，在一定的水头 H_0 作用下，如果阀门的开度不变，管中水流是定常的，其流速为 v_0。若阀门突然关小，则把迫使靠近阀门 A 处的微小水体流速突然降低，而水的惯性却企图维持原来的流速前进。根据动量定理，流速的突然降低必然导致压强的突然增高。这种增高的压强 Δp 称为水击压强。把这种迫使流动发生变化的因素，即阀门开度的变小叫作扰动。

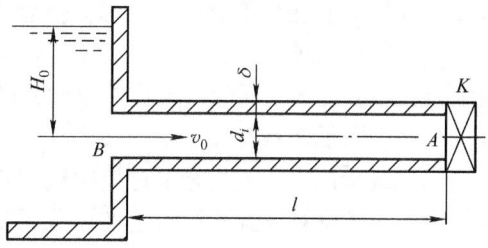

图 8-28　水击发生流动管路

假使液体和管道都是刚体，全管道的水体就会立刻感到这种扰动的影响，使全管的流速、压强立刻发生相同的变化。但实际上水和管道都是弹性体，在扰动时间短促、压强变化较大的情况下，它们的弹性作用是不可忽略的。所以任何扰动均不能立刻传播到全部的水体上。弹性体中扰动的传播是通过弹性作用，即通过弹性波而传播的。阀门关小这一扰动，使阀门旁的水体发生一个弹性波，并以一定的速度向上游传播，弹性波传到之处才感到扰动的影响。这种由于水击而产生的弹性波简称水击波，其速度称为水击波速，用 c_w 表示。

　　从以上分析可以看出，产生水击的原因有外因和内因。边界条件的突然改变，如阀门的突然开启或关闭是产生水击的外因；而水流本身所具有的惯性和压缩性则是发生水击的内因。水击是非定常流动，水击压力波以速度 c_w 沿管路来回传播。下面就水击波的波速及其传播过程做定量分析。

2. 水击波的传播过程

　　如图 8-28 所示管道，上游为一水池，水位恒定，下游末端有阀门 K。设阀门全部开启，定常状态下管道流速为 v_0。为了简化起见，设阀门在 $t=0$ 时突然全部关闭（通常称为瞬时关闭），下面分四个阶段来讨论水击波的传播过程。

第一阶段：增压波从阀门向管路进口传播阶段。当阀门关闭瞬时，在紧靠阀门处 A 长度为 ds 的水体立即停止运动，其下游断面产生水击增压 Δp。但在 ds 微段以上的水体仍以原来的流速 v_0 向下运动，这将迫使该段水体受到压缩，管壁发生膨胀，从而容纳由于上下游流速不同而积存的水量。以后，紧靠 ds 段的另一微段水体相继停止流动，同时压强升高，密度增加，管壁膨胀。这样依次以波速为 c_w 的增压波形式向上游传播。因管长为 l，故向上游传播到管端 B 的时间 $t=l/c_w$。此时，管内全部液体停止流动而处于被压缩状态，压力都升高 Δp。

第二阶段：减压波从管端 B 向阀门传播阶段。当 $t=l/c_w$ 时刻（第一阶段末，第二阶段开始），全管流动停止，压强普遍增高，密度加大，管壁膨胀。但由于管道上游水池体积很大，水池水位不受管道流动变化的影响，因而管道 B 端的上游一侧压强受水池的制约而保持不变，其下游一侧的压强为 $p_0+\Delta p$，两边受力不平衡，必然导致紧靠 B 端的静止水体产生一个流向水池的反向流速 $-v_0$。与此同时，管道中紧靠 B 端的水体其压强降到原来的压强，被压缩的水体和膨胀了的管壁都恢复原状，以适应管道进口处的边界条件。这就是从水池反射的减压波，它于 $t=l/c_w$ 时从 B 端开始，以波速 c_w 向阀门处传播。至 $t=2l/c_w$ 时刻，全管压力回复到 p_0。

第三阶段：减压波从阀门向管道进口传播阶段。在 $t=2l/c_w$ 时，减压波到达阀门，这时全管压强、密度和管壁都恢复正常，但管中有一反向流速 $-v_0$，而阀门全部关闭无水补充，以致阀门端的水体必然首先停止运动，速度由 $-v_0$ 变为零。引起压强降低、密度减小与管壁收缩。这个减压波以波速 c_w 由阀门向上游传播，当 $t=3l/c_w$ 时到达 B 端。至 $t=3l/c_w$ 时刻，全管处于膨胀低压状态。

第四阶段：增压波从管道进口向阀门传播阶段。当 $t=3l/c_w$ 时，全管压强都降低 Δp，流速均由 $-v_0$ 变为零。因 B 端水池的压强不变，故水池和管道进口处产生压差 Δp，在此压差的作用下，水又以流速 v_0 向阀门方向流动，因此在 B 端又产生一增压波，由 B 端向下游传播，使管中压强、密度、管壁又恢复正常，在 $t=4l/c_w$ 时增压波到达阀门处。此时刻，A 处液体再次被压缩，压力又升高，并继而向上上游传播。

在 $t=4l/c_w$ 时，全管压强正常，但仍有一个向下游的流速 v_0，水流情况与 $t=0$ 时完全一样。以后水击现象将重复上述各阶段反复进行，继续循环下去，直至因阻力等原因逐渐衰减最终消失殆尽。如图 8-29 所示为 A 处压力随时间的变化情况。从阀门开始关闭，即在断面 A 处开始产生弹性波起，到由上游反射回来减压波又传到断面 A 为止，水击压力 Δp 沿管长来回传播一次的时间恰为 $t_c=2l/c_w$，t_c 称为水击的相。

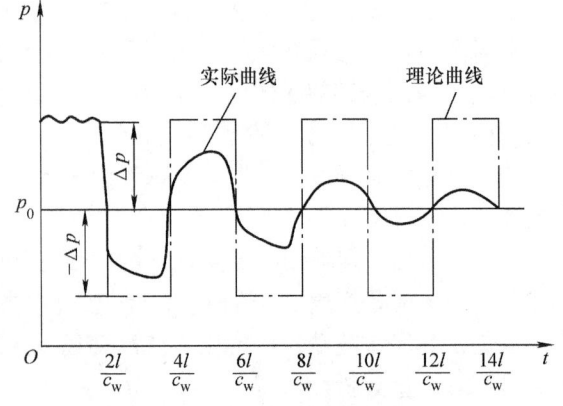

图 8-29　管路 A 处压力变化情况

8.4.2 水击压力波传播速度与水击压力

1. 水击压力波传播速度

水击压力波传播速度 c_w 与液体的压缩性及管壁的弹性有关，它应由物理量 Δp、$\Delta \rho$、ΔS 的关系来确定，而这个关系式可以从连续性方程并根据应力与应变的关系导出：

$$c_w = \frac{c}{\sqrt{1 + \frac{B}{\kappa E}}} \tag{8-30}$$

式中，B 是管壁影响系数，与管壁厚度有关，参照表 8-7 取值；κ 是液体的压缩率；E 是管壁材料的弹性模量，常用管材参照表 8-8 取值；c 是液体中的声速，$c = \sqrt{\frac{K}{\rho}}$，其中 K 是液体体积模量（单位：Pa），常温下水 $K = 2.03 \times 10^9 Pa$，矿物油 $K = 1.67 \times 10^9 Pa$。

表 8-7　常用管管壁影响系数 B

管壁状况	B	备注
薄壁管（$d_i/\delta > 20$）	d_i/δ	d_i—管道内径
厚壁管	$2(d_e^2 + d_i^2)/(d_e^2 - d_i^2)$	d_e—管道外径
圆筒（$d_e/d_i \gg 1$）	2	δ—管道壁厚

表 8-8　常用管材的弹性模量 E（单位：Pa）

管材	低碳钢	铸铁	紫铜	黄铜	铝及铝合金	混凝土	硬质聚氯乙烯
弹性模量 E	206×10^9	135×10^9	118×10^9	98×10^9	71×10^9	20×10^9	3×10^9

冷水在薄壁（$d_i/\delta > 20$）钢管中发生水击时，可用下式计算水击压力波传播速度 c_w：

$$c_w \approx \frac{1420}{\sqrt{1 + \frac{d_i}{100\delta}}} (m/s) \tag{8-31}$$

式中，d_i 是管壁内径；δ 是管壁厚度。

2. 水击压力

实际上，无论是开启或关闭阀门都不可能瞬时完成，总需要一定的时间。因此可把整个关闭过程看成是一系列微小瞬时关闭的综合。在这种情况下，每一个微小关闭都产生一个相应的弹性波。每一个弹性波又各依次按上述四个阶段循环发展。因此它和瞬时关闭情况不同，不是一个水击波，而是一系列发生在不同时间的水击波传播和反射的过程。管道中任意断面在任意时刻的流动情况是一系列水击波在各自不同的发展阶段的叠加结果。

设阀门关闭时间为 t_a，当 $t_a \leqslant t_c = 2l/c_w$ 时，最早由阀门处产生的向上游传播的水击波，而后又由 B 端反射回来的减压波，在阀门全部关闭时尚未到达阀门断面 A，则在 A 处就会产生最大的水击压强。这种水击称为直接水击。

当阀门关闭时间 $t_a > t_c = 2l/c_w$ 时，在 A 端的增压波还在继续产生，而由上游反射回来的减压波已经到达了 A 端。这样就会部分抵消了水击增压，使 A 端的水击压强不致到达直接水击的增压值。这种水击称为间接水击。在实际工程中，总是力图合理地选择参数，以避免产生直接水击，并在可能的条件下尽量延长阀门调节时间，或设置调压井、水击消除器等设施来降低水击压强。

直接水击和间接水击没有本质区别，流动都是惯性和弹性起主要作用。但随着阀调节时间的延长，弹性作用将逐渐减小，这是因为此时的水击压强较小之故。当 t_a 大到一定程度时，流动则主要受惯性和黏性的作用，而弹性作用可以忽略。

还应说明，如阀门由关到开所发生的水击现象其性质也是一样的。所不同的是初生弹性波是增速减压波。其传播、反射和叠加过程在性质上也和阀门关闭时完全相似。水击压强 Δp 随时间变化，通常最感兴趣的是最大水击压强 Δp_{max}。一般 $\Delta p_{max} > 0$ 的水击称为正水击，如阀门突然关闭；把 $\Delta p_{max} < 0$ 的水击称为负水击，如阀门突然打开。下面就直接水击和间接水击的最大水击压强 Δp_{max} 计算分别展开讨论。

（1）直接水击

阀门突然关闭产生水击，在紧邻阀门 A 处取一流层 Δl，因该液体层 Δl 的速度由 v_0 变为 v，压力由 p_0 突增为 $p_0 + \Delta p$，密度由 ρ 变为 $\rho + \Delta \rho$，过流断面由 S 变为 $S + \Delta S$，根据 Δl 区间液体层在时间 Δt 始末的动量变化应等于 Δt 时间内作用于该液体层的冲量，则

$$[p_0(S + \Delta S) - (p_0 + \Delta p)(S + \Delta S)]\Delta t = (\rho + \Delta \rho)(S + \Delta S)\Delta l(v_0 - v)$$

因为 $\Delta l = -c_w \Delta t$（c_w 与 v_0 方向相反），并考虑到 $\Delta \rho \ll \rho$，$\Delta \rho$ 可以忽略不计。上式简化为

$$\Delta p = \rho c_w(v_0 - v) \tag{8-32}$$

当阀门突然完全关闭时，得最大水击压强 Δp_{max} 计算式

$$\Delta p_{max} = \rho c_w v_0 \tag{8-33}$$

（2）间接水击

间接水击时的最大水击压强 Δp_{max} 比直接水击要小。其 Δp_{max} 可以发生在第一相末 $t = 2l/c_w$ 时刻，也可以发生在阀门全闭的时刻。

若液流流速变化与调节时间成正比，则

$$\Delta p_{max} = \rho c_w(v_0 - v)\frac{1}{\bar{t}} \tag{8-34}$$

其中 $\bar{t} = t_a/t_c = c_w t_a / 2l$。

若阀门全闭，则

$$\Delta p_{max} = J\rho c_w v_0 \tag{8-35}$$

式中，J 为最大压力校正系数，其与相对调节时间 $\bar{t}$ 及管路特性数 $\rho_p = c_w v_0 / (2gH_0)$ 有关，H_0 为发生水击前 A 处（见图 8-28）的静压头，$H_0 = p_0/(\rho g)$，J 值参照图 8-30 查取。

（3）水击防治措施

水击现象在工程中以危害的形式出现居多，但也可以充分利用，如无电山区农村使用的水击泵和机械加工中的水击压力造型等。

水击防治措施主要有：①延长液流调节时间；②适当缩短管道长度；③减小阀门关闭前的管内流速；④在管路上附设相关装置，如行程节流阀、安全阀、阻尼器、缓冲器、蓄能器、换向阀及调压塔等。

例8-9 一内径 $D = 200$mm 的管，其内液体流速 $v_0 = 2$m/s，初始压强 $p_0 = 2$MPa。已知液体密度 $\rho = 880$kg/m³，液体体积模量 $K = 2 \times 10^3$MPa。当阀门突然关闭时，求管内液体冲击引起的压强。

解：液体冲击引起的压强为 $\Delta p = v_0\sqrt{\rho K}$，代入数据得

$$\Delta p = (2 \times \sqrt{2 \times 10^3 \times 880})\text{Pa} = 2.653 \times 10^6 \text{Pa}$$

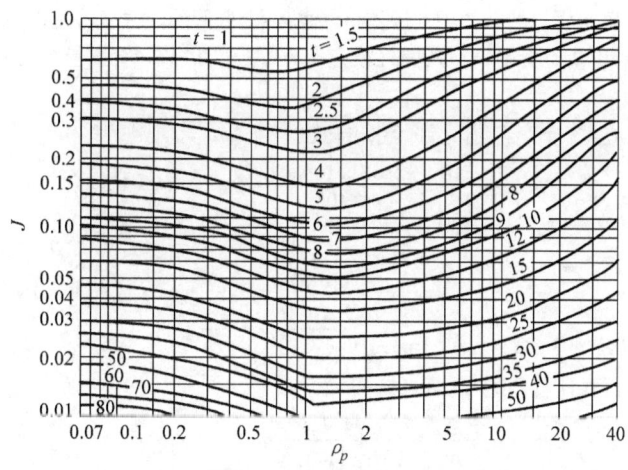

图 8-30　均匀关闭发生间接水击时的最大压力校正系数 J

故液体冲击压强为

$$p = p_0 + \Delta p = (2 + 2.653)\,\text{MPa} = 4.653\,\text{MPa}$$

例 8-10　某水电站的引水钢管末端设有自动调节阀门，已知管长 $L = 300\text{m}$，直径 $d = 800\text{mm}$，阀门全开时，通过管道的流量 $q_v = 1\text{m}^3/\text{s}$。管壁厚度 $\delta = 10\text{mm}$，水的弹性系数 $K = 2 \times 10^9\,\text{N/m}^2$，钢管的弹性模量 $E = 2 \times 10^{11}\,\text{N/m}^2$。（1）阀门完全关闭的时间分别为 $T_s = 0.5\text{s}$ 和 $T_s = 3\text{s}$ 时，各发生何种水击？（2）求 $T_s = 0.5\text{s}$ 时管中的最大水击压强水头 ΔH。（3）当阀门突然关闭时，若不计水头损失，绘出阀门处的水击压强过程示意图。

解：

（1）$c = \dfrac{1435}{\sqrt{1 + \dfrac{K}{E}\dfrac{d}{\delta}}} = \dfrac{1435}{\sqrt{1 + 0.01 \times 80}}\,\text{m/s} = 1070\,\text{m/s}$ 　或　 $c = \dfrac{\sqrt{K/\rho}}{\sqrt{1 + \dfrac{K}{E}\dfrac{d}{\delta}}} = 1054\,\text{m/s}$

水击相长

$$t_c = \frac{2L}{c} = 0.561\text{s} \quad \text{或} \quad t_c = \frac{2L}{c} = 0.569\text{s}$$

$T_s = 0.5\text{s}$ 时，$T_s < t_c$，为直接水击；$T_s = 3\text{s}$ 时，$T_s > t_c$，发生间接水击。

（2）$v_0 = \dfrac{q_v}{S} = 1.990\,\text{m/s}$，则

$$\Delta H = \frac{c}{g}(v_0 - v) = 217.3\text{m} \quad \text{或} \quad \Delta H = \frac{c}{g}(v_0 - v) = 214\text{m}$$

（3）阀门处水击压强分布图如图 8-31 所示。

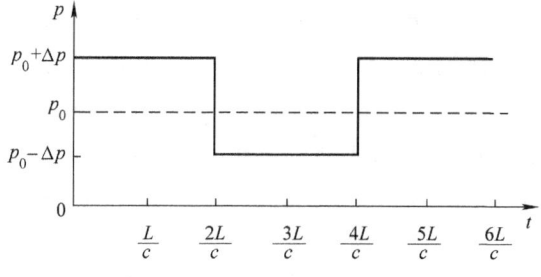

图 8-31　例 8-10 附图

例 8-11 铸铁压力输水管道的直径 $D = 105\text{mm}$，壁厚 $\delta = 4.5\text{mm}$，管的允许拉应力 $[\sigma] = 46 \times 10^6\text{Pa}$，水的体积模量 $K = 2.1 \times 10^9\text{Pa}$，管壁材料的弹性模量 $E = 9.8 \times 10^{10}\text{Pa}$。为防止水击损坏管道，试求管道的限制流速。

解：按管壁允许拉应力，计算管道允许的水击压强。由 $\Delta pD = 2[\sigma]\delta$ 得

$$\Delta p = \frac{2[\sigma]\delta}{D} = \frac{2 \times 46 \times 10^6 \times 4.5}{105}\text{Pa} = 3.94 \times 10^6\text{Pa}$$

计算水击波传播速度

$$c_w = \frac{c}{\sqrt{1 + \dfrac{K}{E}\dfrac{D}{\delta}}} = \frac{1435}{\sqrt{1 + \dfrac{2.1 \times 10^9}{9.8 \times 10^{10}} \times \dfrac{105}{4.5}}}\text{m/s} = 1171.67\text{m/s}$$

计算限制流速，由水击压强计算公式 $\Delta p = \rho c_w v_0$ 得

$$v_0 = \frac{\Delta p}{\rho c_w} = \frac{3.94 \times 10^6}{10^3 \times 1171.67}\text{m/s} = 3.36\text{m/s}$$

例 8-12 输水钢管的直径 $d = 300\text{mm}$，管壁材料的弹性模量 $E = 18 \times 10^{10}\text{Pa}$，水的体积模量为 $K = 2 \times 10^9\text{Pa}$，管内流速 $v_0 = 0.5\text{m/s}$，如果要求水击压强 $\Delta p < 6 \times 10^5\text{Pa}$，试求壁厚 δ。

解：由于 $c_w = \dfrac{\Delta p}{\rho v_0} < 1200\text{m/s}$，则

$$c_w = \sqrt{\frac{K/\rho}{1 + \dfrac{Kd}{E\delta}}} < 1200$$

得 $\dfrac{Kd}{E\delta} > \dfrac{7}{18}$，即 $\delta < \dfrac{18}{7}\dfrac{K}{E}d = 8.57\text{mm}$。

8.5 流体流量测量

流量是多种流动中的一项重要物理参数，一般用专用仪器仪表设备测量，这就是流量计。最常见的有压差式流量计，亦称节流式流量计。在实验室常用体积或质量流量计。工业上应用最多的是转子流量计、涡轮流量计、电磁流量计、超声波流量计、旋涡流量计和多种容积式流量计等。

8.5.1 节流式流量计

在管道中安装一个过流断面略小些的节流元件，使流体流过时速度增大，压强降低。利用节流元件前后的压强差来测定流量的仪器叫作节流式流量计。工程上常用的有孔板流量计、堰板流量计、喷嘴流量计及文丘里流量计等。它们的节流元件不同，性能稍有差异，但其基本原理是完全一样的。现以文丘里流量计为例，导出节流式流量计普遍适用的不可压缩流体的流量计算公式。

如图 8-32 所示，设不可压缩流体的密度为 ρ。1－1 断面取在节流元件之前，2－2 断面取在直径为 d_2 的节流元件的收缩断面处。1－1 断面流体平均速度为 v_1，断面面积为 A_1；2－2 断面流体平均速度为 v_2，断面面积为 A_2。任取水平基准面，对 1－1、1－2 断面列伯努利方程式

$$z_1 + \frac{p_1}{\rho g} + \frac{v_1^2}{2g} = z_2 + \frac{p_2}{\rho g} + \frac{v_2^2}{2g} + h_w$$

式中，h_w 是过水断面 1 – 1 和 2 – 2 之间的水头损失，它是流体的黏性和流量的函数，即

$$h_w = f(\mu, q)$$

暂不计黏性影响，则 $h_w = 0$。

由连续方程 $v_1 A_1 = v_2 A_2$，解出 $v_2 = v_1 \dfrac{A_1}{A_2} = v_1 \left(\dfrac{d_1}{d_2}\right)^2$，代入伯努利方程则得

$$v_1 = \sqrt{\frac{2g}{\left(\dfrac{d_1}{d_2}\right)^4 - 1}} \sqrt{\left(\frac{p_1}{\rho g} + z_1\right) - \left(\frac{p_2}{\rho g} + z_2\right)}$$

(8-36)

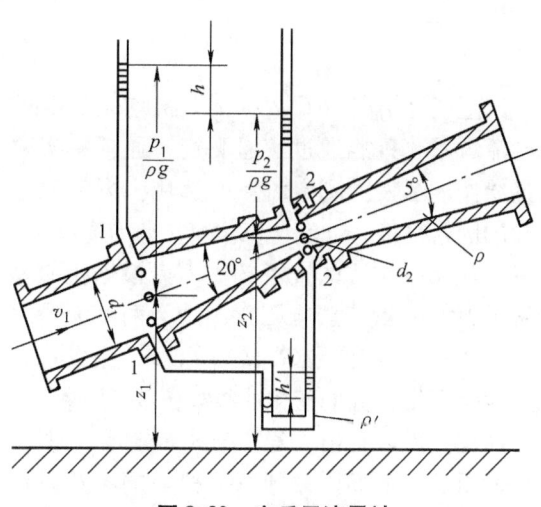

图 8-32　文丘里流量计

等式右端最后一个根号，根据测压仪器的不同，可有下列三种情况：

（1）如果用图 8-32 上部的测压管测量压强，则式（8-36）变成

$$v_1 = \sqrt{\frac{2g}{\left(\dfrac{d_1}{d_2}\right)^4 - 1}} \sqrt{h} \tag{8-37}$$

于是理论流量为

$$q_T = \frac{\pi d_1^2}{4} v_1 = \frac{\pi d_1^2}{4} \sqrt{\frac{2g}{\left(\dfrac{d_1}{d_2}\right)^4 - 1}} \sqrt{h} = k\sqrt{h} \tag{8-38}$$

式中

$$k = \frac{\pi d_1^2}{4} \sqrt{\frac{2g}{\left(\dfrac{d_1}{d_2}\right)^4 - 1}}$$

称为仪器常数。

考虑到实际流体的黏性影响，则应对理论流量进行黏性修正，于是实际流量为

$$q_v = C_q k \sqrt{h} \tag{8-39}$$

式中

$$C_q = \frac{q_v}{q_T} = \frac{实际流量}{理论流程}$$

称为流量系数。

（2）如果用图 8-32 下部的 U 形测压计测量压强，则不难证明

$$\sqrt{\left(\frac{p_1}{\rho g} + z_1\right) - \left(\frac{p_2}{\rho g} + z_2\right)} = \sqrt{\frac{\rho' - \rho}{\rho} h'}$$

此时实际流量为

$$q_v = C_q k \sqrt{\frac{\rho' - \rho}{\rho} h'} \tag{8-40}$$

（3）如果用 U 形测压计测量管路中低速不可压缩气流，由于 $\rho \ll \rho'$，$\rho' \approx \rho' - \rho$，于是实际流量为

$$q_v = C_q k \sqrt{\frac{\rho'}{\rho} h'} \tag{8-41}$$

以上三种情况中 C_q 及 k 的含义均完全相同。

流量系数只能通过实验测定，通常将实验数据绘制成图表供测定流量时选用。影响流量系数的因素很多，如流体黏度 ν、平均速度 v_1，以及节流元件前后的直径 d_1、d_2。根据相似理论 π 定理，一般将影响因素归纳为两个无量纲数 $\varepsilon = d_2/d_1$ 和雷诺数 $Re = v_1 d_1/\nu$，流量系数随这两个无量纲数的变化曲线如图 8-33 所示。

从图上可以看出，若雷诺数 Re 达到如图中虚线所示的一定界限，则每一种 ε 的流量系数都保持恒定，一般计算中所选取的流量系数 C_q 就是指这种恒定的数值。

节流式流量计结构简单、安装方便、产品系列化并且积累有大量实验资料，在工程上应用极为广泛。但是节流式流量计有一个缺点，即其可测定的最大流量受到液体汽化压强的限

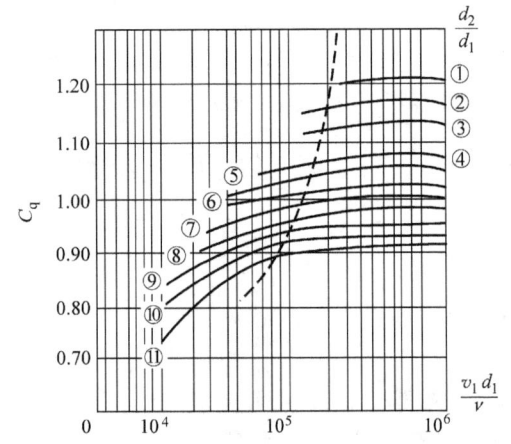

① ~ ⑪ $d_2/d_1 = 0.70 ; 0.65 ; 0.60 ; 0.55 ; 0.50 ; 0.45 ;$
$0.40 ; 0.35 ; 0.30 ; 0.25 ; 0.20$。

图 8-33　文丘里流量计流量系数

制。因为流量越大，节流口处的速度 v_2 也越大，p_2 就越低，一旦 p_2 接近液体工作温度下的汽化压强 p_v 时，则液体开始汽化，阻塞节流口处的汽化现象称为节流空化或称节流汽蚀，它限制了节流式流量计的测定范围。

液压油中有时还混有一定量的空气，空气从液压油中分离出来的压强 p_g 比液体的汽化压强 p_v 更高，即 $p_g > p_v$，因而压强 p_2 即使在尚未达到汽化压强之前已经有一部分气体可能分离出来，这就使得节流空化现象有可能提前发生。因此节流式流量计所能测定的最大流量为

$$q_{v\,max} = C_q k \sqrt{\frac{p_1 - p_g}{\rho g}} < C_q k \sqrt{\frac{p_1 - p_v}{\rho g}} \tag{8-42}$$

但是空气的分离压强 p_g 不是单纯由液体本身所决定的数值，它与液体中混入的空气量多少有关，因而 p_g 不像 p_v 那样有准确的数值，在流体力学中一般仍以 $p_2 = p_v$ 作为最大流量的计算标准，不过应当清楚这种理论上的最大流量实际上是达不到的。

例 8-13　某输油管道的直径由 $d_1 = 15\mathrm{cm}$ 过渡到 $d_2 = 10\mathrm{cm}$，如图 8-34 所示。已知石油的密度 $\rho_0 = 866.5\mathrm{kg/m^3}$，渐变段两端水银压差读数 $\Delta h = 15\mathrm{mm}$，渐变段末端压力表读数 $p = 2.45\mathrm{N/cm^2}$。不计渐变段能头损失。取动能动量校正系数均为 1。求：（1）管中石油的流量 q_v；（2）渐变管段所受的轴向力。

解：

（1）列两管的能量方程如下：

$$\frac{p_1}{\rho_0 g} + \frac{v_1^2}{2g} = \frac{p_2}{\rho_0 g} + \frac{v_2^2}{2g} \tag{1}$$

又由水银计的读数知

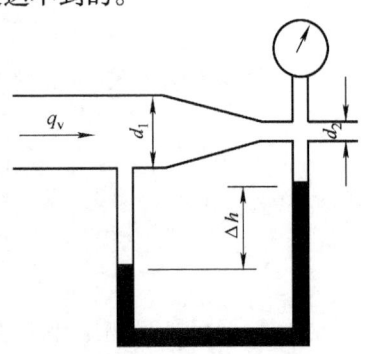

图 8-34　例 8-13 附图

$$\frac{p_1 - p_2}{\rho_0 g} = \left(\frac{\rho_{Hg}}{\rho_0} - 1\right)\Delta h = 0.22mm \tag{2}$$

又 $v_1 d_1^2 = v_2 d_2^2$，得到

$$\frac{v_1}{v_2} = \frac{d_2^2}{d_1^2} \tag{3}$$

将式（2）、式（3）代入式（1），得

$$v_2 = 2.23m/s, \quad v_1 = 1.03m/s$$

则可得到

$$q_v = 0.0182m^3/s$$

（2）由压力表读数知 $p_1 = 26370N/m^2$，列动量方程有

$$p_1 A_1 - p_2 A_2 - F = \beta \rho q_v (v_2 - v_1)$$

式中，$\beta = 1$。代入数据得 $F = 253.1N$。

8.5.2 涡轮流量计与电磁流量计

涡轮流量计与电磁流量计是常用的两种机电式流量计，一般安装在固定的管道上使用，由数值显示形式输出。涡轮流量计以测定单相介质为主，含有固体颗粒或纤维状等的两相流体会因阻塞涡轮而使测量失真。在保证固相物不沉积的情况下，电磁流量计则可以测定固液两相流流体。

1. 涡轮流量计

涡轮流量计由壳体、叶轮、前后导架及磁电感应器组成，如图 8-35 所示。当流体通过流量计时推动叶轮旋转，叶轮叶片切割磁电传感器的磁场发出脉冲信号，即可测得叶轮的转速。叶轮的转速与通过流量计的流量成正比，比例系数在流量计出厂时进行标定，并标明在流量计上，称为流量计常数。

涡轮流量计应水平安装，前后直管段分别大于20 倍和 15 倍流量计通径。使用中流量计应定期拆洗。流量计修理后必须重新标定。当流体介质运动黏度大于 $5mm^2/s$ 时，流量计必须进行专门标定。

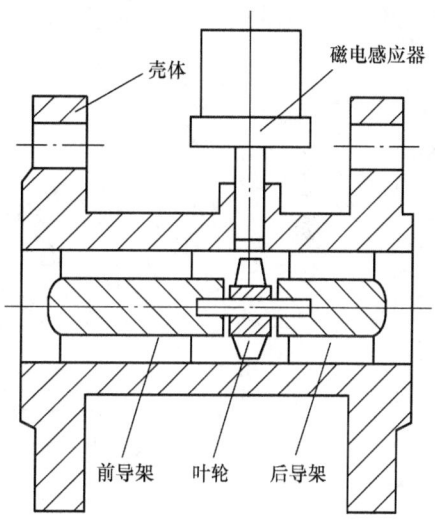

图 8-35　涡轮流量计

2. 电磁流量计

电磁流量计是基于法拉第（M. Faraday）电磁感应定律工作的。当导电流体在场强为 B 的磁场中做切割磁力线运动时，导电流体中产生感应电动势 E，E 的大小与流量成正比：

$$E = KBq_v \tag{8-43}$$

式中，K 为比例常数。感应的电压由两个水平放置并与流体直接接触的电极检出，如图8-36所示。

这种流量计要求被测流体具有一定的电导率和应用于一定的流速范围，常见的电磁流量计要求流体电导率大于 $20\mu s/cm$，而自来水和天然水的电导率在 $100 \sim 500\mu s/cm$ 之间，使用流速要求在 $0.2 \sim 12m/s$ 范围内，这一点可通过改变管径来达到。电磁流量计最大的优点是

无节流元件，能量损失小，流量计前后所要求的直管段长度短，一般大于 5 倍流量通径即可，同时只有管道内衬和电极与工作流体接触，测量值与流体压力、温度、密度、黏度等无关，可用于腐蚀、磨损严重、工作条件恶劣、大流量测量场合。经仔细标定后，也可达到较高的测量精度。

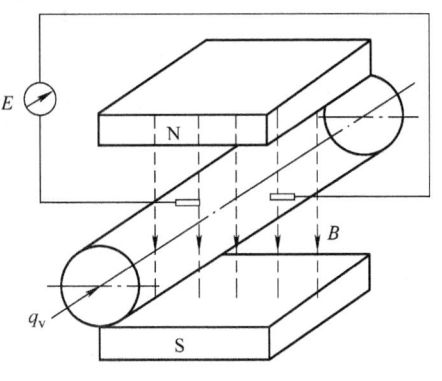

图 8-36　电磁流量计

8.5.3　皮托管测速与转子（浮子）流量计

1. 皮托管测速

输气管或风机的流量一般是通过测量计算风管的面积和气流速度来确定的。

由压力测量的原理可知，如果将测量总压的总压探针和测量静压的静压探针组合在一起，同时测出某点的总压 p 和静压 p_1，设该点的流速为 v_1，则有

$$p = p_1 + \frac{1}{2}\rho v_1^2$$

$$v_1 = \sqrt{\frac{2(p - p_1)}{\rho}} \tag{8-44}$$

即可以得到该点的流速，这种组合探针称为皮托管，如图 8-37 所示。

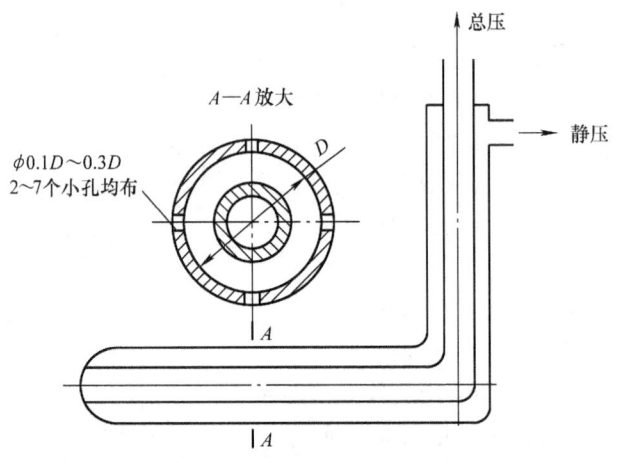

图 8-37　皮托管

总压测孔和静压测孔不可能在同一位置，探头对流场不可避免有干扰，流体也是黏性的，必须对上述理论公式进行修正，则

$$v_1 = \alpha \sqrt{\frac{2(p - p_1)}{\rho}} \tag{8-45}$$

式中，α 为皮托管的标定系数。

皮托管结构简单，使用方便，价格低廉，因而被广泛应用。只要精心设计制造，细心标定和修正，在一定范围内可以达到很高的精度。国际标准化组织颁布了皮托管测流标准 ISO3966−77，对皮托管的设计、制造、标定、使用做了详细的规定。

　　皮托管的标定是很不容易的，大量研究表明，如果按标准严格制造，并在规定条件下使用，其标定系数变化很小，例如 ISO3966 推荐的三种皮托管的标定系数相差在 0.25% 以内，所以无特殊要求时，按标准制造的皮托管不必进行标定。

　　皮托管的基本公式是假设流体不可压缩下得到的，ISO标准规定必须在雷诺数 $Re > 200$ 的条件下使用。如果使用条件不同，例如考虑流体的压缩性等，则必须进行修正，有关方法可参阅专门的书籍和资料。

2. 转子（浮子）流量计

　　对于小流量气体管流等情况可以直接用转子（浮子）流量计进行测定。

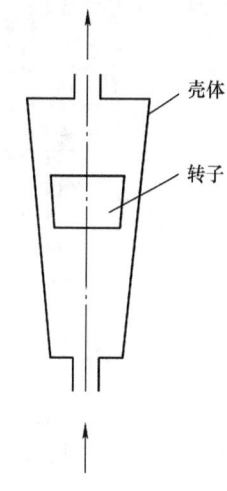

　　转子（浮子）流量计由垂直安放的锥形玻璃管中放置一锥形转子（浮子）构成，如图 8-38 所示，当流体从底部进入流量计时，转子上升，转子和玻璃管间的节流流道面积增加，节流力度减小，转子上、下游压力差减小。至某一高度，由于节流效应引起的作用在转子上、下底的压力之差和转子的重量平衡，转子悬停在该位置不动，由转子悬停的位置即可测出通过流量计的流量。从原理上说，转子流量计仍属节流式流量计。

图 8-38　转子（浮子）流量计

附录8　管道局部阻力测量

　　通过实验可以掌握三点法、四点法量测局部阻力系数的技能；对圆管突扩局部阻力系数的包达公式和突缩局部阻力系数的经验公式进行实验验证与分析，熟悉用理论分析法和经验法建立函数式的途径；加深对局部阻力损失机理的理解。

附录8.1　实验装置

　　如图 8-39 所示为局部阻力系数实验装置。实验管道圆管直径：$d_1 = D_1 = 1.08\text{cm}$；$d_2 = d_3 = d_4 = D_2 = 2.0\text{cm}$；$d_5 = d_6 = D_3 = 1.13\text{cm}$。量测段长度：$l_{1-2} = 12\text{cm}$；$l_{2-3} = 24\text{cm}$；$l_{3-4} = 12\text{cm}$；$l_{4-B} = 6\text{cm}$；$l_{B-5} = 6\text{cm}$；$l_{5-6} = 6\text{cm}$。

　　实验管道由小→大→小三种已知管径的管道组成，共设有六个测压孔，测孔 1–3 和 3–6 分别测量突扩和突缩的局部阻力系数。其中测孔 1 位于突扩界面处，用以测量小管出口端压强值。

附录8.2　实验原理

　　写出局部阻力前后两断面的能量方程，根据推导条件，扣除沿程水头损失可得：

1. 突然扩大

采用三点法计算，下式中 $h_{\text{fl}-2}$ 由 $h_{\text{f2}-3}$ 按流长比例换算得出。

实测　$h_{\text{je}} = \left[\left(Z_1 + \dfrac{p_1}{\rho g} \right) + \dfrac{\alpha v_1^2}{2g} \right] - \left[\left(Z_2 + \dfrac{p_2}{\rho g} \right) + \dfrac{\alpha v_2^2}{2g} + h_{\text{fl}-2} \right]$；$\xi_e = h_{\text{je}} \bigg/ \dfrac{\alpha v_1^2}{2g}$

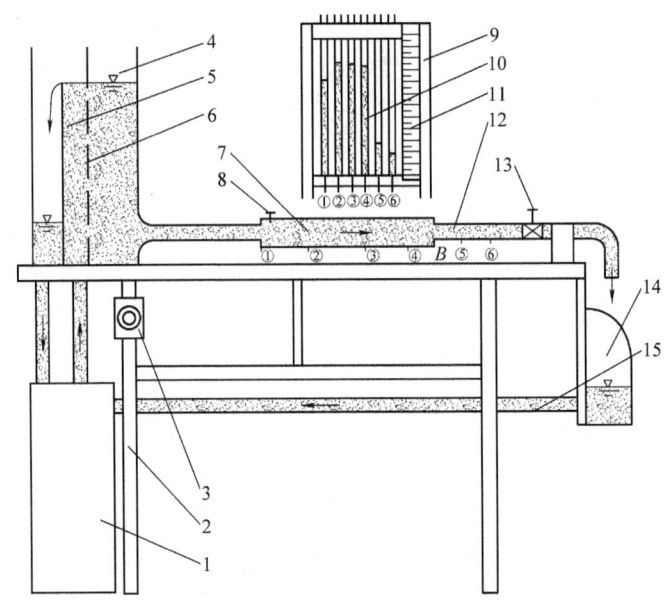

图 8-39 自循环局部阻力水头损失实验台

1—自循环供水器 2—实验台 3—可控硅无级调速器 4—恒压水箱 5—溢流板 6—稳水孔板
7—突然扩大实验管段 8—气阀 9—测压计 10—测压管 11—滑动测量尺 12—突然收缩实验管段
13—实验流量调节阀 14—回流接水斗 15—下回水管

经验公式值 $\xi'_e = \left(1 - \dfrac{A_1}{A_2}\right)^2$； $h'_{je} = \xi'_e \dfrac{\alpha v_1^2}{2g}$

2. 突然缩小

采用四点法计算，下式中 B 点为突缩点，h_{f4-B} 由 h_{f3-4} 换算得出，h_{fB-5} 由 h_{f5-6} 换算得出。

实测 $h_{js} = \left[\left(Z_4 + \dfrac{p_4}{\rho g}\right) + \dfrac{\alpha v_4^2}{2g} - h_{f4-B}\right] - \left[\left(Z_5 + \dfrac{p_5}{\rho g}\right) + \dfrac{\alpha v_5^2}{2g} + h_{fB-5}\right]$； $\xi_s = h_{js} \Big/ \dfrac{\alpha v_5^2}{2g}$

经验公式值 $\xi'_s = 0.5\left(1 - \dfrac{A_5}{A_3}\right)$； $h'_{js} = \xi'_s \dfrac{\alpha v_5^2}{2g}$

附录 8.3 实验步骤与测量结果

1. 实验步骤

（1）打开电子调速器开关，使恒压水箱充水，排除实验管道中的滞留气体。待水箱溢流后，检查流量调节阀全关时，各测压管液面是否齐平，若不平，则需排气调平。

（2）打开调节阀至最大开度，待流量稳定后，测记测压管读数，同时用体积法或用称重法测记流量。

（3）改变调节阀开度 5～6 次，分别测记测压管读数及流量。

（4）实验完成后关闭调节阀，检查测压管液面是否齐平。若不齐平，需重做。

2. 最小二乘法建立局部阻力系数经验公式

经验公式有多种建立方法，突然收缩的局部阻力系数经验公式是在取得实验数据的基础上，进一步进行数学分析得出的。下面介绍常用的最小二乘法建立局部阻力系数经验公式，函数关系 $\xi = f(d_i/d_1)$，要求管径比 d_i/d_1（包括 $d_i/d_1 = 1$）试验数据组数 $i \geqslant 5$。本案例不同管径比局部阻力系数测量见表 8-9。

表 8-9　不同管径比局部阻力系数测量（$Re > 10^5$）

序号	1	2	3	4	5
管径比 d_i/d_1	0.2	0.4	0.6	0.8	1.0
局部阻力系数 ξ	0.48	0.42	0.32	0.18	0

（1）采用差分判别法确定经验公式类型。令 $x = d_i/d_1$，$y = \xi$，由实验数据求得等差 Δx 相应的差分 Δy，其一、二级差分见表 8-10。

表 8-10　差分计算表

i	1	2	3	4	5
Δx	0.2	0.2	0.2	0.2	
Δy	-0.06	-0.1	-0.14	-0.18	
$\Delta^2 y$	-0.04		-0.04	-0.04	

二级差分 $\Delta^2 y$ 为常数，故此经验公式类型为

$$y = b_0 + b_1 x + b_2 x^2 \tag{8-46}$$

（2）用最小二乘法确定系数。令 $\delta = y_i - (b_0 + b_1 x + b_2 x^2)$，其中 δ 是实验值与经验公式计算值的偏差。如用 ε 表示偏差的平方和，即

$$\varepsilon = \sum_{i=1}^{n} \delta_i^2 = \sum_{i=1}^{5} \left[y_i - (b_0 + b_1 x_i + b_2 x_i^2) \right]^2 \tag{8-47}$$

为使 ε 为最小值，则必须满足

$$\frac{\partial \varepsilon}{\partial b_0} = 0; \frac{\partial \varepsilon}{\partial b_1} = 0; \frac{\partial \varepsilon}{\partial b_2} = 0$$

于是将式（8-47）分别对 b_0、b_1、b_2 求偏导可得

$$\left. \begin{array}{l} \sum_{i=1}^{5} y_i - 5b_0 - b_1 \sum_{i=1}^{5} x_i - b_2 \sum_{i=1}^{5} x_i^2 = 0 \\[2mm] \sum_{i=1}^{5} y_i x_i - b_0 \sum_{i=1}^{5} x_i - b_1 \sum_{i=1}^{5} x_i^2 - b_2 \sum_{i=1}^{5} x_i^3 = 0 \\[2mm] \sum_{i=1}^{5} y_i x_i^2 - b_0 \sum_{i=1}^{5} x_i^2 - b_1 \sum_{i=1}^{5} x_i^3 - b_2 \sum_{i=1}^{5} x_i^4 = 0 \end{array} \right\} \tag{8-48}$$

列表计算见表 8-11。

表 8-11　数值计算表

i	$x_i = d_i/d_1$	$y_i = \xi$	x_i^2	x_i^3	x_i^4	$y_i x_i$	$y_i x_i^2$
1	0.2	0.48	0.04	0.008	0.0016	0.096	0.0192
2	0.4	0.42	0.16	0.064	0.0256	0.168	0.0672
3	0.6	0.32	0.36	0.216	0.1300	0.192	0.1150

（续）

i	$x_i = d_i/d_1$	$y_i = \xi$	x_i^2	x_i^3	x_i^4	$y_i x_i$	$y_i x_i^2$
4	0.8	0.18	0.64	0.512	0.4100	0.144	0.1150
5	1.0	0	1.00	1.000	1.0000	0	0
总和	$\sum\limits_{i=1}^{5} x_i = 3$	$\sum\limits_{i=1}^{5} y_i = 1.4$	$\sum\limits_{i=1}^{5} x_i^2 = 2.2$	$\sum\limits_{i=1}^{5} x_i^3 = 1.8$	$\sum\limits_{i=1}^{5} x_i^4 = 1.567$	$\sum\limits_{i=1}^{5} y_i x_i = 0.6$	$\sum\limits_{i=1}^{5} y_i x_i^2 = 0.3164$

将表 8-11 中最后一行数据代入方程组（8-48），得到

$$\left.\begin{array}{r} 1.4 - 5b_0 - 3b_1 - 2.2b_2 = 0 \\ 0.6 - 3b_0 - 2.2b_1 - 1.8b_2 = 0 \\ 0.3164 - 2.2b_0 - 1.8b_1 - 1.567b_2 = 0 \end{array}\right\} \qquad (8\text{-}49)$$

解得：$b_0 = 0.5$；$b_1 = 0$；$b_2 = -0.5$。代入式（8-46），有 $y = 0.5(1 - x^2)$。于是得到突然收缩局部阻力系数经验公式为

$$\xi = 0.5[1 - (d_i/d_1)^2] \quad \text{或} \quad \xi = 0.5\left(1 - \frac{A_i}{A_1}\right) \qquad (8\text{-}50)$$

思考题 8

8-1. 作用水头相等、出口面积相等的圆柱形外管嘴流量与孔口流量的关系（   ）。

A. 管嘴流量小于孔口流量；   B. 管嘴流量等于孔口流量；

C. 管嘴流量大于孔口流量；   D. 管嘴流量与孔口流量无固定关系

8-2. 圆柱形外管嘴的正常工作条件是（   ）。

A. $l = (3 \sim 4)d, H_0 > 9\text{m}$；   B. $l = (3 \sim 4)d, H_0 < 9\text{m}$；

C. $l > (3 \sim 4)d, H_0 > 9\text{m}$；   D. $l < (3 \sim 4)d, H_0 < 9\text{m}$

8-3. 在相同条件下，小孔口的流量系数（   ）管嘴的流量系数。

A. >；   B. <；   C. =；   D. ⩾

8-4. 产生水击现象的主要物理原因是液体具有（   ）。

A. 压缩性与惯性；   B. 惯性与黏性；   C. 弹性与惯性；   D. 压缩性与黏性

8-5. 水击波的传播属于（   ）。

A. 无压缩流体的定常流动；   B. 不可压缩流体的定常流动；

C. 可压缩流体的非定常流动；   D. 不可压缩流体的非定常流动

8-6. 直接水击是指有压管道末端阀门处的最大水击压强（   ）。

A. 不受来自上游水库反射波的影响；   B. 受来自上游水库反射波的影响；

C. 受阀门反射波的影响；   D. 不受管道长度的影响

8-7. 某输水管道长度 $L = 1000\text{m}$，若发生水击时水击波速 $v = 1000\text{m/s}$，则水击周期为（   ）。

A. 1s；   B. 2s；   C. 3s；   D. 4s

8-8. 判断题：作用水头相等的情况下，短管自由出流和淹没出流的流量是一样的。

8-9. 判断题：作用水头相同、直径相同的孔口自由出流与淹没出流的流量大小不相同。

8-10. 判断题：对于孔口为淹没出流，若两个孔口的形状、尺寸相同，在水下的位置不同，其流量相等。

8-11. 判断题：水击波传播的一个周期为 $2l/c$。

8-12. 填空题：如果喷嘴射流出口的截面积为 A，水流出口速度为 v，射流流速轴线与壁面垂直，试写

出射流对平壁面的打击力表达式 _____ 。

8-13. 填空题：流量系数 μ、流速系数 φ、收缩系数 ε 之间关系为 _____ ，作用水头和出口断面面积相同条件下，管嘴出流量 _____（"小于"或"大于"）孔口出流量的原因是 _____
_____ 。

8-14. 填空题：在相同的作用水头下，同样口径管嘴的出流量比薄壁孔口的出流量_____ 。

8-15. 填空题：孔口自由出流和淹没出流的计算公式相同，各项系数相同，但_____不同。

8-16. 填空题：发生直接水击的条件是阀门关闭时间_____一个相长。

8-17. 填空题：在水击计算中，把阀门关闭时间 T_m 小于水击周期 $t_c = 2l/c_w$ 的水击称为_____ 水击，把 T_m 大于水击周期 $t_c = 2l/c_w$ 的水击称为_____ 水击。

8-18. 填空题：在下游管道阀门瞬时全闭的情况下，其增速增压顺波发生在第_____ 相，是水击波的第_____ 阶段。

8-19. 填空题：在阀门瞬时全闭水击的传播过程中，在水击波传播的第二阶段（$L/c < t < 2L/c$），压强的变化为_____ 。波的传播方向和定常流时的流向_____ 。

8-20. 两淹没管流，一流入水库，另一流入渠道，其他条件相同，其总水头线有何不同？

8-21. 什么是小孔口、大孔口？各有什么特点？

8-22. 在作用水头相同，出口面积相同的情况下，为什么外延管嘴比孔口的流量大？

8-23. 管嘴的出流能力高于孔口的出流能力，这是为什么？

8-24. 在正常稳定的工作条件下，作用水头相同、面积也相同的孔口和圆柱形外接管嘴，过流能力是否相同？原因何在？

8-25. 小孔口自由出流与淹没出流的流量计算公式有何不同？

8-26. 简述全部收缩的薄壁孔口中完善收缩的条件。

8-27. 是否可用小孔口的流量计算公式来估算大孔口的出流流量？为什么？

8-28. 圆柱形外管嘴正常工作的条件是什么？为什么必须要有这两个限制条件？

8-29. 在相同直径、相同作用水头下的圆柱形外管嘴出流与孔口出流相比阻力增大，但其出流流量反而也增大，为什么？

8-30. 什么叫作水击？

8-31. 简述水击现象及产生的原因。

8-32. 减弱水击强度的措施有哪些？

8-33. 常见的流量的测量方法有哪些？各有何特点？

习题 8

8-1. 如习题 8-1 图所示为水平放置、间隙为 δ、半径为 r_2 的两圆盘，水由上圆盘中央半径为 r_1 的小管以 v_1 的速度定常地流入，若不计水流入的动量，试求圆盘间水的压强沿径向的分布规律。

答案：$p - p_a = -\dfrac{\rho}{8}\dfrac{r_1^4}{r_2^2\delta^2}\Big[\Big(\dfrac{r_2}{r}\Big)^2 - 1\Big]v_1^2$

8-2. 如习题 8-2 图所示，水从薄板孔口射出，已知 $H = 1.2\text{m}$，$x = 1.25\text{m}$，$y = 0.35\text{m}$，孔口直径 $d = 0.75\text{cm}$，5min 内流出质量为 40kg，试求孔口的出流系数。

答案：$\mu = 0.621$；$\varphi = 0.964$；$\varepsilon = 0.645$；$\xi = 0.076$

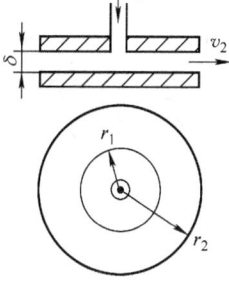

习题 8-1 图

8-3. 如习题8-3图所示，在直径 $D=20\text{mm}$ 的油管中装有直径 $d=4\text{mm}$、流速系数 $\varphi=0.8$ 的一个固定节流器。节流器前后的损失可忽略，已知 $p_0=10\text{kPa}$，$p_2=0$，油的密度 $\rho=850\text{kg/m}_3$，试求节流器末端及管道出口处的速度 v_1、v_2。

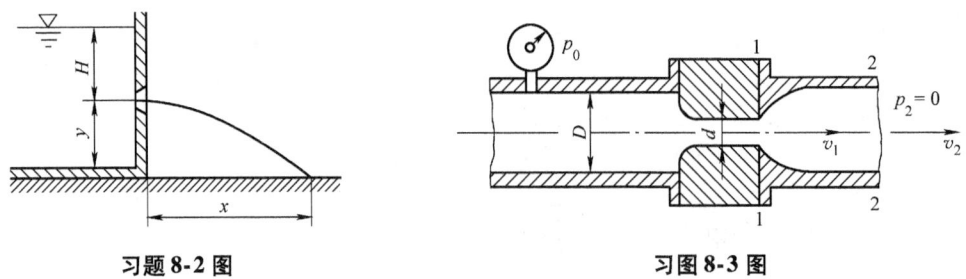

习题 **8-2** 图   习图 **8-3** 图

答案：$v_1=6.46\text{m/s}$；$v_2=0.26\text{m/s}$

8-4. 如习题8-4图所示，在水箱水面下，$H=3\text{m}$ 处装一个收缩－扩张的文丘里管嘴，其喉部直径 $d_1=4\text{cm}$，喉部绝对压强 $p_1=2.5\text{m}$ 水柱，大气压强 $p_0=10.33\text{m}$ 水柱。收缩部分的阻力可以忽略不计，扩张部分的损失假定是从 d_1 突然扩大到 d_2 所产生损失的 20%，试求：（1）喉部的流速 v_1；（2）流量 q_v；（3）出口的流速 v_2 和出口断面的直径 d_2。

答案：（1）$v_1=14.58\text{m/s}$；（2）$q_\text{v}=0.0183\text{m}^3/\text{s}$；（3）$v_2=6.84\text{m/s}$，$d_2=5.84\text{cm}$

8-5. 如习题8-5图所示，隔板将水箱分为 A、B 两格，隔板上有直径为 $d_1=30\text{mm}$ 的薄壁孔口，B 箱侧壁有一直径 $d_2=20\text{mm}$ 的圆柱形管嘴，A 箱 $H_1=3\text{m}$，定常不变。（1）分析出流定常条件。（2）在定常出流时，B 箱中 H_2 等于多少？（3）水箱流量 $q_{\text{v}2}$ 为多少？

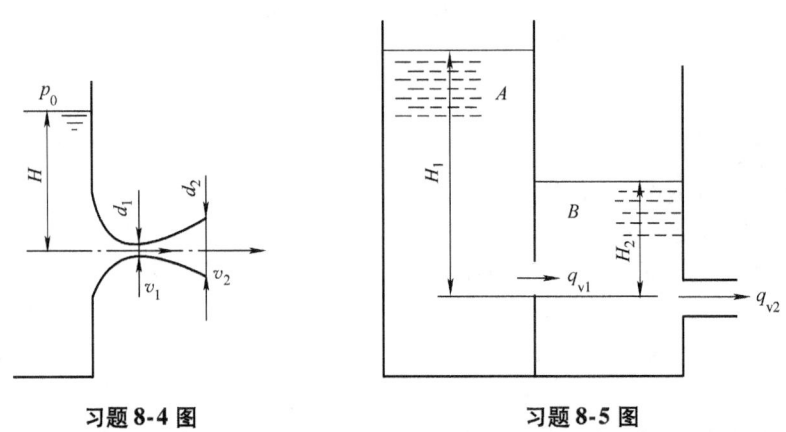

习题 **8-4** 图   习题 **8-5** 图

答案：（1）$q_{\text{v}1}=q_{\text{v}2}$；（2）$H_2=2.19\text{m}$；（3）$q_{\text{v}2}=1.69\times10^{-3}\text{m}^3/\text{s}$

8-6. 如习题8-6图所示，两水箱中间的隔板上有一直径 $d_0=80\text{mm}$ 的薄壁小孔口，水箱底部装有外伸嘴管，它们的内径分别为 $d_1=60\text{mm}$，$d_2=70\text{mm}$。如果将流量 $q_\text{v}=0.06\text{m}^3/\text{s}$ 的水连续地注入左侧水箱，试求在定常出流时两水箱的液深 H_1、H_2 和出流流量 $q_{\text{v}1}$、$q_{\text{v}2}$。

答案：$H_1=8.993\text{m}$；$H_2=4.367\text{m}$；$q_{\text{v}1}=0.0308\text{m}^3/\text{s}$；$q_{\text{v}2}=0.0292\text{m}^3/\text{s}$

8-7. 如习题8-7图所示为盛有液体的等截面 U 形管，两端通大气，管内液柱总长为 l。如果起始时刻液体两端自由面的高差为 h，之后液柱将在管中振荡，其振荡规律如何？

答案：$z_B=\dfrac{h}{2}\cos\left[\left(\dfrac{2g}{l}\right)^{1/2}t\right]$，$v=-\dfrac{h}{2}\left(\dfrac{2g}{l}\right)^{1/2}\sin\left[\left(\dfrac{2g}{l}\right)^{1/2}t\right]$

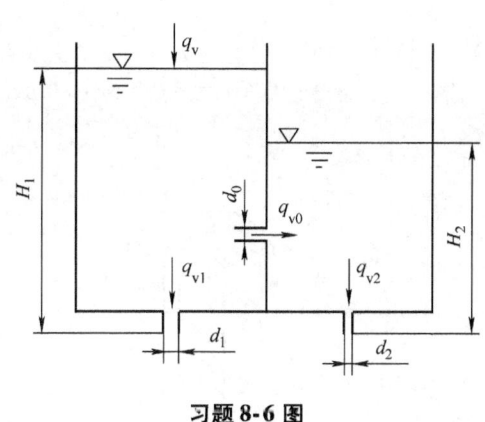

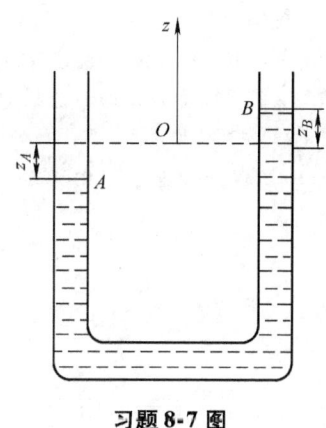

习题 8-6 图　　　　　　　　　习题 8-7 图

8-8. 如习题 8-8 图所示，水箱中恒定水深为 $h = 5\text{m}$，铅直管 AB 的直径为 $d = 20\text{cm}$，为了不使管道入口 A 处发生空化现象，试求：（1）水温 $t = 20℃$ 与（2）水温 $t = 60℃$ 时的最大允许管长 l 是多少？最大理论流量是多少？（忽略损失，大气压强为 $p_B = 101300\text{Pa}$。）

答案：（1）$t = 20℃$ 时 $l_{max} = 10.11\text{m}$，$q_{v\,max} = 0.541\text{m}^3/\text{s}$；（2）$t = 60℃$ 时 $l_{max} = 8.43\text{m}$，$q_{v\,max} = 0.510\text{m}^3/\text{s}$

8-9. 如习题 8-9 图所示有一管路系统，已知 $d_1 = 150\text{mm}$，$l_1 = 25\text{m}$，$\lambda_1 = 0.037$；$d_2 = 125\text{mm}$，$l_2 = 10\text{m}$，$\lambda_2 = 0.039$；$d_3 = 100\text{mm}$；部分局部阻力系数为 $\xi_{收缩} = 0.15$，$\xi_{阀门} = 2.0$，$\xi_{管嘴} = 0.1$（上述局部阻力系数都是相对于局部损失之后的流速而言）；流量 $q_v = 100\text{m}^3/\text{h}$。求水流所需的水头 H 值。

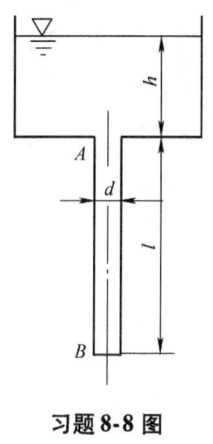

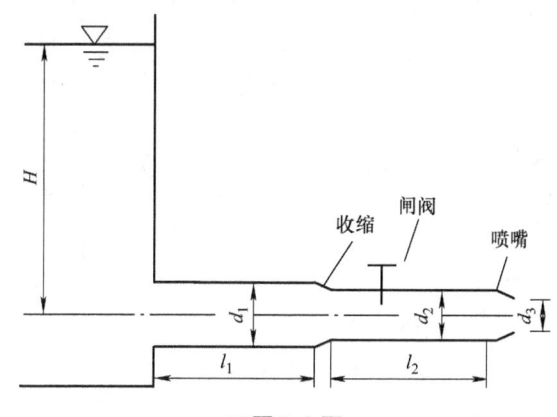

习题 8-8 图　　　　　　　　　习题 8-9 图

答案：$H = 2.92\text{m}$

8-10. 如习题 8-10 图所示为直径 4m 的球罐，球体内装满某种液体，液体经底部直径为 100mm 的外伸管嘴向外出流。试求球罐内的液体放出一半和全部放空时所需的时间。

答案：$t_1 = 358.4\text{s}$；$t_2 = 940.2\text{s}$

8-11. 如习题 8-11 所示，用直径 $d = 6\text{cm}$ 的光滑虹吸管从水箱中引水，虹吸管最高点距水面 $h = 1\text{m}$，水温为 20℃，不计管道损失，试求不产生空化的最大流量是多少？

答案：$q_{v\,max} = 0.0378\text{m}^3/\text{s}$

8-12. 如习题 8-12 图所示，水从一个封闭容器经管嘴流入另一个封闭容器。已知管嘴直径 $d = 0.1\text{m}$，两容器液面高度保持恒定，$h = 2\text{m}$，两封闭容器液面相对压强分别为 $p_1 = 98.07\text{kPa}$，$p_2 = 49.05\text{kPa}$，求水流经管嘴的流量。

答案：$q_v = 0.045\text{m}^3/\text{s}$

8-13. 如习题 8-13 图所示，两层建筑的供暖管道水平设置，支管 1 的直径 $d_1 = 20\text{mm}$，总长 $l_1 = 20\text{m}$，$\sum \zeta_1 = 15$；支管 2 的直径 $d_2 = 20\text{mm}$，总长 $l_2 = 10\text{m}$，$\sum \zeta_2 = 15$；管路的沿程阻力系数均为 $\lambda = 0.02$，干管流量 $q_v = 0.002\text{m}^3/\text{s}$，求 q_{v1} 和 q_{v2}。

答案：$q_{v1} = 0.0009\text{m}^3/\text{s}$；$q_{v2} = 0.0011\text{m}^3/\text{s}$

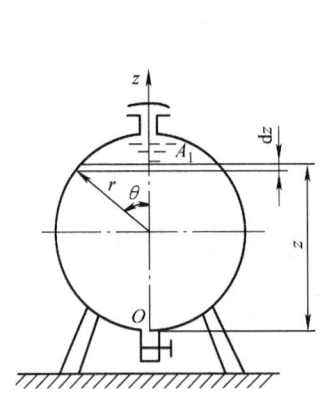

习题 **8-10** 图

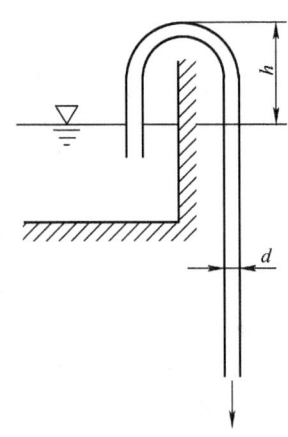

习题 **8-11** 图

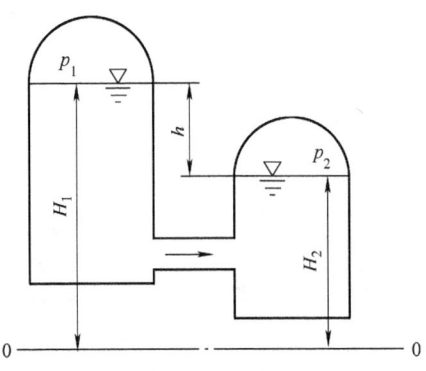

习题 **8-12** 图

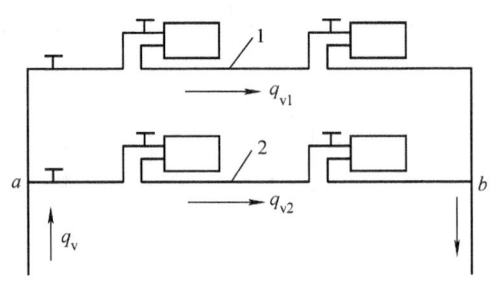

习题 **8-13** 图

8-14. 如习题 8-14 图所示水泵提水系统，吸水管路 $d_1 = 250\text{mm}$，$l_1 = 20\text{m}$，$h_1 = 3\text{m}$；压水管路 $d_2 = 200\text{mm}$，$l_2 = 150\text{m}$，$h_2 = 15\text{m}$；沿程阻力系数 λ 均为 0.03，局部阻力系数为：进口 $\xi = 3.0$，弯头 $\xi = 0.2$，阀门 $\xi = 0.5$，出口 $\xi = 0.8$，水泵扬程 $H_{泵} = 20\text{m}$，求流量。

答案：$q_v = 0.038\text{m}^3/\text{s}$

8-15. 如习题 8-15 图所示，气体消音器由 n 层孔板组成，每层上的孔口面积各自不等，分别为 A_1，A_2，$\cdots$，A_i，$\cdots$，A_n，但这 n 个孔口的流量系数均等于 μ，起始压强 p_1，末尾压强 $p_{n+1} = 0$，气体密度为 ρ，试求其流量公式。

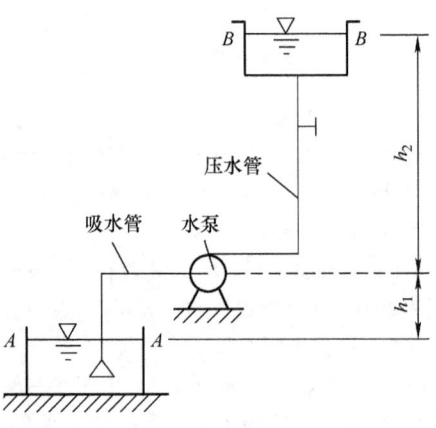

习题 **8-14** 图

答案：$q_v = \mu \dfrac{\sqrt{\dfrac{2p_1}{\rho}}}{\sqrt{\sum\limits_{i=1}^{n}\dfrac{1}{A_i^2}}}$

8-16. 如习题 8-16 图所示，有两根长度、直径、材质均相同的支管并联。已知干管中水的流量为 $q_v = 80 \times 10^{-3}\,\mathrm{m^3/s}$，两支管长均为 $l = 6\mathrm{m}$，管径均为 $d = 200\mathrm{mm}$，沿程阻力系数 $\lambda = 0.026$，求两支管内的流量 q_{v1}、q_{v2}。若在支管 2 上装一个阻力系数为 $\zeta = 0.5$ 的阀门，问 q_{v1}、q_{v2} 如何变化？并求出变化后的值。

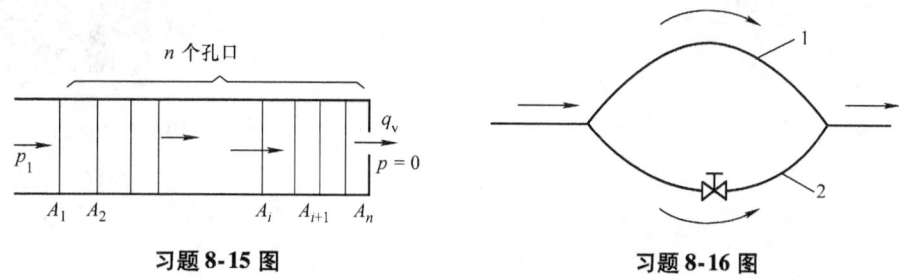

习题 8-15 图

习题 8-16 图

答案：$\dfrac{q_{v1}}{q_{v2}} = \dfrac{\sqrt{\varphi_2}}{\sqrt{\varphi_1}} = 1.28$；$q_{v1} = 44.9 \times 10^{-3}\,\mathrm{m^3/s} = 44.9\mathrm{L/s}$；$q_{v2} = 35.1 \times 10^{-3}\,\mathrm{m^3/s} = 35.1\mathrm{L/s}$

8-17. 如习题 8-17 图所示，水从一水头为 h_1 的大容器通过小孔流出（大容器的水位可以认定是不变的）。射流冲击在一块平板上，它盖住了第二个容器的小孔，该容器水平面到小孔的距离为 h_2，设两个小孔在相同高度且面积相同。若给定 h_1，求射流作用在平板上的力刚好与板后的力平衡时 h_2 为多少。

答案：$h_2 = 2h_1$

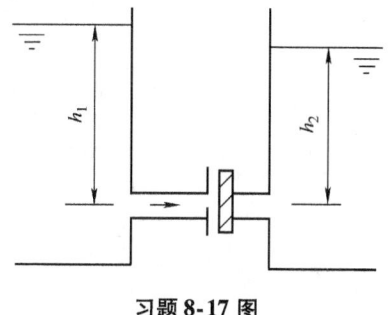

习题 8-17 图

8-18. 用一个带有导流板的轴流式风机水平送风，送风口直径 $d_0 = 500\mathrm{mm}$，出口风速 $v_0 = 10\mathrm{m/s}$，试求距出口 12m 处的轴心速度和风量。

答案：$v_m = 1.6\mathrm{m/s}$；$q_v = 26.14\mathrm{m^3/s}$

8-19. 试求距 $R_0 = 0.5\mathrm{m}$ 的轴对称射流出口截面为 20m、距轴心线距离为 $y = 1\mathrm{m}$ 处的气体速度与出口速度之比。

答案：$v = 0.246v_0$

8-20. 输水钢管直径 $d = 1000\mathrm{mm}$，厚壁 $\delta = 20\mathrm{mm}$，长 $l = 800\mathrm{m}$，钢的弹性模量 $E = 2 \times 10^{11}\,\mathrm{Pa}$，管内水的流速 $v_0 = 1.2\mathrm{m/s}$，试求突然关闭阀门引起的水击压强及水击周期。

答案：$\Delta p = 1.3856 \times 10^6\,\mathrm{Pa}$；$T = 2.77\mathrm{s}$

8-21. 如习题 8-21 图所示，水管直径 $d = 200\mathrm{mm}$，壁厚 $\delta = 6\mathrm{mm}$，管内水流速度 $v_0 = 1.2\mathrm{m/s}$，管壁材料的弹性模量为 $E = 20 \times 10^{10}\,\mathrm{Pa}$，水的体积模量为 $K = 2 \times 10^9\,\mathrm{Pa}$，试求由于水击压强 Δp 引起的管壁的拉应力 σ。

答案：$\sigma = 24.5 \times 10^6\,\mathrm{Pa}$

8-22. 一条输油管道，直径 $d = 400\mathrm{mm}$，壁厚 $\delta = 8\mathrm{mm}$，油的密度 $\rho = 850\mathrm{kg/m^3}$，体积模量 $K = 1.6 \times 10^9\,\mathrm{Pa}$，管壁材料的弹性模量为 $E = 12 \times 10^{10}\,\mathrm{Pa}$，如果要求水击压强不超过 $5 \times 10^5\,\mathrm{Pa}$，试问关阀时的管流量 q_v 应为多少？

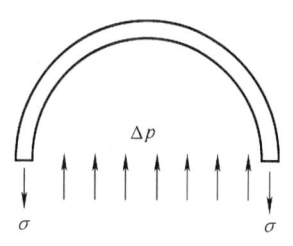

习题 8-21 图

答案：$q_v = 0.06956 \text{m}^3/\text{s}$

8-23. 输水铸铁管的直径 $d = 150\text{mm}$，壁厚 $\delta = 8\text{mm}$，铸铁的弹性模量 $E = 9.8 \times 10^{10}\text{Pa}$，要求在突然关阀时引起的水击压强不超过 $4 \times 10^5\text{Pa}$，试求关阀前的管道流量应为多少？

答案：$q_v = 5.8733 \times 10^{-3}\text{m}^3/\text{s}$

第 8 章内容提要、思考题
解答及习题详解

第9章

气体的一维流动

前面的内容主要围绕不可压缩流体来进行讨论的，在讨论中推导出了一些关于不可压缩流体的流动规律，这些规律固然适用于水、油之类的液体，但许多场合也还适用于气体。气体虽说是可压缩的，如果气流的流速不是太大的话，那么气流中可能出现的压力变化不至于太大，相应的气体的密度变化也不是太大，这时气体的规律就十分接近于水流等的规律了。本章研究高速气流（马赫数 $Ma > 0.3$）的可压缩一维流动。

气体动力学是研究可压缩性气流运动规律及其应用的学科，主要体现在航空航天技术的发展，如飞机、导弹等。气体一维流体只是气体动力学中最初步的基础知识，它只讨论气体流动参数在过流断面上的平均值的变化规律，而不研究气流流场的空间变化情况。不可压缩流体流动中，流动参数主要是速度和压力，而可压缩流体流动中主要流动参数除此之外又多了密度与温度。气体一维流动虽然简单，但却非常实用，除航空等学科外，许多技术领域中的气流问题大都可简化为一维流体问题。如气体管路流动、喷管、发动机的空气供给、气动控制元件、风动工具、通风机、压气机、燃气轮机和涡轮增压器等许多问题都可以用一维流动方法求得一些简单化而实用的结果。

本章重点介绍气体一维流动的基本概念、流动特性和简单喷管计算。这些基本知识与工程热力学的关系非常密切，有些内容可以互为参考。工程热力学着重分析气流的焓熵特性，而工程流体力学则主要分析气流的机械能转化。

9.1 热力学基础知识

9.1.1 可压缩与不可压缩概念

当气流速度马赫数 $Ma > 0.3$ 时就必须考虑可压缩性的影响了。由于气体的密度很小，通常可不计及重力对流动的影响。下面以具体事例来说明压缩性的问题。

设有一气压为 1 大气压（$p_a \approx 0.1\text{MPa}$）的空气流，在常温下空气的密度是 $\rho \approx 1.25\text{kg/m}^3$，试问流速在什么范围内气流中可能出现的密度变化率 $\Delta\rho/\rho$ 才不超出 5%？

规定气流中的密度变化不超出一定的限度，其实相当于规定其中的压力变化不能超出某一限度，这个压力变化限度我们不妨引用下列公式来计算，即

$$\frac{\Delta p}{p} = \gamma \frac{\Delta \rho}{\rho}$$

关于这个计算公式在稍后将做出说明，对于空气来说绝热指数 $\gamma = 1.4$。依据上式可以算出

$$\Delta p = \gamma p \frac{\Delta \rho}{\rho} = 1.4 \times 0.1\text{MPa} \times 0.05 = 0.007\text{MPa} = 7 \times 10^3\text{Pa}$$

有了压力的变化范围之后，就可以估算气流流速的范围。在这里，因为已规定了密度变化只有5%，气体的压缩性并不显著，所以，如仍采用不可压缩流体的伯努利方程来讨论问题，由此得到的结果还是相当准确的。不计重力作用时不可压缩流体的伯努利方程为

$$\frac{p_0}{\rho} = \frac{p}{\rho} + \frac{v^2}{2}$$

式中，p_0 是驻点压力，它是气流中可能出现的最大压力。如此气流的流速可以估算如下：

$$v = \sqrt{\frac{2(p_0 - p)}{\rho}} = \sqrt{\frac{2\Delta p}{\rho}}$$

将压力差 Δp 和空气密度 ρ 代入上式后，得

$$v = \sqrt{\frac{2\Delta p}{\rho}} = \sqrt{\frac{2 \times 7 \times 10^3}{1.25}}\text{m/s} = 105.83\text{m/s}$$

从这个例子可以看到，一个流速为每秒百米左右的空气流，其中可能出现的密度变化率只有百分之几。如果在某个计算题中，对流道尺寸或是压力变化等数据要求不是太精确的话，那么把这股气流作为不可压缩流来处理就是可行的。

在工程中遇到的气流多数是高速的气流，有时还会遇到超声速的气流，这时气流压缩性的影响就不容忽视了。气体压缩性的影响将反映在两个方面，一是流速和流道截面积之间的关系不再保持为简单的反比关系，以后将知道在超声速气流中，随着流速的增加，需要的流道面积不是减少，反而是增加了。二是同样大小的加速度所对应的压力差在气流中也不是处处都相等，如此流速和压力之间的关系就变得复杂了。由于压缩性的影响，高速气流和低速气流之间确实存在着许多差异，不仅是数量上的差异，而且还有本质上的差异。

由于密度的变化，气流中的温度也随时随地在起变化，气体本身中的热能和气流的流动能之间又进行着交换，所以说，在可压缩流体的流动中既包含着力学问题，又包含着热力学问题。在介绍气体动力学之前，下面先来回顾一下有关的热力学知识，这很有必要。

9.1.2 气体状态方程

反应气体状态的物理量叫作状态参数，状态参数中有三个是基本的，它们都是可以经过直接测量获得，而且有着明显的物理意义，这三个基本参数是：压强 p，单位是 MPa 或 Pa；热力学温度或称绝对温度 T，单位是 K（开），与摄氏温度 t 关系为 $T = t + 273.15$；气体比体积或称比容 u，指单位质量气体所占的容积，$u = V/m = 1/\rho$，单位是 m^3/kg。

联系这三个基本参数的函数式称之为理想气体状态方程，当气体的温度和压力都远离它液化的临界值时，气体的状态方程就取得如下简单形式：

$$pV = mR_g T \quad \text{或写成} \quad pu = R_g T \text{ 及 } \frac{p}{\rho} = R_g T \tag{9-1}$$

式中，气体常数 R_g 是视气体的性质而定，它的单位是 $\text{J}/(\text{kg} \cdot \text{K})$。

能遵循状态方程（9-1）的气体将称之为理想气体或完全气体，一般空气是很合乎理想气体的，空气的气体常数 $R_g = 287\text{J}/(\text{kg} \cdot \text{K})$。

气体的内能即热能（指气体分子所有的各种微观能量）也是个状态参数，单位质量气体的内能称为质量热力学能，用字母 e 来表示，单位是 J/kg。在一定的基本状态参数之下，气体的内能 e 具有一定的数值。对于理想气体，由于其中分子间的距离很大，分子相互之间的作用力已经小到可以忽略不计的程度，此时它的内能就仅仅取决于温度了。理想气体的内能变化可以写成为

$$de = c_v dT \tag{9-2}$$

式中，c_v 是气体的质量定容热容，单位是 $\text{J}/(\text{kg} \cdot \text{K})$，它表明 1kg 气体在容积不变的条件下，把温度升高 1℃ 所需要的热量。c_v 一般来说是随温度而变的，当温度变化范围不大时，往往把它看成是某个常数。

在热力学中，还有一个质量定压热容 c_p，单位也是 $\text{J}/(\text{kg} \cdot \text{K})$。气体在定压下加热时，随着温度的升高，它还要膨胀对外做功，所以同样温度升高 1℃，定压加热比定容加热需要更多的热量。比定压热容 c_p 与比定容热容的比值称为绝热指数 γ，$\gamma = c_p/c_v$。两个热容之间的差别是

$$c_p - c_v = R_g$$

9.1.3 热力学第一定律

热力学第一定律指出了，能量可以从一种形态变成另一种形态，在转变过程中一定量的一种形态的能量总是确定的变成为一定量的另一种形态的能量。用数学式来表达，即是

$$dq = de + pdu \tag{9-3}$$

式中，dq 为外部加给单位质量静止气体的热量，单位是 J/kg；de 是单位质量气体的内能增量；pdu 则是单位质量气体在容积变化时对外所做的功。

还有一个称之为焓的状态参数 h，单位也是 J/kg，它是

$$h = e + pu = c_p T \tag{9-4}$$

对于理想气体，如所知 $e = e(T)$ 以及 $pV = mR_g T$，可见焓 h 也是温度 T 的一个函数。不难导出

$$dh = de + d(pu) = c_v dT + R_g dT = (c_v + R_g)dT = c_p dT \tag{9-5}$$

根据焓的定义，并引用热力学第一定律，又可以导出

$$dh = de + pdh + udp = dq + udp \tag{9-6}$$

没有热量交换的变化过程叫作绝热过程。在绝热过程中 $dq = 0$，于是

$$de = c_v dT = -pdu$$

$$dh = c_p dT = udp$$

对于理想气体，知 $p = R_g T/u$ 或 $u = R_g T/p$，以之代入上式得

$$\frac{dT}{T} = \frac{c_v - c_p}{c_v} \frac{du}{u}, \frac{dT}{T} = \frac{c_p - c_v}{c_p} \frac{dp}{p}$$

这里引用了关系式 $c_p - c_v = R_g$。再者，据上列关系又可导出

$$\frac{dp}{p} = -\frac{c_p}{c_v} \frac{du}{u}$$

如果 c_p、c_v 都是常数，那么积分上列三个关系式可得

$$
\left.
\begin{aligned}
T &= C_1 u^{1-\gamma}, u = C_4 T^{1/(1-\gamma)} \\
T &= C_2 p^{(\gamma-1)/\gamma}, p = C_5 T^{\gamma/(\gamma-1)} \\
p &= C_3 u^{-\gamma}, u = C_6 p^\gamma
\end{aligned}
\right\}
\tag{9-7}
$$

其中，C_1、C_2、C_3、C_4、C_5、C_6 表示某些常数。公式（9-7）表明，在绝热过程中可以从一个状态参数计算出另一个状态的参数。

9.1.1 节中曾按气流中的密度变化 $\Delta\rho/\rho$ 去计算其中的压力变化 $\Delta p/p$，那时虽未说明，其实已假定了气流中的状态变化是个绝热过程，而在绝热过程中有 $p = Cu^{-\gamma}$。由于气体的 $u = 1/\rho$，于是有 $p = C'\rho^\gamma$。在对该式取对数后计算它们的微分，即得

$$
\frac{\mathrm{d}p}{p} = \gamma \frac{\mathrm{d}\rho}{\rho}
$$

不论是在压气机中还是在透平机中，气流速度都是很大的，气流通过机体经历的时间十分短暂，因而气流和机体之间的热量交换通常可以忽略不计，于是可以把气流中的热力过程看作是绝热过程。在此，上面推导出来的一组绝热关系式（9-7）是否能应用上去，或者还是有所保留？关于这个问题试做如下说明。

可以有这种情况，对外界来说气流是绝热的，就是说没有热量输入或输出，但是在气流自身中却另有热量产生出来，这是指气流中出现黏性阻力的情况，黏性阻力将把一部分流动能转换成为热能而遗留在气流中。还有一种情况是气流中出现较大的温差，这时将有热量从气流的高温部分传送到低温部分去。出现以上两种情况时，气流的这部分或那部分就不能简单地看成是绝热的了。所以说，上面导出的几个绝热关系式只能应用在绝热的（对外界而言）而且是没有黏性又没有热传导的理想气流中。

9.1.4 热力学第二定律

前面的叙述中曾提到了两种情况，一是流动能可以通过黏性阻力变为热能，另一是热量可以从高温部分向低温部分传送，两种情况在日常生活和工程实践中是经常见到的，而且我们也意识到这种变化是不可逆转的，是具有方向性的。

在热力学中讨论的各种过程，其中气体从一个平衡状态变化到另一个平衡状态，这些变化过程是可以逆转的。所谓平衡是说气体本身中并无温差、压差等因素出现。区别可逆和不可逆变化有个物理量，这就是我们还要介绍的另一个状态参数熵 S。

热力学第一定律给出了

$$
\mathrm{d}q = \mathrm{d}e + p\,\mathrm{d}u
$$

利用状态方程（9-1）和关系式 $c_p - c_v = R_g$，可以把上式改写成

$$
\mathrm{d}q = c_v \mathrm{d}T + (c_p - c_v) T \frac{\mathrm{d}u}{u}
$$

在通除以 T 后得

$$
\frac{\mathrm{d}q}{T} = c_v \frac{\mathrm{d}T}{T} + (c_p - c_v) \frac{\mathrm{d}u}{u}
$$

c_p、c_v 为常数，从气体的初始状态 1（p_1，u_1，T_1）到终止状态 2（p_2，u_2，T_2）积分上式可得

$$\int_1^2 \frac{\mathrm{d}q}{T} = c_v \int_1^2 \frac{\mathrm{d}T}{T} + (c_p - c_v) \int_1^2 \frac{\mathrm{d}u}{u} = c_v \ln \frac{T_2}{T_1} + (c_p - c_v) \ln \frac{u_2}{u_1}$$

上式表明，在一个可逆变化过程中，积分值 $\int \mathrm{d}q/T$ 只取决于过程的始、末两个状态，而与变化的具体过程无关。由此可见 $\int \mathrm{d}q/T$ 是一个反映热力状态的物理量。

热力学第二定律首先如下定义熵的状态参数：

$$\mathrm{d}S = \frac{\mathrm{d}q}{T} = c_v \frac{\mathrm{d}T}{T} + (c_p - c_v) \frac{\mathrm{d}u}{u} = c_p \frac{\mathrm{d}T}{T} - (c_p - c_v) \frac{\mathrm{d}p}{p} = c_v \frac{\mathrm{d}p}{p} + c_p \frac{\mathrm{d}u}{u} \qquad (9\text{-}8)$$

它反映了由于热量交换而引起的状态变化。

一个既无黏性又无热传导的理想气流，如果在流动中又是绝热的话，那么此中 $dq = 0$，因而 $\mathrm{d}S = 0$ 或 $S =$ 常数，所以称这种流动为等熵流动。对于等熵流动，前面推导出的绝热关系式（9-7）才是适用的。

热力学第二定律用数学的形式概括了许多不可逆转的热力现象，定律指出：对于不可逆的循环变化过程来说，下列不等式成立：

$$\oint_{\text{不可逆}} \frac{\mathrm{d}q}{T} < 0 \qquad (9\text{-}9)$$

设想有个不可逆的热力过程，自状态 1 变化到状态 2，可以通过某个可逆过程又使它自状态 2 回复至状态 1，如此就组成了个不可逆的循环，根据热力学第二定律有

$$\int_{1 \atop \text{不可逆}}^2 \frac{\mathrm{d}q}{T} + \int_{2 \atop \text{可逆}}^1 \frac{\mathrm{d}q}{T} < 0$$

正如上面所说明了的，在可逆过程中存在状态参数熵，所以有

$$\int_{2 \atop \text{可逆}}^1 \frac{\mathrm{d}q}{T} = S_1 - S_2$$

以之代入上列不等式，得

$$S_2 - S_1 > \int_{1 \atop \text{不可逆}}^2 \frac{\mathrm{d}q}{T} \qquad (9\text{-}10)$$

上式是热力学第二定律的又一种表达形式。

一个绝热的气流，如果由于黏性阻力而产生了热，这时在气流中 $dq > 0$，因而 $S_2 - S_1 > 0$。气流中出现热传导的情况亦是如此。设想有一对外界绝热的气流，其中一部分的温度是 T_1，另一部分的温度是 T_2，而 $T_1 > T_2$，如此就引起了热传导，有数量为 dq 的热量将自 T_1 部分传送到 T_2 部分。对于 T_1 部分的气体来说，它们输出了热量，由于有一个 $- dq/T_1$，而 T_2 部分由于获得了热量，有一个 $+ dq/T_2$，综合以上两部分，且因 $T_1 > T_2$，可知

$$\frac{\mathrm{d}q}{T_2} - \frac{\mathrm{d}q}{T_1} > 0$$

这里又表明了，在出现热传导的情况下，$S_2 - S_1 > 0$，就是说熵值也是在增加的。

通过引进状态参数熵后，明确了绝热变化和等熵变化之间的差别，知道了绝热不一定是等熵，只有在可逆变化中绝热才是等熵的，而在不可逆变化中熵值只能增加。最后，不加推导，把几个计算熵值的公式罗列在下面：

$$S - S_1 = c_p \ln \frac{T}{T_1} - (c_p - c_v) \ln \frac{p}{p_1}$$

$$S - S_1 = c_v \ln \frac{T}{T_1} + (c_p - c_v) \ln \frac{u}{u_1}$$ \quad (9-11)

$$S - S_1 = c_v \ln \frac{p}{p_1} + c_p \ln \frac{u}{u_1}$$

式中，p_1、u_1、T_1 指计算时使用的某个参考状态。

例 9-1 将一容器内的空气压缩，使其压强从 $p_1 = 0.98 \times 10^5 \mathrm{Pa}$ 增至 $p_2 = 5.88 \times 10^5 \mathrm{Pa}$，温度从 20℃升至 78℃，问空气的体积减小了多少？

解： 由气体状态方程 $pV = mR_g T$ 得

$$\frac{V_2}{V_1} = \frac{p_1 T_2}{p_2 T_1} = 0.1997$$

$$\frac{V_1 - V_2}{V_1} = 0.8003 = 80\%$$

9.2 声速与马赫数及扰动传播

9.2.1 声速与马赫数

在可压缩气流中，一个微小的扰动（微小的压力变化）将以一定的速度传播出去，这个速度称之为声速 c。关于声速的重要意义将在后续内容中逐步明确起来，在这里先做初步的说明。

声速是空气动力学一个很重要的参数，首先声速是衡量气流快慢的一个尺度，气流流速 v 和声速 c 的比值叫作马赫数，马赫数 $Ma = v/c$。一般情况下，当 $Ma \leqslant 0.3$ 时，气流中的密度变化不大（密度变化在 5% 左右），这类气流就常和水流等同等看待；而当 $Ma > 0.3$ 时，气流就不能和水流同等看待了。

从物理学中知道

$$c = \sqrt{\frac{\mathrm{d}p}{\mathrm{d}\rho}} \quad (9-12)$$

这个公式表明，越是难以压缩的流体在其中扰动的传播速度就越大。声音在水中的传播速度是 1460m/s，而在空气中的传播速度只有 340m/s，就是因为水比空气难于压缩的缘故。

没有热量交换的变化过程叫作绝热过程。根据热力学第一定律，绝热过程中气体的单位质量热力学能不变。一个既无黏性又无热传导的理想气流，如果在流动中又是绝热的话，那么称这种流动为等熵流动，也就是流体的熵沿迹线不变的流动称为等熵流动，没有总压损失的绝热流动是等熵流动。等熵流动的结果可作为有摩擦和非绝热流动的一次近似。于是微小扰动给气体带来的热力变化也是微小的，这里不会出现黏性损耗或是热传导现象，所以说气流扰动的传播过程是个等熵过程。

例 9-2 已知空气在海平面上温度为 288.2K，而在 $H = 11000 \sim 24000\mathrm{m}$ 的高空温度为 216.7K，计算该两处空气中的声速值。

解： 在海平面处空气声速为 c_1，空气绝热指数 $\gamma = 1.4$，气体常数 $R_g = 287\mathrm{J/(kg \cdot K)}$，则

$$c_1 = \sqrt{\gamma R_g T_1} = \sqrt{1.4 \times 287 \times 288.2}\,\text{m/s} = 340.3\,\text{m/s}$$

在 11000～24000m 处声速为 c_2，则

$$c_2 = \sqrt{\gamma R_g T_2} = \sqrt{1.4 \times 287 \times 216.7}\,\text{m/s} = 295.1\,\text{m/s}$$

从而说明声速具有当地性。

例 9-3　某飞机在海平面和 11000m 的高空均以 1200km/h 的速度飞行，问这架飞机在海平面和 11000m 的高空飞行的马赫数是否相同？

解：飞机的飞行速度 $v = \left(1200 \times \dfrac{1000}{3600}\right)\text{m/s} = 333.3\,\text{m/s}$。由于海平面上的声速为 340m/s，所以在海平面上的马赫数为 $Ma = \dfrac{333.3}{340} = 0.98$ 即亚声速飞行。

由于在 11000m 高空的声速为 295m/s，所以在 11000 的高空的马赫数为 $Ma = \dfrac{333.3}{295} = 1.13$ 即超声速飞行。

9.2.2 扰动的传播

如图 9-1 所示，设想有一根很长的等截面圆直管，管中充满了参数为 p、ρ、T 的静止气体；又在直管的右端安装一个活塞。现在让活塞开始向左运动，由于活塞的运动，管中气体逐步受到压缩。现假定压缩微弱扰动的波面已传到图中 $C-C$ 位置，此刻管中出现了如图 9-1 中所表明的压力分布。右边部分气体经过压缩后其速度、压力、密度和温度已上升为 dv_x、$p+dp$、$\rho+d\rho$、$T+dT$，左边部分的气体还没有受到活塞运动的影响，压力、密度、温度等仍保持为 p、ρ、T 及速度为零。在这两部分气体之间有一段称之为 b 的过渡区，这一过渡区将以

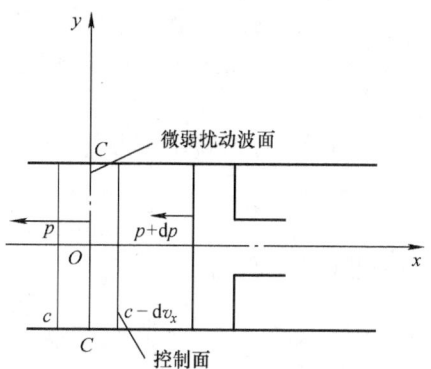

图 9-1　微小扰动波的传播

速度 c 向左推进。假如这里出现的压缩 Δp 很微弱，那么过渡区中的压力分布情况在它的推进过程中将保持不变，或者说成是压缩波形在它的传播过程中将保持不变。

关于长度为 b 的过渡区里的情况可以做以下两点说明：

（1）过渡区推进时，它通过一个截面位置所需的时间是 $t = b/c$，在这一段时间内压缩区扩大了的容积等于 Ab，其中 A 为管道截面面积，而这一容积中增加的质量就等于 $Abd\rho$。因而单位时间里增加的质量应为

$$\frac{Abd\rho}{t} = Acd\rho$$

这部分质量来源于压缩区。原来是静止的气体，经过压缩后还产生了个向左的速度 v_x，这个速度也就是活塞跟随压缩区推进的速度。按质量守恒规律得知

$$Av_x(\rho + d\rho) = Acd\rho \quad \text{或} \quad v_x(\rho + d\rho) = cd\rho \tag{9-13}$$

（2）在过渡区里，气体的速度在时间 t 从 0 增加到 v_x，那么它的加速度就等于 $v_x/t = v_x c/b$；被加速的质量是 $\rho_m Ab$。其中 ρ_m 指某个平均密度。另一方面，作用在过渡区上的力是 Adp。如此，就得到下列动力学关系式：

$$Ab\rho_m v_x \frac{c}{b} = Adp \quad \text{或} \quad \rho_m v_x c = dp \tag{9-14}$$

不妨将 $\rho + d\rho$ 去代替上式中的 ρ_m，因为前面已假设了压缩是微弱的，这不致引起较大误差。

现在把式（9-13）和式（9-14）相除，得

$$\frac{(\rho + d\rho) v_x c}{(\rho + d\rho) v_x} = \frac{dp}{d\rho c}$$

整理得

$$c^2 = \frac{dp}{d\rho} \tag{9-15}$$

式（9-15）表明，微弱的压缩以一定的速度传播出去，速度大小 c 取决于气体的压缩规律 $dp/d\rho$。

如设想管中活塞开始向右运动，这时由于活塞的运动管中气体逐步膨胀。用上面相同的讨论方法可以得到，微弱膨胀的传播速度也就是上面推导出来的 c。这个传播速度称之为声速，因为声音的传播就是微弱扰动的传播。又因为微弱扰动波在传播过程中引起的温度变化十分微弱，这种弱扰动波在流体中传播时，流体的压缩或膨胀过程不仅绝热而且可逆。

由热力学第一定律可以根据绝热或等熵方程式导出

$$p = C\rho^\gamma \tag{9-16}$$

式中，γ 为绝热指数或等熵指数。p 对 ρ 求导数，则

$$\frac{dp}{d\rho} = C\gamma\rho^{\gamma-1} = \frac{p}{\rho^\gamma}\gamma\rho^{\gamma-1} = \frac{\gamma p}{\rho} \tag{9-17}$$

再根据理想气体状态方程式

$$\frac{p}{\rho} = R_g T \tag{9-18}$$

可得

$$\frac{dp}{d\rho} = \gamma R_g T \tag{9-19}$$

则声速方程式的三种形式为

$$c = \sqrt{\frac{dp}{d\rho}} = \sqrt{\frac{\gamma p}{\rho}} = \sqrt{\gamma R_g T} \tag{9-20}$$

可见声速 c 是随气温 T 的升高而加大的。

上面讨论的是微弱扰动在静止气体中的传播情况。如直管中的气体不是静止的而是一具有（向左）流速为 v 的气流，此时气流中扰动的传播情况是这样：我们可以随同气流一起运动而加以观察，这时气体相对于观察者来说是静止的，而这样观察到的扰动仍以声速 c 相对于气流进行传播。至于相对静止的直管来说，扰动往下游（向左）的传播速度应是 $v + c$，而往上游（向右）的传播速度则是 $v - c$。从这里我们又可以推断，在气体流速等于和大于声速的情况下，扰动就根本不能往直管的上游传播过去了。

当物体在气体中运动，或者反过来，流体绕物体流动，物体将对气体产生扰动，假如扰动源是物体的前缘点，则由此发出的扰动波将以声速向四周传播。现简单叙述弱扰动在空间中的传播情况：如图9-2所示 O 点表示一个扰动源，它能使气发生微弱的压缩或膨胀，其传播情况有四种方式。（1）扰动源静止，此时扰动波均以 O 点为中心，空间中的扰动将以

球面波的形式传播出去，球面的半径 $R = ct$，经过一定时间后，扰动波布满整个空间，如图 9-2a 所示。（2）扰动源 O 作为球面中心以速度 v 向前运动，$v < c$，$Ma < 1$，称为亚声速流动。扰动源经 t 时间之后运动位移 $l = vt$，而波已传至半径 $R = ct$ 处，波在物体之前，$R > l$。扰动波仍可传到整个空间，只是在扰动源运动的下游方向上传播得慢，而在上游的反方向上传播得快，如图 9-2b 所示。（3）扰动源运动速度 $v = c$，$Ma = 1$，称为声速流动。物体与扰动波同时到达，即 $R = l$，扰动波始终不会超出物体之前，扰动波只能布满扰动源后的半个空间，而扰动源之前的半个空间则为不受扰动区或寂静区，如图 9-2c 所示。（4）扰动源运动速度 $v > c$，$Ma > 1$，称为超声速流动，物体在扰动波之前，$l > R$。这就是通常往往先看到超声速飞机，而后听到飞机轰鸣声的缘故。扰动波传播范围只能局限在扰动源运动点后面的一个锥形空间内，在这个锥形空间以外是不受扰动的区域。这个空间称为马赫锥，如图9-2d所示，马赫锥的顶点就是扰动源，其半锥角 θ 称为马赫角，又叫扰动角。则有

$$\sin\theta = \frac{ct}{vt} = \frac{c}{v} = \frac{1}{Ma} \tag{9-21}$$

根据相对性原理，扰动源物体以一定速度 v 运动和气流以速度 v 绕扰动源物体流动是等同的力学效果，所以也把飞行体的速度说成是马赫数。由此可见马赫数 Ma 越大，马赫角 θ 就越小，即是说扰动的影响将局限在一更小的锥形区域里。一般 $Ma > 3$ 称为高超声速流动，此时扰动区域只有 $2\theta < 40°$ 的范围。而马赫锥外 320° 空间中皆不受扰动。

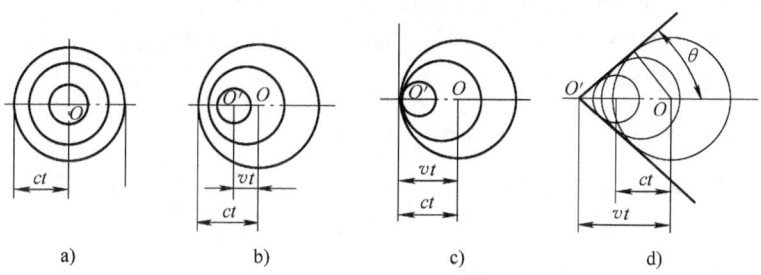

图 9-2　扰动波的传播方式

通过以上一些说明可以知道，在亚声速流和超声速流之间存在这样一个本质差异：在亚声速流中，任何微弱的扰动都能传遍整个流场。而在超声速流中，扰动的影响只局限在一定的范围内。此外，在超声速流中还可以出现突变的压缩现象，这在亚声速流中是不存在的。

例 9-4　飞行的子弹头在大气中产生小扰动波，从纹影图上测出马赫角为 50°，当地气温为 25℃，求弹头的飞行速度。

解：弹头的马赫数

$$Ma = \frac{1}{\sin\theta} = \frac{1}{\sin 50°} = 1.305$$

当地声速

$$c = \sqrt{\gamma R_g T} = \sqrt{1.4 \times 287 \times (273 + 25)} \, \text{m/s} = 346.03 \, \text{m/s}$$

弹头飞行速度

$$v = Ma \cdot c = 451.57 \, \text{m/s}$$

例 9-5　如图 9-3，压气机叶轮入口与出口、扩压器与蜗壳出口分别以 1、2、3、4 点表示。已知 $v_1 = 48\text{m/s}$，$p_1 = 98\text{kPa}$，$\rho_1 = 1.1\text{kg/m}^3$；$v_2 = 220\text{m/s}$，$t_2 = 62℃$；$v_3 = 130\text{m/s}$，$t_3 = 77℃$；$v_4 = 50\text{m/s}$，$p_4 = $

149kPa，$\rho_4 = 1.5\text{kg/m}^3$。试比较这 4 处的声速和马赫数。

解：计算马赫数

$$Ma_1 = \frac{v_1}{c_1} = \frac{v_1}{\sqrt{\gamma \dfrac{p_1}{\rho_1}}} = \frac{48}{\sqrt{\dfrac{1.4}{1.1} \times 0.98 \times 10^5}} = \frac{48}{353} = 0.136$$

$$Ma_2 = \frac{v_2}{c_2} = \frac{v_2}{\sqrt{\gamma R_g (t_2 + 273)}} = \frac{220}{\sqrt{1.4 \times 287 \times 335}} = \frac{220}{369} = 0.599$$

$$Ma_3 = \frac{v_3}{c_3} = \frac{v_3}{\sqrt{\gamma R_g (t_3 + 273)}} = \frac{130}{\sqrt{1.4 \times 257 \times 350}} = \frac{130}{375} = 0.347$$

$$Ma_4 = \frac{v_4}{c_4} = \frac{v_4}{\sqrt{\gamma \dfrac{p_4}{\rho_4}}} = \frac{50}{\sqrt{\dfrac{1.4}{1.5} \times 1.49 \times 10^5}} = \frac{50}{373} = 0.134$$

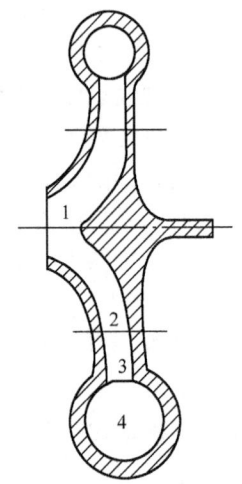

图 9-3　例 9-5 附图

可见　$Ma_2 > Ma_3 > Ma_1 > Ma_4$，$c_3 > c_4 > c_2 > c_1$

由题知，$v_2 > v_3 > v_4 > v_1$，可见马赫数的大小不是单纯由速度决定的，而是由速度和声速的比值来决定的。声速也不是恒定不变的，它与当地温度、压强和密度等状态参数有关。既然声速具有当地性，自然马赫数也是如此。

例 9-6　用长度比例尺 $\lambda = 10$ 的模型试验炮弹的空气动力特性，已知炮弹的飞行速度为 1000m/s，空气温度为 $40℃$，空气的动力黏度为 $19.2 \times 10^{-6}\text{Pa} \cdot \text{s}$；模型空气温度为 $10℃$，空气动力黏度为 $17.8 \times 10^{-6}\text{Pa} \cdot \text{s}$，试求同时满足弹性力相似和黏性力相似的模型风速和风压。

解：此题是马赫模型律和雷诺模型律综合应用问题，两个都是决定性相似准则，根据已知条件（$T_{\text{I}} = 313\text{K}$，$T_{\text{II}} = 283\text{K}$，这就等于给出求模型风速度的条件），应先由马赫模型律求 v_{II}，然后应用雷诺模型律求风压 p_{II}，中间桥梁是理想气体状态方程 $\dfrac{p}{\rho T} = R_g$。

（1）首先由马赫相似准则，求模型风速 v_{II}。

$$Ma_{\text{I}} = Ma_{\text{II}}，\frac{v_{\text{I}}}{c_{\text{I}}} = \frac{v_{\text{II}}}{c_{\text{II}}} \Rightarrow \frac{v_{\text{I}}}{v_{\text{II}}} = \frac{c_{\text{I}}}{c_{\text{II}}} = \frac{\sqrt{\gamma R_g T_{\text{I}}}}{\sqrt{\gamma R_g T_{\text{II}}}}$$

对空气 $\gamma = 1.4$，$R_g = 287\text{J/kg} \cdot \text{K}$，故有

$$v_{\text{II}} = v_{\text{I}} \frac{20.1}{20.1} \frac{\sqrt{T_{\text{II}}}}{\sqrt{T_{\text{I}}}} = \left(1000 \times \sqrt{\frac{283}{313}}\right)\text{m/s} = 950.87\text{m/s}$$

（2）由理想气体状态方程 $\dfrac{p}{\rho T} = R_g$，求 λ_p。

因为 $\dfrac{\lambda_p}{\lambda_\rho \lambda_T} = 1$，故

$$\lambda_p = \lambda_\rho \lambda_T \tag{1}$$

（3）由雷诺准则求 λ_ρ。

因为 $Re_{\text{I}} = Re_{\text{II}}$，所以

$$\frac{\rho_{\text{I}} v_{\text{I}} l_{\text{I}}}{\mu_{\text{I}}} = \frac{\rho_{\text{II}} v_{\text{II}} l_{\text{II}}}{\mu_{\text{II}}} \tag{2}$$

$$\lambda_\rho = \lambda_\mu \lambda_v^{-1} \lambda_l^{-1}$$

故有
把式（2）代入式（1），则有

$$\lambda_\rho = \lambda_p \lambda_T = \lambda_\mu \lambda_v^{-1} \lambda_l^{-1} \lambda_T$$

又因为 $\lambda_p = \dfrac{p_{\text{I}}}{p_{\text{II}}}$，所以

$$p_\text{II} = \frac{p_\text{I}}{\lambda_p} = p_\text{I}\lambda_\mu^{-1}\lambda_v\lambda_l\lambda_T^{-1} = \frac{17.8\times10^{-6}}{19.2\times10^{-6}}\times\frac{1000}{950.87}\times10\times\frac{283}{313}p_\text{I} = 8.82p_\text{I}$$

9.3　一维定常气流基本方程

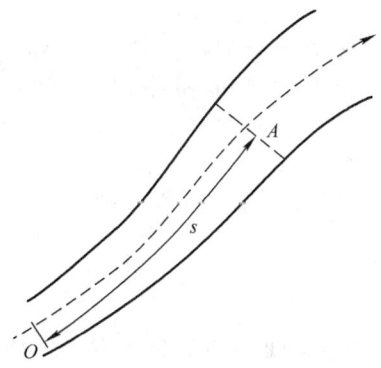

　　所谓一维流动是指气流参数只是一个空间坐标函数的这种流动。如图9-4所示变截面的管道，这个管道的大小可以用数学式来表示如下。试取管道的中心线作为坐标轴，并在该坐标轴上选定一个原点 O 和指定一个正方向，这样管道上任何一个截面的位置就可以用一个变数 s 来表示它，而管道截面积的变化就可以写成为 $A = A(s)$。

　　在一个变截面管道中流动的气流，其中情况还是比较复杂的，在同一个界面上出现的流动参数也不一定处处相同。如果要仔细去分析计算这一流动，还会有许多困难。在工程实践中，有时只要求去掌

图9-4　一维定常气流

握管流中的主要规律，也为了便于分析计算，我们常假设，在管道截面上的流动参数是一致的，这时气流参数就可以表达为下列形式的函数：

$$v = v(s),p = p(s),\rho = \rho(s),T = T(s)$$

其中涉及空间位置的变数只有 s 一个。如果是非定常流动，那么函数中还有时间变数 t。严格来说，只有当理想气体在等截面直管道中才能出现一维流动，不过只要管截面的变化很缓慢，且管道的曲率很小和气体的黏性也很小时，实用上就不妨把其中的气流看成一维流动。这样得出的结果虽说粗糙些，但仍具有一定的精确度和参考价值。

9.3.1　连续方程

　　对于不可压缩流体，一维连续方程的形式很简单，它是 $vA = C$，这表明通过管道上任一截面的体积流量 vA 是一常量，据此可以推断，在大截面上出现的一定是小流速，而小截面上的则是大流速。至于可压缩流体，由于它的压缩性，在同一管道的不同截面上通过的体积流量可以有多有少。但是根据质量守恒和流动为连续的条件，容易断定通过任一截面的质量流量 ρvA 应是个常量，微分 $\mathrm{d}(\rho vA) = 0$，即

$$q_\mathrm{m} = \rho q_v = \rho vA = C \tag{9-22}$$

这里的流速 v 和截面 A 之间的关系就不如上面那样简单了，可以是在大截面上出现大流速，如果在该处气体密度 ρ 变得很小的话。

　　对式（9-22）取对数可得

$$\ln(\rho vA) = \ln\rho + \ln v + \ln A = C$$

微分可得

$$\frac{\mathrm{d}\rho}{\rho} + \frac{\mathrm{d}v}{v} + \frac{\mathrm{d}A}{A} = 0 \tag{9-23}$$

这就是微分形式的连续方程，表明沿流管流体的密度、速度和断面积三者的相对变化量之代

数和必须为零。

9.3.2 运动方程

暂且不考虑黏性的影响，由 N‒S 方程，一维气流运动方程的微分形式为

$$-\frac{\mathrm{d}p}{\mathrm{d}s} = \rho v \frac{\mathrm{d}v}{\mathrm{d}s} \tag{9-24}$$

它表明，流速要增大，压力就得减小，流速要减小，压力就得增大。根据上式很容易得出，气流中压力增量 $\mathrm{d}p$ 和流速增量 $\mathrm{d}v$ 之间的关系是

$$-\frac{\mathrm{d}p}{\rho} = v\mathrm{d}v \tag{9-25}$$

试把上式通除以 $-\mathrm{d}p/\mathrm{d}\rho$，则得

$$\frac{\mathrm{d}\rho}{\rho} = -\frac{v^2}{\dfrac{\mathrm{d}p}{\mathrm{d}\rho}} \frac{\mathrm{d}v}{v}$$

由于 $\mathrm{d}p/\mathrm{d}\rho = c^2$，而 $v^2/c^2 = Ma^2$，于是上式成为

$$\frac{\mathrm{d}\rho}{\rho} = -Ma^2 \frac{\mathrm{d}v}{v} \tag{9-26}$$

这里推导出一个关于密度变化和流速变化之间的关系式，式中右边的负号表明，两个变化的方向是相反的，速度在增加，密度则在减小。

还可以进一步来说明马赫数 Ma 的影响如下：（1）当 $Ma \ll 1$ 时，Ma^2 就是个接近于零的数字，这时某一速度变化只能引起非常小的密度变化，那么这股气流就可以作为不可压缩流动来处理了；（2）当 $Ma = 1$ 时，气流的密度变化和速度变化在数值上彼此相等。关于这一点，下面将再补充说明；（3）当 $Ma > 1$ 时，Ma^2 是个比 Ma 本身还要大的数字，在这样的马赫数下，气流速度的变化会引起更大的密度变化。

以上分析表明，气体是可压缩的流体，但它的压缩性的影响却视 Ma 数的大小而定。当 Ma 数很小时，气流密度的变化可以忽略不计；随着 Ma 数的增大，密度的变化就越来越明显。在亚声速（$Ma < 1$）气流中，密度的相对变化量总是小于速度的相对变化量，而在 $Ma > 1$ 时，即出现超声速流动时，密度的相对变化量就大于速度的相对变化量。正因如此，超声速气流和亚声速气流之间就有着实质性的差别。

再来讨论运动方程式（9-24），希望找出气流中压力 p 和流速 v 之间的关系。现在来分析运动方程

$$-\frac{\mathrm{d}p}{\mathrm{d}s} = \rho v \frac{\mathrm{d}v}{\mathrm{d}s}$$

方程左边的项表示作用在单位体积流体上的压力，而右边的项则表示单位体积的流体质量 ρ 乘上它的加速度 $v\mathrm{d}v/\mathrm{d}s$。在此试以 $V = 1/\rho g = u/g$ 乘上式的两边，得

$$-V\frac{\mathrm{d}p}{\mathrm{d}s} = \frac{v}{g} \frac{\mathrm{d}v}{\mathrm{d}s}$$

这就是支配单位重量流体的运动方程。把这个方程沿着管道轴线 s 作线积分，自某一截面 1 起，至另一截面 2 止，逐步积分推导得

$$-\int_1^2 V\frac{\mathrm{d}p}{\mathrm{d}s}\mathrm{d}s = \frac{1}{g}\int_1^2 v\frac{\mathrm{d}v}{\mathrm{d}s}\mathrm{d}s$$

$$-\int_1^2 Vdp = \frac{1}{g}\int_1^2 d\left(\frac{v^2}{2}\right)$$

$$-\int_1^2 Vdp = \frac{v_2^2 - v_1^2}{2g} \tag{9-27}$$

式 (9-27) 就是普通形式的伯努利方程，它给出了流速和压力之间关系，但要用它来作计算时，还必须先算出积分 $\int Vdp$。积分符号中压力 p 和比体积 u 的关系取决于流动过程的热力性质。假设流动过程是等熵的，则有关系式

$$pu^\gamma = C$$

于是

$$\int_1^2 Vdp = C^{\frac{1}{\gamma}}\int_1^2 p^{-\frac{1}{\gamma}}dp = \frac{\gamma}{\gamma - 1}C^{\frac{1}{\gamma}}\left(p_2^{\frac{\gamma-1}{\gamma}} - p_1^{\frac{\gamma-1}{\gamma}}\right)$$

$$= \frac{\gamma}{\gamma - 1}p_1^{\frac{1}{\gamma}}V_1\left(p_2^{\frac{\gamma-1}{\gamma}} - p_1^{\frac{\gamma-1}{\gamma}}\right) = \frac{\gamma}{\gamma - 1}p_1 V_1\left[\left(\frac{p_2}{p_1}\right)^{\frac{\gamma-1}{\gamma}} - 1\right]$$

$$= \frac{\gamma}{\gamma - 1}R_g T_1\left[\left(\frac{p_2}{p_1}\right)^{\frac{\gamma-1}{\gamma}} - 1\right]$$

把这一积分结果代入式 (9-27)，得

$$\frac{\gamma}{\gamma - 1}R_g T_1\left[\left(\frac{p_2}{p_1}\right)^{\frac{\gamma-1}{\gamma}} - 1\right] + \frac{v_2^2 - v_1^2}{2g} = 0 \tag{9-28}$$

式 (9-28) 表明了等熵流动中压力和流速的关系，据此还可以推导出气流温度 T 和流速 v 之间的关系如下。

已知在等熵过程中压力和温度之间的关系是

$$\left(\frac{p_2}{p_1}\right)^{\frac{\gamma-1}{\gamma}} = \frac{T_2}{T_1}$$

把它代到式 (9-28) 中去，得

$$\frac{\gamma}{\gamma - 1}R_g T_1\left(\frac{T_2}{T_1} - 1\right) + \frac{v_2^2 - v_1^2}{2g} = 0$$

$$\frac{\gamma}{\gamma - 1}R_g(T_2 - T_1) + \frac{v_2^2 - v_1^2}{2g} = 0 \tag{9-29}$$

这就表明了，随着气流速度的增加，温度将不断地下降。

先前曾介绍了使用皮托管来测量流速的方法。皮托管是个很简单但又很有用的测量工具，测量时皮托管前端的测孔成为流场中的驻点，如此就测得一个驻点的压力 p_0。如果流体是不可压缩的，那么利用不可压缩气流的伯努利方程式

$$\frac{p_1}{\rho g} + \frac{v_1^2}{2g} = \frac{p_2}{\rho g} + \frac{v_2^2}{2g}$$

若 $v_2 = 0$，$p_2 = p_0$，则可算出来流速度 v_1 为

$$v_1 = \sqrt{2g\frac{(p_0 - p_1)}{\rho g}} = \sqrt{\frac{2(p_0 - p_1)}{\rho}} \tag{9-30}$$

如果流体是可压缩的，这时伯努利方程成为式（9-28），而当 $v_2 = 0$，$p_2 = p_0$ 时，仍不能据此算出 v_1，因为在这个计算式中还需要确定一个热力参数 T_1。当然可以用温度表去探测气流的温度，但测到的也只是个驻点温度 T_0，它和来流气温 T_1 之间的关系按式（9-29）知为

$$\frac{\gamma}{\gamma - 1} R_g (T_0 - T_1) = \frac{v_1^2}{2g}$$

有了这个计算式，再结合伯努利方程

$$\frac{\gamma}{\gamma - 1} R_g T_1 \left[\left(\frac{p_0}{p_1} \right)^{\frac{\gamma-1}{\gamma}} - 1 \right] = \frac{v_1^2}{2g}$$

就可以依据测得的 T_0、p_0、p_1 去计算来流气温 T_1 和来流速度 v_1。

需要补充说明的是，伯努利方程式（9-28）是在等熵条件下推导出来的。在测量亚声速流时，这个公式是适用的。如用皮托管来探测超声速气流，这时由于测管的干扰，流场中会出现突变现象，气流的热力过程就不再是等熵的了。

利用运动方程还可以解决可压缩流体的相似流动问题，这里不加推导过程了，直接给出结果。两个等熵气流运动相似，则

$$\left. \begin{array}{c} \dfrac{v_1}{c_1} = \dfrac{v_2}{c_2} \\ Ma_1 = Ma_2 \end{array} \right\} \tag{9-31}$$

这就表明了，两个等熵气流成为流动相似的条件是，在绝热指数应彼此相同外，还要求气流的马赫数也彼此相同。

9.3.3 能量方程

能量方程所要表达的是功和能之间的转换关系。我们知道，气流能量如果有所增加的话，那一定是由于外界有热量输送进去，以及由于外力对它做功的结果，而且有多少热和功加在气流上，气流就增加这么多的能量。至于转换中将涉及哪些功和能，在此先分别说明如下。

说到气流的能量，将涉及气体的内能和气流的动能。虽说重力是处处存在的，但是对比压力或者其他外力来说，气流中的重力总是可以忽略不计的，因而重力做功和重力势能都不包括在这一能量方程中。

关于外力做功，首先谈一谈管道对气流的作用力。一般说，其中既有压力又有黏性力，但是管道没有做出任何位移，所以这些力都没有对气流做功。此外，可以对气流做功的，是这一部分气流对另一部分气流施加压力而做功，如果在气流中安装了运动部件，则运动部件对气流也可以做功，如电风扇吹风运动。而在这里并不考虑运动部件的问题（留待专业课程去讨论），因而在能量方程中剩下的只有气流之间做功这一项。

在定常气流中功和能之间的转换关系可以建立如下：如图 9-5 所示，在管道上任取一控制面 $1 - 1'$ 和 $2 - 2'$，控制面中那部分流体在流动过程中发生的能量变化可以在控制面上进行计算。为了简便起见，假设自 $2 - 2'$ 断面流出单位质量的流体，这部分流体所具有的动能和内能分别是 $v_2^2/(2g)$ 和 e_2/g；那么同时流入 $1 - 1'$ 断面单位质量流体的能量可以写成为 $v_1^2/(2g)$ 和 e_1/g，于是在单位质量流体上出现的能量变化就等于

$$\frac{v_2^2 - v_1^2}{2g} + \frac{e_2 - e_1}{g}$$

关于外力做功，在 $1-1'$ 断面上压力对单位质量流体所做的功是 u_1p_1/g；同样地，在 $2-2'$ 断面上压力对单位质量流体所做的功就可以写成为 $-u_2p_2/g$。

如果 q 表示加进单位质量流体中去的热量，那么能量方程就取得如下形式：

$$\frac{u_1p_1 - u_2p_2}{g} + \frac{q}{g} = \frac{v_2^2 - v_1^2}{2g} + \frac{e_2 - e_1}{g}$$

或整理得

$$q = \frac{v_2^2 - v_1^2}{2} + \left[(e_2 + u_2p_2) - (c_1 + u_1p_1) \right]$$

$$= \frac{v_2^2 - v_1^2}{2} + (h_2 - h_1) \tag{9-32}$$

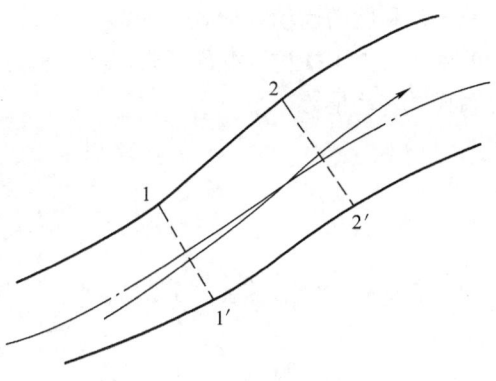

图 9-5   一维定常等熵气流

这一能量方程式对于气流，不论有无黏性，都是适用的。当流动为绝热时，式（9-32）成为

$$h_1 + \frac{v_1^2}{2} = h_2 + \frac{v_2^2}{2} \quad \text{或} \quad h + \frac{v^2}{2} = C \tag{9-33}$$

这表明，在绝热流动中气流的动能和焓之间的转换是这样的，即它们两者的总和始终不变。

绝热流动中的能量方程还可以写成下列形式：

$$c_pT + \frac{v^2}{2} = C \tag{9-34}$$

$$\frac{\gamma R_g T}{\gamma - 1} + \frac{v^2}{2} = C \tag{9-35}$$

把上式中的 T 换成 pu/R_g，或者把 c_p 换成为 $\gamma R_g/(\gamma - 1)$，则能量方程另一个形式为

$$\frac{\gamma}{\gamma - 1}pu + \frac{v^2}{2} = C \tag{9-36}$$

再把声速 $c^2 = \gamma pu$ 代入，则得

$$\frac{c^2}{\gamma - 1} + \frac{v^2}{2} = C \tag{9-37}$$

9.4 变截面管道中的等熵气流

9.4.1 一维气流的流动特性

管道中气流参数的变化受到多方面因素的影响，例如摩擦和加热可以改变气流参数，又如改变管道截面的大小也能使气流发生变化。在这一节里主要讨论管道截面变化对气流的影响，为此且略去摩擦和加热等因素。在略去摩擦和加热影响之下，气流的热力变化就是等熵的了，下面仍假设管道截面变化是逐渐的。

在等熵流动中，前面的讨论已得到一系列支配流动的基本方程：压力和密度之间以及压力增量 $\mathrm{d}p$ 和相应的密度增加 $\mathrm{d}\rho$ 之间的关系式（9-15）~式（9-19）；连续方程式（9-23）；

以及不计黏性的运动方程式（9-25）。以上几个方程式是决定等熵气流中各个参数之间的基本关系式。为了探讨管截面变化对气流流速以及对气流密度的影响，下面将运动方程和等熵关系式做一些推导。

$$v^2 \frac{\mathrm{d}v}{v} = -\frac{1}{\rho} \frac{\mathrm{d}p}{\mathrm{d}\rho}\mathrm{d}\rho = -c^2 \frac{\mathrm{d}\rho}{\rho}$$

$$Ma^2 \frac{\mathrm{d}v}{v} = -\frac{\mathrm{d}\rho}{\rho}$$

如把上式代到连续方程式（9-23）中去，在消去参数 ρ 之后，得

$$(Ma^2 - 1)\frac{\mathrm{d}v}{v} = \frac{\mathrm{d}A}{A} \tag{9-38}$$

这是一个表达管截面面积 A 变化对气流流速 v 影响的公式。又如果在连续方程中消去参数 v，则得管截面面积 A 变化对气流密度 ρ 影响的公式

$$\left(\frac{1}{Ma^2} - 1\right)\frac{\mathrm{d}\rho}{\rho} = \frac{\mathrm{d}A}{A} \tag{9-39}$$

从（9-38）式中可以看出，当 $Ma < 1$ 时，$\mathrm{d}A$ 和 $\mathrm{d}v$ 异号，这是说在亚声速气流中，管截面的减小将促使气流流速增加。也就是如图 9-6a 所示的收缩气流管道为亚声速加速管，根据伯努利方程它肯定是亚声速减压管及超声速增压管；而当 $Ma > 1$ 时，$\mathrm{d}A$ 和 $\mathrm{d}v$ 同号，这又表明，在超声速气流中，随着管截面的增加，流速不是在减小，反而也随着增加了。也就是如图 9-6b 所示的扩张气流管道为超声速加速管，也是亚声速增压管及超声速减压管。

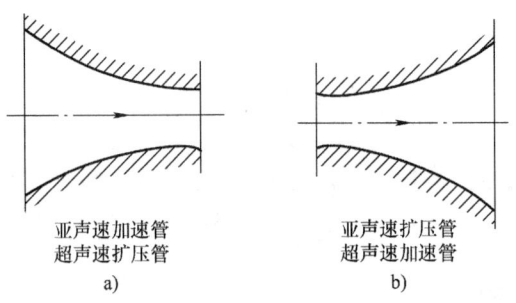

亚声速加速管　　　　　　　　　　亚声速扩压管
超声速扩压管　　　　　　　　　　超声速加速管
　　　a)　　　　　　　　　　　　　　　b)

图 9-6　变截面气流管道
a) 收缩气流管道　b) 扩张气流管道

为了弄清这一在超声速气流中出现的、似乎是反常的现象，在此试分析一下式（9-39）。从式（9-39）中可以看出，当 $Ma < 1$ 时，$\mathrm{d}A$ 和 $\mathrm{d}\rho$ 同号，这表明在亚声速流中，随着管截面的减小，气流密度也在减小，因此小截面上的流速必然要增加得多些，否则无法通过变大了的体积流量；当 $Ma > 1$ 时，$\mathrm{d}A$ 和 $\mathrm{d}\rho$ 却是异号，这又表明在超声速气流中，随着管截面的增加，密度在减小，而且密度减小的程度超过了面积增加的程度，这个变化关系反映在当 $Ma > 1$ 时，下式成立：

$$\left|\frac{\mathrm{d}\rho/\rho}{\mathrm{d}A/A}\right| = \left|\frac{-Ma^2}{Ma^2 - 1}\right| > 1$$

由于密度减小得更多些，所以虽然管截面增加了，流速还得随管截面的增加而有所增加。

从式（9-38）中又可以看出，当 $Ma = 1$ 时，$\mathrm{d}A = 0$，这是说在声速流时，任何微小的流速变化 $\mathrm{d}v$ 都不需要改变截面的大小去适应它。

上面讨论了管截面变化对气流流速的影响，知道截面积和流速之间的关系，在亚声速流和超声速流中是完全不同的。一个收缩的管道只能用来加速亚声速的气流，而且至多只能把它加速到声速为止。如果需要把气流进一步加速到超声速，那么管道必须做成先收缩而后又扩大的形状，否则是不可能的。在这样一个缩放管中，气流由亚声速转变为超声速这个转折一定出现在管道的最小截面上，称之为临界截面。下面介绍的拉瓦尔喷管正是这种情况。

9.4.2　拉瓦尔喷管

从上述分析可知，想要完成气流从亚声速向超声速转变，用一种单纯收缩管或单纯扩散管都是无法实现的。逐渐收缩管道充其量只能在出口处达到声速，想超过这个界限，必须不失时机地在声速断面之后立即改变管道形状。这种能够从亚声速连续加速到超声速的管道，如图9-7所示，称为拉瓦尔（Laval）喷管。拉瓦尔喷管由收缩段、喉部及扩散段所组成。

拉瓦尔喷管收缩段的型线一般根据理想不可压缩轴对称流动理论进行设计，图9-7的型线计算公式为

$$r = \frac{r_1}{\sqrt{1 - \left[1 - \left(\frac{r_1}{r_2}\right)^2\right]\frac{\left(1 - \frac{x^2}{l^2}\right)^2}{\left(1 + \frac{x^2}{3l^2}\right)^3}}} \tag{9-40}$$

式中，r_2、r_1、r 分别为 $x = 0$、l（喉部）、x 处的半径。扩散段一般可用 $6° \sim 12°$ 的扩散锥形，以避免流体从管壁边界层分离。喉部断面与出口断面大小则需按所要求的流量和马赫数计算。

拉瓦尔喷管在工程技术中有许多应用。如图9-8a所示为超声速燃气轮机中的叶栅，其流道形状就是拉瓦尔喷管形状，气体通过叶轮叶片做功获取能量而形成高速气流；如图9-8b所示为火箭喷管流道，火箭燃料燃烧膨胀产生高速气流，再经过喷管加速以超声速气流喷出体外，借助大气的反作用力推动火箭飞行；如图9-8c所示为第一代喷气式飞机冲压式发动机流道，利用第一个拉瓦尔喷管将超声速气流连续压缩，然后在燃烧室中燃烧，再用第二个拉瓦尔喷管将燃烧气体以超声速射出，这里第一个是超声速增压管，第二个才是超声速加速管；如图9-8d所示为超声速风洞示意图，风洞中第一个是超声速加速管，产生超声速气流供试验用，然后用第二个超声速扩压管将超声速气流连续增压至常压状态，这样既能保证声速实验的稳定性，又能减少气流损失。

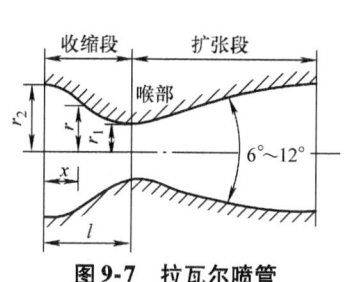

图9-7　拉瓦尔喷管

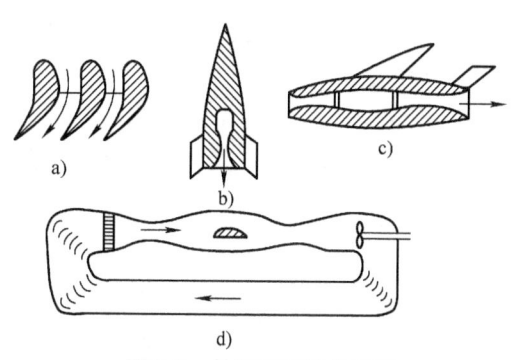

图9-8　拉瓦尔喷管的应用

9.4.3 滞止参数与临界参数

气流计算中有些断面上的参数是已知的，有些断面上的参数是待求的。如果根据气流基本方程式，直接建立已知断面和未知断面上气流参数的关系式，则使用起来会更加方便。下面以图9-9所示的流动为例说明滞止参数与临界参数的概念，以及它们之间的关系式。

左边燃烧室或者大型气罐中的速度可以认为是零，速度为零处的状态参数称为滞止参数，并用下标"0"表示，如滞止温度 T_0、滞止密度 ρ_0、滞止压强 p_0、滞止声速 c_0 等。

气流离开燃烧室以后，速度逐渐增大，按基本方程式可知气流的其他参数逐渐下降。假

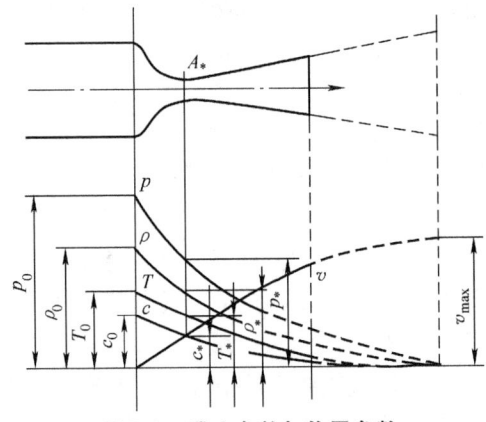

图9-9　滞止参数与临界参数

定燃烧室中的滞止参数具备建立声速的条件，则在喉部一定是气流速度 v 与喉部处的声速 c 相等。

$Ma=1$ 的喉部称为临界断面，临界断面上的一切参数均为临界参数，并用下标" $*$ "表示，如临界温度 T_*、临界密度 ρ_*，临界压强 p_*、临界声速 c_*、临界断面 A_* 等。

除临界马赫数 $Ma_*=1$、临界速度 $v_*=c_*$ 以外，其余临界参数均小于对应的滞止参数。

过喉部以后速度继续提高，其他参数继续下降，在出口处得到一定的超声速气流，$Ma=v/c>1$，但出口处仍具有一定的压强 p、温度 T、密度 ρ 和声速 c。

如果设想再延长扩张管，从理论上来说，使压强 p、温度 T、密度 ρ 和声速 c 等降为零时，可能有极限的气流速度 v_{max}，但这纯粹是理论上的设想，实际上 $p=T=\rho=c=0$ 的绝对真空状态是永远得不到的。因此这种理论上的极限速度 v_{max} 只是告诫在设计喷管时不要超过实际条件所允许的速度界限。

根据上述定义，不难得出各种参数之间的下列关系式：

1. 流动参数与滞止参数的关系

$$\frac{v^2}{2}+\begin{cases}\dfrac{\gamma}{\gamma-1}\dfrac{p}{\rho}=\dfrac{\gamma}{\gamma-1}\dfrac{p_0}{\rho_0}\\[2mm]\dfrac{\gamma}{\gamma-1}R_gT=\dfrac{\gamma}{\gamma-1}R_gT_0\\[2mm]\dfrac{c^2}{\gamma-1}=\dfrac{c_0^2}{\gamma-1}\\[2mm]c_pT=c_pT_0\\[2mm]h=h_0\\[2mm]\dfrac{p}{\rho}+e=\dfrac{p_0}{\rho_0}+e_0\end{cases}\qquad(9\text{-}41)$$

2. 极限速度与滞止参数的关系

$$v_{\max} = \begin{cases} \sqrt{\dfrac{2\gamma}{\gamma - 1}\dfrac{p_0}{\rho_0}} \\[2mm] \sqrt{\dfrac{2\gamma}{\gamma - 1}R_\mathrm{g}T_0} \\[2mm] \sqrt{\dfrac{2}{\gamma - 1}}c_0 \\[2mm] \sqrt{2c_p T_0} \\[2mm] \sqrt{2h_0} \\[2mm] \sqrt{2\left(\dfrac{p_0}{\rho_0} + e_0\right)} \end{cases} \tag{9-42}$$

3. 临界声速与滞止参数的关系

因为临界断面上 $v = c = v_* = c_*$，所以

$$\frac{v^2}{2} + \frac{c^2}{\gamma - 1} = \frac{c_*^2}{2} + \frac{c_*^2}{\gamma - 1} = \frac{\gamma + 1}{2(\gamma - 1)}c_*^2 = \frac{v_{\max}^2}{2} = \frac{c_0^2}{\gamma - 1} \tag{9-43}$$

由此可得

$$c_* = \begin{cases} \sqrt{\dfrac{2\gamma}{\gamma + 1}\dfrac{p_0}{\rho_0}} \\[2mm] \sqrt{\dfrac{2\gamma}{\gamma + 1}R_\mathrm{g}T_0} \\[2mm] \sqrt{\dfrac{2}{\gamma + 1}}c_0 \\[2mm] \sqrt{\dfrac{2(\gamma - 1)}{\gamma + 1}c_p T_0} \\[2mm] \sqrt{\dfrac{2(\gamma - 1)}{\gamma + 1}h_0} \\[2mm] \sqrt{\dfrac{\gamma - 1}{\gamma + 1}}v_{\max} \end{cases} \tag{9-44}$$

4. 临界参数与滞止参数的关系

由式（9-44）的第三式得

因 $\dfrac{c_*}{c_0} = \dfrac{\sqrt{\gamma R_\mathrm{g} T_*}}{\sqrt{\gamma R_\mathrm{g} T_0}} = \dfrac{\sqrt{T_*}}{\sqrt{T_0}}$，所以

因 $\dfrac{c_*}{c_0} = \sqrt{\dfrac{\gamma \dfrac{p_*}{\rho_*}}{\gamma \dfrac{p_0}{\rho_0}}} = \left(\dfrac{\rho_*}{\rho_0}\right)^{\frac{\gamma - 1}{2}}$，所以

因 $\dfrac{p_*}{p_0} = \dfrac{C\rho_*^\gamma}{C\rho_0^\gamma} = \left(\dfrac{\rho_*}{\rho_0}\right)^\gamma$，所以

$$\left. \begin{aligned} \frac{c_*}{c_0} &= \left(\frac{2}{\gamma + 1}\right)^{\frac{1}{2}} \\[2mm] \frac{T_*}{T_0} &= \left(\frac{2}{\gamma + 1}\right) \\[2mm] \frac{\rho_*}{\rho_0} &= \left(\frac{2}{\gamma + 1}\right)^{\frac{1}{\gamma - 1}} \\[2mm] \frac{p_*}{p_0} &= \left(\frac{2}{\gamma + 1}\right)^{\frac{\gamma}{\gamma - 1}} \end{aligned} \right\} \tag{9-45}$$

临界参数与滞止参数之比也简称为临界参数比，它们只与气体的绝热指数有关，对于不同绝热指数的几种气体其临界参数与滞止参数之比见表9-1。

表9-1 临界参数与滞止参数之比

临界参数/滞止参数	空气、氢、氧 $\gamma = 1.40$	油燃气、水蒸气 $\gamma = 1.33$	甲烷、过热蒸汽 $\gamma = 1.30$	火药燃气 $\gamma = 1.20$
临界声速比 $\dfrac{c_*}{c_0}$	0.913	0.926	0.932	0.953
临界温度比 $\dfrac{T_*}{T_0}$	0.833	0.858	0.870	0.909
临界密度比 $\dfrac{\rho_*}{\rho_0}$	0.634	0.630	0.628	0.621
临界压强比 $\dfrac{p_*}{p_0}$	0.528	0.540	0.546	0.564
$\dfrac{c_*}{v_{\max}}$	0.408	0.376	0.361	0.302

5. 流动参数与马赫数的关系

将式（9-41）的第三式乘以 $\dfrac{\gamma-1}{c^2}$，得

$$
\left.
\begin{aligned}
\frac{c}{c_0} &= \left(1 + \frac{\gamma-1}{2}Ma^2\right)^{-\frac{1}{2}} \\
\text{因 } \frac{c}{c_0} = \sqrt{\frac{T}{T_0}}，\text{所以} \quad \frac{T}{T_0} &= \left(1 + \frac{\gamma-1}{2}Ma^2\right)^{-1} \\
\text{因 } \frac{c}{c_0} = \left(\frac{\rho}{\rho_0}\right)^{\frac{\gamma-1}{2}}，\text{所以} \quad \frac{\rho}{\rho_0} &= \left(1 + \frac{\gamma-1}{2}Ma^2\right)^{-\frac{1}{\gamma-1}} \\
\text{因 } \frac{p}{p_0} = \left(\frac{\rho}{\rho_0}\right)^{\gamma}，\text{所以} \quad \frac{p}{p_0} &= \left(1 + \frac{\gamma-1}{2}Ma^2\right)^{-\frac{\gamma}{\gamma-1}}
\end{aligned}
\right\} \tag{9-46}
$$

式（9-45）和式（9-46）中的密度比和压强比是利用等熵条件导出的，因而对于出现超声速的冲波，即有熵的突跃的情况是不适用的，本书对此不做叙述。

例9-7 如图9-10所示液体燃料火箭，其燃烧室中的温度是 $t_0 = 350℃$，燃烧密度是 $\rho_0 = 1.52\text{kg/m}^3$，绝热指数 $\gamma = 1.33$，气体常数 $R_g = 250\text{J/(kg·K)}$。试求：（1）临界温度、临界声速、临界密度、临界压强；（2）如果喷管出口的 $Ma = 1.8$，喷管出口面积 $A = 0.1\text{m}^2$，火箭推力及喷管喉部面积为多少？（3）如果火箭飞行速度 $v = 1500\text{m/s}$，当运行到20km高空时，其头部最高温度是多少？

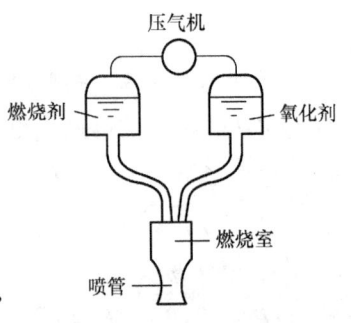

图9-10 例9-7附图

解：已知燃烧室中的滞止参数为

$$T_0 = 623\text{K}, \rho_0 = 1.52\text{kg/m}^3, c_0 = \sqrt{\gamma R_g T_0} = \sqrt{1.33 \times 250 \times 623}\text{m/s} = 455\text{m/s},$$

$$p_0 = \rho_0 R_g T_0 = (1.52 \times 250 \times 623)\text{Pa} = 2.367 \times 10^5 \text{Pa}$$

（1）根据表9-1，绝热指数 $\gamma = 1.33$ 栏中的数据可得：临界温度 $T_* = T_0 \times 0.858 = 534.5\text{K}$；临界声速 $c_* = c_0 \times 0.926 = 421\text{m/s}$；临界密度 $\rho_* = \rho_0 \times 0.630 = 0.958\text{kg/m}^3$；临界压强 $p_* = p_0 \times 0.540 = 1.278 \times 10^5 \text{Pa}$。

（2）根据式（9-46）中的第一式可得出口处的声速为

$$c = c_0\left(1 + \frac{\gamma - 1}{2}Ma^2\right)^{-\frac{1}{2}} = \left[455 \times \left(1 + \frac{1.33 - 1}{2} \times 1.8^2\right)^{-\frac{1}{2}}\right]\text{m/s} = 367\text{m/s}$$

出口速度

$$v = Ma \cdot c = 1.8 \times 367\text{m/s} = 661\text{m/s}$$

根据式（9-46）中的第三式可得出口处的密度为

$$\rho = \rho_0\left(1 + \frac{\gamma - 1}{2}Ma^2\right)^{-\frac{1}{\gamma - 1}} = \left[1.52 \times \left(1 + \frac{1.33 - 1}{2} \times 1.8^2\right)^{-\frac{1}{1.33-1}}\right]\text{kg/m}^3 = 0.415\text{kg/m}^3$$

火箭喷管的推力为

$$F = \rho q_v v = \rho v^2 A = (0.415 \times 661^2 \times 0.1)\text{N} = 18130\text{N}$$

由 $\rho vA = \rho_* v_* A_*$ 可得喷管喉部面积为

$$A_* = \frac{\rho vA}{\rho_* v_*} = \frac{0.415 \times 661 \times 0.1}{0.958 \times 421}\text{m}^2 = 0.068\text{m}^2$$

（3）经计算，20km 高空处的温度为 $t = -56.5℃$，声速为 $c = 295\text{m/s}$。于是可得火箭飞行的马赫数 $Ma = v/c = 1500/295 = 5.085$。因环境温度 $T = (273 - 56.5)\text{K} = 216.5\text{K}$，火箭头部为滞止点，其温度为 T_0，则由式（9-46）中的第二式得

$$T_0 = T\left(1 + \frac{\gamma - 1}{2}Ma^2\right) = \left[216.5 \times \left(1 + \frac{1.33 - 1}{2} \times 5.085^2\right)\right]\text{K} = 1140\text{K}$$

$$t_0 = (1140 - 273)℃ = 867℃$$

例 9-8　如图 9-11 所示，空气从一个大容器经收缩喷管流出，容器内空气的压强为 $1.5 \times 10^5\text{Pa}$，温度为 27℃，喷管出口的直径为 $d = 20\text{mm}$，出口外部的环境压强为 $p_e = 10^5\text{Pa}$，如果用一块平板垂直地挡住喷管出口的气流，试求固定住此平板所需的外力 F 的值。

解：喷管出口的气流参数按等熵公式计算，平板的受力可用动量方程求出。

$$\frac{T_0}{T_*} = 1 + \frac{\gamma - 1}{2} = 1.2$$

$$\frac{p_0}{p_*} = \left(\frac{T_0}{T_*}\right)^{3.5} = 1.8929$$

$$p_* = 0.7924 \times 10^5\text{Pa}$$

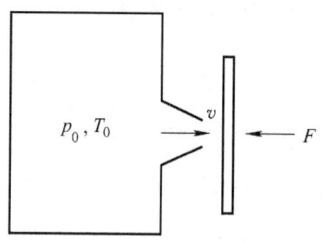

图 9-11　例 9-8 附图

由于 $p_e > p_*$，因而出口压强等于背压，即

$$p = p_e = 10^5\text{Pa}$$

$$\frac{T_0}{T} = \left(\frac{p_0}{p}\right)^{1/3.5} = 1.1228, T = 267.18\text{K}$$

$$\rho = \frac{p}{R_g T} = 1.3041\text{kg/m}^3$$

$$v = \sqrt{2c_p(T_0 - T)} = 256.78\text{m/s}$$

根据动量定理得

$$F = \rho v^2 A = \rho v^2 \frac{\pi d^2}{4} = 27\text{N}$$

例 9-9　如图 9-12 所示，空气从收缩喷管射出时，稳定段空气的压强 $p_1 = 1.47 \times 10^5\text{Pa}$，温度为 $T_1 = 293\text{K}$，在喷管出口处，气流的压强等于外界大气压强（设为 $1.0133 \times 10^5\text{Pa}$）。忽略空气在喷管内流动时的摩擦影响，并假定在流动中与外界无热量交换，空气比热容为常数，求喷管出口截面上空气的速度、温度和马赫数。

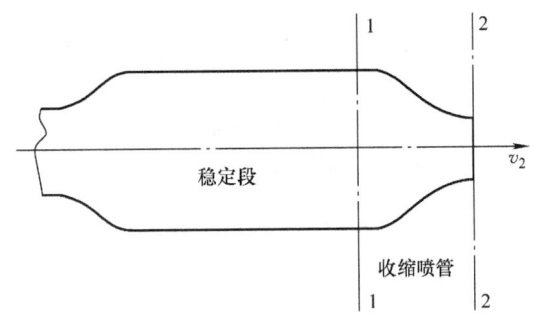

图 9-12　例 9-9 附图

解：由于稳定段直径比喷管出口直径大得多，所以稳定段中的气流速度相当小，即认为 $v_1 \approx 0$，则由

$$\frac{\gamma}{\gamma - 1} R_g T_1 + \frac{v_1^2}{2} = \frac{\gamma}{\gamma - 1} R_g T_2 + \frac{v_2^2}{2}$$

有

$$v_2 = \sqrt{2 \frac{\gamma}{\gamma - 1} R_g T_1 \left(1 - \frac{T_2}{T_1} \right)} \tag{1}$$

忽略空气在喷管中流动的摩擦损失，且与外界无热交换，即为无摩擦的绝热流动，认为空气在喷管中的流动为等熵过程，故

$$\frac{T_2}{T_1} = \left(\frac{p_2}{p_1} \right)^{\frac{\gamma}{\gamma - 1}} \tag{2}$$

把式（2）代入式（1）有

$$v_2 = \sqrt{2 \frac{\gamma}{\gamma - 1} R_g T_1 \left[1 - \left(\frac{p_2}{p_1} \right)^{\frac{\gamma}{\gamma - 1}} \right]} \tag{3}$$

将已知数据代入式（3）有

$$v_2 = \sqrt{\frac{2 \times 1.4}{1.4 - 1} \times 287 \times 293 \left[1 - \left(\frac{1.0133 \times 10^5}{1.47 \times 10^5} \right)^{\frac{1.4}{1.4 - 1}} \right]} \, \text{m/s} = 244 \text{m/s}$$

$$T_2 = T_1 \left(\frac{p_2}{p_1} \right)^{\frac{\gamma}{\gamma - 1}} = \left[293 \times \left(\frac{1.0133 \times 10^5}{1.47 \times 10^5} \right)^{\frac{1.4}{1.4 - 1}} \right] \text{K} = 263.7 \text{K}$$

$$Ma_2 = \frac{v_2}{c_2} = \frac{244}{20.1 \sqrt{263.7}} = 0.748$$

9.5　等截面管道中的绝热黏性气流

前面介绍了等熵气流的一些特征，看到了压缩性对气流的影响。这一节再来说明黏性对气流的影响。为了突出黏性的作用，这里我们假定气流是绝热的，即与外界没有进行热交换；再者是仅限于讨论等截面的管道。像这样的问题在工程实践中也是有的，例如很长的输气管道中的流动就是如此。

在对问题进行分析之前，试先做些粗略的讨论如下。由于假定了气流是绝热的，那么按绝热的能量方程可知，气流的总焓 h_0 或是总温 T_0 始终不变。此外，在绝热的黏性气流中熵值总是在增加的，即有 $dS > 0$。如此，气流的总温虽然不变，但是总压 p_0 将随着熵的增加而减少，这可以从熵的计算式（9-8）中做出判断：

$$dS = c_p \frac{dT}{T} - (c_p - c_v) \frac{dp}{p} = c_p \frac{dT_0}{T_0} - R_g \frac{dp_0}{p_0} = - R_g \frac{dp_0}{p_0}$$

其中，因为 $T_0 = C$（常数），可见当 $dS > 0$ 时，$dp_0 < 0$。

至于黏性对气流的作用问题现讨论如下。由熵的计算式（9-8）

$$dS = c_p \frac{dT}{T} - R_g \frac{dp}{p}$$

现以 $p = \rho R_g T$ 代入后，上式可以改写成

$$dS = \frac{1}{T}\left(c_p dT - \frac{dp}{\rho}\right) = \frac{1}{T}\left(dh - \frac{dp}{\rho}\right) \tag{9-47}$$

又在绝热的气流中，按能量方程（9-33）得知

$$dh + vdv = 0 \tag{9-48}$$

而在等截面管道中，质流量守恒的连续性方程改造为

$$\frac{d\rho}{\rho} + \frac{dv}{v} = 0 \tag{9-49}$$

把以上两个条件式（9-48）和式（9-49）综合在一起，得

$$dh - v^2 \frac{d\rho}{\rho} = 0 \tag{9-50}$$

又当流速达到声速时，即是 $v^2 = c^2 = dp/d\rho$ 时，式（9-50）又成为

$$dh - \frac{dp}{\rho} = 0 \tag{9-51}$$

把这里得到的结果式（9-51）代入熵的计算式（9-47）中，即得 $dS = 0$，这表明熵的增加也达到了限度。由此得出下述结论。

黏性对气流的作用是，一个原先为亚声速的气流在等截面管道中将做加速运动，直至流速增加到声速为止；一个原先为超声速的气流则做减速运动，直至流速减小到声速为止。这些流动上的特点也将反映在气流的热力变化上。黏性促使气流的熵值增加，而在等截面管的绝热气流中可以看到熵的增加也有个限度。下面就有摩擦的绝热黏性管内流动介绍几个方程的变化，除式（9-49）表述的连续性方程外，下面还有：

1. 运动方程

取一段如图 9-13 所示气流微元段，图中 τ 表示单位管长上的黏性阻力，于是运动方程为

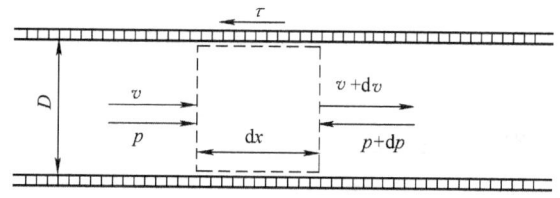

图 9-13　黏性气流运动

$$\rho v dv + dp + \frac{\tau}{A} dx = 0 \tag{9-52}$$

上列方程又可以整理成为

$$\frac{\mathrm{d}v}{v} + \frac{\mathrm{d}p}{\rho v^2} + \frac{\tau}{\frac{\rho v^2}{2}\frac{4A}{D}}\frac{2}{D}\mathrm{d}x = 0 \tag{9-53}$$

式中，$4A/D$ 是管截面的周长；而 $\tau/\left(\frac{4A}{D}\right)$ 就是管壁单位面积上的黏性阻力。根据实验知道，单位面积上的黏性阻力和气流的动压力 $\rho v^2/2$ 成正比，我们用字母 ζ 来表示这个比数，即

$$\zeta = \frac{\tau}{\frac{\rho v^2}{2}\frac{4A}{D}}$$

ζ 称之为黏性阻力系数，是个无量纲数。系数 ζ 是个经验数值，也不是绝对常数。式 (9-53) 中的第二项 $\mathrm{d}p/\rho v^2$ 可再加以整理如下。

因为 $c^2 = p/\rho$，所以 $\rho = p/c^2$，以之代入式 (9-53) 中第二项，得

$$\frac{\mathrm{d}p}{\rho v^2} = \frac{1}{\frac{v^2}{c^2}}\frac{\mathrm{d}p}{p} = \frac{1}{Ma^2}\frac{\mathrm{d}p}{p}$$

最后将运动方程整理成为

$$\frac{\mathrm{d}v}{v} + \frac{1}{Ma^2}\frac{\mathrm{d}p}{p} + \zeta\frac{2}{D}\mathrm{d}x = 0 \tag{9-54}$$

2. 能量方程

能量方程式 (9-34) 在这里可以改写成下列形式：

$$c_p T + \frac{v^2}{2} = c_p T_0 \tag{9-55}$$

在绝热流中方程的微分形式为

$$c_p\mathrm{d}T + v\mathrm{d}v = 0 \tag{9-56}$$

式 (9-56) 又可整理为

$$\frac{\mathrm{d}T}{T} + \frac{v^2}{Tc_p}\frac{\mathrm{d}v}{v} = 0$$

因为 $T = c^2/\gamma R_\mathrm{g}$，所以上式中的

$$Tc_p = \frac{c_p c^2}{\gamma R_\mathrm{g}} = \frac{c_v c^2}{c_p - c_v} = \frac{c^2}{\gamma - 1}$$

于是绝热黏性气流的能量方程成为

$$\frac{\mathrm{d}T}{T} + (\gamma - 1)Ma^2\frac{\mathrm{d}v}{v} = 0 \tag{9-57}$$

3. 状态方程

状态方程 $p = \rho R_\mathrm{g} T$ 取对数的微分形式是

$$\frac{\mathrm{d}p}{p} = \frac{\mathrm{d}\rho}{\rho} + \frac{\mathrm{d}T}{T} \tag{9-58}$$

在此如把连续方程 (9-49) 和能量方程 (9-57) 代入式 (9-58) 又可得

$$\frac{\mathrm{d}p}{p} = -\frac{\mathrm{d}v}{v} - (\gamma - 1)Ma^2\frac{\mathrm{d}v}{v} = -\left[1 + (\gamma - 1)Ma^2\right]\frac{\mathrm{d}v}{v} \tag{9-59}$$

这里可以汇合四个基本方程

$$
\left.
\begin{array}{r}
\dfrac{\mathrm{d}\rho}{\rho} + \dfrac{\mathrm{d}v}{v} = 0 \\[3mm]
\dfrac{\mathrm{d}v}{v} + \dfrac{1}{Ma^2}\dfrac{\mathrm{d}p}{p} + \zeta\,\dfrac{2}{D}\mathrm{d}x = 0 \\[3mm]
\dfrac{\mathrm{d}T}{T} + (\gamma - 1)Ma^2\dfrac{\mathrm{d}v}{v} = 0 \\[3mm]
\dfrac{\mathrm{d}p}{p} = \dfrac{\mathrm{d}\rho}{\rho} + \dfrac{\mathrm{d}T}{T}
\end{array}
\right\}
$$

设黏性阻力系数 ζ 为已知，那么从这个方程组可以求解四个未知量 v、p、ρ、T。

现在试从运动方程入手，即

$$
\frac{\mathrm{d}v}{v} + \frac{1}{Ma^2}\frac{\mathrm{d}p}{p} + \zeta\,\frac{2}{D}\mathrm{d}x = 0
$$

把上面导出的关系式（9-59）代入即得

$$
\left(\frac{1}{Ma^2} - 1\right)\frac{\mathrm{d}v}{v} = \zeta\,\frac{2}{D}\mathrm{d}x \tag{9-60}
$$

式（9-60）右边是一项反映黏性作用的量，顺着气流看下去，它总是正的。由此可见，当 $Ma < 1$ 时，左边的 $\mathrm{d}v > 0$，它表示黏性将促使亚声速气流加速；而当 $Ma > 1$，$\mathrm{d}v < 0$，它又表示黏性促使超声速气流减速。综合以上两种情况可以看出，黏性是不可能使亚声速气流变成超声速的，也不可能使超声速气流连续地下降为亚声速的。

例 9-10　空气在一条直径 $d = 0.3\mathrm{m}$ 的管道内做绝热摩擦流动，质量流量为 40.79kg/s，已知截面 1 的压强和温度分别为 $p_1 = 9.8 \times 10^5\,\mathrm{Pa}$，$T_1 = 333\mathrm{K}$，截面 2 的气体密度是截面 1 的密度的 0.8 倍，即 $\rho_2 = 0.8\rho_1$，如果沿程阻力系数 $\lambda = 0.02$，试求两截面的相距长度。

解：由截面上的 p_1 和 T_1 可求出 Ma_1：

$$
\rho_1 = \frac{p_1}{R_g T_1} = 10.2542\mathrm{kg/m^3}
$$

$$
v_1 = \frac{q_m}{\rho_1 A} = 56.2758\mathrm{m/s},\quad Ma_1 = \frac{v_1}{\sqrt{\gamma R_g T_1}} = 0.1538
$$

由比值 ρ_2/ρ_1 可以计算截面 2 的 Ma_2：

$$
\frac{\rho_2}{\rho_1} = \frac{Ma_1 c_1}{Ma_2 c_2} = \frac{Ma_1}{Ma_2}\sqrt{\frac{T_1}{T_2}} = \frac{Ma_1}{Ma_2}\sqrt{\frac{1 + 0.2Ma_2^2}{1 + 0.2Ma_1^2}}
$$

以 $\rho_2/\rho_1 = 0.8$，$Ma_1 = 0.1538$ 代入上式，得

$$
Ma_2 = 0.1921
$$

以 Ma_1、Ma_2 的值代入等截面绝热摩擦管流计算式，得

$$
\lambda\,\frac{l}{d} = 10.4617
$$

$$
l = 156.93\mathrm{m}
$$

例 9-11　如图 9-14 所示，模型实验中气流温度为 15℃，而驻点 P 的温度为 40℃，流动可视为绝热，试求：（1）气流的马赫数；（2）气流速度；（3）驻点压强比气流压强增大的百分数。

解：（1）由 $\dfrac{T}{T_0} = \left(1 + \dfrac{\gamma - 1}{2}Ma^2\right)^{-1}$，可得马赫数

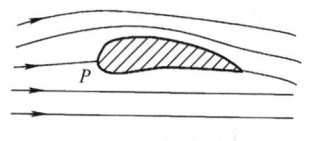

图 9-14　例 9-11 附图

$$Ma = \sqrt{\frac{2}{\gamma - 1}\left(\frac{T_0}{T} - 1\right)} = \sqrt{\frac{2}{1.4 - 1}\left(\frac{273 + 40}{273 + 15} - 1\right)} = 0.658$$

（2）气流速度

$$v = Mac = Ma\sqrt{\gamma R_g T} = 0.658\sqrt{1.4 \times 287 \times (273 + 15)}\mathrm{m/s} = 222\mathrm{m/s}$$

（3）气流压强

$$\frac{p_0}{p} = \left(1 + \frac{\gamma - 1}{2}Ma^2\right)^{\frac{\gamma}{\gamma - 1}} = \left(1 + \frac{1.4 - 1}{2} \times 0.658^2\right)^{\frac{1.4}{0.4}} = 1.34$$

$$\frac{p_0 - p}{p} = 1.34 - 1 = 0.34 = 34\%$$

例 9-12 用绝热良好的管道输送空气，管道直径为 100mm，长度为 300m，进口断面压强为 1MPa，温度为 20℃，送气的质量流量为 2.8kg/s，已知管道摩阻系数 $\lambda = 0.016$，求出口断面的压强。

解：本题按绝热管流计算

$$\rho_1 = \frac{p_1}{R_g T} = \frac{10^6}{287 \times 293}\mathrm{kg/m^3} = 11.89\mathrm{kg/m^3}$$

$$v_1 = \frac{4q_m}{\rho_1 \pi D^2} = \frac{4 \times 2.8}{11.89 \times 3.14 \times 0.1^2}\mathrm{m/s} = 30\mathrm{m/s}$$

$$\frac{1}{\rho_1 v_1^2 p_1^{1/\gamma}} \frac{\gamma}{\gamma + 1}\left(p_1^{\frac{\gamma+1}{\gamma}} - p_2^{\frac{\gamma+1}{\gamma}}\right) = \frac{\lambda l}{2D}$$

解得

$$p_2 = p_1\left(1 - \frac{\gamma + 1}{\gamma}\frac{\lambda l v_1^2}{2DR_g T_1}\right)^{\frac{\gamma}{\gamma+1}} = 0.712\mathrm{MPa}$$

验算管道出口断面的马赫数

$$\rho_2 = \left(\frac{p_2}{p_1}\right)^{\frac{1}{\gamma}}\rho_1 = 9.33\mathrm{kg/m^3}$$

$$T_2 = \frac{p_2}{\rho_2 R_g} = 265.9\mathrm{K}$$

$$c_2 = \sqrt{\gamma R_g T_2} = 326.86\mathrm{m/s}$$

$$v_2 = \frac{\rho_1}{\rho_2}v_1 = 38.23\mathrm{m/s}$$

出口马赫数 $Ma = v_2/c_2 = 0.12 < 1$，计算有效。

9.6 有热交换的管流

这一节要讨论的是热量对气流的作用。在此仍假设管道的截面面积不变，并忽略气体的黏性。讨论这类问题也有一定的实际意义，例如当管道中气流的温度和管道外的温度有了很大的差别时，在流动过程中就有热交换出现；又如附带燃烧过程的气流，如其中燃料所占的成分很小，在燃烧前和燃烧后气流的热力性质并无显著的变化，那么处理这一问题也可以按下面介绍的方法进行。

在有热交换的管道中，假如气流的变化是连续的，这时下列四个微分形式的基本方程就是讨论问题的依据。

等截面管道中的连续方程式（9-49）经整理得

$$\frac{\mathrm{d}\rho}{\rho} = -\frac{\mathrm{d}v}{v} \tag{9-61}$$

因为 $c^2 = p/\rho$，$v^2 = Ma^2 c^2$，不计黏性的运动方程经式（9-25）整理得

$$\frac{\mathrm{d}p}{p} = -\gamma Ma^2 \frac{\mathrm{d}v}{v} \qquad (9\text{-}62)$$

能量方程经式（9-32）整理得

$$\mathrm{d}q = \mathrm{d}h + \mathrm{d}\left(\frac{v^2}{2}\right) \qquad (9\text{-}63)$$

式中，$\mathrm{d}q$ 表示传递给单位质量气体的热量，在下面讨论中是作为一个已知量的。这里列出了四个方程，包含着四个未知数 v、p、ρ、T。

为此将气体状态方程经式（9-58）改造为 $\mathrm{d}p = R_g(\rho \mathrm{d}T + T \mathrm{d}\rho)$，因为 $p = \rho R_g T$，故得

$$\frac{\mathrm{d}p}{p} = \frac{\mathrm{d}\rho}{\rho} + \frac{\mathrm{d}T}{T}$$

先来说明热量对气流流速的影响，在此将式（9-61）、式（9-62）代入上式得

$$-\gamma Ma^2 \frac{\mathrm{d}v}{v} = \frac{\mathrm{d}T}{T} - \frac{\mathrm{d}v}{v}$$

$$(1 - \gamma Ma^2)\frac{\mathrm{d}v}{v} = \frac{\mathrm{d}T}{T} \qquad (9\text{-}64)$$

将能量方程式（9-63）两边同除以 h，并将式（9-5）等代入，$c^2 = \gamma R_g T$，最后整理得

$$\frac{\mathrm{d}q}{h} = \frac{\mathrm{d}h}{h} + \frac{v^2}{h}\frac{\mathrm{d}v}{v} = \frac{\mathrm{d}T}{T} + \frac{v^2}{Tc_p}\frac{\mathrm{d}v}{v} = \frac{\mathrm{d}T}{T} + (\gamma - 1)Ma^2 \frac{\mathrm{d}v}{v}$$

以式（9-64）代入上式，得

$$\frac{\mathrm{d}q}{h} = (1 - \gamma Ma^2)\frac{\mathrm{d}v}{v} + (\gamma - 1)Ma^2 \frac{\mathrm{d}v}{v} = (1 - Ma^2)\frac{\mathrm{d}v}{v} \qquad (9\text{-}65)$$

式（9-65）可以用来说明热量对气流流速的影响，它表明：加热 $\mathrm{d}q > 0$ 时，将使亚声速气流 $1 - Ma^2 > 0$ 的流速加快 $\mathrm{d}v > 0$，而使超声速气流 $1 - Ma^2 < 0$ 的流速减慢 $\mathrm{d}v < 0$；在声速流时 $1 - Ma^2 = 0$，$\mathrm{d}q = 0$，这就是说加进气流中去的热量已达到了限度，无法再添加进去了。可见在等截面管道中，单靠加热是不可能使亚声速气流变成为超声速的；同样，加热也不可能使超声速气流连续地（不通过某种突变）变成为亚声速气流。

热量对于气流的这种作用可以如此来理解。在等截面管道中流动的无黏性气流，它的压力和密度之间的关系可以从式（9-61）和式（9-62）中导出如下：

$$\frac{\mathrm{d}p}{p} = -\gamma Ma^2 \frac{\mathrm{d}v}{v} = \gamma Ma^2 \frac{\mathrm{d}\rho}{\rho}$$

积分上式可得

$$\frac{p}{\rho^{\gamma Ma^2}} = C\text{（常数）}$$

这就是等截面管道中气流压力和密度之间的关系式，而当 $Ma = 1$ 时，上式即成为

$$\frac{p}{\rho^{\gamma}} = C\text{（常数）}$$

很明显，这就是个绝热关系。它表明，气流在做声速流动时，其中的热力学变化只能是绝热的。

例 9-13　环境温度为 $t_0 = 27℃$，绝对压强 $p_0 = 10^5 \mathrm{Pa}$，在汽油机吸气过程中，图 9-15 所示的汽化器喉部绝对压强为 $p = 88\mathrm{kPa}$，已知喉部断面积 $A = 4\mathrm{cm}^2$，试按不可压缩及绝热可压缩两种方法计算：（1）喉部

空气速度；（2）发动机进气的质量流量。

解：（1）按不可压缩流体计算。空气密度

$$\rho_0 = \frac{p_0}{R_g T_0} = \frac{10^5}{287 \times 300} \text{kg/m}^3 = 1.16\text{kg/m}^3$$

喉部空气速度

$$v = \sqrt{\frac{2(p_0 - p)}{\rho}} = \sqrt{\frac{2 \times (1 - 0.88) \times 10^5}{1.16}}\text{m/s} = 143.8\text{m/s}$$

质量流量

$$q_m = \rho_0 vA = (1.16 \times 143.8 \times 4 \times 10^{-4})\text{kg/s} = 0.0667\text{kg/s}$$

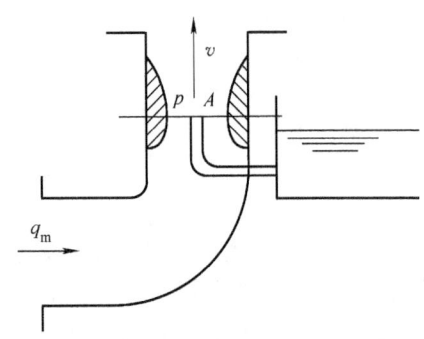

图 9-15　例 9-13 附图

（2）按绝热可压缩计算。喉部空气密度

$$\rho = \rho_0 \left(\frac{p}{p_0}\right)^{\frac{1}{\gamma}} = 1.16 \times \left(\frac{0.08}{1}\right)^{\frac{1}{1.4}}\text{kg/m}^3 = 1.06\text{kg/m}^3$$

喉部温度

$$T = \frac{p}{\rho R_g} = \frac{0.88 \times 10^5}{1.06 \times 287}\text{K} = 289\text{K}$$

可得喉部气流速度

$$v = \sqrt{\frac{2\gamma}{\gamma - 1}R_g(T_0 - T)} = -\sqrt{\frac{2 \times 1.4}{1.4 - 1} \times 287(300 - 289)}\text{m/s} = 148.7\text{m/s}$$

质量流量

$$q_m = \rho vA = (1.06 \times 148.7 \times 4 \times 10^{-4})\text{kg/s} = 0.063\text{kg/s}$$

比较可见，按不可压缩流体计算，速度偏低，而质量流量偏高。

例 9-14　如图 9-16 所示，用文丘里流量计计量空气流量，流量计进口直径为 50mm，喉管直径为 20mm，实测进口断面压强为 35kN/m^2，温度为 20℃；喉管断面压强为 15kN/m^2，试求空气的质量流量。

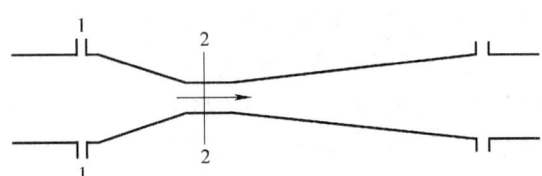

图 9-16　例 9-14 附图

解：气流通过流量计，因流速大、流程短，来不及同周围管壁进行热交换，且摩擦损失可忽略不计，因此按一维恒定等熵气流计算。

设流量计进口断面为 1 断面，喉管断面为 2 断面，当地大气压 $p_a = 101.3\text{kN/m}^3$。

计算 1、2 断面气体的密度：

由气体状态方程　$\rho_1 = \dfrac{p_1}{R_g T_1} = \dfrac{(35 + 101.3) \times 10^3}{287 \times 293}\text{kg/m}^3 = 1.621\text{kg/m}^3$

由绝热过程方程　$\rho_2 = \rho_2 \left(\dfrac{p_2}{p_1}\right)^{1/\gamma} = \left[1.621\left(\dfrac{15 + 101.3}{35 + 101.3}\right)^{1/1.4}\right]\text{kg/m}^3 = 1.447\text{kg/m}^3$

由质量守恒原理　$v_2 = \dfrac{\rho_1 A_1 v_1}{\rho_2 A_2} = 7v_1$

将各量代入等熵过程能量方程式

$$\frac{\gamma}{\gamma-1}\frac{p_1}{\rho_1}+\frac{v_1^2}{2}=\frac{\gamma}{\gamma-1}\frac{p_2}{\rho_2}+\frac{v_2^2}{2}$$

$$\frac{1.4}{1.4-1}\times\frac{136.3\times10^3}{1.621}+\frac{v_1^2}{2}=\frac{1.4}{1.4-1}\times\frac{116.3\times10^3}{1.447}+\frac{(7v_1)^2}{2}$$

解得 $v_1=23.26\text{m/s}$；质量流量 $q_m=\rho_1 v_1 A=0.074\text{kg/s}$。

例9-15 如图9-17所示，$\gamma=1.3$，$R_g=287\text{J/(kg·K)}$ 的气体在等截面管道中流动，不计流体与管壁的摩擦损失，初始总温为310K，流动中给流体加热，使之温度达到930K，希望由此造成的马赫数不超过0.8，试求：（1）初始马赫数值；（2）能加给的热量。

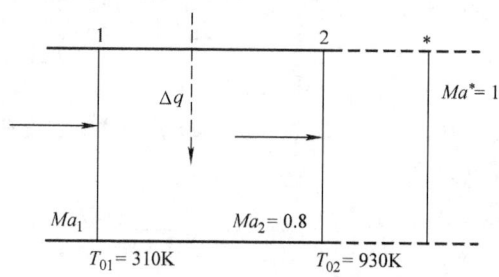

图9-17 例9-15附图

解：（1）设初始马赫数为 Ma_1，初始总温为 T_{01}，加热后的马赫数为 Ma_2，总温为 T_{02}，则

$$T_0^*=T_{02}\times\frac{(1+\gamma Ma_2^2)^2}{Ma_2^2(1+\gamma)[2+(\gamma-1)Ma_2^2]}$$

$$=\left[930\times\frac{(1+1.3\times0.8^2)^2}{0.8^2(1+1.3)(2+0.3\times0.8^2)}\right]\text{K}=967.4\text{K}$$

由有热交换的管流计算式可得到

$$\frac{T_{01}}{T_0^*}\gamma^2+1-\gamma^2 Ma_1^4+2\left(\gamma\frac{T_{01}}{T_0^*}-1-\gamma\right)Ma_1^2=\frac{T_{01}}{T_0^*}=0$$

用 β 表示

$$\beta=1-\frac{T_{01}}{T_0^*}=1-\frac{310}{967.4}=0.6795$$

则上式可写成

$$Ma_1^2=\frac{1+\beta\gamma-(1+\gamma)\sqrt{\beta}}{1-\beta\gamma^2}=\frac{1+1.3\times0.6795-2.3\sqrt{0.6795}}{1-1.3^2\times0.6795}=0.0848$$

由此解得初始马赫数为

$$Ma_1=\sqrt{0.0848}=0.291$$

（2）所需加入的热量为

$$\Delta q=\Delta h_0=c_p(T_{02}-T_{01})=\frac{\gamma R_g}{\gamma-1}\left(\frac{T_{02}}{T_{01}}-1\right)$$

$$=\left[\frac{1.3\times287}{1.3-1}\times310\times(3-1)\right]\text{J/kg}=7.712\times10^5\text{J/kg}$$

例9-16 如图9-18所示为一个暂冲式超声速风洞。它主要由拉瓦尔喷管、等截面试验段、阀门和真空箱组成。试验时，先把真空箱内空气抽走，造成低压。当把阀门打开时，大气从周围空间吸入喷管并得到加速，在试验段形成超声速气流。近似地认为试验段出口背压 p_b 就是真空箱内气体的压强，随着试验的进行，气体不断被吸入真空箱，因而真空箱内气体的压强不断升高，形成变化着的背压 p_b。假如试验所需要的超声速气流马赫数 $Ma_e=2.23$，试问：（1）喷管面积比 A_e/A_{cr} 为何值？（2）真空箱内气体压强升高到

多大时，试验就不能形成超声速气流？（设大气的压强为 $p_a = 1 \times 10^5 \text{Pa}$）

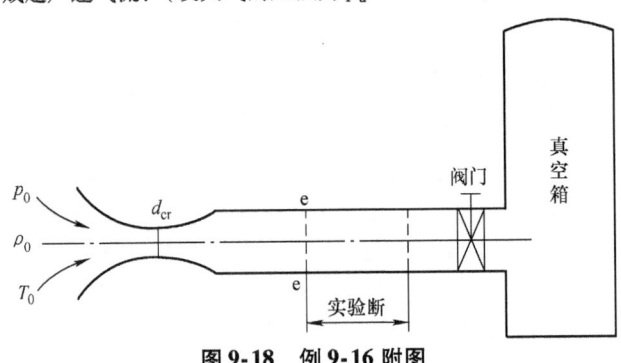

图 9-18　例 9-16 附图

解：（1）求面积比 A_e/A_{cr}。因试验段所需的气流的 Ma 就是拉瓦尔喷管出口截面的气流 Ma 数，即 $Ma_e = 2.23$，应用等熵流动面积公式有

$$\frac{A_e}{A_{cr}} = \frac{1}{Ma_e}\Big[\Big(1 + \frac{\gamma-1}{2}Ma_e^2\Big)\Big(\frac{2}{\gamma+1}\Big)\Big]^{\frac{\gamma+1}{2(\gamma-1)}}$$

$$= \frac{1}{2.23}\Big[\Big(1 + \frac{1.4-1}{2} \times (2.23)^2\Big)\Big(\frac{2}{1.4+1}\Big)\Big]^{\frac{1.4+1}{2(1.4-1)}} = 2.059$$

（2）由拉瓦尔喷管流动类型分析已知，当 $p_b = p_2$ 时，在喷管出口处产生贴口正激波，激波之后是亚声速气流，试验段便不能形成超声速气流了，故应该求压强 p_2：

$$p_2 = \frac{p_2}{p_1}\frac{p_1}{p_0}p_0$$

式中，p_2/p_1 是正激波前后的压强比，计算得

$$\frac{p_2}{p_1} = \frac{2\gamma}{\gamma+1}Ma_e^2 - \frac{\gamma-1}{\gamma+1} = \frac{2 \times 1.4}{1.4+1}(2.23)^2 - \frac{1.4-1}{1.4+1} = 5.635$$

式中，p_1/p_0 是喷嘴出口超声速气流的压强；p_0 在本题是标准大气压；p_1 是对应 $Ma_e = 2.23$ 的出口压强 p_e，即 $p_1 = p_e$，计算得

$$\frac{p_0}{p_e} = \Big(1 + \frac{\gamma-1}{2}Ma_e^2\Big)^{\frac{\gamma}{\gamma-1}} = \Big[1 + \frac{1.4-1}{2} \times (2.23)^2\Big]^{3.5} = 11.207$$

所以
$$\frac{p_1}{p_0} = \frac{p_e}{p_0} = 0.0892$$

$$p_2 = \frac{p_2}{p_1} \cdot \frac{p_1}{p_0} \cdot p_0 = (5.635 \times 0.0893 \times 10^5)\text{Pa} = 0.5028 \times 10^5 \text{Pa}$$

所以真空箱内压强为 $0.5028 \times 10^5 \text{Pa}$，就不能形成超声速气流。

附录 9　绕二维机翼压力分布测量

二维机翼表面压力分布测量是利用液柱式压力计测定物体表面压力分布的常用方法。通过测定不同冲角下机翼表面压力分布，根据压力系数分布计算沿机翼的无因次速度分布 V_i/V_∞、作用在翼型上的环量 Γ、升力 F_L 和升力系数 C_L。

附录 9.1　实验与测量原理

在风洞中用人工的方法造成一股均匀而定常的气流，把机翼的模型放在其中，进行机翼

的表面压力分布测量，这就是模化实验。模化实验的相似准则都是无因次的。为了能把模型实验结果应用到实物上去，机翼表面的压力分布不用压力的绝对值表示，而用无因次的压力系数 C_{pi} 来表示：

$$C_{pi} = \frac{p_i - p_\infty}{\frac{1}{2}\rho V_\infty^2} \tag{9-66}$$

式中，p_i 为机翼表面第 i 个测点的压力；p_∞ 为无穷远处来流的压力；V_∞ 为无穷远处来流的速度。测得以上各量就可以计算出压力系数 C_{pi}。

图 9-19a 是按压力的绝对值 p 画出的压力分布，图 9-19b 是按无因次的压力系数 C_p 画出的压力分布。其中微元段水平投影 $\mathrm{d}x = \mathrm{d}S\cos\alpha$；微元升力 $\mathrm{d}F_L = p\mathrm{d}S\cos\alpha$；升力

$$F_L = \oint p\cos\alpha \mathrm{d}S = \int_0^l (p_l - p_u)\mathrm{d}x$$

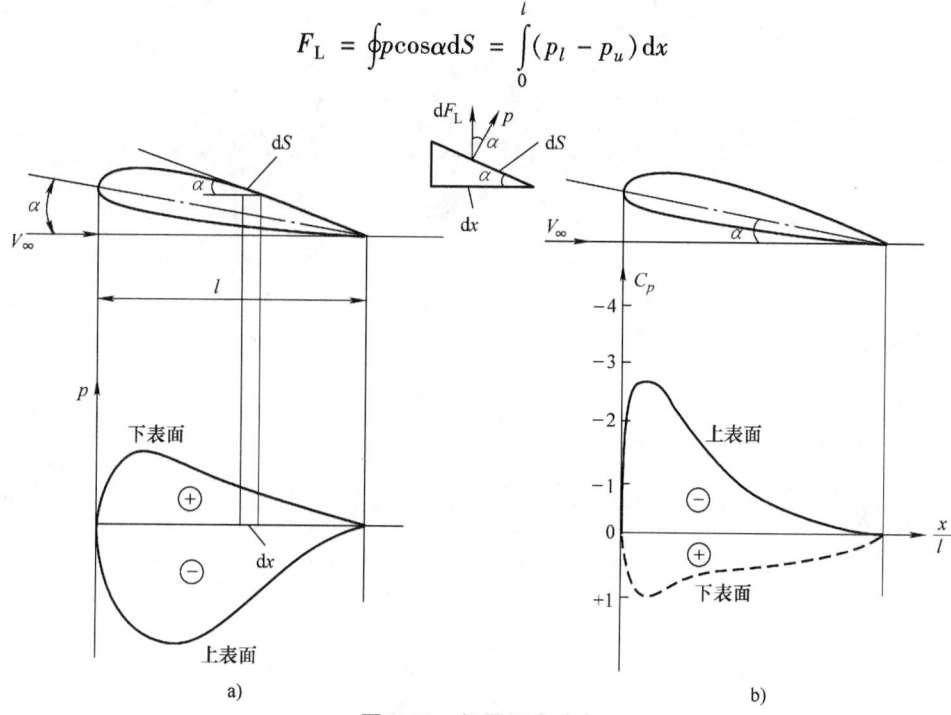

图 9-19　机翼压力分布

作用在单位宽度翼型上的升力系数为

$$C_L = \frac{F_L}{\frac{1}{2}\rho V_\infty^2 l \times 1} \tag{9-67}$$

式中，F_L 为翼型上的升力。

升力系数 C_L 可由图 9-19 中从上下翼面的 $C_p = f\left(\dfrac{x}{l}\right)$ 曲线所包围的面积求得，即

$$\int_0^l (C_{p_l} - C_{p_u})\mathrm{d}\left(\frac{x}{l}\right) = \int_0^l \left(\frac{p_l - p_\infty}{\frac{1}{2}\rho V_\infty^2} - \frac{p_u - p_\infty}{\frac{1}{2}\rho V_\infty^2}\right)\mathrm{d}\left(\frac{x}{l}\right) = \frac{\int_0^l (p_l - p_u)\mathrm{d}x}{\frac{1}{2}\rho V_\infty^2 l} = \frac{F_L}{\frac{1}{2}\rho V_\infty^2 l} = C_L$$

式中，C_{p_u}、C_{p_l} 为机翼上、下表面的压力系数；p_u、p_l 为机翼上、下表面的压力。

本实验中使用 NACA23012 翼型模型，可以通过测得的压力分布画出沿翼型无因次周线 $\dfrac{S}{L}$ 上的无因次速度 $\dfrac{V_i}{V_\infty}$ 分布图，即 $\dfrac{V_i}{V_\infty} = f\left(\dfrac{S}{L}\right)$ 曲线，如图 9-20 所示。

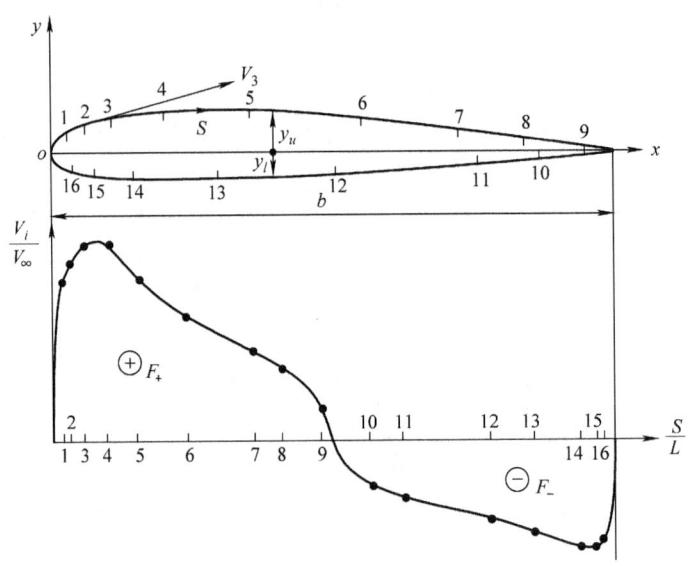

测点	1	2	3	4	5	6	7	8	9	10	11	12	13	14	15	16
S/L	0.02	0.03	0.06	0.11	0.16	0.25	0.36	0.41	0.48	0.58	0.62	0.78	0.86	0.94	0.97	0.98
x	0	2.5	5.0	10	15	20	30	40	60	80	100	120	140	160	180	190	200
y_u	0	5.34	7.22	9.82	11.60	12.86	14.38	15.00	15.10	14.80	12.82	10.94	8.72	6.16	3.36	1.84	0
y_l	0	−2.46	−3.42	−4.52	−5.22	−5.34	−7.00	−7.94	−8.92	−8.96	−8.34	−7.34	−6.00	−4.32	−2.46	−1.40	0

图 9-20 无因次速度 $\dfrac{V_i}{V_\infty} = f\left(\dfrac{S}{L}\right)$ 曲线

由伯努利方程
$$p_i + \frac{1}{2}\rho V_i^2 = p_\infty + \frac{1}{2}\rho V_\infty^2$$

可得

$$\frac{V_i}{V_\infty} = \sqrt{1 - C_{pi}} \tag{9-68}$$

利用图 9-20，根据速度环量的定义得

$$\Gamma = \int_L V_i \mathrm{d}S = \int_L L V_\infty \frac{V_i}{V_\infty} \mathrm{d}\left(\frac{S}{L}\right) = L V_\infty (F_+ - F_-) \tag{9-69}$$

作用在单位长度翼型上的升力

$$F_L = \rho V_\infty \Gamma \tag{9-70}$$

上两式中速度环量 Γ 单位为 m^2/s；单位长度翼型上升力单位为 $\mathrm{N/m}$。由此得升力系数

$$C_L = \frac{F_L}{\frac{1}{2}\rho V_\infty^2 b} = \frac{\rho V_\infty L V_\infty (F_+ - F_-)}{\frac{1}{2}\rho V_\infty^2 b} = \frac{2L}{b}(F_+ - F_-) \tag{9-71}$$

式中，面积 F_+ 和 F_- 可用面积仪测出，也可以用实验的模型样板在方格纸上直接画出 $\dfrac{V_i}{V_\infty} = f\left(\dfrac{S}{L}\right)$ 曲线，然后在方格纸上数出曲线所包络的方格数，此数值即为面积的数值。

测定实际流体绕翼型的压力分布有实际意义，因为压力分布反映了机翼的真实绕流特性。作出压力分布曲线就知道了机翼表面最大压力的数值及位置，它们是机翼强度计算不可缺少的数据。压力分布知道就等于知道了机翼表面的速度分布，这可用来计算附面层的阻力。

因为流动是低速的，可以认为流体是不可压缩的，即 $\rho =$ 常数。实验条件下的雷诺数是

$$Re = \frac{V_\infty b}{\nu}$$

式中，b 为机翼模型的弦长，单位是 m；ν 为气流运动黏度，单位是 m^2/s。

附录 9.2　实验设备和仪器

图 9-21 是实验设备和仪器简图。机翼模型安装在低速风洞的试验段。翼型两端伸展到风洞壁面，与壁面没有间隙，接触严密。机翼模型可以绕轴转动，通过转角机构，指示冲角 α 的大小。气流绕过展弦比比较大的机翼时，中间部分的流动可视为二维流动。在翼型的上下表面垂直钻有许多测压孔。本实验所用 NACA23012 机翼模型是用有机玻璃加工而成的。翼型上下表面的测压孔所感受的压力，通过翼型内开设的孔引出风洞壁外。然后按标号一一对应地接到多管差压计上。风洞开启之后，多管差压计上各支管的水柱高度的分布情况，就反映了翼型表面上压力的分布情况。

多管压差计的最边上一根支管通大气，作为基准管。此后第二和第三根支管分别接来流的总压 p_0 和静压 p_∞。用这两根支管的水柱高度差 $(h_\infty - h_0) = (\Delta l_\infty - \Delta l_0)\sin\alpha$，单位是 mmH_2O，就可算出来流速度

$$V_\infty = \sqrt{\frac{2}{\rho} \times 9.81(\Delta l_\infty - \Delta l_0)\sin\alpha} \tag{9-72}$$

式中，V_∞ 为来流速度，单位是 m/s；ρ 为气流密度，单位是 kg/m^3；Δl_∞ 为来流静压支管上读数，单位是 mm；Δl_0 为来流总压支管上读数，单位是 mm；α 为多管差压计的倾斜角度。

翼型表面任一点 i 的压力系数

$$C_{pi} = \frac{p_i - p_\infty}{\frac{1}{2}\rho V_\infty^2} = \frac{p_i - p_\infty}{p_0 - p_\infty} = \frac{9.81(\Delta l_\infty - \Delta l_i)\sin\alpha}{9.81(\Delta l_\infty - \Delta l_0)\sin\alpha} = \frac{\Delta l_\infty - \Delta l_i}{\Delta l_\infty - \Delta l_0} \tag{9-73}$$

式中，Δl_i 为机翼表面第 i 点压力 p_i 在第 i 支管上的读数，单位是 mm。

如果来流速度用倾斜微压计测量，则

$$V_\infty = \sqrt{\frac{2 \times 9.81}{\rho}\Delta l \cdot K} \tag{9-74}$$

式中，Δl 为倾斜微压计读数，单位是 mm；K 为倾斜微压计仪表常数。

附录 9.3　实验步骤与测量结果

1. 实验步骤

（1）调整多管差压计底座到水平位置，如果各支管水柱高度不齐平，说明在各支管的

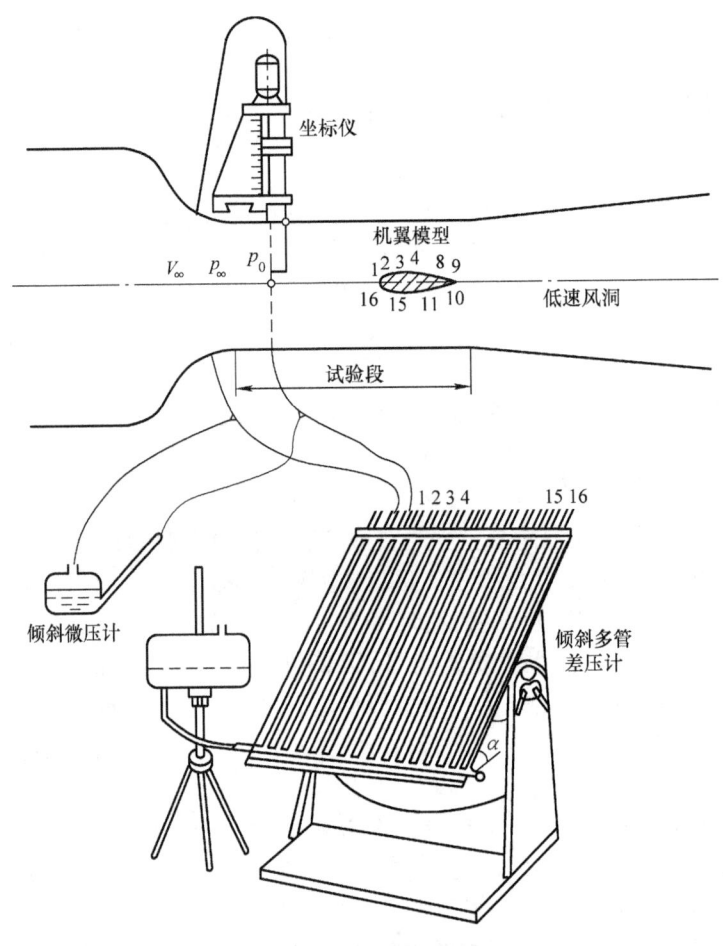

图 9-21　实验设备和仪器

连接母管中有气泡存在，排出气泡之后，各支管水柱高度应基本齐平。记下各支管与通大气基准管初读数的差值，以作实验读数时修正之用。

（2）将机翼模型放到零冲角（$\alpha = 0°$）位置，记录多管差压计各支管的读数：Δl_0、Δl_∞、Δl_i（$i = 1 \sim 16$），然后在 α 分别为 5°、10°、15° 时记录各支管的读数。

（3）使机翼模型的冲角 α 继续增加，观察多管差压计各支管水柱高度的变化。当 α 增加到某一值时，翼型上表面压力对应的各支管的水柱高度突然下降了，这时相应的冲角就是失速冲角，说明绕流机翼的气流特性恶化，机翼处于失速状态。当然，失速冲角与机翼的几何参数、飞行速度有关。

（4）停机。

2. 实验结果

（1）根据得到的实验数据，画出以 C_p 为纵坐标、$\dfrac{x}{b}$ 为横坐标，在不同冲角时的 $C_p = f\left(\dfrac{x}{b}\right)$ 曲线。

（2）作出以 $\dfrac{V_i}{V_\infty}$ 为纵坐标、$\dfrac{S}{L}$ 为横坐标，在不同冲角时 $\dfrac{V_i}{V_\infty}=f\left(\dfrac{S}{L}\right)$ 曲线，并数出曲线所包络的面积 F_+ 的方格数和 F_- 的方格数，或者用面积仪量出 F_+ 和 F_- 的面积。由此得出不同冲角 α 时的升力系数 C_L。

思考题 9

9-1. 在理想气体中，声速正比于气体的（　　　）。

A. 密度；　　　　　B. 压强；　　　　　C. 热力学温度；　　　　　D. 以上都不是

9-2. 马赫数 Ma 等于（　　　）。

A. $\dfrac{v}{c}$；　　　　　B. $\dfrac{c}{v}$；　　　　　C. $\sqrt{\gamma\dfrac{p}{\rho}}$；　　　　　D. $\dfrac{1}{\sqrt{\gamma}}$

9-3. 在变截面喷管内，亚声速等熵气流随截面面积沿程减小，（　　　）。

A. v 减小；　　　B. p 增大；　　　C. ρ 增大；　　　D. T 下降

9-4. 有摩阻的等温管流 $\left(Ma<\dfrac{1}{\sqrt{\gamma}}\right)$ 沿程（　　　）。

A. v 减小；　　　B. p 增大；　　　C. ρ 增大；　　　D. Ma 增大

9-5. 在有摩阻的超声速绝热管流，沿程（　　　）。

A. v 增大；　　　B. p 减小；　　　C. ρ 增大；　　　D. T 下降

9-6. 当收缩喷管出口处气流速度达到临界声速时，若进一步降低出口外部的背压，喷管内气流速度将（　　　）。

A. 增大；　　　B. 减小；　　　C. 不变；　　　D. 不能确定

9-7. 温度升高时，气体的黏性（　　　）。

A. 增强；　　　B. 不变；　　　C. 减弱；　　　D. 不能确定

9-8. 判断题：随着温度的升高，液体的黏度降低，气体的黏度升高。

9-9. 判断题：采用皮托管测量气体流速时，其测量位置一般位于管内中心位置，此时测量得到的速度即管内的平均流速。

9-10. 填空题：声速方程式微分形式可以说明，声速_____可以作为流体压缩性大小的标志，声速在哪一种介质中传播的_____，说明这种介质的可压缩性_____。

9-11. 填空题：用声呐探测仪探测水下物体，已知水温为 10℃，水的体积模量为 $2.11\times10^9\,\mathrm{N/m^2}$，密度为 999.1kg/m³，今测得往返时间为 6s，则声源到该物体的距离为_____。

9-12. 填空题：液体的温度越高，黏度值越_____；气体温度越高，黏度值越_____。

9-13. 声速的物理意义如何？

9-14. 声速在水中和在空气中哪个大？为什么？

9-15. 在收缩喷管的出口截面上，能否获得超声速气流？

习题 9

9-1. 空气气流在两处的参数分别为：$p_1=3\times10^5\,\mathrm{Pa}$，$t_1=100℃$，$p_2=10^5\,\mathrm{Pa}$，$t_2=19℃$，求熵增 S_2-S_1。（空气的气体参数为：$\gamma=1.4$，$R_g=287\mathrm{J/(kg\cdot K)}$，$c_p=1003\mathrm{J/(kg\cdot K)}$，$c_v=716\mathrm{J/(kg\cdot K)}$）

答案：$S_2-S_1=37.7955\mathrm{J/(kg\cdot K)}$

9-2. 高速水流的压强很低，水容易汽化成气泡，对水工建筑物产生汽蚀。拟将小气泡合并在一起，减少气泡的危害。现将 10 个半径 $R_1 = 0.1\text{mm}$ 的气泡合并成一个较大的气泡。已知气泡周围的水压强 $p_0 = 6000\text{Pa}$，水的表面张力 $\sigma = 0.072\text{N/m}$。试求合成后的气泡半径 R。

答案：$R = 0.2237\text{mm}$

9-3. 如习题 9-3 图所示，气化器喉部真空度用汞 U 形计测得 $h = 70\text{mmHg}$，如果空气温度为 15℃，外界为 1 个标准大气压，试求气化器喉部空气的绝对压强及密度。

答案：$p = 91.8\text{kPa}$；$\rho = 1.11\text{kg/m}^3$

9-4. 试证明熵增：$S_2 - S_1 = R_g\ln\left(p_{01}/p_{02}\right)$

答案：略

9-5. 同样在海平面上，纯氢气的温度也是 288.2K，求氢气中的声速 c。

答案：$c = 1290\text{m/s}$

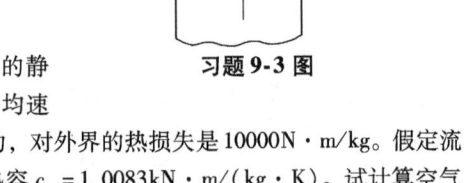

习题 9-3 图

9-6. 空气进入一台静止的涡轮发动机的压气机中，空气的静温是 300K，平均速度是 150m/s。空气从压气机中排出时，平均速度是 50m/s。压气机从涡轮上接收 100000N·m/(kg·K) 的功，对外界的热损失是 10000N·m/kg。假定流动是定常的，不考虑空气比热随温度变化，且已知质量定压热容 $c_p = 1.0083\text{kN·m/(kg·K)}$。试计算空气离开压气机时的焓和温度（$h_2$ 和 T_2）。

答案：$h_2 = 402490\text{N·m/kg}$；$T_2 = 399.18\text{K}$

9-7. 一离心压缩机的第一级工作轮出口处的出流速度 $v_2 = 200\text{m/s}$，出流温度 $T_2 = 55℃$，气流的气体常数 $R_g = 287\text{J/(kg·K)}$，绝热指数 $\gamma = 1.4$，试求此离心压缩机第一级工作轮出口处的马赫数 Ma_2。

答案：$Ma_2 = 0.5522$

9-8. 可压缩流体做等温流动，试证明：

$$\frac{\rho}{\rho_*} = \exp\left[\frac{\gamma}{2}(1 - Ma^2)\right];\frac{A}{A_*} = \frac{1}{Ma}\exp\left[\frac{\gamma}{2}(Ma^2 - 1)\right]$$

答案：略

9-9. 过热水蒸气（$\gamma = 1.33$，$R_g = 462\text{J/(kg·K)}$）在管道中等熵流动，在截面 1 上的参数为：$t_1 = 50℃$，$p_1 = 10^5\text{Pa}$，$v_1 = 50\text{m/s}$。如果截面 2 上的速度为 $v_2 = 100\text{m/s}$，求该处的压强 p_2。

答案：$p_2 = 0.9753 \times 10^5\text{Pa}$

9-10. 0℃ 和 30℃ 时空气的声速各为多大？

答案：$c_0 = 330.5\text{m/s}$；$c_{30} = 348.1\text{m/s}$

9-11. 如习题 9-11 图所示，用皮托静压管测量风洞中的气流速度，测得 $h = 120\text{mm}$ 汞柱，$H = 600\text{mm}$ 汞柱，驻点温度 $t_0 = 40℃$。试求气流速度和马赫数。

答案：$v = 544\text{m/s}$；$Ma = 2.113$

9-12. 试证明：亚声速气流进入收缩喷管后，在收缩喷管内不可能出现超声速流。

答案：$(Ma^2 - 1)\dfrac{\text{d}v}{v} = \dfrac{\text{d}A}{A}$

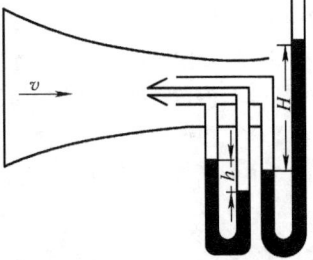

习题 9-11 图

9-13. 高压气罐中空气的压力为 $2.5 \times 10^5\text{N/m}^2$，密度为 2.64kg/m^3，温度为 300K，容器壁接一收缩形喷管，出口面积 $A_e = 20\text{cm}^2$，出口处的背压 $p_B = 10^5\text{N/m}^2$，试问：（1）此收缩形喷管的出口断面处能否达到声速？（2）出流速度 v_e 多大？（3）喷管的质量流量 q_m 有多大？

答案：（1）只能达到声速；（2）$v_e = 332.4\text{m/s}$；（3）$q_m = 1.122\text{kg/s}$

9-14. 如习题9-14图所示，压缩空气从气罐流入管道，已知气罐中绝对压强 $p_0 = 709.1\text{kPa}$，$t_0 = 70℃$，气罐出口处 $Ma = 0.6$，试求气罐出口处的速度、温度、压强和密度。

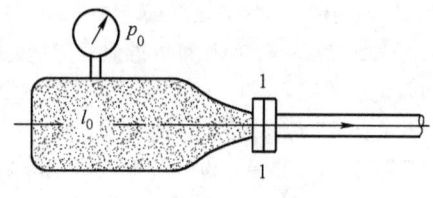

习题 9-14 图

答案：$v = 215\text{m/s}$；$t = 47℃$；$p = 5.56 \times 10^5 \text{Pa}$（绝对）；$\rho = 6.051\text{kg/m}^3$

9-15. 大体积容器中的压缩空气，经一收缩喷嘴喷出，喷嘴出口处的压强为 100kN/m^2（绝对），温度为 $-30℃$，流速为 250m/s，试求容器中的压强和温度。

答案：$p_0 = 152.4\text{kN/m}^2 = 152.4\text{kPa}$；$T_0 = 274.1\text{K} = 1.1℃$

9-16. 已知收缩喷管某断面上 $v = 100\text{m/s}$，$p = 2 \times 10^5 \text{N/m}^2$，$T = 300\text{K}$，该断面的面积为 A，现使此喷管的出口达临界状态，问：出口断面积比该断面的面积减小了多少？

答案：$\dfrac{A - A_*}{A} = 1 - \dfrac{A_*}{A} = 52.58\%$

9-17. 空气气流在收缩管内做等熵流动，截面1处的马赫数为 $Ma_1 = 0.3$，截面2处的马赫数为 $Ma_2 = 0.7$，试求面积比 A_2/A_1。

答案：$\dfrac{A_2}{A_1} = 0.5378$

9-18. 煤气管道的直径为 200mm，长为 3000m，入口压强 $p_1 = 980\text{kPa}$，出口压强 $p_2 = 400\text{kPa}$，地温为 $15℃$，管道不保温。已知摩阻系数 $\lambda = 0.012$，气体常数 $R_g = 490\text{J/(kg·K)}$，绝热指数 $\gamma = 1.3$，求质量流量。

答案：$q_m = 5.288\text{kg/s}$

9-19. 空气气流在收缩喷管截面1上的参数为 $p_1 = 3 \times 10^5 \text{Pa}$，$T_1 = 340\text{K}$，$v_1 = 150\text{m/s}$，$d_1 = 46\text{mm}$，在出口截面上马赫数为 $Ma = 1$，试求出口的压强、温度和直径。

答案：$p_* = 1.775 \times 10^5 \text{Pa}$；$T_* = 292.66\text{K}$；$d = 36.7\text{mm}$

9-20. 某收缩喷管中气流做恒定等熵流动，现已知该喷管中某一断面处气流的速度为 $v = 100\text{m/s}$，压力 $p = 200\text{kPa}$，温度 $T = 300\text{K}$，试求：（1）该气流的总压 p_0 和总温 T_0；（2）临界压力 p_* 和临界温度 T_*。

答案：（1）$p_0 = 211.9\text{kPa}$，$T_0 = 305.9\text{K}$；（2）$p_* = 111.9\text{kPa}$，$T_* = 254.2\text{K}$

9-21. 滞止压强 $p_0 = 3 \times 10^5 \text{Pa}$、滞止温度 $T_0 = 330\text{K}$ 的空气流经一个拉瓦尔喷管，出口处温度为 $-13℃$，求出口马赫数 Ma。又若喉部面积为 $A_* = 10\text{cm}^2$，求喷管的质量流量。

答案：$Ma = 1.1602$；$q_m = 0.6675\text{kg/s}$

9-22. 一气罐侧壁开孔装上一个喷管，气罐内空气的压力为 101.3kPa，密度为 1.5kg/m^3，若气流通过喷管的流动损失不计，且假定喷管出口处的压力为零（绝对真空），问：此时喷管出口处的气流极限速度可达多大？

答案：$v_{max} = 687.6\text{m/s}$

9-23. 空气在缩放管流动，进口处，$p_1 = 3 \times 10^5 \text{Pa}$，$T_1 = 400\text{K}$，面积 $A_1 = 20\text{cm}^2$，出口压强 $p_2 = 0.4 \times 10^5 \text{Pa}$，设计质量流量为 0.8kg/s，求出口和喉部面积 A_2、A_*。

答案：$A_2 = 21.08\text{cm}^2$；$A_* = 12.11\text{cm}^2$

9-24. 大体积空气罐内的压强为 $2 \times 10^5 \text{Pa}$，温度为 $57℃$，空气经一个收缩喷管出流，喷管出口面积为

$12 \mathrm{cm}^2$，试求：在喷管外部环境的压强为 $1.2 \times 10^5 \mathrm{Pa}$ 和 $0.8 \times 10^5 \mathrm{Pa}$ 两种情况下喷管的质量流量。

答案：$q_{\mathrm{m}} = 0.527 \mathrm{kg/s}$；$q_{\mathrm{m\,max}} = 0.533 \mathrm{kg/s}$

9-25. 空气与燃料的气态混合物以 $v_1 = 62.1 \mathrm{m/s}$ 的速度进入发动机的燃烧室，其温度 $T_1 = 323 \mathrm{K}$，压强 $p_1 = 0.4 \times 10^5 \mathrm{Pa}$，混合气的反应热 $\delta Q = 1088 \mathrm{kJ/kg}$。假设可以近似地把燃烧室当作等截面加热管流来计算，混合气燃烧成燃气过程中的平均质量定压热容 $c_p = 1088 \mathrm{J/(kg \cdot K)}$，气体常数 $R_{\mathrm{g}} = 287.4 \mathrm{J/(kg \cdot K)}$，绝热指数 $\gamma = 1.33$，试求燃烧室出口截面对应的气流参数和临界加热量。

答案：$v_2 = 292.7 \mathrm{m/s}$；$T_2 = 1287 \mathrm{K}$；$p_2 = 0.3384 \times 10^5 \mathrm{Pa}$；$\delta Q_{\mathrm{cr}} = 2.268 \times 10^6 \mathrm{J/kg}$

9-26. 空气在管道中做等熵流动，在截面 1 上的参数为 $T_1 = 350 \mathrm{K}$，$v_1 = 60 \mathrm{m/s}$，如果截面 2 上的温度为 $T_2 = 300 \mathrm{K}$，求 v_2。

答案：$v_2 = 322.56 \mathrm{m/s}$

9-27. $\gamma = 1.4$ 的空气在一渐缩管道中流动，在进口 1 处的平均流速为 $152.4 \mathrm{m/s}$，气温为 $333.3 \mathrm{K}$，气压为 $2.086 \times 10^5 \mathrm{Pa}$，出口 2 处达到临界状态 $Ma = 1$。如不计摩擦，试求出口气流的平均流速、气温、气压和密度。

答案：$v_2 = 339.9 \mathrm{m/s}$；$T_2 = 287.4 \mathrm{K}$；$p_2 = 1.231 \times 10^5 \mathrm{Pa}$；$\rho_2 = 1.492 \mathrm{kg/m^3}$

9-28. 过热水蒸气（$\gamma = 1.33$，$R_{\mathrm{g}} = 462 \mathrm{J/(kg \cdot K)}$）在拉瓦尔喷管流动，入口处的气流速度可以忽略不计，其压强为 $6 \times 10^6 \mathrm{Pa}$，温度为 $743 \mathrm{K}$，测得某截面上的压强为 $p = 2 \times 10^6 \mathrm{Pa}$，直径为 $d = 10 \mathrm{mm}$，试求该截面上的速度、马赫数和质量流量。

答案：$v = 812.52 \mathrm{m/s}$；$Ma = 1.3781$；$q_{\mathrm{m}} = 0.4883 \mathrm{kg/s}$

9-29. 过热水蒸气（$\gamma = 1.33$，$R_{\mathrm{g}} = 462 \mathrm{J/(kg \cdot K)}$）的来流，其参数为 $T = 600 \mathrm{K}$，$p = 40 \times 10^5 \mathrm{Pa}$，$v = 400 \mathrm{m/s}$，此气流绕叶片流动，试求叶片驻点上的压强 p_0 和温度 T_0，以及临界压强 p_* 和温度 T_*。

答案：$p_0 = 52.86 \times 10^5 \mathrm{Pa}$，$T_0 = 642.96 \mathrm{K}$；$p_* = 28.56 \times 10^5 \mathrm{Pa}$，$T_* = 551.9 \mathrm{K}$

9-30. 空气在一条管道中做绝热摩擦流动，管长 $l = 20 \mathrm{m}$，管径 $d = 0.06 \mathrm{m}$，管道的沿程阻力系数 $\lambda = 0.02$，管道出口的压强为 $p_2 = 1.2 \times 10^5 \mathrm{Pa}$，若要求出口马赫数 $Ma_2 = 1$，则管道入口压强 p_1 应为多少？

答案：$p_1 = 5.6101 \times 10^5 \mathrm{Pa}$

9-31. 按 $500 \mathrm{m}$ 间距配置输电塔，两塔间架设 20 根直径 $2 \mathrm{cm}$ 的电缆线，若风速为 $80 \mathrm{km/h}$，横向吹过电缆，求电塔承受的力。已知空气的密度为 $1.2 \mathrm{kg/m^3}$，空气的动力黏度为 $1.7 \times 10^{-5} \mathrm{Pa \cdot s}$，假定电缆之间无干扰。

答案：$F = nf = 20 \times 3556 \mathrm{N} = 71.12 \mathrm{kN}$

9-32. $Ma_1 = 3$ 的空气超声速气流进入一条沿程阻力系数 $\lambda = 0.02$ 的绝热管道，其直径 $d = 200 \mathrm{mm}$，如果要求出口马赫数 $Ma_2 = 2$，试求管长 l。

答案：$l = 2.1716 \mathrm{m}$

9-33. 已知大容器内的过热蒸汽参数为 $p_{\mathrm{T}} = 2.94 \times 10^6 \mathrm{Pa}$，$T_{\mathrm{T}} = 773 \mathrm{K}$，$\gamma = 1.30$，$R_{\mathrm{g}} = 462 \mathrm{J/(kg \cdot K)}$，拟用喷管使过热蒸汽的热能转换成高速气流的动能。如果喷管出口的环境背压 $p_{\mathrm{amb}} = 9.8 \times 10^5 \mathrm{Pa}$，试分析应采用何种型式的喷管？若不计蒸汽流过喷管的损失，试求：（1）蒸汽的临界流速、出口流速和马赫数；（2）欲使通过喷管的流量 $q_{\mathrm{m}} = 8.5 \mathrm{kg/s}$，喷管喉部和出口截面的直径是多少？

答案：（1）$v_{\mathrm{cr}} = 635.4 \mathrm{m/s}$，$v_2 = 832.5 \mathrm{m/s}$，$Ma_2 = 1.387$；（2）$d_{\mathrm{cr}} = 5.742 \mathrm{cm}$，$d_2 = 6.063 \mathrm{cm}$

9-34. 如习题 9-34 图所示为某涡轮喷气发动机的尾喷管，进口燃气参数为 $p_{01} = 2.36 \times 10^5 \mathrm{Pa}$，$T_{01} = 790 \mathrm{K}$，出口处于临界状态，尾喷管总压（滞止压强）恢复系数为 $\sigma = 0.98$。试求出口处的流速、静温和静压。设燃气的绝热指数 $\gamma = 1.33$，气体常数 $R_{\mathrm{g}} = 287.4 \mathrm{J/(kg \cdot K)}$。

答案：$v_{2\mathrm{cr}} = c_{\mathrm{cr}} = 509 \mathrm{m/s}$；$T_{2\mathrm{cr}} = 678 \mathrm{K}$；$p_{2\mathrm{cr}} = 1.248 \times 10^5 \mathrm{Pa}$；

9-35. 空气在管道中做绝热非等熵流动，已知两截面的参数分别为 $p_1 = 2.5 \times 10^5 \mathrm{Pa}$，$T_1 = 320 \mathrm{K}$，$v_1 = 150 \mathrm{m/s}$，$p_2 = 10^5 \mathrm{Pa}$，$v_2 = 300 \mathrm{m/s}$，试求两处滞止压强之差 $p_{01} - p_{02}$。

答案：$p_{01} - p_{02} = 1.1569 \times 10^5 \text{Pa}$

9-36. 如习题 9-36 图所示用皮托管测量空气的点流速，实测静压为 p，全压为 p'，求证按不可压缩流体计算流速的误差。

答案：略

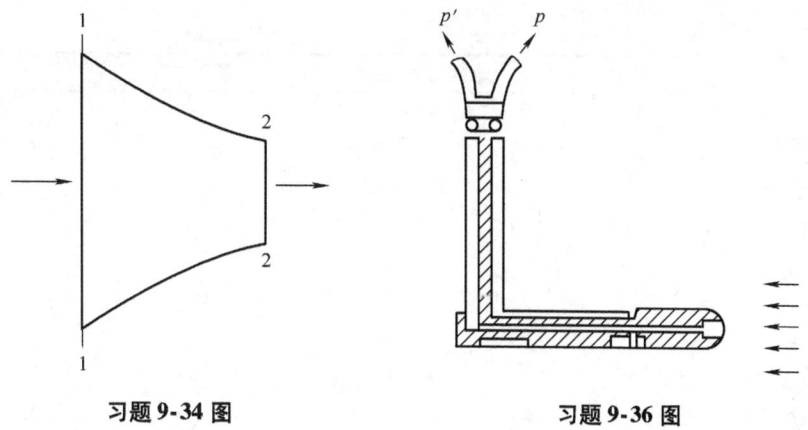

习题 9-34 图   习题 9-36 图

第 9 章内容提要、思考题
解答及习题详解

附录　物理量符号、单位与量纲

物理量	符号	单位名称（简称）	单位符号	量纲
面积	A, S	平方米	m^2	L^2
加速度	a	米每二次方秒	m/s^2	LT^{-2}
单位质量力	a_m	米每二次方秒	m/s^2	LT^{-2}
宽度	B, b	米	m	L
绕流阻力系数	C_D			l
升力系数	C_L			l
声速	c	米每秒	m/s	LT^{-1}
临界声速	c_*	米每秒	m/s	LT^{-1}
质量定压热容	c_p	焦耳每千克开	$J/(kg \cdot K)$	
质量定容热容	c_v	焦耳每千克开	$J/(kg \cdot K)$	
直径	D, d	米	m	L
水力直径	d_H	米	m	L
管材弹性模量	E	帕	Pa	$ML^{-1}T^{-2}$
偏心距	e	米	m	L
质量热力学能	e	焦耳每千克	J/kg	L^2T^{-2}
欧拉数	Eu			l
力，压力	F	牛顿（牛）	N	MLT^{-2}
弗劳德数	Fr			l
重力加速度	g	米每二次方秒	m/s^2	LT^{-2}
扬程，水头	H	米	m	L
比焓	h	焦耳每千克	J/kg	L^2T^{-2}
高度	h	米	m	L
水头损失	h_f	米	m	L
惯性矩	I	四次方米	m^4	L^4
体积模量	K	帕	Pa	$ML^{-1}T^{-2}$
管路综合阻力系数	K	二次方秒每五次方米	s^2/m^5	T^2L^{-5}
长度	L, l	米	m	L
混合长度	l	米	m	L
层流起始段长度	l_s	米	m	L
质量	m	千克	kg	M
马赫数	Ma			
转速	n	转每分	r/min	T^{-1}
功率	P	瓦特（瓦）	W	ML^2T^{-3}
压强，切应力	p, τ	帕斯卡（帕）	Pa	$ML^{-1}T^{-2}$
动量	p	牛顿秒	$N \cdot s$	MLT^{-1}
驻点压强，滞止压强	p_0	帕	Pa	$ML^{-1}T^{-2}$

（续）

物理量	符号	单位名称（简称）	单位符号	量纲
大气压力	p_a	帕斯卡（帕）	Pa	$ML^{-1}T^{-2}$
空气分离压强	p_g	帕	Pa	$ML^{-1}T^{-2}$
汽化压强	p_v	帕	Pa	$ML^{-1}T^{-2}$
临界压强	p_*	帕	Pa	$ML^{-1}T^{-2}$
体积流量，净通量	q_v	立方米每秒，升每秒	m^3/s, L/s	L^3T^{-1}
质量流量	q_m	千克每秒	kg/s	MT^{-1}
半径	R, r	米	m	L
恩氏度	r	恩氏度	°E	
雷诺数	Re			1
临界雷诺数	Re_c			1
气体常数	R_g	焦耳每千克开	$J/(kg \cdot K)$	
距离	s	米	m	L
比熵	s	焦耳每千克开	$J/(kg \cdot K)$	
热力学温度	T	开尔文（开）	K	Θ
力矩	T, M	牛顿米	$N \cdot m$	ML^2T^{-2}
动能	T	焦耳	J	ML^2T^{-2}
时间	t, T	秒	s	T
摄氏温度	t	摄氏度	℃	Θ
滞止温度	T_0	开	K	Θ
运动速度，圆周速度	U, u	米每秒	m/s	LT^{-1}
比体积	u	立方米每千克	m^3/kg	L^3M^{-1}
流动速度	V, v	米每秒	m/s	LT^{-1}
体积	V	立方米，升	m^3, L	L^3
功，能，热量	W, E, Q	焦耳（焦）	J	ML^2T^{-2}
重量	W	牛顿（牛）	N	MLT^{-2}
相对速度	w	米每秒	m/s	LT^{-1}
位置高度	z	米	m	L
黏压指数	α	每帕	Pa^{-1}	LT^2M^{-1}
动能修正系数	α			1
体（膨）胀系数	α_V	负一次方开	K^{-1}	Θ^{-1}
动量修正系数	β			1
速度环量	Γ	二次方米每秒	m^2/s	L^2T^{-1}
气体绝热指数	γ			1
绝对粗糙度	Δ	米	m	L
缝隙宽度	δ	米	m	L
边界层厚度	δ	米	m	L
黏性底层厚度	δ_n	米	m	L
边界层排挤厚度	δ^*	米	m	L
剪切变形角速度	ε	每秒	s^{-1}	T^{-1}
收缩系数	ε			1

（续）

物理量	符号	单位名称（简称）	单位符号	量纲
机械效率	η			1
直线应变速度	θ	每秒	s^{-1}	T^{-1}
边界层动量损失厚度	θ	米	m	L
等温压缩率	κ_T	每帕	Pa^{-1}	LT^2M^{-1}
沿程阻力系数	λ			1
黏温指数	λ	每开	K^{-1}	Θ^{-1}
动力黏度	μ	帕斯卡秒（帕秒）	$Pa \cdot s$	$ML^{-1}T^{-1}$
流量系数	μ			1
运动黏度	ν	米二次方每秒	m^2/s	L^2T^{-1}
局部阻力系数	ξ			1
密度	ρ	千克每立方米	kg/m^3	ML^{-3}
临界密度	ρ_*	千克每立方米	kg/m^3	ML^{-3}
表面张力	σ	牛顿每米	N/m	MT^{-2}
管壁上的切应力	τ_0	帕	Pa	$ML^{-1}T^{-2}$
速度系数	φ			1
湿周	χ	米	m	L
旋转角速度	ω	弧度每秒	rad/s	T^{-1}
角速度	ω	弧度每秒	rad/s	T^{-1}

参 考 文 献

[1] 沙毅. 流体力学 [M]. 合肥：中国科学技术大学出版社，2016.

[2] 沙毅. 流体力学学习指导与习题解析 [M]. 合肥：中国科学技术大学出版社，2019.

[3] 沙毅，闻建龙. 泵与风机 [M]. 合肥：中国科学技术大学出版社，2005.

[4] 陈汇龙，闻建龙，沙毅. 水泵原理运行维护与泵站管理 [M]. 北京：化学工业出版社，2004.

[5] 沙毅，朱颖，武鹏，等. 旋流泵菜籽－水两相流浓度特性实验及流场数值模拟 [J]. 农业机械学报，2019，50（5）：173－180.

[6] 沙毅，李其朋，李勇. 流体力学计算机仿真实验教学的开发与设计 [J]. 实验力学，2018，33（4）：655－664.

[7] 沙毅. 旋涡泵内部流动分析及水力设计 [J]. 流体机械，2016，44（12）：29－32.

[8] 沙毅. 潜水轴流泵相似变型水力设计 [J]. 水泵技术，2016，（6）：8－11.

[9] 沙毅，刘祥松. 旋流泵含气混输数值计算及涡室流场探针测量 [J]. 农业工程学报，2014，30（18）：93－100.

[10] 沙毅，刘祥松. 旋流泵固液两相流输送特性试验 [J]. 农业工程学报，2013，29（22）：76－82.

[11] 沙毅，宋德玉，段福斌，等. 轴流泵变转速性能试验及内部流场数值计算 [J]. 机械工程学报，2012，48（6）：187－192.

[12] 沙毅，侯丽艳. 基于CFD的潜水轴流泵性能分析及其特性试验 [J]. 农业工程学报，2012，28（22）：51－57.

[13] 沙毅，侯丽艳. 叶片厚度对轴流泵性能影响及内部流场分析 [J]. 农业工程学报，2012，28（18）：75－81.

[14] 沙毅. 旋流泵性能及内部流场试验分析 [J]. 农业工程学报，2011，27（4）：141－146.

[15] 吴坚，沙毅，徐兴. 旋流泵变转速性能及无叶腔流场实验研究 [J]. 浙江大学学报（工学版）：2010，44（9）：1811－1817.

[16] 沙毅，侯丽艳. 旋流泵叶轮位置对性能影响与无叶腔流场测定 [J]. 农业机械学报，2010，41（11）：57－62.

[17] 沙毅，李金磊，刘祥松，等. 自吸旋涡泵变转速性能与内部流场试验 [J]. 农业机械学报，2009，40（12）：119－124.4

[18] 沙毅，白小榜，李金磊，等. 单螺杆泵设计及特性试验研究 [J]. 中国机械工程，2008，19（5）：522－525.

[19] 沙毅，李金磊，李昌烽. 自吸旋涡泵内部流动分析 [J]. 排灌机械，2008，（6）：10－14.

[20] 沙毅，王春林，刘涛，等. 圆管流动水击压力波测量及水力计算 [J]. 实验力学，2007，22（5）：527－533.

[21] 罗惕乾. 流体力学 [M]. 北京：机械工业出版社，1999.

[22] 金圣才. 流体力学知识精要与真题详解 [M]. 北京：中国水利水电出版社，2011.

[23] 张鸣远，景思睿，李国君. 高等工程流体力学 [M]. 北京：高等教育出版社，2012.

[24] 杨建国，等. 工程流体力学 [M]. 北京：北京大学出版社，2010.

[25] 段文义，郭仁东，李亚峰. 流体力学 [M]. 沈阳：东北大学出版社，2001.

[26] 刘鹤年. 流体力学 [M]. 北京：中国建筑工业出版社，2001.

[27] 张也影，王秉哲. 流体力学题解 [M]. 北京：北京理工大学出版社，1996.

[28] 莫乃榕，槐文信. 流体力学水力学题解 [M]. 武汉：华中科技大学出版社，2006.

［29］刘鹤年，刘京. 流体力学 ［M］. 3 版. 北京：中国建筑工业出版社，2016.

［30］孔珑. 流体力学. ［M］. 2 版. 北京：高等教育出版社，2003.

［31］禹华谦. 工程流体力学 ［M］. 北京：高等教育出版社，2004.

［32］韩国军. 流体力学基础与应用 ［M］. 北京：机械工业出版社，2012.

［33］机械工程手册电机工程手册编辑委员会. 机械工程手册：基础理论卷 ［M］. 2 版. 北京：机械工业出版社，1996.

［34］张也影. 流体力学 ［M］. 2 版. 北京：高等教育出版社，1999.

［35］毛根海. 应用流体力学 ［M］. 北京：高等教育出版社，2006.

［36］日本机械学会. 流体力学 ［M］. 祝宝山，张信荣，王世学，等编译. 北京：北京大学出版社，2013.

［37］毛根海. 应用流体力学实验 ［M］. 北京：高等教育出版社，2008.

［38］FINNEMORE E J，FRANZINI J B. 流体力学及其工程应用 ［M］. 钱翼稷，周玉文，等译. 北京：机械工业出版社，2006.

［39］李世英. 喷灌喷头理论与设计 ［M］. 北京：兵器工业出版社，1995.